Reibung und Schmierung fester Körper

Reibung und Schmierung fester Körper

Von

F. P. Bowden und D. Tabor
Department of Physics, Cambridge

Deutsche durchgearbeitete Übersetzung der zweiten Auflage
von
E. H. Freitag
Department of Physics, Cambridge

Mit 114 Abbildungen und 32 Bildtafeln

Springer-Verlag

Berlin / Göttingen / Heidelberg

1959

Titel der Originalausgabe:

F. P. Bowden and D. Tabor

The Friction and Lubrication of Solids, 2nd Edition

At the Clarendon Press, Oxford, 1954

ISBN-13: 978-3-642-92755-3   e-ISBN-13: 978-3-642-92754-6
DOI: 10.1007/978-3-642-92754-6

Softcover reprint of the hardcover 2nd edition 1954

Alle Rechte vorbehalten

Ohne ausdrückliche Genehmigung des Verlages ist es auch nicht gestattet,
dieses Buch oder Teile daraus auf photomechanischem Wege
(Photokopie, Mikrokopie) zu vervielfältigen

Vorwort zur ersten englischen Auflage

Sir David Rivett und Sir Ben Lockspeiser gewidmet, deren weise Führung wissenschaftlicher Angelegenheiten so viel zur Förderung der Forschung im allgemeinen und dieser Arbeit im besonderen beitrug.

Diese Monographie beschreibt eine experimentelle Studie der physikalischen und, in geringerem Maße, der chemischen Vorgänge, die sich beim Gleiten fester Körper — vor allem der Metalle — abspielen, sowie eine Untersuchung des Mechanismus der Reibung und der Grenzschmierung. Das Gebiet des behandelten Stoffes ist etwas größer als der Titel vielleicht anzeigt und umfaßt eine Reihe von physikalischen Eigenschaften fester Oberflächen. Das Buch ist nicht als allgemeines Lehrmittel gedacht; denn es befaßt sich beinahe ausschließlich mit den experimentellen Forschungen der Autoren und ihrer Mitarbeiter. Die Versuche werden weitergeführt, und man erkennt nur allzu deutlich, daß noch viele Fragen unbeantwortet sind und entsprechend viel zu tun bleibt.

Die Forschungsarbeiten wurden wenige Jahre vor dem Kriege in Cambridge begonnen, in der ,,Tribophysics''-Abteilung des ,,Australian Council for Scientific and Industrial Research'' in Melbourne von 1939 bis 1944 fortgesetzt (wenn auch stark vermischt mit kriegswichtigen Untersuchungen) und seither wieder in Cambridge aufgenommen. Einige Gesichtspunkte gewisser Probleme werden weiterhin gemeinsam mit dem ,,Tribophysics''-Laboratorium in Melbourne, das unter der Leitung von Dr. S. H. BASTOW steht, bearbeitet.

Wir sind vielen zu großem Dank verpflichtet: Dem verstorbenen Sir WILLIAM HARDY und Dr. DAVID PYE, die beide vor dem Kriege Mitglieder des Ausschusses für Schmierungsforschung waren; Sir DAVID RIVETT und den Mitgliedern der Direktion und der Verwaltung des australischen C. S. I. R.; der Universität Melbourne und insbesondere Prof. E. J. HARTUNG, dessen Institut noch immer die,,Tribophysics''-Gruppe beherbergt; Sir HENRY TIZARD und dem verstorbenen Sir RALPH FOWLER, die uns ermutigten, die Arbeit in Cambridge wieder aufzunehmen; schließlich Sir BEN LOCKSPEISER und dem Versorgungsministerium (Luftfahrt) für förderndes Interesse und Unterstützung, sowie für großzügige Stipendien an die Universität Cambridge, wodurch die Fortsetzung der Forschungen erst eigentlich ermöglicht wurde. Anteilnahme und Hilfe wurden uns auch von Sir EDWARD APPLETON und der Abteilung für wissenschaftliche und industrielle Forschung und von vielen andern zuteil.

Den früheren und gegenwärtigen Mitgliedern des Laboratoriums, sowie Dr. BASTOW und seinen Mitarbeitern im Tribophysics-Institut schulden wir ebenfalls großen Dank für die Unterstützung bei der Vorbereitung dieses Buches. Ihre Namen sind zu zahlreich, um hier aufgeführt zu werden, doch finden sich die meisten im Text.

Cambridge, im Februar 1949 F. P. B.
D. T.

Vorwort des Übersetzers

In der 1954 erschienenen zweiten englischen Auflage, auf die sich die vorliegende deutsche Fassung stützt, waren die seit 1949 gewonnenen Erkenntnisse in einem Anhang gesammelt. Diese Addenda zu jedem Kapitel sind bei der Übersetzung, um Wiederholungen und Zweispurigkeit zu vermeiden, in den eigentlichen Text eingeflochten worden. Die deutsche Ausgabe entstand in enger Zusammenarbeit mit den englischen Autoren, so daß es möglich war, der gegenwärtigen Auffassung der Verfasser Rechnung zu tragen, wo sich im Laufe der Zeit eine Wandlung oder Klärung ergeben hatte. Das Verzeichnis der seit 1954 veröffentlichten Originalarbeiten am Ende des Buches wird es dem Leser erleichtern, sich mit dem heutigen Stand der Forschung in Cambridge und anderswo vertraut zu machen.

Cambridge, im Oktober 1958 E. H. F.

Inhaltsverzeichnis

	Seite
Einführung	1

I. Die Berührungsfläche zwischen festen Körpern

Die Messung der Rauhigkeit und Oberflächengestalt ... 5
Taststiftmethoden S. 5 — Optische Interferenz S. 6 — Das Elektronenmikroskop S. 10 — Das Schrägschnittverfahren S. 11 — Andere Methoden der Oberflächenprüfung S. 12

Die Berührungsfläche zwischen festen Körpern ... 13
Vorsprünge von kugeliger Form S. 14 — Die Wirkung der Kaltverfestigung S. 18 — Vorsprünge von konischer oder pyramidaler Gestalt S. 21 — Die wirkliche Kontaktfläche S. 23 — Wirkliche und scheinbare Berührungsfläche S. 23 — Die Wirkung der Entlastung S. 27

Der elektrische Widerstand als Maß der wirklichen Kontaktfläche ... 30
Der Einfluß der Last auf den Kontaktwiderstand S. 33 — Die Berührung zwischen ebenen Oberflächen S. 34

Schrifttum ... 37

II. Die Oberflächentemperatur reibender Körper

Die Oberflächentemperatur gleitender Metalle ... 39
Berechnung der Oberflächentemperatur S. 39 — Messung der Oberflächentemperatur S. 41 — Die Temperatur trocken gleitender Metalle S. 43 — Die Temperatur geschmierter Oberflächen S. 47 — Die Schwankungen der Oberflächentemperatur S. 48 — Oberflächentemperatur und Wärmeleitfähigkeit S. 48

Die Oberflächentemperatur gleitender Isolatoren ... 49
Die Temperatur, bei der „hot spots" sichtbar werden S. 50 — Die Wärmeleitfähigkeit und das Auftreten von „hot spots" S. 51 — Die photographische Aufnahme der „hot spots" S. 52 — Der Einfluß von Fremdteilchen auf das Auftreten von „hot spots" S. 54 — Der Einfluß der Größe und Gestalt des Reiters S. 55 — Die Ausmessung von „hot spots" S. 55

Eine genauere Berechnung der Oberflächentemperatur ... 59

Schrifttum ... 65

III. Reibungswärme und plastisches Fließen an der Oberfläche

Das Polieren und plastische Fließen fester Oberflächen ... 66
Der Einfluß des Schmelzpunktes S. 69 — Der Poliermechanismus S. 73 — Die Wirkungsweise eines typischen Poliermittels S. 74

Inhaltsverzeichnis

Seite

Der Mechanismus des Gleitens auf Eis und Schnee 75
Das Schmelzen unter Druck S. 75 — Das Schmelzen infolge Reibungswärme S. 76 — Die Bildung einer Wasserschicht S. 77 — Die Wirkung der Temperatur S. 78 — Die Wirkung der Wärmeleitfähigkeit S. 78 — Statische und kinetische Reibung und der Einfluß der Geschwindigkeit S. 79
Schrifttum 83

IV. Reibung und Oberflächenbeschädigung gleitender Metalle

Die Reibungsmessung 84
Die Temperaturmessung an ruhenden Oberflächen S. 87 — Die Vorbereitung der Oberflächen S. 90
Die Reibung der Metalle 90
Chemische und radioaktive Verfahren zur Entdeckung der Metallübertragung 99
Reibung und Oberflächenschaden bei leichter Belastung 101
Ältere Theorien der metallischen Reibung 107
Schrifttum 109

V. Der Mechanismus der metallischen Reibung

Abscherung und Furchenbildung 111
Der Furchungsanteil S. 113 — Der Scheranteil S. 115 — Die Scherfestigkeit der Metallbrücken S. 117 — Das Gesetz von AMONTONS S. 118
Die gegenseitige Abhängigkeit von Scherung und Furchenbildung 122
Die Art der Berührung und der Einfluß von Fremdschichten 125
Intermittierende Bewegung 126
Die Schmiereigenschaften dünner Metallschichten 135
Die Reibung in Abhängigkeit der Furchenbreite S. 136 — Die minimale Schichtdicke S. 137 — Das Versagen der Schicht S. 138 — Der Verschleiß der Schichten S. 139 — Die Wirkung der Temperatur S. 141
Metallschichten als Schmiermittel 143
Der Mechanismus der Rollreibung 145
Schrifttum 146

VI. Die Wirkungsweise von Lagerlegierungen

Kupfer-Blei-Lagerlegierungen 150
Das Reibungsverhalten von Stahl, Kupfer und Blei S. 151 — Dünne Bleischichten auf Kupfer S. 151 — Kupfer-Blei-Legierungen S. 152 — Die Wirkung des Verschleißes auf die Reibung S. 154 — Die Wirkung der Temperatur auf die Reibung S. 155 — Die Rolle dünner Schichten bei Lagerlegierungen S. 157 — Vergleich des Verhaltens dendritischer und nichtdentritischer Legierungen S. 158
Weißmetall-Lagerlegierungen 159
Bleilegierungen: Struktur und Härte S. 160 — Ungeschmierte Oberflächen S. 161 — Geschmierte Oberflächen S. 165 — Die Rolle der Grundmasse und der harten Teilchen S. 166 — Zinnlegierungen: Struktur und Härte S. 167 — Ungeschmierte Oberflächen S. 168 — Geschmierte Oberflächen S. 169 — Vergleich der Blei- und der Zinn-Lagerlegierungen S. 169
Silber-Blei-Lager 170

Die Wirkung von Temperaturschwankungen auf Lagerlegierungen 170
Die Rolle des weichen Bestandteiles in Lagerlegierungen 173
Schrifttum 176

VII. Die Reibung reiner Oberflächen: Die Wirkung von Verunreinigungen

Der Einfluß von Fremdschichten an der Oberfläche 177
   Die Wirkung adsorbierter Gase auf die metallische Reibung S. 178 —
   Der Einfluß von Oxydschichten auf die Reibung S. 182
Der Einfluß der Temperatur auf die Reibung reiner Metallflächen 186
Der Einfluß des Zwischenflächenpotentials auf die Reibung 188
   Die Wirkung von elektrolytisch abgeschiedenem Wasserstoff oder
   Sauerstoff S. 188 — Reibung und Oberflächenspannung S. 192
Die Reibung von Graphit 193
Schrifttum 195

VIII. Die Reibung von Nichtmetallen

Kristalline Körper S. 197 — Saphir und Diamant S. 199 — Kohlenstoff
und Graphit S. 200 — Molybdändisulfid S. 202 — Glimmer S. 202 —
Plastikstoffe S. 203 — Die Verschweißung von Plastikstoffen infolge
Reibung S. 207 — Wolframkarbid S. 208 — Glas S. 209 — Gummi S. 211
Fasern S. 212
Die Reibungselektrizität 218
Oberflächenrauhigkeit und die Reibung von Metallen 218
Schrifttum 221

IX. Die Grenzreibung geschmierter Metalle

Flüssigkeitsschmierung 223
Grenzschmierung durch langkettige Verbindungen 225
   Der Einfluß der Kettenlänge S. 225 — Die Wirkung der Temperatur S. 228
   Fettsäuren in Lösung S. 231
Die Schmiereigenschaften monomolekularer und polymolekularer Schichten 233
   Stearinsäureschichten S. 234 — Cholesterinschichten S. 237 — Die Verschleißeigenschaften von Schmierschichten S. 238 — Die minimale
   Schichtdicke für wirksame Schmierung S. 239
Die Schmiereigenschaften von Silikonen und fluorierten Kohlenwasserstoffen 241
Der Einfluß von Belastung und Geschwindigkeit auf die Reibung geschmierter Oberflächen 243
   Die Wirkung der Belastung S. 244 — Die Reibung geschmierter Oberflächen unter sehr leichter Belastung S. 244 — Die Wirkung der Geschwindigkeit S. 245.
Schrifttum 248

X. Der Mechanismus der Grenzschmierung

Die Bedeutung des chemischen Angriffs 249
   Die Schmiereigenschaften metallischer Seifen S. 252

Inhaltsverzeichnis

Seite

Die Struktur der Schmierschicht: Versuche über Elektronenbeugung . . . 257
Der Mechanismus der Seifenbildung: Der Einfluß von Wasser 262
Untersuchung der Oberflächenadsorption mit Hilfe der Radioaktivität . . 266
 Fettsäuren S. 266 — Alkohole S. 267 — Ester S. 267
Die Adsorption von Fettsäuren, Alkoholen und Estern auf Metallen . . . 267
 Die Dicke adsorbierter Wasser- und Dampfschichten S. 271
Der Mechanismus der Grenzschmierung 272
Schrifttum 282

XI. Die Wirkungsweise von Hochdruckschmiermitteln

Die Schmierung von Metallen durch Chlorverbindungen 285
 Chloridschichten S. 285 — Organische Chlorverbindungen S. 286 — Die
 Wichtigkeit der Chloridbildung S. 288
Die Schmierung von Metallen durch Schwefelverbindungen 289
 Sulfidschichten S. 289 — Sulfurierte Verbindungen S. 292 — Die Wichtig-
 keit des chemischen Angriffs und der Natur der Fremdschichten S. 294
Phosphoradditive 296
Das Reaktionsvermögen von Hochdruckadditiven 296
 Die Temperaturempfindlichkeit von Hochdruckschmiermitteln S. 297
Hochdruckschmiermittel beim Zerspanen und Ziehen von Metallen 299
 Der Mechanismus der Zerspanung von Metallen S. 305
Schrifttum 307

XII. Das Versagen von Schmierschichten

Die Schmierung zwischen den Kolbenringen und der Zylinderwandung
eines Motors 309
 Die Wirkung der Geschwindigkeit S. 310 — Die Wirkung von Zähig-
 keit und Temperatur S. 310
Die Schmierung zwischen Welle und Lagerschale 313
 Die Wirkung von Last, Geschwindigkeit, Zähigkeit und Temperatur
 S. 314
Die Wirkung der Temperatur auf die Schmierschichten 318
Schrifttum 325

XIII. Das Wesen der Berührung zwischen zusammenstoßenden Körpern

Kugelige Oberflächen 327
 Die Wirkung eines veränderlichen Fließdruckes S. 329 — Die Stoßzahl
 S. 232 — Vergleich zwischen statischer und dynamischer Härte S. 333 —
 Die Stoßdauer S. 336 — Die Temperatur während des Zusammenstoßes
 S. 339 — Die Wirkung einer Schmierschicht S. 341
Ebene Oberflächen 343
 Der in der Flüssigkeitsschicht entwickelte Druck S. 345 — Die Strömungs-
 geschwindigkeit und das Schergefälle S. 348 — Die in der Flüssigkeits-
 schicht entwickelte Temperatur S. 349
Praktische Auswirkungen 351
Schrifttum 354

XIV. Die Natur des metallischen Verschleißes

Örtliche Adhäsion und Verschleiß 356
Der Verschleißmechanismus S. 359
Verschleißverminderung durch dünne Metallschichten 360
Chemische Reaktion und Verschleiß 364
Die Wichtigkeit der Oberflächenoxydation 368
Der Einfluß von Schmierschichten auf den Verschleiß 369
Schrifttum 372

XV. Die Adhäsion zwischen festen Oberflächen: Der Einfluß von Flüssigkeitsschichten

Die Adhäsion zwischen harten Oberflächen: Glas, Platin, Silber 374
   Die Wirkung der Oberflächenrauhigkeit S. 377 — Der Einfluß der Feuchtigkeit S. 378 — Die Adhäsion infolge Oberflächenspannung und Viskosität S. 379
Die Adhäsion an weichen Metallen 381
   Der Einfluß der Oberflächenoxydation S. 384 — Adhäsion in Gegenwart von Schmierfilmen S. 386
Adhäsion und Reibung 388
Die Wirkungsweise von Klebstoffen 391
Schrifttum 393

XVI. Chemische Reaktion infolge Reibung und Stoß

Der Einfluß von Druck, Schubbeanspruchung und Oberflächentemperatur . 394
Die Wirkung der Reibung auf photographische Platten 396
Die Zersetzung von Explosivstoffen 397
   Zündung durch Reibung S. 397 — Zündung durch Stoß S. 398 — Die Reibung zwischen festen Teilchen S. 399 — Die Ausbreitung der Explosion S. 401
Schrifttum 402

Anhang: Einige typische Reibungswerte 405

Neueres Schrifttum 410

Namenverzeichnis 413

Sachverzeichnis 416

Einführung

Die beiden grundlegenden Reibungsgesetze, wonach der Reibungswiderstand proportional zur Belastung und unabhängig von der Ausdehnung der Gleitflächen ist, sind seit langem bekannt. Es scheint, daß sich schon LEONARDO DA VINCI (1452—1519) mit seiner genialen Einsicht darüber im Klaren war und sie auch experimentell bestätigte; denn er schrieb: ,,Reibung ruft die doppelte Anstrengung hervor, wenn das Gewicht verdoppelt wird", und ,,bei gleichem Gewicht verursacht die Reibung den gleichen Widerstand zu Beginn der Bewegung, obschon der Kontakt von verschiedener Länge und Breite sein mag." Die Wiederentdeckung dieser Gesetze durch den französischen Ingenieur AMONTONS im Jahre 1699 wurde von der Académie Royale des Sciences mit einiger Überraschung und Skepsis aufgenommen:

«Dans le Discours que fit M. AMONTONS sur son Moulin à feu, il avança seulement en passant, que c'était une erreur de croire, comme l'on fait communément, que le frottement de deux corps qui se meuvent en s'appliquant l'un contre l'autre, soit d'autant plus grand, que les surfaces qui frottent sont plus grandes. Il dît qu'il avait reconnu par expérience que le frottement n'augmente que selon que les corps sont plus pressés l'un contre l'autre, et chargés d'un plus grand poids. Cette nouveauté causa quelque étonnement à l'Académie».

Diese Beobachtungen wurden von COULOMB im Jahre 1781 bestätigt, wobei er deutlich zwischen statischer Reibung — der für das Abgleiten benötigten Kraft — und kinetischer Reibung — der für das Aufrechterhalten der Bewegung erforderlichen Kraft — unterschied. Er zeigte, daß die kinetische Reibung merklich geringer als die statische sein kann und beobachtete, daß erstere von der Gleitgeschwindigkeit beinahe unabhängig ist (was gelegentlich als drittes Gesetz angeführt wird). COULOMB überlegte sich die Möglichkeit, die Reibung sei auf eine molekulare Adhäsion zwischen den Oberflächen zurückzuführen, doch verwarf er den Gedanken, weil die Reibung in diesem Fall proportional zur Gleitfläche sein sollte, während er fand, daß sie davon unabhängig war. Er schloß daraus, die Reibung beruhe auf dem Ineinandergreifen der Rauhigkeitsvorsprünge und stelle hauptsächlich die bei der Fortbewegung der Last zu leistende Hebearbeit dar. Es scheint, daß er diese Theorie mit gewissen Vorbehalten verbreitete, und offenbar war auch die Akademie nicht geneigt, von ihren Mitgliedern irgendwelche Hirngespinste anzunehmen; denn er schrieb:

«Je ne m'étendrai pas davantage sur cette théorie; elle paroît expliquer avec facilité tous les phénomènes du frottement; mais l'Académie ne demande aujourd'hui que des recherches qui puissent être utiles: ainsi il serait dangereux de trop se livrer à un système qui pourrait peut-être influer sur la manière de rendre compte des expériences qui nous restent à faire».

In neuerer Zeit wurden wichtige experimentelle Untersuchungen, besonders über die statische Reibung von Körpern, die mit sehr dünnen

Schichten von Kohlenwasserstoffverbindungen geschmiert waren, vor allem von Sir WILLIAM HARDY durchgeführt. Er zeigte insbesondere, welche wichtige Rolle eine monomolekulare Schmierschicht, die sogenannten Grenzschicht oder das Epilamen (nach HOLM), spielt. Dieser an der Oberfläche haftende Film besitzt eine bestimmte Orientierung und übt auf die Reibung eine tiefgreifende Wirkung aus. HARDYs Versuche waren elegant und einfach angelegt, und er betonte die Notwendigkeit, beim Studium dieser Oberflächenerscheinungen moderne physikalische und chemische Auffassungen und Methoden anzuwenden. Seine Arbeit hat mehr als jede andere eine zeitgemäße Bearbeitung dieses Gebietes angeregt.

Das vorliegende Buch beschreibt eine experimentelle Erforschung der physikalischen und chemischen Vorgänge, die sich beim Berühren und Übereinandergleiten fester Oberflächen abspielen, sowie ein Suchen nach dem Mechanismus der Reibung und der Grenzschmierung. Die erste Frage, die wir uns stellen, lautet: Welche wirkliche Kontaktfläche entsteht, wenn feste Körper miteinander in Berührung gebracht werden? Es zeigt sich, daß selbst auf das sorgfältigste angefertigte Oberflächen Hügel und Täler aufweisen, die im Vergleich zu molekularen Dimensionen groß sind. Die Körper werden gegenseitig auf den Gipfeln ihrer Unebenheiten abgestützt, so daß die Fläche engster Berührung sehr klein ausfällt. Die wirkliche Kontaktfläche ist tatsächlich beinahe unabhängig von der Ausdehnung der Oberflächen und vorwiegend durch die Last bestimmt, da unter der hohen örtlichen Druckbeanspruchung an den Berührungsstellen plastische Verformung und Fließen stattfinden, bis eine der Belastung standhaltende Tragfläche geschaffen ist.

Beim Gleiten tritt die Reibung gerade in diesen kleinen Bezirken auf, und es ist zu erwarten, daß die Oberflächentemperatur in den reibenden Kontaktstellen hohe Werte erreicht. Um diese Temperaturverhältnisse zu untersuchen, gelangten verschiedene Meßmethoden zur Anwendung, und die Ergebnisse zeigen, daß bei Metallen in der Tat schon bei mittleren Gleitgeschwindigkeiten hohe Temperaturen vorkommen, die in den Berührungsgebieten zum Erweichen oder Schmelzen eines Metalles führen können. Diese örtlichen Temperaturspitzen werden bei Wärmeschutzstoffen noch leichter erzeugt, und das Erweichen oder Schmelzen spielt eine wichtige Rolle beim Polieren und einer Reihe von andern physikalischen Vorgängen.

Als dritten Punkt der Untersuchung betrachten wir die Natur der Oberflächenbeschädigung. Es wird gezeigt, daß bei Metallen an den Berührungsstellen eine echte Adhäsion und Verschweißung erfolgt. Die Reibung stellt im wesentlichen diejenige Kraft dar, die für das Abscheren dieser Verbindungen benötigt wird. Diese Beobachtungen erklären die klassischen Reibungsgesetze; denn der Querschnitt der Verbindungsbrücken ist von der Ausdehnung der Gleitflächen beinahe unabhängig und direkt proportional zur angewandten Belastung. Die „Kaltverschweißung" wird bei ruhenden Flächen oder bei geringer Gleitgeschwindigkeit durch den hohen örtlichen Druck in den Berührungsbezirken herbeigeführt und bei hohen Geschwindigkeiten durch das Erweichen oder Schmelzen des Metalls infolge der Reibungstemperaturen begünstigt. Das Abscheren, Verformen und Abreißen dieser Verbindungsbrücken bedingt den physikalischen Verschleiß der Metalle, und es wird untersucht, auf welche Arten dieser entstehen kann. Der Aufstrich einer dünnen Schicht eines weichen Metalls auf ein hartes kann eine Verminderung der Reibung bewirken, und es wird erörtert, welche Rolle eine derartige Werkstoffpaarung in der Wirkungsweise der Lagerlegierungen spielt.

Die Wechselwirkung zwischen metallischen Oberflächen und das Ausmaß der unmittelbaren gegenseitigen Berührung erfahren durch die Anwesenheit adsorbierter Gas- oder Oxydschichten eine weitgehende Veränderung. Bei der Erforschung dieser Verhältnisse wird gezeigt, daß die Reibung und die Adhäsion nackter Metalle sehr hohe Werte erreichen. Eine knappe Darstellung des Reibungsverhaltens einiger Nichtmetalle wurde beigefügt; aber die experimentelle Grundlage ist noch unvollständig, und es bedarf offensichtlich weiterer Versuche.

Wir wenden unsere Aufmerksamkeit darauf geschmierten Oberflächen zu. Die Ingenieure streben im allgemeinen danach, die Flüssigkeitsschmierung zu verwirklichen, wobei die Oberflächen durch einen verhältnismäßig dicken Schmierfilm getrennt sind und der Reibungswiderstand im wesentlichen durch die hydrodynamischen Eigenschaften der Flüssigkeit bestimmt wird. Die Grundlagen der hydrodynamischen Schmierung sind seit der Pionierarbeit von OSBORNE REYNOLDS im Jahre 1886 klar festgelegt. Unter vielen Betriebsbedingungen ist es jedoch nicht möglich, die Flüssigkeitsschmierung aufrechtzuerhalten, und die Oberflächen werden dann durch eine Grenzschicht von vielleicht nur molekularer Dicke getrennt. Mit diesem Gesichtspunkt der Schmierung befassen wir uns hier hauptsächlich und betrachten insbesondere das allgemeine Verhalten von Metallflächen, die mit einer Grenzschicht aus langkettigen Molekeln geschmiert sind. Dabei ergibt sich, daß die frühere Auffassung, wonach die Schmierwirkung auf dem Übereinandergleiten von physikalisch adsorbierten und gerichteten, einmolekularen Filmen beruht, eine zu starke Vereinfachung darstellt. Mit Hilfe radioaktiver Metalle und anderer empfindlicher physikalischer Methoden findet man im allgemeinen immer einige Durchbrüche durch die Grenzschicht, was örtliche metallische Adhäsionen zur Folge hat. Ferner wird gezeigt, daß die wirksamste Schmierung von Metallen durch Fettsäuren nur dann erzielt wird, wenn das Metall mit der Säure reagiert, um eine

1*

Seife zu bilden. Das Metall wird dabei häufig auf dem Umweg über die Oxydschicht angegriffen, so daß edle oder oxydfreie Metalle durch Fettsäuren möglicherweise nicht wirksam geschmiert werden. Die seitliche Bindung zwischen den Kohlenwasserstoffketten ist von größter Wichtigkeit; denn die Oberflächenfilme genügen nur dann den Anforderungen, die an diese Schmierstoffe gestellt werden, wenn die Moleküle zu ,,festen" Grenzschichten zusammengefügt sind. Man wird in dieser Ansicht durch Elektronenbeugungsversuche über die Struktur dieser Filme und deren Desorientierung oder ,,Schmelzen" bei ausreichender Temperaturerhöhung bestärkt. Der chemische Angriff auf die Oberfläche ist auch bei der ,,Hochdruck"-Schmierung von großer Bedeutung, und es wird eine Untersuchung zur Ermittlung dieses Schmiermechanismus beschrieben, in der Verbindungen mit Schwefel, Chlor und anderen aktiven Gruppen verwendet wurden.

Obschon dieses Buch die reine Flüssigkeitsreibung nicht behandelt, werden einige Versuche über die Schmierung zwischen dem Kolbenring und der Zylinderwand eines laufenden Motors, sowie über die Schmierung eines Gleitlagers besprochen. Sie lehren, daß eine Unterbrechung der hydrodynamischen Schicht und kurzzeitige Berührung zwischen den festen Oberflächen selbst bei geringer Beanspruchung sehr leicht eintreten können.

Anschließend folgt eine Darstellung des Zusammenpralls fester Körper, sowohl in der Gegenwart als auch in der Abwesenheit von Flüssigkeitsschichten, und es geht daraus hervor, daß die durch den flüssigen Film übertragenen Kräfte ohne weiteres eine plastische Verformung und Beschädigung des Metalls verursachen können, ohne daß ein fester Kontakt zustandekommt.

Nach einer Diskussion des metallischen Verschleißes werden sodann einige Versuche über den Mechanismus der Adhäsion von Metallen und andern festen Stoffen, sowie über den Einfluß von Fremdschichten auf die Adhäsion mitgeteilt. Die Adhäsionsexperimente liefern einen direkten Beweis für die Bildung metallischer Verbindungsbrücken zwischen Metalloberflächen. Unter geeigneten Bedingungen kann die Normalkraft, die zur Trennung der Oberflächen benötigt wird, die gleiche Größenordnung erreichen wie die Tangentialkraft, die das Gleiten auslöst; der Adhäsionsbeiwert kann also tatsächlich beinahe gleich dem Reibungsbeiwert werden.

Im letzten Kapitel werden schließlich durch Stoß und Reibung hervorgerufene chemische Reaktionen behandelt, und es wird die Auslösung von Explosionen erörtert, die auf diese Weise gezündet werden. Dabei zeigt sich, daß die Erzeugung heißer Reibungsstellen auch bei diesen Vorgängen eine wichtige Rolle spielt.

I. Die Berührungsfläche zwischen festen Körpern

Die Messung der Rauhigkeit und Oberflächengestalt

Es ist außerordentlich schwierig, Oberflächen herzustellen, die wirklich eben sind. Selbst auf sorgfältig polierten Flächen bestehen Erhöhungen und Vertiefungen, die im Vergleich zu einem Molekül große Abmessungen aufweisen. Wenn also zwei Körper aufeinander gelegt werden, so tragen die Gipfel der Unebenheiten der einen Oberfläche die gegenüberliegende, und weit ausgedehnte Gebiete sind durch, an der Reichweite der molekularen Kraftfelder gemessen, große Entfernungen getrennt. Obgleich in der Schleif- und Poliertechnik in den letzten Jahren beträchtliche Fortschritte erzielt wurden, bedarf es immer noch besonderer Anstrengungen, um Flächen anzufertigen, die auf 100 bis 1000 Å eben sind, was im Maschinenbau allerdings selten verlangt wird. Da die molekulare Anziehung sich nur über einige Ångström auswirkt, dürfen wir erwarten, daß die Fläche engster Berührung, d. h. das Gebiet, in dem sich die molekularen Einflußbereiche der beiden Oberflächen überschneiden, auch bei besonders sorgfältig präparierten Flächen sehr klein ausfallen wird. Unsere Kenntnis der Struktur und Gestalt fester Oberflächen hat in den letzten Jahren eine nennenswerte Erweiterung erfahren, und eine Reihe von experimentellen Methoden wurde entwickelt, um die Größe und Form der Rauhigkeiten, die an Oberflächen vorkommen, zu messen. Einige dieser Verfahren, die bei den hier beschriebenen Arbeiten zur Anwendung gelangten, seien unten kurz erwähnt.

Taststiftmethoden

Zur schnellen und bequemen Untersuchung eines Oberflächenprofils sind Instrumente konstruiert worden, die die Vertikalbewegung einer langsam über die Unebenheiten geführten Nadel stark vergrößert aufzeichnen. Als Taststift dient gewöhnlich ein konisch geschliffener Diamant, der an der Spitze einen Krümmungshalbmesser von nur etwa 2×10^{-4} cm aufweist. Die Vertikalbewegung wird meist elektrisch verstärkt und auf einen laufenden Papierstreifen übertragen. Beträchtlicher Erfindergeist und große Herstellungsgenauigkeit kommen im Bau dieser Geräte, die erfolgreich mit 50000facher Vertikalvergrößerung arbeiten, zum Ausdruck. Bei hohen Vergrößerungen ist allerdings gewissen, dem Verfahren innewohnenden Fehlerquellen vermehrte Aufmerksamkeit zu schenken. Das genaue Festlegen der Bezugsebene, beispielsweise, bietet einige Schwierigkeiten, und bei weichen Metallen muß auf die Verletzung durch den Taststift geachtet werden. Ein Instrument dieser Art bietet den großen Vorteil, daß es die Wiedergabe eines Oberflächenprofils rascher und müheloser liefert als andere Methoden, wobei die Oberfläche außerdem nicht zerstört wird. Seine Empfindlichkeit erfährt zwar durch die räumliche Ausdehnung der Nadel eine Begrenzung, da das Eindringen in die feinsten Risse und Grübchen verhindert wird. Unter günstigen Umständen können aber immerhin Kratzer oder Narben von nur 250 Å Tiefe entdeckt werden. Eine ausgezeichnete Darstellung der den Taststiftverfahren zugrunde liegenden Theorie sowie eine Diskussion ihrer Nützlichkeit und Grenzen wurde von REASON, HOPKINS und GARROD (1944) gegeben (siehe auch ,,Conference on Surface Finish", 1940). Messungen der Rauhigkeiten fester Oberflächen mit Hilfe des TALYSURF-Gerätes werden später beschrieben.

Optische Interferenz

Einfache, auf der Interferenz zweier Lichtstrahlen beruhende Verfahren zur Messung der Oberflächengestalt waren natürlich seit langem im Gebrauch. Ein bekanntes Beispiel dafür bildet die Verwendung NEWTONscher Ringe zwischen einer Linse und einer optisch ebenen Platte, um die Linsenkrümmung zu messen. Bei dieser Methode entstehen verhältnismäßig breite, helle und dunkle, Interferenzstreifen. Die Schwankung der Lichtintensität von einem Maximum zum nächsten erfolgt nach einer quadratischen Sinus-Funktion, und die Breite eines Streifens bei halber Intensität beträgt die Hälfte des Abstandes von ,,Linie" zu ,,Linie". Dies bedeutet, daß ein Oberflächendetail, das eine Verschiebung des Maximums um weniger als einen Fünftel des Ordnungsabstandes verursachte, beinahe unsichtbar wäre. TOLANSKY (1948), der die Interferenzmethoden auf einen hohen Grad von Empfindlichkeit entwickelte, erzielte in dieser Hinsicht bemerkenswerte Fortschritte. Bedeckt man die Oberflächen einer optischen Platte und einer Linse mit einer Silberschicht von hohem Reflexionsvermögen (Reflexionskoeffizient 85—95%) und ausreichender Durchlässigkeit, so wird das einfallende Licht hin- und hergeworfen, und es entsteht das resultierende Interferenzbild aller dieser Strahlen. Das Ergebnis dieser Mehrfachinterferenz (analog der Vermehrung der Anzahl der Linien eines Beugungsgitters) besteht darin, daß die Intensitätsminima und -maxima dieselbe Lage wie vorher einnehmen, während sich die Intensitätsverteilung zwischen zwei Maxima veränderte. Die Lage der Maxima ist durch die übliche Beziehung gegeben:

$$n\lambda = 2\,vd\cos\vartheta.$$

Darin bedeuten:

λ die Wellenlänge des verwendeten Lichts,

ν den Brechungsindex des Materials zwischen den versilberten Oberflächen,

d die Weite des Spalts zwischen den versilberten Oberflächen,

ϑ den Einfallswinkel gegenüber der Flächennormalen,

n eine ganze Zahl, die ein Belichtungsmaximum bezeichnet.

Die Intensitätsverteilung ist ähnlich wie sie in einem Fabry-Perot-Interferometer erhalten wird: schmale, helle Linien heben sich von einem dunklen Feld ab; die Breite, bei der die Intensität auf die Hälfte des Maximums abfällt, beträgt rund 2 oder 3 Prozente des Ordnungsabstands. Feine Einzelheiten der unvollkommenen Oberfläche, die Schwankungen der Spaltweite um einen Hundertstel des Abstandes zwischen aufeinanderfolgenden Ordnungen entsprechen, sind leicht sichtbar. Nehmen wir als Lichtwellenlänge $\lambda = 5000$ Å, so verspricht dies die Entdeckung von nur 25 Å hohen Merkmalen. Typische Interferenzstreifen, die auf diese Weise von COURTNEY-PRATT (1950) zwischen einer sehr ebenen Oberfläche und einem handelsüblichen Tafelglas erhalten wurden, sind in Tafel I.1 abgebildet. Die Zacken und Krümmungen der Streifen entsprechen Unregelmäßigkeiten an der Oberfläche von rund 100 Å Höhe.

Um dieses Maß von Genauigkeit zu erreichen, muß den Einzelheiten der Anordnung des optischen Systems besondere Aufmerksamkeit geschenkt werden. Auch ist das Silber sehr gleichmäßig auf die Oberflächen aufzudampfen, damit die Rauhigkeiten genau wiedererscheinen. Dabei ist es äußerst wichtig, daß die Silberatome in einem hohen Vakuum verdampfen, und daß die Oberflächen ungewöhnlich sauber sind; wenn das Silber nicht rein genug ist, kann seine optische Absorption zu Störungen führen. Auch die optische Platte muß eine hohe Güte aufweisen und mindestens über kleine Bezirke ausnahmsweise glatt sein. Der Winkel zwischen den reflektierenden Flächen beiderseits des Keils soll nicht zu groß sein; aber in erster Linie muß darauf geachtet werden, daß der Trennungsabstand auf dem kleinstmöglichen Wert gehalten wird.

Durch eine Abänderung des Verfahrens und die Verwendung eines Spektrographen sowie weißen Lichts kann die Empfindlichkeit noch weiter gesteigert werden, so daß Stufen und ähnliche Oberflächenzüge von nur 10—15 Å Höhe entdeckt und mit einer Genauigkeit von etwa 2—3 Å gemessen werden können. TOLANSKY (1945) benützte diese Methode, um zu zeigen, daß die Spaltflächen eines Kristalls gewöhnlich nicht über größere Gebiete eben sind, sondern Stufen von mehreren

Tafel I

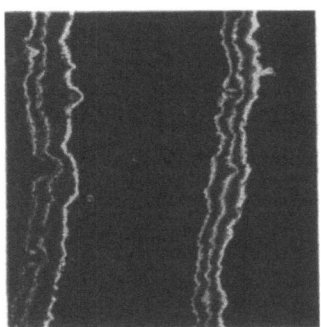

Abb. 1. FIZEAU-Interferenzen. Kontrast verschärft durch Mehrfachreflexion zwischen optischer Platte und gewöhnlichem Scheibenglas. Unregelmäßigkeiten rund 100 Å hoch

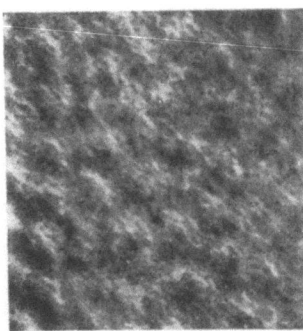

Abb. 2. Elektronenmikroskopaufnahme von elektrolytisch poliertem Aluminium ($50\,000 \times$). Die Höhe der Unebenheiten an der Oberfläche schwankt zwischen 100 und 1000 Å

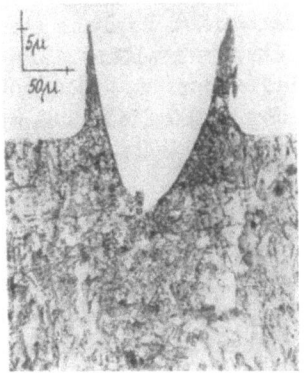

Abb. 3a. Flachschnitt eines Nadelritzes in einer Kupferoberfläche. Beachte die erhöhten Ränder und die Kaltverfestigung unterhalb der Kratzers

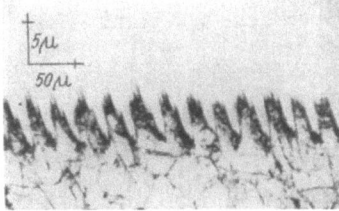

Abb. 3b. Flachschnitt einer feingeschlichteten Kupferoberfläche. Die Riefen sind rund 5×10^{-4} cm hoch

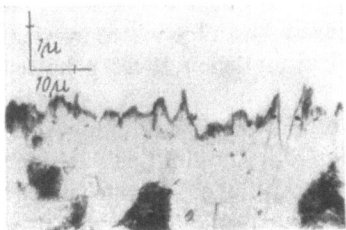

Abb. 3c. Flachschnitt einer mit Karborundumpapier (Nr. 150) geschliffenen Stahloberfläche. Die Unregelmäßigkeiten erreichen eine Höhe von rund 5×10^{-5} cm

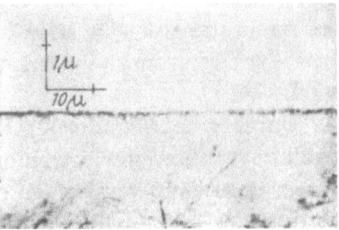

Abb. 3d. Flachschnitt durch eine mit Karborundumpapier (Nr. 600) geschliffene Stahloberfläche. Die Rauhigkeitsvorsprünge sind etwa 10^{-5} cm hoch

100 Å, und zwar ein bestimmtes Vielfaches des Atomabstandes aufweisen. Abb. 1 zeigt als typisches Ergebnis einer Untersuchung von COURTNEY-PRATT das Profil einer Glimmerspaltfläche. Die verfeinerte Methode wurde von ihm auch auf die Messung der Unregelmäßigkeiten und der Beschädigung an Oberflächen gleitender Körper sowie bei Reibungsmessungen an Körpern, die sich nur ganz wenig gegeneinander verschieben, angewandt.

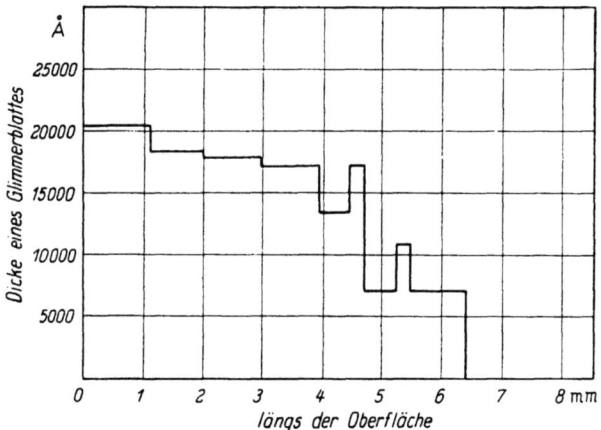

Abb. 1. Dicke eines Glimmerblättchens, bestimmt durch optische Mehrfachinterferenzen zwischen der Ober- und der Unterseite des Blättchens. Die Dickenänderungen sind auf ±3 Å genau und stellen ganze Vielfache des Gitterabstandes von Glimmer dar

In den letzten Jahren sind optische Interferenzmethoden zum Studium der Oberflächengestalt an vielen Orten immer mehr herangezogen worden, und sie erwiesen sich für die Demonstration des Vorhandenseins von Wachstumspiralen auf Kristallflächen als besonders wirksam. COURTNEY-PRATT (1950) bediente sich ihrer, um die Dicke von Fettsäureschichten zu bestimmen, die von der Schmelze auf Spaltflächen von Glimmer adsorbiert wurden. (Die Schmelze benetzt die Glimmerfläche anfänglich, zieht sich jedoch unmittelbar nachher wie von einer hydrophobischen Oberfläche zurück.) Die Ergebnisse zeigen, daß solche Schichten einmolekular sind, da ihre Dicke mit der Länge des Fettsäuremoleküls gut übereinstimmt.

Kürzlich benützte BAILEY (1955) Mehrfachinterferenzen, um die Wechselwirkung zwischen Glimmerblättchen, die über eine beträchtliche Fläche molekular eben sind, zu untersuchen. Die Glimmerblätter wurden dabei zu Zylindern gebogen und zwei solcher Zylinder so aufeinandergepreßt, daß ihre Achsen im rechten Winkel zueinander lagen. Die Berührungsfläche konnte dann interferometrisch gemessen werden, und gleichzeitig bestand die Möglichkeit, sowohl die Adhäsionskraft als auch die zum Gleiten notwendige Tangentialkraft zu bestimmen. Dieses Verfahren stellt vielleicht das einzige Mittel dar, mit dem die Wechselwirkung zwischen molekular glatten Oberflächen studiert werden kann. Die Glimmerflächen können außerdem mit einmolekularen Schichten überzogen werden, so daß sich auch das gegenseitige Verhalten zwischen diesen Filmen beobachten läßt. Die dabei erhaltenen Ergebnisse werden im siebenten Kapitel kurz diskutiert.

Das Elektronenmikroskop

Das Elektronenmikroskop ist ein sehr leistungsfähiges Hilfsmittel für die Erforschung der Unregelmäßigkeiten und der Struktur einer Oberfläche. Im gegenwärtigen Entwicklungsstadium ist das Instrument imstande, mit einer nützlichen Vergrößerung von rund einer Million zu arbeiten, und es besitzt ein Auflösungsvermögen von etwa 10 Å. Bei einem Elektronenmikroskop, das nur für Transmission eingerichtet ist, wird man gewöhnlich gezwungen, von der Oberfläche für den Elektronenstrahl durchlässige Abzüge oder Replikas anzufertigen. Abgesehen davon, daß die Repliktechnik viel Fingerspitzengefühl erfordert, besitzt man nie die Gewißheit, daß die Häutchen den ursprünglichen Umrissen der Oberfläche genau folgen, noch ist die Interpretation der auf dem Umweg über einen Abzug erhaltenen Mikrophotographie immer eindeutig. Um die Höhe der Unregelmäßigkeiten an der Oberfläche abzuschätzen, muß ein Schattierungsverfahren angewandt werden (WILLIAMS und WYCKHOFF, 1944). Die Replikaoberfläche wird dabei mit Atomen eines schweren Metalls (wie Gold oder Chrom), die von kleinen, im Vakuum erhitzten Bruchstücken des betreffenden Metalls stammen, bombardiert. Der Einfallswinkel der Metallatome wird sehr klein gehalten, damit ein kleiner Vorsprung auf der Oberfläche einen langen „Schatten" wirft. Seine Höhe wird dann aus der Länge des Schattens und dem Winkel, unter dem die Replikaoberfläche bombardiert wurde, bestimmt. Auf diese Weise ist es möglich, die Höhe einer Unebenheit von nur ungefähr 30 Å abzuschätzen.

Einige der neueren Elektronenmikroskope sind mit einem neigbaren Objektträger ausgerüstet, der die Aufnahme stereoskopischer Elektronenmikrographien ermöglicht. Es wurden damit auch sehr plastische Bilder erhalten, doch ist es fragwürdig, ob diese Methode die quantitative Genauigkeit der oben beschriebenen Schattierungstechnik erreicht.

Die mit der Herstellung von Replikas verbundenen Schwierigkeiten treten nicht auf, wenn das Elektronenmikroskop als Reflexionsinstrument eingesetzt wird. Das allgemeine Prinzip besteht darin, den Elektronenstrahl unter einem streifenden Einfallswinkel auf die zu prüfende Oberfläche zu richten und die gestreuten Elektronen in der üblichen

Weise zu fokussieren. (Von BORRIES, 1940, KUSHNIR et al., 1951, COSSLETT, 1952.) Die so entstehende Abbildung bringt die Umrisse der Oberfläche etwa in ähnlicher Weise zum Vorschein, wie ein Fußgänger die Unebenheiten auf der Straße sieht, wenn diese von einem entgegenkommenden Motorfahrzeug beleuchtet wird. Die Vorsprünge werfen lange Schatten, die jedoch verkürzt erscheinen, weil sie unter einem sehr kleinen Gesichtswinkel betrachtet werden. Immerhin bietet die Berechnung der wahren Höhen der anschaulich gemachten Oberflächenmerkmale keine besonderen Schwierigkeiten. Der große Vorteil dieses Verfahrens liegt aber vor allem darin, daß Replikas überflüssig werden, da die wirkliche feste Oberfläche durch den Elektronenstrahl direkt „abgetastet" wird. (Wenn eine nichtmetallische Oberfläche vorliegt, muß eine dünne Silberschicht aufgedampft werden, damit eine elektrische Aufladung verhindert wird.) Wie MENTER (1952) zeigte, kann beispielsweise die Normalausführung E.M.3 eines Metropolitan-Vickers-Elektronenmikroskops durch äußerst einfache Abänderungen instand gesetzt werden, Reflexionsmikrophotographien von großer Klarheit, hohem Auflösungsvermögen und beträchtlicher Tiefenschärfe aufzunehmen.

Das gegenwärtig in Reflexion erreichbare Auflösungsvermögen steht noch hinter dem in Transmission erhaltenen zurück, besonders wenn die neuen Kohlenstoffreplikas benützt werden (D. E. BRADLEY, unveröffentlicht), doch gelingt es mittels der Reflexionsmethode, auf der Oberfläche sich abspielende Veränderungen direkt zu verfolgen. CHAPMAN und MENTER (1954) machten von dieser Technik kürzlich Gebrauch, um die Oberflächenstruktur von Fasern und andern nichtmetallischen Stoffen zu untersuchen, während SEAL (1956) sich speziell mit der Struktur von Diamantoberflächen befaßte.

Elektronenmikroskopische Aufnahmen von Oberflächen, die aufs sorgfältigste poliert wurden, lassen gewöhnlich Unregelmäßigkeiten oder Kratzspuren hervortreten, die mit dem optischen Mikroskop nicht entdeckt werden können, obgleich sie im Vergleich zu molekularen Abmessungen noch sehr groß sind. In Tafel I.2 erkennt man bei 50000-facher Vergrößerung deutlich die auf einer elektrolytisch polierten Aluminiumoberfläche noch vorhandenen kleinen Hügel und Vertiefungen. Die Höhe der kleinen Erhebungen schwankt zwischen 100 und 1000 Å. Weitere elektronenmikroskopische Bilder über die Struktur und Beschädigung von Oberflächen werden im vierten Kapitel gegeben.

Das Schrägschnittverfahren

Ein einfaches Verfahren, das beim Studium der Oberflächenrauhigkeit allgemein benutzt wird, besteht in der Ausführung eines Schnittes im rechten Winkel zur Oberfläche, worauf das erhaltene

Profil unter dem Mikroskop untersucht werden kann. Um kleine Einzelheiten beobachten zu können, muß eine sehr leistungsfähige Optik zur Verfügung stehen, wobei das Gesichtsfeld aber sehr beschränkt ist. Die Entdeckung kleinster Unregelmäßigkeiten ist natürlich durch das Auflösungsvermögen des Mikroskops begrenzt. Diese beiden Grenzen, die der Anwendungsmöglichkeit dieser Methode gesetzt sind, können um ein beträchtliches Maß verschoben werden, wenn der Schnitt in einem sehr kleinen Winkel zur Oberfläche gezogen wird. Voraussetzung für eine sinnvolle Anwendung dieses Verfahrens ist natürlich, daß die Unregelmäßigkeiten an der Oberfläche eine Verlängerung in einer bestimmten Richtung aufweisen, was beispielsweise für Schleifspuren und die durch das Gleiten hervorgerufene Veränderung der Oberfläche zutrifft. Man erhält auf diese Art einen Profilschnitt, in dem die vertikalen Komponenten der Rauhigkeitsvorsprünge im Verhältnis zu den horizontalen stark vergrößert erscheinen. Die Wirkung eines solchen schiefwinkligen Schnittes durch ein Probestück, das eine V-förmige Rinne enthält, wird durch Abb. 2 veranschaulicht. Die Verzerrung des Oberflächenprofils in der Schnittebene ist offenbar durch den Cosecans des Schnittwinkels α gegeben. Schneidet man die Oberfläche unter einem Winkel $\alpha = 5°43'$, so werden die Profilordinaten gegenüber den Abszissen im Verhältnis 10 : 1 vergrößert. Um die Unregelmäßigkeiten an der Oberfläche vor Verletzung zu schützen, ist es notwendig, die Probe mit einem Metall von ähnlicher Härte elektrolytisch zu plattieren. Dieses Schrägschnittverfahren ist natürlich nicht neu, doch scheint es erstmals von NELSON (1940) beschrieben worden zu sein. Seine Anwendung (nach weiterer Entwicklung durch MOORE) auf das Studium beschädigter Oberflächen, wird im vierten Kapitel besprochen.

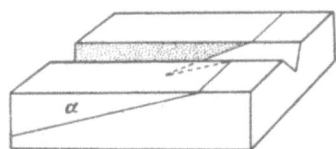

Abb. 2. Diagramm zur Veranschaulichung des Flachschnittverfahrens. Für einen Winkel α von rund 6° beträgt die vertikale Vergrößerung das Zehnfache der horizontalen

In Tafel I.3 (a, b, c und d) sind einige von MOORE (1948) hergestellte Flachschnitte abgebildet. Sie zeigen charakteristische Profile von Oberflächen, die entweder geritzt, gedreht oder mit Pulvern verschiedener Korngröße geläppt wurden. Man erkennt, daß auch das feinste Karborundumpulver noch Riefen von etwa 10^{-5} cm Höhe hinterläßt.

Andere Methoden der Oberflächenprüfung

Die Auswahl der dem Forscher zur Verfügung stehenden optischen Untersuchungsmethoden hat in neuerer Zeit eine beträchtliche Erweiterung erfahren: Das Phasenkontrastmikroskop beispielsweise ist eines dieser wertvollen Hilfsmittel für das Studium von Oberflächenmerkmalen von weniger als einigen hundert Ångström Höhe. Der größte

Nachteil dieser Methode, die durch Kontrastwirkung schon sehr kleine Höhenunterschiede sichtbar werden läßt, besteht darin, daß diese nicht quantitativ gemessen, sondern nur geschätzt werden können. Beim Spiegelreflexmikroskop ist die chromatische Aberration des Linsensystems eliminiert, und es ermöglicht uns, bei hohen Vergrößerungen in beträchtlicher Entfernung von der betrachteten Oberfläche zu arbeiten. Polarisiertes Licht gibt bei metallographischen Untersuchungen bemerkenswerte Kontraste für die verschieden orientierten Kristallite, besonders bei hexagonalen oder tetragonalen Metallen (MOTT und HAINES, 1951; CONN und BRADSHAW, 1952).

TOLANSKY (1952) beschrieb als einfache und wirksame Methode zur Untersuchung der Oberflächengestalt eine Abänderung des Lichtschnittverfahrens von Schmalz (1936). Diese besteht darin, daß das Bild einer geraden, undurchsichtigen Linie unter einem bestimmten Winkel auf die zu prüfende Oberfläche geworfen wird. Betrachtet man diese projizierte Linie unter einem geeigneten Gesichtswinkel, so folgt sie den Unebenheiten der Oberfläche und zeichnet ein Profil, das ähnlich wie die auf Seite 11 erwähnten Schrägschnitte aussieht. Bei günstigen Verhältnissen ist das Auflösungsvermögen (sowohl in der Tiefe als auch in der Breite) besser als 2000 Å. Eine Darstellung dieses Verfahrens und eine knappe Übersicht über andere Mikroskopiermethoden wurde von TOLANSKY an der vom „Institute of Metals" veranstalteten Tagung über die Eigenschaften metallischer Oberflächen gegeben (1953). Ein anderer Überblick, der sich kritisch mit Phasenkontrastmikroskopie, Reflexionsmikroskopie und Mehrfachinterferenzen befaßt, ist in den Vorträgen enthalten, die an einer Tagung der „British Iron and Steel Research Association" (1949) über „The Examination of Metals by Optical Methods" mitgeteilt wurden.

In den letzten Jahren zeigten Sir G. THOMPSON und seine Mitarbeiter, daß die Elektronenbeugung verwendet werden kann, um Aufschluß nicht nur über die Struktur fester Oberflächen, sondern auch über ihre Gestalt und eine allfällige Orientierung der Rauhigkeitsvorsprünge zu liefern Diese Entwicklungen sind von Sir G. THOMPSON an einer vom „National Research Council of America" (1952) einberufenen Tagung über „The Structure and Properties of Solid Surfaces" umrissen worden.

Die Berührungsfläche zwischen festen Körpern

Wenn Oberflächen poliert werden, so spielt sich, wie wir im dritten Kapitel sehen werden, ein Vorgang ab, der dadurch gekennzeichnet ist, daß das Material von den Gipfeln der Vorsprünge in die Vertiefungen fließt. Die so entstehende Oberfläche gleicht somit eher einer sanften Hügellandschaft als einem zackigen, alpinen Gelände. Aber auch in diesem Fall werden sich zwei so beschaffene Oberflächen nur an den höchsten Erhebungen anliegen, und die Fläche engster Berührung wird sehr klein ausfallen. Dies bedeutet, daß auch bei leicht belasteten Flächen an den Kontaktstellen ein hoher Druck entsteht, und gerade diese Bezirke sind für die Reibung, die Beschädigung der Oberflächen und die Wechselwirkung zwischen den festen Körpern verantwortlich. Mit zunehmender Belastung werden die Rauhigkeiten nieder-

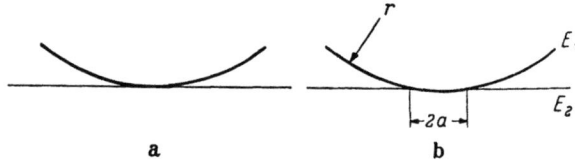

Abb. 3. Die Berührung zwischen einer kugeligen und einer ebenen Oberfläche. a) Berührung unter Nullast. b) Wenn die Last nicht zu schwer ist, entsteht eine elastische Deformation, und der Berührungskreis ist durch die Hertzschen Gleichungen gegeben

gedrückt und die Normalkraft über ein größeres Gebiet verteilt. Es stellt sich deshalb die Frage, welche Einflußgrößen die wirkliche Berührungsfläche, auf der die Last abgestützt ist, bestimmen.

Eine vollständigere Behandlung dieser Probleme und ihrer Bedeutung für Härtemessungen wurde bereits als Monographie (TABOR, 1951) veröffentlicht.

Vorsprünge von kugeliger Form

Wir betrachten zuerst einen Idealfall, und nehmen an, die Vorsprünge an der Oberfläche seien zuäußerst vollkommen glatt und von kugeliger Gestalt. Wir denken uns eine solche Kalotte auf einem weicheren Metall ruhend, wobei dessen Oberfläche im Berührungsgebiet als eben angesehen werden kann (s. Abb. 3a). Wenn diese beiden Oberflächen mit einer Last N zusammengedrückt werden, so erfahren sie zuerst eine elastische Verformung, die durch die klassischen Gleichungen von HERTZ (1886) ausgedrückt wird. Das Berührungsgebiet wird durch einen Kreis mit dem Radius a abgegrenzt, und es gilt

$$a = 1{,}1 \left\{ \frac{Nr}{2} \left(\frac{1}{E_1} + \frac{1}{E_2} \right) \right\}^{1/3}, \qquad (1)$$

wobei r den Krümmungsradius des Vorsprungs und E_1 und E_2 die Elastizitätsmodule des Vorsprungs, bzw. der ebenen Fläche bezeichnen (s. Abb. 3b). In diesem Stadium wird die Berührungsfläche $F = \pi a^2$ folglich proportional zu $N^{2/3}$ sein, während der mittlere Druck über die Berührungsfläche $p_m = N/\pi a^2$ proportional zu $N^{1/3}$ sein wird. Abb. 4 zeigt, wie F und p_m sich mit N verändern. In diesem Belastungsbereich sind die entstandenen Deformationen elastisch und umkehrbar: wenn die Last abgehoben wird, nehmen die Oberflächen wieder ihre ursprüngliche Gestalt an.

Mit wachsender Last N steigt auch der mittlere Druck p_m an, bis er einen solchen Wert erreicht, daß in einem kritischen Punkt innerhalb des weicheren Metalls die Elastizitätsgrenze überschritten wird. Dies geschieht in jenem Gebiet, wo die Schubspannungen am größten sind. Die HERTZsche Analyse zeigt, daß dieser Bezirk bei einem Punkt Z gelegen ist, der sich in einem Abstand (Abb. 5a) von rund $0,5\,a$ unter dem Mittelpunkt des Berührungskreises befindet (TIMOSHENKO, 1934). In diesem Punkt wird die Elastizitätsgrenze gerade überschritten, wenn

$$p_m = 1,1\,\sigma_0, \qquad (2)$$

wobei σ_0 die Elastizitätsgrenze des weicheren Metalls bezeichnet, wie sie in einem reinen Zug- (oder reibungslosen Druck-) Versuch gefunden wird. In diesem Stadium ist das Metall in der Umgebung von Z plastisch und fließt irreversibel. Das Material außerhalb

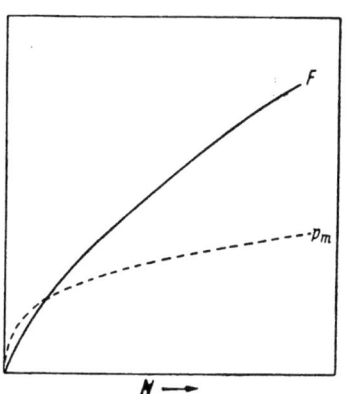

Abb. 4. Elastische Verformung. Die Kurven zeigen die Berührungsfläche F (ausgezogen) und den mittleren Druck p_m als Funktion der Normalbelastung N, wenn eine Kugel auf eine ebene Oberfläche gepreßt wird. F verändert sich wie $N^{2/3}$ und p_m wie $N^{1/3}$

dieses Gebietes hat noch nicht den plastischen Zustand erreicht, und seine Deformation ist im wesentlichen noch elastisch. Infolgedessen bleibt nach der Entfernung der Last in diesem Körper nur eine sehr kleine bleibende Formänderung zurück.

Wird die Belastung nun weiter gesteigert, so nehmen die Berührungsfläche F und der mittlere Druck p_m in einer Weise zu, die von dem in Abb. 4 dargestellten Verhalten immer mehr abweicht. Das Gebiet der plastischen Verformung um Z dehnt sich schnell aus, und bald ist ein Zustand erreicht, bei dem das ganze Material in der Umgebung der Berührungsfläche in plastischem Fließen begriffen ist (Abb. 5b). In diesem Stadium gilt nach den theoretischen Arbeiten von HENCKY (1923) und ISHLINSKY (1944) die Beziehung

$$p_m = c\sigma_0, \qquad (3)$$

in der c einen Wert von angenähert 3 besitzt.

Obschon die deformierte Fläche sich immer mehr ausbreitet, wenn die Belastung weiter erhöht wird, so findet man, daß obige Gesetzmäßigkeit (3) ihre Gültigkeit beibehält, sofern gewisse Bedingungen erfüllt sind: Erstens darf das plastisch verformte Gebiet im Vergleich zur ganzen Probe nicht zu groß sein, und zweitens soll die Elastizitätsgrenze σ_0 infolge der plastischen Formänderung nicht höher zu liegen kommen, d. h. es darf keine Kaltverfestigung stattfinden. In der Praxis ist es natürlich unmöglich, ein Metall zu finden, das sich nicht verfestigt, doch kann eine gute Annäherung an den Idealfall erhalten werden,

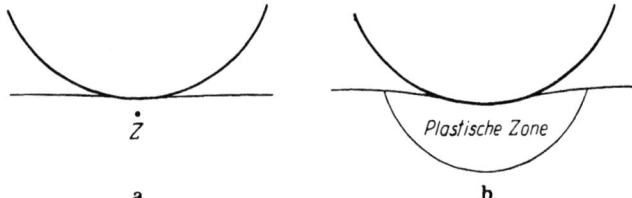

Abb. 5. Plastische Deformation einer ebenen Oberfläche durch eine härtere Kugelfläche. a) Das plastische Fließen beginnt in einem Punkt Z unterhalb der Oberfläche bei einem mittleren Berührungsdruck $p_m \approx 1{,}1\ \sigma_0$. b) In einem späteren Stadium fließt das Material in der ganzen näheren Umgebung des Eindrucks, wobei $p_m \approx 3\ \sigma_0$

wenn man Metalle verwendet, die einen so hohen Verfestigungsgrad aufweisen, daß weitere Formänderungen keinen nennenswerten Einfluß auf ihre Elastizitätsgrenze mehr haben.

Einige einfache Versuche über das plastische Verhalten der Metalle bestätigten die allgemeine Gültigkeit der Beziehung (3) in vollem Umfang. Eine harte Stahlkugel wurde dabei in die Oberfläche verschiedener Metalle eingedrückt, nachdem diese vorher bis zu einem hohen Verfestigungsgrad verformt worden waren. Dabei wurde gefunden, daß der mittlere Druck p_m, der als Fließdruck bezeichnet werden mag, beinahe unabhängig von der Größe des erzeugten Eindruckes und damit der Belastung war. (Bei sehr großen Eindrücken kann eine leichte Zunahme von p_m festgestellt werden, die vermutlich auf einer zunehmenden Einengung des verdrängten Materials beruht (BISHOP, HILL und MOTT, 1945), doch handelt es sich um eine quantitativ unbedeutende Erscheinung.) Die in diesen Versuchen beobachteten Werte von p_m sind zum Vergleich mit den Elastizitätsgrenzen der Metalle, wie sie aus „reibungslosen" Druckprüfungen bekannt sind, in Tab. 1 aufgeführt. Man sieht, daß für alle Legierungen die gleiche Proportionalitätskonstante auftritt, obgleich die Fließdrücke zwischen 6 und 190 kg/mm² liegen.

Tabelle 1

Verfestigtes Metall	σ_0 kg/mm²	p_m kg/mm²	$c = p_m/\sigma_0$
Blei-Tellur . . .	2,1	6,1	2,9
Kupfer	31	88	2,8
Stahl	65	190	2,8

Kehren wir nun zu unserem früheren Modell zurück, um die Änderung von p_m mit zunehmender Belastung für Materialien, die sich nicht verfestigen, graphisch darzustellen (Abb. 6). Das erste Kurvenstück OA drückt die Zunahme von p_m mit N im rein elastischen Bereich aus, wo die Formänderung vollständig umkehrbar ist. Im Punkt A, wo p_m einen Wert von etwa $1,1\,\sigma_0$ erreicht, setzt die plastische Deformation ein. p_m wächst darauf allmählich an, bis bei einem Wert von rund $2,8\,\sigma_0$ der „vollkommen" plastische Zustand vorliegt. Für größere Belastungen ist der mittlere Berührungsdruck ziemlich unabhängig von der Kraft N und folgt etwa dem Ast BC.

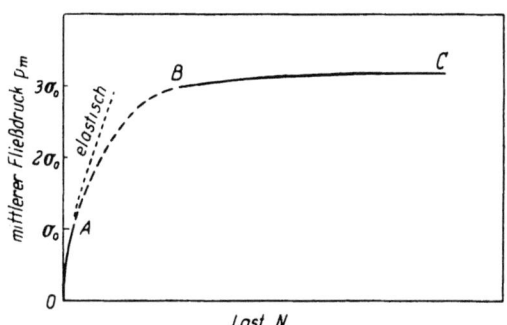

Abb. 6. Die Änderung von p_m als Funktion von N beim Eindrücken einer harten Kugel in eine ebene Oberfläche. Die Anfangsdeformation OA ist elastisch und p_m variiert wie $N^{1/3}$. Die plastische Verformung beginnt bei A und hält an, bis die ganze Umgebung des Eindrucks in plastischem Fließen begriffen ist. In diesem Stadium (BC) ist der mittlere Druck p_m beinahe unabhängig von N

Würde die Verformung oberhalb A immer noch gemäß den elastischen Gleichungen erfolgen, so betrüge die Last, bei der p_m gleich $2,8$ wird $(2,8/1,1)^3$ oder etwa das 16fache der Belastung bei A. Aus den Versuchen geht jedoch hervor, daß der Druck, wenn das plastische Fließen einmal begonnen hat, nicht in diesem Verhältnis zunimmt, sondern beträchtlich langsamer, und der vollkommen plastische Zustand wird erst erreicht, wenn die Last 100- oder 200mal größer ist als zu Beginn des Fließens.

Es ist aufschlußreich, den Bereich OA für verschiedene Metalle zu berechnen. Unter der Annahme, daß das Fließen bei $p_m = 1,1\,\sigma_0$ einsetzt, kann die entsprechende Last N_A aus Gl. (1) erhalten werden:

$$N_A = 13,1 \times p_m^3 \times r^2 \left(\frac{1}{E_1} + \frac{1}{E_2}\right)^2. \tag{4}$$

Rechnen wir für die harten kugeligen Vorsprünge mit einem Elastizitätsmodul von $E_1 = 2 \times 10^{12}$ dyn/cm^2 (üblicher Wert von Stahl), so wird der plastische Zustand für die verschiedenen Metalle bei den in Tab. 2 gegebenen Belastungswerten auftreten.

Aus diesen Ergebnissen geht deutlich hervor, daß bei Krümmungsradien von ungefähr $r = 10^{-4}$ cm nur eine äußerst kleine Last aufzuwenden ist, um die Verformung bis an jene Grenze zu bringen, bei der das plastische Fließen beginnt. Sogar bei einem Werkzeugstahl, z. B.,

Die Berührungsfläche zwischen festen Körpern

Tabelle 2

Material	σ_0 kg/mm²	p_m bei A kg/mm²	E_2 dyn/cm²	$\left(\dfrac{1}{E_1}+\dfrac{1}{E_2}\right)^2$	N_A g $r = 10^{-4}$ cm	$r = 10^{-2}$ cm	$r = 1$ cm
Blei-Tellur . .	2,1	2,3	$0{,}16 \cdot 10^{12}$	$45{,}5 \cdot 10^{-24}$	$8 \cdot 10^{-8}$	$8 \cdot 10^{-4}$	8
Handelskupfer	20	22	$1{,}2 \cdot 10^{12}$	$1{,}78 \cdot 10^{-24}$	$2{,}5 \cdot 10^{-6}$	$2{,}5 \cdot 10^{-2}$	250
Stark verfestigtes Kupfer	31	34	$1{,}2 \cdot 10^{12}$	$1{,}78 \cdot 10^{-24}$	$9{,}1 \cdot 10^{-6}$	$9{,}1 \cdot 10^{-2}$	910
Flußstahl . .	65	71	$2 \cdot 10^{12}$	$1 \cdot 10^{-24}$	$4{,}7 \cdot 10^{-5}$	0,47	$4{,}7 \cdot 10^3$
Legiert. Stahl	200	220	$2 \cdot 10^{12}$	$1 \cdot 10^{-24}$	$1{,}4 \cdot 10^{-3}$	14	$14 \cdot 10^4$

wird nur eine Last von rund einem Milligramm benötigt, um die plastische Verformung auszulösen, während der Zustand „voller" Plastizität schon mit weniger als 0,1 g erreicht wird. Es folgt daraus für die Berührung zwischen metallischen Oberflächen, daß das Material um die feineren Rauhigkeitsvorsprünge selbst bei ganz geringen Normalkräften Spannungen unterworfen ist, die leicht die Elastizitätsgrenze überschreiten. In den meisten Fällen wird das Metall in der Umgebung der höchsten Unebenheiten weit über den elastischen Bereich gedehnt und in vollem plastischem Fließen begriffen sein, so daß der mittlere Druck in den Berührungsgebieten durch die Beziehung $p_m = 3\sigma_0$ gegeben ist. Wenn die Vorsprünge weicher sind als die Oberfläche, gegen die sie drücken, so werden diese gerundeten Unebenheiten natürlich abgeplattet, und es gelten ähnliche Überlegungen. Bei Metallen, die sich nicht verfestigen, ist σ_0 eine Konstante, und folglich ist auch p_m unveränderlich. Die Fläche F, über die plastisches Fließen stattfindet, ist somit direkt proportional zur Belastung N und umgekehrt proportional zum Fließdruck.

Die Wirkung der Kaltverfestigung

Wir betrachten nun die durch kugelige Oberflächen erzeugte Formänderung, wenn σ_0 mit zunehmender Deformation ansteigt. Dabei halten wir uns wiederum an das einfache Modell eines harten kugeligen Vorsprungs, der in die Oberfläche eines weicheren Metalls eindringt. Bei beiden Oberflächen setzen wir ideale Glätte voraus. Wenn dieses Metall nun, im Gegensatz zu dem im letzten Abschnitt behandelten, die Fähigkeit der Verfestigung besitzt, so bewirkt die Bildung des Eindrucks eine Erhöhung der Elastizitätsgrenze σ_0. Aus theoretischen Überlegungen und praktischen Messungen geht hervor, daß die Elastitzitätsgrenze in der Umgebung des Eindruckes nicht konstant ist, sondern sich von Punkt zu Punkt ändert. Dennoch können wir für die Elastizitätsgrenze einen durchschnittlichen oder repräsentativen Wert annehmen, der mit dem mittleren Druck p_m durch eine ähnliche Beziehung wie Gl. (3) verknüpft ist. Eine eingehende experimentelle Untersuchung zeigt tatsächlich, daß die an der Kante des Eindrucks gültige Elastizitätsgrenze σ_k für diesen Zweck verwendet werden kann. Vergleicht man p_m mit σ_k, so findet man in einer großen Auswahl von Eindrücken verschiedener Größe, daß die Beziehung $p_m = c\sigma_k$ befolgt wird, wobei die Konstante einen Wert zwischen 2,7 und 3 besitzt. Wird ferner der Durchmesser des Eindrucks mit d und der Durchmesser der kugeligen Oberfläche mit D bezeichnet, so ist der Eindruck durch das dimensionslose Verhältnis d/D vollständig definiert, und man stellt fest, daß die der Spannung σ_k entsprechende lineare Formänderung angenähert proportional zu diesem Verhältnis d/D ist. Drücken wir die Formänderung an der Kante durch eine prozentuale Dehnung δ aus, so erhält die Konstante einen Wert von ungefähr 20, und wir können schreiben

$$\delta = 20 \left(\frac{d}{D}\right). \tag{5}$$

Die Bedeutung dieser Beziehung sei an einem Beispiel verdeutlicht: Angenommen, wir benützen eine harte Kugel von 1 cm Durchmesser und belasten sie mit einem solchen Gewicht, daß ein Eindruck von 5 mm Durchmesser gebildet wird. Das Verhältnis d/D beträgt offenbar 1/2 und die Formänderung $\delta = 10\%$. Aus einer Spannungs-Dehnungskurve für das betreffende Metall entnimmt man die Elastizitätsgrenze, die der 10%-Dehnung entspricht. Dieser Wert stellt nun die „repräsentative" Elastizitätsgrenze für einen Eindruck dieser Größe dar, und man findet, daß diese Spannung direkt dem Fließdruck p_m proportional ist, wobei die Konstante etwa bei 2,8 liegt (TABOR, 1948).

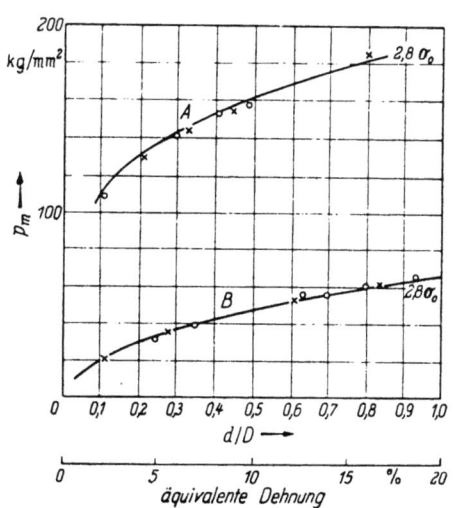

Abb. 7. Die plastische Deformation von Baustahl (Kurve A) und weichgeglühtem Kupfer (Kurve B) durch eine harte Stahlkugel (Durchmesser D). Der mittlere Druck p_m ist über dem Parameter d/D (d = Durchmesser des Eindrucks) aufgetragen, der ein Maß für die in der Umgebung des Eindrucks hervorgerufene Verfestigung liefert. Die Ergebnisse der Eindrucksmessungen (Kreise und Kreuze) stimmen gut mit den Spannungs-Dehnungskurven der Metalle (ausgezogen) überein, wenn die Spannungen mit dem Faktor 2,8 vervielfacht werden

Pressen wir mit zunehmender Kraft eine Reihe von Eindrücken in die Oberfläche, so stellen wir eine Erhöhung von p_m mit der Vergrößerung des Eindrucks fest. Trägt man die Werte von p_m über dem Verhältnis d/D auf, so liegen die Punkte wie in Abb. 7. Mit Hilfe der Beziehung (5)

können wir nun die d/D-Achse für die äquivalenten Dehnungen δ umschreiben. Anschließend konstruieren wir eine das Spannungs-Dehnungsverhalten des Metalls kennzeichnende Kurve, indem wir über dieser Achse die mit dem Faktor 2,8 multiplizierten Spannungsordinaten aufzeichnen. Man erkennt sofort, daß diese Kurve mit den aus Eindrucksmessungen erhaltenen Punkten übereinstimmt, woraus wir schließen, daß die Ausmessung solcher Härteeindrücke tatsächlich etwas über die Verfestigungscharakteristik des Metalls aussagt.

Die Abhängigkeit von p_m von der Größe des Eindrucks läßt sich quantitativ ausdrücken. Bezeichnet nämlich N die Belastung einer Kugel auf einer Oberfläche bei einem Eindrucksmesser d, so gilt

$$p_m = \frac{4 N}{\pi d^2}.$$

Andererseits ist die Elastizitätsgrenze für viele Metalle in erster Annäherung durch ein einfaches Potenzgesetz der Dehnung gegeben, d. h. $\sigma_0 = b \delta^x$ (NADAI, 1931).

Somit $p_m = c \sigma_0 = c b \sigma^x = $ konstante $\times (d/D)^x$

und daraus
$$N = k \frac{d^n}{D^{n-2}}, \qquad (6)$$

wobei $n = x + 2$. Für viele weichgeglühte Metalle besitzt x einen Wert von rund 1/2, so daß die Fläche, über die plastisches Fließen auftritt, für einen bestimmten Wert von D durch

$$F = \frac{\pi d^2}{4} = k' N^{4/5} \qquad (7)$$

gegeben ist. Dies bedeutet, daß die wirkliche Berührungsfläche infolge der Verfestigung nicht genau der Belastung proportional ist. Handelt es sich jedoch um ein teilweise verfestigtes Material, wie man es gewöhnlich antrifft, so schreitet die Verfestigung mit zunehmender Formänderung weniger rasch fort. Es läßt sich dennoch eine zu Gl. (6) ähnliche Beziehung aufstellen, wobei der Exponent näher bei 2 liegt. Bei gewöhnlichem, gezogenem Messing oder Baustahl gilt etwa ein Wert von $n = 2{,}15$, und die Berührungsfläche ist folglich proportional zu $N^{0,92}$. Bei vollständig verfestigten Metallen, bei denen die Elastizitätsgrenze durch weitere Formänderungen nicht mehr verändert wird, ist der Fließdruck, wie wir gesehen haben, von der Größe des Eindrucks unabhängig, und die durch plastisches Fließen bedingte Berührungsfläche ist direkt proportional zu N.

Man findet, daß ähnliche Beziehungen, wie sie oben stehen, auch für eine weiche Halbkugel gelten, die gegen eine härtere ebene Fläche gedrückt wird, oder auch, wenn zwei Halbkugeln des gleichen Metalls gegeneinanderpressen (O'NEILL, 1934). Zum Abschluß sei wiederholt, daß die Kontaktfläche bei vollkommen weichgeblühten Metallen näherungsweise wie $N^{1/3}$ variiert, während sie sich bei vollständig verfestigten Proben direkt proportional zu N verhält, sofern das deformierte Gebiet im Verhältnis zur gesamten Oberfläche klein ist.

Vorsprünge von konischer oder pyramidaler Gestalt

Bei der Betrachtung von konischen oder pyramidenförmigen Vorsprüngen beschränken wir uns der Einfachheit halber wiederum auf den Fall eines harten Körpers (Konus oder Pyramide), der in die Oberfläche eines weicheren Metalles eindringt. Die Oberflächen sowohl des Konus als auch der Pyramide und der Auflage denken wir uns als ideal glatt.

Die Spitze des Eindringkörpers kann offenbar als Teil einer Kugel von verschwindend kleinem Krümmungsradius betrachtet werden. Wie aus Gl. (4) hervorgeht, wird folglich eine unendlich kleine Last genügen, um die weiche Metallfläche über die Elastizitätsgrenze hinaus zu beanspruchen, und der Zustand voller Plastizität wird sich schnell einstellen. Wenn der harte Körper tiefer und tiefer in die weiche Oberfläche eindringt, so beobachtet man wiederum, daß der Fließdruck p_m mit der Elastizitätsgrenze durch eine Beziehung der Art $p_m = c\sigma_0$ verbunden ist, sofern das Metall sich nicht verfestigt. Der Faktor c ist für einen gegebenen Körper eine Konstante, doch ändert er sich beispielsweise mit dem Öffnungswinkel eines Konus. Der Wert dieser Konstanten ist um so größer, je spitzer der eindringende Körper. Vermutlich hängt auch diese Erscheinung damit zusammen, daß das wegzuräumende Material im einen Fall weniger leicht ausweichen kann. In Abb. 8 sind typische Ergebnisse von BISHOP, HILL und MOTT für Eindrücke aufgetragen, die in stark verfestigtem Kupfer durch Konusse mit verschiedenen Spitzenwinkeln erzeugt wurden.

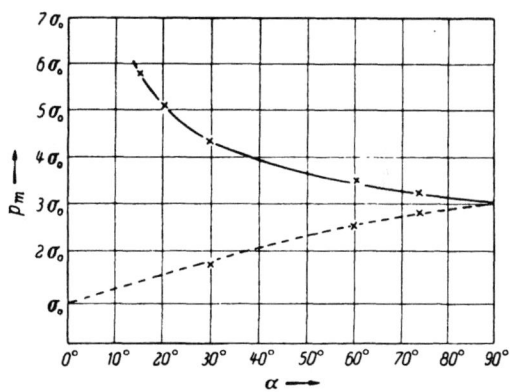

Abb. 8. Der Fließdruck p_m in Abhängigkeit des halben Öffnungswinkels α des Konus. Das Verhalten von gerecktem Kupfer bei Deformationsversuchen mit Stahlkörpern. Ausgezogene Linie: Eindringen eines harten Konus in eine ebene Unterlage. Gestrichelte Linie: Deformation eines Konus auf einer harten Unterlage

Man erkennt, daß c von etwa 3,6 auf 2,9 abnimmt, wenn der halbe Öffnungswinkel α von 60° auf 90° erweitert wird. Man darf daraus schließen, daß die Proportionalitätskonstante für Körper mit großem Öffnungswinkel sich mit dem Winkel nicht stark verändert und einen Wert von etwa 3 besitzt. Bei sehr spitzen Körpern ist c jedoch beträchtlich größer und steigt mit kleiner werdendem Winkel schärfer an. Für jeden gegebenen Körper ist die plastische Berührungsfläche allerdings proportional zur Belastung, da p_m ja konstant bleibt.

Bei einem sich verfestigenden Metall wird der durch das Eindringen erzeugte Verfestigungsgrad von der Form des Körpers abhängen. Ein spitzer Konus wird im allgemeinen eine stärkere Verfestigung hervorrufen als ein stumpfer, so daß er eine größere Zunahme der „repräsentativen" Elastizitätsgrenze der Metallauflage erzeugen wird. Dieser Faktor wird zusammen mit dem höheren Wert von c bewirken, daß der Fließdruck bei einem spitzen Konus um einiges höher liegt als bei einem stumpfen. Dennoch bleibt für einen festen Öffnungswinkel die wirksame Dehnung die gleiche, wie groß der Eindruck auch sein mag, da konische oder pyramidale Eindrücke verschiedener Größen in einer ausgedehnten, ebenen Oberfläche einander geometrisch ähnlich sind. Folglich wird p_m für einen gegebenen Eindruckskörper nicht von der Last beeinflußt[1]. Dies bedeutet, daß die plastische Berührungsfläche selbst bei Stoffen, die eine Verfestigung erfahren, direkt proportional zur Last N ausfällt.

Ähnliche Überlegungen lassen sich anstellen, wenn die Pyramide oder der Konus aus dem weicheren Metall bestehen und ihre Spitze durch die harte Unterlage flachgedrückt wird. In diesem Fall wird allerdings der Druck, der einer Formänderung Widerstand leistet, mit dem Öffnungswinkel abnehmen, da bei einem Halbwinkel von 0° ja ein Zylinder vorliegt, für den natürlich $p_m = \sigma_0$ ist. Somit entspricht einer Abnahme des Halbwinkels von 90° auf 0° ein Abfall von p_m von $2,9\,\sigma_0$ auf σ_0. Ein typisches Ergebnis für verfestigte Kupferkonusse ist in Abb. 8 durch die gestrichelte Kurve angegeben. Es bestätigt das theoretisch zu erwartende Verhalten. Man erkennt, daß die Proportionalitätskonstante, die p_m mit σ_0 verknüpft, sich bei stumpfen Konussen, deren Halbwinkel zwischen 60° und 90° schwanken, nicht stark verändert und in diesem Bereich einen Durchschnittswert von rund 2,7 besitzt. Wenn der Konus oder die Pyramide aus einem verfestigungsfähigen Material besteht, so können obige Überlegungen unverändert angewendet werden. Ein spitzer Konus wird sich im allgemeinen

---

[1] Versuche zeigen (TABOR, 1948), daß die repräsentative Dehnung, die durch die Diamantpyramide bei der Vickershärteprüfung erzeugt wird, etwa 8% beträgt, während die Proportionalitätskonstante, die den Fließdruck mit dem repräsentativen Wert für die Elastizitätsgrenze verknüpft, bei rund 3,4 liegt. Dies ermöglicht die Berechnung der Vickershärte aus der Spannungs-Dehnungskurve eines Metalles; für einen weiten Bereich von Materialien und Verfestigungsgraden besteht eine gute Übereinstimmung zwischen den beobachteten und den berechneten Werten.

stärker verfestigen als ein stumpfer. Dennoch wird die deformierte Spitze sich bei einem Kegel von bestimmtem Öffnungswinkel, ohne daß die absolute Größe ins Gewicht fällt, in geometrisch ähnlicher Weise verändern, wenn die Belastung erhöht wird. Folglich wird p_m konstant bleiben, und die Fläche, über die bei weichgeglühten oder verfestigten Metallen plastisches Fließen stattfindet, wird in einem direkten Verhältnis zur Belastung stehen.

Die wirkliche Kontaktfläche

Aus diesen Ergebnissen folgt, daß die Gipfel der Rauhigkeitsvorsprünge von Metallflächen, die sich gegenseitig aufliegen und unter einer Normalbelastung stehen, leicht plastisch deformiert werden, wobei der mittlere Druck durch $p_m = c\sigma_0$ gegeben ist. σ_0 stellt dabei einen „repräsentativen" Wert der Elastizitätsgrenze in diesen Gebieten dar. Der Faktor c hängt von der Form und der Größe der Unregelmäßigkeiten an der Oberfläche ab, doch kann ein Wert von etwa 3 für konische und pyramidenförmige Vorsprünge von sehr verschiedenen Öffnungswinkeln sowie für kugelige Bezirke als gute Annäherung gelten. Somit beträgt der Fließdruck für die Oberflächenrauhigkeiten rund $3\,\sigma_0$.

Bei konischen und pyramidenförmigen Vorsprüngen ist der Fließdruck vom Grad der Verformung, die bereits voranging, unabhängig, so daß die wirkliche Berührungsfläche direkt proportional zur Belastung N ausfällt. Bei halbkugeligen Vorsprüngen stimmt dies nur für Metalle, die schon stark verfestigt sind. Befinden sich die Metalle im weichgeglühten Zustand, so ist F eher zu $N^{4/3}$ verhältnisgleich. Allerdings sind die Rauhigkeiten an der Oberfläche gewöhnlich schon infolge des Bearbeitungsvorganges, der zur Herstellung der Oberfläche diente, in einem verfestigten Zustand. *Infolgedessen dürfen wir erwarten, daß die wirkliche Berührungsfläche in den meisten praktischen Fällen für alle Arten und Formen von Rauhigkeiten sich beinahe proportional zur Belastung ändert.* Also gilt

$$F = \frac{1}{p_m} N, \tag{8}$$

wobei p_m den mittleren Fließdruck der Vorsprünge bezeichnet.

Im Gegensatz dazu folgt aus Gl. (1), daß eine elastische Formänderung nach der Beziehung

$$F = k'' N^{2/3} \tag{9}$$

vor sich geht.

Wirkliche und scheinbare Berührungsfläche

Wie wir bereits erläuterten, wird der plastische Zustand bei Körpern von kleinem Krümmungsradius schon bei äußerst kleinen Lasten erreicht. Die in Tab. 2 aufgeführten Ergebnisse zeigen jedoch, daß die

Normalkraft, bei der die plastische Verformung einsetzt, bei Körpern mit großem Krümmungsradius sehr viel höher liegt. Drückt beispielsweise eine sehr harte kugelige Oberfläche, deren Radius 1 cm beträgt auf einen stark verfestigten Flußstahl, so ist die Deformation bis zu einer Normalkraft von etwa 5000 g elastisch. In der Praxis ist es allerdings beinahe unmöglich, vollkommen glatte Oberflächen zu erhalten, und infolgedessen werden bei Lasten von weniger als 5000 g die feinen Unregelmäßigkeiten plastisch verformt, während die Hauptmasse des Metalls elastisch nachgibt. Dies bedeutet, daß die durch plastisches Fließen der Oberflächenvorsprünge entstandene Kontaktfläche im Verhältnis zur Belastung anwächst, wenn diese von 0 bis 5000 g gesteigert wird. Andererseits muß die scheinbare Berührungsfläche, die durch die elastische Formänderung gegeben ist, wie $N^{2/3}$ zunehmen. Sobald die Last 5000 g überschreitet, beginnt das plastische Fließen in einem makroskopischen Maßstab, und bei Kräften von mehreren hundert kg wird der maßgebliche Teil des Probestückes den vollkommen plastischen Zustand erreicht haben. Diese makroskopische, plastische Formänderung und der mittlere Druck über die ausgedehnte Eindrucksfläche stellen ein Maß für die Elastizitätsgrenze der Grundmasse des Metalls dar. Diese Beschreibung der Verformung von Berührungsflächen ist für die meisten praktischen ,,Härte''messungen zutreffend.

Obige Ausführungen werden durch einige Oberflächenprofile, die von MOORE (1948) mit einem Taststiftgerät auf einer verfestigten Kupferoberfläche aufgenommen wurden, besonders eindrücklich illustriert. Die Kupferprobe wurde zuerst mit einer Anzahl feiner, paralleler Rillen versehen, worauf ein gehärteter Stahl-Zylinder parallel zu diesen Rillen in die Oberfläche eingedrückt wurde. Abb. 9a ist für eine leichte Belastung charakteristisch, indem nur die Rillenkämme plastisch deformiert wurden, während die Metallmasse in der Tiefe keine plastische Formänderung erlitt. In Abb. 9b entdeckt man eine geringe plastische Deformation der Grundmasse, und in Abb. 9c ist die durch ein schweres Gewicht hervorgerufene, ausgeprägte Verformung des belasteten Probestücks deutlich zu sehen. Man erkennt jedoch auch in diesem Fall die bemerkenswerte Tatsache, daß der Rauhigkeitscharakter nicht ausgelöscht wurde; vielmehr sind die Rillen selbst am Grunde des Eindrucks noch deutlich sichtbar vorhanden.

Aus Abb. 9c geht klar hervor, daß eine ausgeprägte plastische Formänderung in zwei verschiedenen Bereichen stattfand. Zuerst wurden einmal die Rauhigkeitsvorsprünge an der Oberfläche betroffen und sogleich niedergedrückt, wobei die Elastizitätsgrenze durch Verfestigung auf einen hohen Wert anstieg, der mit σ_r bezeichnet sei. In diesem Bereich ist der mittlere Fließdruck durch $p_r = c\sigma_r$ gegeben.

Plastisches Fließen trat aber auch in der großen Metallmasse unter der Oberfläche auf. Die Elastizitätsgrenze ist hier verhältnismäßig niedrig, σ_u, und der mittlere Druck über den makroskopischen Eindruck wird $p_u = c\sigma_u$ lauten. Die wirkliche Berührungsfläche besteht aus der Summe der abgeflachten Rauhigkeitsvorsprünge, während die scheinbare Kontaktfläche durch den makroskopischen Eindruck angedeutet wird.

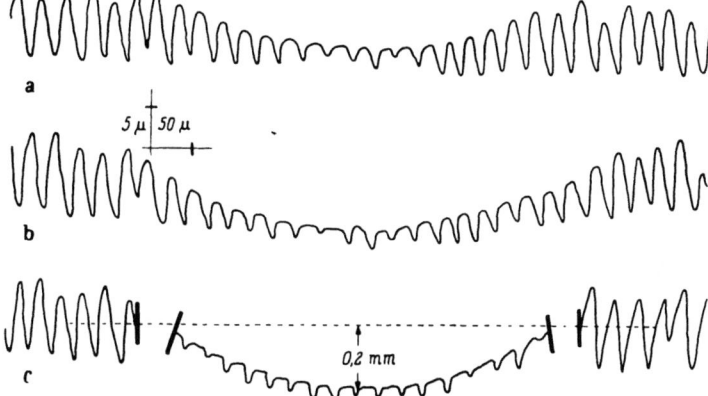

Abb. 9. Profilaufnahmen (mit Talysurf-Taststiftgerät) einer gerillten Oberfläche, die durch einen harten Zylinder deformiert wurde. a) Die Deformation bei geringer Belastung. Die Vorsprünge sind plastisch verformt, während für die große Metallmasse die Elastizitätsgrenze nicht überschritten wurde. b) Fortgeschrittenes Stadium der Deformation. c) Unter einer schweren Last werden sowohl die Vorsprünge als auch das Metall in der Tiefe plastisch deformiert, doch bleiben die einzelnen Rillen erkennbar. Die wirkliche Berührungsfläche (durch die abgeflachten Höhenzüge gegeben) ist bedeutend kleiner als das Gebiet makroskopischer Deformation

Das Verhältnis der wirklichen zur scheinbaren Kontaktfläche ist angenähert gleich $p_u/p_r = \sigma_u/\sigma_r$ und beträgt für das angeführte Beispiel etwa 1:2, obschon die Metallprobe ursprünglich schon stark verfestigt war[1].

Der beschriebene Eindringvorgang wird auch in auffallender Weise durch eine Untersuchung ähnlicher Eindrücke mit dem Schrägschnittverfahren demonstriert. Tafel II zeigt das Ergebnis für einen sehr tiefen Eindruck in mäßig verfestigtem Kupfer. Die Bilder bestätigen das bemerkenswerte Bestehenbleiben der Rauhigkeitsvorsprünge, selbst wenn die darunterliegende Metallmasse sehr stark plastisch verformt wurde. Die Vergrößerungen (Tafel II.3) lassen erkennen, daß die Erhebungen nur verhältnismäßig wenig abgeflacht wurden, obschon damit anscheinend eine beträchtliche Kaltverfestigung verbunden war. Die wirkliche Berührungsfläche macht hier wiederum rund die Hälfte der scheinbaren aus.

---

[1] Es ist möglich, daß die Reibung zwischen dem Eindringkörper und den Rauhigkeiten ebenfalls dahin wirkt, den effektiven Fließdruck der Vorsprünge zu erhöhen.

Tafel II

Abb. 1. Zentraler Ausschnitt aus einem tiefen zylindrischen Eindruck in weichgeglühtem Kupfer. Die ursprünglich vorhandenen Rillen sind im Eindruck noch deutlich erhalten

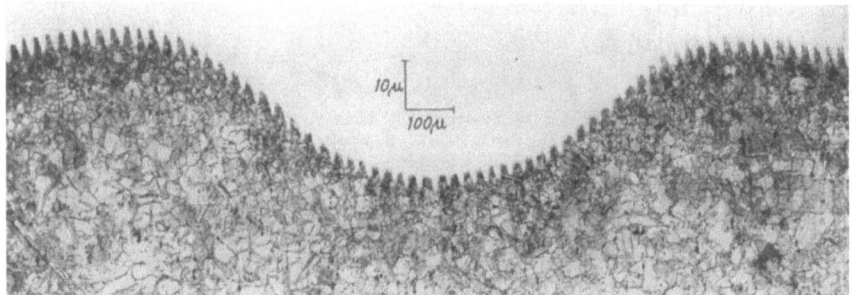

Abb. 2. Flachschnitt eines tiefen Eindrucks in einem weichgeglühten, gerillten Probestück aus Kupfer. Die Rillen wurden durch die weitgehende Deformation der Probe nicht ausgelöscht

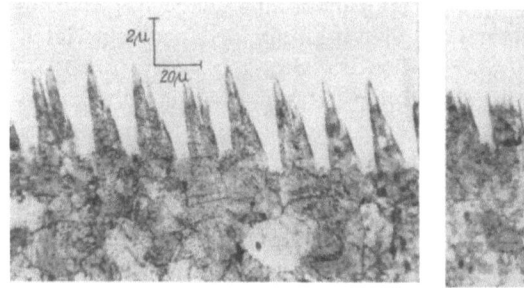 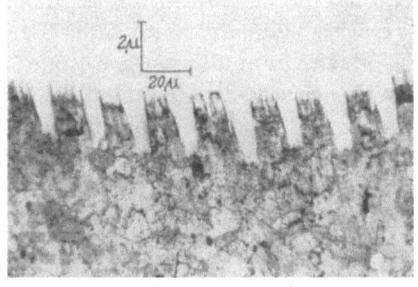

a   b

Abb. 3. Vergleich der gerillten Oberfläche vor und nach der Herstellung eines Eindrucks. Die Kaltverfestigung der Vorsprünge erhöht die Streckgrenze beträchtlich über den Fließdruck des darunter gelegenen Materials; a) vor der Deformation durch den Eindringkörper, b) nach der Deformation durch den Eindringkörper

Der größte Unterschied zwischen der wirklichen und der scheinbaren Kontaktfläche tritt auf, wenn ebene Oberflächen (oder kugelförmige von entgegengesetzter Krümmung) miteinander in Berührung gebracht werden. Sie schmiegen sich scheinbar über die gesamte Oberfläche an, während sie in Wirklichkeit nur an den vielen kleinen Bezirken aufeinander stoßen, wo die Last abgestützt wird. Nehmen wir zum Beispiel an, zwei Stahlplättchen von 20 cm^2 Grundfläche werden aufeinandergelegt. Die scheinbare Berührungsfläche von 20 cm^2 wird offenbar von der Belastung nicht abhängen. Die gegenüberliegenden Oberflächen werden sich mit ihren Rauhigkeiten begegnen, die dann niedergedrückt werden, bis ihr Querschnitt ausreicht, um die Last zu tragen. Diese durch plastische Verformung erzeugte Fläche wird für einen Stahl, bei dem für den Fließdruck der Unregelmäßigkeiten etwa $p = 100$ kg/mm^2 gesetzt werden kann, proportional zur Normalkraft sein und somit 10 mm^2 betragen, wenn ein Gewicht von 1000 kg aufgelegt wird. Die wirkliche Berührungsfläche macht also nur einen Zweihundertstel der scheinbaren aus, wenn die Stahlplättchen mit einer Kraft von einer Tonne zusammengedrückt werden. Für eine Last von 2 kg erhält man sogar nur eine Berührungsfläche von einem Hunderttausendstel der geometrisch möglichen. Der Querschnitt, auf dem die Last abgestützt wird, wird vorwiegend durch das plastische Fließen von sehr kleinen Unebenheiten gebildet, wobei die Spannungen in diesen Vorsprüngen durch die elastische Formänderung der metallischen Grundmasse aufgenommen werden.

Die Wirkung der Entlastung

Bisher betrachteten wir nur die Vorgänge, die sich bei der Anwendung der Belastung abspielen, und es bleibt deshalb noch die Frage zu beantworten, was geschieht, wenn die Normalkraft wieder entfernt wird. Es ist natürlich klar, daß die Formänderung innerhalb des elastischen Verformungsbereichs vollständig umkehrbar ist, so daß die Oberflächen durch die Entlastung instandgesetzt werden, wieder die ursprüngliche Form anzunehmen.

Befassen wir uns also mit dem Fall der plastischen Verformung etwas eingehender. Wir können uns dabei wiederum an das einfache Modell halten, bei dem eine harte Kugel unter einer Belastung N in die Oberfläche eines weicheren Metalls eindringt und einen Eindruck mit dem Durchmesser d erzeugt. Wir denken uns nun, die Kugel werde anschließend entfernt und nachher mit der gleichen Belastung N an derselben Stelle wieder eingesetzt. Der Eindruck sollte sich nun im gleichen Zustand befinden, wie als er ursprünglich gebildet wurde. Somit muß es sich bei jeder Änderung in der Gestalt der Oberflächen, die zwischen der Entfernung und der Wiederanwendung der Belastung des Eindringkörpers auftritt, um einen umkehrbaren Vorgang handeln, d. h. er muß elastisch sein. Dies bedeutet, daß die Oberfläche des Eindrucks elastisch zurückfedert, wenn die Kugel abgehoben wird, und wieder elastisch nachgibt, wenn die Kugel zum zweitenmal eingesetzt wird. Die entlastete Eindruckskalotte besitzt deshalb einen größeren Krümmungsradius als der Eindringkörper. Diese Erscheinung ist aus praktischen Härteprüfungen wohlbekannt und wird gewöhnlich als „Rückfederung" bezeichnet. Nehmen wir an, die Kugel besitze einen Radius r_1, und der entlastete Eindruck einen Krümmungsradius r_2. Wenn die Kugel wieder in die „erholte" Kalotte zurückgelegt und die ursprüngliche Last N angewandt wird, so findet eine elastische Deformation beider Oberflächen statt. Der Krümmungsradius der beiden sich berührenden Oberflächen erreiche einen Wert r, der zwischen r_1 und r_2 liegt, und der Durchmesser des elastisch deformierten Eindrucks einen Wert d. Der gesamte Vorgang geht nach den klassischen HERTZschen Gleichungen für die elastische Verformung von kugeligen Oberflächen mit den Krümmungsradien r_1 und r_2 vor sich, und es besteht eine gute Übereinstimmung zwischen dem beobachteten Wert von r_2 und dem aus den elastischen Konstanten des Metalls berechneten Radius[1]. In jedem Stadium dieses Wiedereindringens erfolgt, sobald die Last vermindert wird, eine leichte Entspannung der elastischen Beanspruchung, doch ist die Fläche, über die sich die beiden Oberflächen gegenseitig berühren, immer noch durch die elastische Gleichung gegeben. In jenem Augenblick, wo die Last den Wert N erreicht, ist die elastische Deformation am Ende angelangt; die ganze Oberfläche befindet sich in einem Zustand des Überganges zur Plastizität, und schon eine geringe Lasterhöhung verursacht plastisches Fließen und eine Vergrößerung des Eindrucks.

Gehen wir nun in der Betrachtung der in Abb. 6 aufgetragenen Ergebnisse einen Schritt weiter, und beschreiben wir graphisch die Verformung einer metallischen Oberfläche durch einen harten, kugeligen Eindringkörper, wenn die Last erst *erhöht und dann vermindert* wird. Abb. 10 zeigt die Änderung der Berührungsfläche F in Abhängigkeit von N für ein Metall, das sich nicht verfestigt. Im Bereich OA ist die Verformung elastisch und F ist proportional zu $N^{2/3}$, wie in Abb. 6. Bei A beginnt das plastische Fließen, und der Wert von p_m steigt allmählich mit der Normalkraft an. Bei B ist der vollkommen plastische Zustand

---

[1] Die elastische Energie, die in den Oberflächen gespeichert und bei der Entlastung zurückgewonnen wird, läßt sich leicht abschätzen. Einfache Berechnungen zeigen, daß diese Energie für den Rückprall, der bei der plastischen Deformation von zusammenstoßenden Oberflächen beobachtet wird, verantwortlich ist (s. Kap. XIII).

erreicht, der Fließdruck bleibt von nun an beinahe konstant, und die Fläche F wächst linear mit N längs der Geraden BC. Wird die Last bei C abgehoben, so erholen sich die Oberflächen elastisch und die Fläche F variiert wieder wie $N^{2/3}$. Der Ast CQO kann, so lange die Last den Wert N_c nicht überschreitet, in beiden Richtungen durchlaufen werden. Steigert man die Normalkraft über N_c hinaus, so findet eine weitere *plastische* Verformung statt, wobei die Fläche längs der Geraden CC' zunimmt.

Ähnliche Überlegungen gelten für irgendwelche Körper, die sich gegenseitig plastisch deformieren. Wenn die Last vermindert wird, so erfolgt eine elastische Entspannung, und die Oberflächen trennen sich nach den Gesetzen der elastischen Formänderung. Das Auseinandergehen kann bei reinen Metallen verhindert sein, da sich meist starke Adhäsionen zwischen den Oberflächen bilden, wenn die Last erstmals angewandt wird. Die auf diese Weise entstandenen metallischen Verschweißungen werden möglicherweise durch die zurückfedernden

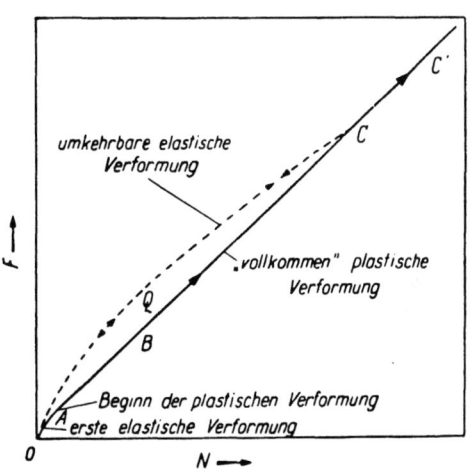

Abb. 10. Berührungsfläche F in Abhängigkeit der Belastung N (zunehmend und abnehmend). Sobald der plastische Zustand den vollen Umfang erreicht hat (B) verändert sich die Fläche F proportional zu N (ausgezogene Linie BCC'). Bei abnehmender Belastung wird die Fläche durch die elastischen Gleichungen gegeben, das heißt F ist proportional zu $N^{2/3}$ (gestrichelte Linie CQO)

elastischen Spannungen nicht gebrochen, wenn die Last verringert wird, so daß sich die Berührungsfläche nicht nennenswert verkleinert. Wie wir in Kap. XV zeigen werden, ist dies besonders bei weichen Metallen ausgeprägt. Bei härteren Metallen, oder wenn die Oberflächen verunreinigt sind, scheinen die Verschweißungen bei der Lastverminderung ohne weiteres zu zerreißen, und die Abnahme der Berührungsfläche folgt den elastischen Gleichungen. Dies gilt sowohl für die Unregelmäßigkeiten an der Oberfläche als auch für eine allfällig auftretende makroskopische, plastische Formänderung. In Abb. 9c zum Beispiel stellen sowohl die abgeflachten Rillen als auch der Umriß des makroskopischen Eindrucks ein Profil elastisch erholter Oberflächenmerkmale dar. Die Wiederanwendung der ursprünglichen Last wird beide Komponenten der Oberflächengestalt elastisch deformieren, bis sie wieder die bei der ursprünglichen Verformung erreichte Form aufweisen.

Der elektrische Widerstand als Maß der wirklichen Kontaktfläche

Unsere bisherige Diskussion fußte auf der Theorie der plastischen und elastischen Verformung und auf der visuellen Prüfung der Oberflächen *vor* und *nach* der Berührung. Anschließend befassen wir uns mit einer Methode, die eine Messung der wirklichen Kontaktfläche gestattet, während die Oberflächen tatsächlich aneinander liegen. Dieses Verfahren besteht in der Bestimmung des elektrischen Widerstandes zwischen den sich berührenden Probestücken (HOLM, 1946; BOWDEN und TABOR, 1939).

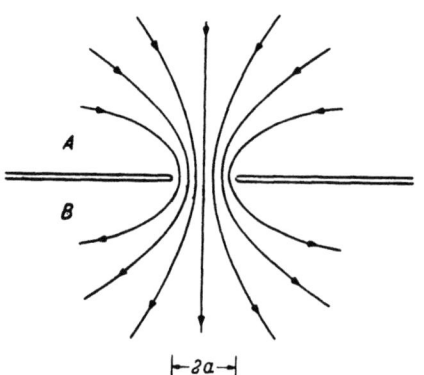

Abb. 11. Stromlinien durch eine kreisförmige Einschnürung mit dem Radius a in einem räumlich ausgedehnten elektrischen Leiter (Leitfähigkeit λ). Die Engstelle bewirkt einen effektiven Widerstand von $W = 1/(2a\lambda)$, den sogenannten Ausbreitungswiderstand

Wir nehmen an, zwei massige Metallproben A und B mit der spezifischen Leitfähigkeit λ berühren sich über einen Kreis mit dem Radius a. Wenn ein elektrischer Strom von A nach B fließt, so sind die Stromlinien in der „Lücke" zusammengedrängt und breiten sich auf beiden Seiten aus (Abb. 11). Diese Einschnürung des Elektronenstroms kommt durch einen „Ausbreitungswiderstand" W, dessen Wert von λ und a abhängt, zum Ausdruck. MAXWELL betrachtete ein ähnliches Problem im Jahre 1873, als er darauf hinwies, daß bei der Länge eines zylindrischen Leiters eine Korrektur anzubringen sei, wenn dessen Stirnfläche in metallische Berührung mit einer massigen Elektrode gebracht werde. Er zeigte, daß der zusätzliche Widerstand, der durch das Ausbreiten des Stromes bedingt wird, in guter Annäherung gleich $1/(4a\lambda)$ ist, wenn a im Vergleich zur Größe der Elektrode klein ist. Im oben betrachteten Fall erfolgt der Kontakt zwischen zwei massigen Probestücken in einem kleinen Kreisgebiet und entspricht infolgedessen zwei MAXWELLschen Verbindungen hintereinander, so daß der Ausbreitungswiderstand von A nach B gegeben ist durch

$$W = \frac{1}{2a\lambda}. \tag{10}$$

Dieses Modell beruht auf der Annahme, daß sich jede Oberfläche über den gesamten Berührungskreis im atomaren Kraftfeld der anderen Oberfläche befindet, so daß die beiden Probestücke A und B sich in bezug auf den elektrischen Strom wie ein einzelner Leiter mit der einheitlichen Leitfähigkeit λ verhalten. In Wirklichkeit werden jene Gebiete von A und B, die nur wenige Ångström auseinanderliegen, auf Grund des Tunneleffektes ebenfalls einen Teil zur Leitung des elektrischen Stromes beitragen, obschon die effektive Leitfähigkeit viel geringer sein wird als für ein Metall. Für Bezirke der Oberfläche, die mehr als 5 Ångström voneinander entfernt liegen, kann der Tunneleffekt vernachlässigt werden. Infolgedessen liefert der Berührungswiderstand, wenn ein im wesentlichen metallischer Kontakt vorliegt, ein ziemlich genaues Maß für die wirkliche Berührungsfläche zwischen den Metallstücken, d. h. für jenes Gebiet, über das eine Oberfläche sich im atomaren Kraftfeld der anderen befindet.

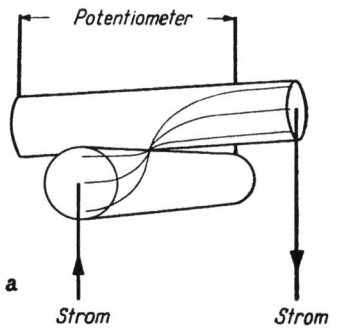

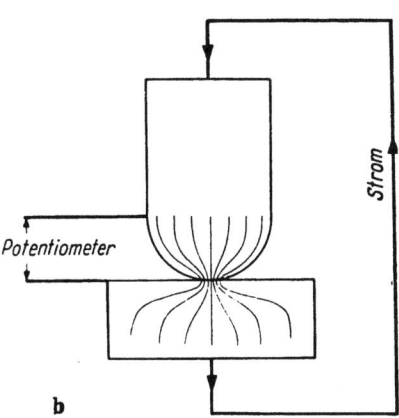

Abb. 12. Anordnung zur Messung des Berührungswiderstandes. a) Gekreuzte Zylinder. b) Kugelfläche auf ebener Unterlage

In der Praxis sind jedoch die meisten Oberflächen mit Oxydhäuten und anderen Fremdschichten bedeckt, deren Widerstand leicht den Kontaktwiderstand dominieren kann. Nehmen wir an, diese Fremdschichten besitzen auf jeder Oberfläche eine konstante Dicke und einen Widerstand ζ pro cm², so wird der kombinierte Widerstand für den Stromdurchgang von einer Probe in die andere angenähert gleich

$$W = \frac{1}{2a\lambda} + \frac{2\zeta}{\pi a^2}. \tag{11}$$

Der „wahre" Ausbreitungswiderstand ist, wie man sieht, proportional zu $1/a$, der Widerstand der Fremdschicht proportional zu $1/a^2$.

Der elektrische Kontaktwiderstand W zwischen verschiedenen Metalloberflächen wurde unter verschiedenen Versuchsbedingungen gemessen. In sozusagen allen Fällen wurde von einer Strom-Potential-Methode Gebrauch gemacht, da W im Vergleich zum Widerstand der Zuleitungen oft klein ist. Typische Anordnungen für gekreuzte Zylinder und für eine Kugel auf einer Ebene sind in Abb. 12 dargestellt.

Wenn die metallischen Oberflächen mit einem leichten Gewicht aufeinander gedrückt wurden, so stellte man zuerst einen schwankenden Berührungswiderstand fest. Hielt man aber eine schwingende Stimmgabel gegen die Oberflächen, so verringerte sich der Widerstand ein wenig, und es wurde ein stationärer Zustand erreicht, der verhältnismäßig leicht zu wiederholen war. Diese Technik wurde zuerst von MEYER (1898) entwickelt. Bei sehr großen Normalkräften ist dieses Verfahren unwirksam; aber eine geringe Relativbewegung zwischen den Oberflächen ruft denselben Effekt hervor. Es ist wahrscheinlich, daß die Fremdschichten in den Berührungsgebieten bei diesem Vorgang durchbrochen werden.

Wenn die Oberflächen geometrisch so beschaffen sind, daß die Berührungsfläche wie in Abb. 12 durch einen einzigen Kreis gebildet wird, so können wir ihre wirkliche Ausdehnung auf mehrere Arten abschätzen:

1. Nach dem elektrischen Widerstand. Angenommen, es liege ein im wesentlichen metallischer Kontakt vor, dann ist die Berührungsfläche durch πa^2 gegeben, wobei a aus Gl. (10) erhalten wird. Bei der Anwendung dieser Gleichung können wir den Einfluß des Druckes und der Kaltverfestigung auf die Leitfähigkeit des Metalls außer acht lassen, da es sich dabei um Effekte zweiter Ordnung handelt.

2. Durch eine mikroskopische Untersuchung der bleibenden Eindrücke, die in den Oberflächen hinterlassen wurden.

3. Aus dem Fließdruck p_m der Metalle. Für eine Belastung N gilt bei ziemlich stark verfestigten Proben $N = F p_m$, wobei der Wert von p_m aus einfachen Härtemeßversuchen bestimmt werden kann.

Tabelle 3

Oberflächen	Last kg	W Ohm	Kontaktfläche F cm²		
			aus W	visuell	aus p_m
Silber Gekreuzte Zylinder ..	0,5	100 · 10⁻⁶	0,0002	...	0,0002
	5,0	30 · 10⁻⁶	0,002	...	0,002
	50,0	9 · 10⁻⁶	0,018	0,019	0,02
	500,0	1,9 · 10⁻⁶	0,15	0,19	0,2
Stahl Gekreuzte Zylinder ..	1	1,0 · 10⁻³	0,00012	...	0,0001
	5	4,9 · 10⁻⁴	0,00061	...	0,0005
	50	1,6 · 10⁻⁴	0,0045	0,0045	0,005
	500	4,9 · 10⁻⁵	0,042	0,045	0,05
Kugel auf Ebene ...	5	4,5 · 10⁻³	0,00065	...	0,0005
	50	1,6 · 10⁻³	0,0045	...	0,005
	500	4,7 · 10⁻⁵	0,045	...	0,05

In Tab. 3 sind einige typische Ergebnisse (BOWDEN und TABOR, 1939) für Silber- und Stahloberflächen aufgeführt.

Aus den oben zusammengestellten Resultaten lassen sich drei Schlußfolgerungen ziehen: Erstens ist der Kontaktwiderstand sogar für sehr kleine Lasten äußerst gering. Aus diesem Grund muß auf die elektrischen Messungen eine beträchtliche Sorgfalt verwendet werden. Zweitens besteht zwischen den drei Methoden, die zur Bestimmung von F in Frage kommen, eine gute Übereinstimmung. Dies bedeutet, daß die elektrischen Widerstandsmessungen, wenn die Berührung über ein einziges, scharf abgegrenztes Gebiet erfolgt, einen verläßlichen Wert von F liefern, vorausgesetzt, daß die Oberflächen einer geeigneten Schwingung unterworfen wurden. Drittens ist die Berührungsfläche für Oberflächen von verschiedener Gestalt in solchen Fällen nicht sehr verschieden; F wird im wesentlichen durch die Belastung und den Fließdruck bedingt.

Der Einfluß der Last auf den Kontaktwiderstand

Legt man die Oberflächen aufeinander, und unterwirft man sie einer leichten Vibration, so erreicht der Kontaktwiderstand einen niedrigen, verhältnismäßig reproduzierbaren Wert. Wird die Belastung erhöht, so tritt nur ein geringer Widerstandsabfall auf (sofern die Oberflächen nicht erneut in Schwingung versetzt werden), was vermutlich auf den großen Widerstand der Fremdschichten zurückzuführen ist. Wird die Belastung jedoch verringert, nachdem die Oberflächen vibrierten, so dürfen wir erwarten, daß die Widerstandsänderung mit abnehmender Last einer ganz bestimmten Beziehung folgt, da die auseinandergehenden Oberflächen sich nun in einem reproduzierbaren Zustand befinden. Die Berührungsfläche, beispielsweise, sollte sich nach den elastischen Gleichungen ändern, wenn die Oberflächen getrennt werden, d. h. a sollte wie $N^{1/3}$ abnehmen. Infolgedessen sollte der Widerstand wie $N^{-1/3}$ anwachsen, wenn der Strom hauptsächlich durch Metall geleitet wird, hingegen wie $N^{-2/3}$, wenn der Widerstand der sehr dünnen Oxydschichten überwiegt [s. Gl. (11)]. Zahlreiche Versuche zeigen, daß der Widerstand mit abnehmender Belastung ansteigt, und zwar in ziemlich reproduzierbarer Weise und gemäß einer Beziehung von der Art $W = cN^{-n}$, wobei n einen Wert besitzt, der je nach dem Material, aus dem die Oberfläche besteht, von etwa 1/2, 2 bis 1/2, 6 reichen kann. Dieses Ergebnis deutet darauf hin, daß eine im wesentlichen metallische Berührung vorliegt, daß aber immer noch kleine Oxydmengen vorhanden sind, die ausreichen, um die Gleichung für den idealen Zustand $W = cN^{-1/3}$ zu modifizieren.

Daß die Berührung, nachdem die Oberflächen einer gewissen Erschütterung ausgesetzt waren, hauptsächlich metallischer Natur ist, kann auf verschiedene andere Arten bestätigt werden. Erstens ist der Widerstand vom Strom unabhängig, auch wenn dieser in einem sehr weiten Bereich geändert wird, d. h. das Ohmsche Gesetz wird befolgt. Dies ist eine charakteristische Eigentümlichkeit der Metalle; metallische Oxyde zeigen dieses Verhalten in der Regel nicht. Immerhin muß beigefügt werden, daß die kleinen Oxydmengen, die genügen, um die W-N-Beziehung zu beeinflussen, keine bemerkenswerte Änderung in der Abhängigkeit des Widerstandes vom Strom herbeiführen würden. Zweitens findet man, daß der Widerstand für Oberflächen, die absichtlich mit einer dünnen Schicht von Paraffinöl bedeckt und darauf einer Erschütterung ausgesetzt wurden, im wesentlichen derselbe ist wie für saubere, trockene Oberflächen. Dies spricht dafür, daß die hohen Drücke und die Schwingung auch eine Zerteilung und Verdrängung der Flüssigkeitsschicht an den Berührungsstellen bewirken. Obschon die Oxydschicht beträchtlich starrer ist, wird man erwarten, daß sie auf ähnliche Weise durchbrochen wird. Die Leichtigkeit, mit der die Oxyde aufgelockert werden können, kommt in der Diskussion des vierten Kapitels zum Ausdruck. Drittens besteht, wie aus Tab. 3 geschlossen werden kann, eine gute, quantitative Übereinstimmung zwischen der visuell beobachteten Berührungsfläche und jener Ausdehnung des Kontaktes, die unter der Annahme metallischer Berührung mit Hilfe des Widerstandes berechnet wurde. Auch bei diesen Versuchen dürften noch kleine Oxydmengen zwischen den Oberflächen vorhanden gewesen sein, doch spielen sie bei Messungen dieser Art möglicherweise eine weniger bedeutsame Rolle, während sie in anderen Untersuchungen wichtiger werden können. HOLM zeigte durch Parallelmessungen bei der Temperatur flüssiger Luft, wo der metallische Widerstand vernachläßigbar wird, daß der Oxydwiderstand dann tatsächlich leicht mit dem metallischen vergleichbar werden kann, wenn man sich nicht durch besondere Maßnahmen dagegen vorsieht.

Aus obigen Ausführungen folgt, daß Schlüsse, die für in Luft hergestellte Oberflächen aus dem Kontaktwiderstand abgeleitet wurden, mit einiger Vorsicht aufzunehmen sind. Die Ergebnisse in Tab. 3 zeigen immerhin, daß diese direkte Methode der Bestimmung des elektrischen Widerstandes einen befriedigenden Wert für die wirkliche Berührungsfläche zwischen metallischen Oberflächen liefern kann, sofern geeignete Vorkehrungen getroffen werden.

Die Berührung zwischen ebenen Oberflächen

Um die gewonnene Vorstellung über die metallische Berührung einer Prüfung zu unterziehen, wurden feingeschliffene und auf wenige Lichtwellenlängen eben geläppte Stahlflächen paarweise aufeinandergelegt und der elektrische Widerstand zwischen ihnen gemessen. Das eine Paar von Kontaktflächen maß 0,8 cm², das andere 21 cm². Die Messungen ergaben zwei verblüffende Ergebnisse: 1. Bei einer gegebenen Belastung war der Kontaktwiderstand für beide Plattenpaare beinahe der gleiche, obschon ihre scheinbaren Berührungsflächen um einen Faktor 25 verschieden waren. 2. Für die gleiche Normalkraft war der Kontaktwiderstand zwischen den Platten auch von der gleichen Größenordnung wie bei gekreuzten Zylindern. Wenn beispielsweise zwei gekreuzte Zylinder mit einer Kraft von 5 kg zusammengedrückt wurden, so betrug der Kontaktwiderstand rund 5×10^{-4} Ohm, was etwa einer wirklichen Berührungsfläche von 5×10^{-4} cm² entspreicht. Mit den Platten von 21 cm² Grundfläche erhielt man für den Kontaktwiderstand ungefähr den halben Wert, also $2,5 \times 10^{-4}$ Ohm, obschon die scheinbare Berührungsfläche 40000mal größer war als die wirkliche. Nehmen wir an, die Berührung war für beide Arten von Oberflächen im gleichen Grade metallisch, so ist es klar, daß nur ein kleiner Bruchteil der ebenen Grundflächen in direkter Berührung stand; sie konnten ja nur an den Spitzen der höchsten Vorsprünge aneinanderstoßen. Dies erklärt auch die Beobachtung, daß der Kontaktwiderstand für große und kleine Platten beinahe derselbe war.

Im Falle ebener Kontakte ist es schwierig, allein auf Grund von Leitfähigkeitsmessungen eine genaue Schätzung der wirklichen Berührungsfläche zu treffen. Der Wert der Leitfähigkeit muß sowohl von der Größe der metallischen Verbindungsbrücken als auch von deren Anzahl abhängen. Da der Ausbreitungswiderstand jeder Brücke umgekehrt proportional zu ihrem Durchmesser ist und die Berührungsfläche sich proportional zum Quadrat des Durchmessers ändert, so folgt daraus, daß die Berührungsfläche für einen gegebenen Widerstand umgekehrt proportional zur Anzahl der vorhandenen Kontaktstellen ist. Diese Zahl kennen wir nicht mit irgendwelcher Gewißheit, obschon die Anzahl der Berührungsbezirke, in denen die Last abgestützt wird, im Falle von ebenen Oberflächen nicht weniger als drei betragen kann. Nehmen wir an, die Zahl der metallischen Verbindungen belaufe sich tatsächlich auf drei, so können wir die Berührungsfläche aus dem Kontaktwiderstand berechnen. Die Ergebnisse deuten wiederum darauf hin, daß sich in Wirklichkeit nur ein sehr kleiner Ausschnitt der Paßflächen in enger Berührung befindet.

Es ist offensichtlich nicht sehr befriedigend anzunehmen, die Zahl der Stützpunkte bleibe dauernd bei diesem Wert. Eine wirklichkeitsnähere Berechnung läßt sich ausführen, wenn wir voraussetzen, der Fließdruck der Vorsprünge sei nahezu derselbe wie für die Grundmasse des Metalls, und die wirkliche Berührungsfläche sei im wesentlichen durch das Verhältnis N/p_m bestimmt. Für den Stahl, der in diesen Versuchen verwendet wurde, gilt $p_m = 100$ kg/mm². Denken wir uns die Oberflächen auf n gleich große Verbindungsbrücken mit dem Radius a abgestützt, so beträgt der Kontaktwiderstand $W = 1/(2an\lambda)$, wenn die Brücken verhältnismäßig weit voneinander entfernt liegen. Verbinden wir diese Gleichung mit der Beziehung

$$F = n\pi a^2 = N/p_m,$$

so erhalten wir

$$n = \frac{\pi p_m}{4\lambda^2 W^2 N} = \frac{1{,}39 \cdot 10^{-6}}{W^2 N} \tag{12}$$

$$a = \frac{2\lambda N W}{\pi p_m} = 4{,}77\, NW. \tag{13}$$

Die Ergebnisse für das Beispiel der Stahlplättchen von 21 cm² sind in Tab. 4 angeführt.

Tabelle 4

Last kg	$F = N/p_m$ cm²	Bruchteil der scheinbaren Berührungsfläche	W 10^{-5} Ohm	n	a 10^{-2} cm
500	0,05	1/100	0,9	35	2,1
100	0,01	1/2000	2,5	22	1,2
20	0,002	1/10000	9	9	0,9
5	0,0005	1/40000	25	5	0,6
2	0,0002	1/100000	50	3	0,5

Die Zahlenwerte für a und n in obiger Tabelle sind mit einiger Zurückhaltung aufzunehmen, da die Gegenwart einer kleinen Oxydmenge eine nennenswerte Wirkung auf diese beiden Parameter haben wird. Wenn beispielsweise die Hälfte des Widerstandes auf einer Oxydschicht beruht, wird der Wert von n vervierfacht werden, während der Wert von a halbiert wird. Dennoch ist es wahrscheinlich, daß die in der Tabelle gegebenen Werte die richtige Größenordnung angeben. Als wichtigste Erkenntnis soll dadurch hervorgehoben werden, daß die Wirkung der Last darin besteht, sowohl die Anzahl als auch die durchschnittliche Größe der Verbindungsbrücken zu erhöhen. Es ist weiter bemerkenswert, daß die Zahl der Kontakte auch bei den schwersten Gewichten nicht sehr groß ist, während die Querschnittsfläche einzelner Brücken zwischen 10^{-3} und 10^{-4} cm² liegen dürfte. Diese Ergebnisse stimmen mit der Diskussion auf Seite 27 völlig überein und vertragen sich auch mit der Auffassung, daß die Oberflächen durch kleine Unregelmäßigkeiten auseinandergehalten werden, wobei diese unter der angewandten Belastung fließen, bis ihr gesamter Querschnitt ausreicht, um die Normalkraft zu tragen.

Aus der Diskussion in diesem Kapitel folgt, daß die wirkliche Berührungsfläche zwischen Metallen klein ist, und daß die Metalle an den Berührungsstellen plastisch deformiert werden. Wir wir in einem späteren Kapitel sehen werden, bilden sich in den Gebieten engster Berührung Schweißverbindungen, die für den Reibungs- und Verschleißmechanismus eine grundlegende Rolle spielen.

Schrifttum

BISHOP, R. F., R. HILL and N. F. MOTT (1945), Prov. Phys. Soc. 57, 147.
BORRIES, B. VON (1940), Z. Phys, 116, 370.
BOWDEN, F. P. and D. TABOR (1939), Proc. Roy. Soc. A 169, 391.
CHAPMAN, J. A. and J. W. MENTER (1954), Proc. of Int. Conf. on Electron Microscopy, 131, London.
CUCKOW, F. W. (1949), J. Iron Steel Inst. 161, 1.
CONN, G. K. T., and F. J. BRADSHAW (1952), Polarised Light in Metallography. Butterworths.
COSSLETT, V. E. (1952), Nature, 170, 861.
COURTNEY-PRATT, J. S. (1950), ebda. 165, 346.
HENCKY, H. (1923), Z. angew. Math. Mech. 3, 241.
HERTZ, H. (1886), J. reine angew. Math. 92, 156.
HOLM, R. (1941), Die technische Physik der elektrischen Kontakte, Berlin: Springer. Wer sich für dieses Gebiet interessiert, wird durch dieses originelle Buch Dr. HOLMs viele Anregungen erhalten.
HOLM, R. (1958), Electric Contacts Handbook, Third Edition, Berlin/Göttingen/Heidelberg: Springer.
ISHLINSKY, A. J. (1944), J. Appl. Math. Mech. (USSR), 8, 233. Englische Übersetzung.
KUSHNIR, U. M., L. M. BIBERMAN and N. P. LEVKIN (1951), Izvest. Akad. Nauk SSSR (Fiz). 15, 306.
Massachusetts Institute of Technology. Conference on Friction and Surface Finish, 1940.
MAXWELL, C. (1873), Electricity and Magnetism, 1, article 308.
MENTER, J. W. (1952), J. Inst. Metals, 81, 163; (1953) J. Photogr. Science, 1, 12.
MEYER, A. (1898), Öfvers. Vetensk Akad. Förh., Stockh., 55, 199.
MOORE, A. J. W. (1948), Proc. Roy. Soc. A 195, 231.
MOORE, A. J. W. (1948), Metallurgia, 38, No. 224.
MOTT, B. W., and H. R. HAINES (1951), Research, 4, 24; ebda. 63.
NELSON, H. R. (1940), Conference on Frictoin and Surface Finish, M.I.T. 217.
O'NEILL, H. (1934), The Hardness of Metals and its Measurement. London.
REASON, R. E., M. R. HOPKINS, and R. I. GARROD (1944), Report on Measurement of Surface Finish by Stylus Methods. Leicester, England: Taylor-Hobson.
SEAL, M. (1956), Proc. of Conf. on Electron Microscopy, Stockholm.

TABOR, D. (1948), Proc. Roy. Soc. A **192**, 247.
TABOR, D. (1951), The Hardness of Metals. Oxford: Clarendon-Press.
TIMOSHENKO, S. (1934), Theory of Elasticity, New York: McGraw-Hill.
TOLANSKY, S. (1945), J. Sci. Instruments, **22**, 161.
TOLANSKY, S. (1948), Multiple-beam Interferometry of Surfaces and Films, Oxford: University Press.
TOLANSKY, S. (1952), Nature, **169**, 445.
WILLIAMS, R. C. and R. W. J. WYCKHOFF (1944), J. Appl. Phys. **15**, 423.

Das empfehlenswerteste allgemeine Werk für eine Reihe von Oberflächenproblemen, die in dieser Monographie besprochen werden, ist das ausgezeichnete Buch von Prof. N. K. ADAM ,,The Physics and Chemistry of Surfaces" (Clarendon Press, Oxford).

Tagungsberichte

'The Examination of Metals by Optical Methods' (1949), B.I.S.R.A.
'Properties of Metallic Surfaces' (1953), J. Inst. Metals.
'Structure and Properties of Solid Surfaces' (1952), N.R.C. (USA).

II. Die Oberflächentemperatur reibender Körper

Wenn ein fester Körper über einen anderen gleitet, so kommt die gegen die bewegungshemmende Reibungskraft geleistete Arbeit größtenteils wieder als Wärme an den Oberflächen zum Vorschein. Diese Wärme wird durch Leitung und Ausstrahlung schnell von den Oberflächen weggeführt, doch deuten schon ganz einfache Überschlagsrechnungen darauf hin, daß die Temperatur in einzelnen Bezirken sogar bei recht mäßigen Geschwindigkeiten und Belastungen sehr hohe Werte erreichen kann. Diese Temperaturen mit gewöhnlichen Methoden zu messen, bereitet natürlich einige Schwierigkeiten. Wenn Thermometer oder Thermoelemente in die reibenden Körper nahe an der Oberfläche eingebettet werden, so wird nur ein sehr kleiner Temperaturanstieg angezeigt. Dieses Ergebnis ist zum Teil durch die verhältnismäßig große Wärmekapazität des Thermometers (oder der Thermoelemente) bedingt, kommt aber hauptsächlich deshalb zustande, weil die Temperatur mit zunehmendem Abstand von der reibenden Grenzfläche sehr rasch abklingt. Wir können die Oberflächentemperaturen jedoch direkt messen, indem wir die Gleitflächen aus verschiedenen Metallen anfertigen und sie somit selbst als Thermoelement verwenden. Die beim Gleiten erzeugte thermoelektrische Spannung ist offenbar ein Maß für die gesuchte Temperatur; denn sowohl der thermoelektrische Effekt als auch die Reibung haben ihren Ursprung in den gleichen Stellen engster Berührung zwischen den reibenden Flächen. Diese thermoelektrischen Messungen liefern folglich direkten Aufschluß über die Temperatur der obersten Metallschichten, und zwar in den für die Reibung maßgeblichen Bezirken. Der erste Teil dieses Kapitels beschreibt eine durch thermoelektrische Messungen dieser Art durchgeführte Untersuchung der Oberflächentemperaturen, die zwischen gleitenden Metallen entwickelt werden. Im zweiten Teil des Kapitels befassen wir uns mit den Temperaturen, die zwischen nichtleitenden Körpern erzeugt werden, wo die thermoelektrische Methode nicht anwendbar ist.

Die Oberflächentemperatur gleitender Metalle

Berechnung der Oberflächentemperatur

Wir betrachten einen Zylinder, dessen Stirnfläche mit einer Geschwindigkeit von v cm/sec über eine Ebene gleitet (Abb. 13). Wenn die gesamte Reibungsarbeit in Wärme umgewandelt wird, so ist die entwickelte Wärmemenge gegeben durch

$$Q = \frac{\mu N g v}{J} \text{ cal/sec} \tag{1}$$

wobei μ den Beiwert der kinetischen Reibung, N die Belastung des Zylinders, g die Gravitationskonstante und J das mechanische Wärmeäquivalent bezeichnet.

Diese Wärmemenge wird die Temperatur der gleitenden Körper erhöhen, und wir nehmen an, die Temperatur sei über die gesamte Berührungsfläche die gleiche und falle längs des Zylinders stetig ab. Wir betrachten nun den Wärmefluß durch irgendein Zylinderelement, das sich in einem Abstand x von der reibenden Stirnfläche befinde. Die durch Leitung gewonnene Wärmemenge (wobei vorausgesetzt wird, die Wärmeleitfähigkeit k sei temperaturabhängig) wird

$$k \pi r^2 \cdot \frac{d^2 T}{d x^2} \delta x$$

betragen, wenn r den Zylinderradius bezeichnet. Gleichzeitig gibt das Element die Wärmemenge

$$2 \pi r \beta (T - T_0) \delta x$$

ab, wobei β für die Wärmeübergangszahl (es wird das NEWTONsche Abkühlungsgesetz angenommen), T für die Temperatur der ausstrahlenden Oberfläche und T_0 für die Temperatur der Umgebung steht. Im stationären Zustand müssen diese beiden Wärmemengen einander gleich sein, also

$$k \pi r^2 \cdot \frac{d^2 T}{d x^2} = 2 \pi r \beta (T - T_0). \tag{2}$$

Daraus folgt

$$T - T_0 = A e^{-\sqrt{(2\beta/kr)x}}, \tag{2a}$$

wobei die Konstante A allerdings noch unbestimmt ist.

Von der freiwerdenden Reibungswärme Q wird ein Teil dem oberen Körper, der Rest dem unteren zufallen. Da wir keine genaue Kenntnis über diese Aufspaltung besitzen, müssen wir uns vorläufig damit begnügen, den auf den Zylinder entfallenden Bruchteil mit α zu bezeichnen. Der Zylinder muß die gesamte Wärmemenge, die er empfängt, auch wieder abgeben, und wenn er so lang ist, daß sich das obere Ende praktisch auf Raumtemperatur befindet, so können wir schreiben

$$\alpha Q = 2 \pi r \beta \cdot \int_0^\infty (T - T_0) \, dx. \tag{3}$$

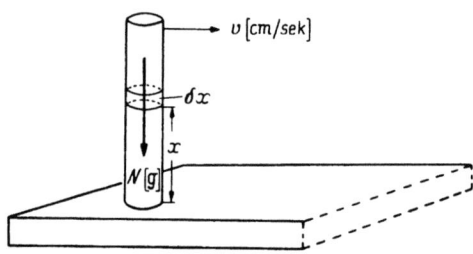

Abb. 13. Modell zur Berechnung der zwischen gleitenden Metallen entwickelten Oberflächentemperaturen. Es wird dabei angenommen, der schlanke Zylinder berühre die Unterlage mit seiner ganzen Stirnfläche

Aus den Gln. (2a) und (3) folgt

$$T - T_0 = \frac{\alpha Q}{\pi r} \frac{1}{\sqrt{2\beta k r}} e^{-(2\beta/kr)x}, \qquad (4)$$

so daß der Temperaturanstieg in der Grenzfläche der beiden reibenden Körper ($x = 0$) gegeben ist durch

$$T - T_0 = \frac{\alpha \mu N g v}{J \pi r} \sqrt{\left(\frac{1}{2\beta k r}\right)}. \qquad (5)$$

Wir können diese Berechnung auf ein Beispiel anwenden, das sich in einem Versuch verwirklichen läßt. Wird ein Konstantanzylinder von 1 mm Durchmesser und mit einem Gewicht von 200 g belastet über die Oberfläche eines Probestückes aus Flußstahl gezogen, so mißt man bei einer Gleitgeschwindigkeit von 200 cm/sec einen kinetischen Reibungsbeiwert von 0,3. Setzt man diese Werte, sowie $k = 0{,}05$ calcm^{-1} sec^{-1} °C^{-1} und $\beta = 0{,}001$ calcm^{-2} °C^{-1} in Gl. (5) ein, und trifft man ferner die Annahme, α betrage $1/2$ (dies scheint bei Oberflächen von vergleichbarer Wärmeleitfähigkeit die naheliegendste Vereinfachung zu sein), so findet man für die Temperaturerhöhung der Konstantanoberfläche

$$T - T_0 \approx 200 \text{ °C}.$$

Dieser Berechnung liegt ferner die Voraussetzung zugrunde, die Berührungsfläche entspreche der Zylinderstirnfläche, was jedoch bestimmt nicht der Fall ist (s. Kap. I). Selbst bei sorgfältig vorbereiteten Oberflächen macht die wirklich reibende Berührungsfläche nur einen sehr kleinen Bruchteil der scheinbaren aus, so daß die Temperaturerhöhung in den kleinen Berührungsbezirken sehr viel größer ausfallen sollte. Die obenstehende Rechnung beruht auf sehr weitreichenden Annahmen und das Ergebnis muß deshalb als grobe Näherung für die Minimaltemperatur angesehen werden. Immerhin zeigt sie mit aller Deutlichkeit, weshalb wir schon auf Grund einfacher theoretischer Überlegungen erwarten dürfen, daß die obersten Schichten beim Gleiten sehr hohe Temperaturen erreichen.

Messung der Oberflächentemperatur

Die angewandte Meßmethode und die Versuchsanordnung (BOWDEN und RIDLER, 1936) sind in Abb. 14 schematisch dargestellt. Eines der beiden gleitenden Metalle (A) liegt als ebene Ringscheibe vor, die mit gleichförmiger Geschwindigkeit um das Zentrum (O) rotiert werden kann. Ein Draht aus demselben Metall wird längs der Rotationsachse bis zum Eintauchen in eine mit Quecksilber gefüllte Schale (M) nach unten geführt und mittels eines Kupferdrahtes an ein Hochfrequenzgalvanometer oder einen Kathodenstrahloszillographen (G) angeschlossen. Das zweite Metall, das zur Bildung des Thermoelementes benötigt wird, weist die Form eines Zylinders (B) auf, der auf der Scheibe ruht. Auch das Metall (B) ist durch einen Kupferdraht mit dem Spannungsmeßgerät verbunden. Alle Verbindungsstellen zwischen verschiedenen Metallen befinden sich bei Raumtemperatur, mit Ausnahme des Gleitkontaktes (S). Ein auf demselben Prinzip beruhendes Verfahren war von SHORE (1925) und HERBERT (1926) entworfen und zur Messung der Temperaturen an Zerspanungswerkzeugen eingesetzt worden.

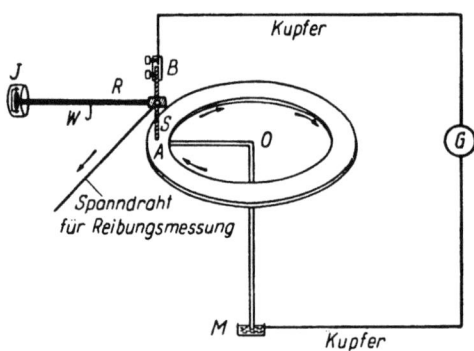

Abb. 14. Versuchsanordnung zur Messung der zwischen gleitenden Metallen entwickelten Thermospannung

Der Zylinder (B) ist an einem starren Arm (R) befestigt, der in einem Kardangelenk (J) so gelagert ist, daß der Zylinder sich frei auf und ab, sowie vorwärts und rückwärts bewegen kann. Die gewählte Belastung des Zylinders kann einfach durch Anhängen von Gewichten an den Arm (an den Haken bei W) aufgebracht werden. Das ganze Gerät ist sehr starr gebaut und auf massiven Zementblöcken abgestützt. Die rotierende Scheibe ruht auf Kugellagern und ist sehr genau bearbeitet, wobei die Oberfläche einen Feinschliff aufweist. Ein geeigneter Riemenantrieb erlaubt es, die Scheibe mit verschiedenen Frequenzen zu drehen, so daß die Gleitgeschwindigkeit zwischen einem Bruchteil eines cm/sec bis zu hohen Werten variiert werden kann. Die Gelenke (J) sind nicht starr befestigt, sondern mit einem Arm verbunden, der seinerseits so eingebaut wurde, daß eine Schraubenbewegung den Zylinder radial über die Scheibenoberfläche verschiebt. Der Grund für diese Bewegungsmöglichkeit wird später offenbar werden.

Sobald die Scheibe rotiert, versucht die Reibungskraft zwischen den Oberflächen bei (S) den Zylinder nachzuziehen. Diese Bewegung wird durch einen dünnen Draht verhindert, der am Zylinder festgemacht und tangential zur Scheibe gespannt ist. Wird eine Messung der durchschnittlichen Reibungskraft verlangt, so kann das andere Drahtende mit einem gedämpften Pendel oder einer gedämpften Feder verbunden werden, um den Mittelwert der auf den Draht wirkenden Kraft zu registrieren. Wünscht man den Verlauf der Reibungskraft genauer zu verfolgen, so wird der Anschluß an einen Oszillographen hergestellt.

Zur Bestimmung der Oberflächentemperatur dient die höchste thermoelektrische Spannung, die zwischen den reibenden Flächen entwickelt und vom Galvanometer angezeigt wird. Obschon die Thermoelemente nachträglich mit derselben Metallkombination, wie sie die Gleitflächen darstellen, geeicht werden, so bestehen in diesen Messungen zwei Fehlerquellen, die sich möglicherweise ernsthaft auswirken. Während des Gleitens finden zwischen den Oberflächen nämlich kleine Widerstandsänderungen statt, die das Ergebnis verfälschen könnten. Der Kontaktwiderstand beträgt jedoch nur einige Hundertstel Ohm, und da das Thermoelement in diesen Versuchen immer mit einem großen Widerstand in Serie geschaltet ist, können allfällige Änderungen des Kontaktwiderstandes zwischen den Oberflächen keine bedeutsamen Folgen haben. Eine zweite Fehlermöglichkeit tritt im Zusammenhang mit der Tatsache auf, daß die thermoelektrische Kraft vom Verformungszustand der Metalle, die zu einem Element verbunden sind, abhängt. Eine Verfestigung der Metalle während des Gleitens wird deshalb eine Änderung der thermoelektrischen Kraft nach sich ziehen, doch wird man kaum fehlgehen, wenn man diesen Einfluß als klein einschätzt. Der Unterschied des thermoelektrischen Potentials zwischen verfestigten und weichgeglühten Proben eines Metalles variiert ein wenig mit der Meßrichtung, bleibt jedoch immer klein. Für Konstantan beträgt er beispielsweise etwa $0,7 \times 10^{-6}$ Volt/°C, und für Eisen und Stahl erhält man einen Wert von derselben Größenordnung (ELAM, 1935). Im Vergleich dazu ergab das durch die Gleitflächen gebildete Konstantan-Stahl-Element eine durchschnittliche Spannung von rund 25×10^{-6} Volt/°C, so daß der Verformungsgrad der Metalle an den Oberflächen das wirkliche Potential nur um einige Prozent verfälschen kann, eine Schwankung, die innerhalb der Fehlergrenzen des Versuchs liegt. Wie BRIDGMAN (1918) zeigte, kann auch der Druck eine Änderung der thermoelektrischen Kraft herbeiführen, doch ist dieser Effekt zahlenmäßig noch unbedeutender als die oben diskutierten.

Die Temperatur trocken gleitender Metalle

Versuche mit einem Zylinder aus Flußstahl auf einer Oberfläche aus dem gleichen Metall gaben auch bei den höchsten Belastungen und Geschwindigkeiten keinen Spannungsunterschied. Dies war zu erwarten, wenn ein echt thermoelektrisches Potential gemessen werden soll, und das Ergebnis zeigt, daß eine bei der Paarung verschiedener Metalle allfällig auftretende elektromotorische Kraft nicht einfach der Reibung als solcher, noch der Störung von Oxyd- oder Fremdschichten an der Metalloberfläche, noch irgendeinem elektromagnetischen Effekt zugeschrieben werden kann. Um die Richtigkeit dieser Schlußfolgerung weiter zu prüfen, wurden Versuche mit einer Reihe von Metallen durchgeführt, die im Vergleich zu Stahl bei einer niedrigen Temperatur schmelzen. Die auf der Stahlscheibe gleitenden zylindrischen Proben bestanden aus Gallium (S. P. 32 °C), einer WOODschen Legierung (S. P. 72 °C), Blei (S. P. 327 °C) und Konstantan (S. P. 1290 °C). Abb. 15 zeigt die typischen Resultate, wobei die höchsten an der Oberfläche entwickelten Temperaturen aus den thermoelektrischen Messungen berechnet und über der Gleitgeschwindigkeit aufgetragen wurden. Wir werden später darauf hinweisen, daß die Temperatur (wie auch die Reibung) während des Gleitens schwankt, und die hier aufgezeichneten Höchstwerte für die Temperaturerhöhung entsprechen den auf dem Galvanometer beobachteten Spannungsspitzen. Wie nach den Ergebnissen zu schließen ist, verhielten sich alle Metalle ähnlich: Sowie die Gleitgeschwindigkeit erhöht wurde, stieg die Temperatur an und erreichte einen Höchstwert, der nicht mehr übertroffen wurde. *Dieses Maximum entsprach zahlenmäßig dem* in separater Eichung des Thermoelementes bestimmten *Schmelzpunkt der Metallprobe*. Die Zimmertemperatur betrug 17 °C, so daß die Abflachung der Temperaturkurve mit Gallium bei 15 °C, bei der WOODschen Legierung bei 55 °C und mit Blei bei 310 °C auftrat. Der Schmelzpunkt von Konstantan (1290 °C) wurde mit den verwendeten Lasten und Geschwindigkeiten nicht annähernd erreicht, und die betreffende Kurve verrät kein Abflachen. Aus den Abb. 15 und 17 (s. Seite 47) sowie aus Tafel III.1 geht deutlich hervor, daß Temperaturen von 500 °C oder gar 1000 °C auf gleitenden Metalloberflächen ohne weiteres erreicht werden, und zwar bei mäßigen Belastungen und Geschwindigkeiten. Man nimmt dabei keine augenscheinlichen Anzeichen dieser Erwärmung wahr: die Metallkörper fühlen sich ganz kühl an, und die größte Hitze ist auf dünne Schichten und die tatsächlich reibenden kleine Bezirke beschränkt.

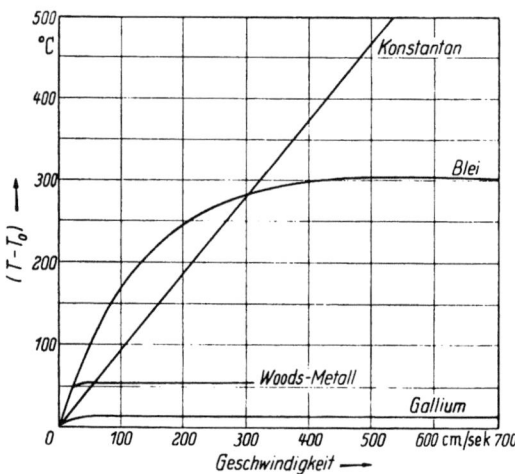

Abb. 15. Erreichte Höchsttemperaturen beim Gleiten von kleinen Zylindern aus Gallium, einer WOODschen Legierung, Blei und Konstantan auf einer Stahloberfläche. Belastung 100 g. Die Temperatur steigt nicht über den Schmelzpunkt des betreffenden Metalls

Tafel III

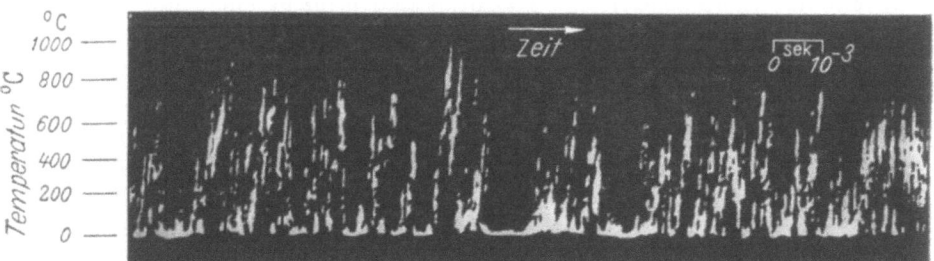

Abb. 1. Kathodenstrahloszillogramm des zeitlichen Verlaufs der zwischen einem Konstantanreiter und einer geläppten Stahlfläche entwickelten Thermospannung. Last 500 g; Gleitgeschwindigkeit 300 cm/sec. Die Temperaturblitze übersteigen 700 °C und dauern weniger als 10^{-4} sec

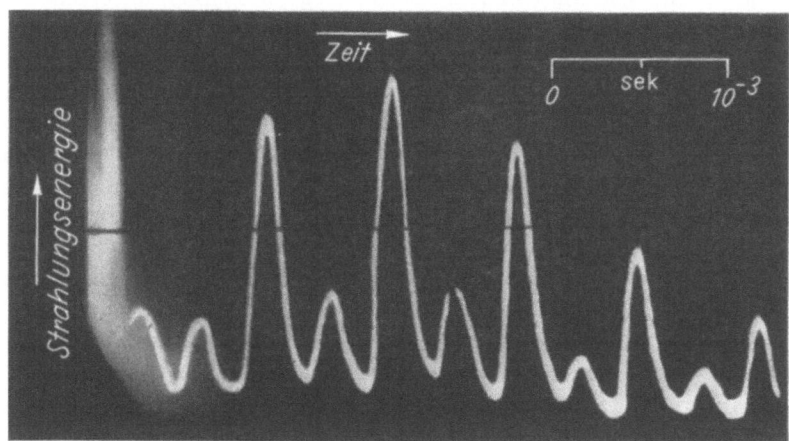

Abb. 2. Oszillogramm der Strahlungsenergie eines einzelnen „hot spot", der zwischen einem Stahlreiter und einer rotierenden Glasscheibe erzeugt wurde. Last 350 g; Gleitgeschwindigkeit 700 cm/sec. Die Strahlungsenergie wurde durch einen Unterbrecher in kurzen Zeitabständen filtriert. Das Verhältnis der gefilterten zu den ungefilterten Maxima der Kurve liefert ein Maß für die Temperatur. Die Höchsttemperatur dieses „hot spot" beträgt rund 900 °C und wird in etwa 2×10^{-3} sec erreicht

Die Tatsache, daß sich die Erwärmung nur in dünnen Lagen bemerkbar macht, wird durch das Verhalten der Berührungsfläche während des Versuches auf eindrückliche Weise bestätigt. Läßt man nämlich den Metallzylinder (B) auch nur für kurze Zeit in der gleichen Bahn laufen, so fällt das thermoelektrische Potential und erreicht einen niedrigen Wert, und zwar nicht wegen einer wirklichen Abnahme der Oberflächentemperatur, sondern weil eine dünne Schicht des Metalles (B) abgetragen und über den Stahl geschmiert wird, so daß die beiden Gleitflächen nun aus dem gleichen Metall bestehen und deshalb keine Thermokraft erzeugen. Das Zylindermetall braucht dabei nur in sehr geringer Dicke auf die Scheibe übertragen zu werden, um ein Absinken der Spannung zu verursachen. Der Zylinder wurde deshalb in den meisten Versuchen ständig radial über die Stahlfläche bewegt, damit er dauernd auf eine frische Reibfläche traf. Unter diesen Bedingungen, die sich, von bloßem Auge betrachtet, kaum von dem unerwünschten Zustand unterscheiden, fand keine Potentialabnahme statt.

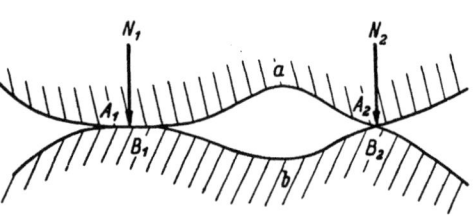

Abb. 16. Die Verhältnisse bei der Berührung zwischen metallischen Oberflächen

Es ist selbstverständlich, daß die Metalloberfläche nicht überall die gleiche Temperatur aufweist. Obschon die Gleitflächen sehr sorgfältig hergestellt wurden, können sie nicht ideal eben sein, und die Berührungsbedingungen lassen sich etwa durch das Diagramm von Abb. 16 darstellen. Nur die Flächen $A_1 B_1$, $A_2 B_2$ usw. stehen in direkter Berührung und werden direkt durch Reibung erwärmt; es sind aber auch nur diese Flächenausschnitte, die das Thermoelement bilden. Die Gebiete a u. b werden nicht unmittelbar durch Reibung erwärmt, noch leisten sie einen Beitrag zur thermoelektrischen Spannung.

Selbst die an der Reibung beteiligten Bezirke werden nicht notwendigerweise alle dieselbe Temperatur erhalten; denn die Gestalt der Unebenheiten an der Oberfläche ändert sich von Stelle zu Stelle und ebenso die Verteilung der Normalbelastung, so daß bei $A_1 B_1$ eine andere Oberflächentemperatur herrschen mag als bei $A_2 B_2$. Die in irgendeinem Augenblick gemessene elektromotorische Kraft bezieht sich somit auf eine Anzahl von parallelgeschalteten Thermoelementen, die sich nicht auf der gleichen Temperatur befinden. Das beobachtete Potential stellt die Gesamtwirkung aller Elemente dar, die durch die sich augenblicklich berührenden Teile der Oberflächen gebildet werden. Es ist klar, daß die Temperatur an einigen Stellen beträchtlich höher liegen kann, als die Messungen andeuten.

Die Temperatur geschmierter Oberflächen

Die obenerwähnten Versuche wurden wiederholt, nachdem die polierten Oberflächen mit verschiedenen Schmiermitteln versehen worden waren. Die Gleitflächen lagen dabei nicht durch eine dicke Flüssigkeitsschicht getrennt, sondern nur durch einen Schmierfilm von molekularen Dimensionen, d. h. es herrschten jene Bedingungen, die für die „Grenzreibung" charakteristisch sind (s. Kap. IX). Wie wir später zeigen werden, bestehen deutliche Anzeichen dafür, daß diese adsorbierte Schicht nicht unversehrt bleibt, sondern während des Gleitens fortwährend zerstört und wiederaufgebaut wird. Die Tatsache, daß das Reiben eine elektromotorische Kraft entwickelt, liefert einen zusätzlichen Beweis dafür, daß durch die schmierende Grenzschicht hindurch rein metallische Berührung stattfindet.

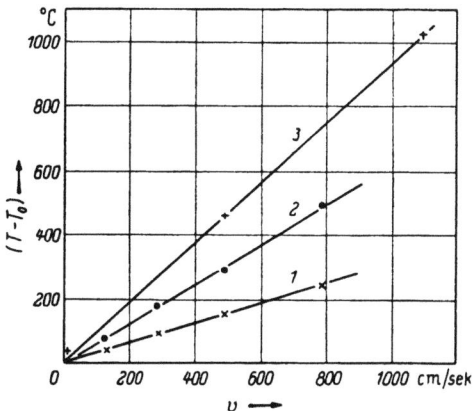

Abb 17. Die Temperatur, die an den Reibstellen zwischen einem Konstantanstift und einer Stahlscheibe entwickelt wurde. Belastung 102 g. 1 Ölsäure, 2 Handelsübliches Schmiermittel, 3 Trocken. Selbst in der Gegenwart einer Schmierflüssigkeit werden Temperaturen von mehreren hundert Grad schon bei mäßiger Belastung und Geschwindigkeit erreicht

Die Oberflächentemperaturen, die beim Gleiten von Konstantan auf einer mit verschiedenen Schmiermitteln versehenen Stahlfläche gemessen wurden, sind in Abb. 17 über der Gleitgeschwindigkeit aufgetragen.

Diese Versuche lassen deutlich erkennen, daß sehr hohe Oberflächentemperaturen auch in der Gegenwart von Schmierfilmen entwickelt werden können, wobei schon bei verhältnismäßig kleinen Normalkräften und Geschwindigkeiten Werte von mehreren hundert Grad überschritten werden. Wiederum ist zu betonen, daß sich die Erwärmung der Metalle nicht im großen bemerkbar macht. Die Oberflächen gleiten, wie es bei guter Schmierung üblich ist, und die Probestücke bleiben dabei kühl.

Die Tatsache, daß diese hohen Temperaturen auch bei gut geschmierten Gleitflächen auftreten, ist für die Theorie und Praxis der Grenzreibung offensichtlich von einiger Bedeutung. Diese Temperaturspitzen treten wohl nur örtlich an den Berührungsstellen auf; gerade diese Bezirke spielen aber bei der Reibung und Schmierung die entscheidende Rolle. Diese Verhältnisse werden in den Kap. IX und XII ausführlich behandelt.

Die Schwankungen der Oberflächentemperatur

Wir haben bereits darauf hingewiesen, daß der Temperaturverlauf während des Gleitens im allgemeinen einen ausgeprägt wechselnden Charakter aufweist. Diese Temperaturschwankungen sind von großem Interesse, da sie über die Einzelvorgänge, die sich zwischen den gleitenden Oberflächen abspielen, einigen Aufschluß zu geben vermögen. Es ist möglich, sie mittels eines empfindlichen Gleichstromverstärkers und eines Kathodenstrahloszillographen zu untersuchen, wobei Schwankungen der thermoelektrischen Spannung von weniger als 10^{-4} sec Dauer verfolgt werden können, und den Temperaturverlauf lückenlos auf einen Film aufzunehmen.

Tafel III.1 zeigt einige typische Ergebnisse (BOWDEN, STONE und TUDOR, 1947), die mit einem Konstantanzylinder auf Stahl bei einer Belastung von 500 g und einer Gleitgeschwindigkeit von 300 cm/sec erhalten wurden. Man erkennt, daß die Temperatur in der Tat sehr rasch schwankt, wobei Spitzen von 1000 °C, die weniger als 10^{-4} sec dauern, vorkommen.

Wenn die Oberflächen mit einem Mineralöl geschmiert sind, stellt man ähnliche Resultate fest, nur liegen die Höchsttemperaturen tiefer. Es ist jedoch klar, daß an den eigentlichen Kontaktstellen, wo durch den Schmierfilm hindurch eine metallische Berührung erfolgt, sehr hohe und sehr schnell schwankende Temperaturen auftreten können.

Oberflächentemperatur und Wärmeleitfähigkeit

Wenn der gleitende Körper die Wärme schlecht leitet, so wird die Reibungsenergie nicht so schnell abgeführt werden, und die Oberflächentemperatur fällt entsprechend höher aus. Nach Gl. (5) sollte sich die Temperatur ja umgekehrt proportional zur Quadratwurzel aus der Leitfähigkeit k verhalten.

In Abb. 18 ist die Temperaturerhöhung für Zylinder aus Kupfer, Nickel, Konstantan, einer WOODschen Legierung, sowie Wismut, die alle unter gleichen Belastungs- und Geschwindigkeitsbedingungen auf poliertem Stahl glitten, als Funktion des Wertes $1/\sqrt{k}$ für jedes dieser Metalle aufgetragen.

Diese Ergebnisse wurden für die kleinen Unterschiede in der Reibung und der Berührungsfläche dieser Metalle nicht korrigiert, doch zeigt die Kurve deutlich, wie die Oberflächentemperatur um so höher wird, je kleiner die Wärmeleitfähigkeit des Metalles ist. Der Temperaturanstieg an einer Probe aus Wismut, das die Wärme schlecht leitet, macht beispielsweise etwa 5mal soviel aus wie an Kupfer unter den gleichen Versuchsbedingungen. Diese Messungen sind noch in anderer

Hinsicht aufschlußreich, indem sie uns einen Anhaltspunkt bezüglich der Temperaturen geben, die reibende Oberflächen von Wärmeschutzstoffen wie Glas oder Seide erreichen könnten. Bei denselben Belastungs- und Geschwindigkeitsverhältnissen müßte auf Glasoberflächen ($k = 0{,}0017$ cal/cm sec °C) eine Temperaturerhöhung zustandekommen, welche die bei Kupfer ($k = 0{,}92$ cal/cm sec °C) beobachtete um eine Größenordnung übertrifft. An reibender Seide ($k = 0{,}0001$ cal/cm sec °C) sollten noch höhere Temperaturen vorkommen. Es ist zweifellos damit zu rechnen, daß örtlich begrenzte Temperaturspitzen an den reibenden Berührungsstellen von Wärmeschutzstoffen viel eher auftreten als an leitenden Oberflächen.

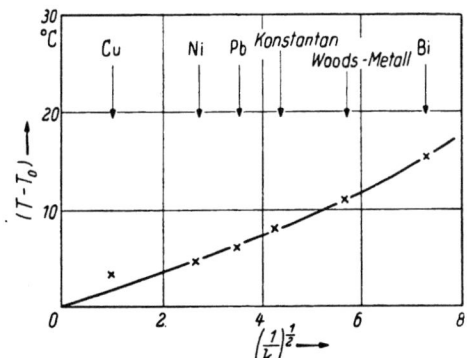

Abb. 18. Temperaturanstieg an reibenden Oberflächen in Abhängigkeit ihrer Wärmeleitfähigkeit k. (Belastung 32 g, Gleitgeschwindigkeit 20 cm/sec)

Die Oberflächentemperatur gleitender Isolatoren

Die thermoelektrische Methode kann selbstverständlich bei nichtleitenden Stoffen wie Glas oder Quartz nicht angewandt werden, doch besteht die Möglichkeit, das Auftreten hoher örtlicher Temperaturen der direkten visuellen Beobachtung zugänglich zu machen. Stellt man eine oder beide Gleitflächen aus einem durchsichtigen Material her, und ordnet man die Versuchseinrichtung so an, daß die gegeneinander reibenden Oberflächen deutlich sichtbar werden, so findet man, sobald das Gleiten beginnt, daß eine Anzahl winziger Sterne in der Zwischenfläche der gleitenden Probestücke auftaucht. Sie entsprechen offenbar kleinen Glühstellen oder „hot spots", in denen die Reibungsarbeit umgewandelt wird.

In den hier beschriebenen Versuchen bestand die Auflage gewöhnlich aus einer ebenen Glasscheibe, und ein Spiegel wurde darunter so angebracht, daß die Berührungsfläche zwischen dem Reiter und der Scheibe ungehindert betrachtet werden konnte. Hie und da kam auch ein durchsichtiger Reiter, dessen obere Stirnfläche optisch poliert worden war, zum Einsatz, wobei ebenfalls ein klares Bild der Reibfläche erschien. Die Auflage wurde zuerst mit einer konstanten Geschwindigkeit rotiert und darauf die Belastung des Reiters allmählich erhöht. Sobald eine genügend schwere Last die Gleitflächen zusammenpreßte, konnte eine Anzahl kleiner, schwach rotleuchtender Punkte wahrgenommen werden. Ihre Lage wechselte von Augenblick zu Augenblick, da ständig Vorsprünge abgenutzt und neue Bezirke in Berührung kamen. Steigerte man entweder die Last oder die Geschwindigkeit, so leuchteten die Flecken heller auf, wie es den höheren Temperaturen entspricht. (Die Möglichkeit, daß diese Glühstellen einem Reibungsleuchteffekt und nicht der Reibungswärme zu verdanken sind, darf nicht außer acht gelassen werden, doch sprechen viele Anzeichen dagegen.) Die im nächsten Abschnitt aufgeführten Ergebnisse beziehen sich auf die Bedingungen, unter denen die ersten dunkelroten „hot spots" von bloßem Auge in einem völlig verdunkelten Raum entdeckt wurden. Diese Versuche wurden sowohl mit gereinigten Oberflächen als auch mit solchen, die mit einer Wasser-Glyzerin-Mischung benetzt worden waren, durchgeführt.

Die Temperatur, bei der „hot spots" sichtbar werden

Indem man Reiter mit verschiedenen Schmelzpunkten verwendet, ist es möglich, die Temperatur, bei der die Glühstellen von bloßem Auge erkannt werden, näherungsweise festzulegen. Zu diesem Zwecke wurden Versuche mit einer Reihe von Metallen und Legierungen angesetzt, deren Schmelzpunkte in einem geeigneten Temperaturbereich liegen. Bei der Auswahl wurde auch darauf Rücksicht genommen, daß die Prüfflächen bei den erhöhten Temperaturen nicht sofort oxydierten. Die Ergebnisse sind in Tab. 5 gesammelt.

Tabelle 5. *Das Auftreten von „hot spots" auf Glas bei Reitern mit verschiedenen Schmelzpunkten*

Zusammensetzung der Legierung	Vickershärte kg/mm²	Schmelzpunkt °C	Sichtbare „hot spots" auf sauberem Glas
80 Au, 20 Sn	230	300	keine
80 Au, 20 Pb	108	420	,,
75 Au, 25 Te	120	450	,,
73 Ag, 27 Sn	93	480	,,
70 Ag, 30 Sb	120	480	,,
80 Ag, 20 As	170	500	,,
50 Au, 50 Cd	...	520	,,
92 Au, 8 Al	221	570	hot spots
Konstantan	130	1200	,, ,,
Nickel	170	1450	,, ,,
Eisen	130	1500	,, ,,
Wolfram	...	3000	,, ,,

Die Versuche zeigten, daß auch bei den höchsten Geschwindigkeiten und Belastungen keine „hot spots" beobachtet werden können, wenn Metalle oder Legierungen, die *unterhalb* 520 °C schmelzen, auf Glas oder

Quarz reiben. Mit einer bei 570 °C schmelzenden Gold-Aluminium-Legierung und mit allen andern, bei *höheren* Temperaturen schmelzenden Metallen waren die „hot spots" ohne weiteres sichtbar. Dadurch wird die Temperatur, bei der diese Bezirke für das Auge zuerst erkennbar werden, auf zwischen 520 °C und 570 °C festgelegt.

Die Wärmeleitfähigkeit und das Auftreten von „hot spots"

Für diese Versuchsreihe wurden vier harte Metalle mit sehr verschiedenen Wärmeleitfähigkeiten, nämlich Konstantan ($k = 0{,}05$ cal/cm sec °C), Stahl ($k = 0{,}10$ cal/cm sec °C), Nickel ($k = 0{,}16$ cal/cm sec °C) und Wolfram ($k = 0{,}35$ cal/cm sec °C), als Reiter ausgewählt.

Gereinigte Oberflächen, trocken. In Abb. 19 ist die Reibungskraft, bei der die „hot spots" bei verschiedenen konstanten Gleitgeschwindigkeiten sichtbar werden, über der Leitfähigkeit aufgetragen. Offenbar kommen diese in allen Fällen bei um so kleineren Reibungskräften zum Vorschein, je geringer die Wärmeleitfähigkeit ist. Dies ist besonders bei niedrigen Gleitgeschwindigkeiten ausgeprägt. Bei einer Geschwindigkeit von 110 cm/sec gibt beispielsweise ein Wolframreiter erst dann sichtbare „hot spots",

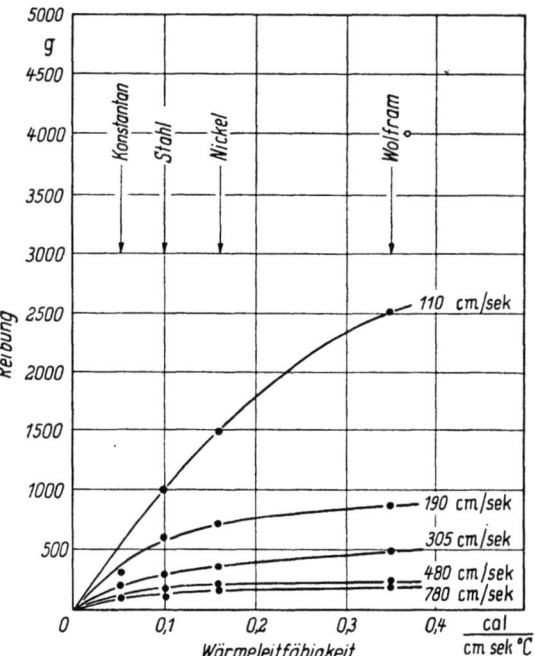

Abb. 19. Die Erzeugung sichtbarer „hot spots" beim Gleiten von Metallstiften auf einer Glasfläche. Die Ordinate gibt die Reibungskraft, bei der die „hot spots" bei verschiedenen Gleitgeschwindigkeiten unter verschiedenen Reitern (Konstantan, Stahl, Nickel und Wolfram) erschienen. Je geringer die Wärmeleitfähigkeit des Metallstiftes, um so leichter werden „hot spots" hervorgerufen

wenn die Reibungskraft 2600 g beträgt, während sie bei einem Konstantreiter schon erscheinen, wenn die Reibungskraft auf nur 350 g angewachsen ist.

Nasse Oberflächen. Abb. 20 zeigt die Ergebnisse für Oberflächen, die mit einer Mischung von Wasser und Glyzerin übergossen wurden, und es geht daraus hervor, daß die Kurven die gleiche Form aufweisen wie für saubere, trockene Oberflächen. Der Hauptunterschied besteht darin, daß sechs- bis siebenmal so hohe Reibungskräfte benötigt werden, um sichtbare „hot spots" zu erzeugen, wenn die Oberflächen mit

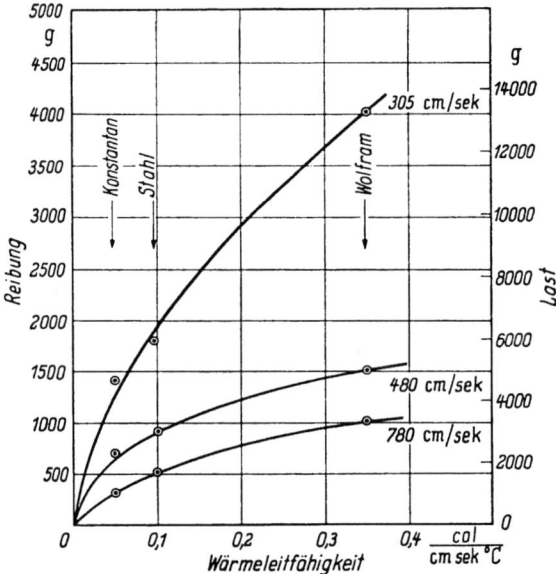

Abb. 20. Die Erzeugung sichtbarer „hot spots" beim Gleiten von Metallstiften auf einer Glasfläche, die mit einer Mischung von Glyzerin und Wasser bedeckt war. Die Ergebnisse sind ähnlich wie in Abb.19, nur wurde bei der gleichen Geschwindigkeit eine sechs- bis siebenmal größere Reibungskraft benötigt

dieser Flüssigkeit bedeckt sind. Obschon dieser Unterschied verhältnismäßig groß erscheint, vermag die Anwesenheit einer Flüssigkeitsschicht offensichtlich nicht, das Auftreten lokaler Temperaturspitzen infolge der Reibungswärme zu verhindern.

Die photographische Aufnahme der „hot spots"

Obschon das Erscheinen einzelner, vorübergehender Leuchtbezirke ohne weiteres von bloßem Auge zu erkennen ist, genügt deren Intensität nicht, um eine photographische Platte zu schwärzen. Läßt man den Reiter aber eine Zeitlang in der gleichen Bahn laufen, so addieren sich die Wirkungen der kleinen Lichtquellen und erzeugen schließlich das gewünschte Bild. Eine Super-XX-Platte wurde mit der Emulsion nach oben auf der Stahldrehscheibe befestigt und eine sorgfältig polierte und gereinigte Glasplatte darauf geklemmt. Der Reiter ruhte unter einer bestimmten Belastung auf der rotierenden Glasplatte, wo er während 2 Minuten den gleichen Kreis beschrieb. Der Radius wurde darauf um einen Zentimeter verändert, so daß während der nächsten 2 Minuten eine neue Reibungsspur befahren wurde. Dieser Vorgang wurde wiederholt, und man erhielt auf diese Weise auf der photographischen Platte eine Reihe konzentrischer Ringe von verschiedenem Radius, die offenbar verschiedenen Gleitgeschwindigkeiten entsprechen. Der innerste sichtbare Ring gibt somit die niedrigste Geschwindigkeit an, bei der die „hot spots" unter diesen Umständen aufgenommen werden konnten. Abb. 21 zeigt eine typische Kopie dieses Ringmusters, und man sieht, daß eine Gleitgeschwindigkeit von etwa 70 cm/sec bei einer Belastung von 1200 g gerade ausreicht, um eine Schwärzung hervorzurufen. Die Kurven in Abb. 22 gelten für vier Reiter von unterschiedlicher Wärmeleitfähigkeit. Sie zeigen die minimale

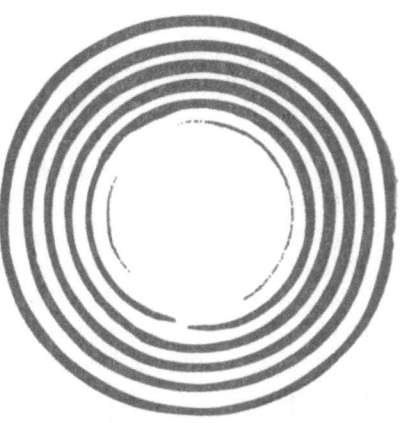

Abb. 21. Photographische Aufnahme der „hot spots" zwischen einem Stahlreiter und einer geläppten Glasfläche. Belastung 1,2 kg. Gleitgeschwindigkeit für den innersten, sichtbaren Ring näherungsweise 70 cm/sec

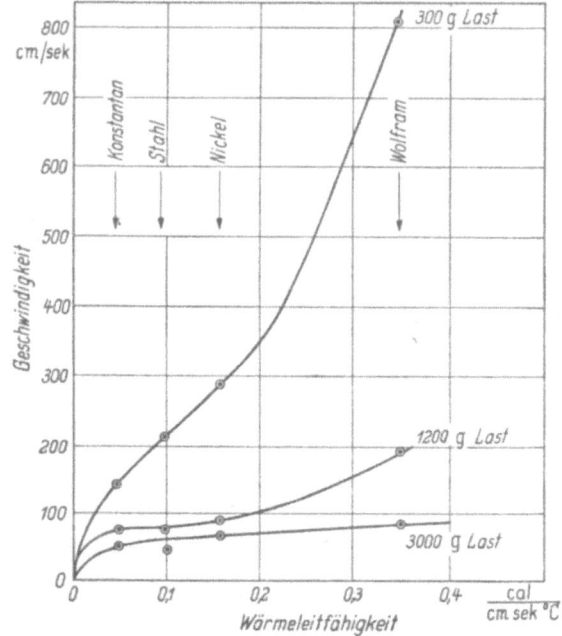

Abb 22. Notwendige Bedingungen für die photographische Aufnahme von „hot spots", wenn Metallreiter auf sauberen Glasflächen gleiten. Die Ergebnisse sind mit den im visuellen Verfahren erhaltenen vergleichbar (Abb. 19)

Geschwindigkeit, bei der für verschiedene Lasten eine Aufzeichnung der Reibungsspur erhalten wird. Die Resultate sind ähnlich wie beim visuellen Verfahren, und es besteht eine gute Übereinstimmung zwischen den entsprechenden Werten der Belastung und Geschwindigkeit. Auch für die mit Wasser und Glyzerin geschmierten Oberflächen wurden photographisch ähnliche Werte gefunden wie bei den früheren Beobachtungen.

Der Einfluß von Fremdteilchen auf das Auftreten von „hot spots"

Um die Wirkung harter Körner auf das Erscheinen von „hot spots" zu untersuchen, wurden Versuche mit Karborundumpulvern verschiedener Korngröße unternommen. Das Pulver wurde mit Glyzerin und Wasser zu einer dicken Paste vermengt und auf eine Glasscheibe gebracht. Anschließend versetzte man die Scheibe in Drehung und erhöhte die Belastung, bis die sichtbaren Glühstellen auftauchten.

Wir fanden dabei, daß die Gegenwart von Karborundumteilchen auf harten Metalloberflächen hinsichtlich der Temperatur nur eine geringe Wirkung ausübte. Die Belastung und Geschwindigkeit, die bei Metallen wie Konstantan (Vickershärte = 130 kg/mm^2) und Wolfram (Vickershärte = 750 kg/mm^2) benötigt werden, um „hot spots" zu erzeugen, waren etwa dieselben wie für nasse Oberflächen, wo das Schleifpulver fehlte. Auch eine Änderung der Korngröße (die von 10 bis 56 Mikron variiert wurde) vermochte keinen nennenswerten Unterschied im Auftreten der „hot spots" herbeizuführen. Offenbar wurden die Fremdteilchen nicht in die Oberfläche eingebettet und konnten sich deshalb verhältnismäßig wenig bemerkbar machen. Bei weichen Metallen hingegen veranlaßt die Gegenwart von Karborundumkörnern das Erscheinen leuchtender Bezirke bei viel geringeren Belastungen und Geschwindigkeiten. Solche Glühstellen konnten denn auch ohne weiteres mit niedrig schmelzenden Metallen wie Zinn oder Blei beobachtet werden, wo sie normalerweise nicht sichtbar sind. Das weiche Metall wirkt anscheinend als Träger, wie etwa ein Polier- oder Läppblock, und das Gleiten findet hauptsächlich zwischen den eingebetteten Schleifkörnern und dem Glas statt. Teilchen von 20 Mikron Durchmesser und mehr sind besonders wirksam, kleinere etwas weniger. In den Karborundumteilchen muß während des Reibens ein ziemlich großer Temperaturgradient entstehen. Nehmen wir beispielsweise an, die sichtbaren „hot spots" entsprechen einer Temperatur von ungefähr 550 °C, und die Temperatur des Metallreiters könne dessen Schmelzpunkt nicht übersteigen, so muß der Temperaturabfall in einem Karborundumteilchen, d. h. über eine Strecke von ca. 10^{-3} cm, im Falle eines Bleizylinders etwa 200 °C betragen, wenn sichtbare „hot spots" beobachtet werden. Dies bedeutet für die Schleifkörner einen Temperaturgradienten von etwa 10^5 °C/cm, der jedoch nur vorübergehend besteht, da das Metall um die Teilchen herum erweichen wird, so daß sie einsinken, während die Normallast wieder von neuen Körnern, die mit der Glasoberfläche in Berührung geraten, getragen wird.

Der Einfluß der Größe und Gestalt des Reiters

Für ein bestimmtes Paar Oberflächen ist das Auftreten von ,,hot spots" in erster Linie durch die mit dem Reibungsvorgang verbundene Wärmeleistung bestimmt, d. h. durch das Produkt $\mu N g v$, wobei μ den Reibungsbeiwert, N die Normalbelastung zwischen den Oberflächen und v die Gleitgeschwindigkeit bezeichnet. Die Größe und die Gestalt des verwendeten Reiters sind dabei nicht von großer Bedeutung. Die benötigte Belastung und Geschwindigkeit sind jedenfalls sehr ähnlich, ob ein ausgedehnter, flacher Reiter oder ein kleiner, gerundeter gebraucht wird. Der Hauptunterschied besteht darin, daß die ,,hot spots" auf der ebenen Gleitfläche über ein weites Gebiet verteilt sind, anstatt sich in einem kleinen Bezirk zu konzentrieren. Dies stimmt mit der Ansicht überein, daß die Berührung zwischen festen Körpern nur örtlich, an den höchsten Unebenheiten stattfindet, so daß die wirkliche Kontaktfläche sehr klein ausfällt und mit der makroskopischen Gestalt der sich gegenüberliegenden Flächen kaum in Beziehung steht. Dies ist der Grund für das Auftreten hoher Drücke in den Berührungsgebieten, selbst wenn nur geringe Belastungen wirken, und es sind ja diese Stellen, in denen die Reibungswärme entwickelt wird. Es ist natürlich allgemein bekannt, daß Oberflächen heiß werden, wenn sie gegeneinander gerieben werden; aber durch diese Versuche wird die Tatsache herausgestellt, daß schon geringe Lasten und Geschwindigkeiten genügen, um von bloßem Auge wahrnehmbare ,,hot spots" zu erzeugen. Beim Gleiten von Konstantan auf Glas, beispielsweise, können sie bei einer Last von 1 kg bereits gesehen werden (Temperatur 520—570 °C), wenn die Geschwindigkeit nur 30—60 cm/sec beträgt. Wird der Metallreiter durch einen schlechten Wärmeleiter wie Quarz ersetzt ($k = 0{,}0035$ cal/cm sec °C), so erscheinen die Leuchtsterne noch eher.

Die Ausmessung von ,,hot spots"

Eine zusätzliche Methode, mit der das Auftreten kurzlebiger ,,hot spots" untersucht werden kann, beruht auf dem Gebrauch einer infrarotempfindlichen Photozelle, wie z. B. einer Bleisulfidzelle. Diese Zellen können mit sehr kleinen Zeitkonstanten gebaut werden, so daß ,,hot spots" von sehr kurzer Lebensdauer entdeckt und vermessen werden können, und sprechen außerdem auf Strahlungen an, deren

Wellenlänge außerhalb des sichtbaren Spektrums liegt. Es ist deshalb möglich, ,,hot spots" von verhältnismäßig niedriger Temperatur wahrzunehmen. Natürlich verspricht die Anwendung dieses Verfahrens nur dann einen Erfolg, wenn einer der gleitenden Körper für die infrarote Strahlung durchsichtig ist.

BOWDEN und THOMAS (1954) bedienten sich dieser Methode, um das Wachstum und Abklingen der zwischen gleitenden Oberflächen erzeugten ,,hot spots" eingehender zu studieren und ihre Größe und Temperatur zu bestimmen. Die allgemeine Versuchsanordnung ist aus dem Diagramm in Abb. 23 ersichtlich. Die Auflage (A) besteht aus einer Glasscheibe von ungefähr 2 mm Dicke und kann durch einen Motor angetrieben werden, der Gleitgeschwindigkeiten im Bereich von 100 bis 700 cm/sec ermöglicht. Die obenliegende Fläche ist gewöhnlich metallisch und gehört zu einem Zylinder (B), dessen reibende Stirnseite einen Durchmesser von etwa 1 mm aufweist. Die Belastung und die Reibungsmessungen erfolgen auf ähnliche Weise wie in früher beschriebenen Versuchen (Abb. 14). Die lichtempfindliche Zelle (C), die eine Zeitkonstante von etwa 10^{-4} sec besitzt, befindet sich unterhalb der Glasscheibe in einem Messinggehäuse. Dieses ist oben mit einem Schlitz versehen, der direkt unter dem Zentrum des Reiters liegt und tangential zur Bewegungsrichtung verläuft. Zwischen der Glasscheibe und der Photozelle ist eine Unterbrecherscheibe (E) eingeschoben, wodurch die einfallende Strahlung sekundlich rund 4000mal aufgehalten wird. Das Ausgangssignal der Photozelle wird zweckmäßig verstärkt und auf dem Schirm eines Kathodenstrahloszillographen beobachtet.

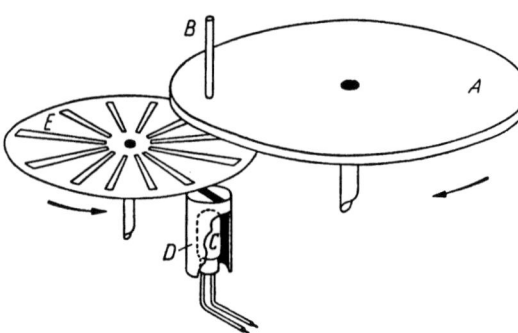

Abb. 23. Versuchsanordnung zur Untersuchung der infolge Reibung entstehenden ,,hot spots" mittels einer Bleisulfid-Infrarotzelle

Die Zelle kann geeicht werden, indem man an Stelle des Reiters (B) einen Platindraht von bekannter Temperatur anbringt und die von der Zelle empfangene Strahlung mißt. Damit die Oberflächentemperaturen von diesem Wert abgeleitet werden können, müssen allerdings gewisse Annahmen betreffend der Größe und Emission der ,,hot spots" gemacht werden, da die Photozelle ein Maß der gesamten auffallenden Strahlungsenergie und nicht der Temperatur der ausstrahlenden Quelle liefert. Aus diesem Grunde erhält man befriedigendere Ergebnisse, wenn die spektrale Verteilung der ,,hot spot"-Strahlung bestimmt wird. Dies kann geschehen, indem man die gesamte Strahlungsenergie mißt, wenn die Zelle der Glasscheibe direkt ausgesetzt ist und sie mit jener vergleicht, die man beobachtet, wenn ein Filter zwischen der Scheibe und der Zelle liegt. Das so bestimmte Verhältnis liefert ein direktes Maß der Temperatur der ,,hot spots" und ist unabhängig von deren Fläche und Emissionsverhältnis, nur muß die Abhängigkeit der Absorption des Filters von der Wellenlänge bekannt sein.

Die Verläßlichkeit dieser Methode kann durch eine Messung der Temperatur, bei der die ,,hot spots" sichtbar werden, demonstriert werden. Für die höchsten der dabei vorkommenden Temperaturen ergibt die Photozelle einen Wert, der etwa 600 °C entspricht, während wir mit der früher beschriebenen Methode ungefähr 570 °C erhielten. Für Versuche dieser Art ist diese Übereinstimmung zufriedenstellend. Mit diesem Verfahren wird auch die früher gemachte Beobachtung bestätigt, daß die Oberflächentemperatur durch den Schmelzpunkt der Oberflächen begrenzt ist. Die Temperatur der größten Gruppe von ,,hot spots" erreichte beispielsweise an einer Gold-Aluminium-Legierung einen oberen Wert von etwa 600 °C (S. P. 570 °C), was bei Berücksichtigung des experimentellen Fehlers dem Schmelzpunkt entspricht. Auf der Oberfläche der Glasscheibe wurden dabei deutlich sichtbare Flecken von verschmiertem Metall vorgefunden. Sie bestätigen, daß tatsächlich ein Schmelzen eintritt. Es ist allerdings erwähnenswert, daß *gelegentlich* auch höhere Temperaturspitzen entdeckt wurden. Man beobachtet solche vor allem mit Metallen wie Aluminium und Magnesium, die in der Luft leicht oxydieren, und ihr Vorkommen beruht anscheinend auf der chemischen Reaktionswärme der Oxydation, da beim Reiben leicht frische Metallbezirke dem Sauerstoff ausgesetzt werden.

Diese Untersuchung zeigt wiederum, daß zwischen reibenden Körpern ohne weiteres Oberflächentemperaturen von mehreren hundert Grad entwickelt werden, obschon die Grundmasse dieser Körper ganz kalt bleibt.

Obige Methode wurde mit einer gewissen Abänderung auch verwendet, um den zeitlichen Verlauf der Ausdehnung und der Temperatur eines ,,hot spot" abzuschätzen. Zu diesem Zweck wurde der Unterbrecher eingesetzt und jeder zweite Sektor mit einem Plexiglasfilter abgedeckt. Tafel III.2 zeigt ein typisches Oszillogramm für einen einzelnen ,,hot spot". Aus dem Verhältnis aufeinanderfolgender Maxima kann auf die Temperatur eines ,,hot spots" in jedem Augenblick geschlossen werden. Auch die Größe des heißen Gebietes kann aus diesen Temperaturwerten und dem absoluten Betrag der die Zelle erreichenden Strahlungsenergie abgeleitet werden. Eine Untersuchung mit diesem Ziel ergibt, daß die Höchsttemperaturen und Durchmesser der heißen Bezirke zwischen sehr weiten Grenzen streuen, und beide ändern sich auch während der Lebensdauer eines solchen Reibungskontaktes.

Die Ergebnisse lassen zusätzlich zwei weitere Gesichtspunkte, die mit der im nächsten Abschnitt gegebenen theoretischen Behandlung übereinstimmen, hervortreten. Erstens hängt die Zeit, die verstreicht, bis eine Berührungsstelle ihre Höchsttemperatur erreicht, von deren Größe (das heißt von der Fläche, von der die Strahlung entdeckt wird) ab; je größer das heiße Gebiet, um so länger geht es, bis die Spitzentemperatur erreicht ist. Tab. 6 zeigt dies deutlich für einen Stahlreiter, wobei die für den Temperaturanstieg benötigte Zeit auch mit der Belastung zunimmt (da diese „hot spots" gewöhnlich einzeln vorkommen, bilden sie die Hauptberührungsfläche in irgendeinem Augenblick, so daß ihre Ausdehnung als angenähert proportional zur Belastung betrachtet werden kann).

Tabelle 6

Reitermetall	Wärmeleitfähigkeit cal/sec cm °C	N g	v cm/sec	Zeit für Temperaturanstieg beim größten „hot spot". sec
Stahl	0,10	150	380	$\approx 0{,}5 \cdot 10^{-3}$
Stahl	0,10	300	380	$1{,}5 \cdot 10^{-3}$
Stahl	0,10	450	380	$2{,}0 \cdot 10^{-3}$
Konstantan. . . .	0,05	450	380	$3{,}0 \cdot 10^{-3}$
Wolfram	0,35	350	380	$\approx 0{,}5 \cdot 10^{-3}$

Die zweite Erkenntnis bezieht sich auf die augenblickliche „hotspot"- Temperatur und die Geschwindigkeit, mit der sie dem Höchstwert zustrebt. Beide Größen hängen unter einheitlichen Belastungs- und Geschwindigkeitsverhältnissen von der Wärmeleitfähigkeit des Reiters und von der Flächenausdehnung des heißen Bezirkes ab. Je größer die Wärmeleitfähigkeit, um so niedriger fällt die Höchsttemperatur aus; aber sie wird mit um so größerer Geschwindigkeit erreicht. Die Wirkung der Wärmeleitfähigkeit des Reiters auf die Geschwindigkeit des Temperaturanstieges in einem Reibungskontakt geht aus den drei untersten Zeilen von Tab. 6 hervor, wo Reiter aus Stahl, Konstantan, und Wolfram mit den Leitfähigkeiten 0,10 bzw. 0,05 und 0,35 cal/sec cm °C aufgeführt sind (die Belastung und Gleitgeschwindigkeit waren nahezu die gleichen). Die entsprechenden Zeiten für den Temperaturanstieg betragen 2, bzw. 3 und $0{,}5 \times 10^{-3}$ sec.

Es ist bemerkenswert, daß eine Zeitspanne von 10^{-3} sec bei einer Gleitgeschwindigkeit von 380 cm/sec einer linearen Verschiebung der Scheibe von etwa 4 mm entspricht, d. h. die Stirnfläche des Reiters legt etwa den vierfachen Durchmesser zurück. Dies spricht dafür, daß die größeren „hot spots", die man beobachtet, nicht durch ein einfaches

Zusammentreffen eines Vorsprunges der einen Oberflächen mit einem solchen der gegenüberliegenden, sondern eher durch längeres Reiben einer Rauhigkeit des Reiters auf der Glasoberfläche zustandekommen. Diese Arbeiten zeigen, daß die Abhängigkeit des Verhaltens eines „hot spot" von der Belastung, der Wärmeleitfähigkeit, der Gleitgeschwindigkeit und der Härte im allgemeinen mit dem im nächsten Abschnitt beschriebenen theoretischen Modell übereinstimmt, obwohl die Verhältnisse zusätzlich durch die thermische Erweichung der Glasoberfläche bei den höheren Reibungstemperaturen kompliziert werden (siehe oben). Immerhin weisen die heißesten Bezirke verschiedener Metallreiter in einem weiten Bereich von Versuchsbedingungen eine Fläche von etwa 10^{-3} cm^2 auf, wenn die Probe gegen Glas reibt, und die hohen Temperaturen sind während ungefähr 10^{-3} bis 10^{-4} sec vorhanden. Es fällt auf, daß diese Zeitspanne etwa gleich lang ist wie jene, die mit der thermoelektrischen Methode für das Gleiten zwischen metallischen Oberflächen ermittelt wurde.

Eine genauere Berechnung der Oberflächentemperatur

Der Ableitung von Gl. (5) liegt eine verhältnismäßig grobe physikalische Vorstellung zugrunde, indem angenommen wird, die gesamte Stirnfläche des Reiters befinde sich auf der gleichmäßigen Temperatur T und die gesamte Reibungswärme gehe durch Emission von der Oberfläche an die Umgebung verloren. Obschon diese Vereinfachung für zylindrische Reiter von sehr geringem Durchmesser, wo die wirkliche Berührungsfläche einen beträchtlichen Bruchteil des Reiterquerschnittes ausmachen kann, eine gewisse Berechtigung besitzt, kann sie im allgemeinen nicht als befriedigend gelten. In den meisten Fällen sind die Stellen, an denen die Körper gegeneinander reiben, mit verhältnismäßig großen Zwischenräumen über die Oberfläche verteilt, und die Temperatur wird über die Reibfläche beträchtliche Schwankungen aufweisen. Unter solchen Bedingungen wird die Reibungswärme größtenteils in die Grundmasse in der Umgebung der Berührungsstellen übergehen, und der Wärmefluß hängt nicht vom Emissionsverhältnis der Oberflächen ab, sondern von den Wärmeleitfähigkeiten der Körper. Eine ausführliche Analyse des Wärmeflusses, wenn ausgedehnte Oberflächen in einem einzigen kleinen Bezirk aneinander reiben, wurde zuerst von BLOK (1937) entwickelt und später von JAEGER (1952) verfeinert. Obwohl ihre Behandlung ein verhältnismäßig umfangreiches mathematisches Rüstzeug erfordert, ist es nicht schwierig, mit einer viel einfacheren Methode ähnliche Ergebnisse zu erhalten.

Wie nehmen dazu an, die ausgedehnten Oberflächen zweier Körper I und II mit den Wärmeleitzahlen k_1 und k_2 berühren sich über eine kleine Kreisfläche mit dem Radius a, die im Körper II (dem „Reiter") unverrückbar sei (man kann sie sich leicht erhöht denken). Infolge der Reibung wird in diesem Gebiet sekundlich eine Wärmenmenge Q entwickelt, die in die beiden Metallkörper abfließt. Diese Wärmemenge verteile sich auf die beiden Körper und wir denken uns, der Teil Q_1 entfalle auf den Körper I und Q_2 auf den Körper II, wobei natürlich

$$Q_1 + Q_2 = Q.$$

Als nächstes nehmen wir an, daß ein stationärer Zustand erreicht werde, in dem die Zwischenfläche (wo die Metalle gegeneinander reiben) eine gleichmäßige Temperatur T aufweise, während die Hauptmasse der beiden Körper auf der Temperatur T_0 (angenähert Zimmertemperatur) verharre. Wir können nun die Wärmeleitfähigkeit für diese Verbindung zwischen den beiden Körpern durch die Beziehung definieren

Sekundliche Wärmemenge (Wärmestrom) =
Wärmeleitfähigkeit × Temperaturgefälle. (6)

In Analogie mit dem elektrischen Fall, der in Kapitel I beschrieben wurde, setzen wir für die Wärmeleitfähigkeit von der Zwischenfläche in den ersten Körper den Ausdruck $4 a k_1$ und für jene in den anderen Körper $4 a k_2$. Laut Definition ist also

$$Q_1 = 4\,a k_1\,(T - T_0)$$
$$Q_2 = 4\,a k_2\,(T - T_0) \quad \text{und } Q = Q_1 + Q_2. \quad (7)$$

Somit

$$T - T_0 = \frac{Q}{4\,a} \frac{1}{k_1 + k_2}. \quad (8)$$

Mit der Belastung N, dem Reibungsbeiwert μ und der Gleitgeschwindigkeit v kann man den Wärmestrom auch ausdrücken durch

$$Q = \frac{\mu N g v}{J}.$$

Folglich wird der Temperaturanstieg

$$T - T_0 = \frac{\mu N g v}{4\,a J} \cdot \frac{1}{k_1 + k_2}. \quad (9)$$

Das von JAEGER für eine quadratische Zwischenfläche mit der Seitenlänge $2l$ und für niedrige Gleitgeschwindigkeiten gegebene Ergebnis lautet

$$T - T_0 = \frac{\mu N g v}{4{,}24\,l J} \frac{1}{k_1 + k_2}. \quad (10)$$

Es ist offenbar mit Gl. (9) identisch, wenn man von der numerischen Konstanten absieht. Wie wir bereits betonten, wurden diese Gleichungen für einen stationären Wärmezustand berechnet, und es ist deshalb zu erwarten, daß sie nur bei verhältnismäßig niedrigen Geschwindigkeiten Gültigkeit besitzen. Bei hohen Geschwindigkeiten wird der Reiter dauernd von den entgegenkommenden Bezirken der vorbeistreichenden Oberfläche gekühlt. Infolgedessen erhält man eine geringere Temperaturerhöhung als durch Gl. (9) angegeben wird. Für solche Fälle lautet der von JAEGER für die quadratische Berührungsfläche berechnete Temperaturunterschied

$$T - T_0 = \frac{\sqrt{x_1}\,\mu N g v}{3{,}76\,lJ\,\{1{,}125\,k_2\sqrt{x_1} + k_1\sqrt{lv}\}}, \tag{11}$$

wobei der Index 2 die Oberfläche bezeichnet, in der sich die Berührungsfläche nicht verschiebt (den Reiter z. B.). x_1 steht für den Ausdruck $k_1/\varrho_1 c_1$, in dem ϱ_1 die Dichte und c_1 die spezifische Wärme des Körpers I (die Drehscheibe z. B.) bezeichnet. Der Hauptunterschied gegenüber der einfacheren Gl. (10) besteht darin, daß die Temperaturerhöhung bei großen Geschwindigkeiten weniger rasch als proportional zu v zunimmt.

Es ist aufschlußreich, die durch Gl. (9) gegebene, einfache Beziehung etwas eingehender zu untersuchen. Wir nehmen dabei an, die Berührungsfläche zwischen den beiden Körpern werde durch den Fließdruck p_m des weicheren der gleitenden Metalle bestimmt. Wenn die Oberflächen geometrisch so beschaffen sind, daß die Berührung über ein einziges Kreisgebiet mit den Radius a erfolgt, dann gilt, wie in Kapitel I erläutert wurde, $N = \pi a^2 p_m$. Damit wird Gl. (9)

$$T - T_0 = \frac{\mu v g \sqrt{N p_m \pi}}{4 J (k_1 + k_2)}. \tag{12}$$

Vergleichen wir diese Ergebnisse mit den auf Grund des einfacheren Modells erhaltenen [Gl. (5)], so stellen wir zuerst fest, daß die Temperaturerhöhung in beiden Fällen proportional zur Gleitgeschwindigkeit v ist. Zweitens nimmt der Temperaturanstieg mit der Belastung zu. Beim einfachen Modell, wo die Wirkung der Last auf die Berührungsfläche außer acht gelassen wurde, verändert sich die Temperatur linear mit der Normalkraft. Im anderen Fall, wo die Wirkung der Last auf die Berührungsfläche berücksichtigt wurde, nimmt die Temperaturerhöhung infolge Reibung nur wie $N^{1/2}$ zu. Für ein bestimmtes Paar Oberflächen sollte demnach eine konstante Temperaturerhöhung auftreten, wenn das Produkt $vN^{1/2}$ konstant gehalten wird, das heißt v sollte zu $N^{1/2}$ verhältnisgleich sein. THOMAS zeigte mit einigen sorgfältigen Messungen über das Auftreten der sichtbaren „hot spots" (wo $T - T_0$ eine Konstante ist), daß diese Beziehung in erster Annäherung tatsächlich erfüllt wird. Seine Ergebnisse für das Reiben von Stahl- und Wolframzylindern gegen die Oberfläche einer Glasscheibe sind in

Abb. 24 dargestellt. Man sieht deutlich, daß die Gleitgeschwindigkeit, bei der die „hot spots" gerade beobachtet werden können, in jedem Fall der Wurzel aus N proportional ist.

Der dritte und wichtigste Unterschied zwischen den beiden Modellen besteht darin, daß bei der einfachsten Betrachtungsweise nicht angegeben wird, wie α, der Bruchteil der in den Reiter übergehenden Wärme, vom Verhältnis k_1/k_2 abhängt. Es wurde einfach angenommen, α sei konstant, und zwar auch für die unterschiedlichsten Materialpaarungen. Folglich wird die Temperaturerhöhung nur von der Wärmeleitzahl des Reiters k_2 beeinflußt und ist zu dessen Wurzelwert umgekehrt proportional. Im Gegensatz dazu zeigt die spätere, der Wirklichkeit besser angepaßte Behandlung, daß bei niedrigen Gleitgeschwindigkeiten $\alpha = k_1/(k_1 + k_2)$, während die Oberflächentemperatur sich proportional zu $1/(k_1 + k_2)$ ändert. Die Wärmeleitzahl der Auflage ist somit ebenso wichtig wie diejenige des obenaufliegenden Reiters, was auch Tab. 7 (JAEGERs Veröffentlichung entnommen), wo die Änderung von $1/(k_1 + k_2)$ und $k_2^{-1/2}$ für verschiedene Paarungen von Gleitkörpern gezeigt wird, offenbar werden läßt.

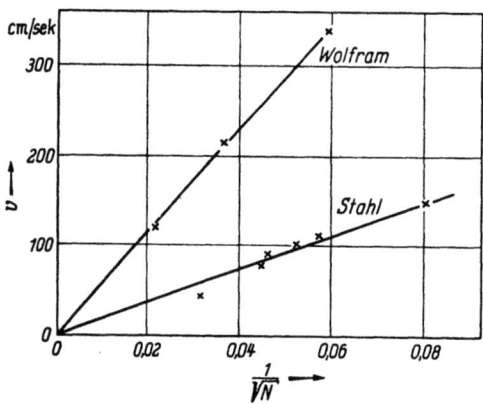

Abb. 24. Gleitgeschwindigkeit v, die zur Erzeugung von Heißpunkten einer bestimmten Temperatur notwendig ist, in Abhängigkeit der Belastung N. Sowohl für Wolfram- als auch für Stahlreiter verläuft v in Übereinstimmung mit Gleichung (12) proportional zu $N^{-1/2}$

Tabelle 7

Reiter (Stoff 2)	Auflage (Stoff 1)	k_2	k_1	$\dfrac{1}{k_1 + k_2}$	$k_2^{-1/2}$
Kupfer ..	Flußstahl	0,918	0,144	0,94	1,04
Flußstahl..	,,	0,144	0,144	3,47	2,63
Blei	,,	0,0827	0,144	4,41	3,48
Wismut ..	,,	0,0194	0,144	6,12	7,18
Kupfer ..	Kupfer	0,918	0,918	0,54	1,04
Glas	,,	0,0017	0,918	1,09	24,0
Seide ...	,,	0,0001	0,918	1,09	100,0
Seide ...	Glas	0,0001	0,0017	550,0	100,0

Es geht daraus hervor, daß selbst auf Grund des BLOK-JAEGER-Modells und für übliche Werte der Wärmeleitzahl eine ziemlich große

Temperaturschwankung erhalten werden kann, wenn die Leitfähigkeit *einer* der beiden Gleitflächen verändert wird. Diese Variation nimmt etwa das gleiche Ausmaß an, wie wenn das $k_2^{-1/2}$-Gesetz befolgt wird. Die Wirkung geringer Wärmeleitfähigkeit auf die Oberflächentemperatur ist nur dann sehr ausgeprägt, wenn beide Oberflächen schlechte Wärmeleiter sind. Bei höheren Geschwindigkeiten, wo die Kühlwirkung der entgegenkommenden Oberfläche ins Gewicht fällt, wird der Temperaturanstieg immer noch durch die Leitfähigkeit beider Flächen bestimmt, doch hängt er, wie Gl. (11) zeigt, weniger von der Leitfähigkeit der Oberfläche ab, in der sich die Berührungsfläche nicht verschiebt. Ja, bei äußerst hohen Gleitgeschwindigkeiten wird der erste Ausdruck im Nenner verhältnismäßig unwichtig, und der Temperaturanstieg verläuft dann proportional zu $v^{1/2}$.

Bei der Anwendung von Gl. (12) treten hauptsächlich zwei Schwierigkeiten auf, die ein sorgfältiges Abwägen verlangen. Die erste rührt davon her, daß der für p_m einzusetzende Wert sich auf den Fließdruck derjenigen Gebiete an den Oberflächen bezieht, wo das Reiben tatsächlich stattfindet. Wenn dort hohe Temperaturen entwickelt werden, kann dieser Wert ziemlich viel tiefer liegen als bei Zimmertemperatur. Erzeugen beispielsweise hochschmelzende Metalle auf Glasoberflächen sichtbare „hot spots", so muß der Temperaturanstieg (von nahezu 500 °C) das Glas beträchtlich erweichen, und wie THOMAS zeigte, ist die wirkliche Berührungsfläche in allen solchen Fällen möglicherweise eher durch den bei dieser Temperatur herrschenden Fließdruck von Glas bestimmt als durch die entsprechende Härte der Metalle. Die zweite Schwierigkeit taucht auf, wenn sich die Oberflächen an mehr als einer Stelle berühren, was normalerweise auch zutrifft. Unter diesen Umständen unterliegt die Berechnung der Temperaturerhöhung den Ungewißheiten, die in Kapitel I bei der Abschätzung der wirklichen Berührungsfläche auf Grund elektrischer Widerstandsmessungen diskutiert wurden.

Dennoch vermittelt Gl. (12) ein befriedigendes Bild über das Verhalten der hauptsächlichsten Einflußgrößen, die mit der Erzeugung von Reibungsheißpunkten bei niedrigen und hohen Gleitgeschwindigkeiten zusammenhängen. Wenn sehr kleine Flächen gegeneinander reiben, so daß die wirkliche Berührungsfläche mit der geometrischen vergleichbar ist, besteht eher eine Anwendungsmöglichkeit für Gl. (5). In den meisten Fällen liegt die wahre Temperaturbeziehung wahrscheinlich zwischen diesen beiden Gleichungen. Bei größeren Gleitgeschwindigkeiten sollte Gl. (12) natürlich durch Gl. (11) ersetzt werden und Gl. (5) durch eine von JAEGER abgeleitete, ähnlich abgeänderte Beziehung.

Die in diesem Kapitel beschriebenen Versuche zeigen, daß beim Übereinandergleiten fester Körper sogar bei mäßiger Beanspruchung durch Belastung und Geschwindigkeit sehr hohe Temperaturen entwickelt werden können. Diese Temperaturen sind auf eine sehr dünne Schicht nahe an der Grenzfläche beschränkt, und die große Masse der reibenden Körper wird verhältnismäßig wenig erwärmt. Sie sind ferner an einer Anzahl kleiner Bezirke, wo die Oberfläche in direkter Berührung stehen und gegeneinander reiben, lokalisiert. Die Lage dieser „hot spots" wechselt von Augenblick zu Augenblick, da die Vorsprünge an den Oberflächen abgenutzt werden und neue Unebenheiten aufeinandertreffen. Eine eingehendere experimentelle Untersuchung zeigt in der Tat, daß sowohl die Ausdehnung als auch die Temperatur eines heißen Gebietes sich während der Lebensdauer der betreffenden Kontaktstelle ändern. Die „hot spots" zeigen also im allgemeinen sehr schnelle Schwankungen und die Zeit, in der sie ihre Höchsttemperatur erreichen, hängt von ihrer Größe und von der Wärmeleitfähigkeit der Oberfläche ab. Die Ergebnisse deuten an, daß die „hot spots" für eine große Vielfalt von Materialien, Belastungen und Geschwindigkeiten ungefähr 10^{-4} bis 10^{-3} sec dauern, obwohl dies natürlich im einzelnen von den herrschenden Versuchsbedingungen abhängt. Unter einem ähnlichen Vorbehalt kann die Fläche der heißesten Bezirke zwischen Metallen und einer rotierenden Glasscheibe mit etwa 10^{-3} cm^2 angegeben werden. Dieser Wert übertrifft wahrscheinlich die Fläche der zwischen zwei Metallen gebildeten „hot spots" beträchtlich und steht mit dem thermischen Erweichen von Glas in Zusammenhang.

Wie die Theorie zeigt, nimmt die durch Reibungswärme erzeugte Oberflächentemperatur mit der Gleitgeschwindigkeit und der Normalkraft zu. Sie wird auch weitgehend durch die Wärmeleitfähigkeit der gleitenden Körper beeinflußt, und man beobachtet um so höhere Temperaturen, je schlechter die Wärme von einer der beiden Oberflächen abgeführt wird, wobei die Höchsttemperaturen natürlich dann erreicht werden, wenn beide Oberflächen vor Wärmeverlust schützen. Immerhin kann die Temperatur auch unter der schwersten Reibbeanspruchung den Schmelzpunkt des leichter schmelzbaren der gleitenden Körper im allgemeinen nicht überschreiten.

Selbst in der Gegenwart von Schmierfilmen können Oberflächentemperaturen von mehr als einigen hundert Grad schon bei verhältnismäßig geringer Belastung und Gleitgeschwindigkeit auftreten, obwohl die Grundmasse der gleitenden Körper kaum erwärmt wird und die Oberflächen anscheinend gut geschmiert bleiben. Diese hohen Temperaturen entstehen infolge der Durchdringung des Schmierfilmes an den Berührungsstellen. Diese Beobachtung ist von großer Bedeutung für das Studium der Grenzschmierung, da (wie in Kap. XII gezeigt werden wird) die hohen örtlichen Temperaturen eine merkliche Verschlechterung der Schmiereigenschaften der Grenzschicht gerade in den reibenden Bezirken hervorrufen können. Aus den gleichen Gründen kann außerdem eine Verflüchtigung und Zersetzung des Schmiermittels verursacht werden.

Die intensive örtliche Erwärmung, die an den Oberflächen reibender Körper erzeugt wird, spielt für eine Reihe von Oberflächenerscheinungen eine wichtige Rolle. Zu diesen gehören zum Beispiel das Schleifen und Fressen von Metallen, die Verschweißung von Plastikstoffen und anderen Materialien infolge Reibung, aber auch die Auslösung chemischer Reaktion und Zersetzung unter Reibungs- und Stoßbeanspruchung. Die Bedeutung der Oberflächentemperaturen für das Fließen der obersten Schichten beim Polieren fester Stoffe sowie für das oberflächliche Schmelzen von Eis wird im folgenden Kapitel besprochen.

Schrifttum

BLOK, H. (1937), Inst. Mech. Eng, 2, 222, ‚General Discussion on Lubrication'.
BOWDEN, F. P., and K. E. W. RIDLER (1936), Proc. Roy. Soc. A 151, 610.
BOWDEN, F. P., and P. H. THOMAS (1954), Proc. Roy. Soc. A 223, 29.
BOWDEN, F. P., M. A. STONE and G. K. TUDOR (1947), ebda. A. 188, 329.
BRIDGMAN, P. W. (1918), Proc. Amer. Acad. Arts Sci. 53, 269.
ELAM, C. F. (1935), Distortion of Metal Crystals, s. 147. Oxford University Press.
HERBERT, E. G. (1926), Proc. Inst. Mech. Eng. 2, 289.
JAEGER, J. C. (1942) Jour. & Proc. Roy. Soc. N. S. W. 76, 203.
SHORE, H. (1925), Jour. Wash. Acad. Sci. 15, 85.

III. Reibungswärme und plastisches Fließen an der Oberfläche

In diesem Kapitel werden wir die Wirkung der durch Reibungswärme erzeugten Temperaturen auf das Schmelzen und plastische Fließen an der Oberfläche eines festen Körpers behandeln. Der erste Teil ist dem Poliervorgang gewidmet, der zweite dem Gleiten auf Eis und Schnee.

Das Polieren und plastische Fließen fester Oberflächen

Die gewöhnliche Methode des Polierens von Oberflächen besteht darin, sie unter Anwendung eines feinen Pulvers gegeneinander zu reiben. Durch diesen Vorgang wird eine rauhe Fläche mit sichtbaren Unregelmäßigkeiten in eine solche mit unsichtbaren verwandelt. Wenn die polierte Oberfläche das Licht wie ein Spiegel reflektiert, so beträgt die Höhe der übriggebliebenen Unebenheiten weniger als eine halbe Wellenlänge der sichtbaren Strahlung. Die klassische Arbeit über das Polieren verdanken wir Sir GEORGE BEILBY (1921), der zeigte, daß sich die Struktur der obersten Schichten eines polierten Körpers von derjenigen des darunterliegenden Materials wesentlich unterscheidet. Sie hat insbesondere die offensichtlich kristallinen Eigenschaften verloren und ist scheinbar durch Fließen über die Oberfläche entstanden, wodurch die Risse überbrückt und die Rauhigkeiten ausgeebnet wurden. Diese Auswirkung des Vorganges läßt sich leicht belegen, indem man eine Metallprobe mit einem geeigneten Pulver glättet, bis die Oberfläche mit der typischen Polierschicht bedeckt erscheint. Durch leichtes Ätzen eines Teiles der Oberfläche werden die ursprünglichen, vor dem Polieren vorhandenen Kratzer wieder zum Vorschein gebracht. Man erkennt dies in Tafel IV.1 (s. S. 71) an einer polierten Kupferoberfläche, die unterhalb der Linie AB geätzt wurde. Die ursprünglichen Kratzspuren treten klar hervor, und die über die Oberfläche geschmierte Polierschicht ist offensichtlich durch das Ätzmittel aufgelöst worden.

Der Mechanismus des Poliervorganges bildete für viele Jahre einen Gegenstand heftiger Diskussion. NEWTON, HERSCHEL und RAYLEIGH hielten dafür, daß das Polieren im wesentlichen auf einem Abschleifen beruhe. Nach BEILBYs Ansicht handelt es sich um eine Wirkung der Oberflächenspannung; das Poliermittel reißt die Oberflächenatome weg und die daruntergelegene Schicht „behält für einen Augenblick ihre Beweglichkeit und wird, bevor sie erstarrt, durch die Wirkung der Oberflächenspannungskräfte geglättet". Sowohl die im letzten Kapitel beschriebenen Arbeiten als auch die Versuche (BOWDEN und HUGHES, 1937), mit denen wir uns in der Folge beschäftigen werden, deuten jedoch darauf hin, daß das Polieren einer Temperaturerweichung oder gar einem Schmelzen der Berührungsstellen, wo die beiden Körper gegeneinander reiben, zuzuschreiben ist.

Die Verwendung von Elektronenbeugungsmethoden vermittelte einigen Aufschluß über die Struktur der BEILBY-Schicht. Aus Versuchen an metallischen Oberflächen geht hervor, daß die Kristalle nahe an der Oberfläche zerkleinert werden, und erst in einer Tiefe von mehreren hundert Ångström trifft man wieder auf Kristalle der vollen Größe. Die Elektronendiffraktionstechnik ist noch nicht weit genug fortgeschritten, um eindeutig zu unterscheiden, ob die oberste Schicht aus sehr feinen Kristallen besteht oder amorph ist. Die Arbeiten von HOPKINS (1935), COCHRANE (1938), FINCH (1937) und GLOCKER (1942) unterstützen alle die Auffassung, daß die Oberflächen durch den Poliervorgang geschmolzen werden und infolge der hohen Wärmeleitfähigkeit des darunterliegenden Metalles schnell erstarren, um eine amorphe Lage von etwa 20 Å Dicke zu bilden. Wie COCHRANE zeigte, kann diese dünne Schicht im Laufe der Zeit rekristallisieren, da der amorphe Zustand nicht stabil ist. Andererseits vertrat RAETHER (1947) den Standpunkt, die polierte Schicht sei immer mikrokristallin, doch seien die Kristalle so klein, daß das erhaltene Interferenzbild sich kaum von demjenigen des amorphen Stoffes unterscheide. Diese beiden Ansichten decken sich natürlich, sobald genügend kleine Kristalle betrachtet werden.

Einige neuere Versuche von MOORE und TEGART (1951), in denen Reiter aus Stahl oder Diamant auf sauberen Kupferoberflächen gerieben wurden, helfen, die Struktur der BEILBY-Schicht zu erklären. Flachschnitte der Reibungsfurchen zeigten nämlich, daß während des wiederholten Gleitens in derselben Bahn Oxyde bis zu einer beträchtlichen Tiefe unter der Oberfläche in die Grundmasse eingebettet wurden. Diese Probstücke wurden nachträglich bei hohen Temperaturen weichgeglüht und man fand, daß die eingeschlossenen Oxydteilchen das Kornwachstum in den obersten Schichten verhinderten. Diese Versuche unterstützen die Ansicht, daß beim Poliervorgang kleinste Bruchstücke von Oxyden oder sogar des Schleifmaterials in die weichgewordene Oberfläche eindringen; diese Einschlüsse hemmen das Kristallwachstum, so daß in der obersten Schicht eine äußerst feinkristalline Struktur übrigbleibt, die nahezu derjenigen eines amorphen Stoffes gleichkommt. Eine knappe Darstellung dieser Arbeit findet sich in der ganztägigen

,,Discussion on Friction", die im April 1951 von der ,,Royal Society" veranstaltet und 1952 veröffentlicht wurde.

Bei Nichtmetallen, wie z. B. Kalzit, liegen die Verhältnisse etwas anders. Das Material ist bis zu einer Tiefe von einigen tausend Ångström beträchtlich verzerrt, aber die Kristalle erleiden hinsichtlich ihrer Größe keine merklichen Veränderungen. Poliert man den Kristall längs einer Gitterspaltebene, so zeigen die äußersten Schichten keine amorphen Eigenschaften. Auf der polierten Spaltebene eines Kalzitkristalls beispielsweise, entdeckt man die Umrisse großer kristalliner Blöcke, die um kleine Winkel gegen das tiefergelegene Material geneigt sind; aber die Polierschicht behält ihre Einkristallstruktur bei, obgleich sie etwas verzerrt erscheint. HOPKINS erklärt sich dies damit, daß die während des Polierens geschmolzenen Oberflächenschichten infolge der geringen Wärmeleitfähigkeit des darunterliegenden Materials verhältnismäßig langsam erstarren, und während dieses Vorganges sei die Grundmasse in der Lage, ihre Kristallstruktur der erstarrenden Oberfläche aufzuzwingen. Poliert man den Kristall jedoch längs einer Ebene, die mit der Spaltfläche einen großen Winkel bildet, so wird eine amorphe Polierschicht erhalten, die durch Erwärmung auf eine weit unterhalb des Schmelzpunktes gelegene Temperatur bald wieder kristallin wird.

RAETHER fand bei Ionenkristallen, wie Steinsalz, daß die Polierschicht aus sehr feinen Kristallen besteht, und er ist deshalb der Meinung, der Vorgang des Polierens sehr spröder Stoffe dieser Art bestehe einfach in einem mechanischen Zerbrechen der Kristalle. Sehr harte Substanzen, wie Diamant und Turmalin, zeigen eine Einkristallstruktur, die durch Polieren nicht beeinflußt wird, und RAETHER zieht daraus den Schluß, die Natur der polierten Oberfläche eines nichtmetallischen Stoffes werde durch die Härte oder Sprödigkeit des Materials bestimmt. Je härter der Stoff ist, um so weniger wird die Oberfläche verformt, und die Struktur der Polierschicht reicht über den gesamten Bereich von amorphen und mikrokristallinen Gefügen bis zum Einkristall. Bei Metallen hingegen, die, so hart sie auch sein mögen, zu plastischem Fließen fähig sind, kann das Material an der Oberfläche längs der Kristallebenen geschert werden, ohne daß dadurch der Zusammenhang verloren geht, so daß die Oberflächenschicht immer aus sehr kleinen Kristallen besteht. Diese einfache Klassifizierung wird von anderen Forschern nicht geteilt, und besonders FINCH vertrat mit Nachdruck die Theorie des Fließens, und zwar sowohl für Nichtmetalle als auch für Metalle.

Bei den meisten Metallen erscheint die Annahme berechtigt, daß die Polierschicht, welches immer auch ihre Struktur sein möge, als ein Gemisch von Oxyd und Metall zu betrachten ist. In der Tat zeigte DOBINSKI (1937), daß das Oxyd in einigen Fällen sogar überwiegt, und

RAETHER vertrat die Auffassung, die erhöhte Widerstandsfähigkeit vieler polierter Metalle gegen Korrosion beruhe auf einer schützenden, die Oberfläche überziehenden Oxydhaut. Nach BROCKWAY und KARLE (1947) schließt die Polierschicht, wenn nicht besondere Maßnahmen getroffen werden, außerdem beträchtliche Mengen des Polierstoffes in sich.

Ganz unabhängig von der Natur und dem Aufbau der Polierschicht geht aus obiger Diskussion und den Schlußfolgerungen des vorhergehenden Kapitels offensichtlich hervor, daß die während des Polierens erzeugte Reibungswärme bei der Glättung möglicherweise eine wichtige Rolle spielt. Die hohen Temperaturen, die an den reibenden Berührungsstellen zwischen dem Poliermittel und dem Probestück entwickelt werden, können leicht ein örtliches Erweichen oder Schmelzen der Oberflächenschichten verursachen. Dieses Material wird dann durch die Poliertätigkeit über die Oberfläche des Probestückes ausgebreitet, worauf es erstarrt oder kristallisiert, um die Polierschicht zu bilden. Nach dieser Vorstellung beruht der Poliervorgang also eher auf dem Erweichen oder Schmelzen der Oberfläche als auf einem einfachen, mechanischen Abschleifen. Diese Hypothese wollen wir durch einen einfachen Versuch prüfen.

Es gibt offenbar zwei Möglichkeiten, um die Wirksamkeit eines Poliervorgangs abzuschätzen. Man kann entweder so vorgehen, daß man die Oberfläche in bezug auf Fließerscheinungen untersucht oder anderseits den Gewichtsverlust des polierten Probestückes bestimmt. Im letzten Fall wird angenommen, die polierte Schicht werde bei andauerndem Glätten entfernt und fortwährend wieder neugebildet. Wenn das Polieren in erster Linie durch mechanische Abrasion und Verschleiß der Probe zustandekommt, so ist zu erwarten, daß die *relative Härte* zwischen Prüfstück und Poliermittel von größter Wichtigkeit ist. Beruht es hingegen auf dem Schmelzen der Oberfläche, so wird die *relative Lage der Schmelzpunkte* zum entscheidenden Faktor. Schmilzt oder erweicht das Poliermittel bei einer *niedrigeren* Temperatur als das Probestück, so wird es zuerst schmelzen oder fließen und folglich nur eine verhältnismäßig geringe Wirkung auf die Prüffläche ausüben können.

Der Einfluß des Schmelzpunktes

Der Gewichtsverlust. Die erste Reihe von Versuchen (BOWDEN und HUGHES, 1937) diente dazu, den Gewichtsverlust festzustellen, den verschiedene Metalle beim Reiben gegen ein bestimmtes Poliermittel erleiden. In Tab. 8 sind die Ergebnisse für Zylinder aus Blei, Gallium und einer WOODschen Legierung zusammengestellt. Diese Metallproben wurden bei konstanter Belastung und Gleitgeschwindigkeit auf dickem Filterpapier gerieben. Man vergleiche den aufgetretenen Gewichtsverlust mit der Härte und dem Schmelzpunkt.

Tab. 8. *Zylinderdurchmesser* 0,2 cm; *Last* 100 g; *Geschwindigkeit* 110 cm/sec

Metall	Schmelzpunkt °C	Vickershärte kg/mm²	Gewichtsverlust in g/cm Gleitstrecke
Blei.	327	5	$0,6 \times 10^{-8}$
Woodsche Leg. .	69	25	$3,7 \times 10^{-8}$
Gallium	30	6,6	$53,0 \times 10^{-8}$

Es besteht kein Zweifel über die Einflußgröße, die das allgemeine Verhalten des Gewichtsverlustes pro Zentimeter der Reibungsstrecke hauptsächlich bestimmt. Obschon die Bleiprobe bei Zimmertemperatur weicher ist als die Woodsche Legierung, büßt sie viel weniger Gewicht ein. Das niedrigschmelzende Metall erleidet den größeren Gewichtsverlust, und eine mikroskopische Prüfung des Filterpapieres führte zur Entdeckung von kleinen Metallkügelchen, die am Papiergewebe hafteten.

Tab. 9 enthält die Ergebnisse für das Reiben auf einem Block aus reinem Kampfer (Schmelzpunkt 178 °C).

Tab. 9. *Flächenpressung* 60 g/cm²; *Geschwindigkeit* 205 cm/sec

Metall	Schmelzpunkt °C	Vickershärte kg/mm²	Gewichtsverlust in g/cm Gleitstrecke
Blei.	327	5	$< 0,1 \times 10^{-7}$
Woodsche Leg. .	69	25	$3,2 \times 10^{-7}$
Gallium	30	6,6	$165,0 \times 10^{-7}$

Der Gewichtsverlust hängt wiederum hauptsächlich vom Schmelzpunkt und nicht von der bei Zimmertemperatur gemessenen Härte des Metalles ab.

Das Fließen an der Oberfläche. In der zweiten Versuchsreihe wurden die Oberflächen verschiedener Stoffe untersucht, nachdem sie über verschiedene Poliermittel geglitten waren. Das Poliermittel wurde im allgemeinen in der Form eines feinen Pulvers, eingebettet in einen Block aus Blei oder Kampfer, angewendet, und die Oberflächen während des Reibvorganges mit Wasser bespült. Vor jedem Versuch wurde die Oberfläche des Probestückes mit einer feinen Nadel geritzt, damit dieselben Gebiete in verschiedenen Stadien auf den Mikrophotographien verglichen werden konnten. Tafel IV.2 zeigt das Ergebnis für die Woodsche Legierung (Schmelzpunkt 69 °C), die mit einem Kampferblock (Schmelzpunkt 178 °C) zusammengerieben wurde. Diese Legierung ist wohl viel härter als der Kampfer, doch schmilzt sie bei einer niedrigeren Temperatur, und man erkennt, daß das Metall eine Politur erhielt und dabei geflossen sein muß. Hingegen vermag Kampfer eine

Tafel IV

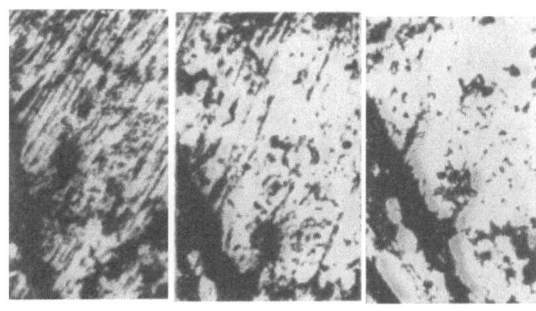

Abb. 1. Durch Ätzen (unterhalb AB) wurden die ursprünglich vorhandenen Kratzer auf mechanisch poliertem Kupfer wieder zum Vorschein gebracht. ($525\times$)

Beginn — 1 Stunde — 2 Stunden

Abb. 2. Das Polieren einer Woopschen Legierung (S.P. 69 °C) auf einem Kampferblock (S.P. 178 °C). Die Glättung des Metalles erfolgt durch Fließen an der Oberfläche. ($160\times$)

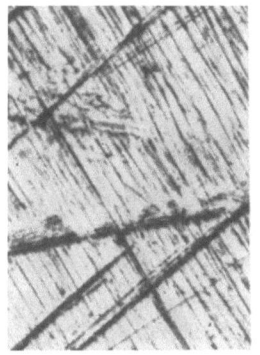
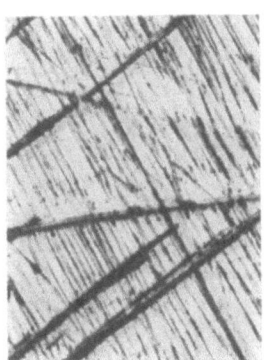

Beginn — ¹/₂ Stunde

Abb. 3. Beim Reiben von Spiegelmetall (S.P. 745 °C) gegen Oxamid (S.P. 417 °C) kommt es nicht zum Fließen an der Oberfläche. ($160\times$)

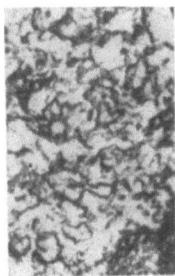
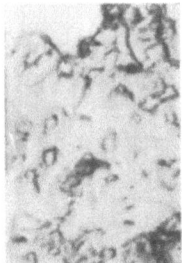

a) ¹/₂ Stunde — b) 5 Min.

Abb. 4. a) Die Oberfläche von Kalzit (S.P. 1333 °C) zeigt nach dem Reiben gegen Kupferoxyd (S.P. 1235 °C) kaum irgendwelche Fließerscheinungen. b) auf Zinkoxyd (S.P. 1800 °C) hingegen wird das Fließen der obersten Schichten schon nach kurzer Zeit sichtbar. ($325\times$)

Zinnprobe (Schmelzpunkt 232 °C) nicht zu glätten, obschon deren VICKERS-Härte nur etwa 4 kg/mm² beträgt, und er wird ebensowenig Blei, Weißmetall oder Zink polieren, die alle bei einer höheren Temperatur schmelzen. Ein Poliermittel auf der Basis von Oxamid (Schmelzpunkt 417 °C) wird an diesen Metallen ohne weiteres ein Fließen verursachen, jedoch kaum eine Wirkung auf Spiegelmetall (Schmelzpunkt 745 °C; s. Tafel IV.3) oder Kupfer (Schmelzpunkt 1083 °C) ausüben, die bei Temperaturen weit oberhalb 417 °C schmelzen. Bleioxyd (Schmelzpunkt 888 °C) wird wohl das Spiegelmetall und alle Metalle mit einem niedrigeren Schmelzpunkt polieren, hingegen auf Nickel und Molybdän kaum wirksam sein. Diese Metalle werden ihrerseits wieder leicht von den hochschmelzenden Oxyden wie Chromoxyd und Zinnoxyd geglättet.

Mit verschiedenen Glassorten, Quarz und einigen nichtmetallischen Kristallen erhält man ähnliche Ergebnisse; Kalzit z. B. gelangt auf Kupferoxyd, das bei einer etwas niedrigeren Temperatur schmilzt, kaum zum Fließen, wird jedoch ohne weiteres durch das höherschmelzende Zinkoxyd poliert (Tafel IV.4)

Fließen unterhalb des Schmelzpunktes. Obschon die aufgeführten Ergebnisse darauf hindeuten, daß das Polieren nur bei Temperaturen oberhalb des Schmelzpunktes der Probe stattfindet, zeigen einige Versuche, daß ein Fließen in beträchtlichem Maßstab auch bei ziemlich viel tieferen Temperaturen vorkommen kann. Dies wurde an hochschmelzenden Metallen wie Nickel (Schmelzpunkt 1452 °C), Palladium (S. P. 1555 °C) und Molybdän (S. P. 2470 °C) beobachtet, wenn Poliermittel, die oberhalb 1000 °C schmelzen (wie z. B. Kupferoxyd, S. P. 1235 °C), zur Anwendung gelangten. Eine Goldoberfläche zeigte sogar nach dem Reiben auf Oxamid (S. P. 417 °C) Fließspuren. Diese Resultate stehen nicht im Widerspruch zur Auffassung, daß das Polieren auf dem Fließen der Oberflächenschichten beruhe. Die mechanische Festigkeit vieler Metalle und anderer fester Körper fällt bekanntlich schon ziemlich weit unterhalb der Schmelztemperatur auf einen niedrigen Wert. Das Rundwerden scharfkantiger Metallkristalle sowie der niedrige Wert der Zugfestigkeit, der Härte und anderer mechanischer Eigenschaften bei diesen verhältnismäßig nicht sehr hohen Temperaturen weisen darauf hin, daß Metalle bei der Erwärmung ziemlich bald ihre Starrheit verlieren und einer Schubbeanspruchung wenig Widerstand entgegensetzen. Trifft dies für einen bestimmten Körper zu, so wird man ein Fließen schon bei Temperaturen, die beträchtlich unterhalb des Schmelzpunktes liegen, erwarten, und die Versuche bestätigen, daß dies in gewissen Fällen tatsächlich vorkommt. Allerdings geht dieses Fließen und Polieren mit einer bedeutend geringeren Geschwindigkeit vor sich und kann Stunden in Anspruch nehmen anstatt nur einige Minuten, die man mit einem hochschmelzenden Poliermittel benötigen würde.

Der Poliermechanismus

Die obenangeführten Versuche zeugen nicht nur für das Auftreten hoher örtlicher Temperaturen, sondern bestätigen auch, daß diese im Poliervorgang eine große Rolle spielen. In vielen Fällen wird die Reibungswärme die Temperatur genügend erhöhen, um an den reibenden Berührungsstellen ein echtes Schmelzen des festen Körpers zu verursachen. Das geschmolzene Material wird darauf in kühlere Bereiche fließen oder geschmiert werden und sehr rasch erstarren, um die BEILBY-Schicht zu bilden. Unter diesen Bedingungen erfolgt das Polieren sehr schnell. Bei sanftem Reiben oder wenn ein Poliermittel mit niedrigem Schmelzpunkt verwendet wird, erreicht die Oberfläche des Körpers möglicherweise nicht die Schmelztemperatur. Dennoch kann auch unter diesen Verhältnissen ein Fließen und Glätten der Oberfläche stattfinden, vorausgesetzt, daß Temperaturen erzeugt werden, bei welchen die mechanische Festigkeit des Körpers genügend geschwächt ist, damit er der angewandten Beanspruchung oder den Kräften der Oberflächenspannung nachgibt. Das Polieren unter diesen Umständen ist gewöhnlich ein langsamerer Vorgang.

Die relative, normalerweise bei Zimmertemperatur gemessene Härte von Probestück und Poliermittel ist verhältnismäßig unwichtig, was den Versuchen mit der WOODschen Legierung und Zinn auf Kampfer, oder mit Spiegelmetall und Nickel auf Bleioxyd deutlich zu entnehmen war. Das härtere Metall von niedrigem Schmelzpunkt wird poliert, während das weichere Metall mit dem höheren Schmelzpunkt kaum zum Fließen gelangt. In ähnlicher Weise poliert das verhältnismäßig weiche Zinkoxyd (Mohshärte 4) ohne weiteres Quarz (Mohshärte 7). Der Umfang des Fließens an der Oberfläche wird natürlich nicht durch die Eigenschaften der festen Körper bei Zimmertemperatur, sondern durch ihre relativen Eigenschaften bei der hohen Temperatur, die zwischen den Gleitflächen entwickelt wird, bestimmt.

Es wird nicht etwa behauptet, das Glätten oder Polieren fester Oberflächen könne *nur* als eine Folge des Fließens auftreten. Im Falle von Diamant zum Beispiel, wird man kaum an ein Schmelzen der Oberfläche denken. Auch können die Unregelmäßigkeiten an der Oberfläche bei vielen Stoffen durch chemischen Angriff entfernt werden, wofür das elektrolytische Polieren von Metallen ein deutliches Beispiel liefert. Beim Polieren von Stoffen wie Diamant besteht neben der thermischen Umwandlung die Möglichkeit, daß eine chemische Einwirkung von Sauerstoff, also ein Wegbrennen der Unebenheiten eine wichtige Rolle spielt.

Die Wirkungsweise eines typischen Poliermittels

Wir wollen uns in diesem Abschnitt knapp damit befassen, wie ein typisches Poliermittel seinen Zweck erfüllt. Man benützt zum Polieren gewöhnlich einen Block aus Gußeisen, Blei oder Teer (für Glas), in dem die feinen Teilchen des Polierpulvers (Aluminiumoxyd oder Rouge zum Beispiel) eingebettet sind. Das Polierpulver reibt meistens in Gegenwart einer Flüssigkeit — oft eignet sich Wasser — auf der Oberfläche des Probestückes (Abb. 25). An den Stellen (A), wo die Reibung ihren Ursprung hat, können hohe, örtliche Temperaturen entstehen, die, wie wir oben gesehen haben, je nach den relativen Eigenschaften der festen Körper bei diesen Temperaturen, zum Fließen in größerem oder kleinerem Maßstab führen.

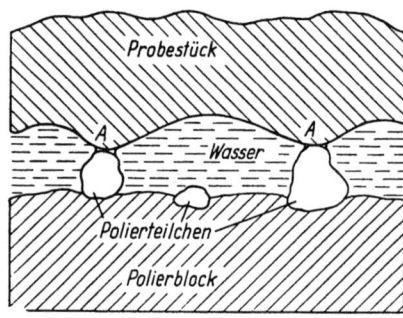

Abb. 25. Schematische Darstellung eines typischen Poliervorgangs. An den Reibstellen (A) werden „hot spots" erzeugt

Es ist verständlich, daß eine zunehmende Belastung — innerhalb vernünftiger Grenzen natürlich — die Geschwindigkeit des Polierens erhöht, teils weil damit die Fläche, über die die Oberflächenschichten deformiert werden, vergrößert wird, und teils, weil eine größere Wärmemenge entwickelt wird, so daß der Umfang des Schmelzens oder Erweichens zunimmt. Ebenso wird eine Erhöhung der Gleitgeschwindigkeit eine intensivere Wärmeentwicklung und somit eine größere Poliergeschwindigkeit zur Folge haben. Es folgt daraus, daß letztere mit der Belastung und der Geschwindigkeit zunehmen sollte, sofern alle anderen Bedingungen konstant bleiben.

Eine dritte Veränderliche im Poliervorgang stellt das flüssige Medium dar. Wie wir im letzten Kapitel erkannten, verhindert die Flüssigkeit das Auftreten lokalisierter „hot spots" nicht. Sie scheint jedoch die Wärmewirkung auf kleinere Gebiete zu beschränken, indem sie die Temperaturen in einem größeren Abstand davon niedrig hält. Auf diese Weise wird einem Schmelzen der Oberfläche in großem Maßstab entgegengewirkt. Dieses Schmelzen oder Erweichen des Probestücks im großen kann aber, sobald die Versorgung der Oberflächen mit Flüssigkeit ungenügend ist oder eine zu hohe Belastung oder Gleitgeschwindigkeit verwendet werden, dennoch zustande kommen. Teilchen des Polierpulvers können dabei über beträchtliche Gebiete in die Oberfläche eingebettet werden. Diese Erscheinung läßt sich direkt beobachten, wenn zum Beispiel Silber mit Rouge poliert wird. Unter gewissen Bedingungen erhält die Silberoberfläche durch die aufgenommenen Rouge-Teilchen einen rötlichen Glanz. Die Gegenwart der Flüssigkeit erschwert in gleicher Weise auch ein ausgedehntes Schmelzen des Polierblocks. Wird bei einem Teerstück zum Beispiel nicht darauf geachtet, so kann es leicht vorkommen, daß abgeschmolzenes Teer an der Oberfläche der Probe kleben bleibt.

Es ist klar, daß die physikalischen Eigenschaften der Flüssigkeit, wie ihre spezifische Wärme, Wärmeleitfähigkeit, Schmelzwärme und ihr Siedepunkt die Kühlgeschwindigkeit beeinflussen und alle auch ihre Wirkungsweise als Poliermedium zu einem beträchtlichen Teil mitbestimmen. Zudem dürfen die chemischen Eigenschaften nicht außer acht gelassen werden, da der örtliche, chemische Angriff bei den hohen Temperaturen, die entwickelt werden, sehr rasch vor sich gehen kann. In gewissen speziellen Fällen spielt die Flüssigkeit im Polierprozeß möglicherweise die Hauptrolle. GREBENSCHIKOV (1931) vertrat zum Beispiel die Meinung, das beim Polieren von Glas benützte Wasser löse die obersten Schichten auf und bilde ein Silikatgel von nennenswerter Dicke, worauf das Poliermittel diese Lage dort abstreife, wo die Vorsprünge sich über das allgemeine Niveau erheben. Bei den meisten anderen Stoffen und vor allem bei Metallen erscheint es natürlich unmöglich, daß dieser Mechanismus vorliegt. In all diesen Fällen beruht das Polieren im wesentlichen auf dem Fließen an der Oberfläche, das durch die Reibungswärme ermöglicht wird.

Der Mechanismus des Gleitens auf Eis und Schnee

Das Gleiten fester Körper auf Eis und Schnee — die Voraussetzung für den Eislauf und Skisport — stellt eine weitere Erscheinung dar, wo das Schmelzen der Oberfläche eine Rolle spielen mag. Wie man weiß, kann die Reibung unter diesen Umständen bemerkenswert gering sein (μ = ca. 0,03). Es ist oft behauptet worden, die Oberflächen eines Schlittschuhs oder Skis werden durch eine dünne Wasserschicht, die infolge des hohen Drucks geschmolzen werde, geschmiert (REYNOLDS, 1901), doch sind bisher wenige Versuche unternommen worden, um diese Behauptung zu unterstützen oder zu widerlegen.

Das Schmelzen unter Druck

Die Erfahrung lehrt, daß Skis auf Schnee von -20 °C ohne weiteres gleiten. Wenn wir uns vorstellen, die Skis seien über die ganze Lauffläche mit dem Schnee in Berührung, so beträgt der Druck für einen Mann mit einem Durchschnittsgewicht von 75 kg bei einer Fläche von 50 dm² offenbar 15 g/cm². Dieser Druck würde aber nur dann zur Bildung eines Wasserfilms ausreichen, wenn die Schneetemperatur $-0,00012$ °C oder mehr betrüge. Die wirkliche Berührungsfläche ist natürlich viel kleiner als die scheinbare; im Falle von Metallen macht sie ja nur einen winzigen Bruchteil der geometrisch möglichen aus, und der Druck zwischen den beiden Oberflächen kann deshalb den Fließdruck des Metalles erreichen (s. Kap. I). Bei einem Pulver, wie es der Schnee darstellt, das sich zusammenballt und der Gestalt des Skis anpaßt, dürfen wir vielleicht eine größere Berührungsfläche erwarten — möglicherweise nicht weniger als ein Tausendstel der Skilauffläche. Aber auch wenn es sich so verhielte, so würde der Druck nur gerade ausreichen, um Schnee von $-0,12$ °C zu schmelzen. Um einen Druck zu erzeugen, der den Schnee bei der tiefen Temperatur von -20 °C zu schmelzen vermöchte, müßte die wirkliche Berührungsfläche weniger als $0,031$ cm^2 betragen, d. h. etwa ein Hunderttausendstel der scheinbaren Lauffläche.

Diese Berechnungen über die Druckschmelzung beruhen auf der Annahme, daß der gleiche Druck auf die feste und die flüssige Phase angewendet wird. POYNTING (1881) wies darauf hin, daß die Erniedrigung des Schmelzpunktes etwa $11^1/_2$mal größer ausfällt, wenn der Druck nur auf die feste Phase wirkt. (Diese Erscheinung und ihre Bedeutung für die Fließdrücke wurde von JOHNSTON [1912] und JEFFREYS [1935] behandelt.) Aus theoretischen Gründen können wir die Druckschmelzungstheorie also nicht verwerfen; aber wenn sie sich bewahrheitet, so ergibt sich daraus, daß die tatsächliche Berührungsfläche äußerst klein ist. Der Druck allein genügt natürlich nicht, um ein Schmelzen hervorzurufen. Wärme muß von irgendeiner Quelle, die sich auf einer höheren Temperatur befindet als dem Schmelzdruck im Gleichgewichtszustand entspricht, zur Verfügung stehen.

Das Schmelzen infolge Reibungswärme

Wie einfache Berechnungen zeigen, kann ein nennenswertes Schmelzen durch die beim Gleiten erzeugte Reibungswärme allein bewirkt werden. Betrachten wir wieder den Fall eines auf Schnee von -20 °C gleitenden Skis. Wenn die Reibungszahl $0,05$ beträgt und das halbe Gewicht des 75 kg schweren Mannes getragen wird, so ist durch die Reibung freiwerdende Wärmemenge, wenn sich der Ski um eine Strecke $l = 1$ cm vorwärtsbewegt, gegeben durch

$$Q = \frac{\mu N g l}{J} = \frac{0,05 \times 37,5 \times 981 \times 1000}{4,8 \times 10^7} = 0,044 \text{ Kalorien.}$$

Diese Wärme ist an den Berührungsspitzen der Eiskristalle konzentriert. Würde der Ski beim Reiben über die ganze Lauffläche mit der Unterlage in Kontakt stehen, so genügte diese Wärme, um die Temperatur von -20 °C auf 0 °C zu erhöhen und eine Lage von 6 Molekülen Dicke und dieser Ausdehnung zu schmelzen. Wiederum fehlt uns eine genaue Kenntnis der wirksamen Berührungsfläche, doch wenn sie etwa ein

Tausendstel der Skilauffläche ausmacht, so würde die Dicke der geschmolzenen Wasserschicht 2×10^{-4} cm betragen oder 10^4 Moleküllagen umfassen. Es ist klar, daß ein großer Teil der Wärme von den Berührungsstellen durch Ableitung in das umgebende Eis und den Ski verloren geht. Diese groben Berechnungen soll nicht eine große Bedeutung zugemessen werden; aber sie zeigen immerhin, daß eine beträchtliche Reibungswärme frei wird und daß nur ein kleiner Bruchteil davon, der an den Berührungsstellen zurückgehalten wird, genügen kann, um ein örtliches Schmelzen der Schnee- oder Eiskristalle zu verursachen.

Die Bildung einer Wasserschicht

In der Forschungsstation auf dem Jungfraujoch (Schweiz) wurden Versuche (BOWDEN und HUGHES, 1939) durchgeführt, um erstens festzustellen, ob überhaupt ein Wasserfilm gebildet wird, und zweitens, wenn diese Frage positiv beantwortet ist, ob er durch Schmelzen infolge des Druckes oder der Reibungswärme zustandekommt. Aus Ebonit wurde ein Zwergski gebaut, in den zwei Metallelektroden etwa 0,2 cm voneinander entfernt eingelassen wurden. Auf der Unterseite wurden sie mit der Lauffläche des Skis eben geschliffen. Wenn der Ski auf salzhaltiges Eis von -20 °C gelegt wurde, so konnte ein außerordentlich hoher elektrischer Widerstand von etwa 2×10^6 Ohm zwischen den Elektroden gemessen werden, da praktisch kein leitfähiger Stoff dazwischen lag. Als das langsame Gleiten begann, änderte sich der Widerstand nur wenig, und die Reibung war verhältnismäßig hoch ($\mu \approx 0{,}1$). Sowie das Eis, das sich in einem Behälter befand, erwärmt wurde, fiel die Reibung allmählich, doch beobachtete man nur eine geringfügige Änderung des elektrischen Widerstandes. In der Nähe des Schmelzpunktes sank der Widerstand jedoch plötzlich auf einen Wert von etwa 2×10^4 Ohm, wodurch angedeutet wird, daß ein zusammenhängender Wasserfilm zwischen den Oberflächen gebildet wurde. Diese Schicht blieb unsichtbar; aber eine grobe Schätzung auf Grund des elektrischen Widerstandes ließ auf eine Dicke von rund 10^{-2} cm oder weniger schließen. Unter diesen Bedingungen wies die Reibungszahl den niedrigen Wert von 0,03 auf. Der hohe Widerstand bei den tiefen Gleittemperaturen deutet somit darauf hin, daß das Schmelzen der Oberfläche nur an isolierten Berührungsstellen stattfindet. Dies würde auch die relativ hohen Werte der Reibungszahl erklären. Wir ziehen deshalb den berechtigten Schluß, daß beim schnellen Gleiten auf Eis eine Wasserschicht zwischen den Oberflächen erzeugt wird und daß deren Gegenwart hauptsächlich für die niedrige Reibung verantwortlich ist. Diese Auffassung wird durch die Tatsache, daß die Reibungszahl von der Belastung nicht unabhängig ist, sondern mit zunehmender Last abnimmt, unterstützt. Diese Abweichung vom AMONTONSschen Gesetz (siehe die späteren Kapitel) verträgt sich ebenfalls mit der Ansicht, daß eine verhältnismäßig dicke Flüssigkeitsschicht die Oberflächen trennt und dadurch teilweise hydrodynamische Gleitbedingungen schafft.

Die Wirkung der Temperatur

Ähnliche Versuche über das Gleiten auf Eis fanden statt, um den Einfluß der Temperatur auf die Reibung verschiedener Stoffe zu erfahren. Man entnimmt den in Abb. 26 aufgetragenen Ergebnissen, daß die Reibung mit fallender Temperatur merklich zunimmt und bei einer Temperatur von $-80\,°C$ rund fünf- oder sechsmal so groß ist wie bei $0\,°C$. Der Wert der kinetischen Reibungszahl bei den niedrigsten Temperaturen stimmt in der Größenordnung ($\mu_k = 0{,}1$) mit dem für andere kristalline Körper wie Kalzit beobachteten Koeffizienten überein. Der große Einfluß der Temperatur auf die Reibung von Eis steht in ausgeprägtem Gegensatz zum Verhalten der meisten anderen Körper, für die die Temperatur in diesem Zusammenhang nicht von großer Bedeutung ist. Auch diese Erscheinung

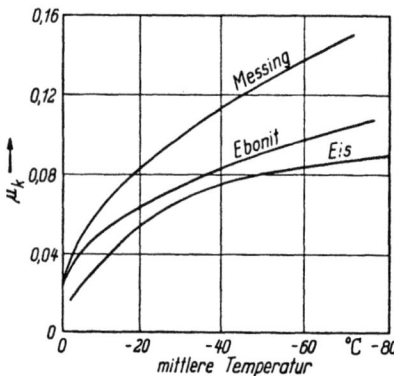

Abb. 26. Die Wirkung der Temperatur auf die Reibung von Messing, Ebonit und Eis gegen Eis. Die Reibung nimmt mit fallender Temperatur beträchtlich zu und ist um so geringer, je schlechter der Reiter die Wärme leitet

fügt sich gut in die Vorstellung ein, daß die geringe Reibung einem schmierenden Wasserfilm zu verdanken ist. Seine Wirkung ist deshalb besonders ausgeprägt, weil die darunterliegende Eismasse ihren starren Charakter beibehält, wenn die an der Oberfläche gelegenen Schichten bereits geschmolzen sind. Bei Metallen ist dies nicht der Fall, und wie wir im fünften Kapitel sehen werden, ändert sich die Reibung der Metalle nicht in dieser auffallenden Weise mit der Temperatur. Ebenfalls in Übereinstimmung mit dem gewonnenen Mechanismus findet man ferner, daß die Reibung bei tiefen Temperaturen ansteigt, da die Bildung der Wasserschicht immer schwieriger wird.

Die Wirkung der Wärmeleitfähigkeit

Der Einfluß der thermischen Leitfähigkeit des Skis auf die Reibung bei tiefen Temperaturen wirft ein zusätzliches Licht auf den Mechanismus, der bei der Entstehung der Wasserschicht wirksam ist. Wenn das Eis so stark unter Druck gesetzt wird, daß der Schmelzpunkt auf die tatsächlich herrschende Eistemperatur erniedrigt wird, so kann es natürlich zum Schmelzen kommen. Eine beträchtliche Eismenge wird jedoch erst schmelzen, wenn Wärme von einer höheren Temperatur zur Verfügung steht als dem Gleichgewichtszustand für den betreffenden Druck und Schmelzpunkt entspricht. Sowohl die spezifische Wärme von Eis als auch seine Wärmeleitfähigkeit sind klein, und infolgedessen kann die benötigte Wärme am ehesten von einer Quelle außerhalb des Gleitsystems, zum Beispiel durch Leitung aus der umgebenden Luft, bezogen werden, sofern deren Temperatur hoch genug liegt. Unter diesen Umständen würde man erwarten, daß die Reibung auf Eis für einen guten Wärmeleiter weniger beträgt als für einen schlechten. Die Reibung eines Messingski sollte also auf kaltem Eis einen kleineren Wert aufweisen als für einen solchen aus Ebonit.

Wird die Schmierschicht hingegen durch die Reibungswärme erzeugt, so sollte der umgekehrte Fall eintreffen: Die Reibungswärme wird in der Grenzfläche zwischen den gleitenden Körpern frei, und wenn der Ski die Wärme gut leitet, so wird sie rasch abgeführt und nur ein kleiner Teil

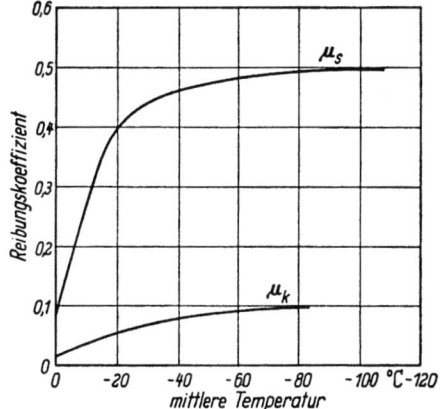

Abb. 27. Der Einfluß der Temperatur auf die statische (μ_s) und die kinetische Reibung (μ_k) beim Gleiten von Eis auf Eis

davon wird für das Schmelzen zur Verfügung stehen. Nach dieser Vorstellung ist die Reibung für den Messingski auf kaltem Eis größer als für einen solchen aus Ebonit. Abb. 26 zeigt die mit den Zwergskis aus Messing und Ebonit erhaltenen Ergebnisse.

Bei Temperaturen in der Nähe von 0 °C ist die Reibung für beide Skis ungefähr die gleiche. Bei tieferen Temperaturen hingegen lassen die Messungen deutlich erkennen, daß Messing eine beträchtlich höhere Reibung aufweist als Ebonit. Dieser Unterschied wird gewöhnlich um so ausgeprägter, je tiefer die Temperaturen sind. Diese Resultate liefern einen weiteren Beleg dafür, daß die Reibungswärme bei der Bildung des Wasserfilms eine wichtige Rolle spielt.

Statische und kinetische Reibung und der Einfluß der Geschwindigkeit

Über das Gleiten von Eis auf Eis wurden einige einfache Versuche bei verschiedenen Temperaturen und Geschwindigkeiten durchgeführt. Abb. 27 enthält die hauptsächlichsten Ergebnisse zum Vergleich der Haftreibung zu Beginn des Gleitens, μ_s, mit der Reibung während der gleichförmigen Bewegung, μ_k. (Die aufgetragenen Werte sind nicht genau vergleichbar, da die Messungen nicht bei genau gleicher Belastung durchgeführt werden konnten und das AMONTONsche Gesetz nicht befolgt wird. Immerhin ist dieser Effekt so klein, daß nur ein geringer Korrekturfaktor anzubringen wäre.) Man erkennt, daß die statische Reibung bei allen Temperaturen höher liegt als die kinetische, wobei der Unterschied bei 0 °C am wenigsten ausgeprägt erscheint.

Auch diese Untersuchung bestärkt uns in der Auffassung, daß infolge der Reibungswärme eine Wasserschicht erzeugt wird. Wäre die Druckschmelzungstheorie die richtige, so könnte man nicht ohne weiteres einen Grund dafür finden, warum die statische Reibung so viel größer ist als die kinetische; denn auch wenn die Oberflächen ruhen, sollte ein Wasserfilm an den Berührungsstellen anwesend sein. Wird die Wasserschicht jedoch durch die Reibungswärme verursacht, so ist ein Überwiegen der statischen Reibung gegenüber der kinetischen zu erwarten. Die Richtigkeit dieser letzten Ansicht wird weiter erhärtet durch die Weise, in der sich die Gleitgeschwindigkeit auswirkt. Vorausgesetzt, daß die Gleitgeschwindigkeit ausreicht, um einen zusammenhängenden Wasserfilm zu erzeugen, sollte sie auf die kinetische Reibung nur einen geringen Einfluß haben, was auch beobachtet wird. Ist die Gleitgeschwindigkeit jedoch zu niedrig, um ein Schmelzen der Berührungsstellen zu bewirken, so sollte die Reibung ansteigen. Auch diese Erscheinung kann man leicht feststellen. Die Reibungszahl nimmt im Gebiet niedriger Gleitgeschwindigkeiten tatsächlich nennenswert zu.

Einige zusätzliche Arbeiten von HUTCHISON (unveröffentlicht), der den Gleitwiderstand verschiedener Körper auf Benzophenon, Dinitrobenzol und Natriumhyposulfit maß, unterstützen ebenfalls die Auffassung, daß die Reibungswärme das örtliche Schmelzen der Oberfläche und damit eine geringe Reibung bewirkt. Die Anwendung eines gleichmäßigen Druckes auf diese Stoffe, die sich beim Schmelzen zusammenziehen, würde den Schmelzpunkt erniedrigen und dadurch das Schmelzen erschweren. Die Versuche zeigten jedoch, daß die Reibungszahl bei geringen Gleitgeschwindigkeiten verhältnismäßig hoch war ($\mu = 0{,}2$), bei höheren Gleitgeschwindigkeiten aber, wo ein örtliches Schmelzen der Oberfläche infolge beträchtlicher Reibungswärme auftreten konnte, fiel die kinetische Reibung auf einen sehr niedrigen Wert ($\mu = 0{,}03$), der mit dem auf Eis beobachteten vergleichbar ist.

Diese Beobachtungen sind für den Skilauf und das Ziehen von Schlitten von einiger Bedeutung. Über die Reibung von Schlitten scheinen nur wenige quantitative Messungen veröffentlicht worden zu sein, doch stimmen die Berichte allgemein darin überein, daß die Reibung mit tiefen Temperaturen zunimmt. Viele Polarforscher (WRIGHT,

1924, S. 44; J. M. Scott, 1933, S. 273; Cherry-Garrard, 1922, S. 456/57) erwähnten in ihren Aufzeichnungen, daß die Reibung zwischen dem Schnee und den Kufen bei tiefen Temperaturen, − 30 ° bis − 40 °C, so groß wurde, daß sie das Gefühl empfanden, sie zögen den Schlitten über Sand. Wright sagte, als er die Schlußfolgerungen von Scotts Polarexpedition von 1911−13 zusammenfaßte:

„Quite apart from any question of the hardness of the snow, however, the surface temperature has an important influence. Our opinion was that the friction decreased steadily as the temperature rose above zero Fahrenheit (−18 °C), the presence of brilliant sunlight having an effect, which was more than a psychological one, on the speed of advance. Below zero Fahrenheit (−18 °C) the friction seemed to increase progressively as the temperature fell, as if a greater and greater proportion of the friction were due to relative movement between the snow grains and less to sliding friction between the runner and snow".

Die andauernde Zunahme der Reibung mit dem Absinken der Temperatur von Eis oder Schnee kommt in Abb. 26 deutlich zum Ausdruck. Bei sehr tiefen Temperaturen ist dieser Anstieg etwas weniger ausgeprägt, und es ist wahrscheinlich, daß bei diesen Versuchen unterhalb − 40 °C nur ein sehr beschränktes Schmelzen der Oberfläche eintrat.

Die praktische Erfahrung bestätigt auch den Einfluß der Wärmeleitfähigkeit des gleitenden Körpers auf die Reibung, wie er aus den Kurven in Abb. 26 ersichtlich ist. Bei tiefen Temperaturen ist die Reibung eines guten Wärmeleiters offensichtlich beträchtlich größer als für einen schlechten.

Nansen (1898, S. 445/46) verglich zwei Schlitten, von denen der eine mit vernickelten Kufen und der andere mit solchen aus Ahornholz ausgerüstet war. Bei tiefen Temperaturen − der genaue Wert ist nicht angegeben, doch betrug die mittlere Temperatur jenes Monats − 36,8 °C − fand er für das Metall eine größere Reibung: „Der Unterschied war so groß, daß es mindestens um die Hälfte schwerer war, den Schlitten auf den Nickelkufen zu ziehen als auf den geteerten Ahornkufen".

In jüngerer Zeit ist auch der Gleitwiderstand von richtigen Skis auf gepreßtem Schnee bei verschiedenen Temperaturen untersucht worden (Bowden, 1953). Auf kaltem Schnee ergab sich dabei, wie erwartet, eine hohe statische Reibung, doch fiel μ bei nennenswerter Geschwindigkeit auf einen niedrigen Wert, und die experimentellen Ergebnisse unterstützen deshalb die schon früher vertretene Auffassung, daß diese geringe Reibung auf einem örtlichen Schmelzen der Oberfläche durch die Reibungswärme beruht. Diese Messungen wurden, zum Teil unter Verwendung von kleineren Modellskis, auf eine Vielfalt von Gleitflächen, einschließlich solcher von Metallen, synthetischen Polymeren und Wachsen, ausgedehnt; denn die Wärmeleitfähigkeit spielt auch beim Skilauf eine Rolle. Einige typische Reibungskoeffizienten sind in den Tab. 10 und 11 enthalten.

Tabelle 10. *Statische Reibung von Plastikstoffen auf Schnee bei verschiedenen Temperaturen*

Schneetemperatur	Plexiglas	Terylen	Nylon	Teflon
−32° C	0,4	...	...	0,1
−10 °C	0,34	0,38	0,3	0,08
0° C (Lufttemp. + 5 °C)	0,3	0,35	0,3	0,02
Naßschnee	0,5	0,5	0,4	0,05

Tabelle 11. *Statische Reibung von Wachsen und anderen Körpern auf Schnee bei verschiedenen Temperaturen*

Schneetemperatur	Aluminium	Skiwachs	Skiwachs	Skilack	Paraffinwachs
−32 °C	...	0,2	0,2	0,4	0,4
−10 °C	0,38	0,2	0,2	0,4	0,35
0 °C (Lufttemp. +5 °C)	0,35	0,03	0,04	0,1	0,06
Naßschnee	0,40	0,05	0,1	0,2	0,06

Viele Skis sind mit Stahl- oder Messingkanten ausgerüstet; manchmal werden hingegen Kanten aus einem harten Plastik verwendet. Die Reibungsmessungen deuten an, daß die letzteren vor allem bei tieferen Temperaturen schneller sein sollten. Muß ein Metall gewählt werden, so sollte eine Legierung mit niedriger Wärmeleitfähigkeit wie etwa Deutschsilber oder Konstantan besser gleiten. Ganz abgesehen von der Wärmeleitfähigkeit der Oberflächen sind auch ihre wasserabstoßenden Eigenschaften wichtig. Skis aus Plastik, oder auch nur mit Plastik oder einem geeigneten Wachs überzogene, leiten nicht nur die Wärme schlecht, sondern zeichnen sich außerdem durch Hydrophobie aus, d. h. die Wasserschichten haften nicht an der Oberfläche. Stoffe, die einen großen Kontaktwinkel geben, weisen gewöhnlich einen niedrigen Reibungsbeiwert auf; aber es liegen Anzeichen dafür vor, daß der Kontaktwinkel während des Gleitens abnehmen kann. Das Verhalten wird aber auch von der relativen Härte der Eiskristalle und der Skioberfläche beeinflußt. Polytetrafluoräthylen (P. T. F. A.) oder „Teflon" (amerik.; engl. Bezeichnung „Fluon") gibt auf Eis und Schnee unter allen Bedingungen eine sehr niedrige Reibung. Trotzdem die Reibungsverhältnisse beim Skilauf im einzelnen sehr verwickelt sind, kann allgemein festgehalten werden, daß die Bildung einer Wasserschicht zwischen den Skis und dem Schnee das Haupterfordernis für ein leichtes Gleiten darstellt. Wie die Versuche zeigen, sind die thermischen Bedingungen, die ein Schmelzen der Oberfläche durch die Reibungswärme begünstigen, die wichtigsten, besonders bei Temperaturen beträchtlich unterhalb 0 °C. Diese Auffassung erhielt eine direkte Bestätigung durch eine umfassende Reihe von praktischen Prüfungen, die von KLEIN (1947) über Gleiteigenschaften von Flugzeugkufen auf Schnee und Eis durchgeführt wurden.

Schrifttum

BEILBY, SIR GEORGE (1921), Aggregation and flow of solids, 1st ed. London, Macmillan & Co.
BOWDEN, F. P., and T. P. HUGHES (1937), Nature, **139**, 152.
BOWDEN, F. P., and T. P. HUGHES (1937), Proc. Roy. Soc. A. **160**, 575.
BOWDEN, F. P., and T. P. HUGHES (1939), ebda. A **172**, 280.
BOWDEN, F. P. (1953), Proc. Roy. Soc. A **217**, 462.
BROCKWAY, L. O., and J. KARLE (1947), J. Coll. Sci. **2**, 277.
CHERRY-GARRARD, A. (1922), The Worst Journey in the World, 2. London, Constable & Co.
COCHRANE, W. (1938), Proc. Roy. Soc. A **166**, 228.
DOBINSKI, S. (1937), Phil. Mag. **23**, 397.
FINCH, G. I. (1937), Trans. Far. Soc. **33**, 425.
GLOCKNER, R. (1942), Schriften d. dtsch. Akad. d. Luftfahrtforsch.
GREBENSCHIKOV, I. V. (1931), Keramika i Stekle, **7**, 36.
GREBENSCHIKOV, I. V. (1935), Sotsialisticheskaya Reconstruktsiya i Nauka, **2**, 22.
HOPKINS, H. G. (1935), Trans. Far. Soc. **31**, 1095.
HOPKINS, H. G. (1936), Phil. Mag. **21**, 820.
JEFFREYS, H. (1935), Phil. Mag. **19**, 840.
JOHNSTON, J. (1912), Journ. Amer. Chem. Soc. **34**, 788.
KLEIN, G. J. (1947), Nat. Res. Coun. Canada Aeronautical Report AR-2, The Snow Characteristics of Aircraft Skis.
MOORE, A. J. W., and W. J. McG. TEGART (1951), Aust. J. Sci. Res. A **42**, 181.
MOORE, A. J. W., and W. J. McG. TEGART (1952), Proc. Roy. Soc. A **212**, 458.
NANSEN, F. (1898), Farthest North, 1. London, George Newnes.
POYNTING, J. H. (1881), Phil. Mag. (5), **12**, 32.
RAETHER, H. (1947), Met. et Corr. **22**, 2.
REYNOLDS, O. (1901), Papers on Mechanical and Physical Subjects, 2. Cambridge Univ. Press.
SCOTT, J. M. (1933), The Land that God Gave Cain, London, Chatto & Windus.
WRIGHT, C. S. (1924), Miscellaneous Data (Scott Polar Expedition of 1911–1913), zusammengestellt durch Colonel H. G. LYONS, London, Harrison and Sons.

Tagungsberichte

‚Discussion on Frictoin' (1952). Proc. Roy. Soc. A **212**, 439.

IV. Reibung und Oberflächenbeschädigung gleitender Metalle

Beim Gleiten metallischer Oberflächen, zu dessen Betrachtung wir zurückkehren, werden, wie wir bereits klarstellten, vor allem zwei maßgebliche Beobachtungen gemacht. Erstens ist die Berührungsfläche zwischen den reibenden Metallen so klein, daß an den lokalen Kontaktstellen ein sehr hoher Druck herrscht, wodurch plastisches Fließen hervorgerufen wird, und zweitens steigen die Oberflächentemperaturen schon bei Gleitgeschwindigkeiten, die in der Praxis häufig zur Anwendung gelangen, auf sehr hohe Werte. Der dritte Punkt, den wir noch zu untersuchen haben, betrifft die Art der Wechselwirkung zwischen den sich bewegenden Oberflächen und die physikalischen Änderungen, die sich während des Gleitvorganges an ihnen abspielen.

Die Reibungsmessung

Die Methoden, die bei der Reibungsmessung Eingang gefunden haben, sind sehr unterschiedlich. Natürlich kann jedes Verfahren, das gleichzeitig die Normalkraft zwischen den Oberflächen und die zum Gleiten nötige Tangentialkraft liefert, zur Bestimmung des Reibungsbeiwertes verwendet werden. Die in diesem Buch beschriebenen Reibungsergebnisse wurden mit einer Auswahl von Versuchsvorrichtungen erhalten, deren Konstruktion gewöhnlich den besonderen experimentellen Gegebenheiten angepaßt war. Die Reihe der benützten Verfahren zur Messung der normalen und tangentialen Kräfte zwischen den gleitenden Flächen umfaßt den Gebrauch eines an einer Rolle hängenden Gewichtes, die Neigung einer schiefen Ebene, die Auslenkung eines Pendels oder einer Feder, die Messung der Verzögerung eines sich bewegenden Körpers oder die Verwendung von piezoelektrischen Kristallen, Widerstands-Dehnungsstreifen oder elektrischen Kapazitäten. Alle diese Methoden liefern im allgemeinen ähnliche Ergebnisse, *vorausgesetzt, daß die Bedingungen zwischen den gegeneinander reibenden Oberflächen die gleichen sind.* Bei vielen allgemein gebräuchlichen Versuchsmethoden besitzen sowohl der bewegte Körper als auch die Meßeinrichtung eine große Trägheit, so daß nur Durchschnittskräfte ermittelt werden und die Möglichkeit nicht besteht, schnelle Änderungen oder Schwankungen der Reibungskraft, wie sie während des Gleitvorganges auftreten können, aufzunehmen. Es ist oft wünschenswert, diese Kräfte genauer zu analysieren, und zu diesem Zwecke eignen sich die obenerwähnten elektrischen Methoden in Verbindung mit einem Kathodenstrahloszillographen. Begnügt man sich mit mechanischen Systemen, so sollen sie eine geringe Trägheit und damit eine kurze Reaktionszeit besitzen.

Tafel V (BOWDEN und LEBEN, 1939) zeigt eine Ausführung eines mechanischen Gerätes, das sich in einem großen Bereich von Versuchsbedingungen als nützlich erwies. Die Vorrichtung, mit der die Reibung registriert wird, besitzt eine hohe Eigenfrequenz und das Belastungssystem eine mindestens so hohe. Die Einzelheiten dieses Gerätes sind aus den Tafeln V.2 und V.3 ersichtlich. Die Reibung wird zwischen einer ebenen, gleitenden Unterlage (A) und einer obenaufliegenden ruhenden Oberfläche gemessen, wobei letztere gewöhnlich die Gestalt eines kleinen gerundeten Reiters (B) aufweist. Die Auflage ist auf einem auf Führungsschienen (D) laufenden Schlitten (C) befestigt und wird mit diesem zusammen gleichmäßig durch Wasserdruck vorgetrieben, da die so erzeugte Kraft die entgegenwirkende Reibung um vieles übertrifft. Dies gewährleistet eine gleichförmige, schwingungsfreie Bewegung. Die Geschwindigkeit der Unterlage ist einstellbar und kann zwischen 0,001 cm/sec und einigen cm/sec betragen.

Die obenaufliegende Reiterfläche ist mit einem leichten Arm aus Dural (E) verbunden, und dieser hängt an zwei, in einem starren Rahmen (K) straff gespannten Klaviersaitendrähten. Die Belastung der sich berührenden Reibflächen wird von einer kreisförmig gebogenen Blattfeder (F) erzeugt. Die Kompression dieser Feder bestimmt die Normalkraft, unter die Flächen gleiten, und ist mit Hilfe der Stellschraube (G) regelbar. Ein flaches Stück Federstahl (H) verhindert die seitliche Verzerrung der Belastungsfeder während der Bewegung. Um die zwischen den Oberflächen wirkende Normalkraft zu messen, werden über die Spannrollen (L) laufende Gewichte angebracht, die der Federkraft das Gleichgewicht halten. Auf diese Weise kann durch eine nur wenige Gramm wiegende Vorrichtung eine Belastung von bis zu 8 kg erzielt werden.

Die Bewegung der Unterlage ist bei diesem Gerät die Ursache für das Auftreten von Reibungskräften zwischen den beiden Oberflächen. Der Leichtmetallarm wird dabei um eine senkrechte Achse geschwenkt, und das Maß der Auslenkung ist der auf den Reiter wirkenden Reibungskraft verhältnisgleich. Es wird mittels eines vom Spiegel (M) reflektierten Lichtstrahls, der auf den horizontalen Schlitz einer Kinokamera fällt, registriert.

Der Schlitten (C), auf dem die Gleitunterlage aufgeschraubt ist, enthält ein Heizelement, womit die Oberfläche während eines Versuches

Tafel V
BOWDEN-LEBEN-Gerät für die Messung der Reibung zwischen gleitenden Oberflächen, die entweder trocken oder mit Grenzschichten versehen untersucht werden können

Abb. 1. Allgemeine Ansicht des Reibungsmeßgerätes

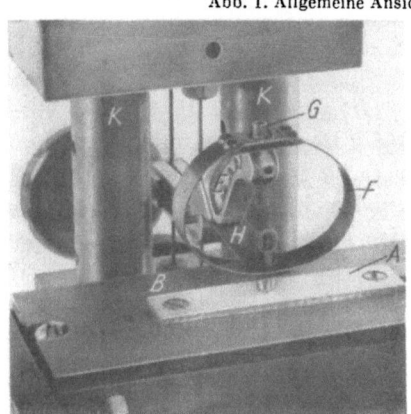

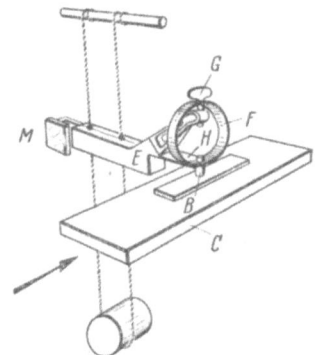

Abb. 2. Ansicht der Gleitflächen (ca. 1:3)   Abb. 3. Schema des Reibungsmeßgerätes

A: Auflage; *B*: Reiter; *C*: Schlitten für die Befestigung und Bewegung der Auflage, Heizelemente enthaltend; *D*: Führungsschienen; *E*: Befestigungsarm (Dural) für den Reiter; *F* und *G*: Blattfeder bzw. Stellschraube für die Belastung des Reiters; *H*: Versteifungsfeder; *L*: Rollen für laufenden Haken zur Bestimmung der Normalkraft; *K*: Tragsäulen für die bifilare Aufhängung des Reiterarmes *E*, *M*: Spiegel, der sich mit der bifilaren Aufhängevorrichtung dreht; *N*: Thermoelement auf der Oberfläche der Auflage; *P*: Galvanometer zur Bestimmung der Oberflächentemperatur. Die Registrierkamera ist nicht abgebildet schnell erwärmt oder auf einer gewünschten Temperatur gehalten werden kann. Ein auf die Oberfläche drückendes Kupfer-Konstantan-Thermoelement (N) liefert ein Maß der Oberflächentemperatur, die mit Hilfe eines Galvanometers gleichzeitig mit der Reibung von der Kamera aufgenommen wird. Zugleich wird auch die von der Unterlage zurückgelegte Strecke auf den Film übertragen. Dies kann, in Verbindung mit Zeitmarken, die mittels einer kleinen, durchlöcherten Scheibe auf den Filmrand geworfen werden, dazu dienen, auch die augenblicklich herrschende Gleitgeschwindigkeit zu registrieren.

Dieses Reibungsgerät, das im allgemeinen bei großen Lasten und niedrigen Gleitgeschwindigkeiten arbeitet, eignet sich auch für Messungen im Gebiet der Grenzreibung. Die kleine Trägheit und hohe Eigenfrequenz (1000 Schwingungen/sec) der Meßvorrichtung machen es gegenüber Reibungsänderungen sehr empfindlich. Bei der Konstruktion ist auch eine Dämpfung der Meßteile durch Luftkissen oder Filzstücke vorgesehen worden, doch fanden wir, daß das Gerät in der empfindlichen, ungedämpften Ausführung mehr Aufschluß über die zu untersuchenden Probleme gab.

Da die Auflage (gegen C) elektrisch isoliert wurde, kann auch der Widerstand zwischen den Prüfflächen oder dessen Änderungen während des Gleitens gemessen und gleichzeitig mit der Reibung von der Kamera aufgenommen werden. Andererseits besteht bei verschiedenen Metallen die Möglichkeit, die zwischen ihnen entwickelte thermoelektrische Spannung zu registrieren, so daß man den Verlauf der während des Gleitens auftretenden Oberflächentemperaturen erhält.

Die Temperaturmessung an ruhenden Oberflächen

Eine Frage von einiger praktischer Wichtigkeit wird aufgeworfen, wenn wir versuchen, die an einer Oberfläche herrschende Temperatur mittels eines Thermoelementes zu bestimmen. Ein sehr bequemes Verfahren besteht darin, die Enden je eines Drahtes aus Kupfer und Konstantan gegen die Oberfläche zu pressen und die erzeugte thermoelektrische Spannung zu messen. Diese ist ein Maß für die Temperatur der Oberfläche zwischen den beiden Drahtspitzen, da die Oberfläche selbst ein neutrales Zwischenstück darstellt. Das Thermoelement kann geeicht werden, indem man den Spannungsunterschied beobachtet, bei welchem Stoffe mit bekanntem Schmelzpunkt beim Erhitzen auf der Oberfläche flüssig werden.

Diese Methode schließt allerdings zwei Fehlerquellen in sich, die sich in gewissen Fällen ernsthaft auswirken können. Wenn man das Thermoelement nämlich auf einer Oberfläche eicht, die die Wärme schlecht leitet (wie zum Beispiel rostfreier Stahl), so wird diese Eichung für einen guten Wärmeleiter wie Kupfer irreführende Ergebnisse liefern. GREEN-HILL (1948) beispielsweise zeigte, daß in solchen Fällen Fehler von bis zu 10% auftreten können. Diese Erscheinung beruht auf dem Temperaturabfall in den Drahtenden, der sich infolge der Ableitung der Wärme von der Oberfläche ausbildet. Abgesehen vom Einfluß der Wärmeleitfähigkeit hängt der Temperaturabfall in einer Metallbrücke — wie wir

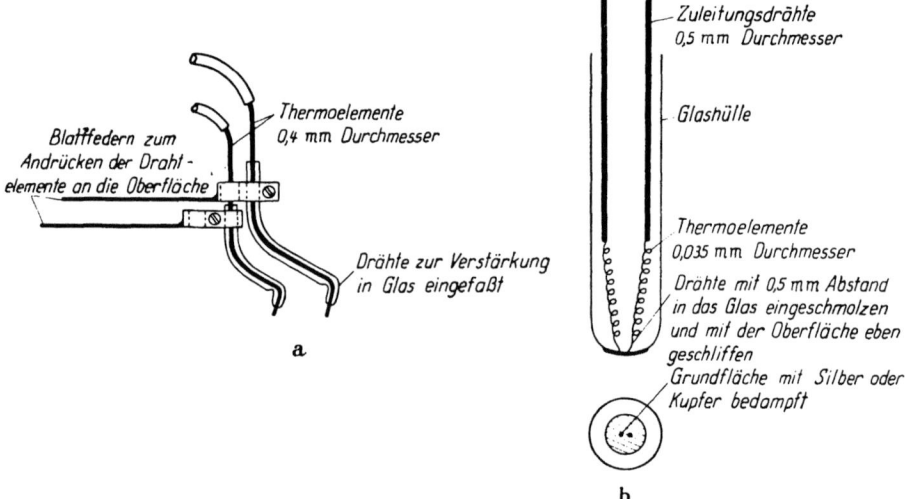

Abb. 28. Zwei Arten von Thermoelementen, die bei den Temperaturmessungen an festen Oberflächen verwendet wurden. Mit diesen Ausführungen soll der Temperaturabfall, der beim Anpressen der Elemente an die heiße Oberfläche eintritt, klein gehalten werden

in Kap. II gesehen haben — auch von deren Querschnitt ab. Folglich würde man erwarten, daß die Temperaturabnahme an den Spitzen der Elemente auch mit der Kraft, mit der die Drähte an die Oberfläche gedrückt werden, in Zusammenhang steht. Dies wird tatsächlich beobachtet und kann oft zu unterschiedlichen Ergebnissen führen. Diese Schwierigkeiten können aber überwunden werden, indem man Drahtelemente von sehr geringer Dicke verwendet und sie entweder in geeigneter Weise verstärkt oder die Berührungsfläche verhältnismäßig groß ausführt, so daß deren Änderung mit der Belastung nicht kritisch ist. Abb. 28 zeigt zwei Ausführungen von Thermoelementen, bei denen diese Forderungen berücksichtigt wurden. Das von GREENHILL entwickelte Thermoelement (Abb. 28b) lieferte Ergebnisse, die beinahe unabhängig von der Belastung waren und für Kupferoberflächen um weniger als 5 Prozent vom wahren Wert abwichen, trotzdem auf rostfreiem Stahl geeicht wurde.

Obschon dieses Thermoelement ein verläßliches Mittel zur Messung der Oberflächentemperatur darstellt, stößt man bei der Untersuchung der Reibung in Abhängigkeit der Temperatur auf eine weitere Schwierigkeit. Auf dem obenbeschriebenen Gerät werden die Versuche gewöhnlich in der Weise ausgeführt, daß man gleichzeitig die Reibung und die Temperatur der Unterlage mit der Kamera aufnimmt, während die Unterlage aufgeheizt wird. Die Gleitgeschwindigkeiten sind dabei so niedrig, daß die durch Reibungswärme hervorgerufene Temperaturerhöhung vernachlässigt werden darf. Andererseits kann sich, wenn der kalte, obenaufliegende Reiter über die heiße Platte streicht, an den Berührungsstellen ein nennenswerter Temperaturabfall senkrecht zur Zwischenfläche ausbilden. Folglich mag die Temperatur in den Bezirken, wo die Oberflächen tatsächlich gegeneinanderreiben, einiges weniger betragen, als der für die Auflage mit Hilfe des Thermoelementes bestimmte Wert angibt. Dieser Effekt wirkt sich am stärksten aus, wenn die Unterlage ein schlechter, der Reiter hingegen ein guter Wärmeleiter ist. Wenn beispielsweise Kupfer auf Konstantan gleitet, kann der Temperaturabfall rund 35% ausmachen. Im umgekehrten Fall, für einen Konstantanreiter auf einer Kupferfläche, wird die Temperatur nur um etwa 5 Prozent erniedrigt. Bei gleichartigen Metallen liegt der Temperaturabfall zwischen diesen beiden Werten und ist für gute Wärmeleiter nicht von großer Bedeutung. Für eine gut leitende Auflage kann erwartet werden, daß man bei 200 °C eine um etwa 10 °C zu tiefe Temperatur mißt, was im allgemeinen nicht beachtet zu werden braucht. Liegen ungünstige Verhältnisse vor, indem die Auflage die Wärme viel schlechter leitet als der darübergleitende Körper, so ist diese Erscheinung dagegen ernst zu nehmen. Eine Verbesserung kann aber dadurch geschaffen werden, daß man den Reiter in der Form eines kleinen Metallstiftes ausführt und ihn in einen Stahlhalter einzementiert. Für Kupfer auf Konstantan wird der Fehler durch diese Maßnahme, wie aus Tab. 12 hervorgeht, von 35% auf weniger als 10% verringert.

Tabelle 12

Oberflächen	Temperatur der Auflage °C	Temperaturabfall an der Berührungsstelle °C
Kupferreiter auf Konstantanfläche	150	57
	200	73
Konstantanreiter auf Kupferfläche	150	8
	200	11
Kupfer auf Kupfer	155	5
Stahl auf Stahl	155	≈10
Isolierter Kupferreiter auf Konstantanfläche	150	15
	200	15

Werden die obenerwähnten Vorkehrungen getroffen, so ist es möglich, die Temperatur mit einer Genauigkeit von rund 5% zu messen, wenn die Reibung in Abhängigkeit der Oberflächentemperatur untersucht werden soll. Messungen dieser Art für geschmierte Oberflächen werden in den Kap. IX und X besprochen.

Die Vorbereitung der Oberflächen

Um bei Gleitversuchen wiederholbare Meßwerte zu erhalten, muß große Sorgfalt auf die Reinigung und Zubereitung der metallischen Oberflächen verwendet werden. Da es sich bei der Grenzschmierung um eine Oberflächenerscheinung handelt, genügt oft schon eine Spur eines verunreinigenden Fettes, um eine sehr große Wirkung auf die Reibung auszuüben. Diese Verunreinigungen mögen nur als einmolekulare Schicht auftreten und davon herrühren, daß Fettschichten von den Fingern auf die Probe wanderten. Dies ist leicht möglich, auch wenn die gereinigte Seite nicht mit den Händen in Berührung kam. Eine Spur von Schleifmaterial, das auf einem weichen Metall zurückblieb, wird ebenfalls zu Ergebnissen führen, die für das Metall nicht charakteristisch sind. Ferner darf natürlich nicht übersehen werden, daß alle der Luft ausgesetzten metallischen Oberflächen, auch wenn sie noch so sorgfältig „gereinigt" und vorbereitet wurden, mindestens von einer Oxydschicht, und wahrscheinlich zudem noch von einer physikalisch adsorbierten Gas- und Wasserdampfschicht, bedeckt sind. Nur wenn man sehr weitreichende Maßnahmen trifft und in einem Hochvakuum arbeitet, können diese Filme ausgeschaltet und Messungen an nackten Metallen durchgeführt werden (s. Kap. VII). Deshalb sind unter den meisten Bedingungen, sowohl beim Laboratoriumsversuch als auch in der Praxis, Oberflächenschichten dieser Art auf den Metallen normalerweise vorhanden.

Die experimentelle Erfahrung lehrt, daß das Reibungsverhalten von der eigentlichen Oberflächenbeschaffenheit nicht stark beeinflußt wird, vorausgesetzt, daß die Flächen feingeschliffen und eben sind. Für hochpolierte Oberflächen, auf denen eine BEILBY-Schicht gebildet wurde, erhält man Ergebnisse von ähnlichem Charakter, doch sind sie, vielleicht wegen der veränderten Natur der BEILBY-Schicht, weniger wiederholbar. Für die hier beschriebenen Versuche wurden die Oberflächen im allgemeinen unter Verwendung der üblichen Verfahren in feingeschliffenem Zustand (ähnlich wie der in Tafel I.3 d gezeigte) hergestellt und sorgfältig entfettet.

Die Reibung der Metalle

Die mit dem früher erwähnten Gerät ausgeführten Messungen ließen erkennen, daß das Gleiten zwischen metallischen Oberflächen unter mancherlei Bedingungen nicht immer ein ununterbrochener Vorgang zu sein braucht, sondern aus einer Reihe von aufeinanderfolgenden Rucken bestehen kann. Die Reibung steigt während der Haftperiode auf einen Höchstwert an, um während des Rutsches rasch abzufallen. Dies ist von entsprechenden Änderungen der Berührungsfläche und der Oberflächentemperatur begleitet. Die Art der beobachteten Bewegung hängt sowohl von den physikalischen und mechanischen Eigenschaften des Reibungsmeßsystems als auch von den innewohnenden Reibungseigenschaften der Oberflächen selbst ab. Letztere werden in Kap. V eingehender besprochen, während wir uns in den folgenden Abschnitten hauptsächlich mit der Natur der an gleitenden Metallen hervorgerufenen Oberflächenbeschädigung beschäftigen wollen (BOWDEN, MOORE und TABOR, 1943; BOWDEN, 1945; MOORE, 1948).

Die eindrücklichste Schlußfolgerung, die man aus einem umfassenden Studium der metallischen Reibung zieht, besteht darin, daß die Größe der Reibungskraft und das Ausmaß und die Art des durch Gleiten verursachten Oberflächenschadens in erster Linie durch die *relativen physikalischen Eigenschaften* der beiden Reibflächen bestimmt wird. Insbesondere ist das Verhalten stark von der relativen Härte der beiden Oberflächen abhängig und, wenn hohe Gleitgeschwindigkeiten vorliegen, von der relativen Lage ihrer Erweichungs- oder Schmelztemperaturen. Es erleichtert die Diskussion, wenn wir drei Haupttypen von Gleitvorgängen unterscheiden: a) Ein hartes Metall gleitet über ein weiches; b) ein weiches Metall gleitet auf einem harten; c) ähnliche Metalle gleiten übereinander.

Eine sorgfältige Prüfung der Metalle zeigt, daß eine gewisse Beschädigung der Oberflächen auch bei leicht belasteten, gut geschmierten Oberflächen immer auftritt. In Tafel VI.1 sind die Furchen, die ein kleiner gerundeter Reiter bei einmaligem Überfahren einer ebenen Metallfläche erzeugte, abgebildet. In diesen Versuchen kam eine schwere Last (4000 g) zur Anwendung, und die Oberflächen waren ungeschmiert, damit die Wirkung deutlicher sichtbar hervortrat. Wie wir später finden werden, ist der Oberflächenschaden bei Normalkräften von nur wenigen Milligramm im wesentlichen von derselben Art, obgleich er natürlich auf einen stark verkleinerten Maßstab beschränkt bleibt. Es ist hervorzuheben, daß die Gleitgeschwindigkeiten bei diesen Versuchen und ebenso in den weiter unten erwähnten sehr klein waren, so daß wegen der Reibungswärme kein nennenswerter Temperaturanstieg erfolgte. Tafel VI.1 zeigt ein charakteristisches Ergebnis, wie es erhalten wird, wenn der gerundete Reiter aus einem relativ harten Metall und die ebene Unterlage aus einem weicheren besteht. In diesem Fall handelte es sich um einen Reiter aus Weicheisen (Vickershärte

92 Reibung und Oberflächenbeschädigung gleitender Metalle

Tafel VI

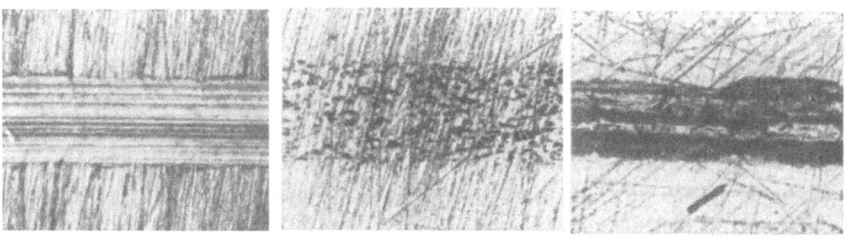

a) Stahl auf Kupfer b) Kupfer auf Stahl c) Nickel auf Nickel

Abb. 1. Drei Arten von Reibungsspuren, bei trockenem Gleiten gebildet: a) Harter Reiter auf weicher Unterlage, b) weicher Reiter auf harter Unterlage, c) Gleiche Metalle (30 ×

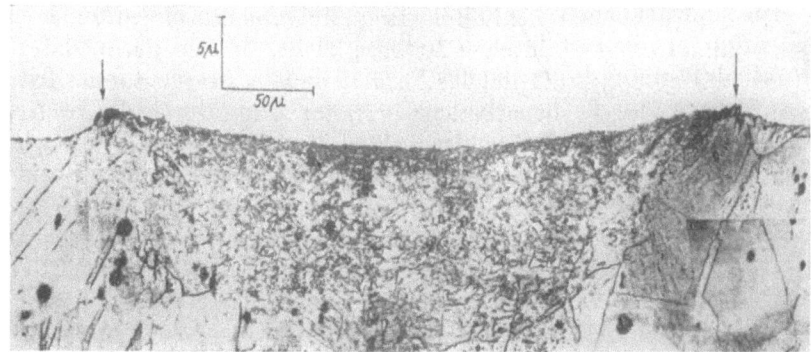

Abb. 2. Flachschnitt einer Reibungsspur in kaltgewalztem Kupfer, nach einmaligem Darübergleiten eines harten, halbkugeligen Stahlreiters (trocken). Die Pfeile deuten die Breite der Spur an, die verhältnismäßig glatt erscheint; die Struktur des unter der Oberfläche gelegenen Metalls läßt dagegen eine starke Deformation erkennen

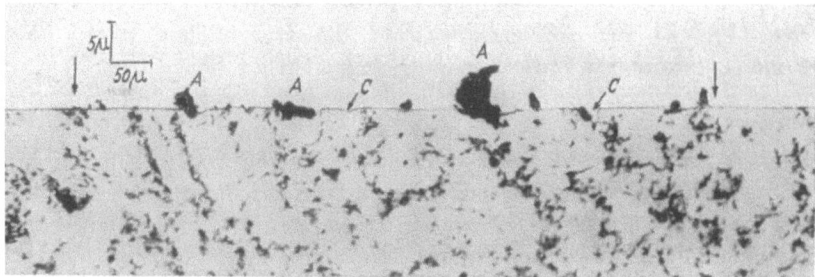

Abb. 3. Flachschnitt einer Stahlauflage nach dem Darübergleiten eines halbkugeligen Kupferreiters (trocken). Die Reibungsspur ist durch die Pfeile angedeutet. Große Bruchstücke von Kupfer (A) blieben an der Stahloberfläche haften, wodurch gezeigt wird, daß der Bruch beim Abscheren der Kupfer-Stahl-Verbindungen gewöhnlich innerhalb der Kupfergrundmasse erfolgt. In einigen Fällen können jedoch kleine Stahlteilchen aus der Oberfläche herausgerissen werden (C)

Tafel VII

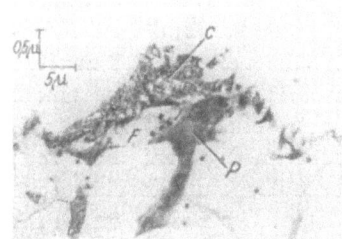

Abb. 1. Einzelheiten der Übertragung von Kupfer auf die Stahlprobe. $F =$ Ferrit, $P =$ Perlit, $C =$ Kupfer. Beachte die Zerrissenheit der Stahloberfläche

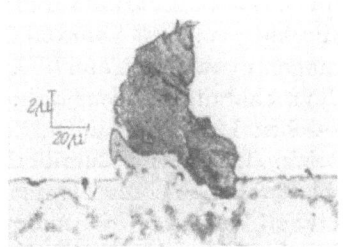

Abb. 2. Aufschweißung eines Kupferteilchens auf Stahl. Die Verbindung ist so stark, daß der Stahl über die ursprüngliche Oberfläche hochgezogen wurde

Abb. 3. Flachschnitt durch eine Kupferoberfläche, die von einem halbkugeligen Kupferreiter einmal überquert wurde (ungeschmiert). Die Oberfläche ist stark zerrissen, und das Metall ist bis weit unter die Gleitfurche verformt

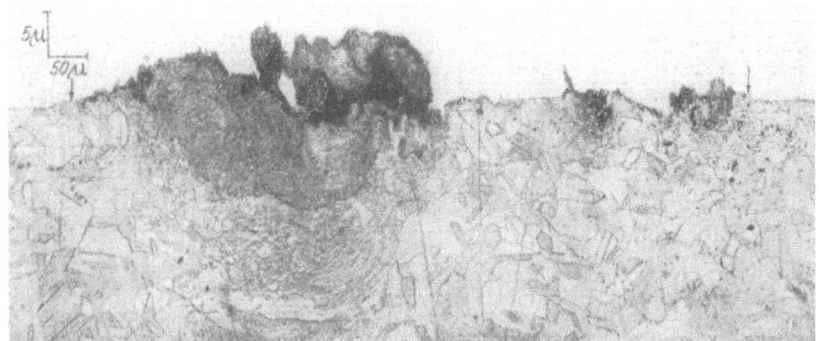

Abb. 4. Flachschnitt durch eine Kupferoberfläche, die von einem halbkugeligen Kupferreiter elfmal überfahren wurde (ungeschmiert). Ein Kupferteilchen wurde in die Oberfläche der Auflage eingebettet

$HV = 120$ kg/mm^2) und um eine Auflage aus Kupfer ($HV = 60$ kg/mm^2). Man sieht, daß in die weiche Kupferoberfläche eine seichte Furche „gepflügt" wurde. Die Reibungszahl betrug unter diesen Bedingungen etwa 0,9. Tafel VI.1 b ist für einen Gleitvorgang des zweiten Typs charakteristisch, d. h. für einen gerundeten Reiter aus einem weichen Metall (Kupfer), der über eine harte, ebene Fläche (Stahl) strich. Das härtere Metall erlitt dabei verhältnismäßig wenig Schaden; aber das weiche Metall verschweißte mit der Auflage und Bruchstücke davon blieben an der andern Oberfläche haften. Die Reibungszahl für verschiedene Metalle beträgt bei solchen Paarungen ungefähr 0,7. Wenn gleichartige Metalle aufeinandergleiten (dritter Typ), so entsteht eine viel tiefergreifende Verletzung (s. Tafel VI. 1c für Nickel auf Nickel) und die Reibungszahl ist beträchtlich größer ($\mu = 1{,}2 - 1{,}5$).

Die Tafeln VI und VII zeigen stark vergrößerte Flachschnitte, die je ein senkrecht zur Gleitrichtung aufgenommenes Profil der drei Typen von Reibungsspuren darstellen. Tafel VI. 2 veranschaulicht einen Querschnitt einer Spur, die ein gerundeter Stahlreiter auf Kupfer erzeugte, und man sieht deutlich, daß im Kupfer eine Furche von $1-2$ Mikron Tiefe zurückblieb, wobei das Kupfer an den Rändern etwa zur gleichen Höhe aufgestaucht wurde. Gerade unterhalb der Oberfläche ist das Metall sehr stark verformt, und die Kaltverfestigung des Kupfers erstreckt sich bis zu einer verhältnismäßig großen Tiefe (15 Mikron oder mehr) in das Grundgefüge.

Wenn die obenaufliegende Fläche weicher ist, so wird keine Furchenbildung beobachtet. Statt dessen findet man kleine Bruchstücke des weichen Metalles an der harten Unterlage angeschweißt. Charakteristische Schweißverbindungen dieser Art, wie sie beim Gleiten von Kupfer auf Stahl zustandekommen, sind in Tafel VI. 3 abgebildet. Der Flachschnitt wurde wiederum im rechten Winkel zur Gleitrichtung ausgeführt, und die Versuchsbedingungen waren ähnlich wie bei den Versuchen mit dem Stahlreiter. Der Reibungsbeiwert betrug in diesem Fall etwa 1. Der größere Teil der Stahloberfläche blieb offenbar unbeschädigt und vereinzelte, am Stahl haftende Kupferstückchen (A) liegen auf ihr verteilt. Bei diesen Verbindungen zwischen den gleitenden Metallen erfolgte das Abscheren also innerhalb des Kupfers. An anderen Stellen der Unterlage vermochte das Kupfer, wie die Grübchen und Krater (C) in Tafel VI.3 bezeugen, kleine Bruchstücke aus dem Stahl zu reißen. Die in Tafel VII. 1 und 2 wiedergegebenen Mikrophotographien zeigen Kupfer-Stahl-Verbindungen in stärkerer Vergrößerung. Der ferritische Gefügebestandteil (F) des Stahles erscheint in Tafel VII. 1 weiß und der perlitische (P) dunkel, während (C) ein Kupferbruchstück von etwa 10^{-3} cm Breite und 10^{-4} cm Höhe bezeichnet. Es besteht hier kein Zweifel, daß das Kupfer mit dem Stahl verschweißte, woraufhin die Verbindung innerhalb des Kupfers abgeschert wurde. Ein ähnliches Kupferfragment ist in Tafel VII.2 abgebildet, und man erkennt, daß die Kräfte, die zur Abtrennung des Kupfers führten, auch eine beträchtliche Verformung des darunterliegenden Stahls verursachten. Dabei wurde der Stahl teilweise sogar über das allgemeine Niveau der Oberfläche erhoben. Über einen großen Teil der Oberfläche erfolgte der Bruch allerdings zwischen dem Stahl und dem Kupfer, so daß die Oberfläche dort anscheinend unversehrt blieb. Der Verschleiß eines harten Metalls durch ein weicheres, der auf diese Weise durch Verschweißen und Ausreißen herbeigeführt wird, ist ein viel langsamerer Vorgang als der häufiger auftretende Abrieb, den eine härtere Gleitfläche verursacht, und unterscheidet sich von ihm auch im Aussehen (s. Kap. XIV).

In Tafel VII.3 wird ein Flachschnitt einer Reiterspur, die durch das Aufeinandergleiten gleichartiger Metalle (Kupfer auf Kupfer) gebildet wurde, gezeigt. In diesem Fall liegt die Reibung hoch ($\mu = 1-1,5$) und der Schaden ist groß. Das Durchfurchen und Aufreißen tritt in einem großen Gebiet der Reibungsspur zutage, und das Metall kann bis zu einer Tiefe von 20 Mikron und mehr unterhalb der Oberfläche davon in Mitleidenschaft gezogen sein. Das noch weiter unten gelegene Metall ist bis zu einer zusätzlichen Tiefe von 50 oder mehr Mikron deformiert und verfestigt. Es ist klar, daß die örtlichen, hohen Drücke bei der Berührung gleichartiger Metalle auch ein gleichmäßiges Fließen der beiden Oberflächen verursachen müssen, so daß beide in gleichem Maß zur Bildung geschweißter Verbindungen beitragen und auch entsprechend verformt und aufgerissen werden, wenn ein Gleiten stattfindet. Da das Metall sich in der Nähe der Zwischenfläche am meisten verfestigt, wird die Brücke außerdem stärker sein als das Grundmaterial zu beiden Seiten, weshalb die Trennung innerhalb dieser Metallmasse erfolgt. Die Verschweißung und der Austausch von Metall sind in Tafel VII.4 illustriert. Die durch einen Kupferreiter auf einem Kupferplättchen erzeugte Reibungsfurche, deren Querschnitt im Bild zu sehen ist, wurde durch elfmaliges Zurücklegen der gleichen Strecke (gegenüber einem einzigen Durchgang bei Tafel VII.3) geschaffen. Die Beschädigung der Oberfläche ist schwerwiegend, und es kann als wahrscheinlich gelten, daß die dunklere Masse (A) aus stark verfestigtem Kupfer vom aufliegenden Reiter stammt.

Eine interessante Bestätigung dafür, daß zwischen gleitenden Metallen eine Verschweißung stattfindet, wurde in einigen Versuchen mit Platin auf Silber erhalten. Zu Beginn der Bewegung zeigte das Verhalten, wie erwartet, die für verschiedenartige Metalle charakteristischen Eigentümlichkeiten; die Reibungszahl betrug 0,5 (Tafel VIII.1), und eine glatte Furche im Silber (s. Tafel VIII.4) deutete die Gleitspur an. Nachdem der Reiter eine kurze Strecke zurückgelegt hatte, änderte sich

Tafel VIII

Reibung und Oberflächenschaden beim Gleiten von Platin auf Silber. Der Reibungsverlauf und die Reiterspur entsprechen zuerst jenen, die für das Gleiten verschiedener Metalle charakteristisch sind. Nach kurzer Zeit ändern sich beide zu dem für gleichartige Metalle typischen Verhalten. Silber wurde von der Unterlage aufgenommen und formte sich an der Spitze des Platinreiters zu einem angeschweißten Klümpchen

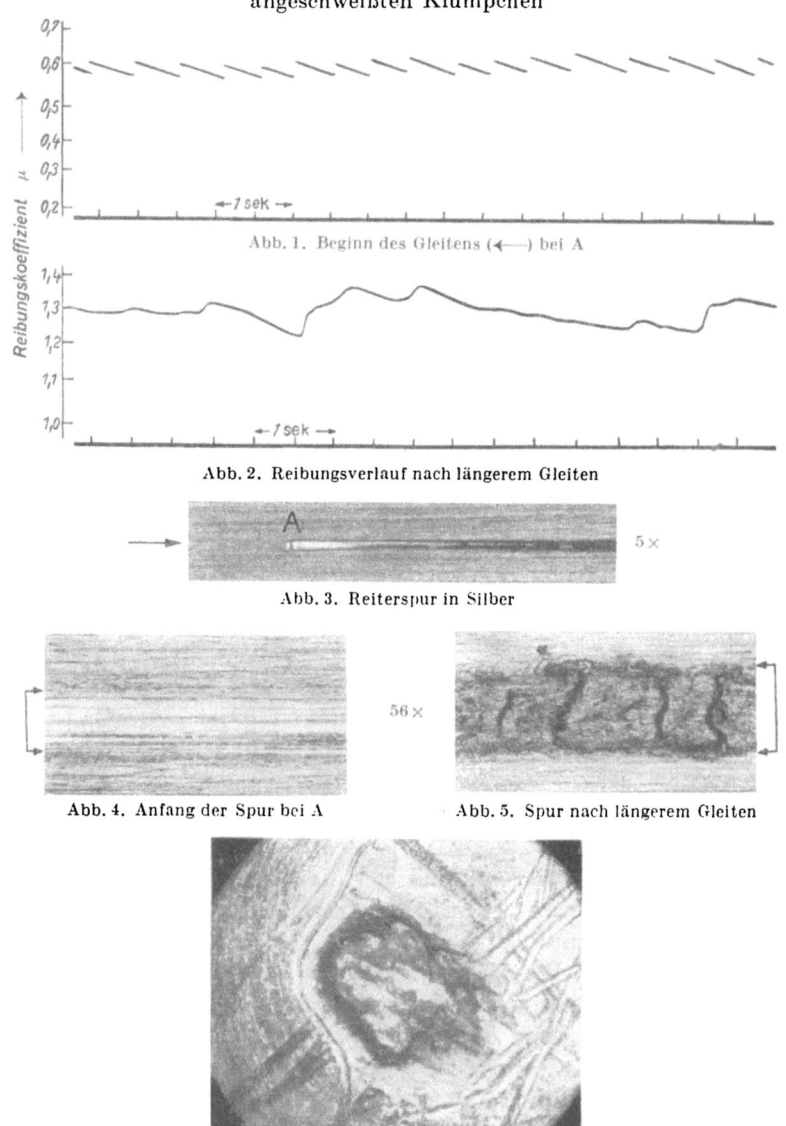

Abb. 1. Beginn des Gleitens (←—) bei A

Abb. 2. Reibungsverlauf nach längerem Gleiten

Abb. 3. Reiterspur in Silber

Abb. 4. Anfang der Spur bei A   Abb. 5. Spur nach längerem Gleiten

Abb. 6. Platinreiter nach längerem Gleiten auf Silber

Die Reibung der Metalle

Tafel IX

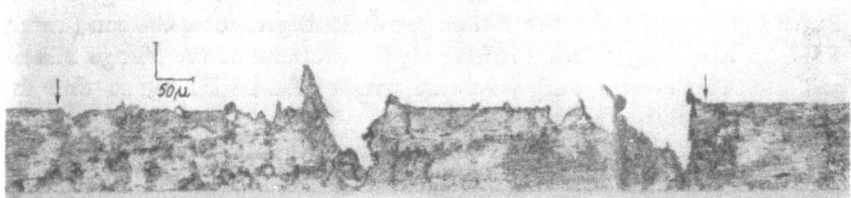

Abb. 1. Flachschnitt einer Gleitspur, die durch einen halbkugeligen Stahlreiter auf einer ungeschmierten Stahloberfläche erzeugt wurde. Die Pfeile bezeichnen die Spurbreite. Man sieht deutlich, wie die Oberfläche durch Auf- und Ausreißen von Metall stellenweise stark verletzt wurde. In anderen Bezirken ist die Oberfläche kaum beschädigt

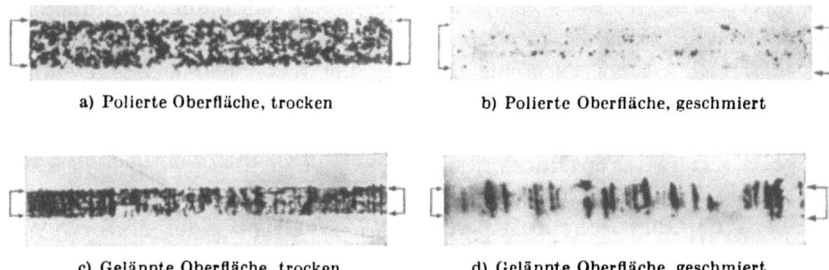

a) Polierte Oberfläche, trocken   b) Polierte Oberfläche, geschmiert

c) Geläppte Oberfläche, trocken   d) Geläppte Oberfläche, geschmiert

Abb. 2. Elektrographisch bestimmte Verteilung von Kupferteilchen, die bei einmaligem Passieren eines Reiters auf einer Stahloberfläche haften blieben. Obgleich die metallische Wechselwirkung durch das Vorhandensein eines Schmiermittels stark eingeschränkt wird, kann noch eine merkliche Übertragung entdeckt werden. (8 ×)

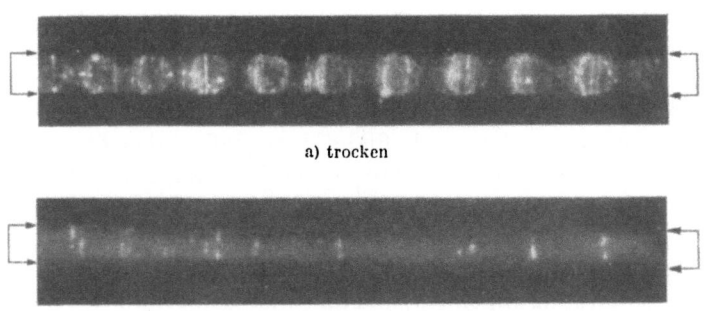

a) trocken

b) geschmiert

Abb. 3. Radiographie einer Gleitspur, die durch das Reiben von Blei gegen Stahl gebildet wurde. Der Reiter war radioaktiv, so daß die von der Stahloberfläche aufgenommenen Bleiteilchen auf der photographischen Platte ein Bild hinterließen. Das Schmiermittel verringerte den metallischen Kontakt, konnte ihn jedoch nicht ganz ausschalten. (8 ×)

das Verhalten zu jenem, das für gleichartige Metalle kennzeichnend ist. Die Reibungszahl stieg auf 1,3 (Tafel VIII.2), und die aufgerissene Furche glich den in solchen Fällen gewöhnlich gefundenen Gräben (Tafel VIII.5). Eine eingehende Prüfung ergab, daß eine kleine Menge Silber auf den Platinreiter aufgeschweißt wurde (Tafel VIII.6), so daß in Wirklichkeit Silber gegen Silber rieb.

Das Gleiten von Stahl auf Stahl ist von besonderem Interesse. Der ersten Eingebung folgend, würde man erwarten, daß ein Verhalten vorliegt, wie es für ähnliche Metalle charakteristisch ist. Versuche zeigen jedoch, daß dies bei einigen Stählen nicht der Fall ist, indem vielmehr die für verschiedenartige Metalle typischen Züge vorherrschen. Die Reibungszahl beträgt etwa 0,5 und der Verschleiß ist entsprechend geringer als für Kupfer auf Kupfer. Tafel IX.1 veranschaulicht eine typische, auf der Oberfläche eines Baustahls erzeugte Spur, die ein schon etwas abgenützter Reiter aus demselben Werkstoff bei einmaliger Überquerung der Auflage erzeugte. Die beschränkte Ausdehnung der beschädigten Gebiete ist offensichtlich. Eine beträchtliche Fläche innerhalb der Reibungsfurche blieb sozusagen unversehrt. An einer Anzahl von Stellen erfolgte hingegen ein Aufreißen und Eindrücken des Metalls, wobei die Tiefe der entstandenen lokalisierten Grübchen zwischen 1 und 10 Mikron variierte. Es kam auch vor, daß Metallteile höher als die ursprüngliche Oberfläche aufgestaucht wurden, wobei das Material teils von der Unterlage herstammte und teils wohl vom Reiter zurückgelassen wurde. Der Grund für ein Reibungsverhalten, das sonst eher verschiedenartige Metalle kennzeichnet, liegt wahrscheinlich darin, daß Stahl keine homogene Legierung darstellt. An den kleinen örtlichen Berührungsstellen zwischen der oberen und der unteren Oberfläche werden im allgemeinen kaum gleich zusammengesetzte Unebenheiten aufeinandertreffen, noch werden diese identische physikalische Eigenschaften besitzen. Das besonders heterogene Gußeisen stellt in dieser Hinsicht einen Extremfall dar. Es gibt eine niedrige Reibungszahl ($\mu = 0,3$) und wird verhältnismäßig wenig beschädigt, wenn der gleiche Werkstoff darübergleitet. Sobald ein sehr einheitlicher Stahl oder gar reines Eisen verwendet wird, findet man sofort das für gleichartige Metalle charakteristische Verhalten: die Reibung ist hoch ($\mu = 1$ bis 1,5) und es entsteht die typische, aufgerissene Furche. Diese Ergebnisse, wonach die Reibung und die gegenseitige Verschleißwirkung stark von den *relativen* physikalischen Eigenschaften der beiden Metalle abhängen, gelten ganz allgemein, und im Anhang am Ende des Buches sind Reibungswerte für eine Anzahl von Paarungen gleichartiger und verschiedener Metalle zusammengestellt. Dabei fällt auf, daß die Reibung verschiedenartiger Metalle in einem weiten Bereich von Versuchsbedingungen beträchtlich geringer ist als für gleiche Metalle, und in gleichem Sinne kann von einer entsprechend geringeren Verletzung der Oberfläche gesprochen werden.

In diesen Versuchen kam eine sehr niedrige Gleitgeschwindigkeit zur Anwendung, so daß sich keine nennenswerte Erhöhung der Oberflächentemperatur einstellte; bei größeren Belastungen und Geschwindigkeiten wird dies nicht mehr zutreffen, und die Art der Wechselwirkung zwischen den Metallen wird durch ihre relativen mechanischen Eigenschaften *bei hohen Temperaturen* bestimmt sein.

Die gegenseitige Lage der Erweichungs- oder Schmelzpunkte der Metalle erlangt dann eine große Bedeutung. Diese Beobachtungen sind offensichtlich auch für den Werkstattbetrieb, d. h. für den Verschleiß und die Reibung von Metallen, die unter wirklichen Arbeitsbedingungen aufeinandergleiten, von Belang (s. Kap. XII).

Chemische und radioaktive Verfahren zur Entdeckung der Metallübertragung

Durch Schmierung wird der Metallaustausch zwischen reibenden Oberflächen so stark vermindert, daß er selbst mit dem Flachschnittverfahren sehr schwer zu entdecken ist. Mit einem empfindlichen chemischen Verfahren, das erstmals von MOORE angewandt wurde, gelingt es hingegen eher, ihn festzustellen. Dabei wird ein mit Gelatine überzogenes Papier, das vorher in eine geeignete Elektrolytlösung getaucht worden war, auf die Oberfläche des zu prüfenden Metalls gelegt und ein Stromkreis so geschlossen, daß das Fremdmetall elektrolytisch in der Gelatine abgeschieden wird. Enthält diese ein geeignetes Reagenz, so können auf diese Weise sehr kleine Metallmengen entdeckt werden. Dithiooxamid zum Beispiel eignet sich, um Spuren von Kupfer aufzufinden. Tafel IX.2 zeigt die Muster, die erhalten wurden, wenn man einen Kupferreiter je einmal über eine polierte gereinigte (*a*), bzw. über eine mit einprozentiger Laurinsäure in Paraffinöl geschmierte (*b*) Stahlfläche bewegte. Die schwarzen Flecken weisen auf Kupfer hin, und man sieht, daß eine ganz beträchtliche Menge Kupfer an der geschmierten Stahlfläche haften blieb. Die vom Reiter hinterlassene Spur ist etwa 1 mm breit, und an einer Anzahl kleiner Bezirke hat offenbar eine Adhäsion stattgefunden. Diese Stellen sind über die ganze Furche verteilt und neigen dazu, auf Geraden in der Gleitrichtung aufgereiht zu liegen, was wahrscheinlich mit den Vorsprüngen am Kupferreiter in Zusammenhang steht. In den Tafeln IX.2c und 2d sind die entsprechenden Ergebnisse für Versuche, die auf feingeläppten Stahloberflächen ausgeführt wurden, abgebildet. Die Läppspuren verlaufen rechtwinklig zur Reibungsspur, und die Aufnahme von Kupfer ist in den Gebieten, die mit den Höhenzügen der geläppten Fläche übereinstimmen, konzentriert (BOWDEN und MOORE, 1945, MOORE, 1948).

Ähnliche Versuche quantitativerer Art wurden mit Kupfer auf Platin unternommen, wobei die Oberflächen sowohl in sauberem, trockenem Zustand als auch mit festem Kaliumstearat geschmiert zum Einsatz kamen. Das auf der ebenen Platinauflage haftende Kupfer wurde nach dem ersten Durchgang des Reiters elektrolytisch entfernt und für eine geeignete Länge der Gleitstrecke mikroanalytisch bestimmt. Bei den trockenen Metallen betrug die Dichte des auf der Platinoberfläche haftenden Kupfers 2×10^{-5} g pro mm² der Reibungsfurche. Für die geschmierten Metalle belief sich die entsprechende Kupfermenge auf $1{,}7 \times 10^{-7}$ g/mm². Würde man dieses Kupfer auf dem Platin über die Spur des Reiters gleichmäßig ausbreiten, so ergäbe dies eine Schicht von etwa 150 Å Dicke, doch zeigen die Bilder, daß es unregelmäßig auf eine Reihe von kleinen, einzelnen Teilchen verschiedener Größe verteilt ist.

Eine noch empfindlichere Methode als die obenerwähnte besteht darin, einen radioaktiven Reiter zu verwenden und eine allfällige Metallaufnahme durch die andere Oberfläche mittels Geigerzähler (SAKMANN, BURWELL und IRVINE, 1944) oder einem photographischen Verfahren (GREGORY, 1946) festzustellen. Tafel IX.3 illustriert die von GREGORY erhaltenen Ergebnisse. Sie gelten für Versuche, in denen ein radioaktiver Bleireiter über eine ebene Stahlfläche geführt wurde. Die Stahlauflage legte man darauf gegen eine photographische Platte, und die Anwesenheit von Blei ließ sich infolge der stellenweisen Schwärzung der Emulsion nachweisen. Tafel IX.3a gilt für ungeschmierte Oberflächen (Reibungszahl $\mu = 0{,}4$) und Tafel IX.3b für Proben, die mit einer 1%igen Lösung von Stearinsäure in Paraffinöl geschmiert waren ($\mu = 0{,}1$). Mit Hilfe von Vergleichsverfahren ist es möglich, die vorhandene Bleimenge näherungsweise abzuschätzen.

Man wird erkennen, daß diese Autoradiographien eine allgemeine Ähnlichkeit mit den auf chemische Weise erhaltenen Bildern aufweisen. Eine Schätzung der von der Unterlage aufgenommenen Metallmenge zeigt, daß etwa 4×10^{-7} g Blei pro mm² der Spur auf der ungeschmierten Stahlfläche haften blieben. Für geschmierte Flächen lautet der entsprechende Betrag 2×10^{-8} g/mm². Gleichmäßig über die Reibungsbahn ausgebreitet, würde dieses Blei eine rund 20 Å dicke Lage ausmachen, doch ist es in Wirklichkeit wiederum hauptsächlich an den Erhöhungen der geläppten Fläche konzentriert. Es ist einleuchtend, daß die durch ein Schmiermittel hervorgerufene Reibungsabnahme von einer ausgeprägten Verminderung der übertragenen Metallmenge begleitet ist; aber auch unter den günstigsten Bedingungen für die Grenzschmierung werden eine gewisse örtliche Unterbrechung des Schmierfilms und vereinzelte Adhäsionen beobachtet. Die Auswirkung dieser Tatsache wird später eingehender besprochen.

Eine genauere Untersuchung der zwischen trockenen und geschmierten Oberflächen auftretenden Metallübertragung wurde von RABINOWICZ und TABOR (1951) mit dem ursprünglich von GREGORY beschriebenen, autoradiographischen Verfahren durchgeführt. Die Ergebnisse für trockene Oberflächen zeigen, daß auch bei rein normaler Belastung eine kleine, aber wahrnehmbare Metallmenge ausgetauscht wird. Sobald das Gleiten beginnt, nimmt die Übertragung sehr bedeutend zu, wahrscheinlich infolge des Durchbruchs durch die Oxydhaut. Dieser findet statt, sobald die Relativbewegung einsetzt (s. auch COCKS, 1952), und die übertragene Metallmenge ist dann ungefähr proportional zur Belastung, wobei Anzeichen dafür vorliegen, daß eine Erhöhung der Normalkraft eher eine verhältnisgleiche Zunahme der Anzahl der gebildeten Verschweißungen als eine Vergrößerung der bereits bestehenden bewirkt. Die Übertragung hängt stark von der Natur der beteiligten Metalle ab. Für gleichartige Metalle kann sie 50- bis 100mal mehr betragen als für verschiedene. Andererseits ist der Unterschied in der Reibung klein, wenn diese beiden Arten von Paarungen verglichen werden; für gleiche Metalle ist $\mu \approx 0{,}6 - 1{,}5$, für verschiedene findet man $\mu \approx 0{,}4 - 0{,}7$. Dies zeigt, daß die Reibung kein empfindliches Maß für die ausgetauschte Metallmenge oder den metallischen Schaden darstellt. Die Ergebnisse für geschmierte Oberflächen werden in Kap. X diskutiert.

Reibung und Oberflächenschaden bei leichter Belastung

Die bisher beschriebenen Versuche wurden alle bei Lasten von einigen Kilogramm Gewicht ausgeführt. Der Gedanke liegt nahe, daß plastisches Fließen bei solchen Normalkräften unvermeidlich ist und daß die bisher gezogenen Schlüsse folglich nur in einem sehr beschränkten Bereich von Bedingungen Gültigkeit besitzen. Es wird somit von beträchtlichem Interesse sein, die Reibung und Beschädigung von Gleitflächen, die nur durch sehr kleine Kräfte aneinander gedrückt werden, zu prüfen. Eine Untersuchung dieser Art verdanken wir WHITEHEAD (1950), der Gewichte von nur einigen Milligramm benutzte. Die beschädigten Oberflächen wurden mit einem Elektronenmikroskop beobachtet, während die Reibung mit dem in Abb. 29 dargestellten Gerät bestimmt wurde.

Die Auflage in der Form eines Metallklötzchens (A) ist auf einer Drehscheibe (B) aus Messing in Randnähe angebracht. Der Drehtisch wird über eine passende Übersetzung von einem elektrischen Uhrwerk angetrieben und die Gleitgeschwindigkeit der Prüffläche auf etwa 0,01 cm/sec eingestellt. Die obenaufliegende Fläche des Reiters (C) besitzt die Form einer Halbkugel von rund 0,8 mm Durchmesser und ist am Ende eines Stahldrahtes (D) befestigt. Das andere Ende dieses Drahtes wird durch eine geeignete Vorrichtung (bei E) an einen Hebelarm (F) geklemmt. Die Belastung der Gleitfläche erfolgt durch eine Kippbewegung dieses Armes, der bei (G) gehoben wird, so daß sich der Stahl-

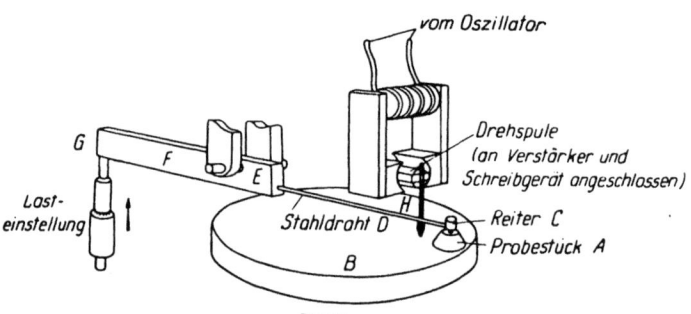

Abb. 29. Vorrichtung für Reibungsmessungen bei sehr kleinen Belastungen. Durch den Einsatz von Stahldrähten (D) verschiedener Stärke kann die Last in einem Bereich von wenigen Milligramm bis zu 100 g variiert werden

draht in einer Vertikalebene biegt und eine entsprechende Normalkraft auf den Reiter überträgt. Durch die Verwendung von Drähten verschiedener Dicke kann ein praktischer Belastungsbereich von 5 mg bis 20 g erhalten werden. Wenn die Unterlage in Bewegung gesetzt wird, so zieht sie den Reiter mit sich und biegt den Draht (D) in der Horizontalebene, bis die elastische Rückstellkraft gleich der Reibung ist. Die horizontale Auslenkung des Drahtes ist somit ein Maß für die Reibungskraft, die auf folgende Weise elektrisch registriert wird: Die Bewegung von (D) bewirkt die Schwenkung der Nadel (H), wodurch eine zwischen einem Paar Weicheisenpolen aufgehängte Drehspule rotiert wird. Die Spulenwicklung um die Polschuhe wird von einem Wechselstrom gespeist, dessen Frequenz 100/sec beträgt. Die Schwenkung der Nadel verändert also die in der Drehspule induzierte Spannung, die über einen Verstärker einem geeigneten Schreibgerät zugeführt wird. Die resultierende Frequenzempfindlichkeit des ganzen Systems ist eher durch den Schreiber als durch diejenige der elektrischen Schaltung begrenzt und liegt bei etwa 10 Schwingungen pro

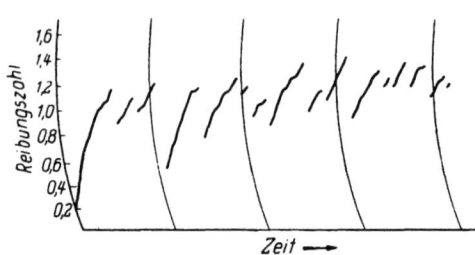

Abb. 30. Typischer Reibungsverlauf, wie er mit dem in Abb. 29 gezeigten Gerät erhalten wurde. Die Aufnahme gilt für das Gleiten von Stahl auf Aluminium bei einer Belastung von 0,12 g. Der Reibungsbeiwert beim Losreißen der Haftstellen liegt zwischen 1,2 und 1,4

Sekunde. Das Gerät spricht somit auf Schwankungen, die eine Zehntelsekunde oder länger dauern, noch an, doch werden schneller ablaufende Änderungen nicht zuverlässig aufgezeichnet. Abb. 30 zeigt einen typischen Reibungsverlauf für Stahl, der auf elektrolytisch poliertem Aluminium gleitet. Man erkennt, daß eine unregelmäßige Bewegung vorliegt und daß der Reibungswert bei einer Belastung von ca. 0,12 g rund 1,2 beträgt. Dieses Ergebnis stimmt im wesentlichen mit den bei Lasten von mehreren Kilogramm beobachteten Werten überein.

Für die Untersuchung einer beschädigten Oberfläche mit dem Elektronenmikroskop ist es nötig, einen dünnen Abdruck der Oberfläche herzustellen. Die einfachste Methode besteht darin, eine 2%ige Lösung von Formvar (Polyvinylformal) in Dioxan über die Oberfläche zu gießen und sie trocknen zu lassen. Die so entstehende feste Formvarschicht ist etwa 500 bis 1000 Å dick und wird zur Untersuchung abgelöst. Tafel X.1 zeigt eine typische Elektronenmikrographie, die mit dieser Technik erhalten wurde. Sie stellt den von einem Kupferreiter auf einer elektrolytisch polierten Kupferauflage erzeugten Verschleiß dar, wobei die Last 0,64 g betrug. Die Reibungszahl lag bei etwa 0,5, und obschon die Einzelheiten nicht besonders deutlich erkennbar sind, läßt sich doch ein beträchtliches Fließen und Verdrängen des Kupfers aus der Reibungsbahn des Reiters feststellen. Es ist auch offensichtlich, daß der Reiter mit der Auflage nur an einer kleinen Anzahl von Stellen, die eine Reihe von parallelen Zügen verursachten, in Berührung kam. Man wird auch mit Interesse zur Kenntnis nehmen, daß in einer dieser Spuren eine Krümmung vorkommen kann, während die anderen ziemlich gerade bleiben. Diese Erscheinung kann auf die Tatsache zurückgeführt werden, daß die auf der Unterlage reibenden Vorsprünge am Reiter in der Gleitrichtung ziemlich weit auseinanderliegen, so daß bei einer seitlichen Verschiebung des Reiters (vielleicht infolge eines plötzlichen Rutsches) in jeder Riefe an verschiedenen Orten längs der hauptsächlichen Reibungsfurche Krümmungen auftreten. Die Mikrophotographie erschließt jedoch nur ein kleines Gesichtsfeld und enthält deshalb nur eine einzige dieser Krümmungen. Tafel X.2 zeigt eine andere, mittels Formvarreplika erhaltene Elektronenmikrophotographie, und zwar ist eine Saphirfläche, auf der ein Saphirreiter rieb, abgebildet, Bei einer Last von 0,64 g betrug die Reibungszahl etwa 0,25 und die Verletzung der Oberfläche war so gering, daß sie mit optischen Instrumenten nicht zu entdecken war. Die Abbildung illustriert jedoch deutlich, daß die Saphirfläche durch den Gleitvorgang in Mitleidenschaft gezogen wurde.

Handelt es sich bei der geschädigten Probe um ein Stück Aluminium (oder eine Aluminiumlegierung), so wird ein befriedigenderer Abdruck erzielt, wenn man die Oberfläche weiter oxydiert und darauf die Oxydhaut, die die Gestalt der verformten Fläche beibehält, ablöst. Durch anodische Oxydation in einer sauren Natriumphosphatlösung ergibt sich leicht die gewünschte Schichtdicke, worauf das Oxyd in einer Lösung von Quecksilberchlorid entfernt wird. Unter gleichzeitiger Abscheidung von Quecksilber löst es sich von der Oberfläche und steigt an die Oberfläche des Chloridbades, von wo es auf ein geeignetes Gitter aufgezogen und schließlich gewaschen, getrocknet und auf das Elektronenmikroskop übertragen wird. Die Tafeln X.3 und 4 zeigen typische Mikrophotographien, die auf diese Weise erhalten wurden, und zwar sind die Spuren eines Stahlreiters, der auf elektrolytisch poliertem Aluminium glitt, abgebildet. Tafel X.3 gilt für saubere Oberflächen bei einer Last von 0,34 g, wenn die Reibungszahl ungefähr 1 beträgt. Das Bild veranschaulicht eine charakteristische Haftstelle, die im Verlauf intermittierender Bewegung erzeugt wurde, und es ist augenscheinlich, daß eine beträchtliche Verformung der Oberfläche eintrat. Tafel X.4 zeigt eine ähnliche Furche, die an einer mit Fett verunreinigten Aluminiumfläche beobachtet wurde. Bei der gleichen Belastung wie oben erreichte die Reibungszahl nur einen Wert von rund 0,3, und man sieht, daß eine weniger schwere Beschädigung, bestehend aus einer Reihe von feinen, parallelen Riefen, vorliegt.

Von Aluminiumoxydreplikas lassen sich noch bessere Mikrobilder herstellen, wenn die Abzüge durch Aufdampfen eines undurchsichtigen Stoffes wie z. B. Gold oder Palladium schattiert werden. Das Schattenwerfen erhöht den Kontrast und stellt eine ziemlich zuverlässige Methode zur Abschätzung der Höhe von Oberflächenvorsprüngen dar. Die Tafeln XI.1 und 2 zeigen typische Abbildungen von Replikas, die durch Aufdampfen von Gold und Palladium im Vakuum unter einem Winkel von 45° beschattet wurden, und illustrieren den von einem Stahlreiter auf elektrolytisch poliertem Aluminium verursachten Schaden. Tafel XI.1 veranschaulicht die Verformung und das Aufreißen der Aluminiumoberfläche, wobei auch die Anwesenheit winziger, in der Oberfläche eingebetteter Stahlteilchen angedeutet ist. Der Rand der Gleitfurche, in starker Vergrößerung in Tafel XI.2 sichtbar, enthüllt die Deformation und das Fließen des Aluminiums in kleinstem Maßstab. Die zuäußerst vorhandenen Wellenzüge sind nur etwa 100 Å voneinander entfernt. Es ist aufschlußreich, die auf Aluminium bei diesen sehr kleinen Lasten beobachtete Verletzung der Oberfläche mit der bei viel schwereren Gewichten hervorgerufenen Beschädigung zu vergleichen, die mit einem gewöhnlichen optischen Mikroskop untersucht werden kann. Tafel XI.3 zeigt die von einem Stahlreiter bei einer Last von 20 g in Aluminium gebildete Furche. Die Oberfläche ist aufgerissen, und die Gleitlinien in Randnähe sind deutlich sichtbar. In Tafel XI.4 ist nur der Rand einer bei 2000 g Normalkraft gebahnten Spur dargestellt.

Tafel X

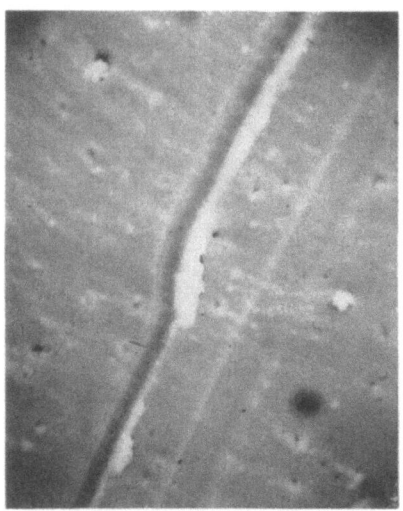

Abb. 1. Elektronenmikrographie einer durch das Gleiten von Kupfer auf Kupfer gebildeten Spur. Saubere Oberflächen. Formvarreplika. Last 0,64 g. $\mu = 0,5$. (7000×)

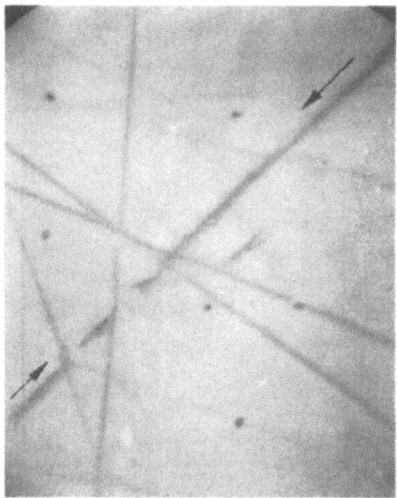

Abb. 2. Elektronenmikrographie einer durch das Gleiten von Saphir auf Saphir erzeugten Spur. Saubere Oberflächen. Formvarreplika. Last 0,64 g. $\mu = 0,25$. (7000×)

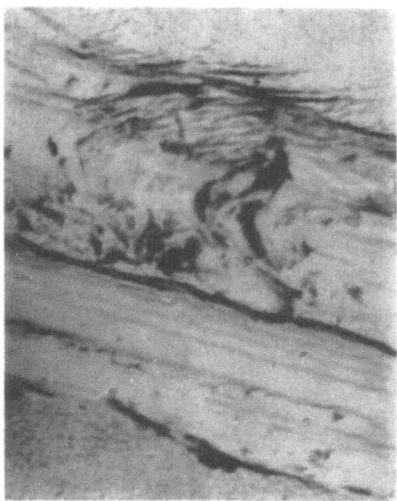

Abb. 3. Elektronenmikrographie einer Gleitfurche, die durch Stahl auf Aluminium gebildet wurde. Saubere Oberflächen. Oxydabdruck. Last 0,34 g. $\mu = 1$. (14000×)

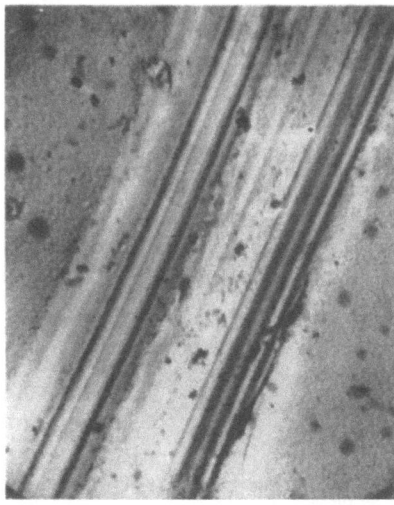

Abb. 4. Elektronenmikrographie einer Rinne, die von einem Stahlreiter in Aluminium hinterlassen wurde. Oxydabdruck. Last 0,34 g. Geschmierte Oberfläche. $\mu = 0,3$. (6500×)

Tafel XI

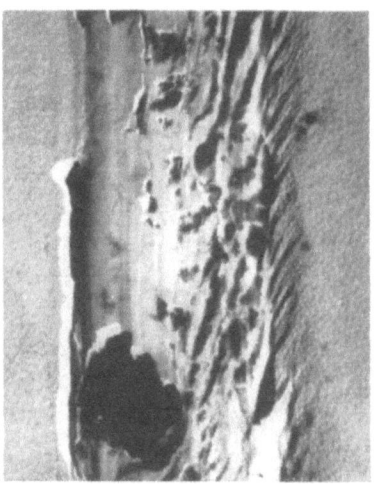

Abb. 1. Elektronenmikrographie einer Gleitfurche in Aluminium. Stahlreiter. Saubere Oberflächen. Schattierter Oxydabdruck. Last 0,34 g. $\mu \approx 1$. (8500×)

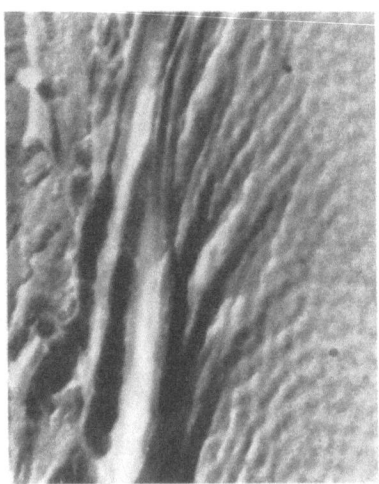

Abb. 2. Der Rand der Gleitfurche von (1) in stärkerer Vergrößerung. Der Abstand der Gleitlinien am Rande beträgt zwischen 100 und 1000 Å. (25000×)

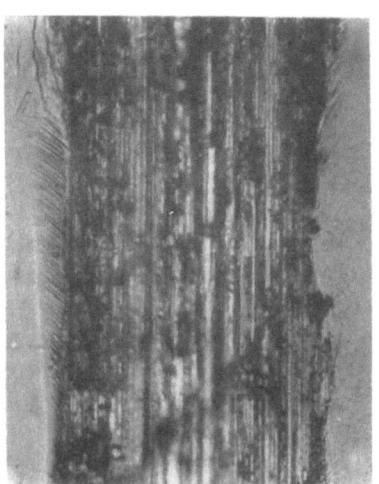

Abb. 3. Optische Mikrophotographie einer Gleitfurche in Aluminium. Erzeugt durch einen Stahlreiter. Saubere Oberflächen. Last 20 g. $\mu \approx 1$. Beachte die schwere Verletzung der Oberfläche und die Gleitlinien am Rande der Furche. (500×)

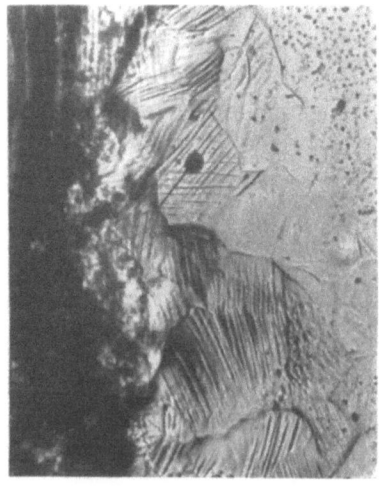

Abb. 4. Stärkere Vergrößerung eines Furchenrandes (Aluminium). Stahlreiter. Saubere Oberflächen. Last 2 kg. $\mu \approx 1$. Die Gleitlinien zeigen, daß die Verformung sich bis über die Grenzen der Reiterfurche erstreckt. (500×)

Die Gleitlinien sind hier sehr ausgeprägt, und offensichtlich reicht die durch den Reibungsvorgang bedingte Deformation weit über den Rand der eigentlichen Reiterfurche hinaus. Es besteht eine bemerkenswerte Ähnlichkeit zwischen dieser bei 500facher Vergrößerung aufgenommenen Mikrophotographie und dem elektronenmikroskopischen Bild in Tafel XI.2, das sich auf eine 6000mal kleinere Last bezieht und bei einer Vergrößerung von 25000 erhalten wurde.

Diese Abbildungen belegen direkt das Auftreten von plastischem Fließen und das Auf- und Ausreißen an Metallen, die an einem Gleitvorgang beteiligt sind. Obschon 10000mal kleinere oder noch geringere Lasten wirkten als in den vorher beschriebenen Versuchen, so wurden doch im wesentlichen die gleichen Reibungswerte, dieselbe Art der Bewegung und, in stark verkleinertem Maßstab, das gleiche Aussehen der beschädigten Oberfläche vorgefunden.

Die Arbeit von WHITEHEAD wurde von WILSON (1952), der auch den elektrischen Widerstand zwischen den Gleitflächen maß, weitergeführt und kommt im VII. Kapitel in Zusammenhang mit dem Einfluß von Fremdschichten auf die Reibung nochmals zur Sprache.

Ältere Theorien der metallischen Reibung

Im Jahre 1699 veröffentlichte AMONTONS das Ergebnis seiner experimentellen Untersuchung über die Reibung ungeschmierter, fester Körper. Er fand, daß die Reibungskraft von der Ausdehnung der Oberflächen unabhängig und der sie zusammenpressenden Normalkraft direkt proportional war und zog sogar den Schluß, die Reibungskraft mache immer den dritten Teil der Normalkraft aus. Um dieses Resultat zu erklären, nahm er an, die Rauhigkeiten an den Oberflächen der beiden Körper verhaken sich ineinander und die Relativbewegung verlange das Heben der Last von einer Paßstelle zur anderen. Dies verursache einen Energieverlust, der als Reibungskraft offenbar werde. Die Schlußfolgerungen von AMONTONS wurden von vielen Forschern nachgeprüft, besonders von DE LA HIRE (1732) und von EULER (1750). Letzterer stimmte mit AMONTONS darin überein, daß er allen Oberflächen ebenfalls eine Reibungszahl von einem Drittel zuschrieb. Die systematischste Arbeit verdanken wir COULOMB (1785), der den Einfluß einer großen Zahl von Veränderlichen auf die Reibung untersuchte. Er anerkannte, daß sich die Reibung proportional zur Belastung änderte und machte ferner die neue Beobachtung, daß sie von der Gleitgeschwindigkeit unabhängig war. Weitere Arbeiten stammen von RENNIE (1829), MORIN (1835) und HIRN (1854), der sorgfältig zwischen geschmierten und trockenen Körpern unterschied und entdeckte, daß sich die Geschwindigkeit, die Ausdehnung der Oberfläche und die Belastung in den beiden Fällen verschieden auswirkten. Von allen diesen Forschern wurden nur wenige Vorsichtsmaßnahmen getroffen, um saubere und reproduzierbare Oberflächen zu erhalten. RENNIEs Oberflächen, beispielsweise, sind beinahe mit Gewißheit als verunreinigt anzusehen, da er für die Reibungszahl einen sehr niedrigen Wert erhielt (μ = ca. 0,1 oder weniger). Alle diese früheren Forscher waren mit AMONTONS der Auffassung, die Reibung sei durch das Ineinandergreifen von Vorsprüngen bedingt. RENNIE wies allerdings darauf hin, daß eine allgemeinere Theorie auch das Biegen und Brechen dieser Vorsprünge mit berücksichtigen sollte. Die Wirkung von Schmiermitteln wurde mit der Annahme erklärt, diese Stoffe füllten die Vertiefungen zwischen den Vorsprüngen und machten gleichzeitig, auf irgendeine Weise, die Unebenheiten „schlüpfriger".

Diese frühen Theorien wurden in Frage gestellt, als Lord RAYLEIGH vorschlug, der Unterschied zwischen einer polierten Oberfläche und derjenigen einer Flüssigkeit sei vielleicht nicht sehr groß. Diese Ansicht wurde von BEILBY bestätigt, indem er zeigte, daß es sich beim Polieren und Schleifen um zwei wesentlich verschiedene Vorgänge handelte. Darauf wurde eine etwas modernere Vorstellung eingeführt, wonach der Ursprung der Reibung in den Oberflächenkräften zu suchen ist und auf der molekularen Kohäsion zwischen den festen Körpern beruht. EWING (1892) war der Ansicht, die Reibung entstehe als Reaktion der Molekularkräfte auf eine molekulare Verschiebung. Diese Theorie wurde auch von Sir WILLIAM HARDY (1936) vorgebracht und erhielt durch seine umfassenden Arbeiten über die statische Reibung eine starke Unterstützung. Er vertrat darin die Meinung, die Reibung könne mit den an der Oberfläche fester Körper wirkenden Kraftfeldern erklärt werden. Um die mit Schmiermitteln erhaltenen Ergebnisse zu deuten, nahm er an, der Schmierstoff beschränke in sehr bestimmter und quantitativer Weise das molekulare Kraftfeld an der festen Oberfläche.

Auch von TOMLINSON (1929) stammt ein interessanter Versuch, die Wechselwirkung zwischen Molekülen an den gleitenden Oberflächen von zwei ungeschmierten Körpern mit der Reibung in Beziehung zu bringen. Er hielt dafür, die Reibung beruhe auf dem Energieverlust, der dadurch zustande kommt, daß die Moleküle mit ihren Kraftfeldern zusammenstoßen und wieder getrennt werden. Seiner Theorie liegen ferner die Annahmen zugrunde, die molekularen Kraftfelder seien für alle Stoffe annähernd gleich und die Fläche, bei der von molekularer Berührung gesprochen werden kann, sei mit den HERTZschen Gleichungen für elastische Deformationen berechenbar. TOMLINSON erhielt eine befriedigende Übereinstimmung zwischen den Versuchen und der Theorie, doch weichen viele seiner experimentellen Reibungswerte beträchtlich von denen anderer Forscher ab.

Diese Theorien gehen in manchen Punkten auseinander, aber alle stützen sich auf die Annahme, der Gleitwiderstand sei nur durch die Kraftfelder an der Oberfläche bedingt. Aus den eben beschriebenen Versuchen geht jedoch deutlich hervor, daß die Auswirkungen des Reibungsvorganges nicht auf die Oberfläche eines festen Körpers beschränkt sind, sondern eine Verzerrung und Deformation des darunterliegenden Metalles bis in eine beträchtliche Tiefe verursachen.

MING FENG (1952) vertrat den Standpunkt, die Zwischenfläche zweier sich gegenseitig berührender Metallproben erleide bei der Belastung kleinste Verzerrungen, so daß feilenartige Oberflächen entstehen. Die Adhäsion zwischen ihnen sei vernachlässigbar, aber die Zacken können ineinandergreifen und so der Gleitbewegung Widerstand leisten. Bei diesem Mechanismus findet die Abscherung in einem kleinen Abstand von der Zwischenfläche statt, doch sollen die dadurch entstandenen hohen Temperaturen ausreichen, um das Verschweißen in der Zwischenfläche zu erleichtern. Man kann gegen diese Theorie viele Einwände erheben. Sie ist zum Beispiel nicht imstande, die starke Verschweißung zu erklären, die man schon bei so niedrigen Geschwindigkeiten beobachtet, daß die Reibungswärme nicht für einen Temperaturanstieg von mehr als ein paar Grad verantwortlich sein kann. Sie kann aber auch das Reibungsverhalten der nichtkristallinen Stoffe nicht verständlich machen.

Die während des Gleitens auftretenden physikalischen Vorgänge sind offensichtlich zu verwickelt, um einer einfachen mathematischen Behandlung zugänglich zu sein; aber die Versuche zeigen, daß unter dem hohen Druck, der an den Gipfeln der Oberflächenunregelmäßigkeiten herrscht, eine örtliche Adhäsion und Verschweißung der Metallflächen stattfindet. Wenn zwei Körper übereinandergleiten, muß Arbeit aufgewendet werden, um einmal diese Schweißverbindungen abzuscheren, aber auch um Furchen oder Rillen durch das Metall zu ziehen. Es drängt sich also die Frage auf, inwiefern die Reibung der Metalle auf Grund dieser Vorgänge erklärt werden kann.

Schrifttum

AMONTONS (1699), Histoire de l'Académie Royale des Sciences avec les Mémoires de Mathématique et de Physique, p. 206.
BOWDEN, F. P. (1945), Proc. Roy. Soc. N. S. W. 78, 187 (Liversidge Vortrag).
BOWDEN, F. P., and L. LEBEN (1939), Proc. Roy. Soc. A 169, 371.
BOWDEN, F. P., and A. J. W. MOORE (1945), Nature, 155, 451.
BOWDEN, F. P., A. J. W. MOORE and D. TABOR (1943), J. Appl. Phys. 14, 80.
COCKS, M. (1952), Nature, 170, 203.

COULOMB, C. A. (1785), Mémoires de Mathématique et de Physique de l'Académie Royale des Sciences, p. 161.
DE LA HIRE (1732), Histoire de l'Académie des Sciences, p. 104.
EULER (1750), Histoire de l'Académie Royale des Sciences et Belles-Lettres, 1748. Berlin 1750, p. 122.
EWING, Sir A. (1892), Not. Proc. Roy. Instn. **13**, 387.
GREENHILL, E. B. (1948), Ph. D. Dissertation, Cambridge.
GREGORY, J. N. (1946), Nature, **157**, 443.
HARDY, Sir W. B. (1936), Collected Works, Cambridge University Press.
HIRN, G. A. (1854), Bull. Soc. Indust. Mulhouse, **26**, 188.
MOORE, A. J. W. (1948), Proc. Roy. Soc. A **195**, 231.
MORIN, A. J. (1835), Nouvelles expériences sur le frottement, faites à Metz en 1833. Paris.
RABINOWICZ, E., and D. TABOR (1951), Proc. Roy. Soc. A **208**, 455.
RENNIE, G. (1829), Phil. Trans. **34**, 143.
SAKMANN, B. W., J. T. BURWELL and J. W. IRVINE (1944), J. Appl. Phys. **15**, 459.
TOMLINSON, G. A. (1929), Phil. Mag. **7**, 905.
WHITEHEAD, R. J. (1950), Proc. Roy. Soc. A **201**, 109.
WILSON, R. (1952), ebda. A **212**, 450; (1953) ‚Properties of Metallic Surfaces', Inst. Metals, p. 356.

V. Der Mechanismus der metallischen Reibung

Abscherung und Furchenbildung

Im vorangehenden Kapitel wurde gezeigt, daß die Reibung zwischen metallischen Flächen nicht als eine reine Oberflächenerscheinung betrachtet werden kann. Offenbar werden während des Gleitens im Verhältnis zu molekularen Dimensionen große Metallbrücken gebildet und wieder abgeschert. Besteht ein Härteunterschied zwischen den gleitenden Flächen, so werden außerdem die härteren Vorsprünge das weiche Material durchpflügen und Furchen von nennenswerter Tiefe verursachen. Man wird deshalb erwarten, daß die Festigkeitseigenschaften, die das betreffende Metall im großen kennzeichnen, auch die Reibungskraft in hohem Maße beeinflussen. Es ist leicht einzusehen, daß die sich während des Gleitens abwickelnden physikalischen Vorgänge verwickelt sind und durch eine quantitative Behandlung nicht ohne weiteres erschlossen werden. Immerhin können wir den Reibungswiderstand als die Summe zweier Beträge ausdrücken, von denen der eine dem Abscherprozeß, der andere der Furchenbildung Rechnung trägt. Auf diese Weise ist es möglich, eine Beziehung aufzustellen, welche die Reibung näherungsweise mit den physikalischen Eigenschaften der Metalle verknüpft. Eine ähnliche Analyse findet sich bei ERNST und MERCHANT (1940).

Um die beim Abscheren und Furchenziehen auftretenden Kräfte bequem auseinanderzuhalten, betrachten wir die Reibung zwischen harten Reitern von unterschiedlicher geometrischer Gestalt und einer ebenen Fläche aus einem weicheren Metall. Wir nehmen an, eine harte Halbkugel ruhe auf einer weichen metallischen Unterlage. Unter der Last N sinkt der Reiter ein, bis die Berührungsfläche groß genug ist, um die angewandte Belastung auszuhalten (Abb. 31a und 31b). Für die projizierte Berührungsfläche F kann man dann schreiben

$$F = \frac{N}{p}, \qquad (1)$$

wobei p den Fließdruck des weichen Metalles bezeichnet. Der Einfachheit halber denken wir uns die Oberflächen als ideal glatt, so daß F, die wirkliche Kontaktfläche, mit der geometrischen übereinstimmt. Werden bei einem rauhen Reiter die einzelnen Vorsprünge näherungsweise als halbkugelig angesehen, so gilt die vorliegende Behandlung wiederum, wenn auch in einem stark verkleinerten Maßstab, für jeden einzelnen kleinen Höcker.

Die Kraft R, die benötigt wird, um den Reiter parallel zur Oberfläche zu bewegen, fassen wir also aus zwei Anteilen zusammengesetzt auf. Der erste ist die Kraft S, unter deren Wirkung die metallischen Verbindungen, die in den Gebieten engster Berührung entstanden, abgeschert werden. Sie kann wie folgt geschrieben werden:

$$S = Fs, \qquad (2)$$

wobei s die tangential zur Grenzfläche wirkende Kraft pro Flächeneinheit darstellt, welche nötig ist, um die Metallbrücken zu trennen.

Der zweite Anteil P steht für die Kraft, die für die Verdrängung des weichen Metalls von der Vorderseite des vorrückenden Reiters aufgebracht werden muß. Sie ist gleich dem Produkt aus dem Querschnitt der gefurchten Spur F' und dem mittleren Druck p', der dem Verschieben des Metalls in der Oberfläche entgegenwirkt. Also gilt

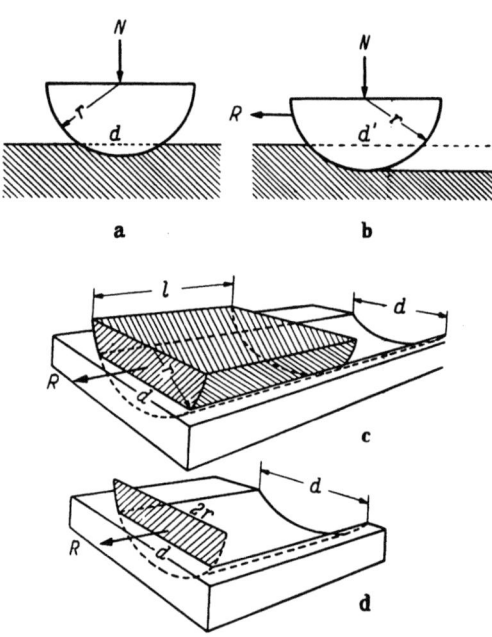

Abb. 31. Deformation eines weichen Metalls durch eine harte, gewölbte Oberfläche. a) Halbkugel, stationär. b) Halbkugel, in Bewegung parallel zur Oberfläche. c) Horizontaler Kreiszylinder, Achse parallel zur Oberfläche. Stirnfläche ⊥ Bewegungsrichtung. d) Flacher Spaten, Breitseite senkrecht zur Bewegungsrichtung, parallel zur weichen Unterlage vorgeschoben. In den Fällen a), b) und c) enthält der Reibungswiderstand eine Furchungskraft P und eine Scherkraft S. Bei d) besteht die „Reibung" im Idealfall nur aus der Furchungskraft P

$$P = F' p', \qquad (3)$$

und wir dürfen erwarten, daß p' nur wenig von p verschieden ist. Setzt man d für die Breite der Furche und r für den Krümmungsradius des Reiters, so ist F' angenähert gleich $1/12 \cdot d^3/r$.

Somit

$$P = \frac{1}{12} \frac{d^3}{r} p' \qquad (4)$$

und die gesamte Reibungskraft ist gegeben durch

$$R = S + P = Fs + F' p'. \qquad (5)$$

Im vorliegenden Beispiel wird

$$R = Fs + \frac{d^3}{12\,r}\,p'.\qquad(6)$$

Betrachten wir eine andere Art von Reiter, z. B. einen Zylinder mit dem Radius r und der Länge l (Abb. 31c), so ist der Scheranteil offenbar gleich dem Produkt aus der in die weiche Unterlage eingedrückten Zylinderfläche und der Scherfestigkeit s. Dieser Betrag wird sich von jenem Wert, der durch Multiplikation der projizierten Fläche ld mit s erhalten wird, im allgemeinen nur wenig unterscheiden. Der Furchungsanteil P ergibt sich als Produkt der Segmentfläche an der Vorderseite des eingedrückten Zylinders mit dem Fließdruck p', so daß man als eine erste Annäherung

$$R = sld + \frac{1}{12}\cdot\frac{d^3}{r}\,p'\qquad(7)$$

schreiben kann.

Wir können den Scheranteil völlig eliminieren, indem wir einen Zylinder von verschwindender Länge, d. h. einen Reiter in der Form eines halbkreisförmigen Spatens (Abb. 31d), betrachten. Die bewegungshemmende Kraft ist dann allein durch das Ziehen der Furche bedingt und lautet

$$R = \frac{1}{12}\cdot\frac{d^3}{r}\,p'.\qquad(8)$$

Dieser Ausdruck stimmt mit dem Furchungsanteil in den Gl. (6) und (7) überein, und wir können deshalb den Scheranteil für den halbkugeligen und den zylindrischen Reiter durch einfache Subtraktion berechnen. Damit besitzen wir eine praktische Methode, die es uns erlaubt, die Beiträge der Abscherung und Furchenbildung zur totalen Reibungskraft getrennt zu bestimmen.

Bei den Versuchen, mit denen die Gültigkeit dieser Gleichungen überprüft wurde, gelangte das bereits besprochene Gerät zur Anwendung. Der Reiter in der Form eines Spatens bzw. Zylinders oder einer Halbkugel bestand aus Stahl und die ebene, weiche Unterlage aus Indium. Die Gleitgeschwindigkeit wurde dabei sehr niedrig gehalten, in der Gegend von 0,01 cm/sec, so daß die durch Reibung verursachte Temperaturerhöhung vernachlässigbar blieb.

Der Furchungsanteil

Die Theorie zeigt, daß die Stoßkraft im Falle des halbkreisförmigen Spatens etwa der dritten Potenz der Breite der gebildeten Furche proportional sein sollte. Die Messungen mit Stahlspaten auf Indium, die in Abb. 32 eingetragen sind, lassen erkennen, daß dieses Verhältnis in Wirklichkeit annähernd eingehalten wird. Die Stoßkraft sollte natürlich durch einen Schmierfilm nicht beeinflußt werden. Die Versuchsergebnisse genügten, wie Abb. 32 zeigt, auch dieser theoretischen Forderung. Die darin dargestellten Werte wurden alle zu Beginn der Bewegung erhalten. Während der Reiter weiter vordringt, häuft sich das verdrängte Material an der Vorderseite auf, und der Widerstand gegen die Bewegung nimmt allmählich zu. In diesem Stadium kann ein Schmiermittel eine nennenswerte Wirkung auf die Stoßkraft haben.

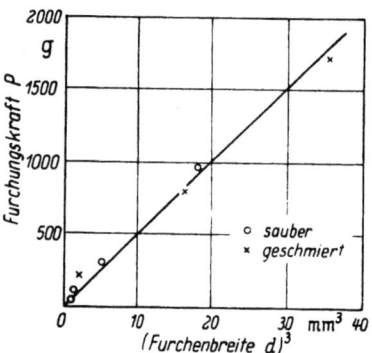

Abb. 32. Die Kraft P, die benötigt wird, um mit einem flachen Spaten in Indium Furchen verschiedener Breite d zu ziehen. P ist für trockene und geschmierte Oberflächen im wesentlichen gleich groß und proportional zu d^3

Der Fließdruck p', der die Bewegung des Spatens hemmt, kann mit Hilfe von Gl. (8) berechnet werden. Für Indium lautet das Resultat 1500 g/mm². Im Vergleich dazu erhält man bei Messungen von Härteeindrücken einen statischen Fließdruck von 1000 g/mm². Der höhere Wert von p' mag darauf beruhen, daß die besprochenen Versuche ein im Vergleich zu einer statischen Härteprüfung merklich schnelleres Fließen des Metalls mit sich bringen.

Trotzdem über die genaue physikalische Bedeutung des Druckes p' noch eine gewisse Unsicherheit besteht, zeigen die Versuchsergebnisse, daß der Furchungsanteil der Reibungskraft aus der Geometrie der bewegten Oberflächen und einem Faktor p', der größenordnungsmäßig dem Fließdruck des weicheren Metalles entspricht, wenigstens für die einfachsten Modelle berechnet werden kann. Da die Tiefe der Reibungsfurche ihrerseits vom Fließdruck p abhängt, sollte es möglich sein, die zur Furchenziehung nötige Kraft als eine allgemeine Funktion von p auszudrücken. Eine einfache Untersuchung (in welcher wir annehmen, p' sei proportional zu p) ergibt tatsächlich, daß sich diese Kraft bei halbkugeligen Reitern auf Metallen verschiedener Härte proportional zu $1/\sqrt{p}$ ändern sollte. Sie wird deshalb bei harten Metallen weniger ins Gewicht fallen. Eine ähnliche Analyse für konische Reiter lehrt hingegen, daß die Stoßkraft bei konstanter Belastung nicht von p abhängt, sondern um so größer ist, je spitzer der Kegel. Betrachtet man endlich ebene Flächen, die sich mit einer Anzahl halbkugeliger Vorsprünge berühren, so wird der Furchungsanteil des Gleitwiderstandes bei gleichbleibender Belastung um so geringer, je größer die Zahl der Berührungsstellen. Es geht aus der angestellten Untersuchung allgemein hervor, daß die durch Furchenbildung bedingte Kraft bei harten Metallen klein ist; bei weichen Metallen hingegen mag sie einen nennenswerten Bruchteil der gesamten Reibungskraft darstellen.

Der Scheranteil

In Abb. 33 ist die Reibungskraft R über der Furchenbreite d aufgetragen, und zwar für eine Stahlkugel, einen Stahlzylinder und einen

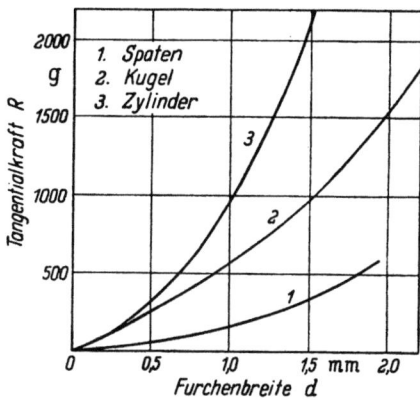

Abb. 33. Die Reibungskraft R für gewölbte Stahlflächen auf Indium in Abhängigkeit der Spurbreite d. 1 Spaten, 2 Kugel, 3 Zylinder. Der Unterschied zwischen den Kurven 1 und 3 liefert den Scheranteil S für den Zylinder

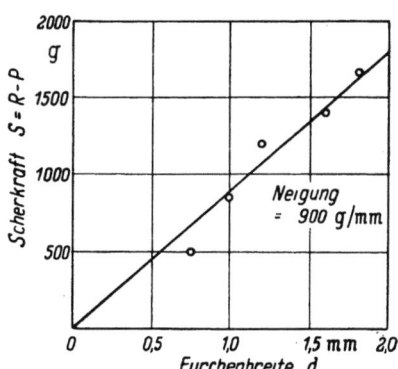

Abb. 34. Die Kraft S, die zum Abscheren der zwischen einem Stahlzylinder und Indium gebildeten metallischen Verbindungsbrücken benötigt wird (= Unterschied zwischen den Kurven 1 und 3 in Abb. 33). Da die mittlere Neigung der Geraden 900 g/mm und die Länge des Zylinders 4 mm beträgt, ergibt sich eine Scherfestigkeit von $s = 225$ g/mm^2

Stahlspaten von gleichem Krümmungsradius. Bei einer bestimmten Furchenbreite ist die Reibung offensichtlich am geringsten für den Spaten, was zu erwarten war, da der Scheranteil natürlich wegfällt. Ferner entspricht es unserer Vorstellung, daß die Kugel in dieser Hinsicht einen Mittelwert zwischen dem Spaten und dem Zylinder einnimmt.

Der Unterschied zwischen den Kurven 1 und 3 ergibt den Scheranteil für den Zylinder; nach Gl. (7) sollte dieser direkt der Furchenbreite d proportional sein. Die durch Differenzbildung erhaltenen Versuchswerte von S sind in Abhängigkeit von d in Abb. 34 dargestellt. In befriedigender Übereinstimmung mit der Theorie liegen sie annähernd auf einer Geraden, deren Neigung auf einen Wert von $s = 225$ g/mm^2 schließen läßt.

Aus dem Unterschied zwischen den Kurven 1 und 2 kann in ähnlicher Weise die Scherkraft für die Kugel ermittelt werden, wobei sich ein Wert von $s = 350$ gm/mm^2 ergibt.

8*

Bei Versuchen mit einem gerundeten Reiter aus Indium auf einer ebenen Stahlfläche schritt die Bewegung ausgeprägt ruckartig („stickslip") fort, wobei die Indiumprobe an jeder Haftstelle ein deutliches Klümpchen zurückließ, wodurch die Fläche, über die das Indium mit dem Stahl verschweißte, scharf abgegrenzt wurde. Beim Ausmessen zeigte sich, daß diese Fläche der statischen Reibungskraft beim Haften proportional war, und für die Scherfestigkeit der so gebildeten Stahl-Indium-Verbindungen ergab sich ein Wert von $s = 325$ gm/mm².

Um die Kraft, die zum Abscheren von reinem, festem Indium nötig ist, zu bestimmen, wurde eine Ergänzungsprüfung durchgeführt, wobei Indiumzylinder verschiedener Durchmesser durch zwei ebene übereinandergleitende Stahlplatten entzweigeschnitten wurden. Es zeigte sich, daß die Scherkraft proportional zum Zylinderquerschnitt ausfiel, und bei der gleichen Geschwindigkeit, wie sie in den Reibungsversuchen zur Anwendung kam, lieferte die Scherprüfung einen Wert von $s = 220$ gm/mm². Eine Erhöhung der Geschwindigkeit beim Abscheren um das 150fache bewirkte nur eine Verdopplung von s.

Die Ergebnisse von Reibungsmessungen mit einer Auswahl von Stahlreitern verschiedener Gestalt und Größe sind in Tab. 13 zusammengestellt.

Tabelle 13. *Scherfestigkeit von Stahl-Indium-Verschweißungen, aus der Reibung berechnet*
(Gleitgeschwindigkeit = 0,005 cm/sec)

Reiter	s in g/mm²
Kleiner Stahlzylinder ($r = 0{,}25$ cm) . .	225 ± 30
Großer Stahlzylinder ($r = 2{,}5$ cm) . . .	250 ± 50
Kleine Stahlhalbkugel ($r = 0{,}25$ cm) . .	300 ± 50
Große Stahlhalbkugel ($t = 2{,}5$ cm) . .	270 ± 70
Gerundeter Indiumstift auf ebener Stahlfläche	325
Scherfestigkeit von reinem Indium . .	220

Man sieht, daß die mit sehr verschiedenen Versuchsmethoden ermittelten Werte von s ziemlich gut miteinander übereinstimmen. Die Festigkeit der Stahl-Indium-Verbindung außerdem entspricht beinahe der Scherfestigkeit von reinem Indium, und die Annahme erscheint deshalb berechtigt, daß beim Reibungsprozeß festes Indium abgeschert wird. Dies wird durch eine Mikroprüfung des Stahlreiters bestätigt, da auf der Oberfläche, wo das weiche Metall mit dem Stahl verschweißte, zahlreiche Bruchstücke von Indium gefunden werden.

Ähnliche Versuche wurden mit Stahlreitern auf ebenen Auflagen von Blei und Kupfer durchgeführt. Der Furchungsanteil P beträgt für Blei beträchtlich weniger als für Indium. Vernachlässigen wir ihn in der Annahme, die Reibungskraft sei nur eine Scherkraft, so erhalten wir einen Wert von 1800 g/mm² für die Scherfestigkeit s der Stahl-Blei-Verbindungen. Reines Blei weist dagegen eine Scherfestigkeit von 750 g/mm² auf, wenn diese direkt durch das Abscheren kleiner Zylinder bestimmt wird. Auf Kupferoberflächen ist die mit der Furchenbildung zusammenhängende Kraft vernachlässigbar klein; die aus den Reibungsmessungen errechnete Scherfestigkeit s der Stahl-Kupfer-Verbindungen beträgt etwa 28000 g/mm², während für reines Kupfer rund 16000 g/mm² zu setzen ist.

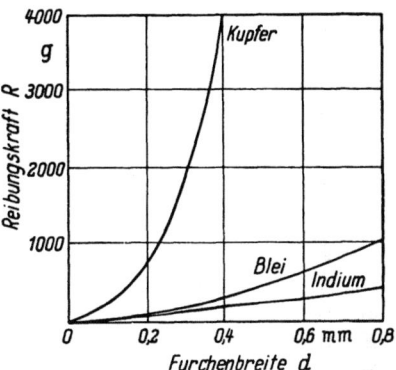

Abb. 35 zeigt das Reibungsverhalten einer Halbkugel aus Stahl in bezug auf Gleitunterlagen aus Indium bzw. Blei und Kupfer. Es geht daraus hervor, daß die Reibungskraft für Kupfer für eine gegebene Furchenbreite diejenige für Blei überwiegt, während letztere ihrerseits wieder größer ist als für Indium; in allen Fällen sind die Werte ungefähr der Scherfestigkeit dieser Metalle verhältnisgleich.

Abb. 35. Reibungskraft R in Abhängigkeit der Spurbreite für einen halbkugeligen Stahlreiter auf Indium, Blei und Kupfer. Bei gegebener Breite der Gleitspur ist die Reibung auf Kupfer größer als auf Blei, und auf Blei größer als auf Indium

Die Scherfestigkeit der Metallbrücken

In Tab. 14 sind die Werte der Scherfestigkeit s der Verbindungsbrücken, die zwischen einem Stahlreiter und Oberflächen aus Indium bzw. Blei und Kupfer gebildet wurden, zum Vergleich mit den Scherfestigkeiten der reinen Metalle zusammengestellt. Interessehalber sind in der untersten Zeile noch Werte beigefügt, die sich auf das Gleiten einer harten Stahlkugel auf gehärtetem Stahl beziehen.

Tabelle 14

Auflage für Stahlreiter	Scherfestigkeit in g/mm²	
	s, aus Reibungsmessungen berechnet	erhalten durch Abscheren reiner Metalle
Indium	325	220
Blei	1 600	750
Kupfer	28 000	16 000
Stahl	140 000	90 000

Bei Metallen wie Indium und Blei, bei denen die Oberflächenunregelmäßigkeiten leicht ineinanderfließen, können die aufgeführten s-Werte als die wahren Festigkeitswerte für das Abscheren der zwischen dem Reiter und der Auflage gebildeten Metallbrücken gelten. Bei Metallen wie Kupfer und Stahl hingegen findet die Berührung nur an den Spitzen der Rauhigkeitsvorsprünge statt, und die wirkliche Kontaktfläche beträgt weniger als Gl. (1) angibt, so daß die aus den Reibungsversuchen abgeleiteten s-Werte effektiv höher liegen als die tabellierten. Dennoch behält das allgemeine Bild des Reibungsprozesses seine Gültigkeit, wenn wir uns das Abscheren an der Spitze eines Vorsprunges als einen Vorgang vorstellen, der, obschon in stark verkleinertem Maßstab, im wesentlichen ähnlich verläuft, wie er für Indium und Blei beschrieben wurde.

Die in Tab. 12 zusammengefaßten Ergebnisse zeigen, daß die aus den Reibungsmessungen berechnete Scherfestigkeit s von derselben Größenordnung ist wie die des reinen Metalls; sie liegt allerdings etwas höher. Wie wir bereits feststellten, findet in den Gebieten, wo Metallverbindungen gebildet und abgeschert werden, außerdem eine umfangreiche Übertragung des weichen Metalls auf den harten Reiter statt. Dies deutet somit an, daß das Abscheren in jenen Bezirken, wo das weiche Metall unter der angewandten Belastung plastisch fließt und feste Metallbrücken entstehen, nur innerhalb der Grundmasse des weichen Metalls erfolgen kann. Dabei ist die niedrige Gleitgeschwindigkeit, die in diesen Versuchen verwendet wurde, zu beachten. Der durch Reibungswärme bedingte Temperaturanstieg beträgt nur wenige Grad, und die Bildung der Metallverbindungen muß folglich als eine Kaltverschweißung bezeichnet werden. Bei höheren Gleitgeschwindigkeiten hingegen, bei denen eine beträchtliche Erwärmung auftritt, mag die Temperaturerhöhung eine bedeutsame Rolle spielen, indem sie das Fließen und die Verschweißung zu Metallbrücken erleichtert.

Das Gesetz von Amontons

Wir sind nun in der Lage, zu überlegen, aus welchen Gründen AMONTONS beobachtete, daß die Reibungskraft von der scheinbaren Berührungsfläche der gleitenden Körper unabhängig und direkt der Belastung proportional ist.

Wie soeben festgestellt wurde, ist die wirkliche Berührungsfläche zwischen zwei Metallen durch $F = N/p$ gegeben, wobei in den Gebieten engsten Kontaktes Metallbrücken bestehen. Wenn s die zum Abscheren dieser Verbindungen benötigte mittlere Tangentialspannung bezeichnet, so ist die insgesamt aufzubringende Scherkraft gleich Fs, und wenn der Furchungsanteil vernachlässigt werden kann, wird die Reibungskraft

$$R = Fs. \qquad (9)$$

Aus den im ersten Kapitel angestellten Überlegungen folgt, daß die wirkliche Berührungsfläche F nur von N und p abhängt und von der Ausdehnung der sich scheinbar anliegenden Oberflächen kaum beeinflußt wird. Folglich sollte auch R von der scheinbaren Berührungsfläche unabhängig sein, wie das „Gesetz" von AMONTONS aussagt.

Ersetzen wir nun F in der obenstehenden Beziehung, so erhalten wir

$$R = \frac{Ns}{p}. \qquad (10)$$

Die Reibungskraft steht somit in direktem Verhältnis zur Belastung, so daß die Reibungszahl von ihr so gut als unabhängig ist. Dies ist das zweite „Gesetz" von AMONTONS, und es gilt für einen außerordentlich weiten Bereich von Versuchsbedingungen. In Tab. 15 sind die für eine gegebene Oberfläche bei unterschiedlicher Belastung ermittelten Reibungskoeffizienten gegenübergestellt. Die von WHITEHEAD bei einem Bruchteil eines Grammes erhaltenen Werte wurden mit der in Abb. 29 (s. Kap. IV) gezeigten Vorrichtung bestimmt, während bei Lasten von mehreren Kilogramm das große Reibungsgerät verwendet wurde.

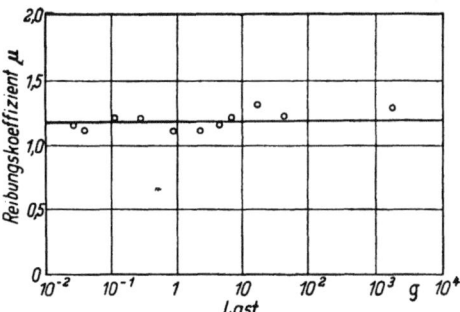

Abb. 36. Der Reibungsbeiwert für das Gleiten von Stahl auf elektrolytisch poliertem Aluminium in Abhängigkeit der Belastung. μ ist in einem Lastbereich von etwa 10 mg bis 10 kg (Faktor 10^6) beinahe konstant

Ähnliche Beobachtungen für das Gleiten von Stahl auf Aluminium sind in Abb. 36 aufgetragen.

Tabelle 15

Oberflächen	Belastung in g	Reibungszahl μ
Aluminiumreiter auf elektrolytisch polierter Al-Fläche	0,037	1,5
	0,075	1,25
	0,150	1,5
	4000	1,35

Es geht daraus hervor, daß eine Änderung der Last um das 100 000-fache die Reibungszahl nicht merklich beeinflußt, und dieselbe Art von Unabhängigkeit wird bei Oberflächen, die mit einer schmierenden

Grenzschicht versehen sind, gefunden (s. Kap. IX). Immerhin darf nicht außer acht gelassen werden, daß das Gesetz von AMONTONS nur gilt, wenn die Fläche engster Berührung mit zunehmender Belastung anwächst. Wenn auf künstliche Weise, wie durch die Anwendung dünner metallischer Schichten, die Ausdehnung der Kontaktfläche im Verhältnis zur ansteigenden Belastung verhindert wird, so verliert das Gesetz seine Gültigkeit. Das Versagen der AMONTONSschen Regel bei dünnen Metallschichten wird im einzelnen in der zweiten Hälfte dieses Kapitels diskutiert, und ein ähnlicher Effekt, der bei Oxydfilmen auftritt, kommt in Kap. VII zur Sprache.

Es gibt noch einen anderen Fall, wo das AMONTONSsche Gesetz nicht angewendet werden kann, nämlich beim Gleiten weicher Metalle wie Indium oder Blei auf einem harten Metall, wo man beobachtet, daß die Reibung sehr veränderlich ist und außerdem von der Vorgeschichte abhängt. Wird die aufgebrachte Belastung vermindert oder gänzlich entfernt, so bleiben die Oberflächen aneinander haften, und die zum Weitergleiten benötigte Tangentialkraft bleibt groß, obschon keine Normalkraft die Oberflächen zusammenpreßt. Diese Erscheinung tritt bei harten, elastischeren Metallen nicht auf: Die Reibung nimmt sogleich ab, wenn die Last herabgesetzt wird. Der Grund dafür ist in der Lösung der elastischen Spannungen in der Nachbarschaft der plastisch deformierten Gebiete zu suchen. Infolge dieser Rückfederung entstehen kleine Bewegungen, die zum Zerreißen der bereits gebildeten Metallbrücken führen (s. Kap. XV). Zwar folgt die wirkliche Berührungsfläche der abnehmenden Last nicht proportional (s. Kap. I, Abb. 10); aber es handelt sich nicht um eine sehr ausgeprägte Abweichung, und die Reibung verringert sich mit der Last stetig. Dies trifft auf die weichen, plastischen Metalle wie Indium oder Blei, in denen nur sehr kleine elastische Spannungen zu lösen sind, allerdings nicht immer zu, und sobald die sauberen Oberflächen einmal zusammengepreßt sind, bleiben sie aneinander haften, auch wenn die Belastung vermindert oder vollkommen entfernt wurde. Ähnliche Erscheinungen wurden auch bei weitgehend entgasten Goldoberflächen beobachtet (s. Kap. VII). Aus diesem Grunde mögen Messungen der Reibungszahl mit einem Reiter aus Indium oder Blei auf einer Stahlplatte nur eine geringe Bedeutung haben. Diese Schwierigkeit kann jedoch umgangen werden, indem man die Reibung in Abhängigkeit der wirklichen Berührungsfläche mißt, wodurch beständige Ergebnisse erzielt werden. Wenn, zum Beispiel, Indium auf Stahl gleitet, so zeigen die Reibungsmessungen, daß das Gesetz von AMONTONS gewöhnlich nicht eingehalten wird. Hingegen ist die Reibungskraft direkt proportional zur Fläche, über welche die Oberflächen von Indium und Stahl verschweißen. Die Scherfestigkeit dieser Verbindungen beträgt etwa 325 g/mm^2, was mit den Ergebnissen anderer Reibungsmessungen und auch einfacher reiner Scherversuche annähernd übereinstimmt. Diese Adhäsion zwischen weichen, plastischen Metallen wird in Kap. XIV ausgiebiger diskutiert.

Wir können nun Gl. (10) umschreiben, so daß die Reibungszahl ($\mu = R/N$) durch die Eigenschaften der Grundmasse der gleitenden Metalle ausgedrückt werden kann. Nach Gl. (10) gilt

$$\mu = \frac{s}{p} = \frac{\text{Scherfestigkeit der Verbindungen}}{\text{Fließdruck des weicheren Metalls}}. \qquad (11)$$

Wie wir bereits feststellen, findet das Abscheren gewöhnlich innerhalb des weicheren Metalles statt, weshalb s gleich der Scherfestigkeit der weichen Grundmasse gesetzt werden kann. Folglich wird μ eine Funktion der physikalischen Eigenschaften des weicheren der beiden Gleitkörper und der Ausdruck lautet:

$$\mu = \frac{\text{Scherfestigkeit des weicheren Metalls}}{\text{Fließdruck des weicheren Metalls}}. \qquad (12)$$

Aus diesem Ergebnis lassen sich sofort zwei wichtige Schlüsse ziehen: Erstes werden sich s und p als Festigkeitseigenschaften des gleichen Metalls gemeinsam ändern, und ihr Verhältnis wird auch für die verschiedenartigsten Metalle ungefähr dasselbe sein. Dies erklärt die Beobachtung, daß der Reibungskoeffizient für eine große Gruppe verschiedener Metalle keine großen Schwankungen aufweist, sondern im allgemeinen zwischen 0,6 und 1,2 liegt. Wir werden später in diesem Kapitel auf diese Tatsache zurückkommen. Zweitens muß geschlossen werden, daß die Temperatur auf die Reibung ungeschmierter Metalle keine große Wirkung ausüben sollte, da s und p bei einer allfälligen Erhöhung oder Senkung der Temperatur in gleicher Weise geändert werden. Die Erfahrung bestätigt dies im allgemeinen. Wenn die Erwärmung nicht ausreicht, um die Natur der Fremdschichten an der Oberfläche zu beeinflussen, dann hängt die Reibung nicht nennenswert von der Temperatur ab. Andererseits ist eine durch Reibungswärme bedingte Temperaturerhöhung in den Schichten an der Oberfläche lokalisiert, und ein Gleiten bei höheren Geschwindigkeiten kann infolgedessen in s eine stärkere Änderung hervorrufen als im wirksamen Fließdruck p, so daß die Reibungszahl herabgesetzt werden mag. Dieser Effekt ist sehr ausgeprägt, wenn die Abnahme von s auf die äußersten Schichten beschränkt ist und das darunterliegende Grundmaterial seinen hohen p-Wert beibehält. Bei Metallen kommt dies gewöhnlich nicht in nennenswertem Grade vor. Stoffe wie Eis hingegen behalten ihre Härte bis zu nahe am Schmelzpunkt gelegenen Temperaturen, und es kann eine sehr große Reibungsabnahme auftreten (s. Kap. III).

Die gegenseitige Abhängigkeit von s und p

Der obenstehenden Theorie liegen zwei Annahmen zugrunde, die noch einer genaueren Betrachtung unterzogen werden sollen. Die erste betrifft den Gebrauch der Scherfestigkeit s. Wir haben uns vorgestellt, daß eine Kraft Fs nötig sei, um eine Metallbrücke vom Querschnitt F abzuscheren und darauf s mit der Scherfestigkeit von Zylindern aus dem weicheren der an der Verbindung beteiligten Metalle verglichen. Dies ist offenbar dann zulässig, wenn die Verbindung in Wirklichkeit gänzlich abgeschert wird, so daß die Fläche F am Ende des Schervorganges verschwindet. Dies wird für die Haftstellen, die bei einer intermittierenden Gleitbewegung auftreten, näherungsweise zutreffen (siehe später). Bei einer gleichförmigen Bewegung hingegen werden nie alle Metallbrücken völlig abgetrennt, sondern andauernd neue gebildet und geschert. In solchen Fällen wird die Scherkraft genauer durch die kritische Fließspannung bestimmt, d. h. durch diejenige Schubspannung, die gerade plastisches Fließen verursacht. Es ist jedoch wahrscheinlich, daß dieser Parameter von derselben Größenordnung ist wie die Scherfestigkeit s, so daß die vorherige einfache Behandlung wenigstens in erster Annäherung gültig bleibt.

Eine andere Annahme in diesem Zusammenhang ist von größerer Wichtigkeit und betrifft die gegenseitige Abhängigkeit von p und s. Bisher haben wir den Fließdruck und die Scherspannung als unabhängige Variable behandelt. Nach der Plastizitätstheorie müssen jedoch beide Spannungen eine Rolle spielen, wenn Metalle zu plastischem Fließen gezwungen werden. Ein einfaches Beispiel wird das Problem deutlicher hervortreten lassen: Wir denken uns einen Block eines

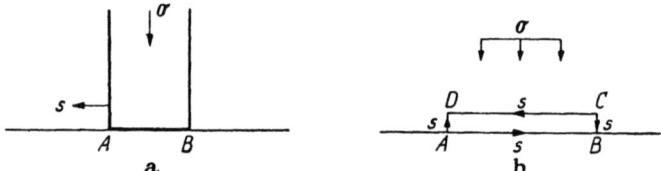

Abb. 37. Das Abscheren eines weichen Metallblocks, der die Auflage mit seiner ganzen Stirnfläche berührt

weichen Metalles mit einer Flachseite auf eine ebene, harte Auflage gepreßt, wobei eine Normalspannung σ erzeugt wird. Der Block habe die Gestalt eines langen Prismas von gleichmäßigem Querschnitt, damit wir die Aufgabe auf ein zweidimensionales Plastizitätsproblem vereinfachen können, und werde einem tangentialen Zug unterworfen, der einer Schubspannung s entspreche (Abb. 37a). Wir nehmen nun an, σ und s erreichen solche Werte, daß der weiche Block mit dem harten Metall über die gesamte Grenzfläche AB fest verschweißt, und daß die

Scherung nur im weichen Metall in der Nähe von AB, und zwar innerhalb der Scheibe $ABCD$ (Abb. 37b) erfolgt. Genaugenommen sollte die Schubspannung längs CD bei C und D verschwinden, da an den freien Oberflächen AD und CB keine Schubspannung bestehen kann. Der Einfachheit halber nehmen wir jedoch einen konstanten Durchschnittswert für s an (und ebenso für σ) und führen Schubspannungen längs AD und CB ein, um das Kräftegleichgewicht herzustellen. Die MISESsche-Bedingung für plastisches Fließen in der Scheibe $ABCD$ lautet dann

$$\sigma^2 + 3\,s^2 = \sigma_0^2, \tag{13}$$

wobei σ_0 die Fließgrenze des Materials unter Zug- oder reibungsloser Druckbeanspruchung bezeichnet. Die Zahl der möglichen Lösungen ist offensichtlich unendlich groß, vorausgesetzt ($\sigma < \sigma_0$) und $s < \left(1/\sqrt{3}\right)\sigma_0$. Betrachten wir deshalb zwei Spezialfälle:

1. Der Block ruht unter dem statischen Druck $\sigma = \sigma_0$ auf der harten Oberfläche. Dies entspricht dem einfachen Kompressionszustand, bei dem die Fließgrenze erreicht ist. Gemäß Gl. (13) ist die Spannung, die einen Schub verursacht, durch $s = 0$ gegeben. Somit wird die Reibungszahl im ersten Augenblick des Gleitens gleich Null sein. Sobald natürlich in einem praktischen Fall das plastische Fließen einsetzt, gibt der weiche Block nach, und infolge der Vergrößerung der Berührungsfläche nimmt σ ab, während s entsprechend ansteigt.

2. Der Block wird so auf die Oberfläche gepreßt, daß eine von A bis B durchgehende Verbindung entsteht, worauf die Normalspannung entfernt wird. Die mit der Rückfederung verbundenen elastischen Spannungen seien ungenügend, um die Adhäsion zu lösen. Also ist $\sigma = 0$ und nach Gl. (13) fließt die Scheibe $ABCD$ plastisch, sobald die Schubspannung $s = \left(1/\sqrt{3}\right)\sigma_0$ wird. Dies entspricht dem einfachen Schervorgang bei endlicher Schubspannung und verschwindendem Normaldruck. In diesem Falle erreicht die Reibungszahl den Wert unendlich. In Wirklichkeit werden die freiwerdenden elastischen Spannungen dem Ausschnitt $ABCD$ verwickelte Normalspannungen auferlegen und dadurch wahrscheinlich den Wert von s verringern. In Abwesenheit von Normaldrücken wird ferner die geringste tangentiale Relativbewegung der Oberflächen zu einer vollkommenen Trennung führen. Immerhin können wir in der Gegenwart kleiner Drücke sehr hohe Werte der Reibungskraft erwarten, wenn die Bildung von Verschweißungen über die Grenzfläche stattfinden kann. Dies geschieht bei sehr weichen Metallen wie Indium (s. Kap. XV), aber auch bei anderen Metallen, nachdem die Oberflächen im Hochvakuum gründlich entgast wurden (s. Kap. VII).

Unter gewöhnlichen Laboratoriumsbedingungen beträgt der Reibungsbeiwert der meisten „sauberen" Metalle etwa eins. Für das soeben betrachtete Modell bedeutet dies, daß $s = \sigma$, und aus Gl. (13) folgt $\sigma = {}^1/_2 \sigma_0$, d. h. bei plastischem Fließen in der Scheibe $ABCD$ beträgt der Normaldruck die Hälfte des Druckes, der im Zustand reiner Kompression zum Fließen führt. Dies bedeutet, daß die Berührungsfläche für eine gegebene Belastung zu Beginn des Gleitens doppelt so groß ist wie bei reiner Kompression, d. h. wenn die Oberflächen an Ort und Stelle bleiben. Eine Vergrößerung um diesen Betrag wird oft beobachtet, wenn weiche Metalle wie Indium oder Blei auf Stahl gleiten.

Das bisher betrachtete Modell hat natürlich mit den meisten praktischen Fällen nur sehr wenig gemeinsam. In Wirklichkeit erfolgt die Berührung gewöhnlich zwischen kugelförmigen, konischen oder pyramidenförmigen Vorsprüngen an der Oberfläche. Unter normaler Druckbelastung entsteht an jeder Berührungsstelle eine Spannung σ, die nicht mehr gleich σ_0, sondern gleich dem Fließdruck p ist, wobei wir in Kap. I feststellten, daß $p \approx 3\sigma_0$ gilt. Wenn außerdem die an diesen Stellen gebildeten Verbindungsbrücken geschert werden, so wird die Beziehung zwischen σ, s und σ_0 äußerst verwickelt und harrt noch der Lösung. Es ist zu erwarten, daß sie etwa die Form

$$a\sigma^2 + bs^2 = c\sigma_0^2 \qquad (14)$$

annimmt, wobei a, b und c numerische Beiwerte sind. Es werden also Lösungen vom gleichen Typ auftreten wie jene, die wir für das einfachere Modell diskutierten. Somit dürfen wir damit rechnen, daß eine sehr kleine Querkraft genügen wird, um die Scherung einzuleiten, wenn die Oberflächen eine Normalbelastung, bei der es an den Berührungsstellen zu plastischem Fließen kommt, erfahren. Eine kleine Verschiebung wird jedoch das weichere Metall deformieren und ein Anwachsen der Berührungsfläche mit sich bringen, was seinerseits zu einer Abnahme der Normalspannung und einer entsprechenden Erhöhung der Querkraft führt. Dieser allmähliche Aufbau der Reibungskraft, bevor makroskopisches Gleiten einsetzt, ist tatsächlich beobachtet worden (McFarlane und Tabor, 1950; Courtney-Pratt und Eisner, 1957). Andererseits wird bei sehr weichen oder sauberen Oberflächen, die unter sehr geringen Normaldrücken leicht verschweißen, eine so hohe Tangentialspannung auftreten, daß die Reibungszahl außerordentlich groß wird.

Die allgemeine Gültigkeit der Gl. (13) und (14) wird somit durch zwei wiederholt gemachte Beobachtungen bestätigt. Die erste betrifft die hohe Reibung entgaster oder sehr weicher Metalle, und die zweite zeigt, daß die wirkliche Berührungsfläche zur Vergrößerung neigt, sobald die Gleitbewegung beginnt. Allerdings gibt es von vornherein keinen Grund für die Feststellung, daß σ unter gewöhnlichen Laboratoriumsbedingungen oft von derselben Größenordnung ist wie s. Die Erklärung dieses Ergebnisses ist wahrscheinlich darin zu suchen, daß die Oxydfilme auf den Metalloberflächen durch eine Schubbeanspruchung allein nicht unterbrochen werden; offenbar wird ein *Normal*druck annähernd gleich dem statischen Fließdruck benötigt, damit die Filme an der Oberfläche zerreißen und die Bildung von Metallbrücken ermöglichen. Verschweißungen bei kleinsten Normalkräften und somit große Reibungskoeffizienten können nur in Abwesenheit dieser Oberflächenschichten auftreten.

Wir dürfen deshalb den Schluß ziehen, daß die Scherspannung s und die Normalspannung σ gemeinsam eine Rolle in der Entstehung und Scherung der metallischen Verbindungen spielen. Im Laboratorium kommen Verschweißungen gewöhnlich nur dann zustande, wenn die Normalspannung nahezu die Fließgrenze des Materials erreicht. Infolgedessen erhält man auf Grund der einfachen Vorstellung, nach der s und σ (oder p) als unabhängige Variable betrachtet werden, Ergebnisse, die einen Unsicherheitsfaktor von etwa 2 enthalten.

Die Art der Berührung und der Einfluß von Fremdschichten

Obschon die Berührungsfläche unter irgendwelchen, gegebenen Verhältnissen in erster Linie durch die mechanischen Eigenschaften der festen Körper bestimmt ist, wird die Art der Berührung und die Festigkeit der Adhäsion an den Kontaktstellen offensichtlich durch die Anwesenheit von Fremdschichten an den Oberflächen stark beeinflußt. Bei den meisten Versuchsbedingungen sind die Metalloberflächen mit einer dünnen Oxydhaut und anderen verunreinigenden Filmen, die beim Gleiten zerrissen werden, bedeckt, so daß rein metallische Berührung stattfindet. Es ist zu erwarten, daß die Adhäsion und die Scherfestigkeit dieser Verbindungsbrücken aus Metall und Bruchstücken von Oxyden sowie anderen Verunreinigungen geringer sind als die des reinen Metalls. Die in Kap. VII beschriebenen Versuche über die Reibung entgaster Metalle zeigen, daß dies tatsächlich der Fall ist. Ähnliche Experimente lehren, daß auch die vorsätzliche Beigabe von Schmierfilmen eine weniger enge Berührung zur Folge hat und die durchschnittliche Haftfestigkeit der Verbindungen herabsetzt.

Wenn der rein metallische Kontakt sich über die gesamte wirkliche Berührungsfläche F erstreckt, so ist die Verbindung gewöhnlich stärker als das weichere Metall und die Scherung erfolgt innerhalb desselben. Wie bereits erläutert wurde, kann die zum Abscheren aufgewendete Kraft folglich als Fs_1 geschrieben werden, wobei s_1 die Scherfestigkeit des weicheren Metalls bezeichnet. In der Praxis, d. h. bei Oberflächen, die unter gewöhnlichen Laboratoriumsbedingungen hergestellt wurden, beansprucht der metallische Kontakt allerdings nicht die gesamte Berührungsfläche, sondern nur einen Bruchteil α. Die zum Abscheren des metallischen Anteils der Verbindungen benötigte Kraft beträgt also $\alpha s_1 F$. Über die restliche Berührungsfläche $F(1-\alpha)$, wo die verunreinigenden Filme noch unversehrt geblieben sind, kann mit einer weniger festen Adhäsion und bedeutend schwächeren Verbindungen gerechnet werden. Die Scherfestigkeit dieser mit intakten Fremdschichten verunreinigten Gebiete ist nicht unbedingt konstant, sondern mag von sehr kleinen Werten bis zu solchen, die beinahe s_1 erreichen, variieren. Wenn s_2 ihren Durchschnittswert angibt, so braucht es offenbar eine Kraft $F(1-\alpha)s_2$, um diese schwächeren Verbindungen zu trennen, und die totale Reibungskraft ist gegeben durch

$$R = F[\alpha s_1 + (1-\alpha)s_2]. \tag{15}$$

Die Tatsache, daß die aus den Reibungsversuchen berechnete Scherfestigkeit der Indium-Stahl-Verbindungen beinahe der Scherfestigkeit von reinem Indium gleichkommt, scheint anzudeuten, daß α, wenn sauberer Stahl auf Indium gleitet, beinahe eins und s_1 beinahe die Scherfestigkeit reinen Indiums erreicht. Anderseits weist der in Kap. IV, Tafel VI. 3, gezeigte Flachschnitt darauf hin, daß die Adhäsion beim Reiben von Kupfer gegen Stahl nicht genügt, damit die Scherung über die ganze Berührungsfläche innerhalb des Kupfers erfolgt; die Trennung geschieht häufig in der Zwischenfläche, in der Stahl und Kupfer zusammenstoßen. In diesem Fall muß α bedeutend weniger als eins betragen, und s_2 wird kleiner sein als s_1. Wie wir in Kap. X sehen werden, besteht die hauptsächlichste Wirkung eines auf saubere Metalloberflächen aufgebrachten Schmiermittels in der Verminderung sowohl von α als auch von s_2.

Intermittierende Bewegung

Da die Reibung zwischen Metallflächen vom Anteil der metallischen Berührung, vom Fließdruck p und von den Scherfestigkeiten der Verbindungsbrücken s_1 und s_2 abhängt, liegt es auf der Hand, daß allfällige Schwankungen in den Versuchsbedingungen — da sie einen oder mehrere dieser Faktoren beeinflussen — auch eine entsprechende Änderung der Reibungskraft zur Folge haben. Die Reibung ist deshalb bis zu einem gewissen Grad immer durch die experimentellen Umstände, unter denen sie gemessen wird, bedingt. Bei äußerst niedrigen Gleitgeschwindigkeiten zum Beispiel, spielen diese Einflußgrößen in solcher Weise zusammen, daß die resultierende Festigkeit der metallischen Verbindungen oft größer ist als bei höheren Gleitgeschwindigkeiten. Dies bedeutet ein Überwiegen der statischen Reibung gegenüber der kinetischen, was ja von manchen Forschern berichtet wurde. Wenn nun eine der reibenden Flächen einen gewissen Grad elastischer Freiheit besitzt, so kann anstatt einer gleichförmigen, eine intermittierende Bewegung („stick-slip") vorkommen, wobei Haft- und Rutschintervalle miteinander abwechseln. Das Haften beruht auf der höheren statischen Reibung zwischen den Oberflächen, und das Rutschen auf der geringeren kinetischen Reibung während des Gleitens.

Diese Bewegungsweise wird durch Reibungskurven, die mit dem im IV. Kapitel beschriebenen BOWDEN-LEBEN-Gerät erhalten wurden, gut veranschaulicht. Abb. 38 (BOWDEN und LEBEN, 1939) zeigt eine charakteristische Aufzeichnung des Gleitvorganges für Flußstahl auf Flußstahl (trocken). Die Bewegung ist offensichtlich nicht gleichförmig, sondern besteht aus Schwankungen, bei denen der Zug auf den Reiter eine Zeitlang stetig zunimmt (AB) und dann plötzlich abfällt

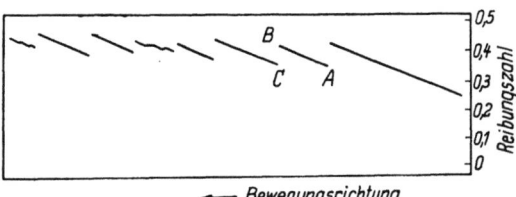

Abb. 38. Typischer Reibungsverlauf für das Gleiten von Stahl auf Stahl; erhalten mit dem in Tafel V abgebildeten Gerät. Während des Intervalls AB haftet der Reiter an der Unterlage und bewegt sich mit ihr. Im Augenblick B bricht er los und rutscht rasch in die dem Punkt C entsprechende Stellung

(BC). Eine nachträgliche Eichung ergibt, daß die Neigung der Geraden AB einer Vorwärtsbewegung des Reiters entspricht, deren Geschwindigkeit mit derjenigen der Auflage identisch ist. Die beiden Oberflächen „kleben" also während der ganzen zwischen A und C liegenden Zeitspanne zusammen, was mehrere Sekunden dauert. Folglich bedeutet die Reibung im höchsten Punkt B im wesentlichen die statische Reibung zwischen den Oberflächen (μ_s). Bei B erfolgt ein schnelles Wegrutschen („slip") des Reiters, und wenn die Kraft auf C abgesunken ist, haften die Oberflächen wieder aneinander.

Durch eine einfache Untersuchung kann gezeigt werden, wie eine intermittierende Bewegung dieser Art eine direkte Folge der Tatsache ist, daß der Reiter einen gewissen Freiheitsgrad aufweist, und daß die statische Reibung höher liegt als die kinetische. Wir betrachten den ziemlich allgemeinen Fall von zwei übergleitenden Oberflächen, von denen die eine mit konstanter Geschwindigkeit v vorgeschoben wird, während die andere (die „freie" Oberfläche) durch ein elastisches System festgehalten wird, dessen Formänderung als Maß für die Reibungskraft dient. Die träge Masse dieser freien Oberfläche samt der mitbewegten Stützteile betrage m und die elastische Konstante k, so daß einer elastischen Auslenkung um die Strecke x die Kraft $R = -kx$ entgegenwirkt. Das Minuszeichen deutet an, daß die Kraft in entgegengesetzter Richtung zu x anwächst. Die Bewegungsgleichung der frei schwingenden Oberfläche lautet, sofern keine Dämpfung angenommen wird,

$$m \frac{d^2 x}{d t^2} = -kx. \qquad (16)$$

Es handelt sich also um eine einfache harmonische Schwingung der Frequenz $n = 1/2\pi \sqrt{k/m}$. Wir denken uns nun, die Oberflächen werden mit einer Last N (Kraft Ng) gegeneinander gepreßt (Punkt A, Abb. 39) und nehmen an, sie bewegen sich gemeinsam ohne Relativverschiebung, bis die auf die freie Oberfläche wirkende Kraft gleich der statischen Reibung $R_s = \mu_s Ng$ ist. Die elastische Auslenkung dieser Oberfläche

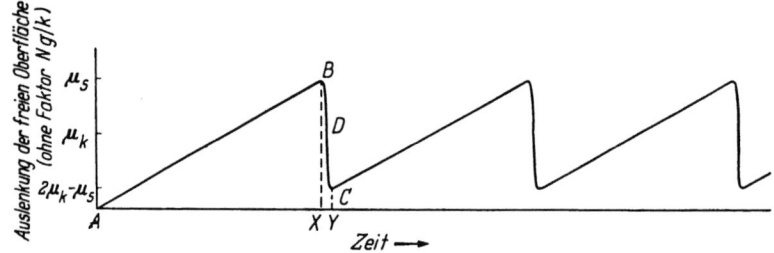

Abb. 39. Reibungsverlauf bei intermittierender Gleitbewegung („stick-slip"), theoretisch

nimmt somit linear mit der Zeit zu und erreicht schließlich den Wert $BX = (\mu_s Ng)/k$. Beim Punkt B erfolgt das Wegrutschen, und wir können in erster Annäherung annehmen, die kinetische Reibung während des Gleitens habe den konstanten Wert $\mu_k Ng$. Unter Berücksichtigung dieses Vorganges erfährt die Bewegungsgleichung (16) der freien Oberfläche eine Abänderung zu

$$m \frac{d^2 x}{d t^2} - \mu_k Ng = -kx, \qquad (16\mathrm{a})$$

wobei im ersten Augenblick, für den $t = 0$ (Punkt B) gesetzt wird, eine Auslenkung

$$x = (\mu_s Ng)/k$$

besteht, und die Vorwärtsgeschwindigkeit dx/dt gleich v ist. Die Lösung lautet

$$x = \frac{Ng}{k} \{(\mu_s - \mu_k) \cos \omega t + \mu_k\} + \frac{v}{\omega} \sin \omega t, \qquad (17)$$

mit $\omega^2 = k/m$. Das letzte Glied kann, wenn die gleichmäßige Geschwindigkeit der Auflage im Vergleich zur mittleren Rutschgeschwindigkeit klein ist, vernachlässigt werden, so daß

$$x = \frac{Ng}{k} \{(\mu_s - \mu_k) \cos \omega t + \mu_k\}. \qquad (17\mathrm{a})$$

Die Bewegung der freien Oberfläche besitzt also die gleiche Eigenfrequenz wie zuvor, und der Reiter kommt gegenüber der Auflage zur

Ruhe, d. h. es tritt wieder Haften auf, wenn $dx/dt = v$. Wenn v vernachlässigt werden kann, wird die nächste Adhäsion sich bei $dx/dt = 0$ einstellen, d. h. wenn $\omega t = \pi$. Dies ist die halbe Periode des Systems, und durch Einsetzen dieses Wertes von t in Gl. (17a) finden wir, daß in diesem Augenblick $x = CY = (2\mu_k - \mu_s)Ng/k$ ist. Damit erhalten wir die Gleitstrecke $BC = BX - CY = (2\mu_s - 2\mu_k)Ng/k$ und sehen aus dieser Beziehung, daß sie um so kleiner ist, je größer μ_k. Im Grenzfall von $\mu_k = \mu_s$ verschwindet das Rutschintervall, und die Auslenkung der freien Oberfläche bleibt unverändert bei B: Dieser Fall entspricht der gleichförmigen Gleitbewegung. Mit der Abnahme von μ_k werden die Rutschintervalle länger, und im Grenzfall, wenn $\mu_k = 0$, schwingt die freie Oberfläche über die Nullage in die BX gegenüberstehende Auslenkstellung zurück; dieses Verhalten entspricht der ausgeprägtesten Haft-Rutsch-Bewegung, die theoretisch auftreten könnte, doch wird in der Praxis, da μ_k niemals gleich Null wird, nie eine in diesem Ausmaß unterbrochene Gleitbewegung vorkommen.

Der Abstand des Mittelpunktes D der Gleitstrecke von der Nullage beträgt einfach $1/2(BX + CY) = \mu_k(Ng/k)$. In Einheiten von Ng/k gemessen, stellt die Auslenkung am Ende der Haftperiode (Punkt B) die statische Reibungszahl μ_s dar, während die Mitte des Rutschintervalls (Punkt D) dem kinetischen Reibungsbeiwert μ_k entspricht.

Die vorliegende Behandlung des unterbrochenen Gleitvorganges bedeutet natürlich eine starke Vereinfachung der wirklichen Verhältnisse. Im allgemeinen werden die bewegten Teile eine gewisse Dämpfung erfahren, die unter kritischen Bedingungen das Erscheinen der intermittierenden Bewegung gänzlich verhindern kann, obschon ein Unterschied zwischen μ_s und μ_k besteht. Außerdem kann μ_k eine Funktion der Geschwindigkeit sein und deshalb während des Rutschens variieren. Das Verhalten kann folglich, wie MORGAN, MUSKAT und REED (1941) zeigten, im einzelnen sehr verwickelt sein. Dennoch läßt die obenstehende Betrachtung die hauptsächlichsten Züge der an gleitenden Oberflächen oft beobachteten, ruckartigen Bewegung deutlich hervortreten.

Es ist aufschlußreich, die schwankende Reibungskraft mit dem gleichzeitig aufgenommenen Verlauf der elektrischen Leitfähigkeit zu vergleichen. In Tafel XII sind einige typische Aufzeichnungen für verschiedene Metallpaarungen wiedergegeben, wobei sich die schwarzen Linien auf Reibungsmessungen, die weißen Linien auf Leitfähigkeitsmessungen mit dem Eindhoven-Fadengalvanometer beziehen. Man erkennt, daß die Leitfähigkeit und folglich die Berührungsfläche während der Adhäsion von Konstantan auf Stahl allmählich zunehmen, da die obenliegende Fläche durch die zunehmende Tangentialkraft in immer engeren Kontakt mit der unteren Fläche gezogen wird. Beim Wegrutschen fällt die Leitfähigkeit plötzlich, entsprechend der schnellen Abnahme der Berührungsfläche und der Reibung, worauf sich der ganze Vorgang wiederholt. Ähnliche Ergebnisse erhält man für Stahl auf Zinn sowie für Konstantan auf Zink, und dieses Verhalten ist für harte Metalle, die über weichere gleiten, allgemein charakteristisch.

Auch bei Zinn auf Stahl findet man wiederum die plötzliche Abnahme der Leitfähigkeit beim Wegrutschen des Reiters. Allerdings nimmt die Leitfähigkeit bei diesen Werkstoffpaarungen gegen das Ende der Haftperiode allmählich ab, da die verschweißten Vorsprünge der Reiteroberfläche immer dünner ausgezogen werden, bis sie beim Wegrutschen schließlich reißen. Die Resultate für Blei auf Stahl sind ähnlich, und das soeben beschriebene Verhalten kennzeichnet das Gleiten weicher Metalle auf härteren.

Bei gleichartigen Metallen ist die Reibung höher als bei unterschiedlichen, und es entstehen große Schwankungen, doch werden keine schnellen Rutschbewegungen beobachtet. Entsprechend wird auch eine hohe Leitfähigkeit festgestellt, die keine schnellen Änderungen zeigt. In diesem Fall erfolgt das plastische Fließen bei beiden Oberflächen gleichmäßig, und beide tragen in vergleichbarer Weise zur Bildung und Scherung der metallischen Verbindungen bei. Folglich sind die Variationen weniger ausgeprägt und unmittelbar als bei verschiedenartigen Metallen.

Die unterbrochene Bewegung ist auch von einer entsprechenden Schwankung der Oberflächentemperatur begleitet. Dies geht deutlich aus Tafel XIII hervor, wo gleichzeitig die Werte der Reibungskraft und der beim Gleiten von Konstantan auf Stahl erzeugten thermoelektrischen Spannung wiedergegeben sind. Bei diesen Versuchen mit dem bereits beschriebenen Gerät variierte die Rutschgeschwindigkeit zwischen Null und etwa 5 cm/sec, und die Temperaturerhöhung für die schnellste Bewegung war nicht größer als 10 ° oder 20 °C. Ähnliche Werte wurden von MORGAN, MUSKAT und REED erhalten, als sie einen Kathodenstrahloszillographen anstatt des Eindhoven-Galvanometers benützten, um den thermisch bedingten Potentialunterschied zu messen. Besitzt das gleitende System jedoch eine geringere Trägheit und treten große Schwankungen der Reibungskraft auf, so kann während des Rutsches eine viel größere Gleitgeschwindigkeit vorkommen. In solchen Fällen kann, wie aus dem II. Kapitel hervorgeht, auch die Temperatur an der Oberfläche beträchtlich höher liegen. Diese Temperaturen spielen bei der Bildung der metallischen Verschweißung am Ende des Rutschintervalls möglicherweise eine wichtige Rolle. Die intermittierende Bewegung kann somit bedeutsame Schwankungen der Oberflächentemperatur und damit des ganzen Reibungsvorganges mit sich bringen, und zwar selbst wenn die mittlere Gleitgeschwindigkeit verhältnismäßig

Intermittierende Bewegung 131

Tafel XII

Verlauf von Reibung (dunkle Linien) und elektrischer Leitfähigkeit (helle Linien) für drei verschiedene Gleitarten. Typ 1: Harter Reiter auf weicher Auflage, Typ 2: Weicher Reiter auf harter Auflage, Typ 3: Gleichartige Metalle aufeinander

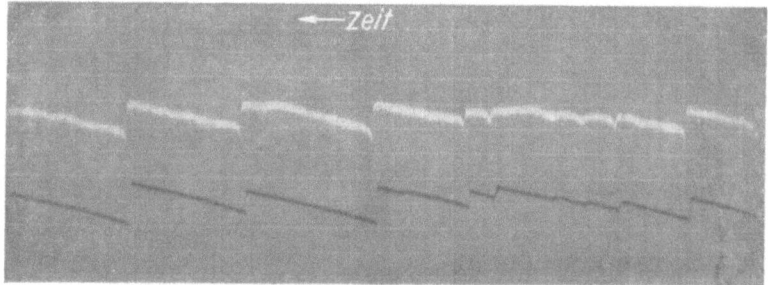

Typ 1: Konstantan auf Stahl

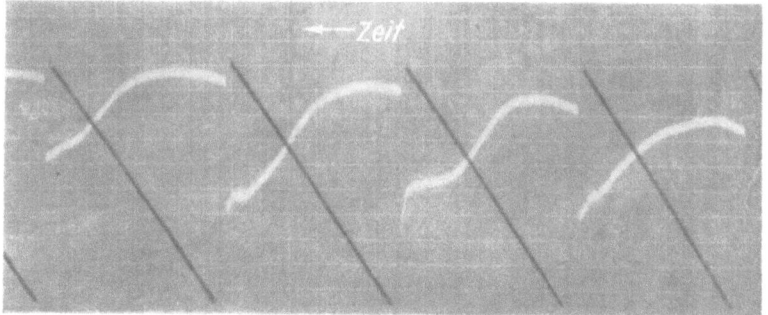

Typ 2: Zinn auf Stahl

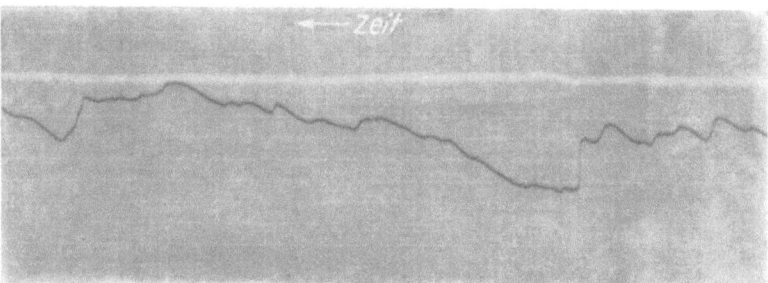

Typ 3: Platin auf Platin

Tafel XIII

Verlauf von Reibung (dunkler Linienzug) und thermoelektrischer Spannung (heller Linienzug) beim Gleiten von Konstantan auf Stahl. Die Temperatur an der Oberfläche schwankt mit der Reibung

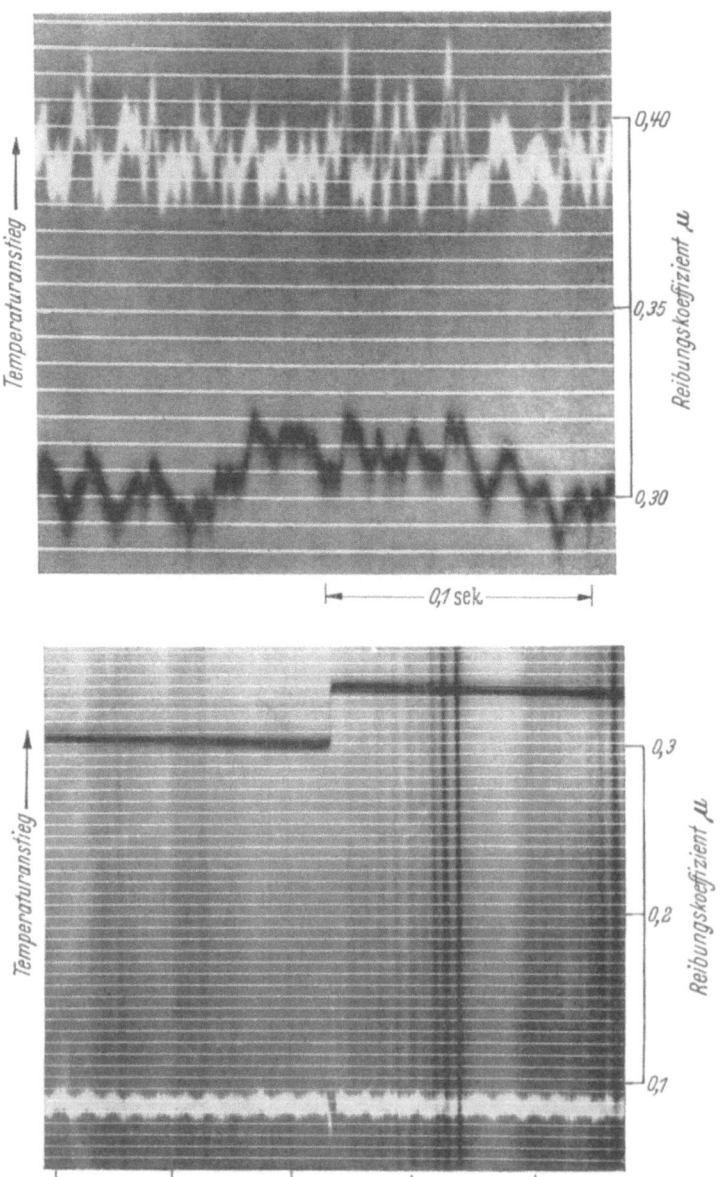

niedrig ist. Diese Erscheinung ist bei Stoffen mit geringer Wärmeleitfähigkeit viel ausgeprägter, und bei Plastikstoffen zum Beispiel kann die thermische Erweichung während des Rutsches den Gleitvorgang maßgeblich beeinflussen (s. Kap. VIII).

Versuche zeigen, daß die unterbrochene Bewegung bei einem bestimmten Gerät nicht von der Gestalt der Oberflächen oder von der Belastung abhängt, d. h. $\Delta \mu$ bleibt für eine gegebene Kombination von Metallen ziemlich unverändert. Das Verhalten wird jedoch weitgehend von der Gleitgeschwindigkeit beeinflußt. Mit steigender Geschwindigkeit wird $\Delta \mu$ immer kleiner, bis die Differenz bei einer kritischen Geschwindigkeit verschwindet und die Bewegung in eine verhältnismäßig gleichförmige übergeht, was ja zu erwarten war; denn wenn die Geschwindigkeit der Auflage erhöht wird, so steht weniger Zeit zur Verfügung, während der die Metalle an der Haftstelle zusammenbleiben können. μ_s wird also weniger groß, und der Unterschied zwischen dem Haft- und Rutschvorgang verliert sich allmählich. Die betreffenden Reibungszahlen gleichen sich deshalb einander an, so daß die Amplitude der Schwankungen entsprechend abnimmt.

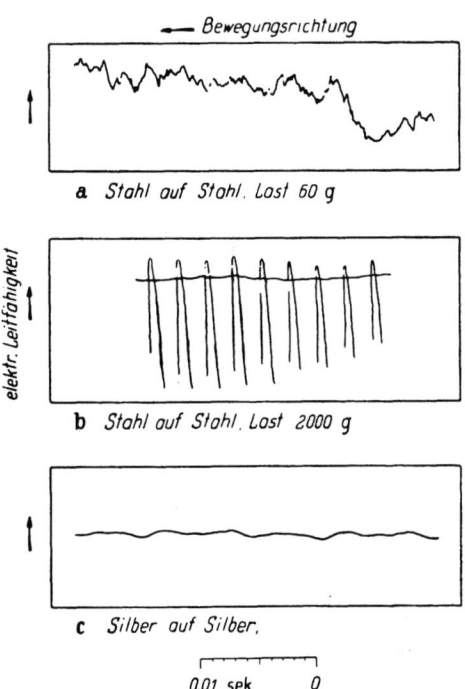

Abb. 40. Messungen der elektrischen Leitfähigkeit zwischen starr befestigten, gleitenden Metallflächen. Bei leichten Lasten (a) entsteht beim Reiben von Stahl gegen Stahl eine intermittierende Bewegung, deren Einzelschwankungen nur 10^{-3} bis 10^{-4} sec dauern. Bei schweren Lasten (b) wird die Resonanzschwingung des Befestigungssystems angeregt und die Leitfähigkeitsschwankungen sind sehr ausgeprägt. Die Bewegung von Silberoberflächen ist gleichförmig, und die Leitfähigkeitskurve (c) weist, unabhängig von der Belastung, keine schnellen Schwankungen auf

Das Auftreten der intermittierenden Bewegung hängt somit besonders von der Beziehung zwischen μ_k und μ_s ab, sowie vom allgemeinen Wesen der Reibungsänderung mit der Gleitgeschwindigkeit. Diejenigen Metallpaarungen, die einen mit der Geschwindigkeit stark abfallenden Reibungsverlauf zeigen, d. h. bei denen μ_s und μ_k deutlich auseinandergehen, neigen in einem sehr weiten Bereich von Versuchsbedingungen zu unterbrochener Bewegung. Dies geht deutlich aus Experimenten hervor, in denen der Reiter an einem starren Stahlarm befestigt war. Die Reibung wurde dabei nicht gemessen, sondern nur die elektrische Leitfähigkeit auf einem Kathodenstrahloszillographen aufgenommen. Abb. 40 a zeigt ein charakteristisches Ergebnis für das Gleiten von Stahl auf Stahl bei einer Geschwindigkeit von 0,025 cm/sec. Man sieht, daß die Änderungen der elektrischen Leitfähigkeit äußerst schnell aufeinanderfolgen, wobei jede einzelne Schwankung einer Relativbewegung der Oberflächen von nur etwa 10^{-6} cm entspricht. Unter schweren Lasten gaben die Gleitflächen einen lauten, kreischenden Ton von sich, der mit der Eigenfrequenz des starren Unterstützungsarmes übereinstimmte, und die Leitfähigkeit verlief mit einer ähnlichen, periodischen Variation (Abb. 40 b). Ähnliche Ergebnisse wurden auch für das Gleiten einer WOODschen Legierung auf Stahl erhalten. Beim Reiben von Silber gegen Silber, wo keine so ausgeprägte Ungleichheit zwischen μ_s und μ_k besteht, konnten diese schnellen Schwankungen allerdings nicht beobachtet werden (Abb. 40 c), und das Kreischen unter großer Belastung bei der Resonanzfrequenz des Armes wurde nicht wahrgenommen.

Aus obiger Diskussion folgt, daß das Auftreten der intermittierenden Bewegung von der betreffenden Metallpaarung, von deren Reibungsverhalten in bezug auf Geschwindigkeit und von der Vorwärtsgeschwindigkeit der Hauptbewegung abhängt (BLOK, 1940; BRISTOW, 1942). Auch die mechanischen Eigenschaften des Systems wie die Eigenfrequenz, die Trägheit und die Dämpfung der bewegten Teile spielen eine Rolle (BOWDEN, LEBEN und TABOR, 1939). MORGAN, MUSKAT und REED (1941) zeigten in einer eingehenden Untersuchung der Rutschbewegung, daß das Reibungsverhalten außerdem von der Reihenfolge der Vorgänge während des Gleitens beeinflußt wird. Dies weist auf einen im einzelnen sehr verwickelten Gleitmechanismus hin, und Verallgemeinerungen über die Bewegungsart müssen somit mit Zurückhaltung aufgenommen werden. Da viele Bewegungssysteme einen nennenswerten Grad von elastischer Freiheit besitzen und auch viele Metallpaarungen einen mit steigender Geschwindigkeit abnehmenden Reibungsverlauf geben, dürfen wir immerhin erwarten, daß eine unterbrochene Bewegung der oben besprochenen Art eine in der Praxis häufig anzutreffende Erscheinung darstellen wird. Nach KHAIKIN, LISSOVSKY und SOLOMONOVITCH (1940), die Quarzkristalle zur Messung kleinster Verschiebungen verwendeten, können die Unregelmäßigkeiten an der Oberfläche mikroskopisch kleine elastische Deformation in der Größenordnung von 10^{-5} cm erleiden. Im Grenzfall kann also die Elastizität der Rauhigkeitsvorsprünge genügen, um — selbst wenn die bewegten Teile starr sind — Schwingungen oder eine unterbrochene Bewegung des gleitenden Körpers hervorzurufen.

Eine intermittierende Bewegung ähnlicher Art kann sogar in Anwesenheit von Schmierfilmen vorkommen. Diese Bewegung ist dann der allgemeinen Vorwärtsbewegung überlagert und mag bei den sich abspielenden Reibungs- und Verschleißvorgängen eine wichtige Rolle spielen. Wie wir in einem späteren Kapitel sehen werden, kann eine Bewegungsanalyse wertvollen Aufschluß über den Verschleißmechanismus und das Wesen und die Eigenschaften der Schmierschichten liefern.

Die Schmiereigenschaften dünner Metallschichten

Wir stellten fest, daß der Scheranteil die wichtigere der beiden für die Reibung der Metalle verantwortlichen Kräfte darstellt. Unter Vernachlässigung der zur Furchenbildung benötigten Kraft beträgt die Reibung somit $R = Fs$, und es liegt deshalb auf der Hand, daß sowohl F als auch s so klein wie möglich gemacht werden müssen, wenn wir danach streben, den Gleitwiderstand zwischen sauberen Metallen herabzusetzen. Die meisten Metalle bieten in dieser Hinsicht allerdings nur geringe Möglichkeiten.

Wählen wir ein Metall mit niedriger Scherfestigkeit, so ist es gewöhnlich weich, weshalb sich für eine gegebene Belastung eine große Berührungsfläche einstellt (Abb. 41a). Eine offensichtliche Ausnahme dazu bildet ein anisotropischer Körper mit einer Schichtstruktur, der imstande ist, einem Druck senkrecht zu den übereinander-

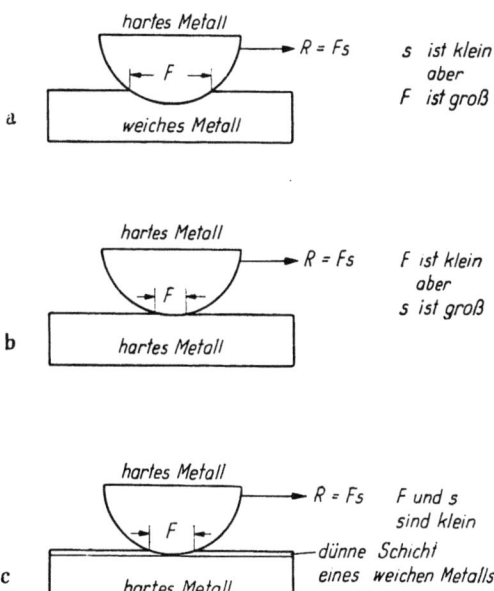

Abb. 41. Die Reibung zwischen Metalloberflächen ist nur wenig von ihrer Härte abhängig. Eine niedrige Reibung kann dadurch erzielt werden, daß man eine harte Metallunterlage mit einer dünnen Schicht eines weichen Metalls überzieht

liegenden Schichten zu widerstehen, jedoch leicht geschert wird, wenn man eine Tangentialkraft anwendet. Möglicherweise ist eine solcher Aufbau der Grund dafür, daß bei Stoffen wie Talk oder Graphit (s. jedoch Kap. VIII) eine niedrige Reibung beobachtet wird. Dieser Zustand ist bei Metallen schwierig zu erreichen, da ihre physikalischen Eigenschaften viel weniger anisotropisch sind. Wählt man beispielsweise ein hartes

Metall, so wird die Berührungsfläche F wohl klein, aber s erreicht entsprechend hohe Werte (Abb. 41 b). Aus diesem Grunde ist der Reibungsbeiwert der meisten Metalle von derselben Größenordnung und liegt etwa zwischen 0,6 und 1,2.

Wir können diesen gewünschten anisotropischen Zustand jedoch herbeiführen, indem wir eine dünne Schicht eines weichen Metalls auf die Oberfläche eines harten niederschlagen (Abb. 41 c). Unter der Voraussetzung, daß diese Metallschicht der Beanspruchung standhält, gilt nun als Scherfestigkeit s für den Reibungsvorgang diejenige des weichen Metalls. Gleichzeitig bleibt F sogar für schwere Lasten klein, weil das Gewicht hauptsächlich von der harten Unterlage getragen wird. Infolgedessen entsteht nur eine geringe Verformung, und die resultierende Reibung $R = Fs$ wird klein ausfallen. Wir haben somit ein Interesse, die allgemeinen Reibungseigenschaften dünner Metallschichten zu erforschen, und eine diesbezügliche Untersuchung erstreckte sich auf dünne Schichten von Indium, Blei und Kupfer, die auf verschiedenen Substraten galvanisch abgeschieden wurden.

Die Reibung in Abhängigkeit der Furchenbreite

Aus dem vorangehenden Abschnitt geht deutlich hervor, daß die Reibung für das Gleiten einer harten halbkugeligen Oberfläche auf einer dünnen weichen Metallschicht nur von der Scherfestigkeit der Schicht und der Breite der vom Reiter gezogenen Furche abhängen sollte, da letztere ein Maß für die Berührungsfläche liefert. Sie sollte mindestens durch die Natur des Substrates und die angewandte Belastung nicht beeinflußt werden. Dies ist tatsächlich der Fall, wie einfache Reibungsversuche mit einer Stahlhalbkugel, die auf dünnen Schichten von Indium und Blei glitt, zeigten. Die Ergebnisse für verschiedene Substrate sind in den Abb. 42 und 43 dargestellt. Die Furchenbreite wurde in diesen

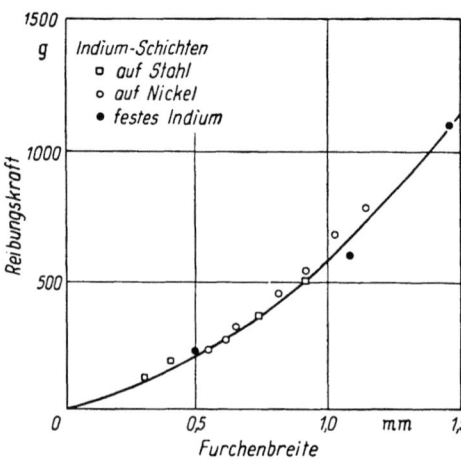

Abb. 42. Die Reibung eines gerundeten Stahlreiters auf Indiumschichten, mit denen Stahl- und Nickelsubstrate überzogen wurden. Die Reibung ist in erster Linie, auch bei einem Block aus reinem Indium, durch die Spurbreite bestimmt

Versuchen durch Variation der Dicke der niedergeschlagenen Schicht und des Krümmungsradius des Reiters geändert. Die hauptsächlichste

Wirkung einer Lasterhöhung bestand darin, eine geringe Verformungszunahme im unter der Schicht gelegenen Metall zu verursachen und dadurch die Furche zu verbreitern. Dieser Effekt sollte bei einer weichen Unterlage wie Silber stärker ausgeprägt sein als bei einem harten Substrat aus Stahl, was auch beobachtet wurde. Der Gleitwiderstand war in allen Fällen vorwiegend durch die Furchenbreite bedingt, ob er nun auf einer niedergeschlagenen Schicht oder für die metallische Grundmasse allein gemessen wurde. Dies beweist, daß das Abscheren in den angeführten Versuchen tatsächlich innerhalb des dünn aufgetragenen Metallfilms stattfand.

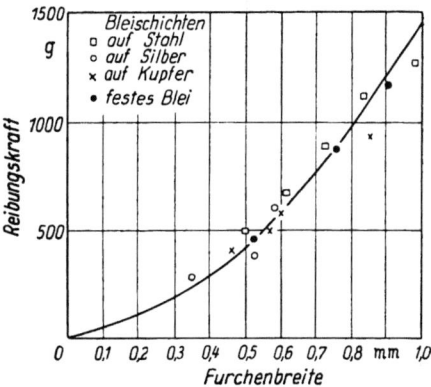

Abb. 43. Die Reibung eines gerundeten Stahlreiters auf Bleioberflächen. Sie hängt hauptsächlich von der Spurbreite ab, ob das Blei in dünnen Schichten auf Stahl-, Kupfer- oder Silberunterlagen oder als fester Block vorliegt

Die minimale Schichtdicke

Diese Vorstellung von der Wirkungsweise dünner Metallschichten ist nur gültig, wenn kein nennenswerter metallischer Kontakt durch die Schicht hindurch vorkommt. Es ist deshalb zu erwarten, daß sich das Verhalten ändert, sobald die obenaufliegende Metallschicht eine gewisse minimale Dicke nicht erreicht. Abb. 44 veranschaulicht den Einfluß der Schichtdicke auf den Reibungsbeiwert für eine dünne Lage Indium auf einem Werkzeugstahl. Die Stärke des Indiumfilms wurde aus der elektrischen Ladung berechnet, die zur Abscheidung des Metalls benötigt worden war. Der gerundete Reiter aus gehärtetem Stahl wies bei diesen Versuchen einen Krümmungsradius von 0,3 cm auf, und die Belastung betrug 4000 g. Wie erwartet, nimmt die Reibung ab, wenn immer dünnere Schichten verwendet werden, da die Furchenbreite (d. h. die Berührungsfläche) kleiner wird. Allerdings ist diesem Verhalten

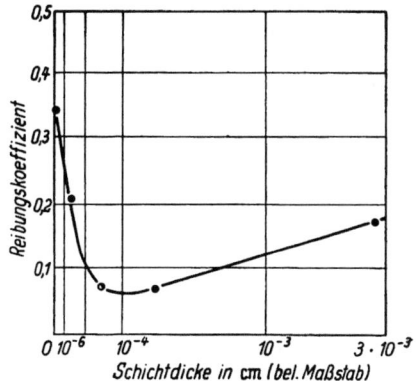

Abb. 44. Der Einfluß der Schichtdicke auf den Reibungsbeiwert dünner Indiumschichten auf Werkzeugstahl (Stahlreiter). Die geringste Reibung wird mit einer ungefähr 10^{-4} bis 10^{-5} cm dicken Schicht erzielt

eine Grenze gesetzt, indem ein Reibungsminimum erreicht wird, wenn die Dicke auf etwa 10^{-5} cm gesunken ist. Schichten von geringerer Stärke, z. B. 10^{-6} cm (oder etwa 30 Atomabstände) dicke, vermögen nicht mehr die gewünschte Wirkung zu erzeugen.

Die mit Indium bedeckte Oberfläche des Werkzeugstahls wurde für diese Versuche nicht besonders poliert, noch war sie homogen. Diese Faktoren können leicht zu einer vorzugsweisen Abscheidung des Metallfilms in gewissen Gebieten führen, so daß die Oberfläche stellenweise unbedeckt oder nur dünn überzogen bleibt. Möglicherweise erweisen sich schon sehr viel dünnere Schichten von vielleicht nur ein oder zwei Moleküllagen als wirksam, wenn hochpolierte Flächen eines einphasigen Metalls als Unterlage verwendet werden.

Das Versagen der Schicht

Wenn die Belastung zu hoch wird, muß in ähnlicher Weise wie bei zu dünnen Lagen mit einem Durchbrechen der weichen Metallschicht und erhöhter metallischer Berührung zwischen Reiter und Substrat gerechnet werden, wobei eine entsprechende Zunahme der Reibungskraft unvermeidlich ist. Charakteristische Ergebnisse, die diesen Effekt illustrieren, sind in Abb. 45 für eine Indiumschicht dargestellt, die in einer Dicke von 3×10^{-3} cm auf einer Stahlunterlage abgeschieden worden war. Als Reiter diente wiederum eine Stahlhalbkugel von 0,3 cm Krümmungsradius, und die Belastung wurde, beim Punkt A beginnend, stufenweise von 500 g auf 8000 g erhöht. Man sieht, daß die Reibung bei schweren Lasten deutlich zunahm, obschon die Spurbreite im wesentlichen unverändert blieb. Dieses Reibungsverhalten läßt vermuten, daß die Indiumlage unterbrochen wurde, wobei eine direkte Berührung zwischen den freigelegten Stahloberflächen stattfand. Eine mikroskopische Untersuchung der Furche nach nur einmaligem Passieren des Reiters zeigte, daß tatsächlich eine fortschreitende Auflockerung der Indiumschicht erfolgte, wenn immer schwerere Lasten verwendet wurden.

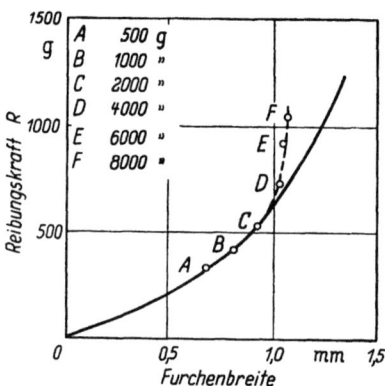

Abb. 45. Unterbrechung der Indiumschichten unter schwerer Belastung. Bei intakten Filmen würde die Reibungskraft der ausgezogenen Kurve folgen. Infolge Auflockerung findet eine Wechselwirkung zwischen den Grundflächen statt und die Reibung wird bedeutend größer

Ähnliche Ergebnisse wurden auch mit Indiumschichten auf Silber und mit Bleilagen auf Kupfer und Stahl erhalten. In all diesen Fällen hängt die Belastung, bei der das Versagen eintritt, von der Dicke der Schicht, von der Festigkeit ihrer Adhäsion an der Unterlage sowie von der Härte der Grundmasse ab. Sie wird auch durch die Gestalt des Reiters beeinflußt, und je kleiner dessen Krümmungsradius ist, um so eher wird die kritische Beanspruchung erreicht. Wie wir in Kap. VII sehen werden, kann die Auflockerung der normalerweise auf Metalloberflächen vorhandenen Oxydschicht unter gewissen Umständen ein ähnliches Reibungsverhalten zur Folge haben.

Der Verschleiß der Schichten

Wenn ein Reiter in der gleichen Furche wiederholt über die Oberfläche gleitet, so sind die dünnen Schichten natürlich einer zunehmenden Abnutzung unterworfen und Tafel XIV zeigt einige Ergebnisse, die mit einer 4×10^{-4} cm dicken Indiumschicht auf Werkzeugstahl (Vickershärte 800 kg/mm²) erhalten wurden. Aus dem in Tafel XIV. 1 dargestellten Reibungsverhalten geht hervor, daß die Bewegung anfänglich gleichförmig verlief, mit einer Reibungszahl von etwa 0,08. Mit wiederholtem Gleiten über dieselbe Strecke nahm die Reibung allmählich zu, und nach dem siebenten Durchgang setzte die intermittierende Bewegung ein. Darauf stieg mit der Reibung auch die Amplitude der Schwankungen an, und nach 10 Hin- und Herbewegungen hatte die Reibungszahl einen Wert von 0,4 erreicht. Die entsprechenden Reiterfurchen sind in Tafel XIV. 2 (a, b, c und d) abgebildet. Wie man erkennt, ist die Stahloberfläche nach dem siebenten Durchgang teilweise entblößt und die ursprünglichen Läppspuren treten sichtbar hervor. Nach dem zwanzigsten Durchgang ist die Schicht in beträchtlichem Ausmaß zerstört. Ähnliche Ergebnisse wurden auch mit auf Silberflächen abgeschiedenen Lagen von Indium erhalten.

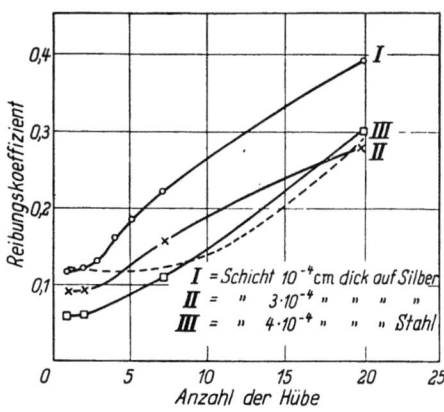

Abb. 46. Reibungszunahme mit fortschreitendem Verschleiß von Indiumschichten auf verschiedenen Unterlagen. Die gestrichelte Kurve zeigt zum Vergleich den Verschleiß einer Stearinsäureschicht von neun Moleküllagen Stärke auf Stahl

Die mit dem Verschleiß der Indiumschichten zusammenhängende Reibungszunahme ist in Abb. 46 dargestellt, und ein Vergleich der ausgezogenen Kurven zeigt, daß die dickeren Schichten auch verschleißfester sind. Diesem Verhalten sei die gestrichelte Kurve gegenübergestellt, die angibt, mit welcher Schnelligkeit neun Moleküllagen von

140 Der Mechanismus der metallischen Reibung

Tafel XIV

Abb. 1. Das Reibungsverhalten einer Indiumschicht auf Stahl bei wiederholtem Durchlaufen derselben Gleitstrecke. Nach 7 Hüben beginnt die Reibung zuzunehmen, und beim 20. Durchgang ist die Bewegung bereits ausgeprägt intermittierend

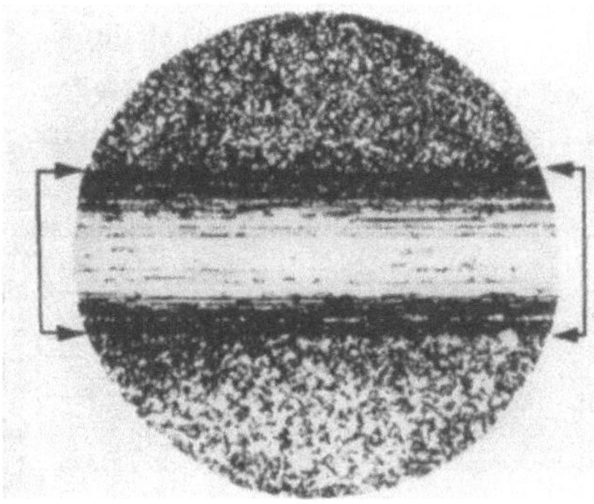

a) nach dem 1. Hub 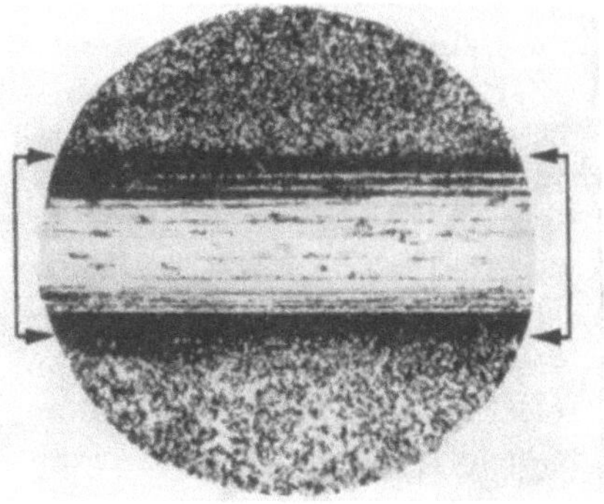   b) nach dem 2. Hub

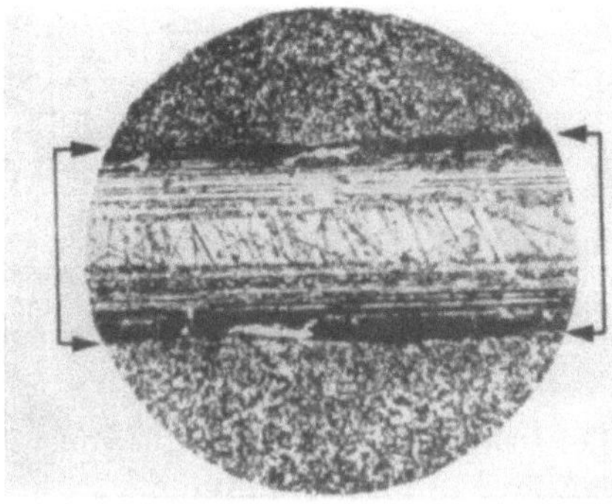

c) nach dem 7. Hub 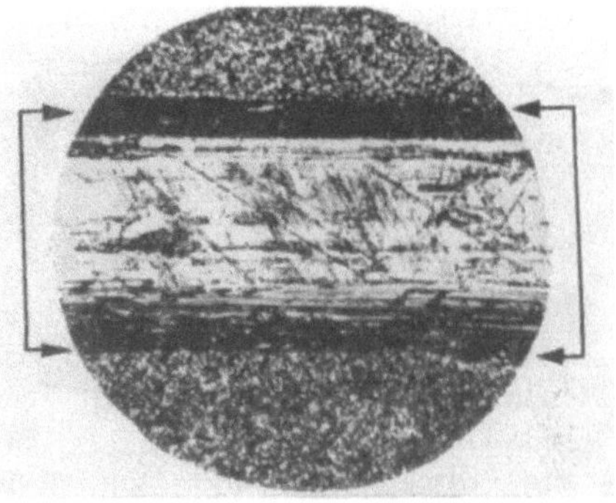   d) nach dem 20. Hub

Abb. 2. Mikrophotographien von Gleitfurchen in Indiumschichten, die auf eine Stahlunterlage niedergeschlagen wurden. Mit der fortschreitenden Abnutzung des Indiums durch wiederholtes Reiben in der gleichen Bahn wird die Stahlunterlage immer mehr freigelegt, was von einer entsprechenden Reibungszunahme begleitet ist. (27×)

Stearinsäure, die auf einer Stahlfläche haften, abgenutzt werden. Offenbar widerstehen die Metallschichten dem Reibungsverschleiß ziemlich gut, doch sind sie weniger dauerhaft als der viel dünnere Film aus Fettsäure (s. Kap. IX). Die Beweglichkeit dieses Films an der Oberfläche mag in diesem Zusammenhang von einiger Wichtigkeit sein. Fettsäuremoleküle besitzen die Fähigkeit, sich über die Oberfläche fortzubewegen, und den beschädigten Film wiederaufzubauen. Auch die Atome vieler Metalle sind imstande, über feste Oberflächen zu wandern, aber wahrscheinlich geht dieser Vorgang bei festen Metallschichten langsamer vor sich als bei Fettsäuren.

Die Wirkung der Temperatur

Der Einfluß der Temperatur auf die Reibung einer dünnen Indiumschicht ist in den Bildern 47a und b illustriert. Die Reibung nimmt mit steigender Temperatur stetig ab und erreicht beim Schmelzpunkt von Indium ein Minimum. Wenn der Schmelzvorgang abgeschlossen

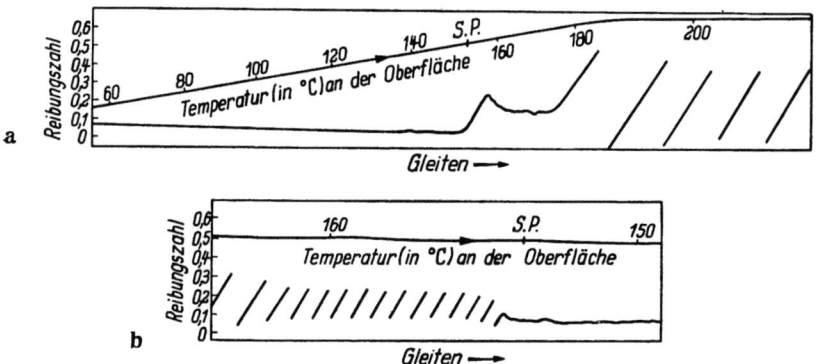

Abb. 47. Die Reibung von Stahl auf einer Indiumschicht in Abhängigkeit der Temperatur. a) Die Reibung fällt beim Erwärmen allmählich, um beim Schmelzpunkt von Indium, 155°C, scharf anzusteigen. b) Bei der Abkühlung fällt die Reibung steil ab, sobald die Indiumschicht erstarrt

ist, erfolgt ein scharfer Reibungsanstieg (s. Abb. 47a), und läßt man die Schicht erstarren, so fällt die Reibung wieder auf den niedrigen Wert zurück (s. Abb. 47b).

Ähnliche Ergebnisse wurden auch mit einer 3×10^{-3} cm dicken Bleischicht auf Werkzeugstahl beobachtet. Die Reibung fiel über einen Temperaturbereich von 20° bis 270°C auf etwa die Hälfte ihres ursprünglichen Wertes. Beim Schmelzpunkt trat nach einer weiteren geringen Abnahme ein plötzlicher Anstieg ein, als die Schicht in vollem Umfange flüssig wurde.

Diese Reibungsverminderung mit steigender Temperatur ist von besonderem Interesse und sollte der Wirkung der Temperatur auf die

Reibung der reinen Metalle gegenübergestellt werden. Wie bereits erläutert wurde, spielt die Temperatur bei reinen Metallen eine verhältnismäßig kleine Rolle, da die Abnahme der Scherfestigkeit bei einer Temperaturerhöhung durch eine Vergrößerung der Berührungsfläche meist ausgeglichen wird. In den Versuchen mit dünnen Schichten, deren Unterlage erst bei hohen Temperaturen erweicht, bleibt die wirkliche Berührungsfläche bei der Erwärmung jedoch beinahe unverändert; denn die Last wird in erster Linie durch das harte, mit dem weichen Film bedeckte Grundmaterial getragen. Wir sind deshalb in der Lage, die Einflüsse auf F und s getrennt abzuschätzen und, während s abnimmt, auch eine Verminderung von R zu beobachten.

Erwärmt man Schichten von Indium oder Blei von Raumtemperatur bis zu ihrem Schmelzpunkt, so fällt R beinahe linear auf etwa den halben Wert. Betrachten wir den Fall der Bleischicht, und bezeichnen wir die Reibungskraft bei 20 °C mit R_{20} und bei 300 °C mit R_{300}, so können wir für R einen Temperaturkoeffizienten γ definieren:

$$R_{200} = R_{20}(1 + \gamma t), \quad \text{wobei} \quad t = 300 - 20.$$

Damit wird

$$\gamma = -0{,}0015.$$

Für Indiumschichten beläuft sich γ auf 0,0025 über den Temperaturbereich 20° bis 150 °C. R erreicht seinen niedrigsten Wert in jenem Augenblick, in dem das Schmelzen beginnt, steigt jedoch scharf an, sobald der Schmelzvorgang vollendet ist. Für eine Indiumschicht auf Werkzeugstahl wird dann ein beinahe so hoher Wert gemessen wie für den unbedeckten Werkzeugstahl, und es ist klar, daß die geschmolzene Schicht der darunterliegenden Oberfläche wenig Schutz gewährt. Dies überrascht nicht besonders, da das geschmolzene Indium die Werkzeugstahlfläche nicht ohne weiteres benetzt. Eine ähnliche, unmittelbare Reibungszunahme wurde bei Bleischichten auf Silber beobachtet, doch lag der Endwert bedeutend weniger hoch. Die Reibung des Stahlreiters auf der Silberoberfläche betrug in Anwesenheit von geschmolzenem Blei nur etwa einen Viertel des Wertes, der für Silber allein charakteristisch ist. Geschmolzenes Blei benetzt Silber sogleich, und es ist offensichtlich auch in diesem Zustand fähig, die bedeckte Oberfläche einigermaßen zu schützen und so als Schmiermittel zu wirken.

Einige Hilfsversuche über Quecksilberschichten sind in diesem Zusammenhang ebenfalls von Interesse. Es wurde nämlich gefunden, daß kleinste Mengen von Quecksilber auf Silber eine sehr ausgeprägte Reibungsverminderung herbeiführen, indem sie die Unterlage sofort benetzen und mit ihr ein Amalgam bilden. Dieser Vorgang setzt das Quecksilber anscheinend instand, eine ziemlich wirksame Schmierung zu gewähren. Die Fähigkeit eines Metalls, die Oberfläche der Unterlagen zu benetzen und darüber zu verlaufen, spielt möglicherweise auch in der Wirkungsweise der Lagermetalle und in der Reibung und Schmierung anderer Metallpaarungen eine wichtige Rolle.

Metallschichten als Schmiermittel

Die Versuche, deren Ergebnisse in Abb. 48 dargestellt sind, wurden ausgeführt, um zu bestimmen, in welchem Ausmaß die Reibungszahl vom AMONTONSschen Gesetz abweicht. Die Reibungskoeffizienten gelten für Oberflächen aus Werkzeugstahl, und die Lasten lagen zwischen 400 und 8000 g. Kurve *I* verbindet die für trockenen Stahl erhaltenen Werte, Kurve *II* jene für einen mit Mineralöl (dünne Schicht) geschmierten Stahl, und Kurve *III* ist für einen Stahl, der mit einer 4×10^{-4} cm dicken Indiumschicht bedeckt war. Der Unterschied im Verhalten dieser Oberflächen ist auffallend. Sowohl beim trockenen als auch bei dem mit Mineralöl geschmierten Stahl weicht der Reibungsbeiwert nicht vom AMONTONSschen Gesetz ab. Auf der Indiumschicht hingegen, wird μ mit steigender Belastung bedeutend kleiner.

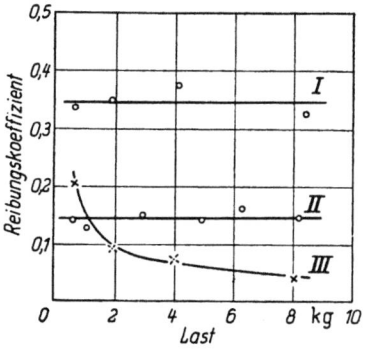

Abb. 48. Der Einfluß der Last auf das Reibungsverhalten *I* von trockenem Werkzeugstahl, *II* eines mit Mineralöl geschmierten Stahls, *III* einer Indiumschicht von 4×10^{-4} cm Dicke auf Stahl. Die Reibungszahl ist in den Fällen *I* und *II* lastunabhängig, fällt jedoch im dritten Fall mit zunehmender Belastung rasch ab

Der Grund für diese unterschiedlichen Resultate wurde bereits angedeutet. Bei trockenem Stahl (oder wenn der Stahl mit einer Mineralölschicht geschmiert ist) verändert sich die Fläche, über die eine echt metallische Berührung stattfindet, im Verhältnis zur angewandten Belastung. Wird aber eine dünne Schicht eines weichen Metalls als Schmiermittel verwendet, so ruft die kleine zusätzliche Verformung der Stahlunterlage infolge erhöhter Belastung nur eine geringe Vergrößerung der wirklichen Berührungsfläche hervor. Demzufolge ergibt sich trotz höherer Normalbeanspruchung nur eine geringe Reibungszunahme, und wie Abb. 48 zeigt, kann die entsprechende Abnahme von μ sehr ausgeprägt sein. Die Reibungszahl fiel in den erwähnten Versuchen von 0,2 für die leichteste Last bis auf 0,04 für das schwerste Gewicht. Wäre es möglich, die Oberflächen mit einer Metallschicht von molekularen Dimensionen zu schmieren, so dürfte eine bessere Übereinstimmung mit dem Gesetz von AMONTONS erwartet werden.

Das Verhalten der weichen dünnen Metallschichten gleicht in gewisser Hinsicht stark demjenigen gewöhnlicher Schmierfilme. Sie rufen eine beträchtliche Reibungsverminderung hervor, sie können ein gleichförmiges Gleiten herbeiführen, und sie schützen die darunterliegenden Metallflächen. Die Metallschichten werden durch wiederholtes Gleiten in derselben Furche auch in ähnlicher Weise wie ein Schmierfilm abgenutzt, nur geht der Verschleiß der Metallschichten schneller vor sich als bei langkettigen Kohlenwasserstoffen oder Fettsäureschichten. Auf einen weiteren Punkt auffallender Ähnlichkeit stößt man bei der Betrachtung der Schmelzwirkung. Der Übergang von gleichförmigem Gleiten zu intermittierender Bewegung beim Schmelzen der Metallschicht ist sozusagen analog der Änderung, die man beobachtet, wenn feste Kohlenwasserstoffilme über ihren Schmelzpunkt erhitzt werden.

Es bestehen allerdings auch mehrere hervorragende Unterschiede zwischen dem Verhalten von Metallschichten und jenem gewöhnlicher Schmierfilme. Wie wir in Kap. X sehen werden, braucht ein Schmierfilm sogar auf rauhen Oberflächen nur eine Dicke von ein oder zwei Molekülen aufzuweisen, um als Grenzschicht wirksam zu sein. Metallschichten müssen aber beträchtlich dicker sein, etwa 10^{-5} cm, um die Schmieraufgabe erfüllen zu können. Ein weiterer verblüffender und grundlegender Unterschied besteht darin, daß die Reibung sich bei den üblichen Schmierfilmen nach dem Gesetz von AMONTONS verhält, bei Metallschichten hingegen nicht. Bei den letzteren nimmt die Reibungszahl ab, wenn die Normalkraft gesteigert wird, und kann bei hohen Lasten äußerst tief liegen. Der für die beschriebenen Indiumschichten gefundene Wert von $\mu = 0{,}04$ unter einem schweren Gewicht ist so niedrig wie der bei den besten Grenzschichten beobachtete. Ein ähnlicher Wert wird auch für Eisflächen gemessen (s. Kap. III).

Für diese dünnen Metallschichten können bei vielen praktischen Problemen wichtige Anwendungsmöglichkeiten bestehen, besonders, wenn schwere Lasten auftreten, und wenn die üblichen Schmiermittel nicht eingesetzt werden können. Sehr dünne Bleischichten sind zum Beispiel beim Tiefziehen wirksam: Ein Bleiüberzug von 0,025 mm Dicke auf Stahl erlaubt das Tiefziehen bei ungeschmierten Matrizen und ergibt eine ausgezeichnete Beschaffenheit der Oberflächen (MOORE and TABOR, 1943). In ähnlicher Weise verwendeten ATTLEE, WILSON und FILMER (1940) Schichten von Barium, um die Kugellagerringe in umlaufenden Anodenstrahlröhren zu schmieren. Nach demselben Prinzip wird durch das Verschmieren eines harten metallischen Grundgefüges mit einer weichen metallischen Füllung eine sehr befriedigende Gleitlagerfläche erzeugt. Dies wird im nächsten Kapitel ausführlicher behandelt.

Der Mechanismus der Rollreibung

Die Untersuchung über den Mechanismus der Rollreibung (ELDREDGE, 1952), die vor einigen Jahren begonnen wurde, beschäftigt sich nicht mit der Charakteristik von praktischen Kugellagern, sondern mit den Einzelvorgängen, die sich abspielen, wenn eine Kugel zwischen zwei ebenen Metallflächen rollt. Das Verhalten kann hier in zwei Teile zerlegt werden. Wenn das Rollen einsetzt, so findet auch bei ganz kleinen Lasten ein ausgeprägtes plastisches Fließen statt, und der Widerstand gegen die Vorwärtsbewegung beruht in erster Linie auf der plastischen Verdrängung des vor der Kugel gelegenen Metalls. Bei wiederholtem Zurücklegen der gleichen Rollstrecke erfolgt eine Verbreiterung der Rinne und eine Abnahme des Rollwiderstandes, bis schließlich ein Gleichgewichtszustand erreicht ist, in dem keine weitere bleibende Verbreiterung der Rollbahn erzeugt wird, so daß die Deformationen im wesentlichen elastisch sind. Der Rollwiderstand ist von da an konstant und wird durch Grenzschmierstoffe nicht beeinflußt.

Ein eingehendes Studium des Rollwiderstandes im elastischen Bereich liegt noch nicht vollständig vor, doch scheinen vor allem zwei Faktoren maßgeblich mitzuspielen. Der erste, dem in der Literatur bisher nur wenig Beachtung geschenkt wurde, ist durch elastische Hystereseverluste bedingt (TABOR, 1952). Beim Vorrollen der Kugel wird der vordere Teil der Berührungsellipse niedergedrückt und der hintere entlastet. Unter idealen, elastischen Verhältnissen würde die an der Rückseite wiedergewonnene Energie genau gleich der an der Vorderseite ausgegebenen sein. Infolge der Hystereseverluste ist dies aber nicht der Fall, und es entsteht ein Nettoverlust an Energie. Der Hystereseverlust wirkt sich effektiv durch eine Verlegung des Druckzentrums vor den Mittelpunkt der Berührungsellipse aus und führt dadurch zu einem Drehmoment, das dem Vorrollen entgegenwirkt. Es bestehen nur wenige Daten über Hystereseverluste bei den großen Dehnungen, mit denen man es in diesen Rollversuchen zu tun hat; aber eine Voruntersuchung deutet bei Metallen wie Kupfer und Messing Verluste in der Gegend von einigen Prozenten an.

Beim Rollen von Zylindern stellt die Hysterese wahrscheinlich die hauptsächlichste Quelle für den Energieverlust dar, weil das von REYNOLDS (1875) vorgeschlagene Gleiten in kleinsten Bezirken („microslip") als vernachlässigbar klein erscheint. Bei einer Kugel, die in einer Rinne rollt, muß jedoch einer zweiten Erscheinung Beachtung geschenkt werden (HEATHCOTE, 1921). Da verschiedene Punkte auf der Kugel nicht den gleichen Abstand von der Rotationsachse aufweisen, werden sie pro Umdrehung der Kugel verschiedene Strecken zurücklegen, da ja Kreisperipherien von verschiedenem Durchmesser abgerollt werden. Wenn die Unterschiede nicht durch eine entsprechende Dehnung der Elemente der Berührungsellipse ausgeglichen werden können, so muß dies zu einem Rutschen zwischen der Kugel und der Rinne führen. Auf Grund dieser Vorstellung wurde eine einfache Theorie entwickelt, die das wirkende Rollmoment durch die Last, die Gleitreibungszahl zwischen Kugel und Rinne und die Geometrie von Kugel und Rollbahn ausdrückt. Nimmt man einen vernünftigen, konstanten Wert für die Reibungszahl an, so findet man, daß die berechneten Werte mit den beobachteten Ergebnissen gut übereinstimmen (ELDREDGE und TABOR, 1955).

Obschon es noch weiterer Arbeit bedarf, so kann doch bei den meisten Rollmechanismen erwartet werden, daß der totale Rollwiderstand als die Summe eines Gleit- und eines Hystereseanteils aufzufassen ist. Es ist wichtig, sich zu vergegenwärtigen, daß hohe Hystereseverluste in einigen Fällen das Rollreibungsverhalten vollständig dominieren können. Somit gibt ein für niedrige Gleitreibung bekannter Stoff wie Teflon einen viel höheren Rollwiderstand als ein durch hohe Gleitreibung gekennzeichnetes Metall wie Kupfer.

Schrifttum

ATTLEE, Z. J., J. T. WILSON and J. C. FILMER (1940), J. Appl. Phys. **11**, 611.
BLOK, H. (1940), J. Soc. Aut. Eng. **46**, 54.
BOWDEN, F. P. (1945), Proc. Roy. Soc. N. S. W. **78**, 187 (Liversidge Vortrag).
BOWDEN, F. P., and L. LEBEN (1939), Proc. Roy. Soc. A **169**, 371.
BOWDEN, F. P., L. LEBEN and D. TABOR (1939), Engineer (London), **168**, 214.
BOWDEN, F. P., A. J. W. MOORE and D. TABOR (1943), J. Appl. Phys. **14**, 80.
BOWDEN, F. P., and D. TABOR (1939), Proc. Roy. Soc. A. **169**, 391.
BOWDEN, F. P., and D. TABOR (1942), Nature, **150**, 197.
BOWDEN, F. P., and D. TABOR (1943), J. Appl. Phys. **14**, 141.
BRISTOW, J. R. (1942), Nature, **149**, 169.
COURTNEY-PRATT, J. S., and E. EISNER (1957), Proc. Roy. Soc. A **238**, 529.
ELDREDGE, K. R. (1952), Ph. D. Dissertation, Cambridge.
ELDREDGE, K. R., and D. TABOR (1955), Proc. Roy. Soc. A **229**, 181.
ERNST, H., and M. E. MERCHANT (1940), Conf. Friction and Surface Finish. M. I. T. 76.
HEATHCOTE, H. L. (1921), Proc. Inst. Aut. Engrs., **15**, 1569.
KHAIKIN, S., L. LISSOVSKY and A. SOLOMONOVITCH (1940), J. Physics (USSR), **2**, 253.
McFARIANE, J. S., and D. TABOR (1950), Proc. Roy. Soc. A **202**, 244.
MING-FENG, I. (1952), J. Appl. Phys. **23**, 1011.
MOORE, A. J. W., and D. TABOR (1943), C. S. I. R. (Australia) Tribophysics Division Report A 96.
MORGAN, F., M. MUSKAT and D. W. REED (1941), J. Appl. Phys. **12**, 743.
REYNOLDS, O. (1875), Phil. Trans. **166**, 1.
TABOR, D. (1952), Phil. Mag. **43**, 1055.

VI. Die Wirkungsweise von Lagerlegierungen

Von Gleitlagern wird normalerweise gefordert, daß sie mit einem Ölfilm bestimmter Dicke laufen, der die Schale von der rotierenden Welle trennt. Der Reibungswiderstand hängt dann vom Lagerspiel und von der Belastung, der Geschwindigkeit und der Zähigkeit der Ölschicht ab. Vorausgesetzt, daß der Schmierfilm aufrechterhalten bleibt, spielen die metallischen Oberflächen des Zapfens und der Lagerschale für das Arbeiten des Lagers keine Rolle, und es entsteht an ihnen auch kein Verschleiß. In der Praxis, besonders beim Anlaufen und Anhalten oder bei schlagartiger Belastung oder übermäßigen Schwingungen, kann der flüssige Ölfilm jedoch unterbrochen werden, so daß nur dünne Schichten für die Grenzschmierung zurückbleiben. Im Falle schwerer Beanspruchung kann sogar metallische Berührung in beträchtlichem Ausmaß stattfinden. Der Verschleiß und das Anfressen von Lagern hängt offensichtlich gerade mit diesem Auftreten der Grenzreibung und des metallischen Kontaktes zusammen.

Der allgemeine Mechanismus der Grenzschmierung wird in den Kap. VIII und IX diskutiert werden, doch die grundlegenden Reibungseigenschaften der Metalle sind selbst in der Gegenwart von Grenzschichten wichtig. Wir besprechen deshalb in diesem Kapitel das fundamentale Reibungsverhalten einer Anzahl typischer Lagerlegierungen.

Von BOWDEN und TABOR (1943) wurde darauf hingewiesen, daß die Temperatur der Metalloberflächen eine Einflußgröße von hervorragender Bedeutung darstellt. Bei einem laufenden Lager kann die Reibungswärme an den Stellen, wo die gleitenden Metalle sich augenblicklich berühren, ein örtliches Erweichen oder Schmelzen verursachen. Es ist deshalb wünschenswert, daß einer der Bestandteile des Lagermetalls einen verhältnismäßig niedrigen Schmelzpunkt aufweist, so daß das Metall schmelzen und nach einem anderen Bezirk fließen kann, wenn eine Überhitzung auftritt, wodurch das Fressen verhindert wird. Aus diesem Grunde enthält der größte Teil der Lagerlegierungen Blei (S. P. 327 °C) oder Zinn (S. P. 232 °C) oder irgendeinen anderen niedrigschmelzenden Bestandteil.

Eine ganze Anzahl von Theorien sind in Vorschlag gebracht worden, um die Wirkungsweise typischer Lagerlegierungen zu erklären; aber der Mechanismus wurde keineswegs eindeutig abgeklärt. Es wurde in der Vergangenheit beispielsweise behauptet, ein wesentliches Kennzeichen einer Lagerlegierung bestehe darin, daß sie eine zweiphasige

Struktur besitze, indem harte Kristalle in eine verhältnismäßig weiche Grundmasse eingebettet sind. Dabei besteht die Auffassung (s. z. B. BASSETT, 1937), es sei die Aufgabe der harten Bestandteile, die Abnützung zu vermindern, während der weichere Bestandteil für eine gleichmäßigere Verteilung der Belastung sorgen soll, indem er jenen harten Kristallen, die stark beansprucht werden, das Einsinken gestattet, so daß die Normalkraft von einer größeren Fläche getragen wird. Es wird auch angenommen, die durch Verschleiß im weicheren Material gebildeten Löcher und Narben dienen als Speicher für das Schmieröl. Gewiß ist es unbestritten, daß viele mit Erfolg benützte Lagerlegierungen eine Struktur dieser Art aufweisen, wie sie beispielsweise an der typischen Bleilegierung in Tafel XV.3 und der Zinnlegierung in Tafel XVII.3 zu erkennen ist. Bei beiden Legierungen besteht das Gefüge aus einer weichen Grundmasse, in der eine Anzahl harter Teilchen verteilt sind. Dennoch halten andere Forscher dafür, daß diese Theorie nicht befriedigt, und daß die harten Teilchen in Wirklichkeit für die Reibungseigenschaften der Legierungen nur eine kleine Rolle spielen.

Jedenfalls kann die obenbeschriebene Theorie der Lagerlegierungen mit Doppelstruktur keine allgemeine Gültigkeit besitzen; denn es lassen sich viele Fälle angeben, wo sie nicht stimmen kann. Die oberste Schicht vieler neuzeitlicher Lagerlegierungen zum Beispiel weist nicht zweierlei Bestandteile auf, sondern besteht aus einer Einphasenlegierung. Eine andere, sehr große Gruppe von Lagermetallen besitzt eine durchgehende, harte Grundmasse, in der eine kleine Menge eines weichen Metalls fein verteilt vorkommt. Einige Kupfer-Blei-Legierungen liefern ein gutes Beispiel für diesen Fall (siehe beispielsweise die in Tafel XV.1 und 2 gezeigten Kupfer-Blei-Legierungen). Das harte Kupfer bildet dabei eine durchgehende Phase, so daß ein „Einsinken" in das verteilte Blei nicht in Frage kommt. Solche Legierungen müssen offensichtlich durch einen anderen Mechanismus wirken.

Über den grundlegenden Mechanismus der Lagermetalle sind in den letzten Jahren wenige neue Arbeiten veröffentlicht worden. Von LUNN (1952) wurde diese Aufgabe nach einer eher empirischen Methode in Angriff genommen, indem er den elektrischen Widerstand zwischen geschmierten, sich hin- und herbewegenden Gleitflächen maß. Dabei wurde der durchschnittliche Widerstand als Kennwert für den Umfang der Unterbrechung des Schmierfilms genommen. LUNN behauptet, das Verfahren liefere einen nützlichen Gütegrad für verschiedene Metall-Öl-Kombinationen, doch wirft es eigentlich nicht viel Licht auf die Einzelheiten des Gleitmechanismus für diese Legierungen.

Eine andere Art der Untersuchung, welche die grundlegenden Arbeiten über die Reibungseigenschaften verhältnismäßig neuzeitlicher

Die Wirkungsweise von Lagerlegierungen

Tafel XV

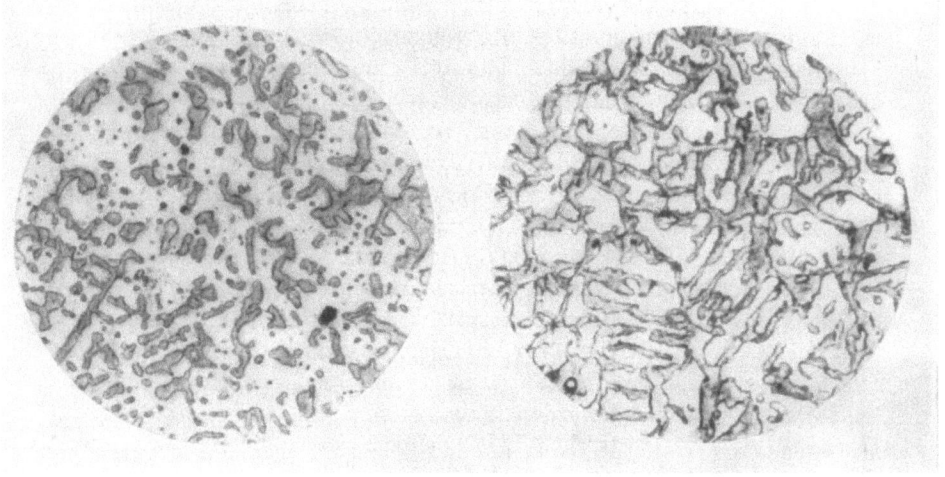

Abb. 1   Abb. 2

Abb. 1. Nichtdendritische Kupfer-Blei-Legierung. Das Blei (dunkle Phase) ist in der härteren Kupfergrundmasse fein verteilt. (200 ×)

Abb. 2. Dendritische Kupfer-Blei-Legierung. Das Blei (dunkle Phase) füllt als zusammenhängendes Netzwerk die Lücken zwischen den Kupferdendriten aus. (200 ×)

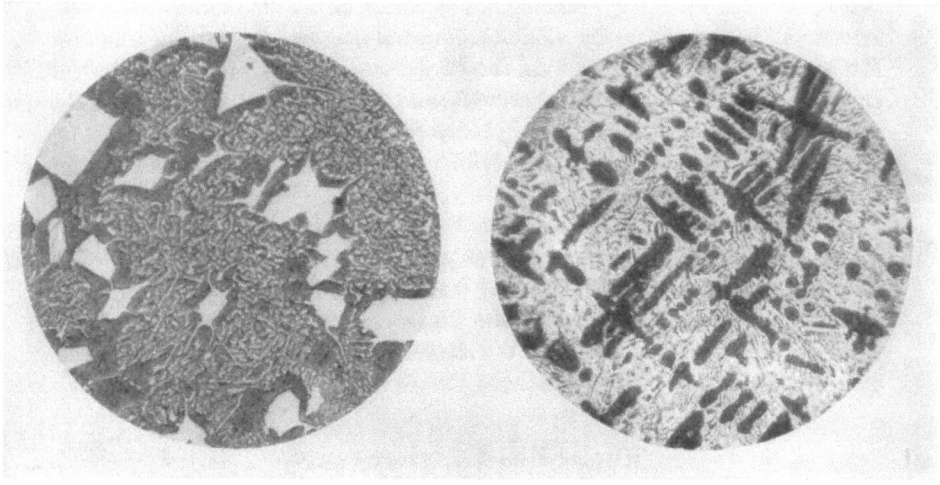

Abb. 3   Abb. 4

Abb. 3. Blei-Lagerlegierung. Die Grundmasse ist ein Blei-Zinn-Antimon-Eutektikum. Die harten, würfelähnlichen Körner bestehen aus einer Zinn-Antimon-Verbindung und sind einzeln von einer bleireichen, festen Lösung umgeben. (240 ×)

Abb. 4. Blei-Vergleichslegierung. Dendriten der bleireichen, festen Lösung befinden sich in einer Grundmasse aus einem Blei-Zinn-Antimon-Eutektikum. Es sind keine harten Teilchen vorhanden, und die Legierung gleicht der Grundmasse der im dritten Bild gezeigten Lagerlegierung. (240 ×)

Stoffe berücksichtigt, führte auch zur Entwicklung neuer Lagermaterialien. Polytetrafluoräthylen (PTFA, Fluon oder Teflon genannt) weist wohl außergewöhnlich gute Reibungseigenschaften auf (s. Kap.VIII), ist jedoch mechanisch schwach und besitzt eine niedrige Wärmeleitfähigkeit. Wenn es aber in ein poröses Material wie gesintertes Kupfer eingesetzt wird, so erhalten wir einen Werkstoff mit ungefähr den mechanischen Eigenschaften und der Wärmeleitfähigkeit von Kupfer. Da die Oberfläche jedoch mit einer dünnen Schicht von PTFA überzogen ist, besitzt der Werkstoff die Reibungseigenschaften des Plastik und die Reibungszahl beträgt nur 0,05 (BOWDEN, 1950a). Außerdem kann das Plastik durch das Gleiten oder vielmehr durch den Verschleiß andauernd an der Oberfläche „ersetzt" werden, in ähnlicher Weise, wie dies beim Kupfer-Blei-Typ der Lagerlegierungen geschieht. Praktische Prüfungen zeigen, daß nach diesem Prinzip hergestellte Lager ohne Schmierung verwendet werden können und auch bei hohen Temperaturen, bei denen die üblichen Lager schon nach wenigen Minuten versagen, befriedigend laufen (LOVE, 1952).

Molybdändisulfid ist ein zweiter Stoff, dessen Anwendung im Betrieb eines Lagers sich oft lohnt. Benutzt man metallisches Molybdän als die eine der Lagerflächen, so kann es chemisch angegriffen werden, um Molybdändisulfid *in situ* zu bilden (BOWDEN, 1950b). Das Disulfid ist dann fest mit der Unterlage verbunden und kann bei porösem Molybdän bis zu einer beträchtlichen Tiefe unter der Oberfläche vorkommen. Selbst wenn die Gleitflächen bei Rotglut laufen, beträgt die Reibungszahl nur 0,07, und da das Molybdändisulfid einen Bestandteil der Oberfläche darstellt, wird es während der Abnutzung immer wieder ersetzt (BOWDEN, 1952). Molybdändisulfid gibt auch eine geringe Reibung, wenn es mit Plastikstoffen und anderen nichtmetallischen Körpern kombiniert wird (BOWDEN, 1950c).

In diesem Kapitel werden wir die Theorie der Wirkungsweise von zwei Haupttypen von Lagerlegierungen mit Doppelstruktur behandeln. Zur ersten Klasse zählen die Kupfer-Blei-Legierungen, bei denen die Grundmasse die härtere der beiden Phasen darstellt; die zweite Gruppe umfaßt die Legierungen des Weißmetalltyps, bei denen die durchgehende Grundmasse die weichere Phase bildet.

Kupfer-Blei-Lagerlegierungen

Die erste der beiden typischen für diese Untersuchung ausgewählten Kupfer-Blei-Legierungen (s. Tafel XV.1) enthielt 27% Blei und wies keine dendritischen Bestandteile auf; das Kupfer bildete eine durchgehende Phase und kleine, kugelige Bleikörner waren darin verteilt. Die zweite (s. Tafel XV.2) enthielt 20% Blei und besaß ein dendritisches Gefüge, wobei das Blei als ein zusammenhängendes Netzwerk zwischen den Kupferdendriten vorlag.

Messungen der Mikrohärte zeigten, daß für die Kupferphase bei beiden Legierungen ein Vickerswert von etwa 60 kg/mm² gilt, während die Bleiphase nur eine Härte von etwa 8 kg/mm² aufweist. In der makroskopischen Härte der Legierungen besteht jedoch ein nennenswerter Unterschied. Bei der nichtdendritischen Legierung, wo das Kupfer die harte, durchgehende Phase bildet, mißt man eine durchschnittliche Vickershärte von rund 36 kg/mm². In der dendritischen Legierung spielt die Bleiphase bei der Bestimmung der physikalischen Durchschnittseigenschaften eine größere Rolle und die Makrohärte beträgt rund 25 kg/mm². In beiden Legierungen ist die Bleiphase natürlich beträchtlich weicher als die durchschnittliche Härte der Legierungen angibt.

Die Reibungseigenschaften dieser Legierungen wurden mit dem im IV. Kap. beschriebenen Gerät untersucht und mit den entsprechenden Werten für reines Kupfer, reines Blei, sowie dünne Bleischichten auf einer Kupferunterlage verglichen. Die Auflage bestand bei diesen Gleitversuchen aus einer ebenen Platte, und der obenliegende Reiter besaß die Form einer Halbkugel mit einem Krümmungsradius von rund 0,3 cm.

Das Reibungsverhalten von Stahl, Kupfer und Blei

Die Reibung von Stahl auf Kupfer oder Blei hängt natürlich etwas von den Versuchsbedingungen ab, doch betrug der Koeffizient für einen gewölbten Stahlreiter etwa 0,9. Bei der Prüfung der Stahloberfläche nach dem Gleiten kamen die charakteristische Adhäsion und Anschweißung des weicheren Metalls an das harte zum Vorschein. Die Reibung von Kupfer auf sich selbst sowie von Blei auf sich selbst war etwas größer, und der Beiwert schwankte ungefähr zwischen 1 und 2, während die Oberflächen beträchtliche Spuren von Fressen und Aufreißen aufwiesen.

Dünne Bleischichten auf Kupfer

Die Reibung eines Stahlreiters auf einer mit einer dünnen Bleischicht bedeckten Kupferoberfläche hängt von den Abmessungen des Reiters und von der Dicke des Films ab. Mit einem halbkugeligen Reiter von 0,3 cm Krümmungsradius und einer Bleischicht von 3×10^{-3} cm Dicke ergab sich ein glattes, gleichmäßiges Gleiten und die Reibungszahl lag eher unterhalb 0,3. Eine Reihe von Reibungsmessungen wurde bei unverändertem Krümmungsradius mit Bleischichten verschiedener Dicke ausgeführt und Abb. 49 zeigt die Beziehung zwischen der Furchenbreite und der Reibungskraft für solche Schichten.

Wie man sieht, verursacht eine Bleischicht von 10^{-6} cm Dicke (Kurve II) nur eine geringe Reibungsverminderung. Sowie die Schichtdicke erhöht wird, nimmt die Reibung für eine bestimmte Furchenbreite ab und erreicht für eine 10^{-3} cm dicke Lage den tiefsten Wert (Kurve V). Eine weitere Zunahme der Schichtdicke bewirkt keine weitere Änderung. Die Reibungskraft ist nun durch die Scherfestigkeit von Blei und die Furchenbreite bedingt, wird also nicht mehr durch die Unterlage beeinflußt (abgesehen von der Wirkung des Substrats auf die Furchenbreite). Wenn ähnliche Messungen auf festem Blei durchgeführt werden, so liegen die Punkte ebenfalls auf Kurve V. Es kann also kein Zweifel darüber bestehen, daß die Reibung nur auf der Wechselwirkung zwischen dem Stahl und dem Blei beruht, wenn die Schicht eine Dicke von etwa 10^{-3} cm erreicht hat. Diese minimale Filmdicke für Blei auf Kupfer ist größer als für die auf Stahl niedergeschlagenen Schichten. Sie übertrifft auch die Werte, die für Indiumschichten auf Stahl festgestellt wurden. Wir wiesen bereits früher darauf hin, daß die geringste Filmdicke für vollkommene „Schmierung" hauptsächlich durch die Härte der metallischen Unterlage beeinflußt wird. Bei weicheren Substraten wie Kupfer, die leichter verformt werden, benötigt man entsprechend dickere Schichten. Die Mindestdicke wird auch von der Oberflächenbeschaffenheit der ursprünglichen Unterlage und von deren Sauberkeitszustand mitbestimmt, da diese beiden Faktoren die Festigkeit, mit der die aufplattierte, weiche Metallschicht an der Unterlage haftet, beeinträchtigen können.

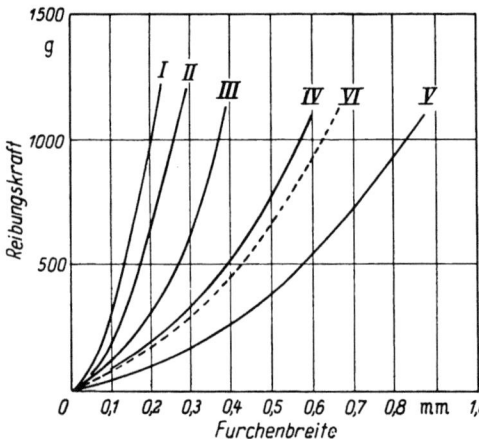

Abb. 49. Das Reibungsverhalten von Bleischichten auf Kupferunterlagen. I Reines Kupfer, II Bleischicht von 10^{-6} cm Dicke. III Bleischicht von 10^{-5} cm, IV Bleischicht von 10^{-4} cm, V Bleischicht von 10^{-3} cm oder dicker, sowie reines Blei, VI Kupfer-Blei-Legierung

Kupfer-Blei-Legierungen

Das Reibungsverhalten beider Legierungen war bei Zimmertemperatur ähnlich. Der Stahlreiter glitt gleichmäßig und ein Reibungsbeiwert von rund 0,18 wurde beobachtet. Als Spuren wurden glatte Furchen oder Rinnen hinterlassen, die nur geringe Anzeichen einer Verletzung durch Aufreißen offenbarten. An einigen Stellen entdeckte man lediglich, daß kleine Mengen von herausgepreßtem Blei verschmiert waren. Beim Reiben der Legierungen auf Stahl hingegen war die Bewegung intermittierend, wobei die Höchstwerte der Reibungszahl rund 0,3 betrugen. Die Furchen zeigten, daß Metall vom Reiter auf die Stahlfläche aufgeschweißt wurde, doch geschah dies in viel geringerem Ausmaß als mit reinem Kupfer oder Blei.

Die wichtigsten Reibungsergebnisse für reine Metalle bzw. eine dünne Bleischicht und die Kupfer-Blei-Legierungen sind in untenstehender Tabelle zusammengefaßt. Wo es sich um unterbrochene Bewegung handelt, ist der Höchstwert der Reibungszahl angegeben.

Tabelle 16. *Reibungskoeffizient* μ_{max}

Ebene Auflage	Gerundeter Reiter			
	Stahl	Kupfer	Blei	Kupfer-Blei-Legierungen
Stahl	1,0	0,7	0,9	0,3
Kupfer.	0,9	2,0	1,0	...
Blei	1,2	1,3	1,6	...
Bleischicht auf Cu	0,18	...	...	...
Kupfer-Blei-Legierungen	0,18	...	...	...

Es fällt sofort auf, daß der Reibungskoeffizient der Kupfer-Blei-Legierungen nicht zwischen den Werten liegt, die für die einzelnen Bestandteile gelten. Die Reibungszahl für Stahl auf Kupfer beträgt beispielsweise 0,9 und für Stahl auf Blei 1,2. Beim Reiben des Stahlreiters auf den Kupfer-Blei-Legierungen findet man jedoch einen Wert von 0,18. Die Legierungen und das reine Kupfer besitzen bei Zimmertemperatur nahezu gleich große Fließdrücke, so daß die Berührungsfläche für eine gegebene Belastung beinahe die gleiche sein dürfte. Dennoch ist die Reibung der Legierungen viel geringer als diejenige der reinen Bestandteile.

Die Beziehung zwischen der Reibungskraft R und der Furchenbreite d ist für die Legierung in Abb. 49 durch die gestrichelte Kurve ausgedrückt (Kurve VI). Wie man sieht, liegen diese Ergebnisse sehr nahe bei den Werten, die mit einer künstlich auf Kupfer niedergeschlagenen Bleischicht von 10^{-4} cm Dicke erhalten wurden. Dies läßt sofort die Vermutung aufkommen, daß das Blei während des Gleitens aus der Legierung herausgepreßt wird und auf dem Kupfer eine dünne „Schmier"schicht von zwischen 10^{-4} und 10^{-3} cm effektiver Dicke bildet.

Eine mikroskopische Untersuchung der Reibungsbahn bestätigt dies, indem auf der Oberfläche deutliche Spuren von verschmiertem Blei entdeckt werden können.

Die Wirkung des Verschleißes auf die Reibung

In Tab. 17 sind für verschiedene Metallpaarungen die Reibungswerte nach wiederholtem Hin- und Hergleiten zusammengefaßt.

Bei reinen Metallen wird die Reibung durch fortschreitenden Verschleiß nicht nennenswert verändert. Die Reibungszahl ist nach 10 Hin- und Herbewegungen des Stahlreiters in der gleichen Rinne ähnlich wie beim ersten oder zweiten Gleiten über die Fläche. Man erwartet dies auch, da die Berührungsfläche im wesentlichen ja gleich groß bleibt und die metallischen, bei jedem Durchgang gebildeten Verbindungen von der gleichen Natur sind wie beim ersten Hub. Wie wir früher zeigten, werden die dünnen Metallschichten jedoch allmählich abgenützt, und sobald metallische Berührung mit der Unterlage (die eine bedeutend höhere Scherfestigkeit besitzt als das Schichtmaterial) stattfindet, so steigt die Reibung an. Die Auflockerung der Schicht und das Aufreißen der Unterlage sind auch aus der Reibungsfurche ersichtlich; das Verhalten ist also ähnlich wie es für Indiumschichten in Kap. V, Tafel XIV mitgeteilt wurde.

Tabelle 17. *Die Wirkung wiederholten Gleitens in der gleichen Spur*

Oberflächen	Reibungskoeffizient μ_{max}		
	1. Durchgang	2. Durchgang	20. Durchgang
Stahl auf Kupfer	0,9	0,9	0,8
Kupfer auf Stahl	0,7	0,8	0,85
Stahl auf Blei	1,2	1,4	1,4
Blei auf Stahl	0,9	1,0	0,8
Stahl auf Legierung	0,18	0,17	0,26
Legierung auf Stahl	0,3	0,28	0,28
Stahl auf Bleischicht von 10^{-4} cm Dicke auf Kupfer	0,18	0,18	0,27

Die Verschleißergebnisse für die Kupfer-Blei-Legierungen sind ähnlich wie für die auf Kupfer niedergeschlagenen Bleischichten und entsprechen wiederum der Vorstellung, daß das harte Grundgefüge von Kupfer durch eine dünne Schicht herausgepreßten Bleis geschmiert wird. Das herausgequetschte Blei liefert gleich zu Beginn des Gleitens einen ziemlich wirksamen Schmierfilm, und die nächsten Hin- und Herbewegungen können ein gleichmäßigeres Verschmieren des Bleis hervorrufen, so daß die Reibung noch weiter sinken kann. In diesem Stadium beträgt der Reibungsbeiwert rund 0,17. Bei weiterem Pendeln in derselben Furche wird die Bleischicht jedoch allmählich abgenutzt, und die Legierung beginnt in der Nähe der Rinne an Blei zu verarmen, so daß die Reibungszahl auf einen Wert von ungefähr 0,28 ansteigt. Eine Untersuchung der Gleitfurchen bestätigt diese Ansicht, und man wird darin weiter durch Reibungswerte, die für einen gerundeten Reiter des Legierungsmetalls auf einer Stahlfläche gefunden werden, bestärkt. In diesem Fall ist der Verschleiß auf eine sehr kleine Fläche der Legierung, die sehr rasch an Blei verarmt, konzentriert, so daß die Reibung sehr schnell auf einen Beiwert von 0,28 zunimmt. Dieser Wert ist mit dem Koeffizienten, der für die Reibung von Stahl auf der Lagerlegierung nach längerem Hin- und Herlaufen in derselben Furche beobachtet wird, identisch, d. h. er entspricht der Reibung von Stahl auf Oberflächen des Lagermetalls, in denen der Hauptanteil an Blei erschöpft wurde.

Ein geringer Unterschied in den Verschleißeigenschaften der Kupfer-Blei-Legierungen ist noch der Erwähnung wert. Der nach vielen Hin- und Herbewegungen schließlich erreichte Endwert der Reibzahl ist bei beiden Legierungsarten der gleiche ($\mu = 0,3$); der erste auffallende Reibungsanstieg erfolgte bei der nichtdendritischen Legierung jedoch bereits nach dem sechsten Durchgang, während er sich bei der dendritischen erst beim zwanzigsten Hub einstellte. Offenbar wird das auf die Oberfläche gepreßte Blei bei der dendritischen Legierung leichter aus den tieferen Lagen ersetzt als bei der nichtdendritischen Legierung.

Die Wirkung der Temperatur auf die Reibung

Im vorangehenden Kapitel wurde die Wirkung der Temperatur auf die Reibung reiner Metalle und dünner Metallschichten behandelt. Bei Einphasenmetallen zeigt die Reibung in einem großen Temperaturbereich kaum eine Veränderung. Bei dünnen, metallischen Schichten auf harten Unterlagen hingegen, nimmt die Reibungskraft mit steigender Temperatur dauernd ab, bis der Schmelzpunkt der Schicht erreicht ist. Bei Bleifilmen auf einem Kupfersubstrat beträgt der Temperaturbeiwert der Reibung zwischen 20 °C und 300 °C beispielsweise rund $-0,0016$.

Der Einfluß der Temperatur auf die Reibungseigenschaften der nichtdendritischen Kupfer-Blei-Legierung ist in Abb. 50 dargestellt. Als Reiter diente wiederum ein gerundeter Stahlstift. Die ausgezogene Kurve bezieht sich auf die Reibungskraft und die gestrichelte Kurve auf das Quadrat der Furchenbreite, die als Maß für die Berührungsfläche verwendet wird. Sowie die Temperatur erhöht wird, vermindert sich die Reibung bis auf 250 °C in nahezu linearer Weise und mit einem Temperaturbeiwert von rund $-0,0015$. Die Breite der vom Reiter hinterlassenen Furche nimmt bis zu 250 °C sehr wenig zu, entsprechend einer Vergrößerung der Berührungsfläche um etwa 20 Prozent in diesem Bereich. Eine Berechnung des Temperaturkoeffizienten der Reibung auf Grund einer konstanten Berührungsfläche ergibt somit einen Wert, der ungefähr bei −0,0018 liegt. Dieser Wert ist nicht stark von demjenigen verschieden, der mit einer dünnen, auf Kupfer niedergeschlagenen Bleischicht erhalten wird. Auch dieses Ergebnis unterstützt die Theorie, daß die harte Kupfergrundmasse der Legierung durch eine dünne Schicht von ausgepreßtem Blei geschmiert wird. Oberhalb 250 °C beginnt die Legierung stark zu erweichen, die Berührungsfläche wächst, intermittierende Bewegung setzt ein und die Reibung (an den Haftstellen) nimmt zu. Bei 327 °C (dem Schmelzpunkt von Blei) erreicht die Reibungskraft nahezu den doppelten Betrag ihres Wertes bei Zimmertemperatur.

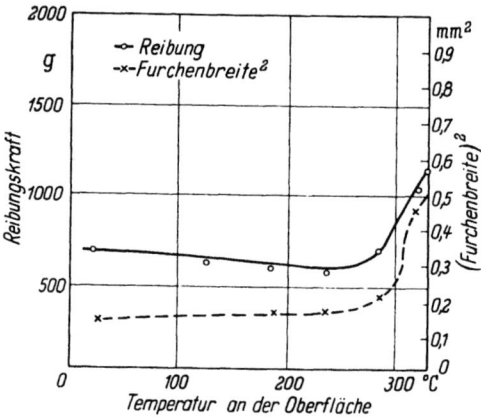

Abb. 50. Das Reibungsverhalten einer nichtdendritischen Kupfer-Blei-Legierung in Abhängigkeit der Temperatur. Ausgezogene Kurve: Reibungskraft; gestrichelte Kurve: Quadrat der Spurbreite als Maß der Berührungsfläche. Bis zu 250 °C behält die Legierung ihre Härte, und es erfolgt mit steigender Temperatur eine geringe Reibungsabnahme. Bei etwa 280 °C erweicht die Legierung verhältnismäßig schnell (starke Zunahme der Spurbreite) und die Reibung wird entsprechend größer

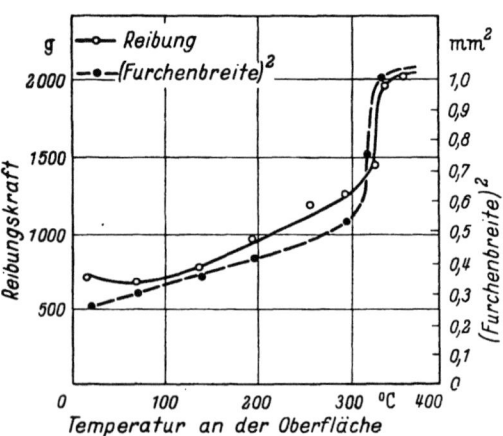

Abb. 51. Das Reibungsverhalten einer dendritischen Kupfer-Blei-Lagerlegierung in Abhängigkeit der Temperatur. Ausgezogene Kurve: Reibungskraft; gestrichelte Kurve: Quadrat der Spurbreite als Maß der Berührungsfläche. Die Legierung erweicht mit steigender Temperatur allmählich (Verbreiterung der Gleitspur), und gleichzeitig nimmt die Reibung zu. Oberhalb 300 °C erfolgt eine weitere rasche Erweichung, die von einer starken Reibungserhöhung begleitet ist

Die dendritische Legierung verhält sich ähnlich, nur fehlt die anfängliche Reibungsabnahme bei der ersten Temperaturerhöhung fast vollständig (s. Abb. 51). Sowohl die Reibung als auch die Berührungsfläche zeigen tatsächlich schon von 60 °C an eine schnelle Zunahme mit der Temperatur. Dieses Verhalten beruht direkt auf der Tatsache, daß das

Blei ein zusammenhängendes Netzwerk zwischen den Dendriten bildet, so daß das Weichwerden der Legierung als ganzes schon bei verhältnismäßig niedrigen Temperaturen auftritt und stärker ausgeprägt ist als bei der nichtdendritischen Legierung. Dennoch entnehmen wir Abb. 51 bei näherem Zusehen, daß die Reibung als Funktion der Berührungsfläche für Temperaturen bis zum Schmelzpunkt von Blei kaum eine Veränderung zeigt, und auch dieses Verhalten stimmt mit der Ansicht überein, daß die Oberflächen durch eine dünne Schicht von herausgequetschtem Blei geschmiert werden. Oberhalb 300 °C geht die Erweichung der Legierung sehr rasch vor sich und ist von einer sprunghaften Reibungszunahme begleitet. Bei 327 °C beträgt die Reibung mehr als das Dreifache ihres Wertes bei Zimmertemperatur.

Die Rolle dünner Schichten bei Lagerlegierungen

Wir schließen also aus dem letzten Abschnitt, daß das Reibungsverhalten einer Kupfer-Blei-Legierung sehr weitgehend demjenigen einer Kupferoberfläche gleicht, auf der eine sehr dünne Bleischicht niedergeschlagen wurde. Die Reibungszahl für die Legierung ist in der Tat dieselbe wie für eine Kupferoberfläche, die mit einer künstlich aufgebrachten Bleischicht von 10^{-4} cm Dicke bedeckt ist. Der Temperaturbeiwert der Reibung ist in jedem Fall derselbe. Auch die Reibungszunahme mit fortschreitendem Verschleiß trifft für beide Fälle zu, nur entdeckt man Anzeichen dafür, daß der Vorrat von Blei bei der Legierung größer ist, da dieses aus dem Grundgefüge während des Gleitvorgangs weiter nachgepreßt werden kann. Bei einer dünnen, auf Kupfer niedergeschlagenen Bleischicht ist der Vorrat natürlich auf die Menge begrenzt, die zu Beginn des Reibens auf der Oberfläche vorhanden war.

Diese Ergebnisse zeigen, welche wichtige Rolle dünne Metallschichten an der Oberfläche bei der Verminderung von Reibung und Verschleiß von Lagerlegierungen spielen können und unterstützen die Ansicht, daß die günstigen Eigenschaften der Lagerlegierungen des Kupfer-Blei-Typs in bezug auf Reibung und Anfressen in erster Linie auf dem Ausbreiten dünner Schichten eines niedrigschmelzenden Bestandteils über die Oberfläche des härteren Bestandteils beruhen.

Wie aus dem letzten Kapitel hervorgeht, liegt die Wirksamkeit der Schmierung durch Metallschichten in der Tatsache begründet, daß eine Oberfläche geliefert wird, für die sowohl die Berührungsfläche F als auch die Scherfestigkeit s klein sind. Bei höheren Temperaturen erweicht der Metallfilm (s nimmt ab), ohne daß gleichzeitig eine nennenswerte Vergrößerung von F erfolgt, weshalb mit der ersten Temperaturerhöhung eine Reibungsabnahme verbunden ist. Sowie man sich jedoch dem Schmelzpunkt der Metallschicht nähert, werden natürlich die mit der Oberflächenspannung zusammenhängenden Eigenschaften wichtig. Der Film muß sich leicht auf der harten Unterlage ausbreiten; denn das weiche Metall ist, wie wir beispielsweise für Schichten von Blei und Quecksilber auf Kupfer- und Silbersubstraten feststellten, bei hohen Gleittemperaturen als Schmiermittel verhältnismäßig unwirksam, wenn es die harte Unterlage nicht sofort benetzt.

In dieser Darstellung der Theorie der Wirkungsweise der Kupfer-Blei-Legierung haben wir nur die Schmiereigenschaften der herausgepreßten Bleischicht selbst betrachtet und uns vorläufig nicht damit befaßt, welchen Einfluß das Hinzufügen gewöhnlicher Schmierstoffe auf die Oberfläche haben würde. Wir werden in den späteren Kapiteln erkennen, daß das ganze Verhalten durch die Gegenwart von Schmierstoffen tiefgreifend verändert wird, wobei vor allem die Fähigkeit der Oberflächenschichten verschiedener Metalle, die Schmierfilme zu adsorbieren, von Bedeutung ist. Dennoch kann auch in der Anwesenheit dieser echten Schmierstoffe eine rein metallische Berührung zwischen den gleitenden Oberflächen ohne weiteres stattfinden, so daß die grundlegenden Reibungseigenschaften der Legierungen selbst von erstrangiger Wichtigkeit bleiben.

Vergleich des Verhaltens dendritischer und nichtdendritischer Legierungen

Die in diesem Teil des Kapitels beschriebenen Messungen zeigen, daß zwischen den Reibungseigenschaften der dendritischen und nichtdendritischen Legierungen bei Zimmertemperatur nur ein sehr kleiner Unterschied besteht. Beide ergeben gegen Stahl eine Reibungszahl von rund 0,18, und wenn das Blei an den Reibflächen abgenutzt ist, steigt die Reibung in beiden Fällen auf etwa $\mu = 0,3$. Bei der dendritischen Legierung erfolgt der Reibungsanstieg infolge Verschleiß allerdings weniger rasch als bei der nichtdendritischen. Dies beruht wahrscheinlich auf der größeren Leichtigkeit, mit der das ausgepreßte Blei an der Oberfläche aus der Tiefe der dendritischen Legierung ersetzt wird. Wie die Mikrostruktur zeigt, sind die Bleitaschen in dieser Legierung alle zusammenhängend, so daß für einen bestimmten Bezirk der Oberfläche, der eine Bleizufuhr benötigt, ein potentiell größerer Vorrat zur Verfügung steht. Bei der nichtdendritischen Legierung sind die Bleiansammlungen jedoch voneinander getrennt, so daß leicht eine örtliche Entblößung von Blei auftreten kann, wodurch die Voraussetzung geschaffen ist, daß auf der Kupferoberfläche ein Fressen stattfindet.

Dieser Unterschied in der Verteilung des Bleis und in seiner Verfügbarkeit an der Oberfläche wird einmal durch das obenbeschriebene Verschleißverhalten ausgedrückt. Er wird aber auch durch das „Ausschwitzen" von Blei direkt veranschaulicht. Erhitzt man die nichtdendritische Legierung, so erscheint das Blei als ein feiner Tropfennebel über der Oberfläche. Erhitzt man dagegen die dendritische Legierung, so sammelt sich das Blei unter der Wirkung der Oberflächenspannung zu einem oder zwei großen Tropfen. Die dendritische Legierung erlaubt offenbar einen dreidimensionalen Nachschub von Blei an die Oberfläche, während der Vorrat sich bei der nichtdendritischen Legierung auf die obersten Schichten beschränkt.

Es ist deshalb einleuchtend, daß es, abgesehen von der Benetzung der Oberfläche und den im vorhergehenden Abschnitt behandelten Ausbreitungserscheinungen, für den praktischen Betrieb des Lagers von größter Wichtigkeit ist, in welcher Form die Bleiphase zur Verfügung steht. Aus diesem Grunde wird man erwarten dürfen, daß die dendritische Legierung unter gewissen Gleit- und Verschleißbedingungen weniger zum Fressen neigt als die nichtdendritische.

Andererseits ist die nichtdendritische Legierung härter als die dendritische und weist die besseren mechanischen Eigenschaften auf. Dies macht sich besonders bei hohen Temperaturen geltend, wo die dendritische Legierung viel schneller erweicht als die nichtdendritische. Infolgedessen weist erstere auch einen höheren Reibungskoeffizienten auf, obwohl ihr ein größerer Bleivorrat zur Verfügung steht.

Abschließend läßt sich sagen, daß beide Legierungen unter geringer Gleitbeanspruchung ähnliche Reibungseigenschaften aufweisen. Die dendritische Legierung ist eher imstande, an der Oberfläche verlorenes Blei aus der Tiefe wieder zu ersetzen und wird deshalb weniger zum Fressen neigen. Andererseits ist die nichtdendritische Legierung hinsichtlich der mechanischen Eigenschaften überlegen und wird schwerste Gleitbedingungen besser aushalten, vor allem auch, weil ihre Reibungseigenschaften bei hohen Betriebstemperaturen vorteilhafter sind.

Weißmetall-Lagerlegierungen

Die Struktur der typischen Lagerlegierungen, die auf einer Bleibasis oder Zinnbasis aufgebaut sind, unterscheidet sich von derjenigen der Kupfer-Blei-Legierungen dadurch, daß sie harte, in einer weichen Grundmasse verteilte Kristallite enthalten. Es wurde gewöhnlich die Meinung vertreten, die harten Teilchen spielen für die Wirkungsweise dieser Legierungen eine grundlegende Rolle, und um diesen Punkt zu untersuchen, wurden spezielle Legierungen hergestellt, die etwa die gleiche Zusammensetzung und Struktur wie die Grundmasse der Lagerlegierungen aufweisen, jedoch keine harten Teilchen enthielten. Die Eigenschaften jeder Lagerlegierung und der entsprechenden Vergleichslegierung wurden darauf hinsichtlich dreier Gesichtspunkte verglichen: Erstens bezüglich der Härte und der allgemeinen, plastischen

Eigenschaften, zweitens hinsichtlich der Reibungseigenschaften im trockenen, sauberen Zustand, und drittens in bezug auf die Reibungseigenschaften in der Gegenwart von Schmierschichten (TABOR, 1945).

Bleilegierungen: Struktur und Härte

Die Bleilegierung wies folgende Zusammensetzung auf: Blei 78,5%, Antimon 15,0%, Zinn 6,0% und Kupfer 0,5%. Das Mikrogefüge ist in Tafel XV.3 abgebildet, und man sieht, daß die Legierung aus einem Blei-Zinn-Antimon-Eutektikum besteht (das eine feine Doppelstruktur besitzt), in dem harte, würfelähnliche Körner einer Zinn-Antimon-Verbindung verteilt sind. Die dunklen Bezirke in der Umgebung der Würfel werden von einer bleireichen festen Lösung gebildet, so daß die Grundmasse also aus dem Eutektikum und der festen Lösung aufgebaut ist.

Diese hauptsächlich aus Blei aufgebaute Lagerlegierung wurde mit einer „Grundmasse" folgender Zusammensetzung verglichen: Blei 87%, Zinn 3%, Antimon 10% und Kupfer 0. Die Mikrostruktur ist in Tafel XV.4 abgebildet und zeigt deutlich Dendriten einer bleireichen, festen Lösung, die in ein zweiphasiges Blei-Antimon-Zinn-Eutektikum eingebettet sind. Auch in diesem Gefüge kann noch eine Feinstruktur wahrgenommen werden. Diesmal sind keine harten Teilchen vorhanden, so daß das Gefüge dieser Vergleichslegierung nahezu mit dem der Grundmasse der Bleilagerlegierung übereinstimmt.

Die verschiedenen Phasen dieser Legierungen wurden einer Mikrohärteprüfung unterzogen, deren Ergebnisse, neben einigen makroskopischen Härtemessungen, in Tab. 18 aufgeführt sind. Zum Vergleich sind auch die Härtewerte der nichtdendritischen Kupfer-Blei-Legierung, deren Gefüge in Tafel XV.1 dargestellt ist, angegeben.

Tabelle 18. *Härtewerte für Bleilegierungen*

Legierung	Vickershärte kg/mm²	Mikrohärte in Vickerseinheiten
Reines Blei	4	...
Bleilagerlegierung	21	Grundmasse 19, harte Körner 110
Blei-Vergleichslegierung	18	Bleireiche, feste Lösung 18, Zweiphaseneutektikum von Pb-Sn-Sb } 18
Stahl	166	Kupfergrundmasse 56,
Kupfer-Blei-Legierung	35	Bleiphase 8

Aus diesen Härtemessungen lassen sich zwei Schlüsse ziehen: Erstens tragen die harten Kristalliten der Lagerlegierung wenig zur makroskopischen Härte dieses Metalls bei. Die Grundmasse besitzt eine Vickershärte von 19 kg/mm², während die durchschnittliche Härte der Legierung, trotz der Gegenwart zahlreicher harter Würfel mit einer Härte von 110 kg/mm², nur 21 kg/mm² beträgt. Diese Schlußfolgerung wird weiter durch Härtemessungen bei erhöhten Temperaturen bestätigt. Die allgemeine Härte nimmt mit steigender Temperatur ab, doch ist der Härteverlauf der Lagerlegierung beinahe identisch mit der Kurve für die Grundmasse allein (Abb. 52), und zwar auch in bezug auf die Zahlenwerte und nicht nur im Sinn der Veränderung. Wir stellen deshalb

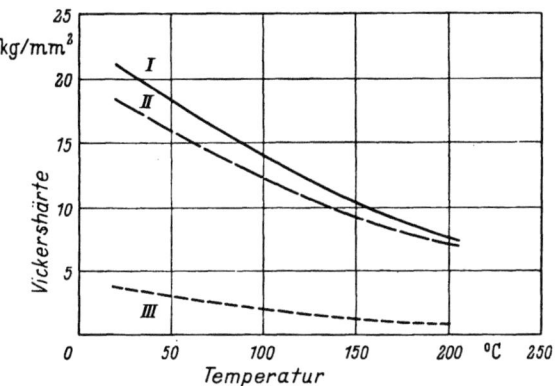

Abb. 52. Härte der Legierungen in Abhängigkeit der Temperatur.
I Blei-Lagerlegierung, *II* eutektische Grundmasse, *III* reines Blei

fest, daß die Härte der Lagerlegierung, sowohl bei Raumtemperatur als auch bei erhöhten Temperaturen, im wesentlichen durch die Eigenschaften des Grundgefüges bestimmt wird.

Die zweite Schlußfolgerung betrifft die Zweiphasennatur der Vergleichslegierung, wo die eine Phase aus der bleireichen festen Lösung und die andere aus dem lamellaren Pb-Sn-Sb-Eutektikum besteht. Beide Phasen weisen dieselbe Härte auf, so daß beide unter der angewandten Belastung in gleichem Maße plastisch fließen. Wie wir später sehen werden, verhält sich diese Legierung hinsichtlich ihrer plastischen Eigenschaften und ihrer Reibungscharakteristik tatsächlich wie ein homogenes Material.

Ungeschmierte Oberflächen

Mit einem halbkugeligen Stahlreiter auf einer ebenen Oberfläche dieser Legierungen beobachtete man eine gleichförmige Bewegung, und die Reibungszahl war für die Lagerlegierung ($\mu = 0{,}4-0{,}45$) nahezu die gleiche wie für die Vergleichslegierung ($\mu = 0{,}35-0{,}4$). Verwendet man jedoch einen halbkugeligen Reiter aus dem Legierungsmetall und läßt man ihn gegen eine ebene Stahlfläche reiben, so ergibt sich eine unterbrochene Bewegung, wobei die Reibung wiederum für beide Legierungen ähnlich ist. Es bestehen keine Anzeichen dafür, daß die harten Teilchen irgendeine spürbare Änderung der Reibung hervorrufen.

Diese Beobachtungen werden ohne weiteres verständlich, wenn man die auf der Oberfläche der Lagerlegierung erzeugte Beschädigung untersucht, nachdem der Stahlreiter einmal über das Probestück glitt. Das Wesen der Verletzung wird am deutlichsten sichtbar, wenn die Legierung vor dem Reibungsversuch poliert und leicht geätzt wird. Ein Teil der Reibungsfurche ist in Tafel XVI.1 neben einem unversehrten Ausschnitt der Oberfläche abgebildet, und man erkennt, daß die harten Körner während des Gleitens unter die Oberfläche gedrückt wurden. Diese Erscheinung wird in auffallender Weise durch einen Flachschnitt veranschaulicht, den RABINOWICZ von einer ähnlichen Bleilagerlegierung herstellte. Diese Rinne wurde ebenfalls von einem Stahlreiter beim erstmaligen Überqueren des Probestückes gebildet. Die harten Kristallite waren in dieser Legierung verhältnismäßig groß, und aus diesem Grunde mußte eine größere Belastung verwendet werden, damit eine im Vergleich zu den Kristalliten breite Reibungsfurche entstand. Um das Verhalten der harten Körner stärker hervorzuheben, wurde die Legierung vor dem Gleitversuch kräftig geätzt, damit sich die Kristallite von der Oberfläche der Grundmasse deutlich abhoben. Das Legierungsgefüge ist in Tafel XVI.2 abgebildet, und man sieht deutlich, daß die harten Körner unter der Oberfläche der legierten Probe begraben wurden, während die Grundmasse durch den Gleitvorgang über die Reibungsfurche verschmiert wurde. Aus diesen Bildern geht offensichtlich hervor, daß der Stahlreiter vor allem gegen die Grundmasse reibt und nicht gegen die harten Teilchen, so daß die metallischen Verschweißungen, die während des Gleitens abgeschert werden, hauptsächlich aus der Grundlegierung bestehen.

In ähnlicher Weise zeigt eine Untersuchung der in der Oberfläche der Vergleichslegierung gebildeten Reibungsfurche, daß beim Verschmieren nicht eine Phase gegenüber der anderen bevorzugt wird. Die Legierung verschweißt als Ganzes mit dem Stahlreiter und wird durch die Bewegung verformt und aufgerissen. Hinsichtlich des Reibungsvorganges verhält sie sich eindeutig wie ein homogenes Material. Da die Grundmasse der Lagerlegierung eine ähnliche Zusammensetzung und ein prinzipiell gleiches Gefüge aufweist, dürfen wir erwarten, daß sie sich ebenfalls wie ein homogenes Metall verhalten wird.

Die Auffassung, die Reibungseigenschaften der Lagerlegierung seien im wesentlichen durch die Eigenschaften der Grundmasse bestimmt, wird durch eine Reihe anderer Beobachtungen erhärtet. Erstens ist die Reibung zwischen 20 °C und 200 °C sozusagen unabhängig von der Temperatur und für beide Legierungen (s. Abb. 53) beinahe gleich

Weißmetall-Lagerlegierungen

Tafel XVI

Abb. 1. Ausschnitt aus einer Gleitfurche in der geätzten Blei-Lagerlegierung. Der Reiter überquerte die Oberfläche einmal, wobei die harten Kristallite vollkommen zugedeckt wurden. (90 ×)

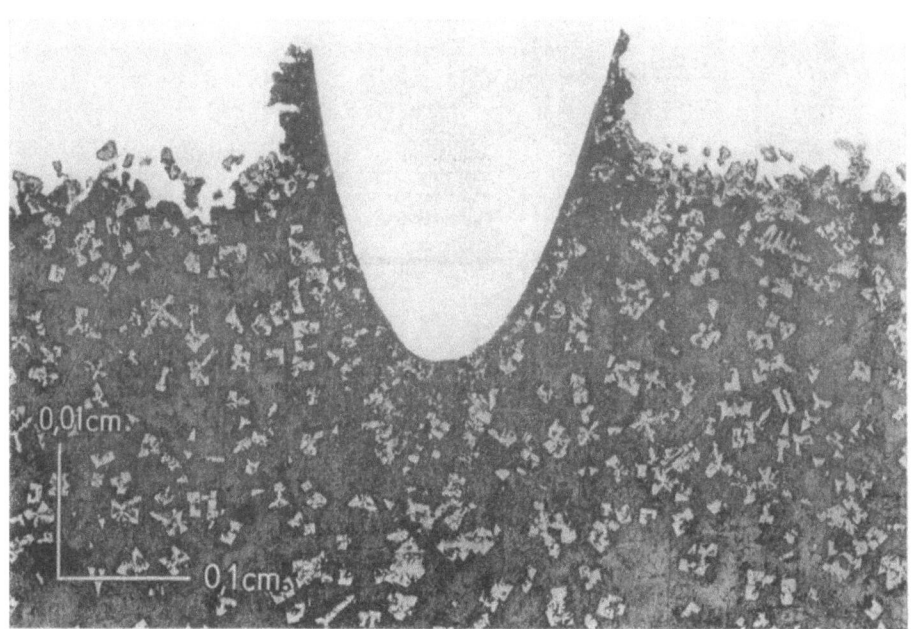

Abb. 2. Flachschnitt durch eine ähnliche Blei-Lagerlegierung, nachdem ein Stahlreiter einmal über die Oberfläche gestrichen war. Die harten Kristallite wurden dabei unter die Oberfläche gedrückt und das Grundmassenmaterial darüber geschmiert

164   Die Wirkungsweise von Lagerlegierungen

Tafel XVII

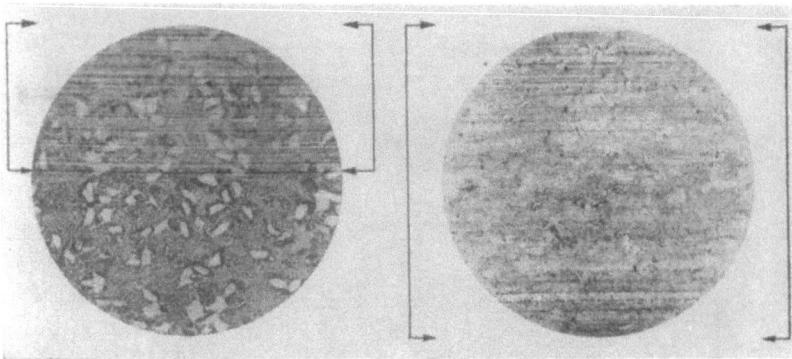

Abb. 1. Ausschnitt aus einer Gleitfurche in einer Blei-Lagerlegierung. Auf der geschmierten Oberfläche wurden die harten Körner beim ersten Durchgang des Reiters nur teilweise verschmiert. (66 ×)

Abb. 2. Ausschnitt aus der Mitte der Furche in einer Blei-Lagerlegierung (geschmiert). Nach dem hundertsten Passieren des Reiters sind die harten Teilchen unter der verschmierten Grundmasse beinahe vollständig verschwunden. (66 ×)

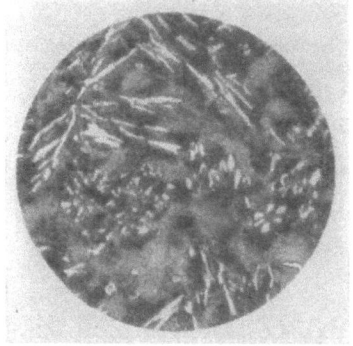

Abb. 3. Zinn-Lagerlegierung. In eine Grundmasse aus einer zinnreichen, festen Lösung sind harte, nadelige Kristallite einer Kupfer-Zinn-Verbindung eingebettet. (180 ×)

 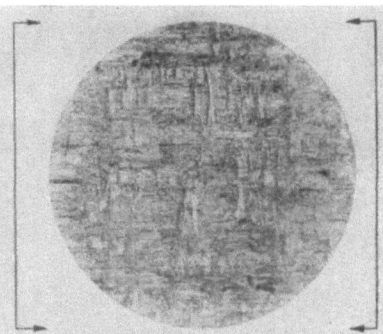

Abb. 4. Gleitspur auf einer Stahloberfläche, die von einem Reiter aus der erwähnten Zinn-Lagerlegierung 400mal überquert wurde (ungeschmiert). Die Kratzer in der geläppten Stahlfläche sind noch sichtbar. (66 ×)

Abb. 5. Gleitspur auf Stahl. Erzeugt durch 400maliges Passieren eines Reiters aus einer Blei-Lagerlegierung (ungeschmiert). Das Verschmieren der Legierung ist sehr ausgeprägt und brachte die Läppmarken im Stahl zum Verschwinden. (66 ×)

Weißmetall-Lagerlegierungen

groß. Dieses Verhalten kennzeichnet im allgemeinen reine Metalle und homogene Stoffe (siehe beispielsweise das Ergebnis für Blei in Abb. 53), da die Vergrößerung der Berührungsfläche, die mit erhöhter Temperatur stattfindet, durch eine Verminderung der Scherfestigkeit der zwischen den Oberflächen wirkenden Verschweißungen ausgeglichen wird. Zweitens verursacht ein wiederholtes Hin- und Herbewegen in derselben Gleitbahn eine allmähliche Reibungszunahme, die ebenfalls für beide Legierungen ähnlich ausfällt (s. Tab. 17). Dies beruht wahrscheinlich auf einer Anhäufung von Legierungsmetall auf dem Stahlreiter, da die obere Grenze, nach der die Reibung strebt, ungefähr der Reibung entspricht, die für diese Legierungen beim Gleiten auf sich selbst gefunden wird. Drittens sind auch die Verschleißeigenschaften der beiden Legierungen ähnlich. Die Messung der Abnutzung erfolgte durch die Bestimmung des Gewichtsverlustes eines legierten Reiters nach wiederholtem Pendeln auf einer Stahlfläche. Diese Ergebnisse sind in der letzten Kolonne von Tab. 19 aufgeführt, und man erkennt, daß der Verschleiß der Lagerlegierung nach 400maligem Zurücklegen einer 7,5 cm langen Reibungsstrecke unter einer Belastung von 4 kg etwa 11 mg betrug, während bei der Vergleichslegierung 14 mg gemessen wurden. Dieser Unterschied ist hier nicht von Bedeutung.

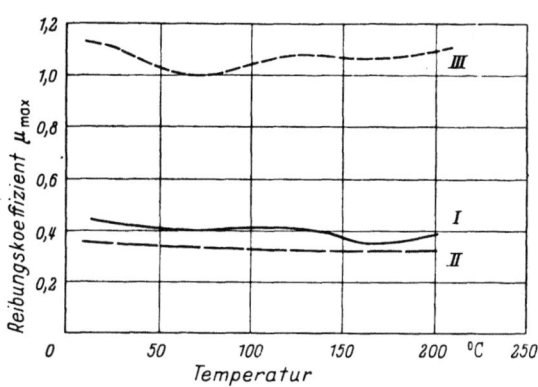

Abb. 53. Änderung der Reibung mit der Temperatur bei trockenen Oberflächen. *I* Stahl gegen Blei-Lagerlegierung, *II* Stahl gegen eutektische Vergleichslegierung, *III* Stahl gegen reines Blei

Tabelle 19. *Die Reibung von Bleilegierungen. Ungeschmiert*

Oberflächen	Reibungskoeffizient				Verschleiß in mg für 30 m Gleitstrecke
	1. Hub	20. Hub	100. Hub	400. Hub	
Stahl auf { Lagerlegierung ..	0,45	0,7	...	...	...
Stahl auf { Vergleichsleg.. ...	0,4	0,8	...	...	...
Lagerlegierung .. } auf Stahl	0,55	0,8	1,0	1,0	11
Vergleichslegierung } auf Stahl	0,65	1,1	1,2	1,2	14

Geschmierte Oberflächen

Ähnliche Messungen über die Reibung zwischen den im letzten Abschnitt besprochenen Legierungen und Stahloberflächen wurden auch in der Gegenwart eines raffinierten Mineralöls durchgeführt. Beide Legierungen verhielten sich dabei sehr ähnlich. Wiederum gibt eine Untersuchung der in der Lagerlegierung hinterlassenen Reibungsfurche wertvollen Aufschluß, und zu diesem Zweck wurde der Stahlreiter in der gleichen Bahn viele Male hin- und herbewegt. Die im ersten Durchgang gebildete Rinne, die einem Reibungsbeiwert von 0,12 entspricht, ist in Tafel XVII.1 abgebildet und man erkennt, daß die Anordnung der würfelförmigen Körner durch den darübergleitenden Reiter nur wenig gestört wurde. Ein Vergleich dieser Abbildung mit Tafel XVI.1 für die ungeschmierte Oberfläche zeigt deutlich, daß die Anwesenheit des Ölfilms den Umfang des Verschmierens und des Oberflächenschadens stark herabsetzte. In Tafel VII.2 ist ein Ausschnitt aus der Mitte der Reibungsfurche nach dem hundertsten Durchgang wiedergegeben, und es fällt auf, wie die harten Kristallite durch das wiederholte Hin- und Herreiben des Reiters beinahe vollkommen zum Verschwinden gebracht wurden. Die Reibungszahl in diesem Stadium betrug 0,11. Die Tatsache, daß die Reibung im ersten Durchgang, wenn die Kristallite in der Furche noch deutlich sichtbar sind, beinahe gleich groß ist wie nach dem hundertsten, wenn die Kristallite durch die verschmierte Grundmasse fast völlig zugedeckt sind, bildet einen weiteren Beweis für die Theorie, daß die Reibung in diesen Fällen hauptsächlich durch die Eigenschaften der Grundmasse bedingt ist.

Auch die Versuche, bei denen Stearinsäure als Schmiermittel verwendet wurde, zeigten eine enge Parallele zwischen den Eigenschaften der Lagerlegierung und jenen der Grundmasse oder Vergleichslegierung. Diese Ergebnisse sind in Tab. 20 zusammengefaßt.

Tabelle 20. *Die Reibung von Bleilagerlegierungen. Geschmiert*

Oberflächen	Reibungskoeffizient			
	Mineralöl			Stearinsäure
	1. Hub	20. Hub	100. Hub	1. Hub
Stahl auf { Lagerlegierung	0,12	0,12	0,11	0,08
Stahl auf { Vergleichslegierung	0,14	0,15	0,16	0,07
Lagerlegierung } auf Stahl	0,32	...	...	...
Vergleichslegierung } auf Stahl	0,35	...	...	...

Die Rolle der Grundmasse und der harten Teilchen

Die oben aufgeführten Ergebnisse betonten wiederholt die Ähnlichkeit zwischen den Eigenschaften der Blei-Lagerlegierung und jenen der Vergleichslegierung, die besonders hergestellt wurde, um ein der Grundmasse der ersteren entsprechendes Metall zu erhalten. Die Reibung im trockenen und geschmierten Zustand, das Verhalten in bezug auf Temperatur und Verschleiß, die Art der erzeugten Reibungsfurchen und die

Natur der Abnutzung waren alle für beide Legierungen bemerkenswert ähnlich.

Eine Übersicht über die wichtigsten Ergebnisse für die Bleilegierungen (in den Tab. 19 und 20 zusammengefaßt) deutet darauf hin, daß die Reibung der Lagerlegierung im allgemeinen um einige Prozente tiefer liegt als bei der entsprechenden Vergleichslegierung. Dieser Unterschied kann wohl auf der Gegenwart der harten Kristallite in der Lagerlegierung beruhen. Anderseits stößt man auf große Schwierigkeiten, wenn die verwickelten Phasenverhältnisse, die die Grundmasse der Lagerlegierung kennzeichnen, in einer Vergleichslegierung genau nachgeahmt werden sollen. Der allerdings geringfügige Unterschied im Reibungsverhalten dieser metallischen Proben kann deshalb ebenso gut von Gefügeunterschieden zwischen der Grundmasse der Lagerlegierung und der Vergleichslegierung herrühren.

Wenn ein Gleiten stattfindet, so bewirken der Druck und die Bewegung der Stahloberfläche ein immer tieferes Eindringen der harten Kristallite in die Grundmasse und verursachen das Herausquetschen und Verschmieren der weichen Phase über die Oberfläche der Legierung. Die Verschweißung erfolgt zwischen der Stahlfläche und der Grundmasse, und das Scheren vollzieht sich in Metallbrücken, die ganz aus der letztgenannten Legierung bestehen. Reiben nämlich saubere, trockene Oberflächen gegeneinander, so verdeckt das verschmierte Grundmetall die Anordnung der harten Kristallite vollkommen. Gebraucht man jedoch ein Schmiermittel, so spielt sich der obenbeschriebene Vorgang viel langsamer ab, und die oberflächlichen Erscheinungen des Verschmierens und Fressens sind auf viel kleinere Bezirke beschränkt. Die harten Kristallite sind jedoch weder bei sauberen, trockenen noch bei geschmierten Oberflächen für das Reibungsverhalten der Lagerlegierung in nennenswertem Grade verantwortlich.

Zinn-Legierungen: Struktur und Härte

In einer weiteren, ähnlichen Versuchsreihe befaßten wir uns mit einer Zinnlagerlegierung von folgender Zusammensetzung: Zinn 89,2%, Antimon 6,5%, Kupfer 4,2% und Nickel 0,1%. Das Gefügebild (s. Tafel XVII.3) zeigt, daß die Legierung als Grundmasse eine zinnreiche, feste Lösung aufweist, in die zahlreiche harte Nadeln einer Kupfer-Zinn-Verbindung eingebettet sind. Diese Legierung wurde mit reinem Zinn verglichen und ebenso mit einer auf Zinn aufgebauten Vergleichslegierung, die ferner 7% Antimon, weniger als 0,4% Kupfer und kein Nickel enthält. In dieser Legierung findet man keine harten Teilchen, und sie besteht im wesentlichen aus einer zinnreichen, festen Lösung. Ihre Härte ist zum Vergleich mit derjenigen der Lagerlegierung in Tab. 21 gegeben.

Tabelle 21. *Härte von Zinnlegierungen*

Legierung	Vickershärte kg/mm²	Mikrohärte in Vickerseinheiten
Reines Zinn	7	7
Zinn-Lagerlegierung	24	{ Grundmasse 20 Nadeln 100
Zinn-Vergleichslegierung	18	18

Was die Härte anbetrifft, so besteht zwischen der Vergleichslegierung und der Grundmasse der Lagerlegierung offensichtlich eine große Ähnlichkeit.

Ungeschmierte Oberflächen

Reibungsmessungen für das Gleiten von Stahl auf den betreffenden Legierungen oder für das Reiben der Legierungen gegen Stahl zeigten, daß die Bewegung immer intermittierend ist. In Tab. 22 sind die Werte der Reibungszahl während der Haftung zusammengefaßt.

Tabelle 22. *Die Reibung von Zinnlegierungen. Ungeschmiert*

Oberflächen	Reibungskoeffizient μ_{max}		Verschleiß in mg für 30 m Gleitstrecke
	1. Hub	20. Hub	
Stahl auf { Lagerlegierung	0,7—0,8	0,65—0,8	—
Stahl auf { Vergleichslegierung	0,7—0,8	0,85	—
Lagerlegierung } auf Stahl	0,7	0,8	0,2
Vergleichslegierung } auf Stahl	0,8	0,85	0,3

Man erkennt, daß die Reibung für beide Zinnlegierungen ähnliche Koeffizienten aufweist. Ferner findet man für die ersten 10 Hin- und Herbewegungen keine nennenswerte Reibungszunahme, und sogar nach 400 Durchgängen ist der Reibungsanstieg nicht stark ausgeprägt. Dies beruht möglicherweise auf der Tatsache, daß die Stahloberflächen verhältnismäßig wenig Zinn aufnehmen. Eine Mikrographie der Stahloberfläche nach 400 Pendelbewegungen eines Reiters aus der Vergleichslegierung (gesamte Reibungslänge 3000 cm) offenbart verhältnismäßig wenig Anzeichen für das Verschmieren von Legierungsmetall über den Stahl, so daß die Läppspuren auf der Stahlfläche noch sichtbar sind (Tafel XVII.4). Dieses Verhalten steht in bemerkenswertem Gegensatz zu jenem der Bleilegierung, wo die schnelle Aufnahme von Legierungsmetall durch den Stahl die Läppspuren auf der Stahloberfläche bald fast vollkommen verschwinden läßt (Tafel XVII.5). Entsprechend dieser großen Menge von übertragenem Metall erleidet die Bleilegierung einen sehr viel stärkeren Verschleiß als die Zinnlegierung (s. Kap. XIV).

Die Wirkung der Temperatur auf die Reibungseigenschaften der Zinnlegierungen ist ähnlich wie für die Bleilegierungen. Der Reibungsbeiwert bleibt über einen Bereich von 20 °C—200 °C bei beiden Legierungen nahezu konstant.

Geschmierte Oberflächen

In Tab. 23 sind die hauptsächlichsten Reibungsergebnisse für Oberflächen, die mit Mineralöl oder mit reiner Stearinsäure geschmiert waren, aufgeführt. Die Bewegung war in allen Fällen gleichförmig, und man erkennt, daß sich die Lagerlegierung in bezug auf die Schmierung beinahe wie die Vergleichslegierung verhält.

Tabelle 23. *Die Reibung von Zinnlegierungen. Geschmiert*

Oberflächen	Reibungskoeffizient			
	Mineralöl			Stearinsäure
	1. Hub	20. Hub	100. Hub	1. Hub
Stahl auf { Lagerlegierung ...	0,13	0,13	0,11	0,07
Stahl auf { Vergleichslegierung .	0,13	0,13	0,12	0,09

Aus diesen Ergebnissen geht deutlich hervor, daß die Reibungseigenschaften der Zinnlagerlegierungen und jene der Zinnvergleichslegierung einander ähnlich sind, und zwar bei trockenen und bei geschmierten Oberflächen. Die Werte der Reibungszahl, das Verhalten bei vielfach wiederholter Bewegung in derselben Bahn und die Natur des Verschleißes sind alle bemerkenswert ähnlich. Dies belegt wiederum die überragende Bedeutung der Reibungseigenschaften der Grundmasse für die Wirkungsweise des Lagermetalls. Die Übereinstimmung ist nicht ganz so gut wie bei den entsprechenden Bleilegierungen, doch muß für eine ausführlichere Diskussion dieser Frage auf die Originalabhandlungen verwiesen werden.

Vergleich der Blei- und der Zinn-Lagerlegierungen

Ein Vergleich zwischen den Blei- und den Zinnlegierungen drängt sich zum Abschluß auf. Die Reibungseigenschaften der Blei-Lagerlegierung, trocken und geschmiert, bei Raumtemperatur und bei erhöhten Temperaturen, sind im allgemeinen etwas günstiger als jene des Zinnlagermetalls. Allerdings wird erstere beim Reiben auf Stahlflächen viel stärker abgenutzt, und ihre Härte (in Vickerseinheiten gemessen) beträgt ebenfalls etwa 15% weniger. Sieht man also von der Frage der mechanischen Eigenschaften, die zwar für das praktische Verhalten eines Lagers eine entscheidende Rolle spielen können, ab, so sollte das Bleilagermetall in der Praxis mindestens so befriedigende Dienste leisten wie die Zinnlegierung, wenn vor allem das Reibungsverhalten interessiert. Unter schwerer Beanspruchung wird jedoch der größere Verschleiß des Bleilagermetalls möglicherweise entscheidend ins Gewicht fallen.

Silber-Blei-Lager

Die Gleitfläche dieses Lagers besteht nicht aus einer Legierung, sondern wird von einem sehr dünnen, auf einer massiven Silberschicht niedergeschlagenen Bleifilm geliefert. Mit dem Silber wurde durch Ausgießen oder galvanische Abscheidung eine Stahlschale ausgekleidet, die dem Lager die nötige Festigkeit verleiht. Das Edelmetall besitzt für diesen Zweck insofern gute mechanische Eigenschaften, als seine Härte, Dehnbarkeit und Widerstandsfähigkeit gegen Ermüdung für ein Lagermaterial günstige Werte aufweisen. Auch seine Wärmeleitfähigkeit macht es sehr geeignet, um die umgewandelte Reibungsenergie von der Gleitfläche abzuführen. Wie wir später sehen werden, gibt Silber jedoch eine hohe Reibung und ist schwierig zu schmieren, und aus diesem Grunde wird es mit einem sehr dünnen (ungefähr 0,1 mm dicken) Bleifilm abgedeckt. Dieser erfüllt eine doppelte Aufgabe: Er ermöglicht es den Fettsäuren im Öl, die Oberflächen zu schmieren (s. Kap. X), und zweitens versieht er das Silber mit einer schmierenden Metallschicht, die sich in der im letzten Abschnitt beschriebenen Weise auswirken kann.

Bei hohen Temperaturen und in einer oxydierenden Atmosphäre kann das Blei einem zu heftigen chemischen Angriff durch das Schmieröl ausgesetzt sein, und um diesen in erträglichen Grenzen zu halten, wird dem Blei eine kleine Menge Indium oder Zinn zulegiert. Die Anwesenheit dieser Metalle in der Bleischicht macht sie gegenüber übermäßiger Korrosion durch die im Öl vorhandenen Fettsäuren widerstandsfähig. Solche Lager ertragen sehr schwere Betriebsbedingungen und stellen ein gutes praktisches Beispiel für die Schmierung durch Metallschichten dar.

Die Wirkung von Temperaturschwankungen auf Lagerlegierungen

Die im praktischen Betrieb freiwerdende Reibungswärme kann die Temperatur der obersten Schicht einer Lagerschale auf hohe Werte ansteigen lassen, was sich auf das mechanische Verhalten und die Reibungseigenschaften des Lagers ziemlich stark auswirken kann. Neben dieser örtlichen Erwärmung der Oberfläche muß jedoch auch das allmähliche Erwärmen und Abkühlen des Lagers als Ganzes berücksichtigt werden. Diese Temperaturschwankungen hängen mit dem Anlaufen und Anhalten der Maschine oder mit einer Veränderung der Öltemperatur zusammen, und wir stellen uns die Frage, welche Wirkung diese

Tafel XVIII

Abb. 1. Bleilegierung nach 100 Temperaturkreisläufen. Beachte die deutlichen Sprünge in der Nähe der Bindeschicht *BB*. In der Grundmasse der Legierung sind sie nicht vorhanden

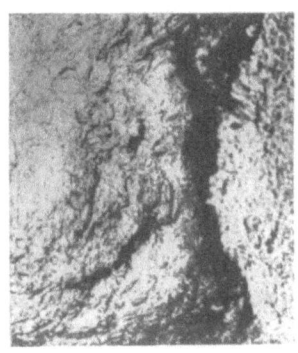

Abb. 2. Zinnlegierung nach 100 Temperaturkreisläufen. Die Verformung ist auch in der Grundmasse der Legierung ausgeprägt

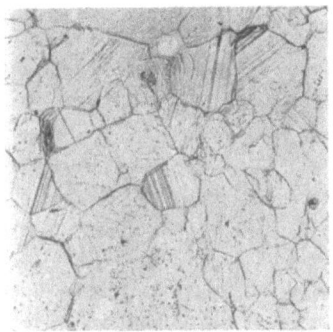

Abb. 3. Cd, 50 Kreisläufe

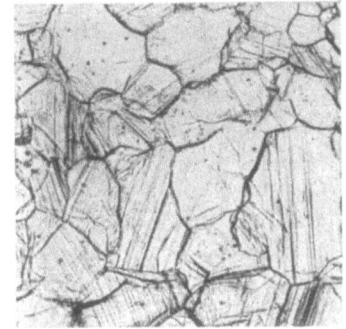

Abb. 4. Cd, 200 Kreisläufe

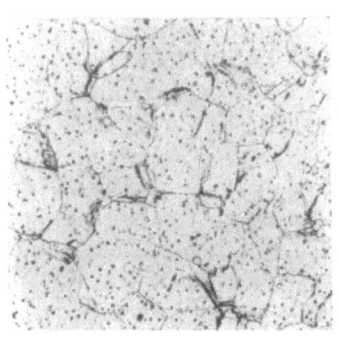

Abb. 5. Sn, 50 Kreisläufe

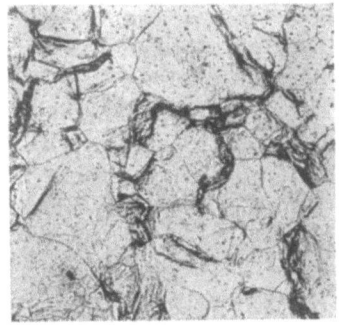

Abb. 6. Sn, 200 Kreisläufe

Abb. 3–6. Verformung von Metallen (Kadmium und Zinn) infolge zyklischer Erwärmung und Abkühlung zwischen 30 und 150 °C. (Vergr. 100 × in allen 6 Abb.)

thermischen Kreisläufe auf die Lagerlegierung haben können. Wenn die Legierung an ein anderes Metall gebunden ist, was in der Praxis häufig der Fall ist, so muß damit gerechnet werden, daß der Unterschied in der Wärmeausdehnung der beiden Metalle in der Zwischenfläche Wärmespannungen verursacht. Für den Fall einer typischen Bleilegierung beträgt der Wärmeausdehnungskoeffizient $24 \times 10^{-6}/°C$, während er für Stahl etwa die Hälfte ausmacht. Wenn das Lager also um rund 100 °C erwärmt und wieder gekühlt wird, so kann dieser Unterschied in der Ausdehnung zur Verformung oder zum Reißen des weicheren Metalls führen. Tafel XVIII.1 zeigt ein charakteristisches Beispiel einer auf diese Weise beschädigten Schicht. Da dieser bimetallische Ausdehnungseffekt zum vorzeitigen Versagen des Lagers führen kann, ist er von beträchtlicher praktischer Wichtigkeit.

Eine andere Erscheinung von einigem Interesse wurde von BOAS und HONEYCOMBE (1947) beschrieben. Sie fanden nämlich, daß gewisse Metalle wie Zinn, Kadmium oder Zink durch wiederholte Erwärmung und Abkühlung bleibend verformt und durch Risse geschwächt werden, auch wenn sie nicht mit anderen Metallen verbunden sind. Die Deformation wird um so ausgeprägter, je größer die Anzahl der Erwärmungs-Abkühlungs-Kreisläufe, denen die Metalle unterworfen sind. Bei Blei hingegen konnte keine derartige Verformung beobachtet werden. Diese Erscheinung wurde auf Grund der thermischen Ausdehnung der Metalle selbst erklärt. Reines Blei ist ein kubisches Metall und sein Wärmeausdehnungskoeffizient ist für alle Richtungen in einem Kristall derselbe. Zinn, Kadmium und Zink sind nicht kubisch und weisen längs der verschiedenen Kristallachsen verschiedene Wärmeausdehnungen auf. In einer polykristallinen Probe eines anisotropischen Metalls wird die kristallographische Orientierung von zwei beliebigen benachbarten Körnern im allgemeinen nicht zusammenfallen, so daß die Ausdehnung auf den beiden Seiten einer Korngrenze beim Erhitzen des Metalls verschieden ausfällt. Die dabei erzeugten Spannungen genügen gewöhnlich, um plastische Deformation und „Slip" innerhalb der Kristalle hervorzurufen, und der Grad der Verformung wird mit der Anzahl der Temperaturkreisläufe zunehmen. Tafel XVIII.3, 4, 5 und 6 zeigt dies deutlich für Zinn- und Kadmiumproben, die 30- und 200mal zwischen 30 °C und 150 °C erwärmt wurden. Dieses Verhalten beruht deshalb auf einer grundlegenden Eigenschaft der nichtkubischen, polykristallinen Metalle, und es folgt daraus, daß es größte Schwierigkeiten bietet, einen anisotropischen, kristallinen Körper in einem spannungsfreien Zustand herzustellen, da dies gewöhnlich mit einer gewissen Erwärmung oder Abkühlung verbunden ist. Selbst wenn der Körper anfänglich spannungsfrei ist, so werden kleine Verzerrungen ohne weiteres schon durch kleine Temperaturänderungen hervorgerufen.

Diese Feststellungen wurden auf das Studium des Verhaltens von Blei- und Zinn-Lagerlegierungen übertragen. Bei Bleilegierungen ist die Grundmasse im wesentlichen isotropisch, und wiederholtes Erwärmen verursacht im Legierungskörper keine nennenswerte Deformation (s. Tafel XVIII. 1). Die Grundmasse der Zinn-Lagermetalle ist jedoch ausgeprägt anisotropisch und es tritt leicht eine beträchtliche Verformung auf (s. Tafel XVIII. 2). Wie BOAS und HONEYCOMBE (1947) zeigten, erreicht die Deformation durch anisotropische Ausdehnung bei der Zinnlegierung ein viel größeres Ausmaß als jene, die durch den weiter oben beschriebenen bimetallischen Ausdehnungseffekt erzeugt wird. Man fand jedoch, daß eine Erhöhung des Zusatzes von harten Teilchen die Auswirkung der Ansiotropie in Zinnlegierung mildert, da die harten Körner eine Wärmeausdehnung besitzen, die etwa in der Mitte zwischen den beiden hauptsächlich wirksamen Ausdehnungskoeffizienten der Grundmasse liegt. Die harten Körner bewirken zudem eine Versteifung der ganzen Legierungsmasse. Diese kann natürlich nicht beliebig erhöht werden, da die Legierung mit zunehmendem Gehalt an harten Einschlüssen hart und spröde und deshalb für die meisten Anwendungen als Lager weniger geeignet wird.

Es geht aus dieser Diskussion deutlich hervor, daß im Verhalten der Blei- und Zinnlegierungen in bezug auf zyklische Wärmebeanspruchung ein bemerkenswerter Unterschied besteht. Die Bleilegierungen leiden nur unter dem „bimetallischen Effekt", der sich nur in Flächen, wo das Lagermetall zur Verstärkung an eine Stahlunterlage gebunden ist, bemerkbar macht. Die Zinnlegierungen hingegen zeigen eine deutliche, durch die Anisotropie bedingte Deformation innerhalb des Gefüges, und wenn diese wechselnde Verzerrung genügend groß wird, kann sie zum Versagen des Lagers durch „thermische Ermüdung" führen.

Die Rolle des weichen Bestandteils in Lagerlegierungen

Die in diesem Kapitel beschriebenen Versuche sind durch ein Merkmal gekennzeichnet, das sowohl den Kupfer-Blei- als auch den Weißmetall-Lagerlegierungen zu eigen ist. Beide Legierungsarten enthalten einen weichen, niedrigschmelzenden Bestandteil, in dem während des Gleitens das eigentliche Scheren stattfindet. Bei den Kupfer-Blei-Legierungen erfolgt das Abscheren der Verbindungen im herausgepreßten Bleifilm; bei den Weißmetallegierungen in der Blei- oder Zinngrundmasse. Es ist klar, daß diese Eigenschaft ein übermäßiges Fressen verhindert, da die unter schweren Betriebsbeanspruchungen entwickelten hohen Temperaturen an den augenblicklichen Berührungsstellen sofort ein örtliches Erweichen oder Schmelzen dieses weichen Bestandteils verursachen, worauf das geschmolzene oder plastische Material nach einem kälteren Bezirk der Lagerfläche geschafft wird.

Der Hauptunterschied zwischen diesen beiden Typen von Lagermetallen liegt in der Art, wie die Belastung getragen wird. Bei der nichtdendritischen Kupfer-Blei-Legierung wird die Normalkraft auf dem harten Grundgefüge aus Kupfer abgestützt, so daß die Berührungsfläche F verhältnismäßig klein ausfällt, während die wirksame Scherfestigkeit s der Verschweißungen (Blei) ebenfalls klein ist. Infolgedessen ist auch die durch $R = Fs$ gegebene Reibungskraft gering, und der Reibungsbeiwert für ungeschmierte Oberflächen erreicht nur einen Wert von rund 0,2. Bei den Weißmetallegierungen nehmen die harten Bestandteile an der Abstützung der Normalkraft praktisch nicht teil, und hinsichtlich der Reibung verhalten sich diese Legierungen wie homogene Stoffe mit der gleichen Zusammensetzung und den gleichen Eigenschaften wie ihre Grundmassen. Für die Reibung mißt man deshalb die für die meisten homogenen Materialien charakteristischen Werte, das heißt, der Koeffizient liegt bei ungeschmierten Oberflächen etwa zwischen 0,6 und 0,9.

Die dendritische Kupfer-Blei-Legierung ist in diesem Zusammenhang von besonderem Interesse, da sie eine Zwischenstellung zwischen der nichtdendritischen und den Weißmetallegierungen einnimmt. In der dendritischen Legierung bildet die Bleiphase ein zusammenhängendes Netzwerk zwischen den Kupferdendriten und stellt, genaugenommen, die Grundmasse der Legierung dar. Eine Untersuchung des Gefüges zeigt hingegen, daß 75% jeder Oberfläche aus der harten Kupferphase bestehen[1]. Infolgedessen wird der größte Teil der Normalbelastung dennoch durch die Kupferphase getragen, und die Reibung bei Zimmertemperatur liegt etwa in der gleichen Gegend wie für die nichtdendritische Legierung.

Bei höheren Temperaturen tritt der grundlegende Unterschied zwischen der nichtdendritischen Kupfer-Blei-Legierung und der Weißmetallegierung wiederum klar zutage. Bei der ersteren finden wir, sowie die Temperatur erhöht wird, ein Erweichen der Bleiphase, während das Kupfergefüge seine ursprüngliche Härte größtenteils noch beibehält. Dies bedeutet, daß s abnimmt, während F sich kaum ändert, weshalb die Reibung mit steigender Temperatur allmählich fällt. Dieser Vorgang schreitet fort, bis eine Temperatur erreicht ist, bei der die Legierung als Ganzes rasch erweicht (oberhalb 300 °C), worauf die Reibung entsprechend anwächst. Bei der Weißmetallegierung tritt mit steigen-

---

[1] Im Gegensatz dazu beanspruchen die harten Körner der Weißmetallegierungen nur etwa 15% irgendeiner Oberfläche.

der Temperatur eine zunehmende Erweichung der Legierungsgrundmasse auf, so daß s abnimmt und F im gleichen Maß größer wird. Infolgedessen bleibt die Reibung sozusagen bis zum Schmelzpunkt der Legierung beinahe temperaturunabhängig. Auch in dieser Beziehung nimmt die dendritische Kupfer-Blei-Legierung eine Zwischenstellung ein: Das Erweichen der Bleiphase mit entsprechender Abnahme von s dauert an wie zuvor. Diese Schwächung des Netzwerkes zwischen den Kupferdendriten führt jedoch zu einer schnellen Abnahme der durchschnittlichen Härte der Legierung und einem entsprechenden Wachstum von F. Folglich steigt die Reibung schnell an, und die Reibungszahl nähert sich tatsächlich den für die Blei-Weißmetall-Legierung geltenden Werten.

Es besteht kein Zweifel, daß das harte Grundgefüge aus Kupfer im Reibungsmechanismus der nichtdendritischen Kupfer-Blei-Legierung eine sehr bestimmte Rolle spielt. Es verleiht der Legierung größere Festigkeit und Härte, und durch Unterstützung des an der Oberfläche herausgepreßten, dünnen Bleifilms erzeugt es eine geringe Reibung, sogar wenn die Oberflächen nicht geschmiert sind. Die dendritische Legierung ist der nichtdendritischen hinsichtlich der physikalischen Eigenschaften unterlegen, doch stellt sie für jede Oberfläche einen viel leichter verfügbaren Vorrat von Blei dar. Bei den Weißmetall-Legierungen hingegen tragen die harten Bestandteile wenig zur allgemeinen Härte oder zu den Reibungseigenschaften der Legierungen bei. Da Lagerlegierungen des Weißmetalltyps auf Grund der Erfahrung entwickelt wurden, besteht die Möglichkeit, daß die harten Einschlüsse einfach ein Überbleibsel eines historischen „Unfalls" darstellen. Dennoch sollte nicht übersehen werden, daß die Reibungs- und Verschleißeigenschaften nicht die einzigen Faktoren sind, die für die Eignung einer Legierung als Lagermetall maßgebend sind. Die Grübchen und Risse z. B., die sich in der weicheren Phase, speziell in den Grenzflächen um die harten Körner entwickeln können, dienen vielleicht als winzige Speicher für das Schmieröl. Ebenso ist es möglich, daß viele mechanische Eigenschaften, wie z. B. die Härte und ihre Änderung mit der Temperatur, die Festigkeit unter Druck und die Widerstandsfähigkeit gegen Ermüdung, für die praktische Leistungsfähigkeit eine entscheidende Rolle spielen. Die Gegenwart harter Teilchen in einer weichen Grundmasse kann beispielsweise, wie wir mit der Arbeit von BOAS und HONEYCOMBE weiter oben erwähnten, zu einer Versteifung der gesamten Legierung und einer Erhöhung ihrer Widerstandsfähigkeit gegen thermische Ermüdung beitragen. Es ist deshalb nicht ausgeschlossen, daß einige der bedeutsamen Unterschiede zwischen den mechanischen Eigenschaften der Weißmetall-Lagerlegierungen und der ihnen entsprechenden Grundmassenlegierung (die zum Vergleich hergestellt wurde) mindestens teilweise der Gegenwart der harten Körner zu verdanken sind. Es besteht allerdings kaum ein Zweifel, daß die grundlegenden Reibungseigenschaften der in diesem Kapitel beschriebenen Weißmetall-Legierungen im wesentlichen durch die Grundmasse allein bestimmt werden, wobei die harten Kristallite kaum beteiligt sind.

Schrifttum

BASSETT, H. (1937), Bearing Metals and Alloys, London, Edward Arnold and Co.
BOAS, W., and R. W. K. HONEYCOMBE (1947), Proc. Roy. Soc. A. **188**, 427; J. Inst. Metals. **73**, 433.
BOWDEN, F. P. (1950 a), Research, **3**, 147.
BOWDEN, F. P. (1950 b), ebda. **3**, 383.
BOWDEN, F. P. (1950 c), ebda. **3**, 384.
BOWDEN, F. P. (1952), Proc. Roy. Soc. A. **212**, 440.
BOWDEN, F. P., and D. TABOR (1943), J. Appl. Phys. **14**, 141.
LOVE, P. P. (1952), Proc. Roy. Soc. A. **212**, 484.
LUNN, B. (1952), Trans. Dan. Acad. Techn. Sci. No. 2.
TABOR, D. (1945), J. Appl. Phys. **16**, 325.

VII. Die Reibung reiner Oberflächen: Die Wirkung von Verunreinigungen

Der Einfluß von Fremdschichten an der Oberfläche

In den vorangehenden Kapiteln behandelten wir Reibungsversuche mit Metalloberflächen, die in der Atmosphäre sorgfältig gereinigt worden waren. Wenn man jedoch feste Körper in der Luft von Fremdstoffen säubert, so sind ihre Oberflächen natürlich immer noch mit einer dünnen Oxydhaut, Wasserdampf und anderen adsorbierten Verunreinigungen bedeckt. Die Fremdschicht mißt in der Dicke gewöhnlich mindestens einige Moleküllagen, und eine vollständige Theorie der Reibung muß diesen Film in Betrachtung ziehen. Wie wir sehen werden, können auch die dünnsten Fremdschichten eine tiefgreifende Wirkung auf die Reibung haben.

Die gröberen Verunreinigungen der Oberfläche können durch Läppen oder Polieren, oder noch gründlicher durch Schaben mit einem entfetteten Diamantwerkzeug (s. Kap. X) entfernt werden. Keines dieser Verfahren gestattet jedoch, die Prüffläche von der übrigbleibenden, adsorbierten Schicht zu befreien. Die einzige in dieser Hinsicht wirksame Methode besteht darin, die Metallproben im Vakuum zu erhitzen. Einige frühere Untersuchungen in dieser Richtung wurden von JAKOB (1912), SHAW und LEAVEY (1930) und von HOLM (1931) beschrieben. Hier beschäftigen

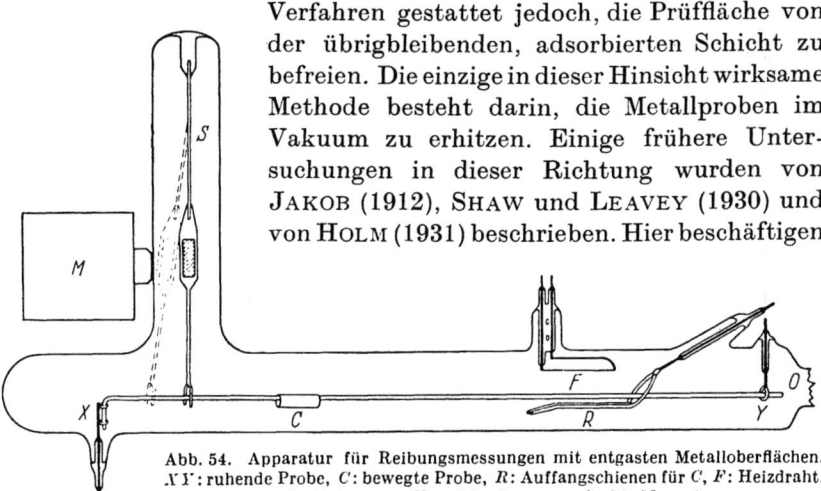

Abb. 54. Apparatur für Reibungsmessungen mit entgasten Metalloberflächen. XY: ruhende Probe, C: bewegte Probe, R: Auffangschienen für C, F: Heizdraht, S: Feder zum Vorschleudern von C, M: Magnet

wir uns in der Folge mit den Arbeiten von BOWDEN und HUGHES (1939) und von BOWDEN und YOUNG (1951) über die Reibung von Metallen, die im Vakuum entgast worden waren. Der Einfluß von Fremdschichten wird ferner im Zusammenhang mit der Wirkung des

Zwischenflächenpotentials auf die Reibung diskutiert. Im Hinblick auf die wichtige Rolle, die adsorbierte Gase und Dämpfe für das Gleiten spielen, mag auch eine Besprechung der Arbeiten von SAVAGE (1948) über die Reibung von Graphit im Vakuum von Interesse sein.

Das von HUGHES benützte Reibungsgerät ist in Abb. 54 dargestellt. Als reibende Oberflächen dienen der Draht oder Zylinder (XY) und der etwas größere Hohlzylinder (C), der daran hängt. Das Verfahren besteht also darin, den hängenden Hohlzylinder (C) längs (XY) vorzuschleudern und seine Verzögerung photographisch zu bestimmen, woraus die Reibungskraft zwischen den Oberflächen berechnet werden kann. Das Vorschießen des Hohlzylinders (C) bewirkt die Feder S, die mit Hilfe eines Elektromagneten M betätigt wird. Die Drahtauflage wurde zuvor entgast, indem ein geeigneter elektrischer Strom für die nötige Aufheizung sorgte, während der Hohlzylinder von der Auflage abgehoben war und auf den Molybdänschienen R ruhte, wo er seinerseits durch Beschuß mit Elektronen von 2000 oder 5000 V vom Glühdraht F erhitzt wurde. Beide Metalle wurden auf einer Temperatur gehalten, die gerade unterhalb derjenigen liegt, bei der im letzten Stadium des Entgasens eine übermäßige Verdampfung einsetzt.

Die Wirkung adsorbierter Gase auf die metallische Reibung

Die wichtigsten Ergebnisse für zwei verschiedene Metallpaarungen sind in den Abb. 55a und c dargestellt. Es geht daraus hervor, daß der Reibungsbeiwert für diese Oberflächen zu Beginn des Versuches um 0,5 herum liegt. Nach längerem Erhitzen im Vakuum bis zu heller Rotglut und nachfolgender Abkühlung stieg die Reibungszahl aber auf Werte zwischen 4, 5 und 6.

Diese Werte zeigen, daß die Entfernung der Fremdschichten zu einer sehr starken Reibungszunahme führt, die hauptsächlich der Leichtigkeit, mit der die Metallflächen in Abwesenheit der Verunreinigungen verschweißen können, zu verdanken ist. Es hat auch den Anschein, als würde der mit dem Gleiten verknüpfte Scherprozeß ebenfalls eine Zunahme der Fläche, über die Schweißverbindungen gebildet werden, bewirken. Diese Ergebnisse unterstützen deshalb die genauere Theorie der metallischen Reibung, die in Kap. V entwickelt wurde.

Überläßt man reine Oberflächen in einem Vakuum von 10^{-5} bis 10^{-6} mm Hg bei Zimmertemperatur sich selbst, so stellt sich eine stetige Reibungsabnahme ein. Diese Verminderung macht sich schon nach wenigen Minuten bemerkbar und beruht vermutlich auf der allmählichen Verunreinigung der Oberflächen durch die in der Glaskammer übriggebliebenen Gase. Da selbst unter diesen Umständen eine schnelle Bedeckung mit Fremdstoffen erfolgt, ist es offensichtlich unter gewöhnlichen atmosphärischen Versuchsbedingungen unmöglich, im Laboratorium Oberflächen zu erzeugen, die, vom Standpunkt der Reibung aus betrachtet, wirklich rein sind.

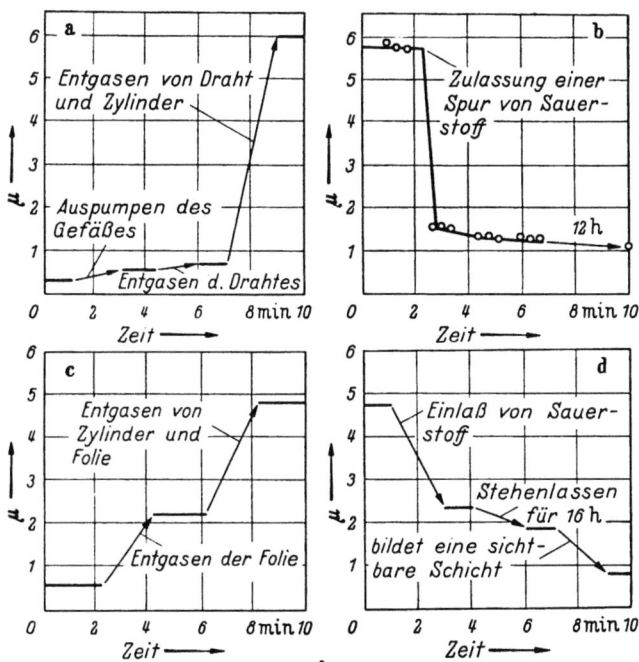

Abb. 55. Die Wirkung von Fremdschichten auf die Reibung. a) und c) Die Entfernung von adsorbiertem Sauerstoff und anderer Fremdstoffe: a) Nickel auf Wolfram, c) Kupfer auf sich selbst. Die Reibung steigt um das Zehnfache oder noch mehr. b) und d) Absichtliche Beigabe einer Spur von Sauerstoff zu entgasten Metallen: b) Nickel auf Wolfram, d) Kupfer auf sich selbst. Die Reibung wird rasch herabgesetzt

Die Abb. 55b und d zeigen die Wirkung einer absichtlich zugelassenen Spur von Sauerstoff. Man erkennt, daß eine plötzliche, starke Verminderung der Reibung eintritt, die von einer langsameren, mit der Zeit fortschreitenden Abnahme gefolgt wird. Der Zusatz von reinem Wasserstoff oder reinem Stickstoff hat jedoch nur eine geringe Wirkung auf die Reibung der reinen Oberflächen.

Die neueren Arbeiten von BOWDEN und YOUNG (1951) unterstützen diese Ergebnisse im allgemeinen. Die dabei benutzte Vorrichtung ist in Abb. 56 dargestellt. Die Umhüllung und alle beweglichen Teile wurden, um das Entgasen der Oberflächen zu erleichtern, aus Quarzglas hergestellt. Der hauptsächlichste Unterschied gegenüber dem Gerät von HUGHES besteht darin, daß die obenliegende Prüffläche langsam über die Auflage gezogen anstatt geschossen wird. Ferner konnten mit dieser

180 Die Reibung reiner Oberflächen: Die Wirkung von Verunreinigungen

Vorrichtung höhere Lasten von etwa 15 g verwendet werden, gegenüber etwa 1 g oder weniger, die HUGHES auflegen konnte. Zudem ist das Berührungsgebiet zwischen den Gleitflächen bei der neueren Konstruktion deutlicher abgegrenzt, da ein kleiner gerundeter Höcker und eine ebene Oberfläche gegeneinander reiben. Das Entgasen wird durch induktive Hochfrequenzerwärmung durchgeführt, wie aus der Abbildung ersichtlich ist.

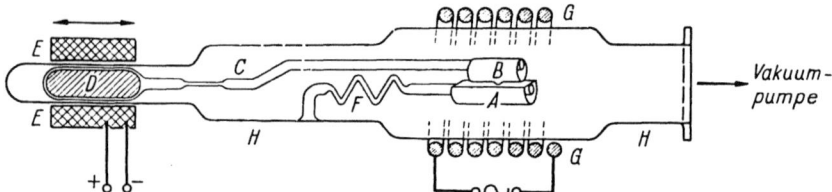

Abb. 56. Später entwickelte Vorrichtung (schematisch) für Reibungsmessungen mit entgasten Metallen. Die Proben A und B besitzen die Form von Hohlzylindern, um die induktive Hochfrequenzerwärmung zu erleichtern. A: Starr befestigte Unterlage mit abgeflachter Oberseite, B: beweglicher Reiter mit kleiner Beule, C: Verbindungsglieder aus Quarzglas, D: in Quarzglas eingeschmolzene Eisenmasse, E: Elektromagnet zur Bewegung von D und damit der Oberfläche von B, F: Federnde Vorrichtung aus Quarzglas zur Messung der auf A wirkenden Reibungskraft, G: Induktionsheizspule. H: Quarzgefäß, an Vakuumpumpen angeschlossen

Für Nickeloberflächen, die in der Atmosphäre so rein als möglich angefertigt wurden, beträgt der Reibungsbeiwert rund 1,4. Diese Oberflächen werden durch Erhitzen bei 1000 °C im Vakuum allmählich von den Fremdschichten befreit, und wenn man Reibungsmessungen noch im Vakuum, jedoch nach Abkühlung der Oberflächen auf Zimmertemperatur, ausführt, so wird festgestellt, daß der Reibungsbeiwert je nach der Gründlichkeit, mit der die Entgasung durchgeführt worden war, ohne weiteres sogar einen Wert von etwa 9 erreicht. Wird Luft oder eine Spur von Sauerstoff zugelassen, so fällt die Reibung allmählich wieder auf einen niedrigen Wert und im Laufe der Zeit ergibt sich eine weitere, langsamere Verminderung. Andererseits erzeugt Wasserstoff, auch wenn er für längere Zeit auf das Nickel einwirkt, keinen nennenswerten Reibungsabfall. Versucht man, die Reibung von Oberflächen, die so gründlich als möglich entgast wurden, zu messen, so stellt sich ein Zusammenschweißen in großem Maßstab ein, und die Oberflächen können nur durch Auseinandersprengen getrennt werden. Die Reibung ist in diesem Fall natürlich zu hoch, um genau bestimmt zu werden ($\mu \approx 100$).

Die Tatsache, daß adsorbierte Schichten oft eine gewisse Zeit brauchen, um die größte Reibungsverminderung hervorzurufen, wurde auch von HUGHES beobachtet, wenn der Dampf der Capronsäure über reine Goldflächen geleitet wurde. Die Reibungszahl von entgastem Gold beträgt gewöhnlich etwa 4, doch fiel sie, unmittelbar nachdem der

Capronsäuredampf bei Zimmertemperatur zugelassen wurde, um rund 10%. Im Laufe der nächsten 16 Stunden fand eine weitere Reibungsabnahme auf rund $\mu = 2$ statt.

Diese Versuche offenbarten wiederum die starke Wirkung, die kleine Mengen von adsorbierten Schichten auf die Reibung reiner Metalle ausüben können. Sauerstoff setzt den Reibungswiderstand besonders weit herab und auf Wolfram geschieht dies mit größter Schnelligkeit (Abb. 55b), vermutlich wegen der Chemisorption von Sauerstoff durch die metallische Oberfläche. Nach ROBERTS (1935) erfolgt die Chemisorption in diesem Fall beinahe augenblicklich. Eine weitere Dickenzunahme der adsorbierten Schicht im Laufe der Zeit wirkt sich auf die Reibung verhältnismäßig wenig aus. Auf anderen Metallen hingegen geht die Herabsetzung der Reibung durch Sauerstoff beträchtlich langsamer vor sich und kann sich viele Stunden oder Tage hinziehen. Es hat hier den Anschein, als ob die Erscheinung im wesentlichen auf dem allmählichen Wachstum der dicken Oxydschicht beruht, die den Oberflächen zunehmend besseren Schutz gewährt und die Reibung entsprechend verringert. Ein ähnlicher, zeitbedingter Effekt wird auch mit Capronsäure auf Gold beobachtet.

Diese Ergebnisse mit spezifischen Fremdschichten erhärten wiederum die Auffassung, daß die Reibung auf der Abscherung metallischer Verschweißungen beruht, die zwischen den sich berührenden Oberflächen gebildet werden. In Abwesenheit von Verunreinigungen kommen diese Verbindungen, wie wir gesehen haben, sehr leicht zustande, und die Reibung ist hoch. Die Versuche lehren auch, daß außerordentlich kleine Mengen von Fremdstoffen an einer Oberfläche den Umfang metallischer Berührung sehr weitgehend einschränken und dadurch die Reibungskraft herabsetzen.

Einfache Überlegungen gasdynamischer Art zeigen, daß die Anzahl der Moleküle, die in einem Vakuum von etwa 10^{-7} mm Hg während einer Minute die Oberfläche treffen, dazu ausreicht, um eine monomolekulare Schicht zu bilden. Selbst unter den oben angegebenen Bedingungen können wir deshalb nicht erwarten, daß die Oberflächen, nachdem sie sich abgekühlt haben, gänzlich frei von adsorbierten Gasen sind. Dennoch vermögen die Versuche zu illustrieren, daß es den oberflächlichen Atomen von zwei Metallproben, die unter den erwähnten Umständen in Berührung gebracht werden, gelingt, sich zu *einem* Kristallgitter zusammenzufinden, wobei das „Kristallwachstum" über die Zwischenfläche hinweg in verhältnismäßig großem Maßstab stattfinden kann.

Die Arbeit von BOWDEN und YOUNG (1951) wurde von ROWE fortgeführt, indem er ein Gerät konstruierte, das nicht nur die Reibung entgaster Metalle mißt, sondern auch die Normaladhäsion zwischen den

Oberflächen in jedem Stadium des Gleitvorganges. Die Ergebnisse zeigen, daß die mit reinen Metallen beobachteten, großen Reibungskräfte immer mit starken Adhäsionen verknüpft sind, und es besteht in der Tat eine ziemlich lineare Beziehung zwischen der Tangentialkraft und der Adhäsionskraft in jedem Stadium der Relativbewegung (BOWDEN und ROWE, 1956). Dies bestätigt die Ansicht, daß der Versuch, die Oberflächen zum Gleiten zu bringen, seinerseits ein beträchtliches Wachstum der Fläche, über die starke metallische Verbindungen gebildet werden, hervorruft. Das Verhalten entspricht ungefähr den Beobachtungen, die für gereinigte Indiumflächen in der Atmosphäre gemacht werden (s. S. 388). Verunreinigende Dämpfe, die die Reibung herabsetzen, erniedrigen die Adhäsion in noch viel höherem Maße. So gibt eine verunreinigte Kupferoberfläche eine Reibungszahl von 2,5, zeigt aber vielleicht nur eine vernachlässigbar kleine Adhäsion.

Diese Beobachtungen werden durch die Arbeit von GWATHMEY et al. (1952) über die Reibung und Adhäsion reiner Einkristalle aus Kupfer allgemein unterstützt. Um das Oxyd für diese Untersuchungen zu entfernen, wurden die Kristalle in Wasserstoff von 500 °C erhitzt. Zwischen zwei (110)-Flächen entdeckte man darauf eine größere Reibung, als wenn sich zwei (111)-Flächen berührten. Aus ähnlichen Kohäsionsprüfungen ging auch hervor, daß die zwischen den Kristallen entstandenen Verbindungen dieselbe Festigkeit wie das Elternmetall aufwiesen.

Der Einfluß von Oxydschichten auf die Reibung

Die Oxydation der meisten Metalle ist ein sehr schneller Vorgang, der nur durch den Schutz, den die neugebildete Oxydhaut selbst gewährt, verzögert wird (EVANS, 1946). Unter den üblichen Bedingungen bei Zimmertemperatur werden frisch freigelegte Metalloberflächen bald oxydiert sein, und die meisten mechanisch gereinigten Metalle (durch Läppen, Schleifen etc.) legen sich in rund 5 Minuten oder weniger eine Oxydschicht von 10—100 Å Dicke zu (nach CABRERA und MOTT). Dies gilt für Kupfer, Eisen, Aluminium, Nickel, Chrom und eine Anzahl anderer ähnlicher Metalle. Die Oxydation schreitet sogar bei sehr niedrigen Partialdrücken von Sauerstoff fort, und Kupfer wird bei 10^{-3} mm Hg so schnell oxydieren wie unter atmosphärischem Druck (GARFORTH, 1949). Während des Oxydationsvorganges kann die entstehende Oxydschicht entweder den Gitterparameter des Metalls annehmen (auf Kupfer zum Beispiel bis zu einer Oxydhaut von rund 100 Å Dicke) oder eine völlig unabhängige Struktur aufbauen (Aluminium), die an den Punkten, wo die beiden Kristallgitter übereinstimmen, an das Metall gebunden wird. Nach FRANK und VAN DER

MERWE (1949) übernimmt das Oxyd den Gitterparameter des Metalls dann, wenn jener nicht mehr als 10—15% vom eigenen abweicht. Ist die Übereinstimmung schlechter, so bildet das Oxyd unmittelbar sein eigenes Kristallgitter. Im Übergangsgebiet, bei einer Abweichung von 10—20% zwischen den beiden Parametern, können in der Oxydschicht beide Strukturarten abschnittweise nebeneinander bestehen.

Mit dem Dickenwachstum der Oxydschicht nimmt auf Kupfer auch die innere Druckbeanspruchung zu, und bei einer Lage von etwa 200 Å erfolgt wahrscheinlich ein Aufbrechen der Oxydschicht, worauf die Oxydation fortschreitet, so daß die Lücken wieder geschlossen werden. Dies führt zu einer schwachen Oxydschicht — im Gegensatz zu den viel stärkeren Al_2O_3-Schichten, wo die ursprüngliche Anordnung dauernd erhalten bleibt.

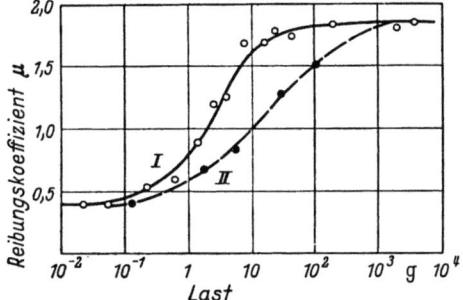

Abb. 57. Die Reibung von Kupfer auf sich selbst in Abhängigkeit der Belastung. Kurve I: Elektrolytisch poliertes Kupfer. Bei Lasten von mehr als 100 g ist μ ziemlich konstant und beträgt ungefähr 1,6. Mit abnehmender Belastung werden die auf der Kupferoberfläche vorhandenen Oxydhäute in geringerem Maße zerrissen und durchstoßen, so daß die Reibung vermindert wird. Der Reibungsbeiwert bei sehr leichten Lasten ($\mu = 0,4$) stellt im wesentlichen die Reibung von Kupferoxyd dar. Wird die Dicke der Oxydschicht durch Oxydation des Kupfers absichtlich verstärkt, so bleibt die niedrige Reibung auch bei schwereren Lasten erhalten (Kurve II)

Eine Reihe von Versuchen, aus denen die Bedeutung der Oxydschichten in gewöhnlichen Reibungsmessungen hervorgeht, wurde von WHITEHEAD (1950) unternommen. Beim Gleiten eines Kupferreiters auf elektrolytisch poliertem Kupfer fand er, daß der Reibungsbeiwert von der Belastung unabhängig ist und für Normalkräfte von mehr als rund 100 g etwa 1,6 beträgt. Mit abnehmender Last fällt die Reibung und erreicht für Normalkräfte unter 10 g einen konstanten Wert von ungefähr 0,4 (s. Abb. 57, Kurve I). Im gleichen Sinne wird auch eine deutliche Änderung im Aussehen der beschädigten Oberfläche festgestellt, wie aus den Tafeln XIX. 1, 2, 3 und 4 ersichtlich ist. Bei den leichten Lasten, wo die Reibung klein ist, entsteht als Gleitspur eine verhältnismäßig glatte Rinne, die mit den Furchen, die auf geschmierten Oberflächen beobachtet werden, zu vergleichen ist. Sowie die Belastung erhöht wird, zeigt die Furche aber mehr und mehr Anzeichen von Fressen und Aufreißen, und wenn der Reibungsbeiwert auf 1,6 gestiegen ist, erscheint die Oberfläche so stark beschädigt, wie es für ungeschmierte Metalle charakteristisch ist. Offenbar beruht dieses Verhalten auf einem allmählichen Durchbrechen der Oxydhaut an der Oberfläche. Bei leichten Lasten wird die Reibung im

Tafel XIX

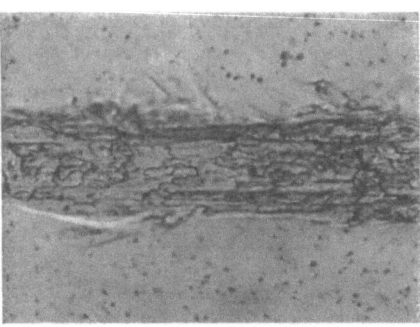

Abb. 1. Reibungsspur in elektrolytisch poliertem Kupfer. Erzeugt durch Kupferreiter beim ersten Durchgang. Last 16 g. $\mu = 1{,}5$. Die Oberfläche ist stark aufgerissen. ($820 \times$)

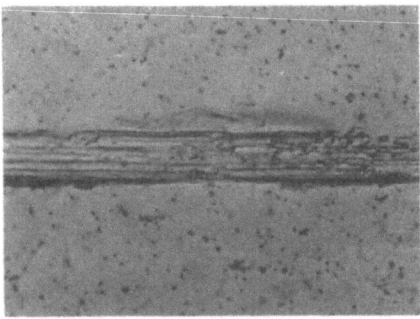

Abb. 2. Reibungsspur in elektrolytisch poliertem Kupfer. Erster Durchgang eines Kupferreiters. Last 3 g. $\mu = 1$. Die Oberfläche ist noch wahrnehmbar aufgerissen und zeigt ferner einige Freßerscheinungen. ($820 \times$)

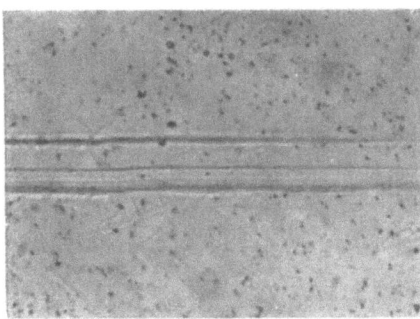

Abb. 3. Reibungsspur in elektrolytisch poliertem Kupfer. Erster Durchgang eines Kupferreiters. Last 1 g. $\mu = 0{,}8$. Die Oxydschicht an der Oberfläche wurde nur geringfügig durchstoßen, und man entdeckt nur wenige Anzeichen von Anfressen. ($820 \times$)

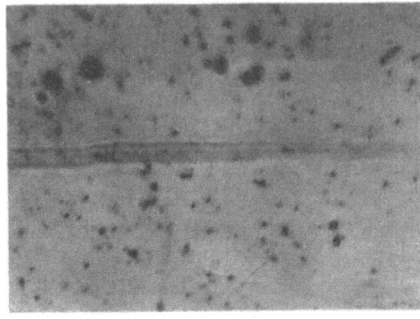

Abb. 4. Reibungsspur in elektrolytisch poliertem Kupfer. Erster Durchgang eines Kupferreiters. Last 0,15 g. $\mu = 0{,}5$. Die Oxydschicht wurde nicht durchstoßen, und die Reibung und Oberflächenbeschädigung sind eher für das Oxyd kennzeichnend als für das Metall. ($820 \times$)

Abb. 5. Reibungsspur in Platinoberfläche. Erster Durchgang eines Platinreiters. Die Oberflächen waren in 0,1-normale Schwefelsäure eingetaucht, wobei die Mindestreibung bei einem Potential von 1,0 Volt (Wasserstoffskala) auftrat (siehe Abb. 60 im Text). Die Verletzung der Oberfläche ist gering. ($110 \times$)

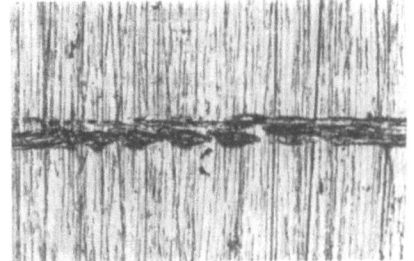

Abb. 6. Reibungsspur in Platinoberfläche. Erster Durchgang eines Platinreiters. Oberflächen in 0,1-normaler Schwefelsäure. Potential 0,3 Volt für Höchstreibung (siehe Abb. 60 im Text). Schwere Beschädigung der Oberfläche. ($110 \times$)

wesentlichen durch das Gleiten von Kupferoxyd auf Kupferoxyd bedingt, und eine solche Werkstoffpaarung wird leichter geschert als eine metallische. Bei stärkerer Belastung reißt die Oxydhaut, und es tritt in steigendem Maß metallische Adhäsion auf. Dies wird durch die Tatsache bestätigt, daß die geringe Reibung bis zu einer größeren Normalkraft bestehen bleibt, wenn die Kupferoberfläche nach dem Polieren absichtlich zu einer dickeren Schutzschicht oxydiert wird (Abb. 57, Kurve II).

Das Verhalten von Aluminium steht dazu in ausgeprägtem Gegensatz (s. S. 119). Hier bleibt die Reibung konstant, mit dem hohen Beiwert von 1,2 für Lasten zwischen 10^{-2} bis 10^4 g. Außerdem wird die Oxydschicht auch bei den kleinsten Belastungen aufgelockert, und es bilden sich die charakteristischen metallischen Verschweißungen (Tafel XI). Dieser Unterschied im Verhalten könnte der strukturellen Anpassung der Oxydschichten an die Metallunterlage zugeschrieben werden oder möglicherweise ihrem Zug- oder Druckspannungszustand. Die Beobachtungen sprechen jedoch dafür, daß die relativen mechanischen Eigenschaften des Oxyds und der Metallunterlage den wichtigsten Faktor darstellen. Wenn das Oxyd auf einem weichen Metall eine sehr harte Schicht bildet, was bei Aluminium (Mohshärte von Al $\approx$ 2, von $Al_2O_3 \approx$ 9) der Fall ist, so ist das Verhalten etwa analog demjenigen einer Eisschicht auf nasser, weicher Erde. Das geringste Gewicht wird das Substrat so deformieren, daß die Oberfläche durchbrochen wird. Wenn hingegen die mechanischen Eigenschaften des Metalls und des Oxyds einander ähnlich sind, was für Kupfer zutrifft (Mohshärte von Kupfer $\approx$ 3, der Oxyde rund 3,5), so wird die Oberflächenschicht mit der Unterlage gemeinsam deformiert; ein Durchbruch ist dann weniger wahrscheinlich und die Reibung und der Oberflächenschaden halten sich in einem kleinen Rahmen (WHITEHEAD, 1950).

Die Arbeit von WHITEHEAD wurde von WILSON (1952) weitergeführt, der mit der Reibungskraft gleichzeitig auch den elektrischen Widerstand zwischen den gleitenden Flächen maß. Seine Resultate unterstützen die Schlußfolgerungen von WHITEHEAD im allgemeinen; in einigen Fällen wurde jedoch festgestellt, daß ein Durchbruch der Oxydschicht, wie er durch die Widerstandsmessungen angezeigt wird, nicht notwendigerweise von einem nennenswerten Anstieg der Reibung begleitet ist. Bei den meisten Metallen genügt der natürliche Oxydfilm, um eine rein metallische Berührung bei sehr kleinen Lasten zu vermeiden. Der Grad des gewährten Schutzes hängt von einer Anzahl von Faktoren, wie zum Beispiel von der Rauhigkeit der Oberfläche und der Dicke der Oxydschicht ab; aber die wichtigste Einflußgröße scheint, wie schon WHITEHEAD fand, die relative Härte des Oxyds und der

186 Die Reibung reiner Oberflächen: Die Wirkung von Verunreinigungen

metallischen Unterlage darzustellen. Dies geht deutlich aus einigen typischen Werten von Tab. 24 hervor (siehe BOWDEN und TABOR, 1952).

Tabelle 24. *Durchbruch durch die Oxydschicht auf Metallen während des Gleitens. Auf Grund elektrischer Widerstandsmessungen*

Metall	Vickershärte, kg/mm²		Last in g, bei der ein merklicher metallischer Kontakt auftritt
	Metall	Oxyd	
Gold . . .	20	...	0
Silber . . .	26	...	0,003
Zinn	5	1650	0,02
Aluminium .	15	1800	0,2
Zink	35	200	0,5
Kupfer . .	40	130	1,0
Eisen . . .	120	150	10
Chrom . . .	800	...	>1000

Diese Ansicht wird auch durch einige von MOORE und TEGART (1952) ausgeführte Versuche über die Reibung einer Kupfer-Beryllium-Legierung bestätigt. Die Legierung wurde dabei auf verschiedene Arten behandelt, um ein Material zu erhalten, dessen Vickershärte zwischen 100 und 400 kg/mm² schwankte. Die härteren Legierungen gaben immer eine niedrigere Reibung, und es hat auch hier den Anschein, als ob die weicheren Legierungen eine stärkere Deformation erleiden, wodurch das Reißen der Oxydhaut erleichtert wird. Das Anfangsstadium der Auflockerung des Oxyds zu Beginn der Relativbewegung zwischen den Oberflächen wurde kürzlich von COCKS (1952) beschrieben, der entdeckte, daß die Kupferoxydhaut intakt bleibt, wenn Kupferoberflächen zur Berührung aufeinander gelegt werden, während schon nach einer Verschiebung von ungefähr 10^{-4} bis 10^{-3} cm ein Druchbruch erfolgt.

Der Einfluß der Temperatur auf die Reibung reiner Metallflächen

Bei den Versuchen über die Wirkung der Temperatur auf die Reibung reiner Metalle benützten BOWDEN und HUGHES (1939) die in Abb. 54 dargestellte Vorrichtung, und die Ergebnisse zeigten sofort, daß eine große Streuung unvermeidlich wird, wenn nicht besondere Maßnahmen getroffen werden, um die Metalle außergewöhnlich gründlich zu entgasen. Die ist vermutlich damit zu erklären, daß der Einfluß unvollständig entfernter Fremdschichten jeden rein thermischen Effekt überschattet.

Reinigt man die Oberflächen durch Entgasen zuerst sehr gründlich und wird anschließend ein gutes Vakuum aufrechterhalten, so lassen sich Ergebnisse erzielen, die sowohl reproduzierbar als auch in bezug auf den Temperaturverlauf umkehrbar sind. In Abb. 58 sind einige typische Resultate für mehrere Metalle aufgetragen. Im allgemeinen nimmt die Reibung ab, wenn die Temperatur erhöht wird, doch handelt es sich nicht um eine auffallende Erscheinung, und sogar bei 1000 °C beträgt die Reibung immer noch rund die Hälfte des ursprünglichen

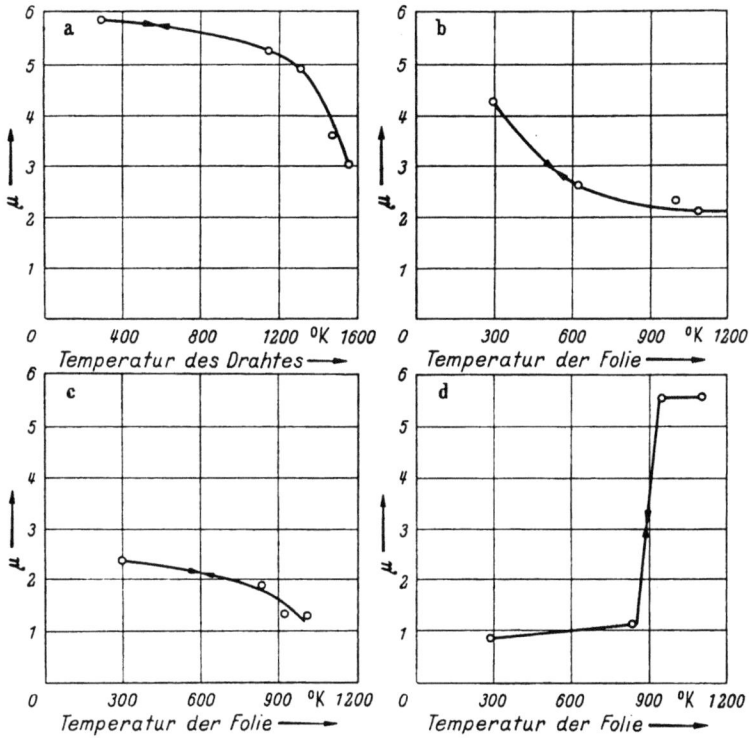

Abb. 58. Die Wirkung der Temperatur auf die Reibung zwischen reinen, entgasten Metalloberflächen: a) Nickel auf Wolfram, b) Nickel auf sich selbst, c) Kupfer auf sich selbst, d) Gold auf sich selbst. Im allgemeinen nimmt die Reibung mit steigender Temperatur ab. Bei Gold erfolgt plötzlich eine starke Reibungszunahme, wenn die Oberflächen erweichen (ca. 600 °C) und über große Bezirke miteinander verschweißen

Wertes. Das Verhalten von Gold ist außergewöhnlich, indem die Reibung sich kaum ändert, bis eine Temperatur von etwa 600 °C erreicht ist, worauf der Koeffizient plötzlich auf einen Wert von etwa 20 klettert. Dies geschieht wahrscheinlich infolge der ausgeprägten Erweichung von Gold, die bei diesen Temperaturen eintritt, so daß das Metall leicht fließt und die Gleitflächen über ein großes Gebiet zusammenschweißen. Ähnliche Ergebnisse wurden von YOUNG (1949) mit entgasten Nickeloberflächen erhalten, wenn die Reibung bei 1000 °C gemessen wurde.

Die Tatsache, daß die in Abb. 58 eingezeichneten Meßkurven auch in umgekehrter Richtung aufgenommen werden können, d. h. daß die Reibung auf ihren ursprünglichen Wert zurückkehrt, wenn die Oberflächen sich abgekühlt haben, ist deshalb wichtig, weil sie zeigt, daß die meist beobachtete Reibungsabnahme einzig auf der Temperaturerhöhung beruht und nicht auf einer irreversiblen Änderung des Oberflächenzustandes. Diese Reibungsverminderung weist auch auf ziemlich reine Oberflächen hin; denn eine hohe Temperatur würde die Konzentration allfällig anwesender Verunreinigungen herabsetzen und dadurch eine Reibungszunahme verursachen.

Die Ergebnisse lehren, daß der Reibungsbeiwert für die meisten Metalle bei einer Temperaturerhöhung von 100 °C nur um einige wenige Prozente abnimmt. Dieser geringe Effekt steht in Übereinstimmung mit der in Kap. V beschriebenen Theorie der metallischen Reibung und kann wie folgt erklärt werden: Die Berührungsfläche, die durch den Querschnitt der metallischen Verschweißungen gegeben ist, hängt von der Belastung und vom Fließdruck des Metalls ab. Bei hohen Temperaturen ist der Fließdruck geringer, so daß der Querschnitt der Verbindungen für eine bestimmte Normalkraft erhöht wird. In ähnlicher Weise wird auch die Scherfestigkeit des Metalls abfallen, weshalb die zum Abscheren der Verschweißungen benötigte Kraft — die Reibungskraft — nahezu die gleiche bleiben sollte. Aus diesem Grunde ist die Reibung reiner Metalle nicht auffallend temperaturabhängig, sofern die Temperatur nicht so hoch liegt, daß eine weitgehende Erweichung eintritt. Dieses Verhalten kann demjenigen eines Körpers gegenübergestellt werden, der seine Härte bis zum Schmelzpunkt beibehält, so daß eine sehr weiche oder geschmolzene Schicht auf einer verhältnismäßig harten Unterlage gebildet wird. In diesem Fall kann die Reibung, wie wir früher bei Eis feststellten, auf einen sehr niedrigen Wert fallen.

Der Einfluß des Zwischenflächenpotentials auf die Reibung

Die Wirkung von elektrolytisch abgeschiedenem Wasserstoff oder Sauerstoff

Die Adsorbtion einer Gasschicht auf einer Metalloberfläche kann ohne Zweifel eine tiefgreifende Wirkung auf die Reibung haben, und es ist in diesem Zusammenhang lohnend, die Reibung von Metallen zu betrachten, die in einen Elektrolyten eingetaucht sind. Wenn ein Edelmetall wie beispielsweise Platin von einer sauren Elektrolytlösung umgeben ist, so besteht die Möglichkeit, durch geeignete Einstellung des Zwischenflächenpotentials die elektrolytische Abscheidung entweder von Wasserstoff oder von Sauerstoff herbeizuführen. Wenn das Potential auf der Wasserstoffskala sich in der Gegend von +1,0 Volt befindet (das Metall wird positiv gerechnet), so überzieht sich die Elektrodenoberfläche mit einer monomolekularen Sauerstoffschicht. Erhöht man das Potential in positivem Sinne weiter, so wird mehr Sauerstoff entwickelt, da man sich im Gebiet des Sauerstoffüberpotentials befindet. Wird das Zwischenflächenpotential dagegen unter etwa $+1,0$ Volt gesenkt, so wird die einmolekulare Sauerstoffschicht auf der Elektrode entfernt, und in der Gegend von 0 Volt auf der Wasserstoffskala wird eine monomolekulare Wasserstoffschicht abgeschieden (BOWDEN, 1929). Bei einem noch stärker negativen Potential wird Wasserstoff entwickelt, da man sich nun im Gebiet des Wasserstoffüberpotentials befindet. Im mittleren Teil der Skala, d. h. ungefähr zwischen 0,3 und 0,6 Volt, sollte die Elektrodenoberfläche demnach ziemlich frei von Sauerstoff und Wasserstoff sein.

Eine Untersuchung der Reibung von Metalloberflächen in einem Elektrolyten bei verschiedenen Zwischenflächenpotentialen wäre offenbar von bedeutendem Interesse. Mehrere Forscher berichteten über Änderungen der Reibung zwischen Metallflächen und einem Stoff wie Glas oder Kreide, wenn eine Polarisierung der Metalloberfläche vorgenommen wurde. Solche Erscheinungen wurden zuerst von EDISON (1877—79) demonstriert und später von KOCH (1879), KROUCHKOLL (1882) und WAITZ (1883) näher studiert. Es ist auch schon gezeigt worden (BASTOW, 1936; CLARK, 1940), daß die Reibung untergetauchter Körper von der Wasserstoffionenkonzentration der Lösung abhängt. Die Ergebnisse sind meist nicht leicht zu deuten, da die Zwischenflächenpotentiale der Oberflächen nicht klar definiert sind.

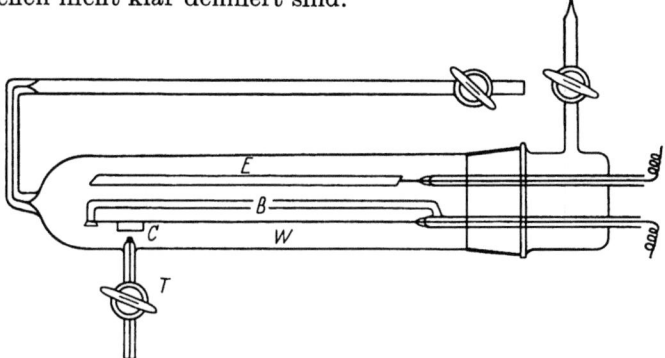

Abb. 59. Apparatur für Reibungsmessungen bei verschiedenen Zwischenflächenpotentialen. B: Glasbogen mit gespanntem Platindraht W (ruhende Oberfläche), C: Platinhohlzylinder (auf W bewegliche Gleitfläche), E: Elektrode, T: Hahn für Anschluß an die Vergleichselektrode. Der Reibungsbeiwert wird aus dem Neigungswinkel von W bestimmt, bei dem C zu gleiten beginnt

Reibungsmessungen an Platin, bei denen das Zwischenflächenpotential unter kontrollierten Bedingungen variiert wurde, gehen auf BARKER (1947) zurück, worauf YOUNG (1949) die Untersuchungen weiterführte. Eine der dabei benützten Methoden ist in Abb. 59 illustriert. Die Reibung wird zwischen einem gespannten Platindraht (W) und einem Platinhohlzylinder (C) (rund 2 g wiegend), der auf dem Draht hin- und hergleiten kann, gemessen. Der Platindraht wird durch den Glasbogen (B) straff gehalten. Alle diese Teile sind in einem Glasgefäß eingeschlossen, das zuerst von Gasen leergepumpt und darauf mit einem Elektrolyten gefüllt wird. Eine große platinierte Platinelektrode (E) dient als Polarisierungselektrode, durch die ein Strom zum Draht und zum Zylinder geleitet werden kann. Das Zwischenflächenpotential des Drahtes und des Zylinders wird gegenüber einer reversiblen Wasserstoffelektrode bestimmt, die sich in einem ähnlichen Elektrolyten befindet, wobei der elektrische Anschluß an die Wasserstoffelektrode durch den Hahnen T hergestellt wird. Die ganze Glaszelle kann gedreht werden, so daß der Draht (W) eine Neigung um einen Winkel von 180° erfährt. Der Winkel, bei dem ein Abgleiten des Hohlzylinders erfolgt, wird als Maß für die Reibung betrachtet.

Es wurde bei diesen Versuchen festgestellt, daß große Sorgfalt auf die Befreiung des Systems von Spuren von Verunreinigungen verwendet werden muß; wenn diese Bedingung eingehalten wurde, ergaben sich die in Abb. 60 dargestellten Ergebnisse. Kurve I zeigt die Resultate von YOUNG für die statische Reibung von Platin auf Platin in reiner, verdünnter Schwefelsäure (0,1—normal). Man erkennt, daß tatsächlich sehr große Änderungen der Reibung stattfinden, wenn das Potential variiert wird. In der Gegend von + 1,0 Volt, was der Sauerstoffabscheidung entspricht, beträgt die Reibungszahl 0,7. Mit der Abnahme des Potentials und der Entfernung des Sauerstoffs steigt die Reibung an, und in der Gegend von 0,3 Volt erreicht der Koeffizient den hohen Wert von 3,4. Wird das Potential unter diese Spannung gesenkt und kommen wir in das Gebiet der Wasserstoffabscheidung, so fällt die Reibungszahl wieder auf einen Wert von 2,3. Bei einem noch stärker negativen Potential, im Gebiet des Wasserstoffüberpotentials, erfolgt eine weitere Abnahme, doch bleibt die Reibung im Vergleich zu den im Gebiet der Sauerstoffabscheidung erhaltenen Werte ziemlich hoch ($\mu = 2$ gegenüber 0,7). (Man bemerkt im Gebiet des Sauerstoffüberpotentials, d. h. wenn die Oberfläche um mehr als 1 Volt positiv ist, einen kleinen Reibungsanstieg, doch ist der Grund dafür verwickelt und wird hier nicht diskutiert.)

Die Änderung der Reibung mit dem Potential ist von einer entsprechenden Änderung im Aussehen der beschädigten Oberfläche begleitet. In Tafel XIX.5 und 6 sind die Furchen abgebildet, die ein kleiner Platinreiter auf einer Platinprobe erzeugte. Die Last betrug 20 g und die Oberfläche wurde nur ein einziges Mal überquert. Tafel XIX.5 zeigt die geringe Verletzung, die bei einem Zwischenflächenpotential von rund 1,0 Volt verursacht wird, wenn die Reibung am geringsten ist. Die entsprechende Beschädigung bei einem Potential von 0,3 Volt und maximaler Reibung geht aus Tafel XIX.6 hervor. Das Verschweißen und

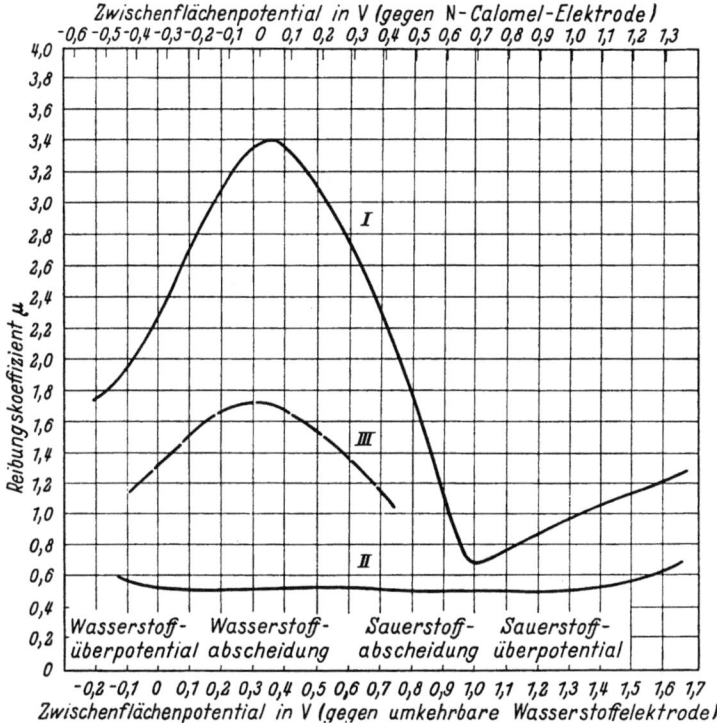

Abb. 60. Der Einfluß des Zwischenflächenpotentials auf die Reibung von Platinoberflächen in verdünnter Schwefelsäure. Kurve *I* zeigt ein Reibungsmaximum im Bereich, wo weder Wasserstoff noch Sauerstoff abgeschieden werden und ein Minimum, wenn Sauerstoff zugegen ist. Das Reibungsmaximum entspricht dem Potential, bei dem die Oberflächenspannung von Platin am größten ist. Dies geht aus Kurve *III* hervor, die Ergebnisse von GORODETSKAJA und KABANOV wiedergibt, wobei die Oberflächenspannung in beliebigen Einheiten aufgetragen ist. Kurve *II* stellt die Reibung von Platinoberflächen in Schwefelsäure, die mit einer Spur von H_2S verunreinigt ist, dar. Das Zwischenflächenpotential hat in diesem Fall kaum einen Einfluß

Fressen der Metalle ist bei diesem Potential sehr ausgeprägt, und es wird oft beobachtet, daß die Oberflächen so fest zusammenkleben, daß der Reibungsbeiwert nicht bestimmt werden kann.

Diese hohe Reibung tritt nicht auf, solange auch nur eine Spur einer Verunreinigung vorhanden ist. Kurve *II* stellt die Ergebnisse dar, die BARKER erhielt, wenn die Lösung mit einer Spur von H_2S vergiftet war. Die Reibung blieb über den ganzen Potentialbereich niedrig, was dafür spricht, daß die Natur des von der Oberfläche adsorbierten Films für die Bestimmung der Reibung wichtiger sein kann als der Wert des Zwischenflächenpotentials.

Diese Ergebnisse stimmen mit den Beobachtungen über die Reibung entgaster Metalle überein, wo die Ansammlung von Sauerstoff zu einer monomolekularen Schicht die Reibung ebenfalls auf einen niedrigen Wert herabsetzt. Eine Wasserstoffschicht ist als „Schmiermittel" allerdings viel weniger wirksam als eine entsprechende Sauerstoffschicht. Im Zwischengebiet, wo das Potential keine der beiden zuläßt, liegt die Reibung sehr hoch, und kann es leicht zum Anfressen kommen, wenn die Oberflächen in Berührung gebracht werden. Wasser allein ist anscheinend ein sehr schlechtes Schmiermittel.

Reibung und Oberflächenspannung

Man weiß aus Elektrokapillarkurven, daß die Oberflächenspannung an einer Quecksilberoberfläche, die mit einem Elektrolyten in Berührung steht, vom Zwischenflächenpotential abhängt. Wenn beispielsweise Quecksilber mit einer verdünnten Schwefelsäurelösung, die einige Quecksilberionen enthält, zusammengebracht wird, so ist die Quecksilberoberfläche positiv geladen. Diese Ladungen an der Oberfläche werden einander abstoßen und dadurch die Oberflächenspannung verringern. Wird das Zwischenflächenpotential durch Anwendung eines polarisierenden Stromes (oder auf irgendeine andere Weise) weniger positiv gestaltet, so nimmt die Oberflächenspannung zu und erreicht einen Höchstwert, wenn die Ladung auf der Oberfläche verschwindet. Eine weitere Herabsetzung des Potentials wird eine Ansammlung von Elektronen auf der Quecksilberoberfläche zur Folge haben und deren gegenseitige Abstoßung wird wiederum die Oberflächenspannung verkleinern. Je nach der Ladung auf der Oberfläche werden positive oder negative Ionen aus der Lösung an die Oberfläche gezogen, um die elektrische Doppelschicht zu bilden, die ihrerseits die Oberflächenspannung beeinflußt. Für eine Quecksilberoberfläche in 0,1-normaler Schwefelsäure würde das Maximum der Elektrokapillarkurve etwa bei $+0,56$ V auf der N-Calomelelektrode liegen, und an dieser Stelle sollte sozusagen keine Ladung auf die Oberfläche vorhanden sein.

Im Falle von Platin können wir die Oberflächenspannung nicht direkt messen, doch bestimmten GORODETSKAJA und KABANOV (1934) den Kontaktwinkel zwischen einer Gasblase und einer Platinoberfläche, die in eine 0,1-normale Natriumsulfatlösung eingetaucht war, und zeigten, daß er den Höchstwert erreicht, wenn das Zwischenflächenpotential auf der Calomel-Skala um 0 herum liegt oder bei ca. $+0,28$ auf der Wasserstoffskala (entsprechend der größten Oberflächenspannung zwischen dem Platin und dem Elektrolyten). Diese Ergebnisse sind durch Kurve *III* angedeutet und es fällt auf, daß die Lage der größten Oberflächenspannung auf der Potentialskala ungefähr mit der Lage der maximalen Reibung zusammenfällt.

Da die Oberflächenspannung ein Maß für die Anziehungskraft zwischen den Metallatomen darstellt und die Reibung auf der Anziehung zwischen den Metallatomen zweier sich gegenüberliegender Oberflächen (und nachfolgender örtlicher Verschweißung) beruht, so würde man eigentlich erwarten, eine Korrelation zwischen diesen beiden Erscheinungen zu finden, und es ist interessant zu sehen, daß es sich tatsächlich so verhält.

In einem Elektrolyten finden wir also im allgemeinen zwei Mechanismen tätig: Erstens können auf der Oberfläche Gase oder andere Schichten vorhanden sein, die den Reibungskoeffizienten möglicherweise herabsetzen. Werden diese Schichten bei der Änderung des Zwischenflächenpotentials entfernt, so macht sich eine entsprechende Änderung der Reibung geltend (z. B. Sauerstoff). Bleiben sie haften und besitzen sie eine gute Schmierfähigkeit, so kann die Reibung auf einem niedrigen Wert verharren, selbst wenn das Zwischenflächenpotential geändert wird (z. B. H_2S, Abb. 60, Kurve II). Neben dem Einfluß dieser Schichten muß zweitens mit der Wirkung der elektrischen Ladung auf der Oberfläche gerechnet werden. Besitzt die Oberfläche einen Überschuß an positiver Ladung (oder von Elektronen), so erniedrigt die elektrische Abstoßung die Oberflächenspannung an der Grenze zwischen Metall und Elektrolyt. Gleichzeitig wird die gegenseitige Abstoßung der Ladungen auch die Anziehung und Adhäsion zwischen zwei Metallflächen herabsetzen und damit die Reibung erniedrigen. Die Oberflächenspannung und damit auch die Adhäsion und Reibung zwischen den beiden Oberflächen erreichen ihre Höchstwerte für jenes Potential, bei dem die Ladung an der Oberfläche verschwindet. Diese Beziehung zwischen der Oberflächenspannung und der Reibung und Adhäsion an Oberflächen ist im Zusammenhang mit einer Anzahl anderer physikalischer Erscheinungen, wie der Änderung der Festigkeitseigenschaften von festen Körpern, die mit oberflächenaktiven Stoffen in Berührung kommen oder in Elektrolyten eingetaucht sind, von beträchtlichem Interesse (s. z. B. REHBINDER und WENSTRÖM, 1937; ANDRADE, 1949).

Die Reibung von Graphit

Es ist seit langem bekannt, daß die Reibung von Graphit auch in der Abwesenheit von Schmiermitteln sehr niedrig ist, was im allgemeinen seinem lamellaren Gefügebau zugeschrieben wurde. Nach dieser Vorstellung wird dem Material durch die Struktur eine ausgeprägte Anisotropie verliehen: in einer senkrechten Richtung zu den Lamellen ist der Graphit stark und widersteht einer Druckbeanspruchung, während er in der Lamellenebene schwach ist, so daß eine Scherung sehr leicht stattfinden kann. Wie wir in Kap. V erläuterten, sind durch diese Eigenschaften die notwendigen Voraussetzungen für einen niedrigen Reibungsbeiwert erfüllt.

Die Arbeit von SAVAGE (1948) in Amerika zeigte jedoch, daß diese Erklärung der Wirkungsweise von Graphit nicht befriedigen kann. Die meisten seiner Versuche wurden zwar über das Gleiten von Graphit auf Kupfer ausgeführt, um die Betriebsbedingungen zwischen Kommutatorbürsten und Schleifringen nachzuahmen. Einige wenige Versuche über das Reiben von Graphit auf sich selbst, die unten besprochen werden, ergaben jedoch sehr ähnliche Ergebnisse. SAVAGE stellte fest, daß die Reibung reiner Graphitoberflächen, die durch Erhitzen im Vakuum von Fremdschichten befreit worden waren, überraschend hohe Werte erreicht und auch mit sehr starkem Verschleiß verbunden ist. Zudem besitzt der Graphitabrieb eine sehr große Adsorptionskraft; er adsorbiert bei Zimmertemperatur beispielsweise mehr Wasserstoff, als Holzkohle bei $-195\,°C$ aufnimmt. Bei allen unter diesen Bedingungen untersuchten Graphitarten wurde das gleiche Verhalten beobachtet, und dies spricht dafür, daß der Verschleiß auf einer Zerbröckelung des Graphits beruht, wobei die Kristalle eher quer zu den Lamellen voneinander gerissen werden, als daß ein Zerblättern längs der Lamellen auftritt. Ein solcher Mechanismus könnte die hohe Reibung und den Verschleiß erklären, während die frei gewordenen Valenzen die große Adsorptionskraft des Graphitstaubs verständlich machen.

Die hohe Reibung des von Verunreinigungen befreiten Graphits wird auch noch beobachtet, nachdem Wasserstoff oder Stickstoff zur Oberfläche Zutritt hatten. Sobald jedoch gewisse organische Dämpfe oder Wasserdampf, selbst bei Drücken von nur 6—7 mm Hg, zugelassen werden, so fällt die Reibung auf den üblichen niedrigen Wert, und der Verschleiß ist sozusagen gänzlich eliminiert. Sauerstoff ruft bei Drücken von mehr als ca. 600 mm eine ähnliche Schmierwirkung hervor.

Die Arbeit von SAVAGE erweckt den Anschein, als ob die geringe Reibung und der unbedeutende Verschleiß, durch die sich Graphitoberflächen normalerweise auszeichnen, auf der Gegenwart adsorbierter Schichten beruhen. Unter gewöhnlichen Bedingungen wird diese adsorbierte Schicht durch die atmosphärische Feuchtigkeit geliefert, und sie wird deshalb von selbst ersetzt oder bei Beschädigung wiederhergestellt. SAVAGE lieferte auch eine Erklärung für die Tatsache, daß der Verschleiß so unwahrscheinlich klein ist, obschon der verunreinigte Graphit doch einen bestimmten, wenn auch geringen Reibungsbeiwert aufweist. Er hält dafür, daß das Gleiten im wesentlichen einen auf die Oberfläche beschränkten Vorgang darstellt, und durch Anwendung der frühen Theorie von TOMLINSON (1929) gelingt es ihm, die Reibung durch die Oberflächenspannung der adsorbierten Feuchtigkeitsschicht auszudrücken. Bevor diese Lösung endgültig angenommen werden kann, bedarf es allerdings noch weiterer Untersuchungen. Insbesondere scheint es notwendig zu wissen, ob die adsorbierten Dämpfe die physikalischen Eigenschaften des Graphits beeinflussen und ob sie durch Eindringen in das Gitter imstande sind, die Anisotropie dieser Eigenschaften zu verstärken. Weitere Arbeiten über die Reibung von entgastem Graphit werden im VIII. Kapitel diskutiert.

Trotz dieser Einwände liefern die Ergebnisse einen eindrücklichen Beweis für die wichtige Rolle, die Fremdschichten aus kleinen Mengen von Verunreinigungen bei der Verminderung der Reibung zwischen gleitenden Körpern spielen.

Schrifttum

ANDRADE, E. N. da C. (1949), Nature, 164, 536.
BARKER, G. C. (1947), Dissertation, Cambridge.
BASTOW, S. H. (1936) Dissertation, Cambridge.
BOWDEN, F. P. (1929), Proc. Roy. Soc. A. 125, 446.
BOWDEN, F. P. and T. P. HUGHES (1939), ebda. A. 172, 263.
BOWDEN, F. P. and J. E. YOUNG (1949), Nature, 164, 1089.
BOWDEN, F. P. and D. TABOR (1953), Properties of Metallic Surfaces, J. Inst. Metals. 197.
BOWDEN, F. P. and J. E. YOUNG (1951), Proc. Roy. Soc. A. 208, 311.
CABRERA, N. and N. F. MOTT (1948−49), Reports on Progress in Physics, 12, 163.
CLARK, R. E. D. (1940), J. Soc. Chem. Ind. 59, 216.
COCKS, M. (1952), Nature, 170, 203.
EDISON, T. A. (1877), Telegr. Journal, 5, 189, ebda. 7, 332.
EVANS, U. R. (1946), Corrosion, Passivity and Protection, Arnold & Co.
FRANK, F. C. and J. H. VAN DER MERWE (1949), Proc. Roy. Soc. A 198, 216.
GARFORTH, F. (1949), persönliche Mitteilung.
GORODETSKAJA, A. and B. KABANOV (1934), Phys. Zeit. Sowjet., 5, 418.
GWATHMEY, A. T., et al. (1952), Proc. Roy. Soc. A 212, 464.
HOLM, B. et al. (1931), Wiss. Veröff. Siemens Konzern. 10 (4), 20.
JACOB, C. (1912), Ann. Phys. Lpz. 38, 126.
KOCH, K. R. (1879), Wied. Ann. 7, 92.
KROUCHKOLL. M. (1882), Compt. rend. 95, 177.
MOORE, A. J. W., and W. J. McG. TEGART (1952), Proc. Roy. Soc. A 212, 452.
REHBINDER, P., and E. WENSTRÖM (1937), Bull. Acad. Sci. U. R. S. S. Ser. Phys. 4, 531.
ROBERTS, J. K. (1935), Proc. Roy. Soc. A 152, 445.
ROWE, G. W. (1953), Dissertation, Cambridge.
SAVAGE, R. H. (1948), J. Appl. Phys. 19, 1.
SHAW, P. E., and E. W. L. LEAVEY (1930), Phil. Mag. 10, 809.
TOMLINSON, G. A. (1929), ibid. 7, 907.
WAITZ, K. (1883), Wied. Ann. 20, 285.
WHITEHEAD, J. R. (1950), Proc. Roy. Soc. A 201, 109.
WILSON, R. W. (1952), Proc. Roy. Soc. A 212, 450.
YOUNG, L. (1949), Dissertation, Cambridge.

VIII. Die Reibung von Nichtmetallen

Die charakteristischen Reibungseigenschaften der Metalle beruhen, wie wir früher feststellten, hauptsächlich auf ihrer Fähigkeit, plastisch zu fließen und unter einer Normalbelastung zu verschweißen. Die auf diese Weise gebildeten Verbindungsbrücken werden darauf während des Gleitvorganges abgeschert. Legt man sich deshalb die Frage vor, auf welchem Mechanismus die Reibung nichtmetallischer Stoffe fuße und worin sich ihr Verhalten von dem der Metalle unterscheide, so wird man sich daran erinnern, daß bei vielen Nichtmetallen wie Glas und gewissen Plastikstoffen ebenso wie bei Metallen ein Fließen und Verschweißen erfolgen kann. Bei anderen Materialien, insbesondere jenen, die eine ausgeprägt kristalline Struktur besitzen, wird man sich plastisches Fließen und eine nachfolgende Kaltverschweißung nur mit Schwierigkeiten vorstellen können. Dennoch kennt man von vielen Nichtmetallen, selbst von solchen kristalliner Natur, Reibungseigenschaften, die denen der Metalle gleichen, und es besteht die Möglichkeit, daß andere, dem Verschweißen analoge Mechanismen, für dieses Verhalten verantwortlich sind. In anderen Fällen ist die Reibung, wie wir sehen werden, von derjenigen der Metalle allerdings sehr stark verschieden.

Der Reibungsbeiwert für die meisten der Luft ausgesetzten Metalle liegt in einem verhältnismäßig kleinen Bereich von Werten ($\mu = 0{,}5$ bis rund $1{,}5$), und wie in Kap. V erläutert wurde, beruht dies auf der Tatsache, daß es sich bei Metallen gewöhnlich um polykristalline Proben handelt, die in bezug auf ihre Festigkeitseigenschaften isotropisch sind. Bei einigen Nichtmetallen müssen wir aber mit Einkristallen arbeiten, und diese sind sehr oft merklich anisotropisch. Wir dürfen deshalb bei diesen Materialien außergewöhnliche Reibungseigenschaften erwarten. Stoffe wie Diamant und Saphir besitzen tatsächlich ausnahmsweise niedrige Reibungszahlen, und in geringerem Ausmaß gilt dies auch für Graphit. Es ist klar, daß ein niedriger Reibungswert nicht immer mit anisotropischen Festigkeitseigenschaften erklärt werden kann. Bei Graphit beispielsweise, der eine ausgeprägt lamellare Struktur aufweist, spricht die Arbeit von SAVAGE (1948) dafür, daß die geringe Reibung eher adsorbierten Oberflächenfilmen zu verdanken ist als innewohnenden Struktureigenschaften des Graphits. Dies wirft für die Untersuchung der nichtmetallischen Reibung ein besonderes Problem auf. Bei Metallen kennen wir die Natur der auf der Oberfläche anwesenden Filme oder verunreinigenden Schichten im allgemeinen; trotzdem ist es schwierig, die Oberflächen in einem genau wiederholbaren Zustand herzustellen. Unsere Kenntnis über die Natur der Fremdschichten auf Nichtmetallen ist beträchtlich geringer, und die Reibungsmessungen weisen oft eine viel größere Streuung auf und sind weniger reproduzierbar. Über die Reibung von Nichtmetallen ist im letzten Jahrzehnt intensiv gearbeitet worden. Ein vorläufiger Überblick über die von BOWDEN und seinen Mitarbeitern erhaltenen Ergebnisse wurde von BOWDEN in einem „Redwood"-Vortrag (1953) an das „Institute of Petroleum" in London gegeben. Bei den Studien an einer Reihe verschiedenartiger Materialien zeigte sich bald, daß im allgemeinen ein ähnlicher Adhäsionsmechanismus wie bei den Metallen anwendbar ist. MOORE und TABOR (1952) fanden zum Beispiel, daß zwischen Indium und einer großen Anzahl nichtmetallischer Stoffe eine sehr ausgeprägte Adhäsion erhalten werden kann (s. Tab. 25).

Tabelle 25. *Adhäsion von Indium an verschiedenen Stoffen*

Material	Adhäsionskoeffizient ν
Diamant	0,9—1
Glas	1
Wolframkarbid	1
Metalle: Fe, Cd, Zn, Co, Ag, Pb, Cu, Au	1
Dicke Oxyde von Kupfer oder Silber	1
Steinsalz	0,7
Polystyrol, Plexiglas	0,5—0,7
Polyvinylchlorid, Polyäthylen } Plastikstoffe	0,02
Teflon	0

Kristalline Körper

Auf Kristallen von $NaNO_3$, KNO_3 und NH_4Cl wurden von HUTCHINSON (unveröffentlicht) schon vor Jahren Reibungsmessungen ausgeführt, die ergaben, daß die Reibungszahl, wenn diese Stoffe auf sich selbst gleiten, in der Gegend von 0,5 liegt. Er beobachtete keinen deutlichen Unterschied zwischen elektrovalenten und kovalenten Körpern; die Reibung von Schwefel auf Schwefel war beispielsweise kaum von derjenigen von Steinsalz auf Steinsalz verschieden. Er zog daraus den Schluß, die Reibung hänge eher von den mechanischen Eigenschaften dieser Stoffe im großen als von ihrer chemischen Natur ab.

Spätere Versuche von HUTCHINSON und RIDEAL (1947) bestätigten diese Ergebnisse und ließen auch erkennen, daß das AMONTONSsche Gesetz über einen beträchtlichen Belastungsbereich befolgt wird. Das Gleiten ist von einem Zerbröckeln der Oberfläche begleitet, die dadurch ziemlich beschädigt wird. In der Gegenwart von Fremdschichten aus langkettigen, polaren Verbindungen wird die Reibung auf rund 0,12 vermindert, ein Wert, der sehr nahe bei den auf Metallen beobachteten Koeffizienten gelegen ist (s. Kap. IX). Obschon die untersuchten Stoffe verhältnismäßig spröde sind, besteht offensichtlich eine starke Adhäsion zwischen den gleitenden Körpern, wodurch die Oberflächen Schaden erleiden. Der Reibungsbeiwert erreicht für trockene und geschmierte Gleitflächen einen Betrag von derselben Größenordnung wie bei Metallen.

Ein eingehendes Studium der Reibung und Festigkeitseigenschaften kristalliner Materialien wie Steinsalz, Bleisulfid und Eis wurde von KING (1952) durchgeführt. Wenn ein harter, halbkugeliger Stahlreiter oder die scharfe Ecke eines Steinsalzkristalls über die ebene Spaltfläche eines zweiten Steinsalzkristalls geschoben wird, so entsteht eine scharf abgegrenzte Rille, deren Breite ein ziemlich gutes Maß für die Fläche engster Berührung zwischen den gleitenden Körpern bedeutet. Es ist deshalb möglich, die Scherfestigkeit des Materials in der Berührungszone aus den Reibungsmessungen zu berechnen, und man findet, daß sie beinahe 10mal so groß ist wie die Scherfestigkeit eines einzelnen Steinsalzeinkristalls. Der Grund für diese Diskrepanz wird offenbar, wenn man sich vergegenwärtigt, daß der Stoff in der Berührungszone einem sehr hohen hydrostatischen Druck ausgesetzt ist. Unabhängig von den Reibungsprüfungen ausgeführte Druckversuche zeigen, daß Steinsalz unter diesen Bedingungen aufhört spröde zu sein und bemerkenswerte plastische Verformungen erleiden kann; die Spannungen, die der Kristall aushält, bevor er plastisch zu fließen beginnt, sind etwa 10mal höher als jene, die zum Erzeugen eines Bruches im nichtkomprimierten Probestück benötigt werden. Wenn ferner zwei Steinsalzproben zwischen starren Backen so zusammengepreßt werden, daß ein nennenswertes plastisches Fließen auftritt, so entsteht eine ausgeprägte Adhäsion zwischen den Kristallen, und die Grenzschicht besitzt beinahe die Festigkeit eines Einkristalls. Diese Druckversuche können zwischen Glasplatten ausgeführt werden, und man sieht dann, daß die vielen Querrisse, die den Kristall während der Anfangsstadien der Kompression durchziehen, wieder zuheilen, sowie der Druck weiter erhöht wird. In dieser Weise werden Fehlerstellen, die normalerweise als Quellen von Spannungskonzentrationen wirken, durch den hydrostatischen Druck geschlossen, und das Steinsalz wird verhältnismäßig duktil. Diese Versuche erklären die Tatsache, daß die beim Gleiten auf Steinsalzoberflächen gebildete Rinne eine beträchtliche plastische Formänderung zeigt, und die Ergebnisse vertragen sich mit der Vorstellung, daß die Reibung, wie bei den Metallen, in erster Linie auf den starken Adhäsionen in der Zwischenfläche beruht. Das Entgasen im Vakuum ruft nicht wie bei den Metallen eine Verschweißung in großem Maßstab hervor, was eine für verhältnismäßig spröde Materialien ziemlich allgemein gültige Beobachtung zu sein scheint (KING und TABOR, 1954).

Saphir und Diamant

Bei diesen Stoffen handelt es sich um harte kristalline Materialien mit außergewöhnlichen Reibungseigenschaften. Das Verhalten von Saphir ändert sich etwas mit der Kristallfläche, die dem Reiben ausgesetzt ist, doch ist dieser Effekt nicht bedeutend, und die Reibung bleibt immer klein. Beim Gleiten von Saphir auf sich selbst erhält man für die Reibungszahl rund 0,2, und eine Verletzung der Oberfläche ist im allgemeinen nicht sichtbar. Sie ist jedoch, wenn auch in kleinem Umfang, dennoch vorhanden und kann leicht wahrgenommen werden, wenn man sich eines zweckmäßigen Instrumentes wie z. B. eines Elektronenmikroskops (s. Kap. IV, Tafel X.2) bedient. Ein Stahlreiter gibt auf einer Saphiroberfläche einen Reibungsbeiwert von rund 0,12 und nach TINGLE (1948) wird die Reibung weder von vegetabilischen Ölen noch von Mineralölen nennenswert beeinflußt. Silikone hingegen erzeugen eine bemerkenswerte Reibungszunahme, so daß manchmal ein Reibungskoeffizient von etwa 0,25 erreicht wird. Die Vermutung ist naheliegend, daß das Reiben bei ungeschmierten Oberflächen zwischen dem Saphir und einer den Stahl schützenden Oxydhaut erfolgt; dieser Film wird während des Reibens dauernd neu gebildet, so daß der Gleitwiderstand klein bleibt. In der Gegenwart eines Silikons ist die Oxydation jedoch stark gehemmt, so daß beim Gleiten bald eine ziemlich reine Stahloberfläche mit dem Saphir in Berührung kommt, sowie die Oxydschicht einmal abgenutzt ist. Die Reibung erreicht dann etwa einen Wert, der mit dem für das Reiben von Saphir gegen Saphir charakteristischen Koeffizienten vergleichbar ist. Diese Ansicht wird durch die Beobachtung bestätigt, daß die Reibungszahl kaum durch Silikone beeinflußt wird, wenn ein *Saphirreiter* auf Stahl reibt, wobei μ bei rund 0,15 verharrt.

Die Oxydhaut auf der Stahloberfläche kann bei gewissen praktischen Anwendungen eine sehr wichtige Rolle spielen. SHOTTER (1937) fand beispielsweise, daß das Eisenoxyd, das in einem Steinlager eines Uhrwerks an der Auflagefläche der Stahlachse gebildet wird, als Schleifmittel wirkt und den Verschleiß des Rubins erhöht. Aus diesem Grunde ist hier ein ungeschmierter Betrieb unbefriedigend. Eine ähnliche Feststellung machte STOTT (1937), indem er fand, daß die Anhäufung des Oxydabriebs in der Lagerschale in Abwesenheit von Schmiermitteln zu einer Reibungszunahme führt, was vermutlich auf einer Verstopfungswirkung durch diese Teilchen beruht.

Die Reibung von Diamant ist außergewöhnlich niedrig. Bei ungeschmierten Diamantoberflächen, die gegeneinander reiben, kann der Reibungsbeiwert bis auf 0,05 heruntergehen, und die Kristalle werden dabei kaum beschädigt. Wenn Metalle auf Diamant gleiten, ist die Reibung etwa von gleicher Größenordnung, und die übertragene Metallmenge ist ebenfalls sehr klein. Schneidwerkzeuge aus Diamant sind aus diesen Gründen für die Zerspanung von Metallen sehr geeignet. Fein verteilter Diamantstaub ist, da der Diamant seine Härte bis zu sehr hohen Temperaturen beibehält, auch als Polierpulver äußerst wirksam.

Die niedrige Reibung von Diamant und Saphir ist wahrscheinlich nicht einer nennenswerten Anisotropie der physikalischen Eigenschaften zu verdanken. Die Festigkeitseigenschaften variieren wohl etwas mit der kristallographischen Richtung, doch handelt es sich nicht um einen großen Effekt, und dasselbe kann in bezug auf die Reibung gesagt werden, da man, wie bereits früher erwähnt wurde, nur eine kleine Veränderung der Reibung von Kristallfläche zu Kristallfläche findet. Wenn fremde Oberflächen auf Saphir oder Diamant gleiten, ist die Adhäsion offensichtlich gering, aber es kann noch nicht entschieden werden, ob dies eine dem Stoff innewohnende Eigenschaft oder durch die absorbierten Fremdschichten bedingt ist. Versuche von BOWDEN und YOUNG (1951) zeigen, daß die Reibung zwischen Diamantoberflächen, die durch Erhitzen im Vakuum von den anhaftenden Filmen befreit wurden, auf ziemlich hohe Werte ansteigt. Der Koeffizient erhöht sich dabei von etwa 0,05 in der Atmosphäre auf ca. 0,4 nach dem Entgasen. Mit zunehmender Belastung fällt er ab, und das Verhalten entspricht der Vorstellung, daß die Berührungsfläche hauptsächlich durch elastische Verformung zustande kommt. Eine Berechnung der wirklichen Kontaktfläche auf Grund der HERTZschen Gleichungen für die betreffenden elastischen Formänderungen ergibt, daß die wirksame Scherfestigkeit in den Kontaktbezirken mit derjenigen des ganzen Diamanten vergleichbar ist. Ähnliche Ergebnisse wurden auch mit Saphir erhalten.

Kohlenstoff und Graphit

Es war seit langem bekannt, daß die Reibung von Kohlenstoff, besonders wenn er in der Form von Graphit vorliegt, niedrig ist. Für harte Oberflächen aus nichtgraphitischem Kohlenstoff fand BURNS (unveröffentlicht), daß die Reibung von Stahl auf Kohlenstoff wie auch die Reibung zwischen gleichartigen Kohlenstoffproben dieser Art einen Beiwert von rund 0,16 aufweist. Dieser wurde durch ein Schmiermittel um etwa 20 Prozent vermindert. Die Reibung von Graphit kann oft tiefer liegen ($\mu \approx 0{,}1$) und bleibt bis zu sehr hohen Temperaturen niedrig. Auch die Verschleißmenge ist sehr gering. Aus diesen Gründen überrascht es nicht, daß Schmiermittel, die Graphit enthalten, sich selbst unter Bedingungen, unter denen gewöhnlichere Schmierstoffe ungeeignet und unwirksam waren, als vorteilhaft erwiesen. Die Arbeiten von SAVAGE (1948) über entgasten Graphit wurden bereits im VII. Kapitel besprochen. Weitere Untersuchungen über das Reibungsverhalten gründlich gereinigter Oberflächen von Kohle und Graphit (BOWDEN, YOUNG und ROWE, 1952; ROWE, 1953) zeigen, daß die Reibung um etwa einen Faktor 3 ansteigt (z. B. von $\mu = 0{,}2$ auf $0{,}6$), wenn die normalerweise zugegebenen Fremdstoffe durch Entgasen entfernt werden. Auf eine kleine Zugabe von Sauerstoff oder Wasserdampf (bis zu einem Druck von nur 10^{-3} mm) stellt sich wieder der Normalwert der Reibung ein. Diese Änderung kann durch Auspumpen ohne Erhitzung rückgängig gemacht werden und weist somit auf eine physikalische Adsorption von Filmen an der Oberfläche hin, was als Hauptursache für die niedrige Reibung zu betrachten ist. Diese Ergebnisse vertragen sich mit der Beobachtung von SAVAGE, daß ein Druck von ungefähr 6 mm Sauerstoff oder Wasserdampf ausreicht, um das Einsetzen des sehr schnellen Verschleißes von Kohlebürsten auf Schleifringen zu verhindern. Daß in seinen Versuchen höhere Drucke notwendig waren, liegt wahrscheinlich an den größeren Belastungen und Geschwindigkeiten, die hohe Oberflächentemperaturen zur Folge hatten und weniger Zeit für den wirksamen Transport des Dampfes zur tatsächlich reibenden Stelle übrig ließen.

Es ist bemerkenswert, daß beim Gleiten von Kupfer auf reinem Graphit eine bedeutende Metallübertragung stattfindet, wobei die Kupferteilchen sehr stark an den Graphit gebunden sind. Selbst in der Atmosphäre beobachtet man einen derartigen Metallverlust, der auf eine starke Adhäsion zwischen Kupfer und Graphit hinweist (KENYON, 1956).

Auf Grund dieser Beobachtungen hat es den Anschein, als ob die Reibung zwischen reinen Oberflächen von Kohle, Graphit, Diamant und Saphir wiederum, wie bei Metallen, auf der Bildung starker Bindungen beruht, die eine Adhäsion in der Zwischenfläche zur Folge haben. Die Tatsache, daß eine Verschweißung im großen im Gegensatz zu den Metallen nicht auftritt, scheint in der sehr geringen Duktilität (wenn man überhaupt davon sprechen kann) dieser Stoffe begründet zu sein. Diese Auffassung wird durch ein Studium der Reibung zwischen Metallen und entgastem Graphit bzw. Diamant oder Saphir bestätigt. Bei diesen Werkstoffpaarungen besitzt das Metall die Fähigkeit, allein infolge des Gleitvorganges plastisch zu fließen (MC FARLANE und TABOR, 1950), was zu einer Vergrößerung der wirksamen Berührungsfläche führt. Es werden deshalb sehr hohe Werte der

Reibungszahl beobachtet. Für Kupfer auf Graphit zum Beispiel wurde ein Koeffizient von $\mu = 1{,}6$ und für Platin auf Diamant gar $\mu = 3{,}6$ erreicht.

Molybdändisulfid

Dieser Stoff, nach dem die Nachfrage in neuerer Zeit stark gestiegen ist, besitzt ebenfalls eine laminare Struktur und außerdem den Vorteil, bis zu hohen Temperaturen stabil zu sein. Versuche von SHOOTER (1951) ergaben, daß die Reibung von Molybdändisulfid auf sich selbst auffallend niedrig ist. Ferner sorgt eine dünne Schicht davon auf einer Metalloberfläche für einen sehr kleinen Reibungsbeiwert ($\mu = 0{,}05$), der nach ROWE (1953) bis zu Temperaturen von 800 °C und mehr gehalten wird. In Gegenwart von Sauerstoff findet jedoch eine schnelle Oxydation statt, und die besonderen Reibungseigenschaften werden verdorben. Das Zusammenwirken von Molybdändisulfid mit Lagerstoffen wurde bereits im VI. Kapitel besprochen, während für nähere Angaben über das Reibungsverhalten von MoS_2 und dessen Leistungsfähigkeit bei hohen Geschwindigkeiten auf die Arbeit von JOHNSON, GODFREY und BISSON (1948) hingewiesen sei (s. auch SPENGLER, 1952).

Molybdän bildet nicht das einzige Sulfid mit günstigen Reibungseigenschaften. Ähnliche Erscheinungen werden auch mit Uran- und Wolframsulfiden beobachtet, und man glaubt, daß beide Stoffe (wie MoS_2) eine lamellare Struktur aufweisen.

Glimmer

Auch Glimmer besitzt eine ausgeprägte Lamellenstruktur, und sein Reibungsverhalten ist schon aus diesem Grunde von beträchtlichem Interesse. Man weiß, daß frisch durch Spaltung erzeugte Oberflächen sehr stark aneinander haften, und die Adhäsion nimmt ab, je länger die Glimmerblätter der Atmosphäre ausgesetzt sind. DERJAGUIN und LAZAREV (1934) stellten auch eine entsprechende Änderung der Reibung fest. Die Reibung für frisch gespaltene Flächen war hoch ($\mu = 1$), doch nach längerem Verweilen an der Luft fiel der Koeffizient auf rund 0,4. Der Gleitwiderstand war noch geringer, sobald Flüssigkeiten auf die Oberfläche gegeben wurden ($\mu =$ ca. 0,2). Aus diesen Versuchen geht deutlich hervor, daß starke Adhäsionskräfte zwischen frisch gespaltenen Kristallflächen bestehen. Diese Kräfte sind mit jenen vergleichbar, die zwischen den Gitterebenen wirken, da Glimmerteile zu beiden Seiten der Zwischenfläche aus der ursprünglichen Spaltebene herausgerissen werden, wenn ein Gleiten stattfindet. COURTNEY-PRATT

(1950) machte die aufschlußreiche Beobachtung, daß ein Glimmermolekül während der Spaltung gelegentlich entzweigeteilt wird (s. auch TOLANSKY, 1948).

Im ersten Kapitel wurde darauf hingewiesen, daß interferometrische Methoden kürzlich von BAILEY und COURTNEY-PRATT (1955) benutzt wurden, um die Wechselwirkung zwischen molekular glatten Glimmerblättchen zu studieren. Die vorläufigen Resultate zeigen, daß die Reibung bei sauberen Glimmeroberflächen extrem hoch liegt ($\mu = 8$). Aus der gemessenen Berührungsfläche konnte geschätzt werden, daß die Scherfestigkeit in den Haftgebieten bei den herrschenden Versuchsbedingungen rund 10 kg/mm² betrug. Ähnliche Messungen der Adhäsion zwischen den Oberflächen lassen erkennen, daß die Berührungsfläche nicht etwa auf Null abfällt, wenn die Last abgehoben wird. Es wird eine bestimmte Normalkraft benötigt, um die Oberfläche voneinander zu ziehen, und auch die Zugfestigkeit in der Kontaktregion ist sehr hoch. Dieser Wert hängt ebenfalls von den Versuchsbedingungen ab, liegt aber in derselben Größenordnung wie die Scherfestigkeit in der Zwischenfläche während des Gleitens.

Das Hinzufügen einer einmolekularen Seifenschicht hat eine sehr auffallende Wirkung — ein starkes Zusammenziehen der Berührungsfläche kann unmittelbar beobachtet werden. Dementsprechend erfolgt auch eine große Verminderung der Reibung und der Adhäsion. In einigen Fällen ist die Wechselwirkung zwischen den beiden Glimmerblättern gar vernachlässigbar, und die Reibungsmessungen liefern ein Maß für die Scherfestigkeit der einmolekularen Schicht selbst. Der erhaltene Wert liegt für Schichten aus Kalziumstearat etwa bei 250 kg/mm², wenn der durchschnittliche Druck über die Berührungsfläche nicht zu sehr von einigen wenigen g/mm² abweicht. Für eine vorläufige Darstellung dieser Untersuchung muß auf BOWDEN und TABOR (1952) verwiesen werden. Eine frühere, erwähnenswerte Arbeit über Glimmer stammt von MACAULAY (1927).

Plastikstoffe

Die Reibungseigenschaften von Plastikstoffen hängen sehr davon ab, um welche Art von Plastik es sich handelt. SHOOTER und THOMAS (1949) führten Reibungsmessungen an vier Typen von Plastikmaterialien aus, wobei die in Kap. IV, Tafel V, beschriebene Vorrichtung angewandt wurde. Die Ergebnisse sind in Tab. 26 zusammengestellt. Als Gleitflächen dienten die Kalotte eines halbkugeligem Stahlreiters und eine ebene Plastikoberfläche, und es wurde festgestellt, daß das AMONTONSsche Gesetz im geprüften Belastungsbereich (1 bis 4 kg) befolgt wurde. Bei Polystyrol wurde die Reibungsbestimmung auf drei Proben mit verschiedenen Molekulargewichten, nämlich 130000, 90000 und

Tabelle 26

Polymere	Formel	Kennzeichen	Brinellhärte
Teflon	$[-CF_2-CF_2-]_n$	(I. C. I.)	1—2
Polyäthylen	$[-CH_2-CH_2-]_n$	Alkathen (I. C. I.)	1—2
Polystyrol	$\left[-CH_2-\overset{C_6H_5}{\underset{\vert}{CH}}-\right]_n$	Molekulargewicht a) 130 000 b) 90 000 c) 66 000	20—25
Plexiglas	$\left[CH_2-\overset{CH_3}{\underset{\underset{COOMe}{\vert}}{\overset{\vert}{C}}}-\right]_n$	a) mit Weichmacher b) ohne Weichmacher mit Titanoxyd- Füllung	25—30

66 000, ausgedehnt, doch ergaben sich im wesentlichen gleiche Ergebnisse. Die Reibung von Plexiglas wurde sowohl für Proben ohne Weichmacher, aber mit Titanoxyd als Füllstoff, als auch für das weichgemachte Material ohne Füllstoff bestimmt. Auch hier war die Reibung für beide Proben mehr oder weniger dieselbe. Die hauptsächlichsten Ergebnisse sind in Tab. 27 wiedergegeben.

Die Reibungskoeffizienten für Polystyrol und für Plexiglas sind, wie man erkennt, etwa gleich groß wie für Metalle, während die Werte für Teflon und Polyäthylen sehr viel tiefer liegen.

Die Gruppe der in Tab. 26 aufgeführten linearen Polymeren wurde zu einer weiteren Untersuchung, diesmal über die Reibungseigenschaften bei kleinen Normalkräften, herangezogen (SHOOTER, 1952; SHOOTER und TABOR, 1952). Dabei zeigte sich, daß der Gleitwiderstand dazu neigt, mit abnehmender Belastung anzuwachsen, das heißt die AMONTONSsche Regel verliert ihre Gültigkeit. Dies kann dadurch be-

Tabelle 27. *Reibungszahlen für Plastikstoffe*

Plastik	Plastik auf Plastik	Plastik auf Stahl	Stahl auf Plastik
Teflon	0,04	0,04	0,10
Polyäthylen	0,1	0,15	0,2
Polystyrol	0,5*	0,3	0,35
Plexiglas (a)	0,8*	0,5*	0,45*

* intermittierende Bewegung

dingt sein, daß die Verformung bei diesen leichten Lasten im wesentlichen elastisch ist (s. z. B. LINCOLN, 1952), doch sind die Verhältnisse noch nicht abgeklärt. Bei Belastungen von mehr als einigen Gramm ist die Reibungszahl allerdings konstant und auch beinahe unabhängig von der Ausdehnung und der Gestalt der Oberflächen. Gebraucht man einen harten, gewölbten Reiter, der eine klar abgegrenzte Furche verursacht, so kann die Fläche engster Berührung abgeschätzt werden, und aus der Reibungskraft läßt sich die Scherkraft pro Einheit der Berührungsfläche berechnen. Für eine große Auswahl von Plastikstoffen ist diese ungefähr gleich der Scherfestigkeit der Grundmasse des Plastikstoffes. Dies spricht dafür, daß über die Berührungsfläche starke Adhäsionen auftreten, und daß das Abscheren während des Gleitens eher innerhalb des Polymeren in einem kleinen Abstand von der Zwischenfläche erfolgt als in derselben. Man wird in dieser Auffassung durch die Beobachtung, daß eine ausgeprägte Übertragung von Plastikmaterial stattfindet, bestärkt. Wenn ein Metall über Plastik gleitet, so zeigen autoradiographische Untersuchungen, daß eine beträchtliche Metallmenge auf das Plastik übergeht, trotzdem das Metall eine viel größere Festigkeit aufweist (SHOOTER und RABINOWICZ, 1952). Das Reibungsverhalten dieser Plastikstoffe ist also demjenigen der Metalle ähnlich, indem die Reibungszahl angenähert gleich dem Verhältnis zwischen der Scherfestigkeit der Grundmasse s und dem Fließdruck p ist.

Diese Vorstellung erhält durch einige spätere Versuche von KING, der die Reibungs- und Festigkeitseigenschaften von Plastikstoffen im Temperaturbereich von $-100°$ bis $80°C$ erforschte, eine weitere Unterstützung. Die Reibung veränderte sich dabei mit der Temperatur in derselben Weise wie das Verhältnis s/p (KING und TABOR, 1953). Für die vier oben erwähnten Plastikstoffe sind Werte über die Temperaturabhängigkeit in Tab. 28 zusammengestellt. Die Reibung dieser Materialien ist — in vernünftigen Grenzen natürlich — offenbar kaum einem Temperatureinfluß unterworfen, und es besteht eine unverkennbare Ähnlichkeit mit dem Verhalten der Metalle (SIMON, MCMAHON und BOWEN, 1951). Plexiglas und Polystyrol wurden oberhalb 80 °C zu weich, um verläßliche Reibungsmessungen zu geben. Bei Teflon anderseits findet man bis auf 200 °C keine Anzeichen von Erweichung, und die Reibung bleibt dauernd niedrig.

Tabelle 28

Gleitflächen	20 °C	50 °C	80 °C	100 °C	150 °C	200 °C
Polystyrol auf Polystyrol . .	0,5*	0,65*	0,65 0,7*	—	—	—
Plexiglas auf Plexiglas	0,8*	—	0,85*	—	—	—
Teflon auf Teflon	0,04	0,04	0,04	0,04	0,04 0,05	0,04 0,05
Teflon auf Stahl	0,04	0,04	0,04	0,04	0,04	0,04
Stahl auf Teflon	0,09	0,09	0,10	0,10	0,11	0,14

* intermittierende Bewegung

Die vorliegenden Ergebnisse zeigen, daß die Reibungseigenschaften von Teflon außergewöhnlich gut sind. Mit ungeschmierten Metallen erhält man eine Reibungszahl in der Gegend von 1, während sie bei Teflon etwa um 0,04 herum liegt. Metalloberflächen geben, selbst wenn sie mit den besten Grenzschichten geschmiert sind, selten einen so niedrigen Wert. Die Reibung von Teflon auf sich selbst ist in der Tat mit derjenigen von Eis auf Eis vergleichbar. Sie wird durch die Anwesenheit von Schmierstoffen nicht beeinflußt, und die Reibungs- und mechanischen Eigenschaften bleiben bis zu einer Temperatur von beinahe 300 °C erhalten.

Das Reibungsverhalten von P. T. F. A. (Fluon oder Teflon) unterscheidet sich von demjenigen anderer Plastikstoffe also darin, daß während des Gleitens nur eine schwache Adhäsion wahrgenommen werden kann und die Scherkraft pro Einheit der Kontaktfläche viel weniger als die Scherfestigkeit des Plastiks selbst beträgt. Immerhin ändert sich auch hier die Reibung in einem großen Temperaturbereich in gleicher Weise wie das Verhältnis s/p, das heißt sehr wenig. Obwohl die Adhäsion an Teflon klein ist, ist sie doch eindeutig feststellbar, und mit einem genügend weichen Metall wie zum Beispiel frisch geschnittenem Natrium, findet eine merkliche Adhäsion und Übertragung des Metalls auf das Plastik statt. Die geringe Haftfestigkeit und der entsprechend niedrige Reibungswert, die gewöhnlich beobachtet werden, beruhen nicht auf verunreinigenden Oberflächenfilmen. Auch wenn Teflon im Vakuum bis zur Erweichung erhitzt wird, so gibt das Plastik nach erfolgter Abkühlung denselben niedrigen Reibungswert (KING, 1952). Der Grund für das besondere Verhalten muß viel eher in der Struktur und chemischen Natur dieses Polymeren gesucht werden.

HANFORD und JOYCE (1946) äußerten die Meinung, daß die verhältnismäßig großen Fluoratome im Teflon die positive Ladung auf den Kohlenstoffatomen abschirmen. Nach dieser Ansicht führt die Wechselwirkung zwischen den negativen Ladungen auf den Fluoratomen benachbarter Moleküle zu einer schwachen molekularen Kohäsion, so daß einzelne Molekel nur wenig aufeinander einwirken. Dieser Effekt wird auch bei Polyäthylen vorhanden sein, aber in einem viel geringeren Ausmaß, da die Wasserstoffatome viel kleiner sind als die Fluoratome und folglich ein viel geringeres Abschirmungsvermögen besitzen. Die Gegenwart aromatischer Gruppen, wie sie in Polystyrol vorkommen, und polarer Gruppen, wie man sie in Plexiglas trifft, sollte die molekulare Kohäsion noch weiter verstärken. Die Festigkeit eines Stückes Teflon kommt also hauptsächlich durch eine Verkettung der Molekülstränge zustande. Nach diesen Erkenntnissen wird man erwarten, daß eine Einreihung der Stoffe nach zunehmender Reibung folgende Rangordnung ergibt: 1. Teflon, 2. Polyäthylen, 3. Polystyren und Plexiglas, was auch beobachtet wird. Die bis jetzt vorliegenden Ergebnisse reichen nicht aus, um eine eingehendere Diskussion zu rechtfertigen. Auch bei diesen Stoffen wäre es wünschenswert, die Reibungseigenschaften zu bestimmen, nachdem die an der Oberfläche adsorbierten Filme entfernt wurden. Der außergewöhnlich niedrige Reibungswert von P. T. F. A. ($\mu \approx 0{,}05$ bis auf 300 °C) hat kürzlich zu seiner Anwendung als Lagermaterial geführt (s. Kap. VI).

Die Verschweißung von Plastikstoffen infolge Reibung

Auch bei diesen Materialien ist es aufschlußreich, den durch Reibungswärme in den Gleitflächen hervorgerufenen Temperaturanstieg näher zu betrachten. Die Reibungsmessungen an Plastikstoffen wurden mit einer Normalbelastung von rund 2 kg und einer Gleitgeschwindigkeit von 0,01 cm/sec durchgeführt. Für Polyäthylen und Teflon, wo ein glattes, gleichförmiges Gleiten festgestellt wird, kann die Temperaturerhöhung des Reiters mit Hilfe der in Kap. II gegebenen Gleichungen berechnet werden, und man erhält einen Wert von etwa 10 °C. Bei Polystyrol und Plexiglas hingegen ist die Bewegung intermittierend, wobei die Relativgeschwindigkeit der beiden Oberflächen während des Rutschintervalls rund 1 oder 2 cm/sec erreicht. Diese höhere Gleitgeschwindigkeit in Verbindung mit der niedrigen Wärmeleitfähigkeit dieser Stoffe (10^{-4} gegenüber $1-10^{-1}$ c. g. s. Einheiten für Metalle) dürfte zu einem beträchtlichen Temperaturanstieg in der Berührungsfläche Anlaß geben. Benutzt man die JAEGERschen Gleichungen für das Gleiten bei großer Geschwindigkeit, so ergeben die Rechnungen in der Tat eine Temperaturerhöhung in der Gegend von 100—500 °C. Diese Gleichungen beruhen jedoch auf der Annahme, daß sich bereits ein Wärmegleichgewicht eingestellt hatte, während genauere Betrachtungen zeigen, daß der tatsächliche Temperaturanstieg während des sehr kurzen Rutschintervalls nur ein kleiner Bruchteil ($\sim 10\%$) der Temperatur beträgt, die nach einer langen Zeitspanne herrschen würde. Es ist deshalb wahrscheinlich, daß die Reibungswärme unter diesen Versuchsbedingungen nicht ausreichen wird, um eine nennenswerte Erweichung des Plastikstoffs zu verursachen. Bei konstanten Gleitgeschwindigkeiten von einigen cm/sec kann jedoch eine merkliche Temperaturerweichung erwartet werden.

Das Auftreten einer thermischen Erweichung infolge der Reibungswärme kann auf folgende Weise demonstriert werden: Eine Stange Polystyrol wird in das Futter einer Drehbank eingespannt und mit gleichmäßiger Geschwindigkeit rotiert. Gleichzeitig drückt man eine Platte des gleichen Materials mit einer bestimmten Kraft gegen die Stirnfläche der Stange. Sowie die geeignete Belastung und Geschwindigkeit gewählt werden, erfolgt ein Erweichen, und die Reibflächen werden klebrig. Hält man in diesem Stadium mit der Rotation an und läßt die Oberflächen sich abkühlen, so besitzt die in der Zwischenfläche gebildete Verbindung dieselbe Festigkeit wie das Stangen- oder Plattenmaterial, d. h. beim Brechen der Verbindung erfolgt die Trennung nicht notwendigerweise in der Zwischenfläche. Diese Technik bildet die Grundlage für das industrielle Verfahren der Reibungsverschweißung (FRERES, 1945).

Die Last und die Geschwindigkeit, die benötigt werden, um eine Erweichung hervorzurufen, können mit Hilfe der JAEGERschen Gleichung für den Temperaturanstieg in der Stirnfläche eines auf einer ebenen Platte desselben Materials reibenden Zylinders berechnet werden (Kap. II, Gl. 11). Die Versuche zeigen, daß die berechneten Normalkräfte und Geschwindigkeiten mit denen, die in der Praxis zur thermischen Verschweißung führen, gut übereinstimmen.

Stäbe von etwa 1 cm Durchmesser aus Polystyrol, weichgemachtem Plexiglas und Polyäthylen können ohne weiteres mit einer Last von 5 kg und einer Drehgeschwindigkeit von 500 Umdrehungen pro Minute verschweißt werden. Hartes Plexiglas, das eine Titanoxydfüllung enthält, kann unter diesen Bedingungen nicht geschweißt werden, wenn die Oberflächen durch Eintauchen in siedendes Wasser nicht vorgewärmt werden, da ein großer Teil der Reibungsenergie durch Spanbildung und Verschleiß verlorengeht. Eine andere Lösung für das Schweißen dieses Materials durch Reibung besteht darin, die Geschwindigkeit auf 3000 Umdreh./Min. zu steigern und die Belastung entsprechend zu erniedrigen.

Bei Teflon konnte selbst unter den schwersten Belastungs- und Geschwindigkeitsbedingungen keine Verschweißung erreicht werden. Obschon dabei viel Verschleiß und eine tiefgreifende Zerstörung der Reibflächen erzeugt wurde, konnte der damit verbundene Verlust an Reibungsenergie nicht verhindern, daß die Temperatur in der Zwischenfläche auf über 300 °C stieg. Das Auftreten so hoher Temperaturen wurde durch den Beginn der thermischen Zersetzung angezeigt. Der Widerstand gegen das Anfressen und der niedrige Reibungsbeiwert sprechen dafür, daß Teflon als Mittel zur Reibungserniedrigung und zur Verhinderung von Verschweißungen in Lagern und andern Gleitmechanismen viele wichtige Anwendungsmöglichkeiten besitzt.

Wolframkarbid

Wolframkarbid ist ein sehr harter Werkstoff, der besonders in Zerspanungswerkzeugen eine weite Verbreitung gefunden hat. Das industriell hergestellte Hartmetall besteht aus sehr feinen Karbidkristallen, die (manchmal zusammen mit Titan- oder Tantalkarbid) durch ein

Metall wie Kobalt aneinander gebunden werden. Das resultierende Material stellt also eine gesinterte Masse, bestehend aus Wolframkarbid, Titankarbid und Kobalt, dar, wobei das Kobalt der weichste Bestandteil ist. Bei Reibungsmessungen an einigen typischen Hartmetall-Proben fand SHOOTER (1951), daß der Widerstand gegen das trockene Gleiten des Karbids auf sich selbst niedrig ist ($\mu = 0{,}2$). Für einen gerundeten Reiter dieser Art erhielt er beim Reiben auf Stahl einen Beiwert von 0,6 und für den gerundeten Stahlreiter auf dem Karbid $\mu = 0{,}45$.

Der Reibungskoeffizient für industrielles Hartmetall, das auf sich selbst gleitet, wird, wie BARWELL und MILNE (1948) zeigten, in der Gegenwart eines Schmiermittels — es kommt dabei eine große Auswahl von Schmierstoffen in Betracht — auf einen Wert von rund 0,12 erniedrigt und ist auch nicht merklich verschieden, wenn Stahl auf dem Karbid gleitet. Diese Versuche wurden alle bei sehr niedrigen Gleitgeschwindigkeiten, wo nur wenig Reibungswärme entwickelt wird, durchgeführt. Bei höheren Gleitgeschwindigkeiten, wie sie bei einer Zerspanungsoperation zwischen dem Span und dem Werkzeug auftreten, werden natürlich viel höhere Temperaturen erzeugt. Unter diesen Umständen ist damit zu rechnen, daß das Reibungs- und Verschleißverhalten von dem oben beschriebenen wesentlich abweicht. Auf den Verschleiß oder das Auskolken von Zerspanungswerkzeugen im Betrieb wird in Kap. XI, S. 299 ff. etwas näher eingegangen.

TRENT (1952) veröffentlichte über die Abnutzung und das Auskolken von Hartmetallwerkzeugen eine interessante Untersuchung, die die Bedeutung der hohen Temperaturen eindrücklich bestätigt. Er hielt sich dabei an praktische Zerspanungsoperationen, wo die Gleitgeschwindigkeiten und deshalb auch die Oberflächentemperaturen hoch sind, und fand, daß der Werkzeugverschleiß beim Arbeiten an Stählen im wesentlichen auf einer Auflösung des Wolframkarbids im Span beruht. Diese geht sehr leicht vor sich, wenn die Temperaturen an den reibenden Flächen 1300 °C übertreffen. Unter ähnlichen Bedingungen löst sich Titankarbid in Eisenlegierungen kaum oder zumindest viel langsamer auf. Der Verschleiß von Hartmetallwerkzeugen bei der Zerspanung von Stählen mit großen Schneidgeschwindigkeiten wird infolgedessen stark herabgesetzt, wenn die Werkzeuge Titankarbid enthalten.

Glas

Die früheren Versuche von HARDY zeigten, daß der Reibungsbeiwert von reinem Glas auf Glas rund 0,9 beträgt, und es hat den Anschein, als ob während des Gleitens Glassplitter von der Oberfläche weggesprengt würden. Diese Splitter sind doppelbrechend, was darauf

Tafel XX

 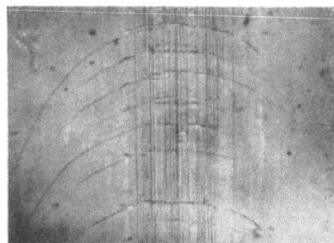

Abb. 1. Glasoberfläche, nachdem ein Titanreiter dreimal darüber glitt. Die Übertragung und das Verschmieren des Metalls auf dem Glas sind deutlich sichtbar. (130×)

Abb. 2. Glasoberfläche nach dem ersten Passieren eines Wolframreiters. Last 4 kg. Die in der Oberfläche erzeugten Risse deuten die Größe der Spannungen an. (130×)

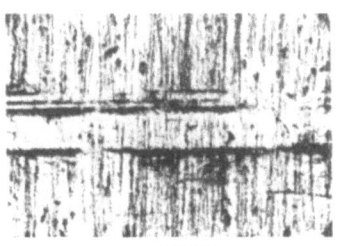 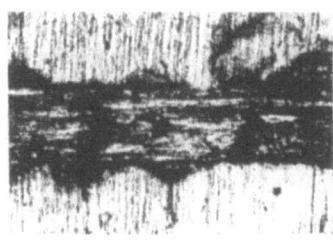

a) 20 °C   b) 130 °C

Abb. 3. Mikrophotographien von Reibungsspuren, die von einem Zinkreiter auf einer mit 1% Laurinsäure in Paraffinöl geschmierten Zinkoberfläche hinterlassen wurden. Bei Raumtemperatur ist die Reibung niedrig und die Verletzung der Oberfläche geringfügig. Bei höheren Temperaturen, wenn die Reibung auf größere Werte ansteigt, ist der Schaden schwerwiegend.

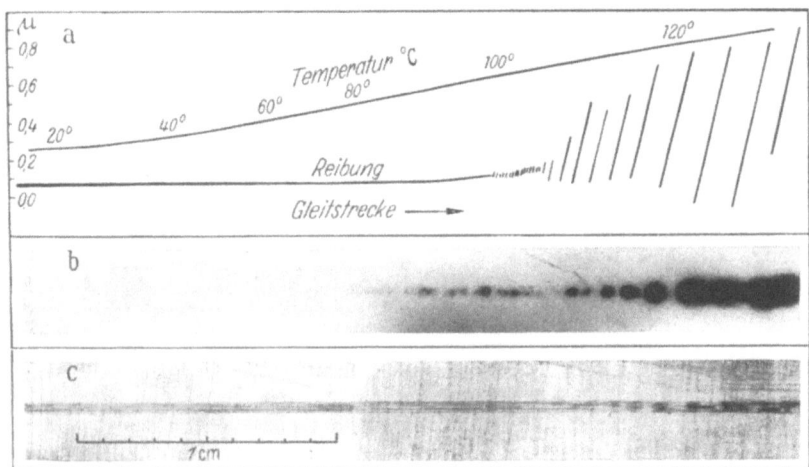

Abb. 4. Reibungsverlauf und Oberflächenschaden für einen Kupferreiter (radioaktiv) auf einer mit Palmitinsäure (S.P. 63 °C) geschmierten Kupferfläche. a) Reibungsverlauf. Die Schmierung versagt bei etwas über 100 °C. b) Die Radiographie zeigt zunehmende metallische Wechselwirkung und Metallübertragung bei rund 100 °C. c) Optisches Bild der Gleitfurche in der Kupferfläche.

hinweist, daß das Glas stark deformiert wurde. Die Ergebnisse deuten also wiederum an, daß an den Berührungsstellen starke Verbindungen von Glas zu Glas gebildet und während des Gleitvorgangs abgeschert werden. Die Tatsache, daß das AMONTONSsche Gesetz befolgt wird, bestärkt uns in der Vorstellung eines Reibungsmechanismus, der dem der Metalle ähnlich ist. Außerdem ist Versuchen von SHAW und LEAVEY (1930) zu entnehmen, daß die Reibung über einen Temperaturbereich von 20°—300 °C im wesentlichen konstant bleibt. Nach neueren Versuchen tritt sowohl beim Rollen (ELDREDGE, 1952) als auch beim Gleiten (KING, 1952) ein nennenswertes Fließen von Glas auf. Wie im Falle von Steinsalz scheinen die lokalisierten hohen Drücke wiederum das spröde Brechen zu hemmen, und die Scherfestigkeit der Verbindungsbrücken ist viel größer als diejenige eines Glasstückes, das nicht unter Druck steht.

Die Bildung von Schweißverbindungen wird auch beobachtet, wenn Metalle auf Glas gleiten. Nach WOOSTER und MACDONALD (1947) haftet beispielsweise Titan an der Oberfläche, wenn es gegen Glas gerieben wird. Die Adhäsion von Titan kann auch auf Quarz, Turmalin, Topaz und andern Edelsteinen festgestellt werden. In Tafel XX. 1 ist eine Mikrographie einer Glasoberfläche, die von YOUNG (1949) nach dreimaliger Hin- und Herbewegung eines Titanreiters aufgenommen wurde, abgebildet. Man stellt eine deutliche Übertragung von Titan auf das Glas fest, und eine ähnliche Metallaufnahme kommt mit Stahl und andern Metallen vor. Die Natur der durch das Gleiten auf der Glasoberfläche verursachten Beschädigung geht aus einer andern Mikroaufnahme von YOUNG hervor (Tafel XX.2). In diesem Versuch wurde das Wolframkarbid als Reiter verwendet, und sowohl die Adhäsion als auch die Reibung waren gering. Man erkennt jedoch, daß die Spannungen ein intermittierendes Springen des Glases erzeugen, das weit über die Ränder der Reibungsspur hinausreicht. Diese Erscheinung läßt sich mit den Gleitlinien vergleichen, die außerhalb der Reiterfurche an Metallen entdeckt werden (Kap. IV, Tafel XI; siehe auch PRESTON, 1922).

Gummi

ROTH, DRISCOLL und HOLT (1942) fanden, als sie die Reibung von Gummi untersuchten, daß das AMONTONSsche Gesetz in einem ziemlich weiten Belastungsbereich befolgt wird. Auf glatten Oberflächen von Glas und Stahl ist die Reibung von Gummi größer als auf rauhen. Wie bei den meisten Metallen fällt der Gleitwiderstand mit zunehmender Geschwindigkeit erst ab, um dann bei höheren Geschwindigkeiten wieder zuzunehmen. Beim Reiben gegen Stahl mit einer Geschwindigkeit von etwa 10 cm/sec wurde der hohe Beiwert von 4 erreicht. Nach andern Forschern ergeben sich für das Gleiten einer großen Auswahl fester Körper auf Gummi Reibungszahlen in der Gegend von 1. Es liegt natürlich auf der Hand, daß die Normung eines bestimmten Oberflächenzustandes in bezug auf Fremdschichten oder Verunreinigungen bei einem Stoff wie Gummi auf größte Schwierigkeiten stößt. Die verschiedenen Gummizusätze scheinen sich allerdings wenig auf die Reibung auszuwirken, da letztere nach ROTH et al. hauptsächlich von der Natur der Grundmasse abhängt und nicht von den beigegebenen Füllstoffen.

Die neueren Versuche mit Gummi (SCHALLAMACH, 1952) zeigen, daß die Reibung zunimmt, wenn man die Last reduziert, und es wurde die Meinung vertreten, dies beruhe einfach auf der Tatsache, daß die wirksame Berührungsfläche durch die elastische Deformation des Gummi bestimmt sei. SCHALLAMACH beschrieb auch eine interessante Reihe von Versuchen über die Art und Weise, in der Gummi bei verschiedenen Gleitbedingungen zerrissen und verschleißt wird (SCHALLAMACH, 1952b, 1953).

Die Reibung und der Verschleiß von Gummi sind bei allen Arten von Straßentransport von großer Wichtigkeit, da man notwendigerweise danach streben muß, einen ordentlich hohen Reibungswert zwischen Pneu und Straße mit einer geringen Abnutzung zu vereinigen. Es wurde schon darauf hingewiesen, daß die Reibungs- und Verschleißeigenschaften eines Gummipneus durch die hohen, durch Reibungswärme an der Oberfläche erzeugten Temperaturen und möglicherweise auch durch die adiabatische Kompression von im Gummi eingeschlossenen Luftblasen kritisch beeinflußt werden (BOWDEN, 1951). Einige dieser Probleme wurden an der internationalen Tagung ,,Abrasion and Wear", die vom ,,Rubber Stichting" im Nov. 1951 nach Delft einberufen wurde, ausführlicher behandelt.

Fasern

Die Reibung von Fasern ist von beträchtlicher praktischer Bedeutung. Sie schafft beim Spinnen von Baumwolle beispielsweise eine ganze Anzahl technischer Probleme, und bei gewissen Arbeitsgängen kann die elektrostatische Ladung, die zwischen den Fasern erzeugt wird, große Kräfte zwischen ihnen hervorrufen, was sich sehr unangenehm auswirkt. Da gewöhnlich sehr kleine mechanische Lasten auf die Fasern angewandt werden, kann diese elektrostatische Anziehung auch bei der Reibung zwischen den Fasern eine hervorragende Rolle spielen.

Das Problem der Reibungselektrizität wird in diesem Buch nur gestreift. Es ist eigenartig, daß ein so alter physikalischer Vorgang wie die Aufladung eines Bernsteinstücks durch Reiben noch immer so wenig verstanden wird. Es ist sogar ungewiß, welcher Anteil der Ladung als Berührungspotential zu bezeichnen ist und welcher durch die Reibung zustande kommt. Wahrscheinlich spielen beide Faktoren eine Rolle. Die meisten bisher gemachten experimentellen Beobachtungen werden durch die Anwesenheit von Fremdschichten auf den festen Oberflächen kompliziert, da diese selbstverständlich einen tiefgreifenden Einfluß auf die Größe der Ladung und deren Verbreitung ausüben (siehe beispielsweise RICHARDS, 1920, 1923). Wenn nennenswerte Reibgeschwindigkeiten vorkommen, so erlangen die in den Berührungsbezirken entwickelten hohen örtlichen Temperaturen eine große Wichtigkeit, insbesondere bei Isolatoren wie Bernstein oder Katzenfell und Ebonit. Diese Temperaturen würden dazu ausreichen, um eine örtliche chemische Zersetzung der Körper herbeizuführen.

Abgesehen von den möglicherweise sich bemerkbar machenden elektrostatischen Erscheinungen besteht natürlich noch die gewöhnliche, als Reibung fühlbare Wechselwirkung zwischen den Fasern. Bei Wollfasern spielen die Reibungseigenschaften eine grundlegende Rolle beim Eingehen und Verfilzen. Die Wollfaser besitzt wie alle natürlichen Fasern (Haar, Nägel, Horn, Felle) eine sehr feine Schuppenstruktur an der Oberfläche. Messungen zeigen, daß der Beiwert für das Reiben von der Spitze zur Wurzel μ_2 (d. h. gegen die Schuppen) im allgemeinen größer ist als in der entgegengesetzten Richtung (μ_1). Infolgedessen offenbaren die Wollfasern, wenn sie gegeneinander gerieben werden, eine Neigung, sich vorzugsweise in der Richtung geringerer Reibung zu bewegen, und man glaubt, dieser Vorgang führe zum Verknoten oder Verfilzen der Wolle. Man wird darin durch die allgemein gemachte Beobachtung bestärkt, daß die meisten Behandlungen gegen das Verfilzen in der Tat den Unterschied zwischen den beiden Reibungskoeffizienten herabsetzen.

Obschon es offensichtlich schwierig ist, Wollfasern mit demselben Reinlichkeitsgrad herzustellen, ergibt sich aus den Reibungsmessungen verschiedener Forscher eine überraschend breite Grundlage für weitgehende Übereinstimmung. Für die meisten Messungen verwendet man eine einzelne Wollfaser (oder ein Faserbündel), die über eine zweite gleitet, oder dann ein hornähnliches Material (das ebenfalls Schuppen aufweist) auf Wolle. Über den kleinen Bereich von Lasten (etwa 0,1 bis 1 g), die vertragen werden, findet man, daß das AMONTONSsche Gesetz angenähert befolgt wird. Man erhielt, beispielsweise, für gereinigte Wolle auf Horn $\mu_2 = 0{,}8-1{,}0$ und $\mu_1 = 0{,}4-0{,}7$, für fettige Fasern hingegen $\mu_2 = 0{,}6-0{,}8$ und $\mu_1 = 0{,}3-0{,}4$. Definiert man den Richtungsbeiwert δ durch
$$\delta = \frac{\mu_2 - \mu_1}{\mu_1 + \mu_2},$$

so entdeckt man, daß sowohl die Reibung als auch der Richtungsbeiwert durch die Gegenwart von Flüssigkeiten und besonders durch deren p_H-Wert sehr weitgehend beeinflußt werden. Der Richtungskoeffizient wird beispielsweise durch Benetzen der Faser beträchtlich erhöht, wobei die Zunahme in sauren und alkalischen Lösungen um einiges größer ausfällt als in neutraler Umgebung. Wie oben erwähnt wurde, tritt auch eine entsprechende Änderung im Verfilzen ein: Das Verfilzen geht in sauren und alkalischen Lösungen viel schneller vor sich als in neutralen. Die Wirkung des p_H-Wertes auf die Reibung von Fasern wurde von CLARK (1940) als ein Mittel zur Messung des Endpunktes gewisser Titrationen verwendet.

Andere Flüssigkeiten üben auf die Reibungseigenschaften eine spezifische Wirkung aus. Nach MERCER (1945) können zum Beispiel alkoholische Kalilauge und $SOCl_2$ die Reibung erhöhen, wobei die beiden Koeffizienten sich einander angleichen, so daß der Richtungsbeiwert kleiner wird. Chlor und Brom hingegen erniedrigen sowohl die Reibung als auch den Richtungsbeiwert. Alle diese Stoffe bekämpfen auch die Verfilzung wirksam. Quecksilberacetat hingegen, das ein gutes Mittel gegen das Verfilzen darstellt, ruft keine merkliche Änderung des Richtungsbeiwertes hervor (LIPSON und MERCER, 1946), so daß es den Anschein hat, als ob der Richtungsbeiwert, obschon er oft mit dem Verfilzen im Zusammenhang steht, nicht die einzige Einflußgröße ist.

Eine Reihe von Forschern hat versucht, die richtungsbedingten Reibungseigenschaften der Wollfasern zu erklären. THOMSON und SPEAKMAN (1946) überzogen Wollfasern mit sehr dünnen Metallschichten und fanden, daß der Richtungseffekt dabei erhalten blieb. Aus Mikrophotographien geht hervor, daß die Schuppenstruktur noch sichtbar vorhanden war. Dickere Metallschichten vermögen jedoch, den Richtungseinfluß gänzlich auszuschalten, was die Vermutung aufkommen läßt, daß die Richtungsabhängigkeit der Eigenschaften auf einer Sperrwirkung der Schuppen beruht, die wie schräggestellte Zähne einhaken. Dieser Ansicht schließt sich auch MERCER an, der einen Zusammenhang zwischen den Reibungseigenschaften einer Wollfaser und ihrer durch das Elektronenmikroskop (MERCER und REES, 1946) vermittelten Struktur aufzeigte. Er entdeckte, daß die Schuppen normalerweise als wohlausgebildete Zacken von der Oberfläche abstehen, aber nach einer Behandlung mit $SOCl_2$, das den Richtungseffekt herabsetzt, waren die vorstehenden Spitzen weggeätzt. MARTIN (1944) schlug anderseits vor, der Richtungseffekt sei durch ein asymmetrisches molekulares Kraftfeld an der Faseroberfläche bedingt. Eine quantitative Theorie des Verhakens wurde von MAKINSON (1948) entwickelt, und sie erscheint besonders deshalb erwähnenswert, weil sie auf die allgemeine Wirkung der Oberflächenrauhigkeit auf die Reibung ausgedehnt werden kann.

Wir nehmen an, eine Oberfläche (die Gleitunterlage) bestehe aus einer Reihe von Schuppen oder Flächen, die einen kleinen Winkel ϑ_1 mit der allgemeinen Oberfläche (Abb. 61a) bilden, und der andere Körper ruhe an einer Anzahl genau bestimmter Punkte auf diesen geneigten Flächen. Beträgt der wahre Reibungsbeiwert an jeder Fläche μ, so ist der Reibungswinkel λ, d. h. der Neigungswinkel, bei dem gerade ein Abgleiten erfolgt, durch $\mu = \text{tg}\,\lambda$ gegeben. Auf Grund der Eigenneigung der kleinen Flächen lautet der scheinbare Reibungskoeffizient für das Gleiten des oberen Körpers von links nach rechts

$$\mu_1 = \text{tg}\,(\lambda + \vartheta_1) \tag{1}$$

Die Reibung von rechts nach links würde entsprechend durch $\mu_2 = \text{tg}\,(\lambda - \vartheta_1)$ ausgedrückt, doch wird dabei das Ineinandergreifen der Oberflächen an den Steilseiten der Schuppen außer acht gelassen.

Gehen wir anschließend zu einer Betrachtung der wirklichkeitsnäheren Art der Berührung zwischen einer Wollfaser und einem Hornstück unter der Belastung N über (Abb. 61b). Dabei denken wir uns die

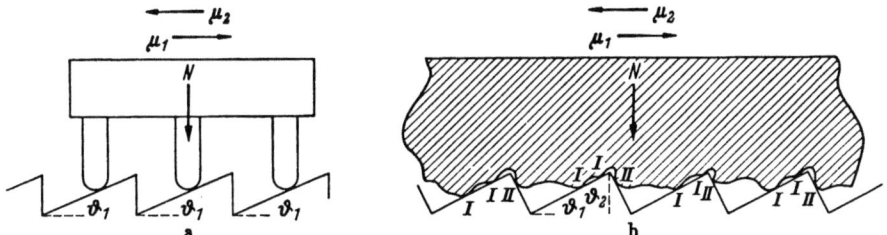

Abb. 61. Die Wirkung der schuppenartigen Vorsprünge auf die Reibung von Fasern

Last auf der flachen Oberseite der Schuppen auf Kontaktstellen verteilt, die wir als Typ I bezeichnen, um sie von den Berührungen zwischen der steilen Schuppenseite und einem Vorsprung oder Riß an der Hornfläche zu unterscheiden (Typ II). Aus geometrischen Gründen werden wir erwarten, daß die Kontakte der ersten Art viel zahlreicher vorhanden sind als jene der zweiten Art. Für eine Bewegung in Schuppenrichtung kann die einfache, oben gegebene Beziehung noch einigermaßen gültig sein, so daß wir wieder schreiben können: $\mu_1 = \text{tg}\,(\lambda + \vartheta_1)$. Bei einer Bewegung gegen die Schuppen kann es sich für die Berührungsstellen des Typs II aber nicht um ein echtes Gleiten handeln (da ϑ_2 im allgemeinen kleiner ist als λ). Es muß deshalb ein Reißen oder eine Verformung der Schuppen oder Hornvorsprünge erfolgen, und — angenommen eine Gesamtkraft R werde für alle Berührungsstellen zweiter Art benötigt — der Wert von R wird wahrscheinlich mehr von der Geometrie als von der Belastung abhängen. Der Reibungskoeffizient μ_2 für das Gleiten gegen die Schuppen kann durch die Summe zweier Beträge ausgedrückt werden, indem wir mit m den Bruchteil der an den Berührungsstellen zweiter Art abgestützten Last bezeichnen, so daß für alle Kontaktgebiete erster Art ein Gewicht von $(1-m)$ übrig bleibt. Den ersten Anteil der Reibungszahl stellt die Gleitkomponente der flachen Schuppenoberseite dar. Sie beläuft sich auf $(1-m)$ tg $(\lambda - \vartheta_1)$. Der zweite Bruchteil ist der Ausdruck für die zum Abreißen oder Wegbiegen der Schuppenspitzen gebrauchte Kraft und lautet definitionsgemäß R/N. Damit wird die Reibung beim Gleiten gegen die Schuppen gegeben durch

$$\mu_2 = (1 - m) \text{ tg } (\lambda - \vartheta_1) + R/N. \qquad (2)$$

Diese Gleichung enthält die Unbekannten m, λ, ϑ_1 und R. Aus einer mikroskopischen Untersuchung weiß man, daß ϑ_1 angenähert gleich 5° gesetzt werden kann. Somit kann λ mit Hilfe der Gl. (1) berechnet werden, wenn Messungen von μ_1 zur Verfügung stehen. Nach geometrischen Überlegungen (siehe oben) dürfen wir annehmen, daß m klein ist und etwa zwischen 0,01 und 0,1 liegen dürfte. Bestimmen wir darauf μ_2 durch Reibungsmessungen, so können wir schließlich R berechnen. Dabei zeigt sich, daß der erhaltene Wert von R nicht sehr kritisch von m abhängt, obschon R selbst verhältnismäßig groß werden kann. Dies deutet darauf hin, daß die Berührungsstellen zweiter Art für die Abstützung der Last wenig beitragen, hingegen machen sie einen beträchtlichen Teil der Reibung gegen die Schuppen aus. Die Schmierung der Oberflächen gibt uns die Möglichkeit einer Überprüfung der angewandten Berechnungsmethode, indem dadurch λ verändert wird, jedoch sollten m oder R nicht beeinflußt werden. MAKINSON führte Messungen aus, die tatsächlich den Schluß erlauben, daß die für gereinigte Fasern erhaltenen Werte von R mit den für geschmierte Fasern gefundenen gut übereinstimmen. Die Schmierschicht war dabei in einigen Fällen 5×10^{-5} cm dick, so daß asymmetrische, molekulare Kraftfelder sich kaum auswirken konnten. Andere Versuche lehren zudem, daß der Richtungsbeiwert durch Zusammendrücken der Schuppen oder durch eine chemische Behandlung, die entweder die Spitzen der Schuppen wegätzt oder sie hinsichtlich der Scherfestigkeit schwächt, stark vermindert wird. Diese Beobachtungen sprechen direkt für die Theorie des Ineinandergreifens der Faseroberflächen.

Das Interesse an der Reibung natürlicher und synthetischer Fasern ist in den letzten Jahren überall gestiegen, wobei die Untersuchungsgebiete in zwei Hauptgruppen fallen. In der ersten befaßt man sich mit der Entwicklung von Verfahren zur Bestimmung des Reibungskoeffizienten. Eine weitherum benutzte Methode stützt sich auf die Messung der Spannung vor (σ_1) und nach (σ_2) einer zylindrischen Oberfläche, über die die Faser gezogen wird. Wenn die Faser einen Sektor mit dem Zentrumswinkel ϑ umspannt und μ eine Konstante ist, so gilt die Beziehung $\sigma_2/\sigma_1 = e^{\mu\vartheta}$. Mit dieser Methode findet man, daß die Reibung erniedrigt wird, wenn entweder die Oberfläche der Faser oder jene des Zylinders aufgerauht wird (REICHER und BRADBURY, 1952). Ein anderes, von GRALÉN (1952) erfundenes Verfahren besteht darin, zwei Fasern zusammenzudrehen und die Kraft zu bestimmen, die benötigt wird, um eine Faser aus der andern herauszuziehen. Die dabei abgeleitete Beziehung ist von derselben Art wie die oben erwähnte. Diese Methoden haben den Vorteil, daß sie ein Maß der Reibung über eine beträchtliche Berührungslänge geben und also einen guten Durchschnittswert für eine große Anzahl individueller Kontaktstellen darstellen. Anderseits muß man natürlich den entsprechenden Nachteil in Kauf nehmen; denn der grundlegende Mechanismus ist leichter zu erforschen, wenn die Berührung nur auf einen einzigen, abgegrenzten Bezirk beschränkt ist. Ein zweiter Nachteil liegt in der Annahme, daß μ in den abgeleiteten Gleichungen als Konstante vorkommt, während die Reibungszahl tatsächlich von der Belastung abhängt, die sich längs der Berührungslinie zunehmend ändert. Der aus der betreffenden Gleichung erhaltene Wert von μ bedeutet deshalb einen speziellen Durchschnittswert. Trotzdem sind diese Verfahren für die Untersuchung der Wirkung verschiedener Oberflächenbehandlungen auf die Reibung natürlicher und synthetischer Fasern sehr wertvoll.

Das zweite Forschungsfeld umfaßt die Studien über die Abhängigkeit der Reibung von der Belastung. Bei ihren Reibungsmessungen an Plastikstoffen fanden SHOOTER und TABOR (1952), daß der Koeffizient unterhalb einer gewissen Belastung zunimmt, wenn die Normalkraft erhöht wird. Diese Erscheinung wurde auch bei Fasern festgestellt. LINCOLN (1952) bemerkte beim Arbeiten mit Nylonfasern, daß die Reibungszahl genau wie $N^{2/3}$ abfällt und erachtet deshalb das Verhalten als gänzlich durch die Tatsache bestimmt, daß die Berührungsfläche durch rein elastische Verformung entsteht. Die meisten andern Forscher stießen allerdings nicht auf eine so einfache Beziehung zwischen μ und N. So gibt GRALÉN an, daß eine Beziehung der Form $\mu = a + b/N^n$, wobei n zwischen 0,6 und 1 liegt, seinen Ergebnissen am besten gerecht wird. Die beste Übereinstimmung erhielt er für einen Wert von $n = 0,7$.

Eine ähnliche Beziehung wurde von HOWELL (1951) aufgestellt, und auch SHOOTERS Ergebnisse stehen dazu nicht im Widerspruch. MAKINSON (1952) schlug vor, die zunehmende Reibung bei kleinen Lasten beruhe möglicherweise auf Fremdschichten, die durch ihre Oberflächenspannung eine zusätzliche Normalkraft zwischen den

Oberflächen erzeugen (s. Kap. XV, S. 375 ff.). SHOOTER bewies jedoch, daß weder die Oberflächenspannung noch elektrostatische Ladungen für den in seinen Versuchen beobachteten Reibungsanstieg verantwortlich gemacht werden können. Es ist klar, daß es noch weiterer Bemühungen um dieses Problem bedarf. Neben dieser interessanten Aufgabe bleibt, wie MAKINSON (1952) sich ausdrückte, ,,noch viel Arbeit auf dem Gebiet der Textilien zu tun, um das Verhalten der Fasern auf Grund der beobachteten Reibungseigenschaften zu erklären, ganz abgesehen von der Frage nach dem eigentlichen Wesen dieser Reibung".

Die Reibungselektrizität

Während der letzten paar Jahre machte sich ein wachsendes Interesse an der elektrischen Aufladung, die durch die Berührung oder das Übereinandergleiten fester (oder flüssiger) Stoffe erzeugt wird, geltend. Diese Erscheinung ist besonders in der Textilindustrie wichtig, wo hohe, elektrostatische Ladungen auf den Fasern große, unerwünschte Kräfte zwischen ihnen hervorrufen können. Eine durch das ,,Institute of Physics" einberufene Tagung (1953) brachte die experimentellen Schwierigkeiten, die sich einer Erforschung des Mechanismus der Elektrifizierung durch Reibung entgegenstellen, klar zum Ausdruck. Eines der größten Probleme entspringt der Tatsache, daß es beinahe unmöglich ist, feste Oberflächen anzufertigen (sogar aus demselben Material), die in jeder Hinsicht identisch sind. Dieser Punkt wurde auch von HARPER (1957) in seiner Arbeit über die beim Zusammenpressen ähnlicher Metalle erzeugte Elektrifizierung betont. Eine weitere Komplikation erwächst aus dem scheinbaren Unterschied zwischen der elektrischen Aufladung, die sich bei ruhender Berührung bildet, und derjenigen, die während des Gleitens stattfindet. So kann es vorkommen, daß ein Körper A auf einem Körper B eine positive Ladung hinterläßt, wenn er nur angedrückt wurde, während er durch Reiben auf B eine negative Ladung verursacht. HENRY (1953) war der Meinung, dies geschehe sehr wahrscheinlich wegen der Asymmetrie der örtlichen ,,hot spots", indem die heißen Stellen auf A wiederholt mit der kalten ruhenden Oberfläche B in Berührung kommen. Eine knappe Übersicht über die älteren Arbeiten findet sich bei WARD (1937).

Oberflächenrauhigkeit und die Reibung von Metallen

Nach dem vorletzten Abschnitt drängt sich die Überlegung auf, inwiefern diese Behandlung der Rauhigkeit auf das Gleiten von Metallen anwendbar ist. Der Einfachheit halber betrachten wir ein zweidimensionales Modell, wobei ein weiches Metall auf einem härteren mit einseitigen Rauhigkeitsvorsprüngen gleite. Die Flachseiten der harten

Auflage seien um einen Winkel ϑ_1 gegen die allgemeine Oberfläche geneigt (Abb. 62a). Der Reibungsbeiwert dieser schwach ansteigenden Flächestücke werde wiederum mit μ bezeichnet, und die angewandte Normalkraft betrage N. Versuchen wir nun die auf der gezahnten Unterlage aufliegende weiche Probe von links nach rechts zu bewegen, so wird

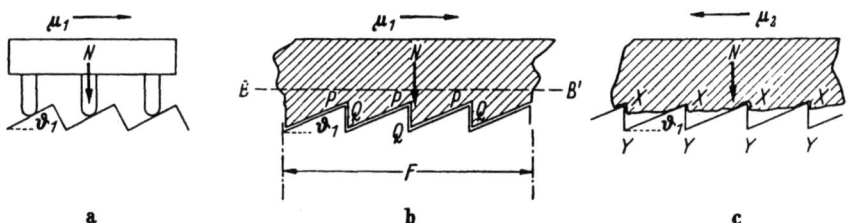

Abb. 62. Der Einfluß von Rauhigkeitsvorsprüngen auf die Reibung von Metallen

zur Reibung auf den geneigten Zacken eine Komponente der Normallast N hinzukommen; denn der Reiter muß ja gehoben werden, damit das Gleiten vonstatten gehen kann. Die genaue Behandlung dieses Vorgangs führt zur selben Gl. (1) für den Reibungsbeiwert der Gesamtbewegung. Entwickelt man diesen Ausdruck für μ_1, so erhält man

$$\mu_1 = \frac{\mu + \operatorname{tg}\vartheta_1}{1 - \mu \operatorname{tg}\vartheta_1}. \tag{1a}$$

Wenn ϑ_1 klein ist und auch μ nicht zu hoch liegt, so vereinfacht sich dieser Bruch zu

$$\mu_1 = \mu + \operatorname{tg}\vartheta_1 \tag{1b}$$

Dies ist die von ERNST und MERCHANT (1940) vorgeschlagene Beziehung, wonach die Reibungszahl als die Summe des gewöhnlichen Reibungskoeffizienten und einer durch den Tangens des Neigungswinkels ausgedrückten Lastkomponenten betrachtet werden kann. Diese Addition ist natürlich nur für kleine Neigungswinkel statthaft.

Wir dürfen erwarten, diese Gleichungen seien dann anwendbar, wenn die Rauhigkeitsvorsprünge im Verhältnis zur Fläche, über die metallische Verschweißungen gebildet werden, groß sind. Fließt beispielsweise das weiche Metall in einem Maße, daß die Rauhigkeiten völlig verdeckt werden (Abb. 62b), so wird die durch die Gln. (1a) oder (1b) gegebene Reibungskraft offenbar größer sein als die Kraft, die zum Abscheren des Metalls in der Ebene BB' benötigt wird. Infolgedessen erfolgt das „Gleiten" in dieser Ebene, und der obenliegende Körper muß nicht über die Vorsprünge gehoben werden. Die Reibung ist deshalb von der Oberflächenbeschaffenheit unabhängig und durch den ursprünglichen Wert μ gekennzeichnet.

Dieselben Überlegungen gelten auch für die Bewegung von rechts nach links. Wenn die Berührungsbezirke im Vergleich zu den Rauhigkeiten klein sind, so wird die Reibungskomponente wie oben angenähert $\mu - \operatorname{tg} \vartheta_1$ betragen, sofern auch ϑ_1 klein ist. Dazu ist die zum Abscheren der äußersten Spitzen XY benötigte Kraft hinzuzufügen (Abb. 62c), und es liegt auf der Hand, daß dieser Anteil des Gleitwiderstandes der Furchungskraft entspricht, deren Ableitung in Kap. V gegeben wurde. Sie läßt sich nach dem hier vorliegenden Modell in sehr einfacher Weise berechnen, wenn wir uns die Rauhigkeiten gemäß Abb. 62b vollständig ausgefüllt denken. Bezeichnet F die projizierte Berührungsfläche, die durch Fließen des weichen Metalls zustande kommt, so muß beim Vorschieben des Reiters eine Metallmenge weggeschafft werden, deren Querschnittsfläche durch die Summe der Seiten PQ gegeben und gleich $F \operatorname{tg} \vartheta_1$ ist. Nun gilt, wie wir in Kap. I feststellten, $F = N/p$, wobei p den Fließdruck des weichen Metalls bezeichnet, und somit ist der auszuräumende Querschnitt durch $(N/p) \operatorname{tg} \vartheta_1$ gegeben. Da bei der Verdrängung des Metalls in der Gleitrichtung angenähert der gleiche Druck p zu überwinden ist (s. Kap. V), so lautet die dazu notwendige Kraft $N \operatorname{tg} \vartheta_1$, d. h. dem Reibungsbeiwert ist der Ausdruck $\operatorname{tg} \vartheta_1$ beizufügen. Somit wird der Koeffizient für die gesamte Reibung

$$\mu_2 = (\mu - \operatorname{tg} \vartheta_1) + \operatorname{tg} \vartheta_1 = \mu. \quad (2\text{b})$$

Es ist leicht einzusehen, wie diese im ersten Augenblick verblüffende Ergebnis zustande kommt. Das soeben betrachtete Modell ist nämlich gleichbedeutend mit dem Abscheren in der Ebene BB', was natürlich eine Reibungszahl von $\mu_2 = \mu$ ergibt.

Aus diesen Betrachtungen geht deutlich hervor, daß die Aufspaltung der Reibung in einen Gleit- und einen Furchungsanteil nur dann sinngemäß ist, wenn die beiden Vorgänge mehr oder weniger unabhängig voneinander sind. Dies ist beispielsweise der Fall, wenn eine harte Halbkugel über ein weicheres Metall gleitet (wie in Kap. V). Die Möglichkeit zur Aufspaltung des Gleitwiderstandes besteht wahrscheinlich auch beim Übereinandergleiten von Fasern, wo die Berührungsbezirke, mit der Größe der Schuppen verglichen, klein sind. Bei dem in Abb. 62b gezeichneten Modell wurde die Trennung der beiden Anteile hingegen künstlich vorgenommen, und der Reibungsvorgang wird infolgedessen beinahe unabhängig von den Oberflächenrauhigkeiten. Diese Bedingungen herrschen wahrscheinlich bei den meisten Gleitvorträgen zwischen feingeschliffenen oder polierten Metallen, und aus diesem Grunde ist die metallische Reibung für Oberflächen sehr verschiedener Beschaffenheit vom Rauhigkeitsgrad beinahe unabhängig.

Schrifttum

BAILEY, A. I. and COURTNEY-PRATT, J. S. (1955); Proc. Roy. Soc. A **227**, 500.
BARWELL, F. T. and A. A. MILNE (1948), VIIth Int. Cong. App. Mechanics (London).
BOWDEN, F. P. (1951), Enginerring, **172**, 818.
BOWDEN, F. P. and D. TABOR (1952), Beitrag „Adhesion of Solids" N. R. C. Tagung über ‚The Structure and Properties of Solid Surfaces'.
BOWDEN, F. P. and J. E. YOUNG (1951), Proc. Roy. Soc. A **208**, 444.
BOWDEN, F. P., J. E. YOUNG and G. W. ROWE (1952), ebda. A **212**, 485.
CLARK, R. E. D. (1940), J. Soc. Chem. Ind. **59**, 216.
COURTNEY-PRATT, J. S. (1950), Research, **3**, 47.
DERJAGUIN, B. and W. LAZAREV (1934), Kolloid-Z., **69**, 11.
ELDREDGE, K. R. (1952), Dissertation, Cambridge.
ERNST, H. and M. E. MERCHANT (1940), Conf. Friction and Surface Finish, M. I. T. 76.
FRERES, R. N. (1945), Ind. Plastics. (Dec.).
GRALÉN, N. (1952), Proc. Phys. Soc. A **212**, 491.
HANFORD, W. E. and R. M. JOYCE (1946), J. Amer. Chem. Soc. **68**, 2082.
HARPER, W. R. (1957), Phil. Mag. Supplement **6**, 365.
HENRY, P. S. H. (1953), Brit. J. App. Phys. Supp. **2**, 31.
HOWELL, H. G. (1951), J. Textile Inst. **42**, 12.
HUTCHINSON, E. and E. K. RIDEAL (1947), Trans. Faraday Soc. **43**, 435.
JOHNSON, R. L., D. GODFREY, and E. E. BISSON (1948), N. A. C. A. Tech. Note. No. 1578.
KENYON, D. M. (1956); Dissertation, Cambridge.
KING, R. F. (1952), Dissertation, Cambridge.
KING, R. F. and D. TABOR (1953), Proc. Physc. Soc. B **66**, 728.
KING, R. F. (1954), Proc. Roy. Soc. A **223**.
LINCOLN, B. (1952), Brit. J. App. Phys. **3**, 260.
LIPSON, M. and E. H. MERCER (1946), Nature, **157**, 134.
MACAULAY, J. M. (1927), J. Roy. Techn. Coll. Glasgow, No. 4, 5.
MAKINSON, K. R. (1948), Trans. Faraday Soc. **44**, 279.
MAKINSON, K. R. (1952), Proc. Roy. Soc. A **212**, 495.
MARTIN, A. J. P. (1944), J. Soc. Dyers and Col. **60**, 325.
MCFARLANE, J. S. and D. TABOR (1950), Proc. Roy. Soc. A **202**, 244.
MERCER, E. H. (1945), Nature, **155**, 573.
MERCER, E. H. and A. L. G. REES (1946), Austral, J. Exp. Biol. Med. Science, **24**, 175.
MOORE, A. C. and D. TABOR (1952), Brit. J. App. Phys. **3**, 299.
PRESTON, F. W. (1922), Trans. Opt. Soc. **23** (3), 141.
REICHER, A. and E. BRADBURY (1952), J. Textile. Inst. **43**, T. 350.
RICHARDS, H. F. (1920), Phys. Rev. **16**, 290.
RICHARDS, H. F. (1923), ebda. **22**, 122.
ROTH, F. L., R. L. DRISCOLL, and W. L. HOLT (1942), Bureau Stand J. Res. **28**, 439.
ROWE, G. W. (1953), Dissertation, Cambridge.
SAVAGE, R. H. (1948), J. App. Phys. **19**, 654.
SAVAGE, R. H. (1948), J. App. Phys. **19**, 1.
SCHALLAMACH, A. (1952 a), Proc. Phys. Soc. B. **65**, 651.
SCHALLAMACH, A. (1952 b), J. Polymer Sci. **9**, 385.
SCHALLAMACH, A. (1953), Proc. Phys. Soc. B. **66**, 386, ebda. 817.
SHAW, P. E. and E. W. L. LEAVEY (1930), Phil. Mag. **10**, 809.

SHOOTER, K. V. (1952), Proc. Roy. Soc. A. **212**, 488.
SHOOTER, K. V. and E. RABINOWICZ (1952), Proc. Phys. Soc. B **65**, 671.
SHOOTER, K. V. and D. TABOR (1952), ebda. B **65**, 661.
SHOOTER, K. V. and P. H. THOMAS (1949), Research, **2**, 533.
SHOTTER, G. F. (1937), Inst. Mech. Eng. Discussion on Lubrication, **2**, 140.
SIMON, I, H. O. MCMAHON, and R. J. BOWEN (1951), J. App. Phys. **22**, 177.
SPENGLER, G. (1954); ZVDI, **96**, Nr. 17/18, 20.
STOTT, V. (1937), Inst. Mech. Eng. Discussion on Lubrication p. 145.
TINGLE, E. (1948), Dissertation, Cambridge.
THOMSON, H. M. S. and J. B. SPEAKMAN (1946), Nature, **157**, 804.
TOLANSKY, S. (1948), Multiple beam interferometry of surfaces and films, Oxford Univ. Press.
TRENT, E. M. (1952), Proc. Roy. Soc. A. **212**, 467.
WARD, W. H. (1937), Report on Progress in Physics IV, **247**.
WOOSTER, W. A. and G. L. MACDONALD (1947), Nature, **160**, 260.
YOUNG, J. E. (1949), Dissertation, Cambridge.

Tagungsberichte

'International Conference on Abrasion and Wear', Rubber Stichting (1951). Siehe Engineering (1951), **172**, 694, 724, 758, 790, 818.
'Static Electrification'. Tagung des „Institute of Physics", März 1953. Veröffentlicht in Brit. J. App. Phys. Suppl. No. 2.

IX. Die Grenzreibung geschmierter Metalle

Bei der hydrodynamischen Schmierung sind die sich gegeneinander bewegenden Oberflächen durch eine Flüssigkeitsschicht von nennenswerter Dicke getrennt, und die festen Oberflächen erleiden unter „idealen" Bedingungen keinen Verschleiß. Der Widerstand gegen die Relativbewegung beruht einzig auf der Zähigkeit der flüssigen Zwischenschicht. In der Praxis ist es jedoch oft unmöglich, eine Flüssigkeitsschmierung zu erzielen, besonders wenn niedrige Gleitgeschwindigkeiten oder hohe Belastungen vorliegen. In solchen Fällen kann die dicke Schmierschicht unterbrochen werden, so daß die festen Oberflächen nur noch durch Schmierfilme von molekularen Dimensionen (= Grenzschichten) getrennt sind. Unter diesen Bedingungen, die von HARDY (1936) als „boundary conditions" („Bedingungen der Grenzreibung") bezeichnet wurden, hängt die Reibung sowohl von der Natur der unter der Grenzschicht liegenden Oberfläche als auch vom chemischen Aufbau des Schmiermittels ab. Dessen Zähigkeit hat für das Reibungsverhalten wenig oder überhaupt keine Bedeutung.

Die Grenzschmierung ist für den Maschinenbau von größter Wichtigkeit. Sie regelt die Arbeitsweise der meisten Gleitmechanismen, und im Falle eines Versagens der Flüssigkeitsschmierung bestimmt sie, ob ernsthafter Verschleiß oder gar ein Fressen stattfinden wird. Der Reibungsbeiwert für trockne Metalloberflächen beträgt gewöhnlich rund 1,0, während der Koeffizient für mit Grenzschichten geschmierte Oberflächen in der Gegend von 0,05—0,15 liegt. Diese Werte sind beträchtlich niedriger als für saubere, trockene Flächen, aber viel höher als bei hydrodynamischer Schmierung.

Flüssigkeitsschmierung

In diesem Kapitel sollen die hauptsächlichsten Merkmale der Grenzschmierung und die hervorragendsten Eigenschaften der Grenzschichten beschrieben werden. Bevor wir aber darauf eingehen, seien einige der neueren Forschungsrichtungen erwähnt, die beim Studium der flüssigen Reibung beschritten werden. Wie REYNOLDS (1886) in seiner klassischen Behandlung des hydrodynamischen Problems zeigte, tritt die flüssige Reibung dann auf, wenn die in einer konvergierenden Flüssigkeitsschicht entwickelten Drücke genügen, um die festen Oberflächen auseinanderzuhalten (siehe beispielsweise HERSEY, 1938). In den letzten Jahren, in denen bei der Konstruktion von Gleitmechanismen immer höhere Betriebsanforderungen berücksichtigt werden mußten, zeigte sich immer deutlicher, daß die einfache REYNOLDSsche Theorie in ihrer ursprünglichen Form selten anwendbar ist. Besonders wenn Lager unter sehr hoher Belastung laufen müssen, kann die Dicke der Schmierschicht auf einen mit der Größe der Oberflächenunregelmäßigkeiten vergleichbaren Wert abnehmen. Die eingehende theoretische Behandlung dieser Verhältnisse, die nicht mehr im Gültigkeitsbereich der reinen Hydrodynamik liegen, bietet aber Schwierigkeiten, die noch nicht befriedigend überwunden wurden. Dazu ist in Betracht zu ziehen, daß die Zähigkeit des Schmiermittels durch die Betriebsbedingungen selbst beträchtlich beeinflußt werden kann. Nach EVERETT (1937) wird die Zähigkeit der meisten Schmierstoffe durch steigenden Druck geändert, und zwar gewöhnlich im Sinne einer Erhöhung. Da in modernen Lagern sehr große hydrodynamische Drücke entwickelt werden können, liegt die wirksame Zähigkeit des Schmierkeils möglicherweise höher als jene der sich außerhalb der Beanspruchungszone befindlichen Schmierflüssigkeit. BLOK (1946) hingegen zeigte, daß die in der Schmierschicht infolge innerer Reibung erzeugten Temperaturen die wirksame Zähigkeit des Schmierkeils merklich *herabsetzen* können. Endlich können hohe Schergefälle bei einigen Schmiermitteln, besonders bei solchen des synthetischen Polymerentyps, eine Thixotropie in der Schicht hervorrufen oder zu einem Zerreißen der Moleküle führen und die Zähigkeit des Schmiermittels auf diese Weise vermindern. Alle diese Einflußgrößen können das hydrodynamische Verhalten des Systems ernstlich verändern.

Die Zähigkeit wird im allgemeinen gleichzeitig durch Druck, Temperatur und Schergefälle beeinflußt, doch kann in der Praxis die ausgeprägteste Wirkung gewöhnlich der Temperatur zugeschrieben werden. Dies wird durch die Tatsache illustriert, daß ein Temperaturanstieg von 10 °C die Zähigkeit selbst bei einem hochwertigen, handelsüblichen Schmiermittel um die Hälfte verringern kann. Aus diesem Grunde wurde ein großer Teil der angewandten Forschung der Entwicklung von Additiven gewidmet, die das Zähigkeitsverhalten eines Schmieröls verbessern sollen. Die meisten dieser Additive sind äußerst langkettige, organische Polymeren wie Polybutene, Polyäthylene, Vinylpolymeren, Polystyrole, Methacrylate usw. Eine andere vielversprechende Entwicklungsrichtung wird mit der Herstellung synthetischer Schmierstoffe beschritten, die Silizium enthalten und auch ohne Zusatz eine besonders geringe Änderung der Zähigkeit mit der Temperatur zeigen. Diese Verbindungen bestehen aus Polymeren kurzkettiger oder ringförmiger Molekeln, die nicht dazu neigen, bei großen Schergefällen zu zerreißen. Theoretisch erscheinen sie deshalb für den Gebrauch als hydrodynamische Schmiermittel sehr geeignet. In der Praxis ist die

Verwendung von Silikonen aber hauptsächlich mit zwei Nachteilen verbunden. Erstens können sehr schwere Betriebsbedingungen, obschon die Silikone viel stabiler sind als die entsprechenden Kohlenwasserstoffe, zu einer chemischen Zersetzung führen, und eines der wahrscheinlichsten Zersetzungsprodukte ist Siliziumoxyd (SiO_2), das auf die reibenden Oberflächen eine sehr schwerwiegende Schleifwirkung ausüben kann. Der zweite und noch bedeutendere Nachteil besteht darin, daß die Silikone als Grenzschichten einen schlechten Schutz gewähren. Wenn also die flüssige Schmierschicht aus irgendeinem Grunde versagt, so sind Silikone nicht imstande, das Fressen und den Verschleiß der reibenden Flächen einzudämmen. Silikone wurden deshalb hauptsächlich in hydraulichen Systemen und als Dämpfungsflüssigkeiten verwendet. Durch geeigneten chemischen Umbau gelang es jedoch in neuerer Zeit, Silikonprodukte herzustellen, die hinsichtlich der Grenzschmierung eher bessere Eigenschaften aufweisen als einfache Mineralöle. Sowie weitere Fortschritte in dieser Richtung erzielt werden, können wahrscheinlich auch Silikone und andere synthetische Polymeren wie beispielsweise Polyäthylenoxyde in einer Reihe von praktischen Anwendungen vermehrt zum Einsatz kommen.

Parallel mit der Entwicklung von Schmiermitteln, die bessere Schmiereigenschaften besitzen, wurde ein interessanter Gedanke in die *konstruktive Gestaltung* hydrodynamischer Gleitlager eingeführt. In der Vergangenheit sah man im allgemeinen das Vorhandensein eines *Ölkeils*, in dem der hydrodynamische Druck entwickelt werden kann, als die wesentliche Bedingung für die Flüssigkeitsreibung an. Dieses Prinzip bildete die Grundlage für die Schmierung von Zapfenlagern und für den Betrieb des MICHELL-Drucklagers und des neueren MICHELL-Gleitschuhs. FOGG (1945) zeigte jedoch, daß auch ein Drucklager mit einem Ölfilm gleichmäßiger Dicke sehr zufriedenstellend unter hydrodynamischen Schmierbedingungen arbeiten kann. Es wurde schon die Auffassung vertreten, diese Art von Lager wirke durch die Bildung eines „Temperaturkeils", doch ist die genauere Theorie seines Arbeitsprinzips noch der Gegenstand lebhafter Diskussion. Dennoch konnte das FOGG-Lager bereits mit beträchtlichem Erfolg angewandt werden.

Grenzschmierung durch langkettige Verbindungen

Der Einfluß der Kettenlänge

Der Übergang von der flüssigen Reibung zur Grenzreibung erfolgt ziemlich allmählich. Wenn man die Gleitgeschwindigkeit herabsetzt (oder die Belastung erhöht), so wird der die Oberflächen trennende Schmierkeil immer dünner, und die Anzahl der Rauhigkeitsvorsprünge, die den Film durchstoßen, steigt entsprechend an. An den Spitzen dieser Rauhigkeiten gibt es eine Schmierung, die den Charakter der Grenzschmierung besitzt und an Umfang immer mehr zunimmt, während die Wirkung der Flüssigkeitsschicht in den Hintergrund tritt. Diese Art von „gemischter" Schmierung herrscht in einem sehr großen Bereich von Versuchsbedingungen, und die Arbeiten von BEECK, GIVENS und SMITH (1940), FORRESTER (1946), KENYON (1946) und anderen zeigen, daß selbst bei Gleitgeschwindigkeiten von wenigen cm/sec ein nennenswerter Bruchteil der Last durch eine hydrodynamische Schicht getragen wird. Aus diesem Grunde ist es bei Untersuchungen der Grenzreibung unerläßlich, daß experimentelle Methoden zum Einsatz kommen, bei denen äußerst hohe Drücke und sehr geringe Gleitgeschwindigkeiten angewandt werden können. Diese Bedingungen sind bei dem im V. Kapitel beschriebenen Reibungsgerät erfüllt, indem der Druck zwischen den Oberflächen etwa den Fließdruck der Metalle erreicht und die Gleitgeschwindigkeit nur rund 0,01 cm/sec beträgt.

Die Versuche wurden mit homologen Reihen von paraffinen Kohlenwasserstoffen bzw. Alkoholen und Fettsäuren durchgeführt. Im flüssigen Zustand wurden die Schmiermittel dabei als dünne Schicht aufgetragen, während die festen Verbindungen in flüchtigen Lösungsmitteln auf die Oberflächen gebracht wurden. Die Reibungsergebnisse für Paraffine und Alkohole sind etwas unübersichtlich, da die Bewegung für Verbindungen, die bei Zimmertemperatur flüssig sind, intermittierend war, während sie gleichförmig verlief, wenn es sich um feste Schichten handelte. Bei den Fettsäuren (die kurzkettigen Säuren, die eine starke Korrosion bewirkten, ausgenommen) ging die Bewegung auch auf den flüssigen Schichten ohne Rucke vor sich. Wie bei der unterbrochenen Bewegung auf ungeschmierten Oberflächen, entspricht die Reibung im Augenblick des Haftens der statischen Reibung und bezieht sich auf Bedingungen, die viel leichter wiederholt und genauer erfaßt werden können als diejenigen, die während des schnellen Rutsches herrschen. Im folgenden werden wir deshalb, wenn eine unterbrochene Bewegung vorliegt, immer die höchste Reibung während der

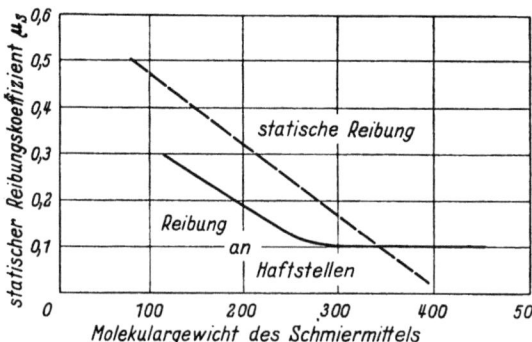

Abb. 63. Der statische Reibungsbeiwert in Abhängigkeit des Molekulargewichts. Einfache Paraffinkohlenwasserstoffe auf Stahloberflächen (gestrichelte Linie nach HARDY)

Adhäsion betrachten. In den Abb. 63, 64 und 65 wurde der statische Reibungsbeiwert μ_s für mit paraffinen Kohlenwasserstoffen bzw. Alkoholen und Fettsäuren geschmierte Stahlflächen über der betreffenden Kettenlänge aufgetragen. Man erkennt, daß in allen Fällen mit wachsender Kettenlänge zuerst ein Reibungsabfall eintritt. Ähnliche Ergebnisse für die statische Grenzreibung wurden auch von HARDY erhalten (durch die gestrichelten Linien angedeutet). Nach HARDY nähert sich die Reibungszahl allerdings einem Nullwert, wenn die Molekülkette eine genügende Länge aufweist; die hier gegebenen Resultate zeigen jedoch, daß die Reibungszahl eine untere Grenze von rund 0,07 erreicht, und zwar gleichgültig, wie lang die Kette sein mag. In Übereinstimmung mit HARDYs Beobachtungen wurde festgestellt, daß die Ergebnisse nicht dem Einfluß der Oberflächenbeschaffenheit der Metalle unterworfen sind.

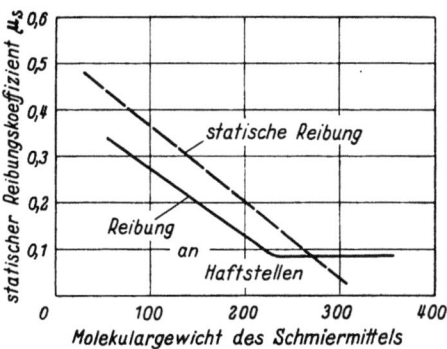

Abb. 64. Statischer Reibungsbeiwert in Abhängigkeit des Molekulargewichts. Einfache, gesättigte Alkohole auf Stahloberflächen (gestrichelte Linie nach HARDY)

Bei diesen Schmiermitteln besteht eine ziemlich direkte Beziehung zwischen der Reibung und der Verletzung der Oberfläche. Verwendet man Paraffine bzw. Alkohole und Fettsäuren mit ausreichend langen Molekülketten (damit nur die Mindestreibung erzeugt wird), so ist die auf den Oberflächen hinterlassene Reiterspur nur leicht angedeutet, und es wird nur eine sehr geringfügige Beschädigung wahrgenommen. Bei Schmiermitteln mit kürzeren Molekülen, die eine größere Reibung geben, bildet sich eine Furche von ungefähr der gleichen Breite, doch weist sie größere Riefen auf, und ihre Oberfläche ist stärker angegriffen. Es ist jedoch wichtig, zu betonen, daß auch unter den günstigsten Bedingungen immer ein Oberflächenschaden beobachtet wird. Dies kommt sehr deutlich in Tafel IX, Kap. IV zum Ausdruck, wo mit Hilfe der elektrographischen Unter-

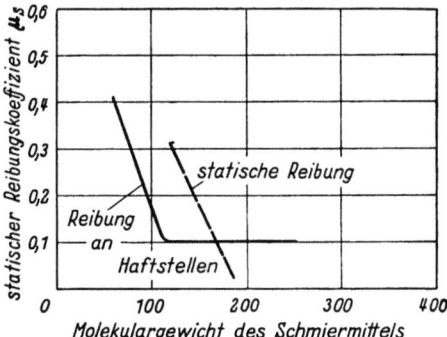

Abb. 65. Statischer Reibungsbeiwert in Abhängigkeit des Molekulargewichts. Gesättigte Fettsäuren auf Stahloberflächen (gestrichelte Linie nach HARDY)

suchungsmethode und der Verwendung radioaktiver Spurelemente gezeigt wird, daß Metallübertragung und Oberflächenverschleiß trotz des Schmierfilms immer vorkommen.

Die Wirkung der Temperatur

Die Reibung zwischen metallischen Oberflächen, die durch eine Grenzschicht geschmiert sind, ändert sich im allgemeinen nicht stetig mit der Temperatur. Gewöhnlich erfolgt bei einer gewissen Temperatur ein scharfer Reibungsanstieg oder Übergang, der von einer entsprechenden Verschleißzunahme und schwerer Beschädigung der Oberfläche begleitet wird. Diese Reibungsänderung wird bei der Abkühlung in umgekehrter Richtung durchlaufen, vorausgesetzt, daß keine zu große Erwärmung, die eine merkliche Oxydation des Schmierstoffes verursachen würde, auftrat.

Der Übergang von niedriger zu hoher Reibung ist bei reinen Paraffinen und Alkoholen deutlich ausgebildet und liegt beim Schmelzpunkt des Schmiermittels. Für Docosan (S. P. 43 °C) findet man beispielsweise ein gleichförmiges Gleiten mit niedriger Reibung, bis eine Temperatur von 43 °C erreicht ist, worauf μ plötzlich zunimmt. Für Cetylalkohol (S. P. 49,5 °C) kann entsprechend eine Übergangstemperatur von 50 °C festgestellt werden. Diese Übergangstemperaturen sind von der Natur des durch die Grenzschicht geschützten Metalles unabhängig, und die Schmierung versagt anscheinend beim Schmelzen der Grenzschicht.

Das Verhalten dieser Grenzschichten ist somit ähnlich, wie wenn Oberflächen durch dünne Metallschichten geschmiert werden. In beiden Fällen wird eine wirksame Schmierung gewährt, bis der Schmelzpunkt des Films erreicht ist. Die hauptsächlichste Aufgabe der Schmierschichten besteht unter diesen Umständen offenbar darin, die enge metallische Berührung zwischen zwei Gleitflächen zu vermindern. Bei Kohlenwasserstoffschichten kommt deshalb der *seitlichen* Adhäsion zwischen den Molekülen der Grenzschicht beim Schutz der Oberflächen die größte Wichtigkeit zu. Diese wird herabgesetzt, wenn die Temperatur erhöht wird oder gar ein Schmelzen eintritt, worauf der Film leicht zu durchstoßen ist. Die zunehmende metallische Berührung durch die Schmierschicht hindurch führt dann zu einer erhöhten Reibung und Verletzung der Oberfläche.

Das Verhalten der Fettsäuren unterscheidet sich von den oben erwähnten Verhältnissen in bezeichnender Weise. Man findet zwar ebenfalls eine Übergangstemperatur, doch liegt diese (obschon etwas von den Versuchsbedingungen abhängig) sehr viel höher als der Schmelzpunkt 'der Fettsäure (TABOR, 1940, 1941). Laurinsäure (S.P. 43 °C) beispielsweise ist imstande, Zinkoberflächen bis zu einer Temperatur von etwa 110 °C wirksam zu schmieren. Abb. 66, wo die Reibung über der Temperatur aufgetragen und eine scharfe Zunahme oberhalb 100 ° festzustellen ist, zeigt diese deutlich. Dieser Übergang ist auch von erhöhtem Verschleiß begleitet, wie man den Tafeln XX. 3a bzw. 3b für Zinkoberflächen unterhalb bzw. oberhalb der Übergangstemperatur entnehmen kann (GREGORY, 1943). Diese Reibungserscheinung ist umkehrbar, da nach der Abkühlung wieder der ursprüngliche niedrige Wert, der mit einer geringen Beschädigung der Oberfläche verbunden ist, angenommen wird.

Die Wirkung der Temperatur auf das Versagen der Grenzschicht kommt auch graphisch in den Ergebnissen von Versuchen zum Ausdruck, bei denen die im vierten Kapitel beschriebene radioaktive Methode verwendet wurde (RABINOWICZ und TABOR, 1950). Die Auflage bestand dabei

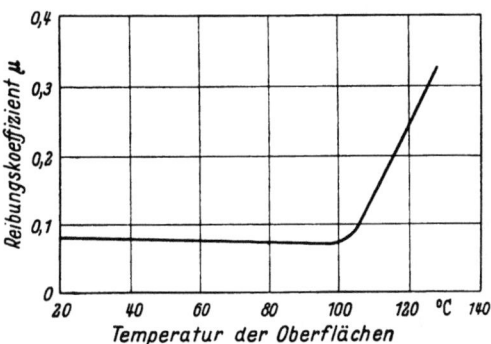

Abb. 66. Das Reibungsverhalten von Zinkoberflächen, die mit einer einprozentigen Lösung von Laurinsäure in Paraffinöl geschmiert sind, in Abhängigkeit der Temperatur. Oberhalb 100 °C erfolgt eine scharfe Reibungszunahme

aus Kupfer, und als obere Fläche diente ein radioaktiver Kupferreiter. Das Schmiermittel war Palmitinsäure, und die Reibung wurde gleichzeitig mit der Oberflächentemperatur, die langsam auf 150 °C erhöht wurde, aufgenommen. Nach dem Gleiten legte man die Auflage gegen eine photographische Platte, wodurch ein Bild der vom Reiter abgegebenen, radioaktiven Metallmenge erzeugt wurde. Die Ergebnisse sind in Tafel XX. 4 zusammengestellt, wobei die Reibungskurve in einem solchen Maßstab wiedergegeben ist, daß sich der Verlauf von μ und das Bild der Gleitspur von Punkt zu Punkt entsprechen. Man erkennt, daß die Reibung bei Zimmertemperatur und gleichförmiger Bewegung gering ist, wobei von der Auflage nur eine sehr kleine Metallmenge aufgenommen wird[1]. Bei 100 °C erfolgt ein verhältnismäßig schneller Reibungsanstieg und eine große Zunahme der Metallaufnahme. Oberhalb dieser Temperatur setzt die unterbrochene Bewegung ein, und jedes Haften ist mit der Übertragung einer großen

---

[1] Die Radioaktivität des Reiters genügte bei diesem Versuch nicht, um den Metallaustausch bei Zimmertemperatur zu zeigen. Mit einem stärker bestrahlten Reiter wird hingegen eine gewisse Wechselwirkung zwischen den Metallen durch die Schmierschicht hindurch festgestellt (s. Kap. IV, Tafel IX. 3b).

Metallmenge verbunden. Auch dieses Gleitverhalten ist umkehrbar, indem die Reibung und die Metallaufnahme bei der Abkühlung der Oberflächen wieder zurückgehen. Bei höheren Temperaturen oder nach längerem Erwärmen besteht allerdings die Möglichkeit, daß, größtenteils infolge der Oxydation, irreversible Erscheinungen auftreten. Sowohl diese als auch die umkehrbaren Veränderungen, die bei der Erwärmung von Schmierschichten vorkommen, sind von beträchtlicher praktischer Bedeutung und werden in einem späteren Kapitel eingehender diskutiert.

Die oben genannten Ergebnisse zeigen — was in früheren Arbeiten schon erwähnt wurde —, daß die Metallübertragung eher bruchstückweise als kontinuierlich erfolgt. Nach einer weiteren Beobachtung wird durch ein Schmiermittel vielmehr die Größe der aufgenommenen Teilchen vermindert als deren Anzahl. Eine schlecht schmierende Grenzschicht aus einem Mineralöl (oder einer Seife oberhalb ihres Schmelzpunktes zum Beispiel) verringert die Reibung um einen Faktor 2 oder 3, die ausgetauschte Metallmenge jedoch um das Hundertfache oder mehr. Bei Fettsäuren, die mit der Oberfläche reagieren, oder mit einer direkt aufgebrachten Seife wird die Reibung bei Zimmertemperatur um einen Faktor von etwa 20 (von $\mu = 1$ bis auf $\mu = 0{,}05$) herabgesetzt, während die Übertragung eine Einbuße um einen Faktor 20000 oder mehr erfährt. In Tab. 29 werden einige typische Ergebnisse gegeben, und es ist offensichtlich, daß die Metallübertragung ungeheuer viel empfindlicher auf Änderungen der an der Oberfläche herrschenden Bedingungen reagiert als der Reibungswert.

Tabelle 29. *Reibung und Metallübertragung für Kadmiumoberflächen bei Raumtemperatur. Last 2 kg, Gleitgeschwindigkeit 0,01 cm/sec*

Schmiermittel	Reibungszahl	Metallaufnahme in 10^{-9} g/cm Gleitstrecke
Keines	0,8	50000
Cetan $C_{15}H_{31}CH_3$	0,6	500
Cetylalkohol $C_{15}H_{31}CH_2OH$	0,4	100
Palmitinsäure ($C_{15}H_{31}COOH$):		
Schwache Reaktion	0,09	50
Heftige Reaktion	0,07	1
Kupferpalmitat $(C_{15}H_{31}COO)_2$ Cu	0,05	1

Die niedrigste Reibung und die geringste Übertragung werden beobachtet, wenn der Schmierfilm fest ist. Wird die Temperatur erhöht, so stellt man nahe beim Schmelzpunkt einen scharfen Anstieg des Gleitwiderstandes und der übertragenen Metallmenge fest, wie oben bereits erwähnt wurde. Es kann aber außerdem die verblüffende Beobachtung gemacht werden, daß bei noch höheren Temperaturen eine zweite Verschlechterung der Schmiereigenschaften auftritt; die Reibung und der Metallaustausch sind nun gleich wie bei trockenen Oberflächen, obschon das Schmiermittel noch sichtbar auf der Oberfläche vorhanden ist. In diesem Stadium sind die Moleküle des Schmierstoffes desorbiert oder beweglich geworden, und auch dieser Übergang ist reversibel hinsichtlich der Abkühlung.

Diese Zustandsänderungen der Schmierschicht mit zunehmender Temperatur wurden durch Untersuchungen in der Elektronendiffraktionskamera bestätigt (siehe nächstes Kapitel). Unterhalb des Schmelzpunktes der Grenzschicht befinden sich die Moleküle in einer weitgehend

Tabelle 30. *Schmierung von Kadmiumoberflächen durch Palmitinsäure*

Temperatur	Zustand der Schmierschicht	Reibungszahl	Metallaufnahme in 10^{-9} g/cm
20 °C	fest	0,05—0,1	2—3
130 °C	flüssig	0,3	500—1000
160 °C	desorbiert oder beweglich	0,6	20000—30000
	ungeschmiert	0,6—0,8	30000

orientierten, dichtgepackten Anordnung. Beim Schmelzpunkt wird die seitliche Anziehung zwischen den Atomketten von der thermischen Bewegung überwunden, und der Film verliert seine besondere Orientierung. Beim Abkühlen erscheint das gerichtete Muster wieder, woraus hervorgeht, daß die Wirkung auf die Reibung einer physikalischen und nicht einer chemischen Zustandsänderung der Schicht zuzuschreiben ist. Bei noch höherer Temperatur findet dann die Desorption statt, und wenn der Versuch in einem Vakuum durchgeführt wird, erscheint die Grenzschicht nach der Abkühlung nicht wieder. Das Verhalten von Schmierstoffen im festen, flüssigen und desorbierten oder mobilen Zustand ist in Tab. 30 zusammengefaßt.

Fettsäuren in Lösung

Verschiedene Forscher beobachteten, daß der Zusatz einer kleinen Menge einer Fettsäure zu einem nichtpolaren Mineralöl oder zu einem reinen Kohlenwasserstoff eine beträchtliche Verminderung der Reibung und des Verschleißes herbeiführen kann. Diese Erscheinung kommt in auffallender Weise in Abb. 67 zum Ausdruck, wo das Verhalten von Kadmiumoberflächen, die mit einem hochraffinierten Paraffinöl geschmiert waren, illustriert ist. Der Reibungskoeffizient ist groß und erreicht in der unterbrochenen Bewegung einen statischen Höchstwert von rund 0,6. Im Zeitpunkt A wurde eine kleine Menge Laurinsäure beigegeben, und man erkennt, daß die Reibung sogleich auf einen Beiwert von etwa 0,07 abfiel. Die Gleitspuren zeigen eine entsprechende Verminderung des Oberflächenschadens.

GREGORY (1943) untersuchte die Mindestkonzentration von Fettsäure, die nötig ist, um eine wirksame Schmierung zu gewährleisten. Er fand für Kadmiumoberflächen, daß eine einprozentige Lösung von Laurinsäure in Paraffinöl einen Reibungswert von etwa 0,05 ergibt. Bei einer Konzentration von 0,01% stellte er eine Reibungszahl von

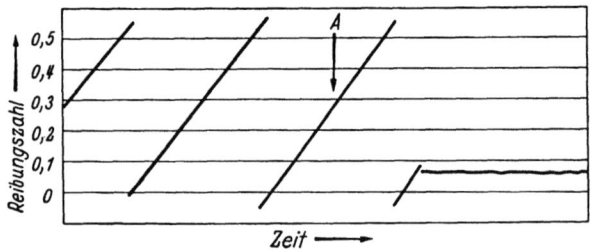

Abb. 67. Das Reibungsverhalten von Kadmiumoberflächen, die mit hochraffiniertem Paraffinöl geschmiert sind. Im Zeitpunkt A wird ein Tropfen Laurinsäure auf die Oberfläche gegeben, wodurch eine deutliche Änderung der Reibung und der Art der Bewegung herbeigeführt wird

rund 0,1 fest, während eine 0,001-prozentige Lösung eine hohe Reibung ($\mu = 0,45$) bewirkte, die mit dem bei reinem Paraffinöl beobachteten Wert vergleichbar ist. Bei dieser sehr verdünnten Lösung nahm die Reibung allerdings mit der Zeit langsam ab, und war nach 12 Stunden auf einen Beiwert von rund 0,26 gefallen (siehe auch HARDY, 1936).

Diese Untersuchung wurde von GREGORY fortgeführt, um auch die Dicke der Fettsäureschicht, die für eine wirksame Grenzschmierung verantwortlich ist, abzuschätzen. Eine kleine Menge 0,1-prozentiger Lösung von Laurinsäure in Paraffinöl wurde auf eine gereinigte Kadmiumfläche gegeben und sorgte sogleich für einen niedrigen Reibungskoeffizienten. Der mit Schmierflüssigkeit versehene Ausschnitt der Kadmiumoberfläche wurde mit Hilfe einer Mikropipette stufenweise ausgedehnt, bis in den neubenetzten Gebieten eine erhöhte Reibung und eine stärkere Beschädigung der Oberfläche entdeckt werden konnten. In diesem Stadium erfolgte die Messung der gesamten mit Schmiermittel bedeckten Fläche. Diese Beobachtungen ermöglichten es, die Laurinsäuremenge zu berechnen, die gerade ausreichte, damit eine gute Grenzschmierung erzielt wurde. Dabei stellte man fest, daß diese einer Dicke von rund 1—2 Molekülen entsprach. Die wirksame Schmierung, die mit einer Fettsäure beobachtet wird, beruht somit auf einer Grenzschicht von ein bis zwei Molekülen Dicke.

Diese Ergebnisse heben den äußerst starken Einfluß sehr kleiner Mengen von Fettsäuren auf die Grenzreibungseigenschaften gewisser

Schmiermittel hervor. Es besteht kaum ein Zweifel, daß die Wirksamkeit vieler Mineralöle bei der Grenzschmierung der Gegenwart kleinster Prozentsätze von Fettsäure oder ähnlicher Stoffe zu verdanken ist (siehe SOUTHCOMBE und WELLS, 1920).

Die Schmiereigenschaften monomolekularer und polymolekularer Schichten

Es ist aufschlußreich, das Reibungsverhalten metallischer Oberflächen, die mit sehr dünnen Schichten von bekannter Dicke überzogen sind, zu betrachten. Solche Schichten von nur wenigen Molekülen Stärke wurden in dieser Untersuchung (BOWDEN und LEBEN, 1939) nach der Methode von LANGMUIR-BLODGETT niedergeschlagen. Es besteht eine gewisse Unsicherheit über die genaue Struktur dieser Filme (siehe beispielsweise BIKERMANN, 1939), doch handelt es sich um ein sehr bequemes Verfahren, um Oberflächen mit Schichten von bekannter und kontrollierbarer Dicke zu bedecken.

Die Versuche wurden auf Oberflächen von rostfreiem Stahl ausgeführt, und zwei verschiedene Stoffe dienten als Schmiermittel, nämlich eine langkettige Fettsäure (Stearinsäure) und Cholesterin, das aus großen flachen, polaren Molekülen besteht. Die Fettsäureschicht wurde zuerst als einmolekulare „Haut" auf gewöhnlichem Röhrenwasser ausgebreitet und dann in der üblichen Weise durch wiederholtes Eintauchen des Probestückes auf die Metalloberfläche aufgezogen. Spätere Arbeiten zeigten, daß der auf diese Art niedergeschlagene Film nicht aus reiner Stearinsäure, sondern aus einer Mischung von Stearinsäure und Kalziumstearat besteht. Es handelt sich jedoch um eine dichtgepackte und regelmäßig orientierte Schicht, wobei die polare Gruppe in der Wasseroberfläche liegt. Das Cholesterin, dessen große flache Moleküle ein verwickeltes Ringsystem mit einer einzigen OH-Gruppe darstellen, wurde auf dem Wasser auf dieselbe Weise ausgebreitet. Es bildet eine dichte Schicht, deren Moleküle mit der OH-Gruppe nach unten senkrecht zur Oberfläche stehen. Obschon der Cholesterinfilm sehr stabil und gut gerichtet ist, werden wir sehen, daß er als Grenzschicht viel weniger wirksam schmiert als die Stearinsäure.

Diese Schichten wurden entweder auf die obere oder die untere Gleitfläche aufgezogen. In der ersten Versuchsreihe war der kleine gerundete Reiter mit einer bekannten Anzahl von Schichten bedeckt, während die Auflage ungeschmiert belassen wurde. Letztere wurde darauf mit einer Gleitgeschwindigkeit von 1,0 cm/sec in Bewegung gesetzt und die Reibung von Anfang an aufgezeichnet.

In einer zweiten Versuchsreihe wurde eine bestimmte Anzahl von Schichten auf die Auflage niedergeschlagen, während die Reiterfläche ohne Schmierung blieb. Die Reibung während des Gleitens wurde diesmal in gewissen Abständen registriert. Den Reiter ließ man wiederholt in derselben Furche auf der Unterlage hin- und herreiben und beobachtete den Gleitwiderstand während jedes Hubes. Dieser Vorgang wurde bis zu 50 Hin- und Herbewegungen fortgesetzt, oder bis die Reibung einen sehr hohen Wert erreicht hatte und die Oberflächen stark aufgerissen waren.

Stearinsäureschichten

1. Schichten nur auf dem Reiter. Abb. 68 zeigt die Reibungsergebnisse, die für verschieden dicke Lagen aufeinandergeschichteter, einmolekularer Filme auf der oberen Gleitfläche erhalten wurden (sie

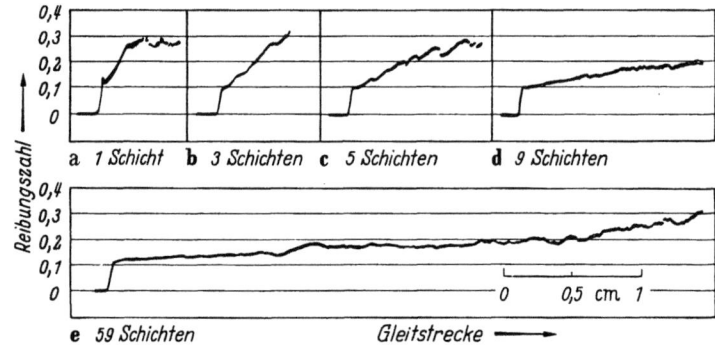

Abb. 68. Reibungskurven für das Gleiten von rostfreiem Stahl auf sich selbst, wenn der Reiter mit Stearinsäureschichten verschiedener Dicke bedeckt ist. Der einmolekulare Film wird viel schneller abgenützt als eine Schicht von vielen Moleküllagen. Abszisse = Gleitstrecke

sind in Abb. 69 zusammengefaßt). Man erkennt sogleich, daß die Reibung unmittelbar nach dem Beginn der Bewegung in jedem Fall niedrig war; μ betrug rund 0,1. Die Reibung fing bald darauf zu steigen an, und zwar geschah dies besonders rasch, wenn die Anzahl der einmolekularen Schichten auf dem Reiter gering war. Mikrophotographien der in der Auflage gebildeten Furche zeigten mit fortschreitendem Gleiten eine entsprechende Zunahme des Oberflächenschadens durch Aufreißen. Der Verschleiß der Reiterfläche war bei diesen Versuchen auf ein kleines Gebiet beschränkt, und es liegt auf der Hand, daß diese allmähliche Reibungszunahme und erhöhte Verletzung mit der Entfernung der schützenden Schicht von diesem Bezirk zusammenhängt. Versuche, die bei einer viel langsameren Gleitgeschwindigkeit (0,001 cm/sec) ausgeführt wurden, ergaben, daß die Abnutzung der Schicht pro cm des zurückgelegten Weges angenähert gleich groß war, wie wenn die Geschwindigkeit 1 cm/sec betrug.

Die Schmiereigenschaften monomolekularer Schichten

2. Schichten nur auf der Auflage. Wenn zwei Oberflächen unter diesen Bedingungen aufeinandergleiten, so geraten fortwährend frische Bezirke der Schmierschicht unter den vorrückenden Reiter, und infolgedessen wird während einer einzelnen Überquerung der unteren Oberfläche keine Reibungsänderung beobachtet. Wenn nur eine monomolekulare Schicht die Oberfläche schützte (Tafel XXI.a), so war der Reibungsbeiwert während des ersten Hubes niedrig ($\mu = 0,1$) und nur wenig von dem verschieden, der für eine große Anzahl von übereinanderliegenden Schichten (z. B. 53) erhalten wurde (Tafel XXI.b). Die in Tafel XXI.c abgebildete Spur wurde erzeugt, als der Reiter das erste Mal über die Auflage glitt, die dabei offensichtlich sehr wenig beschädigt wurde. Bei einer wiederholten Hin- und Herbewegung in derselben Bahn begann die Reibung bald anzusteigen und erreichte schließlich den hohen Wert, der für ungeschmierte Oberflächen charakteristisch

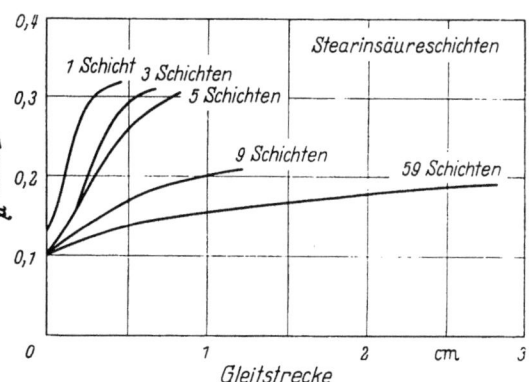

Abb. 69. Die Abnutzung von Stearinsäureschichten auf einem Reiter aus rostfreiem Stahl (Zusammenstellung der in Abb. 68 dargestellten Ergebnisse). Die dickeren Schichten sind viel verschleißfester als die dünnen

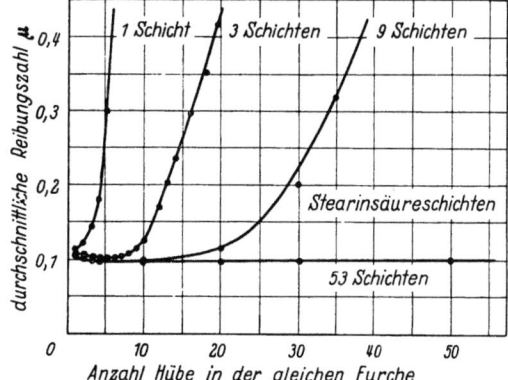

Abb. 70. Die Abnutzung von Stearinsäureschichten auf einer Gleitunterlage aus rostfreiem Stahl. Ein einmolekularer Film bewirkt die gleiche Reibungsverminderung wie eine dicke Schicht, doch wird er schneller abgenützt

ist (s. Abb. 70). Gleichzeitig nahm auch der Verschleiß zwischen den beiden Oberflächen sehr stark zu, und das Aussehen der Reibungsfurche nach 20 Durchgängen ist in Tafel XXI.e dargestellt. Es geht daraus deutlich hervor, daß die schützende Schicht infolge des wiederholten Gleitens auf der Auflage schnell abgetragen wurde, was zu einer entsprechenden Erhöhung der Reibung und der Oberflächenbeschädigung führte.

In der Gegenwart von polymolekularen Schichten wurden ähnliche Ergebnisse erhalten, doch zeigen die in Abb. 70 gegebenen Kurven,

Tafel XXI

Der Verschleiß von Fettsäureschichten auf rostfreiem Stahl. Die mono- und polymolekularen Schichten von Stearinsäure wurden nur auf die Reiterauflage niedergeschlagen

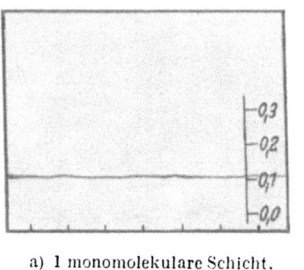

a) 1 monomolekulare Schicht, 1. Durchgang

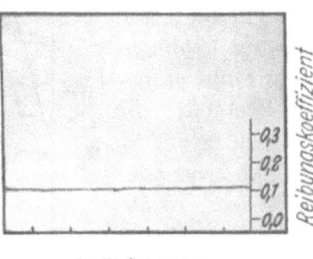

b) 53 Schichten, 1. Durchgang

c) 1 Schicht, 1. Durchgang

d) 53 Schichten, 1. Durchgang

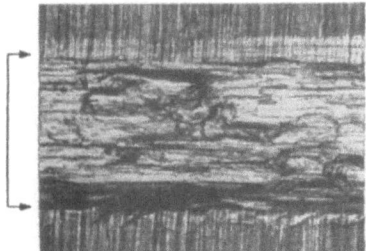

e) 1 Schicht, 20. Durchgang

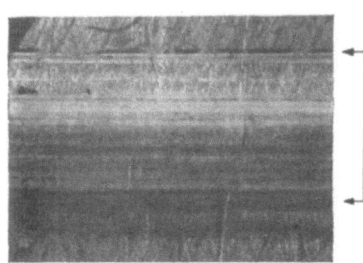

f) 53 Schichten, 100. Durchgang

daß die dickeren Lagen dauerhafter sind. Wenn die Schichten schließlich aus einer genügend großen Zahl von einmolekularen Filmen bestehen, so wird selbst nach 50 Hin- und Herbewegungen über die Unterlage noch keine Reibungszunahme beobachtet. Die Reibungszahl während des ersten Hubes auf einer Schicht von 53 Molekülllagen betrug rund 0,1 (Tafel XXI.b), und die entsprechend geringe Verletzung der Oberfläche ist aus Tafel XXI.d ersichtlich. Daraus geht hervor, daß sowohl die Reibung als auch der Verschleiß nicht sehr von den Werten verschieden sind, die beim ersten Gleiten auf einer monomolekularen Schicht erhalten wurden. Die Reibungsspur, die nach 50 Hin- und Herbewegungen in einer mit 53 Filmen geschmierten Auflage zurückblieb, ist in Tafel XXI.f illustriert, und man erkennt, daß die Oberfläche nur wenig aufgerissen war. Dieses Resultat steht in deutlichem Gegensatz zum ausgeprägten Verschleiß, der nach nur 20 Durchgängen auf der einmolekularen Schicht festgestellt werden konnte (Tafel XXI.e).

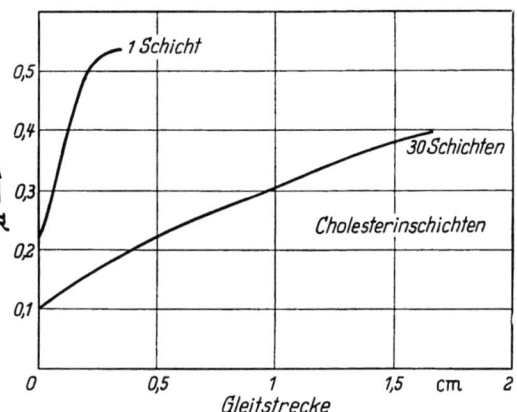

Abb. 71. Der Verschleiß von Cholesterinschichten auf einem Reiter aus rostfreiem Stahl. Diese Schichten werden rascher abgenützt als Stearinsäure (siehe Abb. 69)

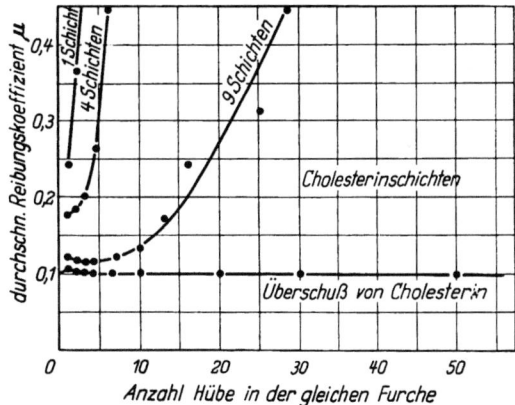

Abb. 72. Der Verschleiß von Cholesterinschichten, die eine rostfreie Stahlunterlage bedecken. Ein einmolekularer Film bewirkt eine geringere Reibungsverminderung als eine dicke Schicht, und Cholesterin ist der Stearinsäure in bezug auf Verschleißfestigkeit unterlegen (siehe Abb. 70)

Cholesterinschichten

Die oben beschriebenen Versuche wurden mit Cholesterinschichten wiederholt, und die hauptsächlichsten Reibungsergebnisse sind in den Abb. 71 und 72 aufgetragen. Man sieht, daß das Verhalten in mancher Hinsicht ähnlich ist wie bei den Stearinsäureschichten. Bedecken die

Filme nur die Oberfläche des Reiters, so wird eine schnelle Zunahme der Reibung und des Verschleißes beobachtet. Dieser Vorgang geht um so rascher vor sich, je geringer die Anzahl der einmolekularen Filme, aus denen die Schmierschicht besteht. Wenn hingegen die Auflage mit solchen Schichten versehen wurde, blieben die Reibung und der Verschleiß während eines Hubes unverändert, stiegen jedoch bei wiederholten Durchgängen an. Die Schnelligkeit, mit der die Schmierschicht abgenutzt wurde, hing wiederum von der Anzahl der Molekülagen ab, aus denen sie sich zusammensetzte.

Im Verhalten der beiden untersuchten Schmierstoffe besteht jedoch, wie man leicht erkennen wird, ein wichtiger Unterschied. Eine monomolekulare Schicht von Stearinsäure war imstande, die Reibung beinahe auf denselben Wert zu vermindern wie eine Schicht, die aus vielen Filmen aufgebaut war. Bei Cholesterin hingegen wurde für eine monomolekulare Schicht eine verhältnismäßig hohe Reibung gefunden, und der Mindestwert wurde erst erreicht, wenn mehrere einmolekulare Filme übereinander auf die Oberfläche niedergeschlagen wurden.

Die Verschleißeigenschaften von Schmierschichten

Aus den besprochenen Versuchen lassen sich drei interessante Schlußfolgerungen ziehen. Die erste lautet: Die Schnelligkeit, mit der eine Schicht abgenutzt wird, ist ziemlich unabhängig von der Gleitgeschwindigkeit, wenn diese sich in einem Bereich von etwa 0,001 bis 1 cm/sec ändert. Die gemessene Reibungszunahme wird offensichtlich in erster Linie durch die bei der Relativbewegung der Probestücke zurückgelegte Strecke bestimmt und nicht durch die Zeitdauer, während der die Flächen übereinander glitten.

Zweitens kann geschlossen werden, daß den Oberflächen mit zunehmender Dicke der Schmierschicht ein besserer Schutz gewährt wird, da die Abnutzung der dicken Schichten langsamer erfolgt. Diese Erscheinung wurde allgemein auch von andern Forschern beobachtet, insbesondere von LANGMUIR (1934) und CLAYPOOLE (1939).

Drittens fällt auf, daß Stoffe, die denselben Reibungsbeiwert geben, als Schmiermittel nicht notwendigerweise gleich wirksam sind. So zeigt ein Vergleich zwischen Abb. 72 für Cholesterinschichten und Abb. 70 für Stearinsäureschichten, daß der Schmierfilm aus Cholesterin viel schneller verbraucht wird als jener aus Stearinsäure. Unter den beschriebenen Bedingungen bildet Stearinsäure offenbar eine bessere Grenzschicht als Cholesterin. Ähnliche Unterschiede wurden auch zwischen verschiedenen Fettsäuren festgestellt. DACUS, COLEMAN und ROESS (1944) entwickelten deshalb ein spezielles Instrument, um die Schnelligkeit, mit der ein Schmierfilm während des Gleitens abgenutzt wird, zu messen. Ihre Ergebnisse zeigen, daß die Verschleißfestigkeit einmolekularer Fettsäureschichten mit der Kettenlänge der verwendeten Säureart bedeutend zunimmt.

Die minimale Schichtdicke für wirksame Schmierung

Die zu Beginn dieses Kapitels angeführten Versuche von GREGORY zeigten, daß die Schmierschicht bei der Schmierung von Kadmiumoberflächen durch Laurinsäure nur rund 1 bis 2 Moleküle dick war. Es ist natürlich schwierig, systematische Versuche über die minimale Schichtdicke für wirksame Schmierung durchzuführen, ohne eine Methode zu benützen, die den Gebrauch des LANGMUIRschen Troges einschließt, da diese Technik, wie bereits ausgeführt wurde, die beste Möglichkeit bietet, Schichten bekannter Dicke direkt niederzuschlagen. Obschon einige Anzeichen dafür vorliegen, daß die so aufgezogenen Filme weniger robust sind als an der Oberfläche adsorbierte, einmolekulare Schichten (s. Kap. X), so bestätigen die mit niedergeschlagenen Schichten erhaltenen Ergebnisse im allgemeinen die aus anderen Versuchen gezogenen Schlußfolgerungen. Die oben beschriebenen Resultate lehren beispielsweise, daß eine monomolekulare Stearinsäureschicht, die vom LANGMUIRschen Trog auf eine Stahlfläche übertragen wurde, einen beinahe so niedrigen Reibungsbeiwert hervorruft, wie wenn Stearinsäure in großen Mengen verwendet wird. Dies bestätigt direkt die frühen Beobachtungen von LANGMUIR (1920), der als erster demonstrierte, daß eine monomolekulare, auf Glasoberflächen niedergeschlagene Fettsäureschicht genügt, um den Reibungskoeffizienten für reines Glas von etwa 1,0 auf rund 0,1 herabzusetzen. Ähnliche Ergebnisse mit LANGMUIRschen Filmen wurden auch von ISEMURA (1940). HUGHES und WHITTINGHAM (1942), FREWING (1942) und andern Forschern erhalten.

In einigen Fällen ist eine monomolekulare Fettsäureschicht allerdings nicht ausreichend, um auch nur für eine einmalige Überquerung

Tabelle 31. *Schmierung von Metalloberflächen durch Schichten aus Stearinsäure und Metallstearaten, die aus dem Langmuirschen Trog aufgezogen wurden* (p_H 9.5)

Metall	Anzahl übereinanderliegender Schichten für wirksame Schmierung	
	Stearinsäure	Seife (Cu- oder Ag-stearat)
Platin	>10	7—9
Rostfreier Stahl	3	1
Silber	7	3
Nickel	3	3
Kobalt	nicht bestimmt	1
Kupfer	3	3

der Oberfläche befriedigend zu schmieren. In Tab. 31 sind die Resultate von Versuchen von GREGORY und SPINK (1947) und besonders von GREENHILL (1949) zusammengestellt. Sie beziehen sich auf Stearinsäureschichten, die durch mehrmaliges Eintauchen in den LANGMUIRschen Trog auf Metalloberflächen aufgezogen wurden.

Man erkennt, daß bei einigen Metallen schon eine Schicht aus nur einer oder drei Moleküllagen für eine gute Schmierung sorgt. Bei andern, wie beispielsweise Platin, müssen mindestens 7 molekulare Schichten aufeinanderliegen, damit eine wirksame Schmierung gewährleistet wird. Diese Ergebnisse vertragen sich gut mit den früheren Untersuchungen von BOWDEN und HUGHES (s. Kap. VII) über die Reibung von entgastem Gold, die in Abwesenheit aller Fremdschichten sehr hoch war. Sobald nur eine Spur Capronsäuredampf zur Oberfläche Zugang hatte, erfolgte eine leichte Reibungsabnahme, die mit der Zeit abgeschwächt wurde, sowie sich auf der Oberfläche eine dickere Schmierschicht bildete.

Wenn andere Stoffe als Fettsäuren oder metallische Seifen verwendet werden, so beträgt die für wirksame Schmierung nötige Schichtdicke gewöhnlich beträchtlich mehr als eine einzige Moleküllage. Wie wir oben sahen, braucht es von Cholesterin auf rostfreiem Stahl beispielsweise 9 molekulare Schichten übereinander. Ähnliche Feststellungen machte ISEMURA bei langkettigen Alkoholen und Estern, die auf Glasoberflächen niedergeschlagen worden waren.

Aus diesen Ergebnissen geht hervor, daß die Schmiereigenschaften von Grenzschichten sowohl von der Natur der Unterlage als auch vom Schmiermittel selbst abhängen. In vielen Fällen ist die erste einmolekulare Schicht des Schmierstoffs für die beobachtete Schmierwirkung verantwortlich. Dieser dünne Film ist aber gewöhnlich nicht imstande, einen ausreichenden Schutz für dauernde Hin- und Herbewegungen in derselben Bahn zu gewähren; unter solchen Umständen sollte die Oberfläche mit einer polymolekularen Schmierschicht versehen sein, damit die gewünschte Wirkung erzielt wird, und je dicker die Schicht, um so länger wird sie der Abnutzung standhalten. Den besten Schutz liefert natürlich ein Überschuß des Schmiermittels auf der ganzen Oberfläche. In einigen Fällen ist es mit einer einzigen Molekülschicht nicht möglich, auch nur für einmaliges Gleiten eine befriedigende Grenzschmierung sicherzustellen, und es braucht eine verhältnismäßig dicke Lage, damit eine gleichförmige Bewegung bei niedriger Reibung stattfindet. Solche Schichten verschleißen gewöhnlich mit verhältnismäßig großer Schnelligkeit.

HIRST, KERRIDGE und LANCASTER (1952) führten Versuche über die Wirkung von Belastung und Oberflächenbeschaffenheit auf die Grenzschmierung aus. Ihre Ergebnisse zeigen, daß eine einzige monomolekulare Schicht bei kleinen Lasten genügt, um wirksam zu schmieren, d. h. einen niedrigen Reibungswert ($\mu = 0,1$ oder weniger) und nur eine Spur von Metallübertragung zu geben. Wenn man die Last erhöht, so wird schließlich ein Stadium erreicht, in dem eine große Zunahme der Reibung und der übertragenen Metallmenge beobachtet wird. Werden rauhe Oberflächen verwendet, so macht sich diese Verschlechterung der Schmierung schon bei leichteren Lasten geltend. Diese Versuche weisen wiederum darauf hin, daß der Grad der Verformung der unter dem Film gelegenen Metallflächen während des Gleitens den primären Einfluß beim Versagen der schmierenden Grenzschicht darstellt. Diese Schlußfolgerungen decken sich somit mit jenen über die Durchbrechung der Oxydschichten.

Die Schmiereigenschaften von Silikonen und fluorierten Kohlenwasserstoffen

Im Zusammenhang mit der Grenzschmierung ist eine kurze Betrachtung der Schmiereigenschaften von Stoffen angezeigt, die wie z. B. die Silikone und die fluorierten Kohlenwasserstoffe nicht aus reinen Kohlenwasserstoffketten aufgebaut sind. Die Silikone stellen langkettige Polymeren dar, die ein dreidimensionales, aus Ketten oder Ringen aufgebautes Netzwerk von Silizium- und Sauerstoffatomen aufweisen.

$$-\text{O}-\underset{\underset{R_2}{|}}{\overset{\overset{R_1}{|}}{\text{Si}}}-\text{O}-\underset{\underset{R_2}{|}}{\overset{\overset{R_1}{|}}{\text{Si}}}-\text{O}- \qquad \begin{array}{c} R_1 \diagdown \quad \text{O} \quad \diagup R_1 \\ \quad \text{Si} \quad \text{Si} \\ R_2 \diagup \quad | \quad \quad | \quad \diagdown R_2 \\ \quad \quad \text{O} \quad \text{O} \\ \quad \quad \diagdown \text{Si} \diagup \\ \quad \quad R_1 \diagup \diagdown R_2 \end{array}$$

Diese Stoffe können je nach der Natur des Polymeren und der Länge seiner Moleküle in verschiedenen Zähigkeitsbereichen erhalten werden, und die Zähigkeit ist viel weniger temperaturabhängig als im Falle von Paraffinölen. Außerdem sind die Silikone bei einer Beanspruchung durch Hitze, Oxydation und verschiedene chemische Angriffe stabiler und auch imstande, den meisten metallischen Oberflächen einen Schutz gegen Korrosion zu bieten. Aus diesen Gründen sind die Silikone von beträchtlichem Interesse als hydrodynamische Schmierflüssigkeiten oder für hydraulische Systeme. Leider eignen sich ihre Eigenschaften schlecht für die Grenzschmierung. Dies geht deutlich aus einigen Messungen von TINGLE (1948) hervor, der die Reibung zwischen mit Silikonen geschmierten Metalloberflächen bestimmte, wobei die kinetische Zähigkeit von 20 cm²/sec (bei 20 °C) bis zu 1000 cm²/sec (bei 20 °C) variiert wurde. Der Reibungskoeffizient für geschmierte Kupferoberflächen betrug 1,4 und die Oberflächen wurden tief aufgerissen. Die Reibung war nicht merklich von der Zähigkeit des Silikonschmiermittels abhängig. Bei Stahloberflächen war die Reibung etwas geringer, $\mu = 0{,}4$ bis $0{,}8$, doch erreichte die Schmierwirkung nie diejenige eines hochraffinierten Mineralöls wie beispielsweise pharmazeutisches Paraffinöl. Nur eine einzige Silikonverbindung, die als Doppelpolymere von Dimethyl- und Diphenylsiloxan bezeichnet wurde, gab eine einigermaßen befriedigende Schmierung. Die Reibungszahl für Stahloberflächen betrug bei Zimmertemperatur rund $0{,}2$ und die Oberfläche erlitt eine geringere Verletzung. Bei 100 °C war bereits eine Verschlechterung der Schmierwirkung eingetreten, und die Reibung war größer, $\mu = 0{,}5$. Unter gewissen Umständen, wenn zum Beispiel Stahl auf Saphir gleitet, können die Silikone — wie wir in Kap. VIII sahen — sogar eine Reibungserhöhung erzeugen, indem sie die Oxydation der Oberflächen während des Gleitens hemmen.

Diese Ergebnisse lassen keinen Zweifel, daß Silikone schlechte Grenzschmiermittel sind, was auf Grund ihrer Struktur auch erwartet wird. Wie wir später sehen werden, kommt eine wirksame Schmierung nur zustande, wenn die Schmierschicht mit der Oberfläche reagieren kann, um eine fest haftende Oberflächenschicht, in der auch eine starke seitliche Adhäsion zwischen den Molekülen besteht, zu bilden. Infolge ihrer ausgeprägten chemischen Stabilität sind die Silikone nicht dazu befähigt, mit der metallischen Oberfläche zu reagieren, und außerdem sind auch die seitlich wirkenden Kohäsionskräfte zwischen den Silikonmolekülen verhältnismäßig schwach.

Es besteht allerdings die Möglichkeit, das Silikonmolekül diesen Anforderungen durch geeignete Abänderung anzupassen und mit der Fähigkeit zu versehen, sich fester an die Metallfläche zu binden, so daß eine wirksamere Schmierung erhalten werden mag. GREGORY und NEWING (1948) zeigten beispielsweise, daß die durch Hydrolyse von Alkylchlorosilikonen gebildeten Polymeren sehr gute Schmiereigenschaften auf Kupfer, Silber und anderen Metallen besitzen, während HUNTER et al. (1947) fanden, daß Dichlorsilane Glasoberflächen zufriedenstellend schmieren. Es gibt jedoch noch mehrere schwierig zu überblickende Faktoren, die vorläufig gegen den Gebrauch dieser Stoffe in der Praxis sprechen. Die Entwicklung von Silikonen, die gute Eigenschaften für die Grenzschmierung besitzen und zugleich die übrigen günstigen Merkmale behalten, stellt offenbar ein Arbeitsfeld mit beträchtlichen Aussichten auf Erfolg dar. Einer anderen Forschungsrichtung, in der schon einige Fortschritte erzielt wurden, folgend, sucht man gute Grenzschmiermittel herzustellen, die in kleinen Mengen in Silikonen gelöst werden können.

Eine zweite Gruppe neuartiger Schmierstoffe von beträchtlichem Interesse ist unter dem Namen „fluorierte Kohlenwasserstoffe" bekannt. Sie bestehen aus ähnlichen Molekülen wie die Kohlenwasserstoffe, doch wurden die meisten oder alle Wasserstoffatome durch Fluor ersetzt. Solche Verbindungen besitzen oft eine große chemische und thermische Stabilität und sind nicht entzündbar. Wir verdanken die Belieferung mit diesen Stoffen Prof. M. STACEY, der einen Hauptanteil an der Entwicklung dieser Verbindungen hatte. TINGLE untersuchte ihre Schmiereigenschaften und fand, daß sie auf Stahloberflächen im allgemeinen über einen Temperaturbereich von 20°—150 °C wirksam sind. Ein typischer fluorierter Kohlenwasserstoff mit einem durchschnittlichen Molekulargewicht, das der Formel $C_{21}F_{44}$ entspricht, gab Reibungszahlen von 0,1 bei 20 °C und 0,15 bei 100 °C. Ein typischer Chlorkohlenwasserstoff, der durch die Einwirkung von Chlor auf Äthylbenzol unter starker Ultraviolettstrahlung hergestellt wurde, gab noch bessere Resultate, wie zum Beispiel eine Reibungszahl von 0,12 auf Stahloberflächen von 20 °C und 0,05 auf solchen von 200 °C. Es ist möglich, daß die Chlorkohlenwasserstoffe bei höheren Temperaturen mit der Oberfläche reagieren, um das Metallchlorid, das ja einer guten Schmierung zuträglich ist, zu bilden (s. Kap. XI). Ob dieser Vorgang sich bei den fluorierten Kohlenwasserstoffen abspielen kann, ist zweifelhaft, da diese Moleküle wohl viel zu stabil sind. Es hat somit den Anschein, als ob den fluorierten Kohlenwasserstoffen ziemlich gute Eigenschaften für die Grenzschmierung zu eigen sind. Dies kann mit der im achten Kapitel beschriebenen Beobachtung in Zusammenhang stehen, wonach polymerisierte fluorierte Kohlenwasserstoffe, die bei Zimmertemperatur fest sind (z. B. Teflon), außergewöhnlich gute Reibungseigenschaften besitzen, indem Reibungszahlen in der Gegend von 0,05 erreicht werden. Bevor die Struktur und Zusammensetzung der fluorierten Kohlenwasserstoffe besser bekannt ist, dürfte es schwierig sein, eine vollständigere Erklärung für dieses Verhalten zu bieten. Die bisherigen Ergebnisse sprechen allerdings dafür, daß für diese Verbindungen unter Bedingungen, wo außergewöhnliche chemische Trägheit verlangt wird, viele praktische Anwendungsmöglichkeiten im Gebiet der Grenzreibung gefunden werden.

Der Einfluß von Belastung und Geschwindigkeit auf die Reibung geschmierter Oberflächen

In den zu Beginn dieses Kapitels beschriebenen Versuchen wurden die Reibungsmessungen auf Paraffinen bzw. Alkoholen und Fettsäuren bei einer konstanten Geschwindigkeit (etwa 0,01 cm/sec) und einer konstanten Last (etwa 4 kg) durchgeführt. Im folgenden werden wir deshalb untersuchen, in welcher Weise das Reibungsverhalten von der Last und der Geschwindigkeit abhängt.

Die Wirkung der Belastung

Bei diesen Reibungsmessungen variierte die Belastung von 500 bis 6000 g und genau wie bei ungeschmierten Oberflächen wurde gefunden, daß die hauptsächlichste Wirkung der Lasterhöhung darin besteht, die Reibungskraft zu vergrößern. Ist die Bewegung gleichförmig, was für Fettsäuren zutrifft, so ändert die Reibungskraft im Verhältnis zur Normalkraft, das heißt das AMONTONSsche Gesetz wird genau befolgt. Abb. 73a stellt typische Ergebnisse für Pelargonsäure auf Stahlflächen dar. Liegt eine intermittierende Bewegung vor, so wachsen die

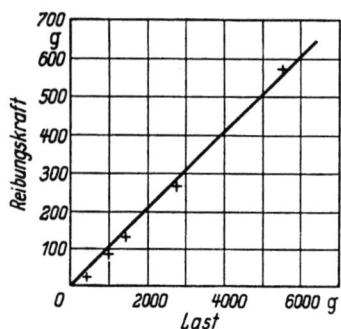 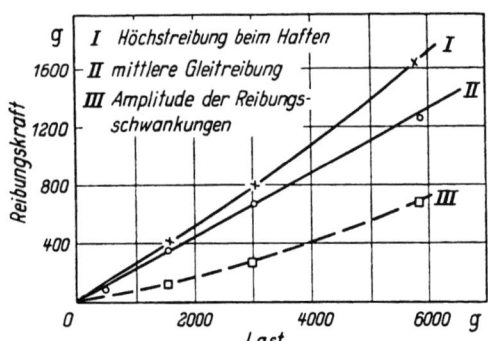

Abb. 73a. Die Wirkung der Belastung auf die Reibung von Stahloberflächen, die mit Pelargonsäure geschmiert sind. eibungskraft ist direkt der Normalkraft proportional

Abb. 73b. Die Reibung geschmierter (Decan) Stahloberflächen in Abhängigkeit der Belastung. Sowohl die Reibungskraft als auch ihre Schwankungen nehmen mit der Belastung verhältnisgleich zu

maximale Reibung, die durchschnittliche Reibung und die Amplitude der Schwankungen proportional mit der Belastung. In Abb. 73b ist ein typisches Resultat für Decan auf Stahl aufgetragen. Diese Ergebnisse zeigen also, daß eine Lasterhöhung wie bei trockenen Oberflächen dazu führt, daß der ganze Reibungsvorgang einfach in einem proportional vergrößerten Maßstab stattfindet.

Die Reibung geschmierter Oberflächen unter sehr leichter Belastung

Unter den meisten Gleitbedingungen erfolgt ein Durchstoßen der Schmierschicht, weshalb eine Untersuchung der Reibung bei sehr kleinen Normalkräften, wo die Auflockerung der Schicht vielleicht vermieden werden kann, von beträchtlichem Interesse ist, da eine Änderung des Reibungsverhaltens erwartet werden darf. Diese Versuche wurden von WHITEHEAD (1950) durchgeführt, und zwar mit dem in Kap. IV, Abb. 29, beschriebenen Gerät. Er fand, daß der Reibungsbeiwert für mit Laurinsäure geschmierte Kupferflächen unter einer Last von 10 g rund 0,1 beträgt. Auch bei 100 g stellte er denselben Wert fest und ebenso auf dem massiveren Gerät bei einer Last von 4,000 g. Das AMONTONSsche Gesetz gilt also für einen Bereich, in dem die Normalkraft um das 400fache geändert wird. Das Reibungsverhalten wechselt jedoch bei Lasten unterhalb 10 g, und es tritt eine deutliche Abweichung von der erwähnten Regel auf. Die Reibungszahl nimmt dauernd zu, sowie die Normalkraft vermindert wird, und bei einem Gewicht von 0,01 g erhält man $\mu = 0,5$ für Laurinsäure, während μ für Octacosansäure die Zahl 0,8 erreicht (s. Abb. 74). Wie Abb. 57 zu entnehmen war, liegt der Reibungsbeiwert für ungeschmierte Oberflächen bei diesen Lasten in der Gegend von 0,4, so daß die Reibung der mit Octacosansäure geschmierten Oberflächen sogar höher ist als für die ungeschmierten Probestücke. Dieses außergewöhnliche Verhalten beruht wahrscheinlich darauf, daß die Schmierschicht bei der geringen Deformation der Oberflächen unter diesen kleinen Lasten nicht durchbrochen wird (s. Kap. X), weshalb wir die Wechselwirkung zwischen zwei Kohlenwasserstoffschichten messen. Für Lasten über 10 g ist das Reibungsverhalten jedoch von der Belastung unabhängig, und das AMONTONSsche Gesetz ist durchgehend gültig.

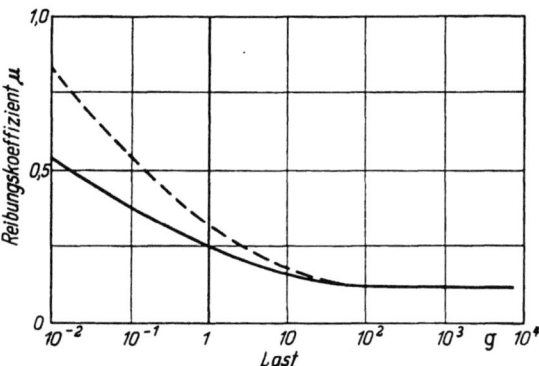

Abb. 74. Die Lastabhängigkeit der Reibung von Kupferoberflächen, die mit Fettsäuren geschmiert wurden. Ausgezogene Kurve: Laurinsäure; gestrichelte Kurve: Octacosansäure. Das AMONTONSsche Gesetz wird bei Lasten von mehr als 10 g befolgt; bei leichterer Belastung steigt der Reibungsbeiwert mit abnehmender Last an. Für eine Normalkraft von 10^{-3} g ist die Reibung der geschmierten Oberflächen ($\mu > 0,5$) sogar höher als für trockenes Kupfer ($\mu = 0,4$; siehe Abb. 57)

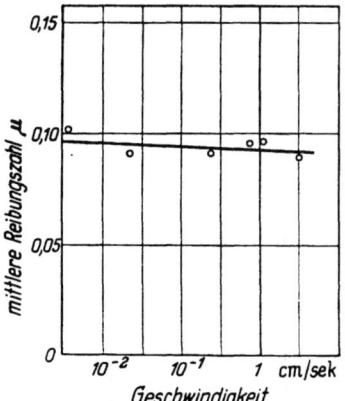

Abb. 75. Die Reibung von Stahloberflächen, die mit Pelargonsäure geschmiert sind, ist sozusagen unabhängig von der Gleitgeschwindigkeit

Die Wirkung der Geschwindigkeit

Liegt eine stoßfreie, gleichförmige Bewegung vor, so zeigt die Reibung kaum eine Änderung, wenn die Geschwindigkeit zwischen 0,001 und 2 cm/sec variiert. Typische Ergebnisse für Pelargonsäure auf Stahl sind in Abb. 75 aufgetragen.

Ein anderes Verhalten macht sich geltend, wenn die Gleitbewegung ruckartig ist, wie beispielsweise bei der Schmierung von Stahl mit Decan (Abb. 76). Die statische Reibung für die Haftstellen nimmt mit wachsender Geschwindigkeit verhältnismäßig rasch ab, während sich die durchschnittliche Reibung während des Rutsches allmählicher verringert. Infolgedessen nähert sich die Reibung bei der Adhäsion der durchschnittlichen Gleitreibung, und die Amplitude der Schwankungen wird entsprechend kleiner. Dieses Ergebnis verträgt sich mit der Diskussion im fünften Kapitel über die intermittierende Bewegung; wenn die Gleitgeschwindigkeit zunimmt, so unterscheiden sich die Vorgänge während der Haftperiode immer weniger von jenen, die beim Rutschen stattfinden, so daß die Schwankungen stetig abnehmen. Die Umkehrung dieser Aussage trifft gleichfalls zu. Wenn die Reibung für Geschwindigkeitsänderungen nur wenig empfindlich ist, wie in Abb. 75, so wird das Gleiten immer gleichförmig sein. Ist die Geschwindigkeitscharakteristik hingegen stark fallend, so kann die Bewegung intermittierend werden, wenn die bewegten Teile geeignete elastische Konstanten aufweisen (BRISTOW, 1942). Die Tatsache, daß die unterbrochene Bewegung auch mit geschmierten Oberflächen vorkommen kann, erlangt bei vielen praktischen Operationen, wo die Vermeidung von Schwingungen unerläßlich ist, eine große Wichtigkeit. Die Versuche zeigen, daß Schmierstoffe, die Fettsäuren enthalten, viel eher ein stoßfreies Gleiten ermöglichen als solche, die nur aus Paraffinen oder Alkoholen bestehen.

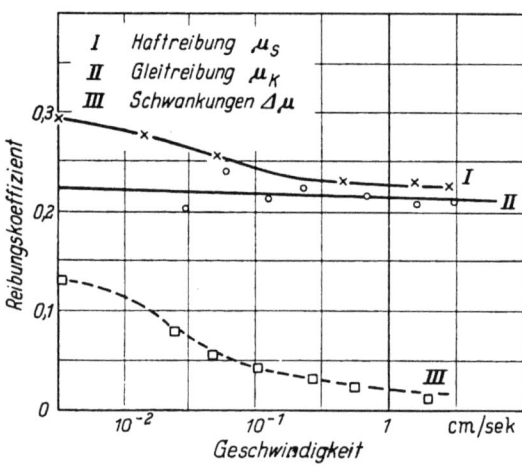

Abb. 76. Der Geschwindigkeitseinfluß auf die Reibung von Stahloberflächen, die mit Decan geschmiert sind (intermittierende Bewegung). Die Reibung während der Haftperiode fällt mit zunehmender Durchschnitts-Geschwindigkeit und nähert sich der kinetischen Reibung für die Rutschintervalle

Bei geschmierten Oberflächen ist allerdings noch eine zusätzliche Erscheinung zu berücksichtigen. Sie bewirkt, daß die intermittierende Bewegung viel allgemeiner auftritt, als es im ersten Augenblick den Anschein hat. Die Bewegung während des Rutsches erfolgt gewöhnlich ziemlich schnell, so daß die Ölschicht zwischen die Gleitflächen gezogen wird und so, mindestens teilweise, für hydrodynamische Schmierung sorgen kann. Die Reibungskraft mag unter diesen Umständen beträchtlich kleiner sein als bei geringeren Geschwindigkeiten, wo Verhältnisse überwiegen, die der Grenzschmierung entsprechen. Somit kann eine verhältnismäßig rasche Änderung der Reibung mit der Geschwindigkeit erfolgen, die das Einsetzen der unterbrochenen Bewegung erleichtert. Im Gegensatz zur „reinen" Grenzschmierung hängt das Zustandekommen einer quasihydrodynamischen Schmierung der beschriebenen Art von der Zähigkeit der Schmierschicht, der Ausdehnung der übereinandergleitenden Flächen sowie von der Oberflächenbeschaffenheit ab[1]. Wie wir im folgenden Kapitel ausführen werden, kann die Zähigkeit des Schmierfilms zwischen den Gleitflächen mit der gewöhnlich gemessenen Zähigkeit des Schmiermittels wenig gemeinsam haben und auch sehr weitgehend durch das große Schergefälle sowie durch die vorübergehend hohen Temperaturen beeinflußt werden. Ferner werden sowohl die Ausdehnung des Gebietes, in dem sich die hydrodynamische Schmierschicht auswirken kann, als auch die Oberflächenbeschaffenheit von den einzelnen Verschleißvorgängen während der Gleitbewegung abhängen. Es folgt daraus, daß die Bedingungen, die das Eintreten der Flüssigkeitsschmierung begünstigen, quantitativ sehr schwierig abzuschätzen sind, da insgesamt recht undurchsichtige Verhältnisse vorliegen[2]. Es dürfte deshalb nicht leicht sein, allgemein gültige Regeln über die zu erwartende Art der Bewegung zwischen geschmierten Metalloberflächen aufzustellen.

Die angeführten Beobachtungen lassen deutlich erkennen, daß der Reibungsbeiwert im Gebiet der Grenzschmierung von der Belastung in einem sehr weiten Bereich nicht merklich abhängt, d. h. das AMONTONSsche Gesetz wird ziemlich genau befolgt. Nur wenn die Normallast sehr leicht ist, können Abweichungen von dieser Regel festgestellt werden. Die Wirkung der Geschwindigkeit ist verwickelter. Bei Fettsäuren variiert die Reibungszahl mit der Geschwindigkeit nicht merklich, sofern diese nicht genügend hoch liegt, um hydrodynamische Schmierung herbeizuführen. Bei paraffinen Kohlenwasserstoffen und Alkoholen nimmt die Reibung mit wachsender Geschwindigkeit ab, um bei höheren Gleitgeschwindigkeiten einen ziemlich gleichbleibenden Wert zu erreichen. Die fallende Charakteristik dieser Stoffe läßt darauf schließen, daß eine intermittierende Bewegung vorliegen mag.

---

[1] Nach BEECK, GIVENS und SMITH (1940) wird die quasihydrodynamische Schmierung auch durch die Gegenwart polarer Stoffe im Schmiermittel begünstigt. Dieser Gesichtspunkt wird im nächsten Kapitel diskutiert werden.

[2] Eine interessante Diskussion dieser und anderer Faktoren wurde von FORRESTER (1946) gegeben.

Die allgemeinen Bedingungen für unterbrochene Bewegung in Anwesenheit von Grenzschichten sind nicht ohne weiteres zu überblicken, und eine Voraussage über den zu erwartenden Reibvorgang wird auf beträchtliche Schwierigkeiten stoßen.

Schrifttum

BEECK, O., J. W. GIVENS and A. E. SMITH (1940), Proc. Roy. Soc. A **177**. 90.
BIKERMAN, J. J. (1939), ebda. A. **170**, 130.
BLOK, H. (1946), VIth Int. Cong. Appl. Mechanics, Paris.
BOWDEN, F. P., and L. LEBEN (1939), Phil. Trans. A **239**, 1.
BRISTOW, J. R. (1942), Nature, **149**, 169.
CLAYPOOLE, W. (1939), Trans. Amer. Soc. Mech. Eng. **61**, 323.
DACUS, E. N., E. F. COLEMAN and L. C. ROESS (1944), J. Appl. Phys. **15**, 813.
EVERETT, H. A. (1937), S. A. E. Journ, **41**, 531.
FOGG, A. (1945), Engineering, **159**, 138.
FORRESTER, P. G. (1946), Proc. Roy. Soc. A **187**, 439.
FREWING, J. J. (1942), ebda. A **181**, 23.
GREENHILL, E. B. (1949), Trans. Faraday Soc. **45**, 631.
GREGORY, J. N. (1943), C. S. I. R. (Australia) Tribophysics Division Report A 74.
GREGORY, J. N., and M. NEWING (1948), Aust. J. Sci. Research A **1**, 85. See also M. NEWING (1949), Dissertation, Cambridge.
GREGORY, J. N., and J. A. SPINK (1947), Nature, **159**, 403.
HARDY, Sir W. B. (1936), Collected Works, Camb. Univ. Press.
HERSEY, M. D. (1938), Theory of Lubrication. John Wiley and Sons Inc., New York.
HUGHES, T. P., and G. WHITTINGHAM (1942), Trans. Faraday Soc. **38**, 9.
HUNTER, M. J., M. S. GORDON, A. J. BARRY, J. F. HYDE and R. D. HEIDENREICH (1947), Ind. Eng. Chem. **39**, 1389.
HIRST, W., M. KERRIDGE, and J. K. LANCASTER (1952), Proc. Roy. Soc. A **212**, 516.
ISEMURA, T. (1940), Bull. Chem. Soc. Japan, **15**, 467.
KENYON, H. F. (1946), persönliche Mitteilung.
LANGMUIR, I. (1920), Trans. Faraday Soc. **15**, 62.
LANGMUIR, I. (1934), J. Franklin Inst. **218**, 143.
RABINOWICZ, E., and D. TABOR (1951), Proc. Roy. Soc. A **208**, 455.
REYNOLDS, O. (1886), Phil. Trans. Roy. Soc. **177**, 157.
SOUTHCOMBE, J. E., and H. M. WELLS (1920), J. Soc. Chem. Ind. **39**, 51 T. Siehe auch „Discussion on Lubrication" (1920) Proc. Phys. Soc. London, 32, 1 s, und besonders den Beitrag von R. M. DEELEY.
TABOR, D. (1940), Nature, **145**, 308.
TABOR, D. (1941), ebda. **147**, 609.
TINGLE, E. D. (1948), Dissertation, Cambridge.
WHITEHEAD, J. R. (1950), Proc. Roy. Soc. A. **201**, 109.

Tagungsbericht

‚Physics of Lubrication' (1951), Brit. J. Appl. Phys. Suppl. No. 1.

X. Der Mechanismus der Grenzschmierung

Die Bedeutung des chemischen Angriffs

Es wurde bereits angedeutet, daß die Eigenschaften eines Schmiermittels, wenn es als Grenzschicht zur Anwendung gelangt, sowohl von der Natur der metallischen Oberflächen als auch von der Zusammensetzung des Schmierstoffs selbst abhängen. Dennoch liegen bisher wenige Arbeiten vor, in denen die Wirkung der metallischen Unterlage bei der Grenzschmierung zielbewußt verfolgt wurde. HARDY (1936) unternahm einige Vergleichsmessungen über den statischen Reibungsbeiwert μ_s auf Stahl- bzw. Glas- und Wismutoberflächen und fand bei der Schmierung durch einen gegebenen Kohlenwasserstoff bzw. Fettsäure oder Alkohol folgende Rangordnung: μ_s für Glas $>\mu_s$ für Stahl $>\mu_s$ für Wismut.

Ähnliche Versuche auf Stahl, Glas und Silber wurden von SAMESHIMA beschrieben (1940), wobei er feststellte, daß Glas durch Fettsäuren und Alkohole schlecht, Stahl hingegen gut geschmiert wurde, während das Verhalten von Silber in dieser Gruppe eine Zwischenstellung einnahm.

Eine systematischere Untersuchung stammt von HUGHES und WHITTINGHAM (1942), wobei die Schmiereigenschaften und Übergangstemperaturen von Stearinsäure und einem handelsüblichen Öl auf verschiedenen metallischen Oberflächen bestimmt wurden. In allen Experimenten verwendeten diese Forscher einen Reiter aus demselben Metall (Stahl), was eine ernsthafte Unsicherheit in der Deutung ihrer Ergebnisse zur Folge hatte.

Es ist zweifellos befriedigender, bei solchen Versuchen für die untere und die obere Gleitfläche die gleichen Metalle zu benutzen. Eine Untersuchung dieser Art wurde auf dem im fünften Kapitel beschriebenen, großen Reibungsgerät durchgeführt (GREGORY, 1943; BOWDEN, GREGORY und TABOR, 1945). Die angewandte Last betrug rund 4 kg und die Gleitgeschwindigkeit etwa 0,01 cm/sec. Eine reine Fettsäure (Laurinsäure) diente als Schmiermittel und wurde als dünne Schicht auf die Metallflächen gestrichen. In einigen Versuchen wurde sie rein und in geschmolzenem Zustand verwendet, in anderen Fällen als verdünnte Lösung in Paraffinöl.

Die Resultate zeigen, daß die Schmiereigenschaften der Fettsäure sehr ausgeprägt von der Natur des Metalls abhängen. Eines der verblüffendsten Ergebnisse besteht darin, daß die Fettsäure als Grenzschicht auf nichtaktiven Oberflächen wie Nickel, Chrom, Platin, Silber und Glas kaum wirksamer schmiert als das reine Paraffinöl. Die erhaltenen Reibungszahlen sind in Tab. 32a zusammengestellt. Diese lehrt, daß die Laurinsäure auf den erwähnten Metallen keine nennenswerte Schmierwirkung erzielt.

Eine gute Schmierung erhielt man hingegen, wenn reine Laurinsäure in verhältnismäßig dicker Schicht bei Temperaturen unterhalb ihres Schmelzpunktes angewandt wurde. Die Reibungszahl lag etwa bei 0,1, doch sobald die Schicht geschmolzen war, stieg die Reibung auf die in Tab. 32a, Kolonne 5, gegebenen, verhältnismäßig hohen Werte. Die Laurinsäure ist unter diesen Umständen als Grenzschicht kaum besser als ein fester langkettiger Paraffinkohlenwasserstoff.

Im Gegensatz dazu zeigen die Ergebnisse für die aktiven Metalle, daß mit einer einprozentigen Lösung von Laurinsäure in Paraffinöl eine sehr wirksame Schmierung erzielt werden kann (Tab. 32b).

Diese Resultate führten zum Studium des chemischen Reaktionsvermögens verschiedener Oberflächen mit Fettsäuren durch GREGORY, wobei genormte Bedingungen eingehalten wurden. Die mit Laurinsäure bedeckten Metallproben wurden bis auf 150 °C erwärmt und es zeigte

Tabelle 32a

Oberflächen	Reibungskoeffizient			
	sauber	Paraffinöl, Raumtemp.	1% Laurinsäure in Paraffinöl, R.temp.	reine Laurins., gerade über dem S.P.
Nickel . . .	0,7	0,3*	0,28*	0,26
Chrom . . .	0,4	0,3*	0,3*	0,25
Platin . . .	1,2	0,28*	0,25*	0,28
Silber . . .	1,4	0,8*	0,7*	0,7
Glas	0,9	...	0,4*	0,6

* intermittierende Bewegung

Tabelle 32b

Oberflächen	Reibungskoeffizient		
	sauber	Paraffinöl, Raumtemp.	1% Laurinsäure in Paraffinöl, R.temp.
Kupfer . .	1,4	0,3*	0,08
Kadmium .	0,5	0,45*	0,05
Zink	0,6	0,2*	0,04
Magnesium .	0,6	0,5*	0,08
Eisen . . .	1,0	0,3*	0,2 unregelm.
Aluminium .	1,4	0,7*	0,3*

* intermittierende Bewegung

sich sogleich, daß die untersuchten Metalle in zwei deutlich verschiedene Klassen fallen: a) Metalle, bei denen ein chemischer Angriff ausbleibt oder sehr gering ist (Magnesium, Eisen, Silber, Aluminium, Nickel, Chrom und das Nichtmetall Glas) und b) Metalle, die chemisch stark angegriffen werden (Kupfer, Kadmium, Zink).

Aus Tab. 33 ist ersichtlich, daß ein Vergleich zwischen der chemischen Reaktionsfähigkeit und den Schmiereigenschaften eine auffallende Korrelation ergibt.

Tabelle 33. *Wirksamkeit der Schmierung mit 1% Laurinsäure in Paraffinöl, verglichen mit der Reaktionsfähigkeit des Metalls gegenüber Laurinsäure*

Metall	Reibungszahl (20 °C)	Übergangstemp. °C	% Säure* an der Reaktion beteiligt	Wesen der Gleitbewegung bei 20 °C
Zink	0,04	94	10,0	gleichförm.
Kadmium .	0,05	103	9,3	,,
Kupfer . .	0,08	97	4,6	,,
Magnesium .	0,08	80	Spur	,,
Platin . . .	0,25	20	0	intermittier.
Nickel . . .	0,28	20	0	,,
Aluminium .	0,30	20	0	,,
Chrom . . .	0,34	20	Spur	,,
Glas	0,3—0,4	20	0	{ intermittier. (unregelm.)
Silber . . .	0,55	20	0	{ intermittier. (ausgeprägt)

* An der Reaktion beteiligte Säuremenge, unter der Annahme der Bildung eines normalen Salzes abgeschätzt

Die Schmiereigenschaften von Grenzschichten aus Fettsäuren werden, wie aus diesen Ergebnissen deutlich hervorgeht, durch die Natur der metallischen Oberflächen tiefgreifend beeinflußt. Jene Metalle, die von der Fettsäure am leichtesten angegriffen werden, erfahren auch die wirksamste Schmierung. Andererseits werden nichtaktive Metalle (und Glas) schlecht geschmiert und geben eine intermittierende Bewegung mit verhältnismäßig hoher Reibung. Es wird hier nicht behauptet, es bestehe eine quantitative Beziehung zwischen dem Umfang der chemischen Reaktion und dem Reibungsbeiwert; aber passive Metalle werden durch Fettsäurelösungen offensichtlich nicht gut geschmiert, während für die aktiven Metalle im allgemeinen das Gegenteil zutrifft. Die weniger aktiven Metalle wie Aluminium (und Eisen), die durch eine einprozentige Lösung von Fettsäure nicht geschmiert werden, erhalten eine gute Schmierung durch eine konzentrierte Lösung. Alle diese Ergebnisse sprechen sehr dafür, daß *die Schmierung unter diesen Gleit-*

bedingungen nicht durch die Fettsäure selbst bewirkt wird, sondern durch die metallische Seife, die infolge der chemischen Reaktion zwischen der Fettsäure und dem Metall gebildet wird.

Man wird in dieser Auffassung durch eine Untersuchung des Temperatureinflusses auf das Versagen der Schmierschichten bestärkt. Wie im letzten Kapitel erwähnt wurde, hören die Kohlenwasserstoffschichten bei ihren Schmelzpunkten auf, wirksam zu schmieren. Bei Fettsäuren auf aktiven Metallen findet das Versagen der Schmierung hingegen nicht bei der Temperatur, bei der die Fettsäuren schmelzen, statt, sondern bei beträchtlich höheren Temperaturen. Abb. 77 illustriert diese Erscheinung für eine Reihe von Fettsäuren auf Stahloberflächen, und man erkennt, daß das Versagen bei 50 °C bis 70 °C oberhalb des Schmelzpunktes eintritt (TABOR, 1941). Der eigentliche Wert dieser Übergangstemperatur hängt von der Art des Metalls und von der Belastung und der Gleitgeschwindigkeit ab, doch entspricht er,

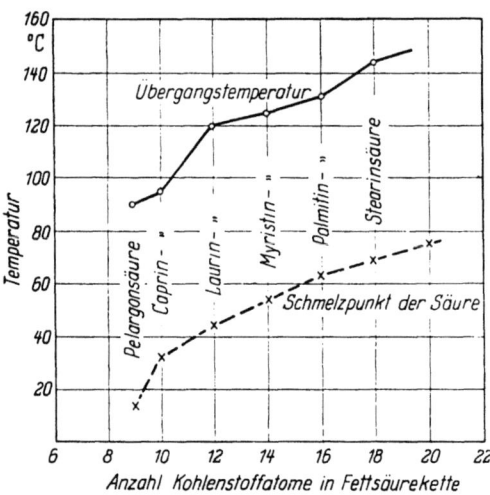

Abb. 77. Übergangstemperatur für die Reibung von mit Fettsäuren geschmierten Stahlflächen in Abhängigkeit der Kettenlänge der Moleküle. Die Schmierung versagt bei einer beträchtlich über dem Schmelzpunkt der betreffenden Fettsäure gelegenen Temperatur (TABOR, 1941)

wie wir unten zeigen werden, näherungsweise dem Stadium, in dem die durch chemische Reaktion gebildete metallische Seifenschicht erweicht oder schmilzt. Dies läßt sich demonstrieren, indem die Schmiereigenschaften einer Fettsäure ($C_nH_{2n+1}COOH$) mit jenen der entsprechenden Metallseife ($C_nH_{2n+1}COOM$) verglichen werden.

Die Schmiereigenschaften metallischer Seifen

a) **Laurinsäure und Metallaurate.** Die für Laurinsäure ($C_{11}H_{21}COOH$, S. P. 44 °C) und Kupferlaurat ($[C_{11}H_{21}COO]_2Cu$, erweicht bei rund 100 °C) erhaltenen Ergebnissen sind in Tab. 34 zusammengefaßt. Man sieht, daß sich die Laurinsäure auf Kupfer gleich verhält wie das Kupferlaurat, und bei der Seife spielt es keine Rolle, ob sie auf Kupfer oder Platin abgeschieden wurde. Ferner liegt die Temperatur, bei der die Schmierung versagt, sehr nahe beim Erweichungspunkt der Seife.

Tabelle 34

Oberflächen	Schmiermittel	Reibungszahl bei 20 °C	Temperatur des Versagens, °C
Kupfer	1% Laurinsäure in Paraffinöl	0,08	100
Kupfer	Aufstrich von Kupferlaurat	0,08	100
Platin	Aufstrich von Kupferlaurat	0,10	100
Zink	1% Laurinsäure	0,05	130
Zink	Aufstrich von Zinklaurat	0,05	120
Platin	Aufstrich von Zinklaurat	0,10	130
Magnesium ..	1% Laurinsäure	0,12	150
Magnesium ..	Aufstrich von Mg-laurat	0,12	150
Platin	Aufstrich von Mg-laurat	0,12	160

Die Bewegung war in allen Fällen gleichförmig

In der erwähnten Tabelle sind auch Ergebnisse für Zinklaurat ($[C_{11}H_{21}COO]_2Zn$, erweicht bei etwa 120 °C) und für Laurinsäure auf Zink angeführt. Ihr Verhalten ist ähnlich und auch die gegebenen Resultate für Magnesium bestätigen die gewonnene Auffassung.

b) **Stearinsäure und Metallstearate.** Die mit Stearinsäure ($C_{17}H_{35}COOH$, S. P. 69 °C) für Kupfer- und Kadmiumflächen erhaltenen Ergebnisse sind in Tab. 35 zusammengestellt. Zum Vergleich sind ferner

Tabelle 35

Oberflächen	Schmiermittel	Reibungszahl bei 20 °C	Temperatur des Versagens, °C
Kupfer	1% Stearinsäure	0,08	90
Kupfer	Aufstrich von Kupferstearat	0,08	94
Platin	Aufstrich von Kupferstearat	0,1	110
Kadmium ...	1% Stearinsäure	0,05	130
Kadmium ...	Kadmiumstearat	0,04	140
Platin	Kadmiumstearat	0,08	140
Stahl	Aufstrich von Natriumstearat	0,1	280

Resultate für die entsprechenden Metallseifen aufgeführt und dazu die Werte für Natriumstearat ($C_{17}H_{35}COONa$, erweicht bei ungefähr 260 °C) auf Stahl. Im letzten Fall wird die Schmierung, wie zu erwarten ist, bis zu rund 280 °C aufrechterhalten.

c) **Cetylmercaptan und entsprechende Kupfer- und Kadmiumverbindungen.** Die Schmiereigenschaften von Cetylmercaptan ($CH_3[CH_2]_{14}CH_2SH$, S. P. 15 °C) auf Kupfer und Cadmium wurden mit jenen von Kupfercetylmercaptid ($[C_{15}H_{31}CH_2S]_2Cu$, erweicht bei rund 115 °C) und Kadmiumcetylmercaptid ($[C_{15}H_{31}CH_2S]_2Cd$, erweicht bei ca. 120 °C) verglichen, wobei letztere auf eine nicht aktive Oberfläche wie z. B. Platin angewandt wurden. Diese Ergebnisse sind in Tab. 36 enthalten. Cetylmercaptan ist keine Fettsäure, doch reagiert es mit Metallen, um Verbindungen zu bilden, die den metallischen Seifen analog

Tabelle 36

Oberflächen	Schmiermittel	Reibungszahl bei 20°C	Temperatur des Versagens, °C
Kupfer	1% Cetylmercaptan in Paraffinöl	0,1	130
Platin	Aufstrich von Kupfercetylmercaptid	0,1	100
Kadmium ...	1% Cetylmercaptan in Paraffinöl	0,1	140
Platin	Aufstrich von Kadmiumcetylmercaptid	0,1	100

sind. Dieser Stoff wird gewöhnlich als Hochdruckschmiermittel angesehen (siehe nächstes Kapitel), doch sollen die hier gegebenen Reibungswerte die Bedeutung des Erweichungspunktes der durch chemische Reaktion gebildeten Schicht illustrieren.

Die Schmierung versagt bei der Kupferverbindung, wie man sieht, bei nahezu der gleichen Temperatur wie wenn Cetylmercaptan auf der Kupferoberfläche liegt, und dasselbe läßt sich auch im Falle von Kadmium feststellen. Die Übergangstemperaturen entsprechen ungefähr der Erweichung der betreffenden metallischen Verbindungen.

d) **α-mercapto-Palmitinsäure und Kadmiumverbindung.** Diese Säure ist analog zu einer Fettsäure aufgebaut ($CH_3-[CH_2]_{13}-HCSH-COOH$, S. P. 71 °C) und reagiert mit Kadmium zum Palmitat ($[C_{14}H_{29}HCSH \cdot COO]_2Cd$), das einen Erweichungspunkt von rund 140 °C besitzt. Die Ergebnisse für diese beiden organischen Verbindungen finden sich in Tab. 37.

Tabelle 37

Oberflächen	Schmiermittel	Reibungszahl bei 20°C	Temperatur des Versagens, °C
Kadmium ...	1% Mercapto-Palmitinsäure in Paraffinöl	0,08	140
Kadmium ...	1% Kadmiummercaptopalmitat in Paraffinöl	0,08	145
Platin	Aufstrich von Kadmiummercaptopalmitat	0,1	140

In allen Fällen gleichförmiges, stoßfreies Gleiten

Die Metallverbindung zeigt auf Kadmium und Platin das gleiche Reibungsverhalten, das sich kaum von jenem der Säure unterscheidet, wenn diese auf Kadmiumflächen gestrichen wird. Somit entspricht die Temperatur beim Versagen wiederum der Erweichung der Kadmiumverbindung.

e) **Metallseifen in der Gegenwart von Paraffinöl.** Die bereits beschriebenen Ergebnisse deuten an, daß metallische Seifen und analoge organo-metallische Verbindungen Metalloberflächen so lange schmieren,

Die Bedeutung des chemischen Angriffs

bis die Schichten weich zu werden beginnen. Wenn zwischen der Seife und der Metalloberfläche jedoch eine verhältnismäßig schwache Bindung besteht, so kann die Seife die Oberfläche im Beisein von überschüssigem Paraffinöl bei einer ziemlich niedrigen Temperatur verlassen, und zwar infolge ihrer größeren Löslichkeit in der obenaufliegenden Ölschicht. Die Schmierschicht erfüllt dann ihre Aufgabe schon bei einer unter dem Erweichungspunkt gelegenen Temperatur nicht mehr. Dies geht aus den Werten von Tab. 38 deutlich hervor.

Tabelle 38

Oberflächen	Schmiermittel	Reibungszahl bei 20° C	Temperatur des Versagens, °C
Platin	Aufstrich von Kadmiummercaptopalmitat	0,1	140
,, ...	Aufstrich von Kadmiummercaptopalmitat, mit Paraffinöl bedeckt	0,1	50
,, ...	Aufstrich von Kupfermercaptopalmitat	0,1	180
,, ...	Aufstrich von Kupfermercaptopalmitat, mit Paraffinöl bedeckt	0,1	50
,, ...	Aufstrich von Kupferlaurat	0,1	100
,, ...	Kupferlaurat in Paraffinöl	0,1	60

Gleichförmige Gleitbewegung

f) **Der physikalische Zustand der Seifenschicht.** Einige lohnende Versuche wurden über verhältnismäßig dicke Schichten von auf Stahloberflächen niedergeschlagenem Natriumstearat durchgeführt. Wenn die Seifenschicht nämlich in einer wäßrigen Lösung als feuchte Masse aufgestrichen wurde, so erfolgte das Versagen schon bei rund 100 °C. Dies beruht anscheinend auf dem Aussieden des überschüssigen Wassers, wodurch die Schmierschicht aufgelockert wird. Wenn die Seife jedoch in einer Ätherlösung, die man durch Verdunsten austrocknen läßt, angewandt wird, so bleibt die Schmierfähigkeit bis 280 °C erhalten, und dies entspricht ziemlich genau der Temperatur, bei der das Natriumstearat merklich erweicht (PEART und TABOR, 1944).

g) **Durch chemischen Angriff gebildete oder mechanisch aufgetragene Seifenschichten.** Wir haben bereits gesehen, daß Filme von Metallseifen, die auf feste Oberflächen aufgestrichen wurden, sogar auf nichtaktiven Metallen wie Platin (oder auch Glas) eine gute Schmierung bewirken. Sie geben ein gleichförmiges Gleiten und eine niedrige Reibung, und unter geeigneten Bedingungen versagen sie erst, wenn sie infolge einer entsprechend hohen Temperatur weich werden. In einigen Fällen kann schon eine einmolekulare Seifenschicht für gute Schmierung sorgen. Eine einzelne Lage von Kadmiumstearatmolekeln genügt beispielsweise, um Glas- und Stahloberflächen zu schmieren.

Es besteht allerdings ein deutlicher Unterschied zwischen Seifenschichten, die durch Reaktion zwischen der Fettsäure und dem Metall direkt auf der Oberfläche erzeugt wurden, und solchen, die auf irgendeine andere Weise auf die Metalloberfläche gebracht wurden. Der durch chemische Reaktion *in situ* gebildete Seifenfilm ist in der Regel fest mit dem Metall verbunden. Selbst wenn er mit überschüssigem Paraffinöl

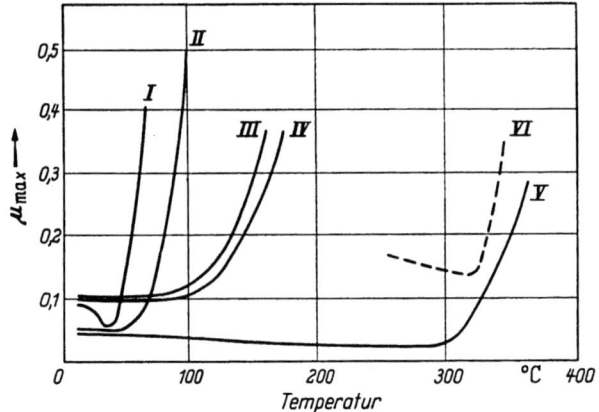

Abb. 78. Die Wirkung der Temperatur auf die Reibung geschmierter Oberflächen. *I*: Festes Docosan (S.P. 44 °C) auf Platin, *II*: Feste Stearinsäure (S.P. 69 °C) auf Platin, *III*: Festes Kupferlaurat (erweicht bei 110 °C) auf Platin, *IV*: 1% Laurinsäure in Paraffinöl auf Kupfer, *V*: „Trockene" Schicht von Natriumstearat (erweicht bei 280 °C) auf Stahl, *VI*: Dünne Bleischicht (S. P. 327 °C) auf hartem Stahl. In allen Fällen geht die Schmierwirkung beim Schmelzen oder Erweichen der Schicht verloren

bedeckt ist, wird er im allgemeinen bis zu seiner Erweichung eine gute Schmierung gewährleisten. Bei Seifenschichten, die in der Gegenwart von überschüssigem Paraffinöl auf Metalloberflächen abgeschieden wurden, kann das Versagen infolge der erhöhten Löslichkeit der Seife in der obenaufliegenden Flüssigkeitsschicht und der schwachen Bindung an die Oberfläche schon bei niedrigeren Temperaturen stattfinden. Ferner kann, wie bereits festgestellt wurde, auch die physikalische Beschaffenheit der Seifenschicht eine tiefgreifende Wirkung auf ihre Schmiereigenschaften haben.

Diese Ergebnisse zeigen, daß zwischen den Schmiereigenschaften langkettiger Kohlenwasserstoffe, Alkohole, Fettsäuren und Metallseifen und dem Reibungsverhalten dünner Schichten weicher Metalle auf harten Metallunterlagen eine allgemeine Ähnlichkeit besteht. Solange die Schmierschicht eine ausreichende Dicke aufweist, um eine nennenswerte Berührung zwischen den reibenden Oberflächen zu verhindern, ist die Reibung niedrig, und die Schmierqualitäten werden aufrechterhalten, bis der Schmelzpunkt der Schutzschicht erreicht ist. In diesem Augenblick versagt die Schmierung. Diese Parallelen kommen in Abb. 78 zum Ausdruck, wo man erkennt, daß Docosan (S. P. 44 °C) und Stearinsäure (S. P. 69 °C) Platinoberflächen schmieren, bis das Schmelzen einsetzt; eine dünne Bleischicht (S. P. 327 °C) „schmiert" Stahl, bis der Schmelzpunkt des Bleis erreicht ist, und Natriumstearat hält die Reibung von Stahl niedrig, bis die Seife weich wird und ebenfalls schmilzt (bei rund 300 °C). Schließlich schmiert Laurinsäure in Paraffinöl eine Kupferfläche, bis bei etwa 100 °C das Kupferlaurat erweicht.

Die Struktur der Schmierschicht: Versuche über Elektronenbeugung

Das Studium der Struktur von Schmierschichten vermittelt eine allgemeine Bestätigung der oben beschriebenen Reibungsergebnisse. Die frühen Arbeiten von BRAGG (1925), MÜLLER (1923) und TRILLAT (1925) mit Hilfe von Röntgenstrahlen gaben Aufschluß über den Aufbau dicker Schichten und lieferten Daten über die grundlegenden Abmessungen der Kohlenwasserstoffmoleküle und die Kristallformen, in denen sie erscheinen. Spätere Arbeiten, bei denen Elektronenstrahlen zugezogen wurden, ergaben ein viel vollständigeres Bild der Struktur und der Orientierung von Kohlenwasserstoffschichten, die auf festen Substraten niedergeschlagen waren. Der große Vorteil, den man mit Elektronenbeugungsmethoden gegenüber den Röntgenverfahren gewinnt, liegt im verhältnismäßig geringen Eindringvermögen der ersteren. Wenn ein Strahl von Elektronen, die durch ein Potential von etwa 40 kV beschleunigt wurden, bei Reflexionsversuchen die Oberfläche unter einem sehr kleinen, streifenden Winkel trifft, so beträgt die Eindringtiefe senkrecht zur Oberfläche nur rund 20 Å. Dies bedeutet, daß das erhaltene Diffraktionsmuster nur die Struktur der obersten Lagen vermittelt, was in einigen Fällen natürlich auch zum Nachteil gereichen kann, besonders wenn wir uns für den allgemeinen Aufbau dicker Schichten interessieren. Der Elektronenstrahl wird von den ersten paar Molekullagen gänzlich absorbiert oder zerstreut. Immerhin stellt die Elektronendiffraktion für Schichten, die nur einige Molekullagen umfassen, wahrscheinlich die zweckmäßigste der bekannten Methoden dar, um den molekularen Aufbau und die Orientierung zu untersuchen. Kohlenwasserstoffschichten mögen noch mit einer Transmissionstechnik untersucht werden, wobei ein größeres Auflösungsvermögen erhalten wird. Außerdem liefert diese Bilder, in denen das Muster der organischen Schicht von jenem des Substrats leichter zu unterscheiden ist. Beim Gebrauch des Elektronenstrahls in Transmission können Proben von mehreren hundert Ångström Dicke geprüft werden. Die technischen Schwierigkeiten sind bei dieser Methode beträchtlich, da die feste Unterlage, die den Schmierfilm trägt, äußerst dünn und lückenlos sein muß. Für Originalabhandlungen über Elektronendiffraktion siehe THOMSON und COCHRANE (1939) sowie FINCH und WILMAN (1937).

Die Versuche zeigten, daß die obersten Schichten von Paraffinen, deren Molekülketten eine gewisse Länge überschreiten, eine orthorhombische Struktur besitzen, wobei die Kohlenstoffketten senkrecht zur festen Oberfläche stehen. Dieser Aufbau bleibt im wesentlichen unverändert, gleichgültig bis zu welcher Dicke die Schicht anwächst. Fettsäuren geben jedoch das verblüffende Ergebnis, daß die Orientierung der ersten einmolekularen Schicht von derjenigen nachfolgender Schichten verschieden ist. Sofern die Säurekette mehr als 12 Kohlenstoffatome enthält, kann ein Diffraktionsmuster erhalten werden, aus dem hervorgeht, daß die Ketten in der ersten monomolekularen Schicht beinahe senkrecht zur Oberfläche gerichtet sind. Auf aktiven Metallflächen genügen schon 8 Kohlenstoffatome in der Kette, um die Orientierung der einmolekularen Schicht hervortreten zu lassen. Die auf der ersten Lage aufgebauten Schichten kristallisieren dann gewöhnlich zu einem normalen Fettsäuregitter (im allgemeinen monoklinisch), und in diesem sind die Kohlenwasserstoffketten in einem bestimmten Winkel zur Oberflächennormalen geneigt. Die Struktur dieser oberen Schichten kann durch Reiben mit einem entfetteten Tuch verändert werden, während die erste Moleküllage davon unbeeinflußt bleibt. Dies spricht dafür, daß die erste Schicht viel fester an die Unterlage gebunden ist als die nachfolgenden Schichten.

Es ist bemerkenswert, daß eine monomolekulare Seifenschicht, wie beispielsweise Bariumstearat auf einer nichtaktiven Oberfläche, in höherem Grade gerichtet ist als die Fettsäure selbst. Einige Forscher vertraten tatsächlich die Auffassung, eine sehr ausgeprägte Orientierung einer Fettsäure auf einer Metallunterlage bedeute, daß an der Oberfläche eine chemische Reaktion stattfand, die zur Bildung einer Seife führte.

Verschiedene Forscher, wie z. B. TANAKA (1941), COWLEY (1948) und BRUMMAGE (1947), untersuchten die Wirkung der Temperatur auf die Orientierung von Kohlenwasserstoffschichten auf festen Oberflächen. Mit zunehmender Temperatur wird die thermische Bewegung der Moleküle gesteigert und das Beugungsmuster wird immer diffuser, bis es bei einer bestimmten kritischen Übergangstemperatur, bei der die Moleküle beinahe vollständig ungerichtet liegen, gänzlich verschwindet. Die Arbeit von SANDERS und TABOR (1950) behandelt in erster Linie die Struktur von Alkoholen und von Estern, die auf Metalloberflächen niedergeschlagen wurden. Die Ergebnisse zeigen wiederum, daß die erste Molekülschicht gewöhnlich so orientiert ist, daß die Kohlenwasserstoffketten senkrecht zur Oberfläche stehen. Bei Alkoholen verliert die einmolekulare Schicht die Orientierung nahe beim Schmelzpunkt des Alkohols, und die für die Desorientierung maßgebliche Temperatur hängt nicht nennenswert von der Natur der metallischen Unterlage ab.

Tafel XXII

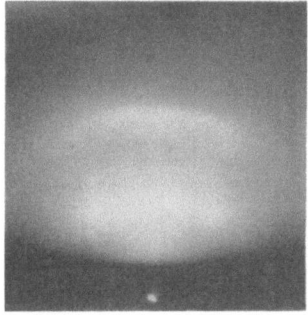

a) Bei 25 °C ist die Stearinsäureschicht (S.P. 69 °C) auf Platin ziemlich gut orientiert

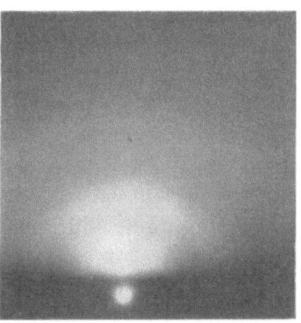

b) Bei 65 °C ist das Muster der orientierten Stearinsäure verschwunden; die gerade sichtbaren, verschwommenen Ringe beziehen sich auf die darunterliegende polierte Platinoberfläche

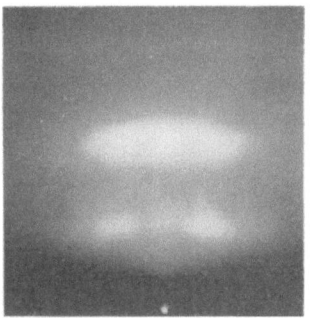

c) Auf Kadmium zeigt die Stearinsäureschicht bei 33 °C eine sehr ausgeprägte Orientierung

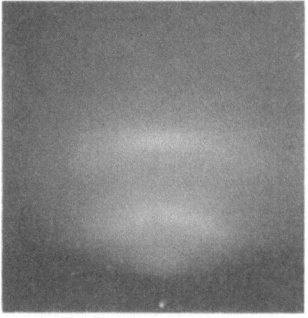

d) Bei 106 °C gibt das Beugungsmuster immer noch die Orientierung der Stearinsäureschicht auf Kadmium an, obgleich die Temperatur beinahe 40 °C über dem Schmelzpunkt der Säure liegt

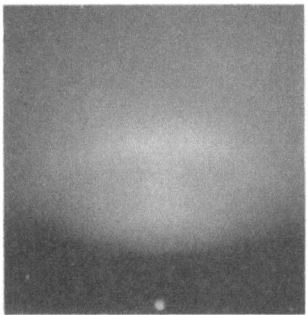

e) Bei 131 °C ist die Orientierung der Stearinsäureschicht auf Kadmium nur noch sehr schwach angedeutet

f) Bei 139 °C ist das Muster der Stearinsäureschicht verschwunden. Die verschwommenen Ringe sind durch die Kadmiumunterlage bedingt

Mit Estern werden auf nichtaktiven Metallen ähnliche Resultate erhalten. Auf aktiven Oberflächen geben einige Estern allerdings bis zu Temperaturen, die um einiges über ihrem Schmerzpunkt liegen, eine gute Orientierung und die Bildung von Metallseifen wird angedeutet. Es gibt gewisse Anzeichen dafür, daß die Reaktion mit der Oberfläche auf einer Spur von Verunreinigung beruht; es ist aber auch möglich, daß in Gegenwart von Wasser eine Hydrolyse des Esters stattfindet. Diese Beobachtungen ergänzen die Versuche mit radioaktiven Spurmetallen, die auf S. 266 beschrieben werden.

COURTEL (1952) untersuchte die Struktur reiner Metalloberflächen, die er durch Schleifen *in situ*, innerhalb der Elektronenbeugungskamera, anfertigte. Auf so zubereiteten Oberflächen beobachtete er, daß die Dämpfe fettiger Stoffe sehr rasch adsorbiert wurden und sich zu deutlich orientierten Schichten sammelten.

MENTER und TABOR (1950) bedienten sich einer Reihe von Fettsäuren von Caprylsäure bis zu Octacosansäure und ließen sie auf eine Anzahl verschiedener Metalle einwirken. Die Schichten wurden durch Schmelzen der Säure auf der gereinigten, polierten Oberfläche hergestellt, wobei der Überschuß mit Filterpapier weggewischt wurde. Auf Platin konnte festgestellt werden, daß die Desorientierung etwa 10 °C unter dem Schmelzpunkt der Säure erfolgte. Typische Diffraktionsmuster von Stearinsäure (S. P. 69 °C) auf Platin sind in Tafel XXII. a, b wiedergegeben. Man erkennt, daß die orientierte Struktur schon einige Grad unter dem Schmelzpunkt völlig verschwunden ist. Zudem tritt das Beugungsmuster des Platinsubstrates nach erfolgter Auflösung der orientierten Struktur immer klarer hervor. Wird die Probe bis zu etwa 40 °C oberhalb der Übergangstemperatur erhitzt, so stellt man nach ihrer Entfernung aus der Diffraktionskamera fest, daß sie nun durch Wasser benetzt wird. Dies weist darauf hin, daß die Moleküle nach der Desorientierung nur sehr schwach auf der Oberfläche adsorbiert sind und durch Verdampfung leicht flüchtig werden, wenn die Temperatur erhöht wird. Bei Zink, Kadmium und Flußstahl hingegen erfolgt keine Desorientierung, bis die Temperatur um einiges über dem Schmelzpunkt der Säure liegt. Der Übergang stellt sich bei Stearinsäure auf Kadmium erst bei etwa 135 °C ein, wie aus den Diffraktionsmustern in Tafel XXII c, d, e, f hervorgeht. Die Ergebnisse für andere Fettsäuren sind in Abb. 79 graphisch dargestellt, indem die Übergangstemperatur auf verschiedenen Substraten über der Kettenlänge der Säure aufgetragen ist. *Die Temperatur, bei der die Schichten auf Zink, Kadmium und Flußstahl ihre Orientierung verlieren, entspricht angenähert dem Schmelzpunkt der durch chemische Reaktion mit der Metalloberfläche gebildeten Seife* (siehe auch SPINK, 1950). Diese Temperatur liegt sehr nahe bei derjenigen, die das Ende der wirksamen Schmierung bedeutet, wie aus Abb. 77 abzulesen ist. Wird die Oberfläche in der Diffraktionskamera abgekühlt, so erscheint das gerichtete Muster wieder, und es kann daraus geschlossen werden, daß der Temperatureffekt im wesentlichen einer physikalischen Zustandsänderung der Schmierschicht zu verdanken ist. Es ist ferner bemerkenswert, daß das Diffraktionsmuster der Unterlage bei diesen Metallen unmittelbar nach der Desorientierung der Schmierschicht nicht klar zum Vorschein kommt, sondern während eines beträchtlichen

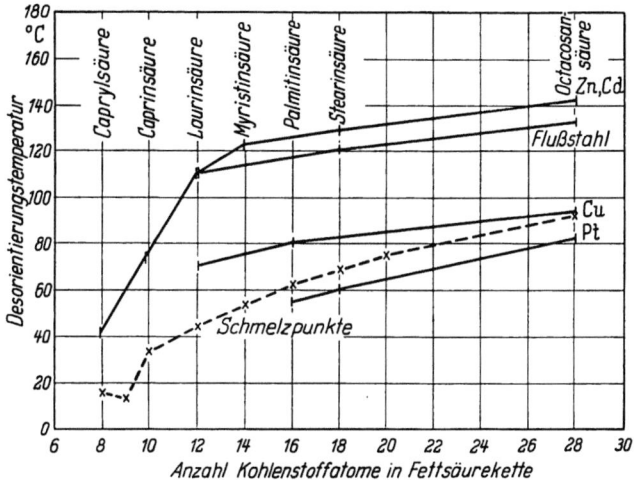

Abb. 79. Temperatur der Disorientierung von Fettsäureschichten auf Unterlagen von Zn, Cd, Baustahl, Cu und Pt in Abhängigkeit der Länge der Kohlenstoffkette. Die gestrichelte Linie verbindet die Schmelzpunkte verschiedener Fettsäuren. Auf aktiven Metallen erfolgt die Desorientierung bei einer beträchtlich über dem Schmelzpunkt der Säure gelegenen Temperatur, die näherungsweise der Erweichungstemperatur der durch chemische Reaktion an der Oberfläche gebildeten metallischen Seife entspricht

weiteren Temperaturanstiegs diffus bleibt. Dies spricht dafür, daß die Seifenschicht noch nach der Desorientierung an der Oberfläche ziemlich fest adsorbiert ist. Man wird in dieser Auffassung bestärkt, weil man beobachtet, daß die Oberfläche nach dieser drastischen Erwärmung dennoch hydrophobisch ist, wenn sie aus der Diffraktionskamera genommen wird. Wenn die Oberfläche etwa um 50 °C über die Temperatur, bei der die Orientierung verloren ging, erhitzt wurde, so kam das Beugungsbild der Schmierschicht nach der Abkühlung nicht wieder zum Vorschein. Es ist also anzunehmen, daß die Schicht bei den erhöhten Temperaturen desorbiert wurde.

Die Ergebnisse mit Kupfer deuten darauf hin, daß die Bereitschaft zur Seifenbildung nur bei den ,,kürzeren'' Fettsäuren vorhanden ist. Mit Laurinsäure (S. P. 44 °C) beobachtet man die Desorientierung bei rund 80 °C, bei Octacosansäure hingegen direkt beim Schmelzpunkt der Säure selbst. Die Möglichkeit darf allerdings nicht außer acht gelassen werden, daß die Reaktion mit den langkettigen Säuren unter anderen Bedingungen an der Oberfläche ebenfalls vorkommen könnte. Wie wir später sehen werden, hängt die Schmierung von Kupfer durch Fettsäuren oft davon ab, in welcher Weise die Kupferoberfläche zubereitet wurde.

Diesen Ergebnissen ist deutlich zu entnehmen, daß die Elektronendiffraktionsstudien mit den Reibungsresultaten ziemlich gut übereinstimmen. Die erste monomolekulare Schicht sitzt fest adsorbiert auf der festen Oberfläche, und die nachfolgenden Schichten liegen gut ausgerichtet, ihrem charakteristischen Kristallaufbau gemäß, auf der ersten Lage von Molekeln. Sowie die Temperatur steigt, wird die seitliche Adhäsion zwischen den Molekülen der Schmierschicht durch die thermische Bewegung mehr und mehr überwunden, und das Beugungsmuster verliert an Deutlichkeit. Die Übergangstemperatur, bei der das Muster verschwindet, entspricht ziemlich genau dem Schmelzpunkt der Oberflächenschicht und stimmt mit jener Temperatur überein, bei der die Schicht aufhört, die Grenzreibung zu erniedrigen. Zwischen den in Abb. 77 aufgetragenen Reibungsergebnissen und den in Abb. 79 dargestellten Resultaten der Diffraktionsversuche besteht in der Tat eine auffallende Parallele. Die Wichtigkeit der Seifenbildung für die Schmiereigenschaften dieser Schichten kommt bei beiden Meßarten zum Ausdruck.

Der Mechanismus der Seifenbildung: Der Einfluß von Wasser

Wir haben bereits dargelegt, daß die Schmierung durch Fettsäuren bei vielen Metallen auf der Bildung einer metallischen Seife beruht, die infolge einer chemischen Reaktion an der Metalloberfläche zustandekommt. Anschließend stellen wir uns deshalb die Frage nach dem Mechanismus dieses chemischen Angriffs. Versuche von DUBRISAY (1940) und PRUTTON (1945) über die Korrosion von Metallen durch Lösungen von Fettsäuren in Kohlenwasserstoffen zeigen, daß die Reaktion bei Kupfer, Zink und anderen Metallen auf dem Umweg über die Oxydschicht stattfindet. Nach dieser Auffassung sollte die Fettsäure folglich mit einem elektropositiven Metall wie Kupfer oder Blei nicht reagieren, wenn Metalloxyd und Sauerstoff ferngehalten werden. Unter solchen Bedingungen sollten sich Fettsäuren also als unfähig erweisen, eine wirksame Schmierung herbeizuführen.

Versuche zur Prüfung dieses Schlusses wurden von TINGLE (1947) durchgeführt, wobei das größere der früher beschriebenen Reibungsgeräte verwendet wurde. Die erzielte Schmierwirkung wurde auf Metalloberflächen gemessen, die mit einer einprozentigen Lösung von Laurinsäure in Paraffinöl bedeckt waren. Die Metalle waren vorgängig von

Oxydhäuten und Fremdschichten weitgehend befreit worden, indem durch Zerspanung unter dem Schmiermittel eine frische Oberfläche erzeugt wurde. Mit Hilfe eines speziell konstruierten Schneidwerkzeuges legte man dabei eine glatte, leicht gewölbte Furche auf der Metallunterlage frei, und zwar unmittelbar bevor der belastete, halbkugelige Reiter, der zur Messung der Reibungskraft diente, darüberglitt. Die Versuchsanordnung ist in Abb. 80a dargestellt. Die Ergebnisse zeigen sogleich, daß *eine einprozentige Lösung von Laurinsäure in Paraffinöl die frische Metalloberfläche nicht besser schmiert als das Paraffinöl allein*. Die

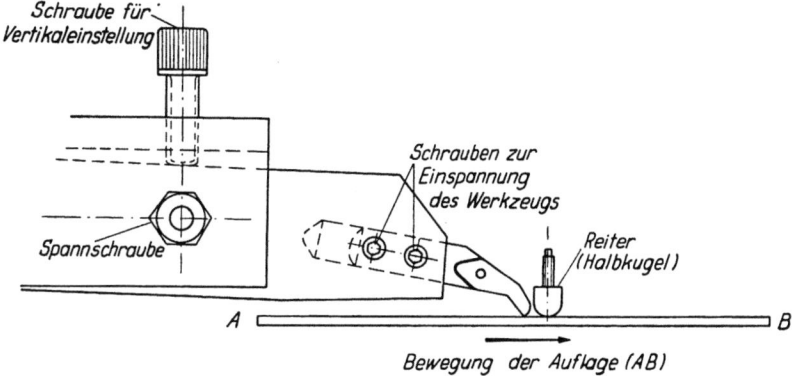

Abb. 80a. Versuchsanordnung für das Freilegen einer untiefen Rinne mit einer „frischen" Metalloberfläche durch Zerspanung vor dem vorrückenden Reiter

Schmierung ist auch dann noch schlecht, wenn das Schmiermittel während mehreren Stunden auf der Oberfläche belassen wurde, und erfährt auch keine Verbesserung, wenn die Temperatur auf 100 °C erhöht wird.

In anderen Versuchen wurden frisch geschnittene Furchen für verschiedene Zeitspannen von bis zu 24 Stunden der Luft ausgesetzt, worauf versucht wurde, sie mit der Fettsäurelösung zu schmieren. Im Falle von Kupfer wurde selbst nach 24stündigem Stehen an der Luft keine Schmierwirkung erzielt. Magnesium und Kadmium zeigten dasselbe Verhalten, obgleich in weniger ausgeprägtem Maße. Mit all diesen Metallen konnte jedoch schon nach verhältnismäßig kurzer Zeitdauer eine gute Schmierung beobachtet werden, wenn die frisch geschnittene Rinne mit destilliertem Wasser benetzt und wieder getrocknet wurde, bevor das Schmiermittel zur Anwendung kam. Denselben Dienst leistete eine mit Wasserdampf gesättigte Atmosphäre, der die Metalloberfläche ausgesetzt wurde. Damit eine wirksame Schmierung erhalten wird, ist es anscheinend notwendig, daß sowohl Wasser als auch Sauerstoff zugegen waren, wenn die Oberflächenschichten gebildet wurden.

Der Einfluß der Oberflächenbehandlung auf die Schmierung verschiedener Metalle ist schematisch in Abb. 80b veranschaulicht. Die Reibung wurde gemessen, nachdem eine einprozentige Lösung von

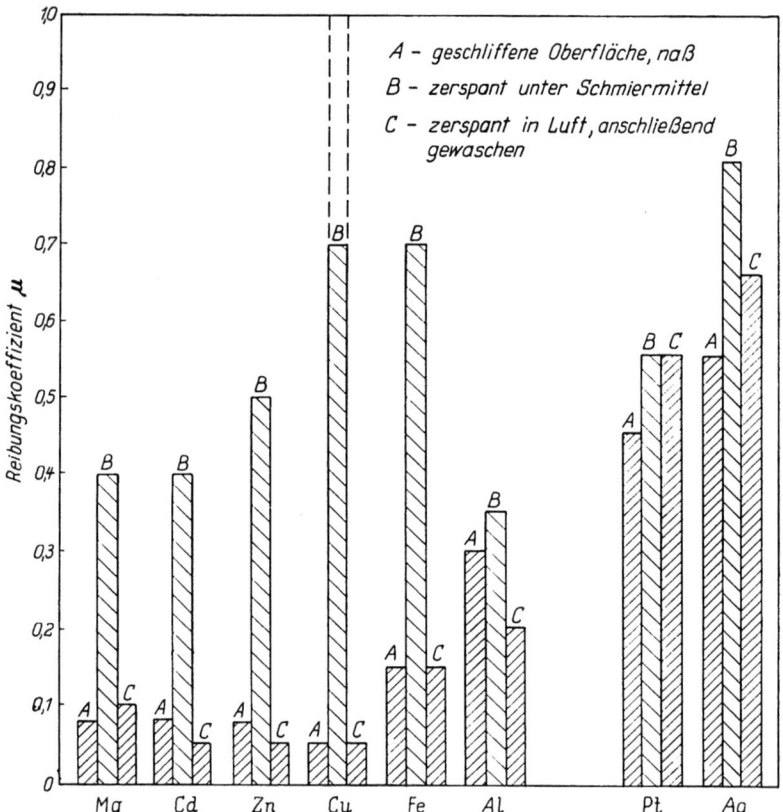

Abb. 80b. Die Reibung von Metallen, die mit einer einprozentigen Lösung von Laurinsäure in Paraffinöl geschmiert sind. Die Schmierung der unter Öl zerspanten Oberfläche B gelingt nicht, und die Reibung ist nicht geringer als mit Paraffinöl allein. Bei den anders behandelten Oberflächen ist die Fettsäure wirksam, wenn es sich um ein reaktives Metall handelt, während die Edelmetalle Pt und Ag in keinem Fall geschmiert werden

Laurinsäure in Paraffinöl auf die Metalloberflächen gegeben worden war. Die Vorbereitung der Proben erfolgte nach einem der drei untenstehenden Verfahren:

1. Die Oberflächen wurden auf feinem Schmirgelpapier unter kaltem Wasser geschliffen und nachher mit warmem Wasser gewaschen.

2. Die Oberflächen wurden durch Zerspanung unter einem Tümpel von Schmierflüssigkeit von Oxydhäuten befreit.

3. Die Zerspanung erfolgte in Luft, um nur die gröbsten, alten Oxydschichten vorübergehend zu entfernen. Die frisch geschnittenen

Furchen wurden darauf je nach dem Metall mit kaltem bzw. warmem oder siedendem destilliertem Wasser mehr oder weniger lange gewaschen. Die Behandlung war im einzelnen durch das Metall bedingt.

Die Ergebnisse zeigen sogleich, daß die Reibung der Metalle Mg, Cd, Zn, Cu und Fe auf den von Oxydschichten freien Oberflächen (2) sehr hoch ist, und eine nachträgliche Prüfung der Rinnen läßt ein beträchtliches Fressen und Aufreißen der Oberflächen erkennen. Das Verhalten ist im wesentlichen das gleiche wie mit Paraffinöl allein. Bei den unter Wasser geschliffenen Oberflächen (1) und in den durch Zerspanung in Luft hergestellten und nachher mit Wasser behandelten Rinnen war die Reibung niedrig, und es stellte sich die gewünschte Schmierwirkung ein. Aluminium zeigt ein ähnliches, allerdings weniger ausgeprägtes Verhalten. Es ist klar, daß die Oberflächenbehandlung bei diesen Metallen eine wichtige Rolle spielt, indem sie bestimmt, ob eine chemische Reaktion erfolgt und infolgedessen, ob eine wirksame Schmierung erzielt wird. Bei Platin und Silber anderseits, ist die Reibung, wie man erwarten würde, groß und besitzt auf allen Oberflächen angenähert den gleichen Wert, unabhängig davon, auf welche der drei Arten diese präpariert worden waren. Offenbar tritt die chemische Reaktion auf den Edelmetallen nicht ein, und zwar ohne Rücksicht auf die Art der Zubereitung der Oberflächen.

Diese Ergebnisse liefern einen weiteren überzeugenden Beweis für die Auffassung, daß die zur Bildung einer Seifenschicht führende chemische Reaktion für die wirksame Schmierung von Metalloberflächen durch Lösungen von Fettsäuren in Paraffinöl unumgänglich ist. Ebenso deutlich geht aus den Versuchen hervor, daß der chemische Angriff durch verdünnte Fettsäurelösungen sowohl durch das Vorhandensein von Wasser als auch von Sauerstoff begünstigt wird. Das Wasser bewirkt möglicherweise die Entstehung eines lockeren Hydroxyds oder einer hydrierten Oxydschicht, deren Aufbau und Zusammensetzung für die Durchdringung und Reaktion der Fettsäure geeignet ist. Eine andere Möglichkeit besteht darin, daß das Wasser die örtliche Ionisierung der Säuremoleküle an den Reaktionsherden erleichtert. Daß die Reaktion zwischen einem Metalloxyd und einer Fettsäure von der anwesenden Wassermenge abhängt, bestätigte sich auch in Versuchen von LANCASTER und ROUSE (1951).

Wie SHOOTER (1951) zeigte, kann der chemische Angriff und die sich daraus ergebende Schmierung mit konzentrierteren Säurelösungen oder mit reinen Fettsäuren aber auch ohne das Vorhandensein von Wasser vor sich gehen. Aus theoretischen Gründen würde man jedoch erwarten, daß eine gewisse Oxydmenge auf elektropositiven Metallen selbst bei den reinen Fettsäuren vorhanden sein muß, damit sich diese Vorgänge abwickeln.

Die Tatsache, daß unter Öl frisch freigelegte Metalloberflächen durch Fettsäurelösungen schwierig zu schmieren sind, ist von einiger Bedeutung. Wenn Metallflächen in der Praxis in der Gegenwart eines Schmiermittels übereinandergleiten, so kann die Abnutzung der Oberflächen in der Gegenwart der Schmierschicht die Metallteile ihres Oxydschutzes berauben. Diese Bezirke der Oberfläche werden durch die im Öl vorhandenen Fettsäuren nicht leicht geschmiert, wenn nicht gleichzeitig Sauerstoff (und Wasser), die den chemischen Angriff ermöglichen, Zutritt haben.

Untersuchung der Oberflächenadsorption mit Hilfe der Radioaktivität

Der Gebrauch künstlich radioaktiv gemachter Metalle gibt uns eine empfindliche Methode in die Hand, um die Natur einer auf der Oberfläche vorhandenen Grenzschicht zu untersuchen. Denken wir uns beispielsweise eine einmolekulare Fettsäureschicht, die auf der Oberfläche eines radioaktiven Metalls adsorbiert ist und dann entfernt wird. Wenn sie auf der Oberfläche bloß durch die physikalischen Van der Waals-Kräfte adsorbiert war, so wird eine Prüfung nach erfolgter Desorption keine Radioaktivität zeigen. Handelte es sich jedoch um eine Chemisorption, wobei die Säure mit dem Metall reagierte, um eine Seife zu bilden, so werden bei der Entfernung der Schicht Metallatome mitgenommen und die desorbierte Schicht sollte radioaktiv sein. BOWDEN und MOORE (1951) führten eine Reihe von Versuchen durch, um die Natur von Grenzschichten aus Fettsäuren bzw. Alkoholen und Estern, die aus einer Lösung auf einer Reihe von metallischen Oberflächen adsorbiert worden waren, zu erforschen.

Das Verfahren verlangt im allgemeinen die Anwendung spektroskopisch reiner, dünner Folien verschiedener Metalle. Für die hier besprochenen Experimente ließen wir dünne Blättchen im Versuchsreaktor von HARWELL bestrahlen, um sie künstlich radioaktiv zu machen. Die gereinigte Metallfolie wurde darauf in eine verdünnte Benzollösung des Alkohols bzw. der Säure oder des Esters eingetaucht, damit die Adsorption stattfinden konnte. Nachdem die Folie aus der Lösung gezogen worden war, wurde sie in kaltem Benzol gewaschen, worauf der auf der Oberfläche vorhandene, adsorbierte Kohlenwasserstoffilm durch Nachwaschen mit heißem Benzol in einem Soxhlet entfernt und anschließend die Radioaktivität der Lösung abgeschätzt wurde.

Fettsäuren

Die nichtaktiven Metalle wie Platin und Gold gaben gar keine Anzeichen einer chemischen Reaktion oder Seifenbildung mit Stearinsäure, und die desorbierte Schicht zeigte auch keine Radioaktivität.

Die Methode ist empfindlich genug, daß im Falle von Gold beispielsweise eine Metallmenge, die dem tausendsten Teil einer monomolekularen Seifenschicht äquivalent ist, hätte entdeckt werden können. Es bestand kein Zweifel, daß die Säure auf der Oberfläche nur physikalisch adsorbiert war. Bei aktiven Metallen wie Zink und Kadmium hingegen, machte sich ein chemischer Angriff bemerkbar. Der von der Oberfläche abgelöste Film war in hohem Grade radioaktiv und entsprach der Bildung von Seifenschichten, die mehrere Moleküle dick übereinander lagen. Die Dicke der Oberflächenschicht nahm mit der Zeit zu, und gleichzeitig erfolgte eine langsame, aber andauernde Auflösung des Metalls in der Benzollösung der Fettsäure.

Alkohole

Langkettige Alkohole bildeten wohl eine adsorbierte Schicht (wahrscheinlich monomolekular) auf der Oberfläche, doch wurde nach ihrer Entfernung keine Radioaktivität entdeckt. Das Verhalten war für die gemeinen Metalle wie Zink und Kadmium gleich wie für die Edelmetalle, was auf eine in allen Fällen physikalische Adsorption hindeutet.

Ester

Das Verhalten eines Esters war besonders aufschlußreich. Die Versuche wurden mit Äthylstearat durchgeführt, das wohl adsorbiert wurde, doch machte sich auf den Edelmetallen keine Reaktion bemerkbar. Auf den unedlen Metallen konnten Anzeichen für einen geringen, aber eindeutig chemischen Angriff gefunden werden. Die Reaktion mit dem Ester beruht wahrscheinlich auf Hydrolyse. Obschon die Benzollösung durch Rückflußdestillation über Natrium getrocknet wurde, bereitete die Entfernung der letzten Wasserreste große Schwierigkeiten. Die Hydrolyse des Esters würde zur Bildung einer kleinen Menge von Fettsäure führen, die, wenn adsorbiert, das Metall angreifen könnte, um die entsprechende Seife zu bilden. Dies bietet eine Erklärung für die vorher eher rätselhafte Beobachtung (FREWING, 1944), daß Ester Stahloberflächen selbst bei Temperaturen über dem Esterschmelzpunkt schmieren können.

Die Adsorption von Fettsäuren, Alkoholen und Estern auf Metallen

Wenn ein Metall mit einer verdünnten Lösung einer Fettsäure bzw. eines Alkohols oder Esters in Berührung kommt, so wird, wie wir bisher annahmen, eine vollständige, monomolekulare Schicht rasch von der Oberfläche adsorbiert. Auch ZISMANs (1946) Versuche über ölabstoßende Schichten sprechen sehr stark für diese Auffassung. GREENHILL (1949) und DANIEL (1949 und 1951) unternahmen später einige

Experimente, um die adsorbierte Menge direkt in Abhängigkeit der Konzentration der Lösung und der Zeit zu bestimmen. Bei diesen Studien wurde die von AKAMATSU (1942) eingeführte und in England von HUTCHINSON (1947) übernommene Methode verwendet. Sie besteht, kurz gesagt, im Schütteln einer Lösung (in einem flüchtigen Lösungsmittel) der zu untersuchenden Verbindung mit einer abgewogenen Menge eines Metallpulvers. Die Konzentration der Lösung vor und nach der Adsorption wird dadurch bestimmt, daß ein zweckmäßiges

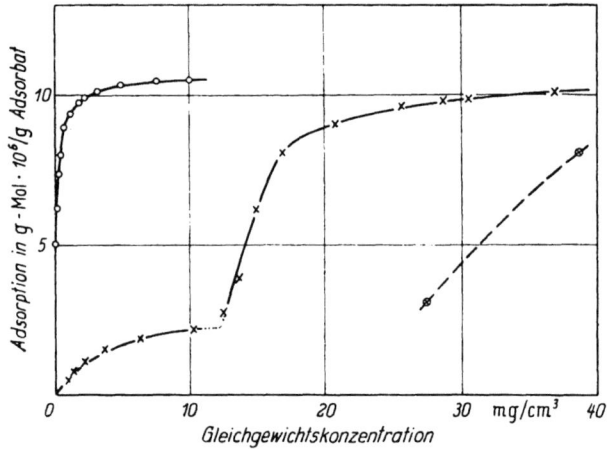

Abb. 81a. Die Adsorbtion von Stearinsäure o, Octadecylalkohol × und Aethylstearat ⊗ auf Nickelpulver bei 23 °C. Der Knick in der Kurve für den Alkohol entspricht wahrscheinlich einer Phasenänderung in der adsorbierten Schicht

Volumen (wenn nötig nach weiterer Verdünnung) mit Hilfe einer Mikropipette in einem LANGMUIRschen Trog ausgebreitet wird, worauf man die so gebildete, einmolekulare Schicht auf einen vorbestimmten Oberflächendruck kromprimiert. Die Konzentrationen sind dann der Fläche, die von der einmolekularen Schicht bedeckt wird, proportional. Kennt man die Kraft-Fläche-Beziehung des adsorbierten Stoffes (ADAM, 1941), dann ist die Berechnung der erfolgten Adsorption eine einfache Angelegenheit. Einige typische Isothermen, die in der beschriebenen Weise bestimmt wurden, sind in den Abb. 81 a, b und c enthalten.

Versuche zeigten, daß etwa 90% der Adsorption während der ersten 5 Minuten stattfindet, doch stellt sich das endgültige Gleichgewicht nicht ein, bevor eine beträchtliche Zeitspanne verstrichen ist. Bis jetzt wurden erst Pulver von Silber, Nickel, Platin, Eisen und Kupfer untersucht und in allen Fällen wurde das gleiche, allgemeine Verhalten gefunden. Bei allen Metallen erfolgt eine schnelle Adsorption, die mit Alkohol schon nach etwa 1—4 Stunden vollständig zu sein scheint, da in den folgenden 24 Stunden höchstens eine Zunahme von wenigen

Prozenten (kaum außerhalb des experimentellen Fehlers) bemerkt wird. Bei Fettsäuren kann dieselbe Aussage für Nickel, Platin, Silber und Eisen gemacht werden, während die Adsorption auf Kupfer hingegen mit der Zeit stetig zunimmt (siehe unten). Offenbar geht eine langsame, aber andauernde chemische Reaktion zwischen der Säure und dem Kupfer vor sich.

Für die Isothermen der Abb. 81a und b wurde die nach 4 Stunden erreichte Konzentration der mit dem Pulver in Berührung stehenden

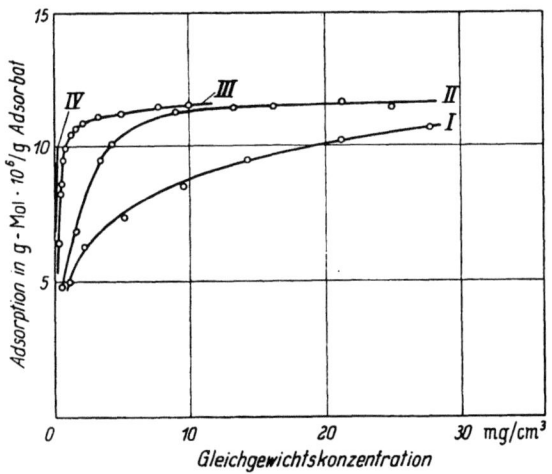

Abb. 81b. Die Adsorption von Fettsäuren auf Nickelpulver bei 23 °C. *I*: Laurinsäure, *II*: Palmitinsäure, *III*: Stearinsäure, *IV*: Octacosansäure

Lösung als Gleichgewichtskonzentration bezeichnet. Vergleicht man die drei Verbindungen, die eine C_{18}-Kette enthalten, so entnimmt man Abb. 81a, daß die Fettsäure am stärksten adsorbiert wird, indem 90 Prozent der größtmöglichen Adsorption schon bei einer Konzentration von etwa 1 mg/cm³ erreicht werden. Derselbe prozentuale Anteil von Alkohol wird bei etwa 20 mg/cm³ aufgenommen, während der Ester eine Konzentration von rund 40 mg/cm³ benötigt. (Der Knick in der Kurve für Alkohol beruht wahrscheinlich auf einer Phasenänderung in der adsorbierten Schicht.) Es gibt mehrere Anzeichen dafür, daß die Fettsäure als einmolekulare Schicht adsorbiert wird. Unter der Annahme, jedes Molekül beanspruche eine Fläche von etwa 20 Å², benutzten verschiedene Forscher (HARKINS und GANS, 1931; SMITH und FUZEK, 1946) die maximal aufgenommene Menge, um einen Wert für die gesamte Oberfläche eines Pulvers zu erhalten. Aus Abb. 81a geht somit deutlich hervor, daß die Säure, der Alkohol und der Ester am Ende des Adsorptionsvorganges als dichtgepackte monomolekulare Schichten vorliegen.

Betrachten wir die Fettsäuren allein, Abb. 81 b, so erkennt man, daß eine Säure bei einer gegebenen Konzentration um so stärker adsorbiert wird, je länger ihre CH_2-Kette ist. Mit Stearinsäure ist schon bei 5 mg/cm³ eine praktisch lückenlose, einmolekulare Schicht vorhanden, mit Palmitinsäure erst bei 12 mg/cm³. Die Laurinsäureschicht hingegen ist sogar bei einer Konzentration von 30 mg/cm³ erst zu 90 Prozent vollständig. Diese Erscheinung steht zweifellos in enger Beziehung mit der Löslichkeit der Säure im Lösungsmittel. In diesem Zusammenhang mag zwar die interessante, aber zuerst etwas überraschend

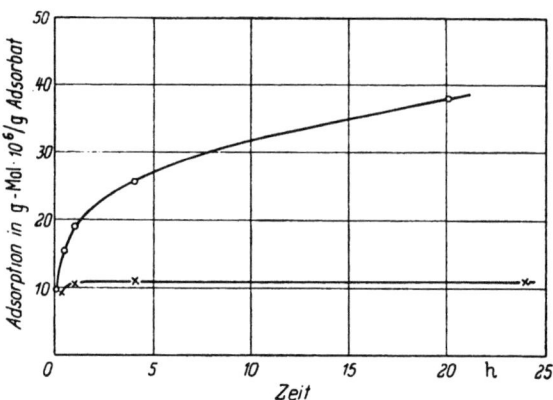

Abb. 81c. Die Adsorption von Stearinsäure ○ und Octadecylalkohol × auf Kupferpulver bei 23 °C. Die andauernde Zunahme der Adsorption von Fettsäure deutet auf eine anhaltende Reaktion zwischen der Säure und dem Kupfer hin

anmutende Tatsache erwähnt werden, daß die Octacosansäure aus der Benzollösung keine vollständige monomolekulare Schicht bildet, was vermutlich auf die äußerst geringe Löslichkeit dieser Säure in Benzol zurückzuführen ist. Würden die Konzentrationen in Abb. 81b als Anteil der Löslichkeit aufgetragen, so sollte man erwarten, daß die Isothermen für alle Fettsäuren auf derselben Kurve liegen.

Die Adsorption einiger dieser Verbindungen auf Kupfer wurde einer eingehenderen Prüfung unterworfen (s. Abb. 81c). Der Alkohol gibt dabei eine sehr ähnliche Isotherme wie sie auf Nickel beobachtet wurde. Stearinsäure hingegen reagiert sehr langsam mit dem Kupfer; Lösungen, die mit dem Metall in Berührung stehen, entwickeln nach einigen Stunden eine schwache blaue Farbe. Abb. 81c zeigt außerdem, daß die Dicke der adsorbierten Schicht mit der Zeit allmählich zunimmt, da die Reaktion fortschreitet. Nehmen wir an, der Alkohol bilde bei der maximalen Aufnahme eine monomolekulare Schicht dichtester Packung, so muß geschlossen werden, daß mehr als eine Lage von Molekeln auf dem Kupfer adsorbiert ist.

Das verwendete Lösungsmittel beeinflußte die maximal aufgenommene Menge nicht nennenswert (innerhalb der engen Grenzen der Untersuchung). Eine einprozentige Lösung von Stearinsäure in Benzol bzw. Cyclohexan, Octan und Hexan gab beispielsweise Adsorptionen von 3,32, 3,43 und 3,25 mg/g auf derselben Probe von Nickelpulver. Es ist allerdings möglich, daß Lösungsmittel von stärkerer Polarität sich auf die maximale Adsorption auswirken können. Auf aktiveren Metallen wie Zink und Kadmium würde man dann wiederum eine dauernd ansteigende Aufnahme der Säure infolge des chemischen Angriffs erwarten.

Einige weitere Versuche dienten auch der Messung der Adsorptionswärmen dieser Verbindungen auf Metalloberflächen. Der Unterschied zwischen der physikalischen und der chemischen Adsorptionswärme ist für diese Verbindungen gering. Ergebnisse von DANIEL (1949) weisen jedoch auf physikalische Adsorption bei nichtaktiven Metallen (Silber, Nickel) und Chemisorption auf aktiven Metallen (Eisen, Kupfer) hin.

Die Dicke adsorbierter Wasser- und Dampfschichten

Die Adsorption von Wasser und anderen Dämpfen an festen Oberflächen wurde von BOWDEN und THROSSEL (1951) auf zwei verschiedene Arten studiert. Beim ersten Verfahren wurde die Oberfläche direkt auf einer Mikrowaage gewogen, so daß man die gesamte bei der Adsorption aufgenommene Flüssigkeits- oder Dampfmenge erhielt. Die zweite Methode macht von der Reflexion polarisierten Lichts Gebrauch, da das Achsenverhältnis der erzeugten Polarisationsellipse ein Maß der Dicke einer gleichmäßigen, adsorbierten Schicht darstellt.

Beide Methoden stimmen bei Kohlenwasserstoffdämpfen darin überein, daß die Adsorption gering ist und daß die adsorbierte Schicht sogar nahe bei der Sättigung nicht mehr als ein oder zwei Moleküle dick ist. Bei Wasser zeigt die Wägung allerdings, daß das Adsorbat auf einer nach den üblichen Verfahren sorgfältig gereinigten Platinoberfläche sehr schwer ist. Dieses Ergebnis bestätigt frühere Arbeiten (siehe zum Beispiel HENNIKER, 1949; MC BAIN, 1950) und deutet auf sehr dicke Schichten (20 molekulare Lagen), selbst wenn der relative Dampfdruck nur 0,8 beträgt. Reinigt man jedoch das Platin durch Erhitzen auf Rotglut, und zwar direkt im Vakuum der Mikrowaage, so wird bei Raumtemperatur keine schwere Adsorption mehr beobachtet und der Wasserfilm ist bei der Sättigung nur angenähert 2 Moleküle dick. Die Polarisationsmethode zeigt aber auch mit gewöhnlich gereinigten Platinoberflächen bei der Sättigung nur eine Schichtdicke von einem bis zwei Molekülen an. Dies weist darauf hin, daß die bedeutende Adsorption, die mit der Waage festgestellt wurde (die auch andere Forscher erwähnten), auf Spuren von hygroskopischen Verunreinigungen auf den

Oberflächen zurückzuführen ist. Die verhältnismäßig großen Wassertümpel, die sich um diese Fremdstoffe ansammeln, werden im optischen Versuch nur als Streuzentren für das Licht wirken und zur Rotation der Ebene des polarisierten Lichts nichts beitragen. Diese wird nur durch den gleichmäßig dünnen, monomolekularen (oder möglicherweise bimolekularen) Film von adsorbiertem Wasser erzeugt, und zwar erst, wenn dieser den größten Teil der Oberfläche bedeckt.

Diese Ergebnisse zeigen, daß die physikalische Adsorption von Wasserdampf auf sehr sauberen Oberflächen keine Anomalität aufweist. Sie geschieht in ähnlicher Weise wie für andere Dämpfe und entspricht, wenn die Drücke beinahe die Sättigungsgrenze erreichen, einer oder zwei molekularen Schichten. Eine Spur einer geeigneten Verunreinigung (und es ist nicht einfach, Oberflächen zu präparieren, die von solchen Stoffen frei sind) genügt jedoch, um die Ansammlung verhältnismäßig großer Wassermengen auf der Oberfläche herbeizuführen, und zwar selbst wenn die Drücke ordentlich unterhalb der Sättigungsgrenze liegen. Dieses Wasser kann eine Reihe von physikalischen und chemischen Eigenschaften der Oberflächen beeinflussen und kann deshalb auch für die Reibung und Schmierung wichtig sein. Es hat zum Beispiel wahrscheinlich direkt mit der Schmierung von Metallen durch Fettsäuren zu tun (s. S. 262ff.).

Die Studien über die Berührung zwischen ebenen Oberflächen (BASTOW und BOWDEN, 1931), über die Viskosität sehr dünner Schichten (BASTOW und BOWDEN, 1935) und über die Adsorption von Wasserdampf, die oben erwähnt wurde, liefern alle keinen direkten Beweis für eine weitreichende Fernwirkung gewisser Oberflächenerscheinungen, die sich nach den Berichten vieler Forscher über Tausende von Ångström erstrecken soll.

Der Mechanismus der Grenzschmierung

Nach den frühesten Forschern beruhte die Reibung trockener, fester Oberflächen auf dem Ineinandergreifen von Oberflächenvorsprüngen, und die Reibungsarbeit wurde beim Heben einer Gruppe von Unebenheiten über die andere verbraucht. Nach dieser Auffassung bestand die Wirkung eines Schmiermittels in der Bildung einer Schicht, die so dick war, daß die Rauhigkeiten der Oberflächen miteinander nicht mehr in Berührung kommen konnten, um sich gegenseitig einzuhaken und auf diese Weise Reibung zu verursachen.

Die modernen Theorien der Grenzschmierung nehmen jedoch an, der Widerstand gegen die Gleitbewegung sei auf die intermolekularen Kräfte in den Berührungsbezirken zurückzuführen. Die systematischste Formulierung dieser Theorie verdanken wir dem Werk HARDYs, das zeigte, daß die Reibung nicht nur durch die chemische Natur des

Schmierstoffes, sondern auch durch die Natur der darunterliegenden Oberfläche beeinflußt wird. HARDY fand beim Arbeiten mit homologen Reihen von paraffinen Kohlenwasserstoffen bzw. Alkoholen und Fettsäuren auf verschiedenen Oberflächen, daß die statische Reibung eine Funktion getrennter Beiträge der festen Oberflächen, der chemischen Reihe, zu der ein Schmiermittel gehörte, und der Anzahl der Kohlenstoffatome in seiner Kette war. Um diese Ergebnisse zu deuten, nahm HARDY an, die Reibung zwischen ungeschmierten Oberflächen beruhe auf den oberflächlichen Kraftfeldern. Wenn man ein Schmiermittel hinzufügt, werden Fremdmoleküle, die sich an jeder der festen Oberfläche ausrichten, physikalisch adsorbiert und bilden eine monomolekulare Schicht. Die Gleitkörper sinken in der flüssigen Schmierschicht ein, bis sie nur noch durch den adsorbierten Film voneinander getrennt sind. Da die polaren Gruppen an der Metalloberfläche haften, findet die Berührung nicht zwischen den Metallflächen statt, sondern zwischen den nichtpolaren Gruppen am anderen Ende der Schmiermoleküle. Das Gleiten erfolgt zwischen diesen nichtpolaren Molekülenden, und die Schmierfähigkeit einer Grenzschicht wird durch den Grad bedingt, bis zu welchem diese Schichten die Kraftfelder der untengelegenen Oberflächen abschirmen können. Man sieht ohne weiteres ein, daß diese Wirkung von der Polarität des Schmiermoleküls und seiner Kettenlänge abhängt. In diesem Sinne gelang es HARDY, die lineare Beziehung zu erklären, die zwischen der Reibung und dem Molekulargewicht für verschiedene Glieder einer homologen Reihe beobachtet wird. Diese Theorie wurde durch die Röntgenversuche von TRILLAT, BRAGG und MÜLLER, die das Vorhandensein orientierter Schichten an der Oberfläche eines Metalls aufzeigten, indirekt bestätigt und erhielt durch die obenbeschriebenen Experimente über die Struktur der Oberflächenfilme mit Hilfe von Elektronendiffraktion eine weitere Unterstützung.

Die in den vorgängigen Kapiteln angeführten Ergebnisse deuten jedoch an, daß die Theorie der Grenzschmierung von HARDY eine allzu starke Vereinfachung darstellt. Selbst mit den besten Schmiermitteln und bei sehr geringen Lasten erfolgt ein Verschleiß der metallischen Unterlage, wenn das Gleiten einmal begonnen hat. Eine eingehende mikroskopische Prüfung der Oberflächen, wie sie im vierten Kapitel beschrieben wurde, zeigt tatsächlich, daß das Metall bis zu einer im Vergleich zu den Dimensionen des Moleküls großen Tiefe aufgerissen wurde. Noch auffallender sind die Ergebnisse, die in der elektrographischen Oberflächenanalyse und mit der Isotopentechnik gewonnen wurden. Die Adhäsion und die Metallübertragung von einer Oberfläche zur anderen durch den Schmierfilm hindurch, ließen sich dabei deutlich demonstrieren. Solche Erscheinungen wurden bei einigen Metallen sogar bei Lasten von viel weniger als einem Gramm festgestellt (unter Zuziehung des Elektronenmikroskops). Diese Ergebnisse bedeuten offenbar, daß die Reibung geschmierter Metalle im allgemeinen nicht einfach auf dem Übereinandergleiten monomolekularer Schmierschichten beruhen kann, noch kann sie bloß eine Funktion der Oberflächenkräfte sein, wie HARDY vermutete. Die Reibung muß zweifellos stark durch die Eigenschaften der Grundmasse der betreffenden Metalle beeinflußt werden.

Ferner geben physikalisch adsorbierte, einmolekulare Schichten langkettiger, polarer Verbindungen, wie wir bereits feststellten, nicht unbedingt eine wirksame Schmierung. Flüssige Alkohole beispielsweise sind hochpolar und werden vermutlich auf der Metalloberfläche gut adsorbiert, doch sind sie in Grenzschichten schlechte Schmierstoffe und kaum besser als flüssige Paraffine. Auf passiven Oberflächen sind flüssige Fettsäuren beinahe so ungünstig wie flüssige Paraffine und Alkohole. Schließlich geben die längsten Moleküle, obschon die Reibung mit zunehmender Kettenlänge vermindert wird, in Wirklichkeit keine verschwindende Reibung, wie HARDY vermutete; die Reibung erreicht einen niedrigen, aber bestimmten Grenzwert.

Wie bei der Besprechung der ungeschmierten Oberflächen betont wurde, sind die während des Gleitens sich abspielenden Vorgänge reichlich verwickelt, und es ist in diesem Stadium der Forschung schwierig, eine wirklich befriedigende, quantitative Theorie der Grenzschmierung zu geben, die auf gewöhnliche Gleitbedingungen anwendbar ist. Jede solche Theorie muß ohne Zweifel die metallischen Adhäsionen einschließen, die durch den Schmierfilm hindurch zustandekommen. Wir können dies tun, indem wir die Theorie für ungeschmierte Oberflächen so abändern, daß der durch den Schmierfilm gewährte Schutz berücksichtigt wird. Wenn der Furchungsanteil der Reibungskraft klein ist, so kann der Widerstand gegen die Bewegung trockener Oberflächen als $R = Fs$ geschrieben werden, wobei F die wirkliche Berührungsfläche zwischen den Metallen und s die Scherfestigkeit der an den Kontaktstellen gebildeten metallischen Verbindungsbrücken zeichnet. Bei sauberen Metallen erfolgt eine starke Verschweißung, und der Bruch dieser Brücken findet häufig innerhalb der Grundmasse eines Metalls statt. In diesem Fall ist s gleich der Scherfestigkeit dieses Metalls, wie sie aus der Materialprüfung bekannt ist. Bei geschmierten Oberflächen ist der Umfang der engen metallischen Berührung beträchtlich herabgesetzt, und die Metalloberfläche wird viel weniger aufgerissen.

Wenn geschmierte Metalle unter einer bestimmten Normalbelastung aneinander gelegt werden, so erfolgt ebenfalls ein plastisches Fließen, bis eine Berührungsfläche geschaffen ist, die die angewandte Belastung tragen kann. Infolge dieser Formänderung wird die Schmierschicht zwischen den beiden Metalloberflächen eingeschlossen und dort sehr hohen Drücken unterworfen. Der Druck wird allerdings nicht gleichmäßig über das ganze Berührungsgebiet verteilt sein. In den Bezirken, wo der Druck die höchsten Werte erreicht, kann eine örtliche Unterbrechung der Schmierschicht eintreten, was zu metallischer Adhäsion führt. Der Umfang dieser Auflockerung wird natürlich von der Art der Schmierschicht abhängen. Sie wird ferner, wenn eine nennenswerte Geschwindigkeit herrscht, durch die hohen örtlichen Temperaturen unterstützt, die während des Gleitens entwickelt werden. Infolge des teilweisen Versagens der Schmierschicht werden deshalb zwischen den Oberflächen metallische Verbindungen erzeugt, die im Verhältnis zu den Dimensionen eines Moleküls groß sind.

Der Widerstand gegen die Bewegung besteht, zum Teil wenigstens, aus der Kraft, die benötigt wird, um diese Verschweißungen zu brechen. Auch der Schmierfilm selbst setzt dem Gleiten einen gewissen Widerstand entgegen, und wir können schreiben:

$$R = F\{\alpha s_M + (1-\alpha)s_G\}, \tag{1}$$

wobei F = Fläche, auf der die angewandte Last abgestützt wird,

α = Bruchteil dieser Fläche, über den der Schmierfilm unterbrochen wurde,

s_M = Scherfestigkeit der Verbindungsbrücken bei rein metallischer Berührung,

s_G = Scherfestigkeit der schmierenden Grenzschicht.

Die Reibungskraft wird somit proportional zu F ausfallen, wenn α für ein gegebenes Schmiermittel und eine bestimmte Oberfläche im wesentlichen konstant bleibt, und das AMONTONSsche Gesetz wird wie für ungeschmierte Oberflächen gelten. Dies wird in einem sehr großen Belastungsbereich auch tatsächlich beobachtet. Wie aus Abb. 74 hervorgeht, können bei sehr kleinen Lasten Abweichungen von dieser Regel auftreten, und der Reibungsbeiwert kann sehr hohe Werte erreichen. Die Verformung der metallischen Unterlage ist bei diesen kleinen Normalkräften wahrscheinlich zu gering, um eine nennenswerte Unterbrechung der Schmierschicht zu veranlassen. Die Reibungskraft beruht dann hauptsächlich auf der Wechselwirkung zwischen den beiden Schmierschichten, und die Fläche, über die geschert wird, ist nicht mehr proportional zur angewandten Belastung. Dies gleicht einigermaßen den bei dünnen Metallschichten gefundenen Verhältnissen, wo kleine Lasten ebenfalls einen sehr hohen Reibungskoeffizienten geben können (s. Abb. 48). Der gleiche Mechanismus würde auch die überraschende Tatsache, daß die Reibung einer geschmierten Oberfläche bei sehr kleinen Lasten höher sein kann als für die ungeschmierte Oberfläche, möglich erscheinen lassen.

Bei Normalkräften von mehr als einigen Gramm läßt sich jedoch eine gewisse Unterbrechung der Schmierschichten im allgemeinen nicht vermeiden, und die Last wird von den darunterliegenden festen Oberflächen getragen, so daß das AMONTONSsche Gesetz befolgt wird. Bei einem guten Schmiermittel mag die Fläche, über die metallische Verbindungsbrücken gebildet werden, in Wirklichkeit aber sehr klein sein. Dennoch besitzen diese Verbindungen gegenüber dem Schmiermittel möglicherweise eine so große Scherfestigkeit, daß sie für einen nicht vernachlässigbaren Teil des Widerstandes gegen die Gleitbewegung verantwortlich sein können.

Die autoradiographische Methode ermöglicht es zum ersten Male, die wirkliche Querschnittsfläche der metallischen Verbindungen, die durch den Schmierfilm hindurch gebildet werden, näherungsweise abzuschätzen (RABINOWICZ und TABOR, 1951). Die Berechnung verlangt wohl eine Anzahl ziemlich drastischer Annahmen, aber man erhält wahrscheinlich dennoch Ergebnisse von der richtigen Größenordnung. Die Rechnungen zeigen an, daß die Metallbrücken bei metallischen Seifen nur etwa 2% der beobachteten Reibung ausmachen, bei weniger wirksamen festen Filmen beträgt der Anteil 5 bis 10% und für Schichten im flüssigen Zustand zwischen 15 und 25%. Wenn sie gar desorbiert sind, muß mit 80 bis 100% gerechnet werden.

Daraus folgt, daß die Beziehung

$$R = F\{\alpha s_M + (1-\alpha) s_G\}$$

immer noch gültig ist, doch hat α für gute Grenzschmiermittel nur einen sehr kleinen Wert. Die metallischen Verbindungen tragen wenig zur Reibungskraft bei; aber sie sind natürlich für den Verschleiß verantwortlich. Dies bedeutet, daß gute Schmiermittel Übertragungsmengen geben, die um einen Faktor von vielleicht 20 variieren können, ohne daß ein nennenswerter Unterschied im Reibungswert angezeigt wird. Schlechtere Schmiermittel gewähren den Oberflächen einen viel schlechteren Schutz, und α ist viel größer. Unter diesen Umständen ist die Reibung für die Verschleißmenge charakteristischer, aber auch hier stellt sie nur ein grobes Maß für den Umfang der metallischen Wechselwirkung dar. Es folgt daraus, daß die Übertragungsmessungen einen viel besseren Anhaltspunkt für die schützenden Eigenschaften von Schmierschichten bieten als Messungen der Reibungszahl, und zwar besonders beim Vergleich von guten Grenzschmiermitteln.

Die Tatsache, daß der Gleitwiderstand bei guten Schmiermitteln hauptsächlich auf der Scherung der Schmierschicht selbst beruht, wirft ein anderes interessantes Problem auf. Stellen wir das Verhalten von Zinnoberflächen (Vickershärte 7 kg/mm²) dem von harten Stahlflächen (Vickershärte 700 kg/mm²), die mit einer typischen Seife geschmiert wurden, gegenüber, so ist die Tragfläche beim Zinn offensichtlich ungefähr 100mal kleiner als für den Stahl. Somit wird die Fläche der in Scherung begriffenen Schmierschicht für das Zinn ebenfalls 100mal größer sein als für den Stahl. Die beobachteten Reibungszahlen unterscheiden sich jedoch nicht mehr als um das Zweifache. Diese Schwierigkeit läßt sich aber auf Grund der Beobachtungen von BRIDGMAN (1946) und von BOYD und ROBERTSON (1945), die zeigten, daß die Scherfestigkeit eines Schmierfilms proportional zum Druck ist, dem er unterworfen wird, erklären. Weitere Unterstützung für diese Ansicht findet man auch in der Arbeit von CLARK, WOODS und WHITE (1951).

Der Hauptunterschied zwischen der neuen Vorstellung über den Mechanismus der Grenzschmierung und dem von HARDY vorgeschlagenen ist schematisch in Abb. 82 illustriert. Abb. 82a stellt die von HARDY eingeführte Auffassung dar, wo nur eine Wechselwirkung

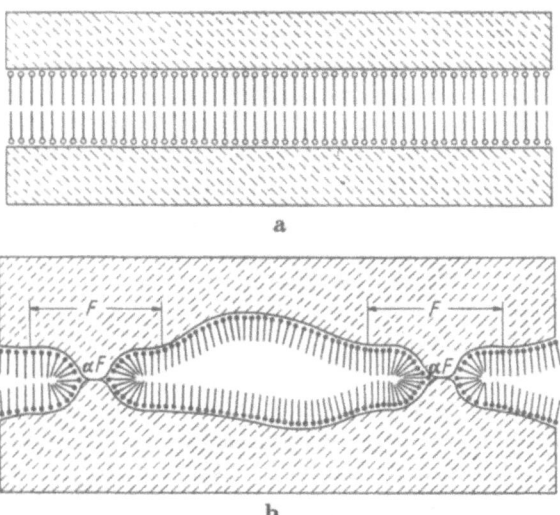

Abb. 82. Das Gleiten fester Oberflächen, die eine schmierende Grenzschicht besitzen. a) Schematische Darstellung von HARDYS Vorstellung der physikalischen Adsorption von Kohlenwasserstoff, Alkohol oder Fettsäure. Der Reibungswiderstand beruht auf der Wechselwirkung zwischen den Außenflächen der adsorbierten, einmolekularen Schichten, ohne daß eine metallische Berührung stattfindet. b) Darstellung eines Mechanismus, bei dem die Schmierschicht in kleinen Bezirken durchstoßen wird. Die Last wird über eine Fläche F abgestützt, während der Querschnitt der gebildeten Metallbrücken αF viel kleiner ist. Die zum Abscheren dieser Verbindungen nötige Kraft ($\alpha F s_M$) stellt im allgemeinen einen beträchtlichen Anteil der beobachteten Reibung dar. Die restliche Reibungskraft [$(1 - \alpha)F s_G$] ist durch die Scherung der Schmierschicht bedingt. Bei guten Grenzschichten kann α vernachlässigbar klein sein

zwischen den Oberflächen der adsorbierten, monomolekularen Schichten vorgesehen ist und keine metallische Berührung vorkommt. Abb. 82b veranschaulicht den weiter oben beschriebenen Mechanismus, der eine

Unterbrechung der Schmierschicht an kleinen, lokalisierten Bezirken einschließt. Die dabei gebildeten metallischen Verbindungsbrücken sind sozusagen allein für den mit dem Gleiten verbundenen Verschleiß und die Beschädigung der Oberfläche verantwortlich.

Nach dieser Auffassung besteht die Hauptaufgabe der Schmierschicht folglich in der Verminderung des Umfangs des rein metallischen Kontaktes zwischen den Oberflächen, indem eine Schicht dazwischen gelegt wird, die nicht leicht durchstoßen wird und eine verhältnismäßig niedrige Scherfestigkeit besitzt. Um einen merklichen metallischen Kontakt zu verhindern, muß die Schmierschicht nicht nur fest an die Oberfläche gebunden sein, sondern außerdem starke seitliche Adhäsionen zwischen den Kohlenwasserstoffketten aufweisen. Die in diesem und dem letzten Kapitel beschriebenen Ergebnisse sprechen dafür, daß die seitliche Adhäsion zwischen den langen Ketten von Schmierstoffmolekülen mindestens so wichtig ist wie die Stärke der Bindung an die Oberfläche. Flüssige, langkettige Alkohole beispielsweise (oder flüssige Fettsäuren auf passiven Oberflächen), die stark polar sind und von der Oberfläche gut adsorbiert werden, liefern eine Grenzschicht mit geringerer Schmierwirkung als feste Paraffine, die auf Metalloberflächen nur schwach adsorbiert werden. Wenn diese festen Paraffine jedoch geschmolzen werden, so fällt die seitliche Adhäsion auf einen niedrigen Wert, und es kommt zu metallischen Verschweißungen mit entsprechender Zunahme von Verschleiß und Reibung.

Die Tatsache, daß ein Schmiermittel eher die Größe als die Anzahl der übertragenen Teilchen herabsetzt, bestätigt die Ansicht, daß die **Hauptfunktion des Schmierfilms** darin besteht, 1. den Umfang der **metallischen Wechselwirkung** an den Stellen, wo die Oberflächen sonst große Verschweißungen bilden würden, zu vermindern und 2. das Wachstum der Kontakte zu hemmen, wenn ein Gleiten stattfindet (s. Kap. XV). Die Schicht muß auch leicht einer Schubbeanspruchung nachgeben, und dies beschränkt die üblichen Schmiermittel auf die langkettigen Kohlenwasserstoffe und ähnliche organische Verbindungen. Die Metallübertragung kann nie gänzlich ausgeschaltet werden, aber es ist möglich, äußerst niedrige Werte zu erzielen, indem das Schmiermittel im festen Zustand angewandt wird. Solange der Schmierstoff fest bleibt, ist seine Adsorbtion an der Oberfläche verhältnismäßig unwichtig, da ein fester, schwach adsorbierter Kohlenwasserstoff viel wirksamer ist als eine Fettsäure oder Seife oberhalb ihres Schmelzpunktes. Der beste Schutz wird folglich durch Schmierschichten gewährt, die sich durch eine starke seitliche Anziehung der Molekülketten auszeichnen und außerdem einen hohen Schmelzpunkt und geeignete Schereigenschaften besitzen. Die metallischen Seifen stellen hauptsächlich aus diesen Gründen so wirksame Grenzschmiermittel dar.

Sowie die Temperatur erhöht wird, wird auch die seitliche Anziehung zwischen den Molekülketten durch die thermische Bewegung überwunden, und beim Schmelzpunkt der Schicht erfolgt eine nennenswerte Zunahme der Reibung und der Metallübertragung. Der Film verliert seine Orientierung, bleibt jedoch noch genügend fest an der Oberfläche haften, um die metallische Wechselwirkung um einen Faktor von mehreren Hundert zu reduzieren. Es ist bemerkenswert, daß die Metallübertragung und Reibung in diesem Zustand für Paraffine, Fettsäuren oder Seifen beinahe den gleichen Betrag erreichen.

Der beschränkte Schutz, den der geschmolzene Film gewährt, hält auch mit steigender Temperatur noch an, bis das Schmiermittel desorbiert oder beweglich wird. In diesem Stadium läßt die Schmierschicht sich wegschieben, wo immer die Vorsprünge miteinander in Berührung kommen, und der Oberflächenschaden erreicht denselben Umfang wie bei ungeschmierten Oberflächen. Die Temperatur, bei der diese Desorbtion auftritt, hängt von der Haftfestigkeit des Moleküls an der Oberfläche ab. Man wird deshalb auf Grund der Arbeiten von BIGELOW, GLASS und ZISMAN (1947) erwarten, daß Substanzen mit einer großen Adsorbtionswärme sich bis zu viel höheren Temperaturen als wirksame Schmierfilme zu halten vermögen. Es folgt daraus, daß, abgesehen von geeigneten Schereigenschaften, sowohl ein hoher Schmelzpunkt als auch eine feste Bindung an die Oberfläche bei hohen Temperaturen wünschenswerte Eigenschaften sind.

Paraffine, Alkohole und Ester sind im flüssigen Zustand keine guten Schmiermittel im Gebiet der Grenzreibung. Sie geben eine verhältnismäßig große Reibungszahl, und man beobachtet an den Oberflächen noch Freßerscheinungen und Abnützung von nennenswertem Ausmaß. Immerhin setzen sie die Reibung und den Verschleiß beträchtlich herab. Gereinigte Kupferoberflächen haben einen Reibungsbeiwert von rund 1,4; flüssiges Paraffinöl vermindert ihn jedoch auf etwa 0,8 und der Verschleiß wird ebenfalls entsprechend gesenkt. Es ist klar, daß die Paraffinmoleküle der Flüssigkeit imstande sind, die metallische Berührung einzudämmen, obschon sie eine geringe seitliche Adhäsion aufweisen und verhältnismäßig schwach an die Oberfläche gebunden sind. Mit reinen, flüssigen Paraffinen bzw. Alkoholen und Estern stellt man ferner eine dauernde Abnahme der Reibung mit zunehmender Kettenlänge fest. Diese Erscheinung kann sowohl in HARDYs Ergebnissen als auch in den im vorangehenden Kapitel angeführten Resultaten verfolgt werden. Die längere Atomkette verleiht anscheinend ein größeres Maß von seitlicher Adhäsion zwischen den Molekülen des Schmiermittels oder bewirkt eine größere Trennlücke zwischen den Oberflächen, so daß die Schmierschicht ihrer Aufgabe der Verhinderung von metallischer Berührung und Freßerscheinungen besser nachkommen kann. Die Reibungsabnahme mit wachsender Kettenlänge hält an, bis die Moleküle bei Zimmertemperatur einen festen Körper bilden. Die Reibung ist dann an ihrem Mindestwert angelangt, der allerdings nicht unter $\mu = 0{,}05 - 0{,}1$ fällt. Selbst in diesem Stadium ist die feste Paraffin- oder Alkoholschicht gewöhnlich nicht fähig, einen gewissen metallischen Kontakt zwischen den Metalloberflächen zu verhindern.

Die Wichtigkeit starker, seitlicher Adhäsion zwischen den Schmierstoffmolekülen geht auch aus den Schmiereigenschaften der Fettsäuren hervor. Bei den Lasten und Geschwindigkeiten, die bei den in diesem Kapitel beschriebenen Versuchen verwendet wurden, erwiesen sich Fettsäuren auf nichtaktiven Metallen als kaum bessere Schmiermittel als aliphatische Kohlenwasserstoffe. Selbst wenn sie auf Platin und Nickel gut adsorbierte und orientierte Grenzschichten bilden, so schmieren die Fettsäuren oberhalb ihres Schmelzpunktes nicht mehr zufriedenstellend, d. h. ihr Verhalten ist hier ähnlich wie das der flüssigen, aliphatischen Kohlenwasserstoffe, obschon sie unter gewissen Bedingungen eine ausgeprägte Verminderung der Reibung und des Verschleißes hervorrufen. Werden sie jedoch auf Oberflächen angewandt, mit denen sie leicht reagieren können, so bilden sie eine Metallseifenschicht. Diese Seifenschichten besitzen einen starken seitlichen Zusammenhang, und ihr Erweichungspunkt liegt gewöhnlich sehr viel höher als der Schmelzpunkt der reinen Säure. Infolgedessen ist die so erzeugte Grenzschicht imstande, bis zu viel höheren Temperaturen wirksam zu schmieren. Die Metallseife entsteht außerdem *in situ* und wird deshalb im allgemeinen auch fest an die Oberfläche gebunden sein. Auf Grund ihrer hohen seitlichen Kohäsion und der Tatsache, daß sie eine beträchtliche Verformung ertragen ohne zu zerreißen, gewähren diese Seifenschichten den Gleitflächen gewöhnlich einen sehr guten Schutz, und bei einigen Metallen genügt sogar eine monomolekulare Schicht, um die Durchdringung und metallische Berührung auf sehr geringe Werte zu beschränken. Bei anderen Metallen mögen allerdings beträchtlich dickere Schichten notwendig sein. Diese Grenzschichten behalten ihre Schmiereigenschaften mit steigender Temperatur, bis der Erweichungspunkt der Seife erreicht ist. In diesem Stadium wird der Schmierfilm weich oder schmilzt gar, und es kommt zu viel häufigerer metallischer Berührung durch die Seifenlage hindurch, so daß Reibung und Verschleiß entsprechend zunehmen. Sowie die Seifenschicht ihre seitliche Kohäsion verliert, wird auch die Bindung an die Metalloberfläche schwächer, und die Auflockerung der Schmierschicht ist oft von einer Auflösung im darüberliegenden Öl oder der überschüssigen Säure begleitet.

Wir sehen also, daß Fettsäuren vor allem auf Grund der besonderen Eigenschaften, die die metallischen Seifen auszeichnen, „gute" Grenzschmierstoffe darstellen. Es gibt für diese Seifen allerdings noch eine andere Möglichkeit, um das Reibungsverhalten der Gleitflächen zu beeinflussen. Bei höheren Gleitgeschwindigkeiten kann die Entstehung einer zähflüssigen Seifenschicht von beträchtlicher Dicke zu einem verhältnismäßig großen Abstand zwischen den Oberflächen führen, und zwar schon bei Geschwindigkeiten, die weit unter jenen liegen, bei denen man den Beginn hydrodynamischer Schmierung eigentlich erwarten würde. Infolgedessen entsprechen die Bedingungen nicht mehr jenen richtiger Grenzschmierung, und Reibung und Verschleiß können auf sehr niedrige Werte sinken. Diese Erscheinung wurde in einer sehr aufschlußreichen Veröffentlichung über quasi-hydrodynamische Schmierung von BEECK, GIVENS und SMITH beschrieben (1940).

Wegen ihrer bemerkenswerten Schutzeigenschaften können dünne Schichten von Metallseifen auch direkt auf Metalloberflächen gestrichen werden, wobei oft eine äußerst wirksame Grenzschmierung erzielt wird. Bei diesen Schichten können die physikalische Beschaffenheit und die Art der Anwendung allerdings sehr wichtig sein. Die besten Reibungseigenschaften werden erhalten, wenn die Seifenschicht eine dichte, zusammenhängende Struktur besitzt, gleichmäßig über die Oberflächen verteilt und sehr fest adsorbiert ist. Solche Schichten werden ebenfalls schmieren, bis eine Erweichung der Seife infolge der Temperatur eintritt. Wenn die Bindung der Seife an die Oberfläche hingegen schwach ist und eine Ölschicht darauf liegt, so besteht die Möglichkeit, daß die Grenzschicht sich im überschüssigen Öl schon bei einer Temperatur, bei der die Seife noch nicht erweichen würde, auflöst. Sind anderseits Lösungsmittel in nennenswerten Mengen in der Seifenschicht vorhanden, so kann ein heftiges Sieden die Schmierschicht schnell aufbrechen lassen. Auch unter diesen Bedingungen wird das Versagen der Grenzschicht bei Temperaturen beginnen, die unter dem Erweichungspunkt der Metallseife liegen.

Der Erweichungspunkt einer Seife ist nicht klar definiert und kann einen weiten Temperaturbereich umfassen. Die Temperatur, bei der die Schwächung der Seifenschicht eine genügende Durchdringung gestattet, um eine merkliche Zunahme der metallischen Adhäsion (und folglich der Reibung und des Verschleißes) zu verursachen, hängt möglicherweise von den physikalischen Versuchsbedingungen ab. Bei einem gegebenen Metall und Schmiermittel wird die Übergangstemperatur in Wirklichkeit durch die Last, die Geschwindigkeit und die Gestalt der gleitenden Oberflächen bestimmt.

Wir haben bereits die Schmiereigenschaften dünner Metallschichten mit denjenigen schmierender Grenzschichten verglichen und dabei eingesehen, daß beide Schichtarten eine bedeutende Reibungsverminderung herbeiführen können. Auch ihr Verhalten in bezug auf

Verschleiß und Temperatur ist ähnlich, doch bestehen daneben noch zwei ausgeprägte Unterschiede. Erstens ist der Schmelzpunkt von Metallschichten und von Filmen aus reinen Paraffinkohlenwasserstoffen, Alkoholen usw. eindeutig definiert, und das Versagen tritt genau bei dieser Temperatur ein. Der Erweichungspunkt von Metallseifen ist jedoch eher unbestimmt, und der Durchbruch durch die Grenzschicht erfolgt bei Temperaturen, die von den physikalischen Konstanten der Versuchsvorrichtung abhängen. Der zweite und auffallendere Unterschied zwischen dünnen Metall- und Seifenschichten besteht darin, daß selbst auf rauhen Oberflächen eine einfache Lage von Seifenmolekülen für eine wirksame Schmierung ausreicht, während Metallschichten beträchtlich dicker sein müssen (rund 10^{-5} cm dick), um ihrem Zweck zu genügen. Feste Kohlenwasserstoffe und Alkohole müssen ebenfalls in verhältnismäßig dicken Schichten vorhanden sein, damit eine Schmierwirkung erzielt wird. Die äußerst große Dauerhaftigkeit der monomolekularen Seifenschichten und ihre Fähigkeit, das Fressen metallischer Oberflächen zu verhindern, sind in der Tat bemerkenswert.

Schrifttum

ADAM, N. K. (1941), The Physics and Chemistry of Surfaces. Oxford Univ. Press.
AKAMATSU, H. (1942), Bull. Chem. Soc. Japan, 17, 161.
BASTOW, S. H. and F. P. BOWDEN (1931), Proc. Roy. Soc. A **134**, 404.
BASTOW, S. H. and F. P. BOWDEN (1935), ebda. A **151**, 220.
BEECK, O., J. W. GIVENS and A. E. SMITH (1940), Proc. Roy. Soc. A **177**, 90.
BIGELOW, W. C., D. L. PICKETT, and W. A. ZISMAN (1946), J. Colloid Science, **1**, 513.
BIGELOW, W. C., E. GLASS and W. A. ZISMAN (1947), J. Colloid Science, **2**, 563.
BOWDEN, F. P. and A. C. MOORE (1951), Trans. Faraday Soc. **47**, 900.
BOWDEN, F. P. and W. R. THROSSELL (1951), Proc. Roy. Soc. A. **209**, 297.
BOWDEN, F. P., J. N. GREGORY and D. TABOR (1945), Nature, **156**, 97.
BOYD, J. and B. P. ROBERTSON (1945), Trans. Amer. Soc. Mech. Engrs. **67**, 51.
BRAGG, W. L. (1925), Nature **115**, 269; Proc. Roy. Inst. **24**, 481.
BRIDGMAN, P. W. (1946), Rev. Mod. Phys. **18**, 1.
BRUMMAGE, K. G. (1947), Proc. Roy. Soc. A **188**, 414; ebda. A **191**, 243.
CLARK, O. H., W. W. WOODS and J. R. WHITE (1951), J. App. Phys. **22**, 474.
COURTEL, R. (1952), Proc. Roy. Soc. A **212**, 459.
COWLEY, J. M. (1948), Trans. Faraday Soc. **44**, 60.
DANIEL, S. G. (1949), Dissertation, Cambridge.
DANIEL, S. G. (1951), Trans. Faraday Soc. **47**, 1345.
DUBRISAY, R. (1940), Compt. rend. **210**, 533.
FINCH, G. I. and H. WILMAN (1937), Ergebn. exakt. Naturwiss. **16**, 353.
FREWING, J. J. (1944), Proc. Roy. Soc. A **182**, 270.
GREENHILL, E. B. (1949), Trans. Faraday Soc. **45**, 625.

GREGORY, J. N. (1943), C.S.I.R. (Australia), Tribophysics Division, Report A 74.
HARDY, Sir W. B. (1936), Collected Works, Cambridge Univ. Press.
HARKINS, W. D. and D. M. GANS (1931), J.A.C.S. **53**, 2084.
HENNIKER, J. C. (1949), Rev. Mod. Phys. **21**, 322.
HUGHES, T. P. and G. WHITTINGHAM (1942), Trans. Faraday Soc. **38**, 9.
HUTCHINSON, E. (1947), Trans. Faraday Soc. **63**, 439.
LANCASTER, J. K. and R. L. ROUSE (1951), Research **4**, 44.
MCBAIN, J. W. (1950), Colloid Science, Boston, Heath & Co.
MENTER, J. W. and D. TABOR (1950), Proc. Roy. Soc. A **204**, 514.
MENTER, J. W. (1949), Dissertation, Cambridge.
MÜLLER, A. (1923), J. Chem. Soc. **123**, 2043; (1925) Proc. Roy. Soc. A **114**, 542.
PEART, J. and D. TABOR (1944), C.S.I.R. (Australia,) Tribophysics Division, Report A 99.
PRUTTON, C. F. et al (1945), Ind. Eng. Chem. **37**, 90.
RABINOWICZ, E., and D. TABOR (1951), Proc. Roy. Soc. A **208**, 455.
SAMESHIMA, J. et al. (1940), Rev. Physical Chem. Japan, **14**, 55.
SANDERS, J. V. and D. TABOR (1950), Proc. Roy. Soc. A **204**, 525.
SHOOTER, K. V. (1951), Dissertation, Cambridge.
SMITH, H. A. and J. F. FUZEK (1946), J.A.C.S. **68**, 229.
SPINK, A. J. (1950), Nature, **165**, 613.
TABOR, D. (1941), Nature, **147**, 609.
TANAKA, K. (1941), Mem. Coll. Sci. Kyoto, A **23**, 195.
THOMSON, G. P. and W. COCHRANE (1939), Theory and Practice of Electron Diffraction, Macmillan.
TINGLE, E. D. (1947), Nature, **160**, 710; (1950), Trans. Faraday Soc. **46**, 93.
TRILLAT, J. J. (1925), Compt. rend. **153**, 280.

Für eine frühere Darstellung von Elektronendiffraktionsstudien zur Bestimmung der Struktur und Orientierung von LANGMUIR-BLODGETT-Schichten sei auf die Veröffentlichung von L. H. GERMER und K. H. STORKS (1938), J. Chem. Phys. **6**, 280 verwiesen.

XI. Die Wirkungsweise von Hochdruckschmiermitteln

In den vorangehenden Kapiteln stellten wir fest, daß die Hauptaufgabe eines Schmierfilms darin besteht, den Umfang der engen, metallischen Berührung zwischen gleitenden Metalloberflächen zu verringern. Unter extrem hoher Beanspruchung durch Belastung und Geschwindigkeit können aber selbst die besten Schmiermittel des Fettsäure- oder Metallseifentyps im Gebiet der Grenzreibung versagen, was eine Zunahme der Reibung und des Oberflächenschadens nach sich zieht. Dies kommt beispielsweise bei Spiralzahnrädern, wo die reibenden Oberflächen aus sehr hartem Stahl bestehen und die Gleitgeschwindigkeiten verhältnismäßig hoch sind, vor. Es ist hier üblich, Schmiermittel zu verwenden, denen gewisse aktive Radikale oder Gruppen zugesetzt wurden. Diese Additive werden als ,,Hochdruck‘‘additive bezeichnet, und die sich ergebenden Schmierstoffe nennt man ,,Hochdruck‘‘- oder ,,E.P.‘‘-Schmiermittel (,,E.P.‘‘ steht für das englische ,,extreme pressure‘‘), da sie es den reibenden Oberflächen ermöglichen, befriedigend unter Bedingungen zu arbeiten, unter denen gewöhnliche mineralische oder vegetabilische Öle sich als unzulänglich erweisen würden. Die Bezeichnung ,,Hochdruck‘‘-Öl ist etwas irreführend. Es ist zwar richtig, daß die Berührungsfläche für eine gegebene Last bei harten Oberflächen kleiner wird, so daß der Druck auf die Schmierschicht größer ausfällt; aber es sind in erster Linie *die hohen Temperaturen*, die bei diesen schweren Gleitbeanspruchungen zwischen den reibenden Oberflächen entwickelt werden und für das Versagen der Schmierschicht verantwortlich sind, und dieser Temperatureinfluß wird stärker ausgeprägt sein, wenn harte Oberflächen vorliegen. Wie wir sehen werden, spielen diese Temperaturen noch insofern eine wichtige Rolle, als die Hochdruckschmiermittel erst unter diesem Einfluß die angestrebte Wirksamkeit erlangen.

Bei einer Durchsicht der Patentliteratur der letzten fünfzehn Jahre wird offenbar, daß beinahe jedem Element des periodischen Systems in irgendeiner Form ,,Hochdruck‘‘-Eigenschaften zugesprochen wurden. Ein systematischerer Überblick zeigt jedoch, daß Schwefel, Chlor und Phosphor die in solchen Additiven am häufigsten verwendeten Stoffe sind. Nach der allgemeinen Auffassung über die Wirkungsweise dieser Substanzen wird, dank der thermischen Zersetzung des Additivs während des Betriebs, mit der Metalloberfläche eine Verbindung eingegangen, die die Reibung oder Oberflächenbeschädigung (oder beide) vermindert. So zeigten BEECK, GIVENS und WILLIAMS (1940), daß Stoffe wie Tricresylphosphat mit den Metalloberflächen reagieren, um Phosphide zu bilden, die eine sehr spezifische Wirkung auf die Reibungseigenschaften der Oberflächen ausüben. In einer Arbeit über Additive, die Chlor enthalten, demonstrierte DAVEY (1945), daß sie durch die Freisetzung von Chlor und die Bildung von Metallchloriden wirken, während man von geschwefelten Additiven seit langem weiß, daß sie zu Sulfidschichten führen. Im ersten Teil dieses Kapitels werden wir eine hauptsächlich von GREGORY durchgeführte Untersuchung über die Schmiereigenschaften dünner Schichten aus Metallchloriden beschreiben und das Verhalten dieser Filme demjenigen von Oberflächen, die mit gewissen organischen Chlorverbindungen geschmiert sind, gegenüberstellen. Die Reibungscharakteristik dieser Verbindungen wurde in einem großen Temperaturbereich studiert. Im zweiten Teil werden wir uns mit einer ähnlichen, hauptsächlich GREENHILL (1948) zu verdankenden Untersuchung über Sulfidschichten und organische Schwefelverbindungen befassen. Im dritten Teil folgt schließlich die Diskussion einer Arbeit über die Verwendung typischer „Hochdruck"-Schmiermittel in gewissen Zerspanungsoperationen.

Die Schmierung von Metallen durch Chlorverbindungen

Chloridschichten

Die hier besprochenen Versuche beziehen sich auf Metallchloridschichten, die dadurch erzeugt worden waren, daß Stahl-, Kupfer- und Kadmiumoberflächen für eine bestimmte Zeitdauer einem trockenen

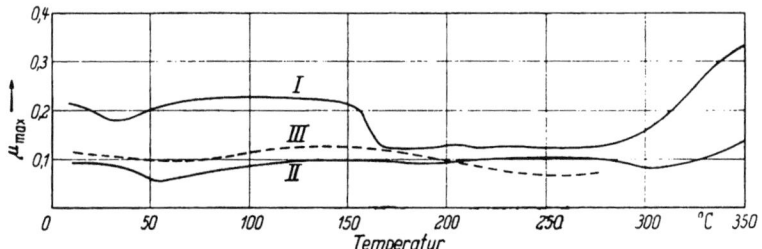

Abb. 83. Die Reibung von Chloridschichten auf Stahl in Abhängigkeit der Temperatur.
I: Chloridschicht allein, *II*: Chloridschicht bedeckt mit Paraffinöl, *III*: Eisenchlorid

Chlorgasstrom ausgesetzt wurden. Die Reibungsmessungen zeigen, daß Schichten, die dick genug sind, um Interferenzfarben hervorzurufen (d. h. etwa 1000 Å dicke), eine sehr starke Verminderung der Reibung und des Oberflächenschadens verursachen können, und zwar bis zu höheren Temperaturen. Die Reibung wird sogar weiter erniedrigt, wenn die Chloridschicht mit Paraffinöl bedeckt ist. Die Wirkung der Chloridschichten ist bei Stahloberflächen besonders ausgeprägt, wo die Reibungszahl sogar bei Temperaturen von ca. 300 °C einen Wert von 0,2 nicht übersteigt, wie man aus Abb. 83 entnehmen kann (Kurven *I* u. *II*). Daß diese Verbesserung auf die Chloridschicht zurückzuführen ist, wir durch die Tatsache unterstützt, das Eisenchlorid, das mit einer Ätherlösung auf den Stahl gebracht wurde, ganz ähnliche Ergebnisse ergab (Abb. 83, Kurve *III*).

Bei Kupfer- und Kadmiumoberflächen ist die Reibungsverminderung nicht so ausgeprägt (μ liegt zwischen 0,3 und 0,4); aber auch hier wird der niedrige Reibungsbeiwert bis zu Temperaturen von über 300 °C beibehalten. In allen Fällen werden die Chloridschichten durch die Gegenwart von Feuchtigkeit in der Luft leicht hydrolisiert und verlieren dabei schnell ihre Schmiereigenschaften. Dies gilt vor allem für Stahloberflächen, und in den Versuchen wurden besondere Maßnahmen getroffen, um die schmierende Chloridschicht in einem Trocknungsapparat zu erzeugen und die Reibungsmessungen unmittelbar nach der Entfernung der Proben aus der trockenen Atmosphäre auszuführen.

Organische Chlorverbindungen

Langkettige, halogenierte Paraffinkohlenwasserstoffe. In diesen Reibungsversuchen wurden Octadecylchlorid, Cetylbromid und Cetyliodid (S.P. ca. 20 °C) verwendet.

$$
\begin{array}{ccc}
CH_3 & CH_3 & CH_3 \\
| & | & | \\
(CH_2)_{16} & (CH_2)_{14} & (CH_2)_{14} \\
| & | & | \\
HCH & HCH & HCH \\
Cl & Br & J \\
\text{Octadecylchlorid} & \text{Cetylbromid} & \text{Cetyljodid}
\end{array}
$$

Diese Verbindungen gaben in allen Fällen eine niedrige Reibung, und im festen Zustand schützten sie die Oberfläche vor nennenswerter Beschädigung; oberhalb ihrer Schmelzpunkte von rund 20 °C waren Reibung und Verschleiß jedoch größer. Das Verhalten unterscheidet sich von dem der einfachen Paraffine nur durch den etwas niedrigeren Reibungskoeffizienten. Es hat deshalb den Anschein, als ob unter den herrschenden Versuchsbedingungen keine Reaktion zwischen den Verbindungen und der Oberfläche zur Bildung einer Metallchloridschicht stattfand. Die Reibung bleibt selbst bei erhöhten Temperaturen relativ hoch, was wiederum andeutet, daß diese Verbindungen chemisch nicht reagieren.

Verbindungen mit der >SeCl₂-Gruppe. Reibungsmessungen zeigten, daß eine Anzahl von Selenverbindungen, die die >SeCl₂-Gruppe enthalten, sehr wirksam schmierende Grenzschichten liefert. Als typische Verbindung wurde $\beta\beta'$-Dichlordicetylselendichlorid untersucht, das durch die Reaktion von Ceten mit Selentrichlorid gemäß folgender Gleichung präpariert wurde:

$$2\,CH_3(CH_2)_{13} - CH = CH_2 + SeCl_4 \rightarrow \begin{array}{c} CH_3(CH_2)_{13} - CHCl - CH_2 \\ \\ CH_3(CH_2)_{13} - CHCl - CH_2 \end{array} \!\!\!\! > SeCl_2$$

Die mit dieser Verbindung auf Stahloberflächen erhaltenen Ergebnisse sind in Abb. 84 aufgetragen, und man erkennt, daß bei einer zwischen

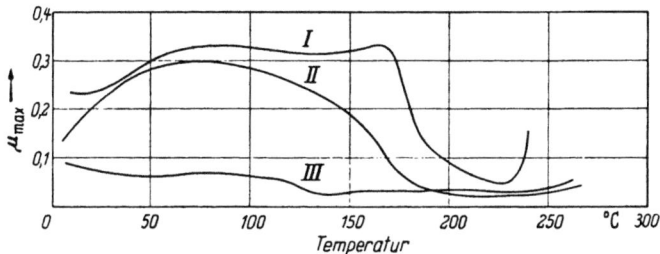

Abb. 84. Die Reibung von Chlor enthaltenden Verbindungen auf Stahlflächen in Abhängigkeit der Temperatur. *I*: 0,1prozentige Lösung von $\beta\beta'$-Dichlordicetylselendichlorid in Paraffinöl, *II*: 1,0prozentige Lösung desselben Stoffes, *III*: Mischung einer einprozentigen Lösung des oben genannten Stoffes und einer einprozentigen Lösung von Stearinsäure

150° und 180 °C gelegenen Temperatur eine starke Reibungsverminderung eintritt (Kurve *I*). Diese Erscheinung ist bei höheren Konzentrationen noch stärker ausgeprägt (Kurve *II*) und beruht auf der Reaktion der Verbindung mit der Stahloberfläche, um bei dieser Temperatur das Metallchlorid zu bilden. Da Stearinsäure Stahlflächen bis zu etwa 160 °C schmiert, so dürfen wir auch bei tieferen Temperaturen, bevor die Chlorreaktion einsetzt, eine Schmierwirkung erwarten, wenn wir dem Schmiermittel eine kleine Menge von Staerinsäure beifügen. Abb. 84, Kurve *III*, zeigt, daß diese durchgehende Schmierung mit einer Lösung von Paraffinöl, die 1 % des Chlorids und 1 % Stearinsäure enthält, tatsächlich gelingt. Man erzielt dadurch in einem Bereich, der sich von Raumtemperatur bis auf 300 °C erstreckt, eine niedrige Reibung.

Eine Lösung dieser Selenverbindung in Paraffinöl ergab bei Kupfer- und Kadmiumoberflächen bessere Ergebnisse als das Paraffinöl allein; aber der Gewinn ließ sich in keiner Weise mit der außerordentlich guten Schmierung vergleichen, die auf Stahlflächen beobachtet wird.

Die Wirksamkeit dieser Verbindung und anderer Stoffe, die eine >SeCl₂-Gruppe aufweisen, beruht nicht in erster Linie auf der Anwesenheit des Selenatoms, sondern auf dem Vorhandensein des Chlors, das an das Selen gebunden ist. Wenn das Chlor durch Hydrolyse entfernt wird (um das Dihydroxyd zu erzeugen) oder mit Zinkstaub (wobei das Selenid entsteht), so ergeben sich Verbindungen, die sich für die Grenzschmierung nicht eignen und kein plötzliche Abnahme von μ bei einer kritischen Temperatur zeigen. Ferner wurden bei der Schmierung von Stahloberflächen mit $>$SeCl$_2$-Verbindungen auch direkte Anzeichen dafür gefunden, daß die bei höheren Temperaturen gebildete Schmierschicht aus dem Metallchlorid bestand. Dies kam vor allem beim Waschen von Eisenfeilspänen mit einer alkoholischen Lösung einer typischen Selendichloridverbindung zum Ausdruck. Nach erfolgter Reaktion stellte man eindeutig fest, daß Eisenchlorid entstanden war, und eine Titration in wäßriger Lösung ergab, daß das zweiwertige Chlorid etwa 80% ausmachte, während der Rest dreiwertiges Chlorid war.

Langkettige, saure Chloride. Bei einigen wenigen Versuchen wurden verdünnte Lösungen von Stearylchlorid in Paraffinöl benutzt. Stearylchlorid besitzt die Formel CH$_3$(CH$_2$)$_{16}$COCl und unterscheidet sich von einem langkettigen, halogenierten Paraffinkohlenwasserstoff (z. B. Octadecylchlorid) durch die Endgruppe COCl, in der das Chlor aktiv ist, an Stelle der Gruppe CH$_2$Cl. Bei Stahloberflächen gab eine Lösung, die nur 0,5 Prozent Stearylchlorid enthielt, ein gleichförmiges Gleiten und niedrige Reibung bis auf 300 °C. Auf Kupferflächen gewährten selbst Lösungen mit bis zu 5 % Stearylchlorid keine befriedigende Schmierung.

Die Wichtigkeit der Chloridbildung

Wie wir gesehen haben, können Chloridschichten sowohl in trockenem Zustand als auch in der Gegenwart von Paraffinöl für die Grenzschmierung von Stahloberflächen sehr wirksam sein. Auf Kupfer oder Kadmium ist ihre Schmierwirkung geringer. Eine dünne Lage von Eisenchlorid auf Stahl verursacht eine große Reduktion sowohl der Reibung als auch des Verschleißes und der Neigung zum Fressen. Dies bedeutet — auf Gl. (1), Kap. X, übertragen — daß die Chloridschicht auf Stahl zu niedrigen Werten von s_G und α führt. Diese Schichten besitzen eine lamellare Struktur und erliegen sehr leicht einer Schubbeanspruchung, doch erfüllen sie ihre Aufgabe nur im wasserfreien Zustand richtig. Eine Hydrolyse infolge allfällig anwesender Feuchtigkeit verursacht rasch eine Verschlechterung ihrer Schmiereigenschaften. Dazu kommt, daß die Bildung von Salzsäure zu einer übermäßigen Korrosion der Oberflächen führen kann.

Die Schmierwirkung organischer Stoffe, die Chlor enthalten, variiert mit der Stabilität der Verbindungen und mit der Natur der betreffenden Metalloberflächen. Langkettige Halogene wie beispielsweise

Octadecylchlorid sind sogar bei 300 °C beständig, so daß keine Chloridschicht gebildet wird; diese Verbindungen sind verhältnismäßig schlechte Schmierstoffe. Als viel besser erweisen sich, besonders auf Stahloberflächen, Verbindungen, die labile Chloratome enthalten und schon bei mäßig hohen Temperaturen unstabil werden. So scheinen die Eigenschaften der Stoffe mit der >SeCl$_2$-Gruppe hauptsächlich von den Chlor- und nicht von den Selenatomen abzuhängen, was durch Hydrolyse oder Dechlorierung demonstriert werden kann. Entfernt man die Chloratome nach einer dieser beiden Methoden, so verschwinden die Schmierqualitäten. Ferner kann die Bildung der Chloridschicht direkt visuell beobachtet werden. Sie erfolgt bei einer Temperatur, die für eine gegebene Verbindung charakteristisch ist und bei der auch gleichzeitig der Reibungsabfall entdeckt wird.

Obschon kein Zweifel besteht, daß die auf Stahloberflächen hervorgerufene Schmierwirkung der Entstehung des Metallchlorids zu verdanken ist, kann nicht mit Sicherheit gesagt werden, ob es sich um das zwei- oder dreiwertige oder gar um eine Mischung der beiden Chloride handelt. Chemische Tests deuten darauf hin, daß das wasserfreie, aus den >SeCl$_2$-Verbindungen entstandene Chlorid vorwiegend zweiwertig ist. Anderseits ist das durch Überleiten des Chlorgasstromes auf Stahl erzeugte Chlorid dreiwertig, doch findet bei höheren Temperaturen möglicherweise die Reaktion 2FeCl$_3$ + Fe → 3FeCl$_2$ statt. Arbeiten von BRUMMAGE (1947) über die Elektronendiffraktion zeigen, daß die Schicht bei hohen Temperaturen aus einem Oxychlorid aufgebaut sein könnte. Die Zusammensetzung der Schmierschicht ist somit nicht genau bekannt, noch ist die Frage, ob sie sich mit der Temperatur ändert, eindeutig abgeklärt.

Diese Versuche lassen erkennen, daß Verbindungen, die ein labiles Chloratom enthalten, durch die Bildung einer oberflächlichen Chloridschicht auf Stahl für eine ausgezeichnete Schmierung sorgen können. Obschon auf Oberflächen aus Kupfer und Kadmium ähnliche Schichten entstehen, so erzielen sie nicht dieselbe Schmierwirkung, was vermutlich auf der Tatsache beruht, daß diese Chloridfilme nicht so günstige Schereigenschaften besitzen.

Die Schmierung von Metallen durch Schwefelverbindungen

Sulfidschichten

Auf Stahl-, Kupfer-, Silber- und Kadmiumoberflächen wurden dünne Schichten von Metallsulfiden erzeugt, indem die Metalle entweder in eine Ammoniumpolysulfidlösung oder in eine verdünnte Lösung von

Natriumsulfid eingetaucht wurden. In Reibungsversuchen findet man, daß diese Schichten erst dann die größte Reibungsverminderung hervorrufen, wenn ihre Dicke rund 1500 Å überschreitet. Dies ist in Abb. 85 für Kupferoberflächen dargestellt, an denen die Schichtdicke mit einer optischen Interferenzmethode (nach CONSTABLE, 1929) abgeschätzt wurde. Man erkennt, daß die Reibungszahl nicht unter einen Wert von etwa 0,5 abfällt, d.h. die Reibung wird unter diesen Umständen nicht so bedeutend herabgesetzt wie durch Chloridschichten. Immerhin sind die Sulfidfilme in bezug auf allfällig vorhandene Feuchtigkeit nicht empfindlich, und sie behalten ihre Eigenschaften bis zu sehr hohen Temperaturen bei. Ferner zeigen Schrägschnitte der vom Reiter hinterlassenen Gleitfurchen, daß Sulfidschichten den Umfang der Oberflächenverletzung und der Freßerscheinungen beträchtlich verringern. Typische Ergebnisse für Kupferoberflächen sind in Tafel XXIII. (1 und 2) abgebildet.

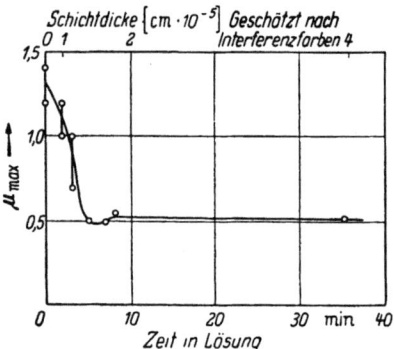

Abb. 85. Die Reibung von Kupferoberflächen, die mit Sulfidschichten verschiedener Dicke bedeckt sind. Letztere wurden durch verschieden langes Eintauchen des Metalls in eine Ammomiumpolysulfidlösung gebildet und ihre Dicke auf Grund der Interferenzfarben geschätzt. Eine bedeutende Reibungsverminderung tritt ein, wenn die Schichtdicke etwa 2×10^{-5} cm übersteigt

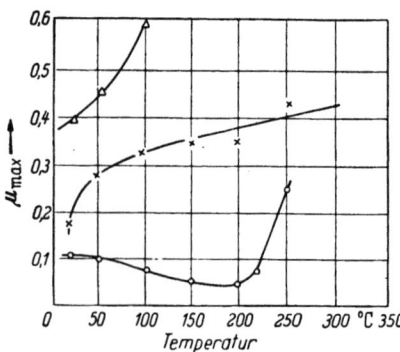

Abb. 86. Die Reibung von Sulfidschichten auf Stahl in Abhängigkeit der Temperatur. △ Paraffinöl auf Stahl, × Paraffinöl auf sulfuriertem Stahl, ○ einprozentige Lösung von Fettsäure in Paraffinöl auf sulfuriertem Stahl

Werden die Sulfidschichten mit Paraffinöl abgedeckt, so erhält man ein günstigeres Reibungsverhalten als mit Paraffinöl oder einem Sulfid allein. Die besten Ergebnisse werden jedoch erzielt, wenn dem Paraffinöl noch ein kleiner Prozentsatz von Fettsäure beigemischt wird. Die Fettsäure sorgt dann für einen niedrigen Reibungsbeiwert bis zu etwa 160 °C, während die Sulfidschicht das Fressen oberhalb dieser Temperatur verhindert, wenn die Säure- oder Seifenschicht versagt. Abb. 86 zeigt eine graphische Gegenüberstellung dieser Reibungsverhältnisse auf Stahloberflächen. Wie man Mikrophotographien der Gleitfurchen entnehmen kann, entsprechen die Änderungen in der Beschädigung der Oberfläche dem Reibungsverhalten.

Die Schmierung von Metallen durch Schwefelverbindungen 291

Tafel XXIII

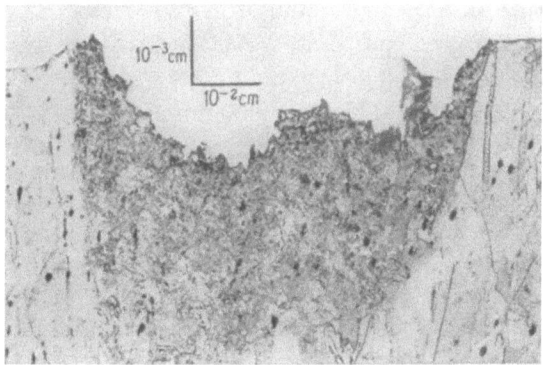

Abb. 1. Flachschnitt einer Reibungsfurche in Kupfer. Nach einmaligem Darübergleiten eines halbkugeligen Kupferreiters (ungeschmiert). Beachte die Kaltverfestigung bis zu einer beträchtlichen Tiefe

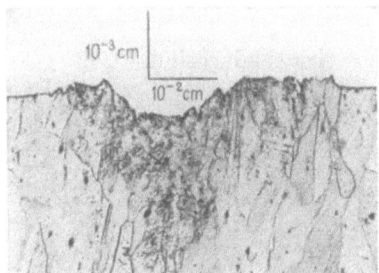

Abb. 2. Flachschnitt einer Reibungsfurche in Kupfer, das mit einer Sulfidschicht von etwa 2×10^{-5} cm Dicke bedeckt war. Halbkugeliger Kupferreiter. Die Verringerung des Oberflächenschadens und des Umfangs der Verformung unter der Oberfläche ist bemerkenswert

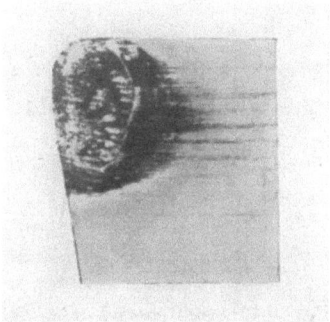

Abb. 3. Beschädigung der Schneidkante eines Drehstahls durch das Abbrechen der Aufbauschneide und eine typische Auskolkung infolge der Reibung des ablaufenden Spans. ($5 \times$)

Sulfurierte Verbindungen

Geschwefelte Ölsäure und sulfuriertes Ceten. Bei diesen Reibungsmessungen kamen zwei sulfurierte Verbindungen zum Einsatz, die den handelsüblichen, schwefelhaltigen Schmiermitteln, die bei Zerspanungsarbeiten und anderen Vorgängen mit hoher Beanspruchung der Gleitflächen verwendet werden, nahestehen. Die erste war geschwefelte Ölsäure und wurde durch Erhitzen von Ölsäure mit einer im voraus berechneten Menge Schwefel hergestellt. Auch die zweite Verbindung, sulfuriertes Ceten, wurde auf ähnliche Weise präpariert. Die Formeln dieser Stoffe sind zweifelhaft, doch ist der Schwefel wahrscheinlich bei der Doppelbindung eingefügt und deshalb nur lose an das Molekül gekettet. Beide Schmierstoffe ergaben auf Stahl und Silber ähnliche Resultate. Die Reibung war niedrig ($\mu \approx 0{,}1$), und die Oberfläche wies im ganzen untersuchten Temperaturbereich von 20 bis 300 °C nur eine geringe Verletzung auf. In allen Fällen wurde eine sichtbare Sulfidschicht gebildet, und das Verhalten war offensichtlich im wesentlichen das gleiche wie für Sulfidoberflächen, die mit einer Lage Ölsäure bzw. Ceten abgedeckt wurden.

Reine, langkettige Schwefelverbindungen. Für diese Reibungsversuche wurden Schwefel enthaltende, aliphatische Verbindungen verwendet, wie sie unten formelmäßig beschrieben sind. Diese Verbindungen weisen eine starke Polarität auf, sind aber in Paraffinöl leicht löslich, so daß sie gewöhnlich in einprozentiger Lösung geprüft wurden. Keiner der untersuchten Stoffe übte auf Platin- oder Silberoberflächen eine nennenswerte Wirkung aus; die Reibung blieb so hoch, wie wenn Paraffinöl allein angewandt wurde. Bei Stahl-, Kupfer- und Kadmiumoberflächen zeigte sich hingegen, daß die Verbindungen in drei Hauptgruppen unterteilt werden konnten. Die erste Klasse besteht aus langkettigen Sulfiden, Disulfiden und Thiocyanaten, wie zum Beispiel:

$$
\begin{array}{cccc}
\mathrm{CH_3} & & & \\
| & & & \\
(\mathrm{CH_2})_{14} & \mathrm{CH_3}\ \ \ \mathrm{CH_3} & \mathrm{CH_3}\ \ \ \mathrm{CH_3} & \\
| & |\ \ \ \ \ \ \ | & |\ \ \ \ \ \ \ | & \mathrm{CH_3} \\
\mathrm{CH_2} & (\mathrm{CH_2})_{14}\ (\mathrm{CH_2})_{14} & (\mathrm{CH_2})_{13}\ (\mathrm{CH_2})_{13} & | \\
| & |\ \ \ \ \ \ \ | & |\ \ \ \ \ \ \ | & (\mathrm{CH_2})_{11} \\
\mathrm{S} & \mathrm{CH_2}\ \ \ \mathrm{CH_2} & \mathrm{CHCl}\ \ \ \mathrm{CHCl} & | \\
| & \diagdown\diagup & |\ \ \ \ \ \ \ | & \mathrm{CH_2} \\
\mathrm{CH_3} & \mathrm{S} & \mathrm{CH_2}\ \ \ \mathrm{CH_2} & | \\
& & \diagdown\diagup & \mathrm{S-CN} \\
& & \mathrm{S} & \\
\text{Cetyl-} & \text{Dicetylsulfid} & \beta\beta'\text{-dichlordicetylsulfid} & \text{Cetyl-} \\
\text{methylsulfid} & & & \text{thiocyanat}
\end{array}
$$

Mit keiner dieser Verbindungen wurde eine Schmierwirkung erzielt, und es war offensichtlich, daß unter den herrschenden Versuchsbedingungen keine chemische Reaktion mit den Oberflächen erfolgte.

Ähnliche Ergebnisse wurden mit zwei aromatischen Schwefelverbindungen erhalten, obschon einige Anzeichen dafür vorlagen, daß diese bei sehr viel höheren Temperaturen zerfielen und dann die Oberfläche angriffen, um das Metallsulfid zu bilden.

Die zweite Klasse umfaßt Schwefelverbindungen, die ein ersetzbares Wasserstoffatom enthalten. Folgende Verbindungen wurden in die Untersuchung einbezogen:

$$
\begin{array}{cccc}
& CH_3 & CH_3 & CH_3 \\
CH_3 & (CH_2)_{11} & (CH_2)_{10} & (CH_2)_{13} \\
(CH_2)_{11} & CH_2 & CH_2 & H-C-SH \\
CH_2 & O=S=O & C-SH & C=O \\
SH & OH & \parallel & OH \\
& & S & \\
\text{Cetyl-} & \text{Cetyl-} & \text{Dithiotri-} & \alpha\text{-mercapto-} \\
\text{mercaptan} & \text{sulfonsäure} & \text{decylsäure} & \text{palmitinsäure}
\end{array}
$$

Auch diese Stoffe zeigten kaum irgendwelche Spuren einer Reaktion mit der Metalloberfläche zur Bildung einer Sulfidschicht. Ferner waren sie als Schmiermittel auf Silber und Platin um nichts wirksamer als reines Paraffinöl, während sie auf Stahl-, Kupfer- und Kadmiumoberflächen für eine befriedigende Schmierung sorgten. Ihr Reibungsverhalten ist somit sehr ähnlich wie dasjenige von Fettsäuren, und die Ergebnisse sprechen dafür, daß ihre Wirksamkeit in Grenzschichten auf ihrer Reaktion mit dem Metall zu einer den Metallseifen analogen Verbindung beruht. Diese Auffassung wird durch Versuche über die Schmiereigenschaften der Kupfer- und Kadmiumderivate von Cetylmercaptan und α-Mercaptopalmitinsäure bestätigt. Ihr Reibungsverhalten auf irgendeiner Metalloberfläche entspricht den Beobachtungen, die mit den ursprünglichen Verbindungen auf Kupfer- und Kadmiumflächen gemacht werden. Diese Ähnlichkeit wurde bereits im zehnten Kapitel diskutiert.

In die dritte Klasse gehören Verbindungen, die über kein ersetzbares Wasserstoffatom verfügen, wie beispielsweise Dithiocyanate. Dithiocyanstearinsäure, die aus Ölsäure und freiem Thiocyan $(SCN)_2$ präpariert wird, liefert auf Stahl eine sehr gute Schmierung; die Reibung bleibt bis auf 300 °C niedrig (DE KADT, unveröffentlicht). Die Zusammensetzung dieser Verbindung ist ungewiß, doch ist die CNS-Gruppe vorhanden. Auf Kupfer oder Kadmium ist sie unwirksam. Das Verhalten solcher Verbindungen — ähnliche Ergebnisse wurden auch mit einer aus Ceten und Thiocyan hergestellten Verbindung erhalten — ist offensichtlich nicht auf die Entstehung einer Sulfidschicht zurückzuführen, und die gefundenen Anzeichen deuten auf das Zustandekommen einer Eisenthiocyanatschicht hin. Diese Ansicht wird durch Versuche über die Schmiereigenschaften solcher Schichten, die aus einer Ätherlösung auf Stahlflächen niedergeschlagen wurden, bestätigt. Wenn der Stahl direkt einer Ätherlösung von Thiocyan ausgesetzt wurde, machte sich dasselbe Verhalten bemerkbar. Wird das Eisenthiocyanat durch Abdecken mit einer dünnen Schicht von Paraffinöl wasserfrei gehalten, so bewirkt es ein gleichförmiges Gleiten, und eine niedrige Reibung bleibt bis zu Temperaturen von merklich über 200 °C erhalten. In der Gegenwart von Feuchtigkeit findet jedoch eine Hydrolyse statt, und die Schichten verlieren ihre Schmierfähigkeit.

Die Wichtigkeit des chemischen Angriffs und der Natur der Fremdschichten

Wir haben gesehen, daß Sulfidschichten, deren Dicke einen gewissen kritischen Wert überschreitet, imstande sind, die Reibung und Beschädigung der Oberflächen gleitender Metalle zu vermindern. Die Reibungserniedrigung ist allerdings nicht so ausgeprägt, wie sie bei Chloridschichten beobachtet werden kann. Drücken wir die Wirkung der Sulfide im Sinne von Gl. (1), Kap. X, aus, so können wir sagen, diese Schichten verursachen eine große Reduktion von α, so daß der Verschleiß und die Oberflächenbeschädigung vermindert werden, während s_G noch ziemlich hoch liegt. Der Reibungsbeiwert für Sulfidschichten fällt tatsächlich nie unter etwa 0,5. Chloridschichten hingegen geben niedrige Werte für s_G und α, so daß sowohl die Reibung als auch der Verschleiß stark verringert werden. Die geringe Reibung für Chloridschichten auf Eisen steht wahrscheinlich mit der physikalischen Struktur des Eisenchlorids, das lamellar aufgebaut und sehr leicht zu scheren ist, im Zusammenhang. Die Messungen zeigen, daß seine Reibungseigenschaften eine große Ähnlichkeit mit jenen aufweisen, die bei der Fettsäureschmierung erzielt werden. Auf anderen Metallen geben die Chloridschichten keine so niedrige Reibung, vermutlich wegen der andersgearteten Struktur der betreffenden Filme. Sulfidschichten auf Eisen und anderen Metallen sind verhältnismäßig hart und deshalb in der Verhinderung metallischer Berührung wirksam; aber die Reibung wird trotzdem nicht besonders niedrig. Dafür sind sie jedoch sehr stabil, werden durch die Gegenwart von Feuchtigkeit nicht beeinflußt und behalten jene Eigenschaften, die die Gefahr des Fressens herabsetzen, bis zu sehr hohen Temperaturen bei.

Wenn ein Paraffinöl, das einen kleinen Zusatz von Fettsäure enthält, auf die Sulfidschicht gebracht wird, so reagiert die Fettsäure, um eine der Sulfidschicht überlagerte Metallseife zu bilden. Dies äußert sich durch eine sehr niedrige Reibungszahl bis zu jener Temperatur, bei der die Metallseife erweicht oder schmilzt. Obschon die Reibung in diesem

Stadium rasch ansteigt, verhindert das Vorhandensein der Sulfidschicht übermäßigen Verschleiß und Anfressen bis zu sehr viel höheren Temperaturen. Wie die Versuche mit geschwefelter Ölsäure und sulfuriertem Ceten zeigen, läßt sich das Verhalten des größten Teils der mit Schwefel versehenen Hochdruckschmiermittel wahrscheinlich mit diesem Mechanismus erklären. Diese Ergebnisse bestätigen deshalb die herrschende Auffassung, daß die wesentliche Wirkung eines Schmiermittels der sehr großen Klasse geschwefelter Verbindungen darin liegt, die Gleitflächen anzugreifen, damit eine Sulfidschicht entsteht. Sind die Verbindungen so stabil, daß sie nicht mit der Oberfläche reagieren, so leisten sie in Paraffinöllösungen nicht mehr als das Paraffinöl allein. Langkettige Sulfide oder Disulfide, die unter den erwähnten Versuchsbedingungen nicht aktiv sind, schmieren keines der geprüften Metalle.

Die Versuche zeigen jedoch, daß einige Schwefelverbindungen, die keine Sulfidschichten bilden, dennoch für eine gute Grenzschmierung sorgen können. Dazu gehören beispielsweise Schwefelverbindungen, die saurer Natur sind. Sie wirken ebenfalls durch Reaktion mit der Oberfläche, und es entstehen dabei den Metallseifen analoge Verbindungen, so daß der Schwefel für ihren Mechanismus eigentlich keine Rolle spielt. Diese „Seifen" können sich, sofern sie erst bei hohen Temperaturen erweichen, als sehr wirksame Schmierschichten erweisen. Bei genügend hohen Temperaturen werden sie wahrscheinlich doch zu Sulfidschichten abgebaut.

Eine andere Art von Schwefelverbindung, die eine gut schmierende Grenzschicht, aber keine Sulfidschicht liefert, findet sich in der Gruppe mit dem Thiocyanradikal CNS. Diese Substanzen zersetzen sich, und das Radikal greift die Oberfläche an, um eine Thiocyanatschicht zu bilden. Solche Verbindungen scheinen nur auf Stahloberflächen die gewünschte Wirkung hervorzubringen und gleichen deshalb sehr stark den Hochdruckadditiven mit Chlor. Sowohl wasserfreies Ferrothiocyanat $Fe(CNS)_3$ als auch Eisenchlorid $FeCl_3$ geben gut schmierende Grenzschichten, die hohen Temperaturen standhalten.

Es wird nicht behauptet, die in diesem und dem vorangehenden Abschnitt beschriebenen Verbindungen stellen notwendigerweise gute Additive für hohe Beanspruchungen in der Praxis dar; aber die Wirkungsweise dieser Verbindungen ist ähnlich wie jene der handelsüblichen Additive. Wie bei den Chlorverbindungen zeigen die Ergebnisse, daß viele Additive, die Schwefel enthalten, ganz spezifisch für ein gegebenes Metall oder eine Metallgruppe günstig sind. Das Problem der Wahl eines Additivs für höchste Beanspruchung hängt deshalb nicht nur von den Temperatur- und Druckverhältnissen ab, sondern ebenso von der Art des zu schmierenden Metalls.

Phosphoradditive

BEECK, GIVENS und WILLIAMS (1940) zeigten, daß einige Phosphoradditive ebenfalls dadurch wirken, daß sie mit der Metalloberfläche reagieren und dabei Metallphosphide erzeugen. Diese Forscher sind der Auffassung, die in den Berührungsbezirken entstehende Phosphidschicht vereinige sich mit dem darunterliegenden Metall zu einem niedrigschmelzenden Eutektikum, das durch den Gleitvorgang abgetragen oder wegpoliert werde, so daß eine glatte Oberfläche zurückbleibt. Nach dieser Ansicht beruht die Fähigkeit von Phosphoradditiven, hohe Belastungen auszuhalten, im wesentlichen auf einem ,,chemischen" Poliervorgang. In einigen Fällen scheint das chemische Polieren allerdings nicht der Hauptvorgang zu sein, doch bedarf es noch weiterer Arbeit, bis darüber eindeutige Schlüsse gezogen werden können. Wahrscheinlich wirken die Phosphorverbindungen oft auf ähnliche Weise wie die Stoffe, die Schwefel und Chlor enthalten; sie führen zum Aufbau schützender Schichten, die bei einigen Metallen außerdem eine niedrige Scherfestigkeit besitzen.

Das Reaktionsvermögen von Hochdruckadditiven

Bei vielen Arten von Hochdruckadditiven erfolgt die Reaktion mit der Metalloberfläche bei Zimmertemperatur nicht mit großer Geschwindigkeit. Infolgedessen besteht die Möglichkeit, daß diese Stoffe sich in der Grenzschicht als verhältnismäßig unwirksame Schmiermittel erweisen, solange die Reaktionstemperatur noch nicht erreicht ist. Aus diesem Grund ist es oft vorteilhaft, dem Schmierstoff eine kleine Menge von Fettsäure beizufügen, die schon bei Temperaturen unterhalb der Reaktionstemperatur des Additivs für eine gut schmierende Grenzschicht sorgen kann. Dieses Verhalten ist in Abb. 87, wo der Reibungsbeiwert über der Temperatur aufgetragen ist, schematisch aufgezeichnet. Kurve I gilt für Paraffinöl und zeigt, daß schon zu Beginn eine hohe Reibung vorliegt, die mit zunehmender Temperatur weiter ansteigt. Kurve II kennzeichnet das Verhalten einer Fettsäure, die mit

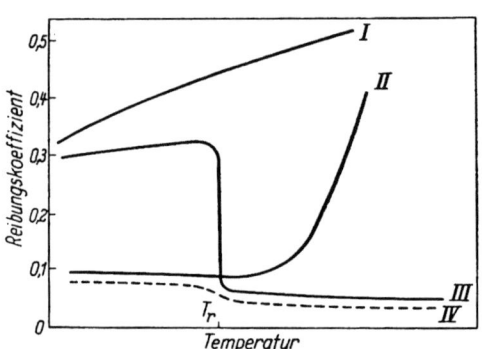

Abb. 87. Das Reibungsverhalten (schematisch) verschiedener Schmiermittel in Abhängigkeit der Temperatur. I: Paraffinöl, II: Fettsäure, III: Hochdruckschmiermittel, das mit den Oberflächen bei der Temperatur T_r reagiert, IV: Mischung dieses Schmierstoffes mit Fettsäure. Die Fettsäure gewährt Schmierung bis zu einer Temperatur, bei der das E.P.-Additiv mit der Oberfläche reagiert

der Oberfläche reagiert, so daß eine metallische Seife entsteht; letztere gewährt eine gute Schmierung bis zu der Temperatur, bei der die Seife zu erweichen beginnt. Kurve *III* illustriert den Reibungsverlauf eines typischen Hochdruckadditivs, das unterhalb der Temperatur T_r sehr langsam reagiert, so daß in diesem Bereich eine schlechte Schmierung beobachtet wird; oberhalb von T_r wird die Schutzschicht gebildet, die bis zu einer sehr hohen Temperatur eine wirksame Schmierung bewirkt. Kurve *IV* stellt das Ergebnis dar, das durch Hinzufügen von etwas Fettsäure zum Additiv erhalten wird. Die Fettsäure sorgt für gute Schmierung unterhalb T_r, während die Schmierwirkung oberhalb dieser Temperatur hauptsächlich dem Additiv zu verdanken ist. Bei noch höheren Temperaturen tritt auch bei den beiden Kurven *III* und *IV* eine Verschlechterung der Schmiereigenschaften auf, was in dieser Abbildung nicht mehr angedeutet ist.

Die Reaktionsfähigkeit des Additivs wird natürlich auch zu einem großen Teil von der Art des Arbeitsvorgangs abhängen, für den es vorgesehen ist. Es ist klar, daß für Formgebungsverfahren wie Zerspanung und Tiefziehen eine verhältnismäßig unstabile Verbindung verwendet werden kann, da die Korrosion hier nicht von sehr großer Wichtigkeit ist. In einer laufenden Maschine hingegen kann ein Additiv, das unter den herrschenden Betriebsbedingungen zu unstabil ist, mehr Schaden anrichten als verhindern, wenn die hohe Reaktionsbereitschaft des Additivs zu einer übermäßigen chemischen Korrosion führt. In einer solchen Maschine sollte nur ein Additiv eingesetzt werden, bei dem die chemische Reaktion erst bei Temperaturen oder Drücken im Gefahrenbereich erfolgt, d. h. wenn das Verschweißen und Aufreißen einen so großen Umfang angenommen haben, daß hoher Verschleiß und nachfolgendes Fressen sonst nicht mehr zu vermeiden sind. Aus diesen Betrachtungen folgt, daß die Schmierung für höchste Beanspruchung in der Tat größtenteils ein Problem kontrollierter Korrosion darstellt. Die Stabilität des Additivs ist so zu wählen, daß bei mäßigen Beanspruchungen keine nennenswerte Reaktion eintritt, während unter schweren Bedingungen eine ausreichende chemische Reaktion ohne allzu schädliche Korrosion stattfinden soll. Das auf der Oberfläche gebildete Reaktionsprodukt sollte die geeigneten physikalischen Eigenschaften besitzen, die bei der herrschenden Betriebstemperatur zur Verminderung der metallischen Berührung beitragen. Weist es außerdem eine niedrige Scherfestigkeit auf — womit sich ein niedriger Reibungsbeiwert ergibt —, so ist ein zusätzlicher Vorteil gewonnen.

Die Temperaturempfindlichkeit von Hochdruckschmiermitteln

Das Versagen von Grenzschmiermitteln unter extremen Bedingungen ist viel eher auf die an den Reibungsstellen erzeugten Temperaturen zurückzuführen als auf die Größe der Drücke, denen das Schmiermittel unterworfen ist. Aus diesem Grunde sind die Temperaturen, bei denen verschiedene E.P.-Schmierschichten unwirksam werden, von besonderem Interesse. BOWDEN und YOUNG (1951) untersuchten das Reibungsverhalten gründlich entgaster Eisenoberflächen, die durch H_2S oder Cl_2 angegriffen wurden, um das Sulfid oder Chlorid an Ort und Stelle zu erzeugen. Sie fanden dabei, daß das Chlorid bis auf etwa 300 °C eine gute Schmierung gewährte ($\mu = 0{,}4$); aber bei etwa 400 °C war die Reibungszahl auf etwa 1,6 gestiegen. Mit dem Sulfid erhielt man immer eine größere Reibung ($\mu = 0{,}8$), doch blieb der Schutz bis auf eine höhere Temperatur bestehen, und das Versagen war erst bei Temperaturen oberhalb ca. 850 °C ausgeprägt ($\mu = 2$ bei 930 °C).

Eisenchlorid ist ein verhältnismäßig weiches, wachsähnliches Material von geringer Scherfestigkeit, so daß man erwartet, auf solchen Schichten eine niedrige Reibung zu messen. Es schmilzt bei rund 300 °C und wird bei etwas höheren Temperaturen von der Oberfläche weggetrieben. Eisensulfid anderseits ist sehr viel härter und zeigt eine höhere Reibung; aber es ist stabiler und bleibt bis zu viel höheren Temperaturen auf der Oberfläche.

Diese Beobachtungen bestärken uns in der Ansicht, daß das Versagen des Schmierfilms im wesentlichen einem Temperaturanstieg zu verdanken ist. Die hohen Temperaturen bringen den Film zum Schmelzen, zum Zerfall oder gar zum Verlassen der Oberfläche. Wir können die Berechnungen des Kapitels II über die Temperaturerhöhung folglich auf das Verhalten einer E.P.-Schmierschicht anwenden. Sowohl die einfache Behandlung [Gl. (5)] als auch die genauere Berechnung [Gl. (11)] zeigen, daß die Temperatur T der reibenden heißen Kontaktstelle als

$$(T - T_0)/\mu = f(N, v, k_1 k_2, \varepsilon, \ldots)$$

geschrieben werden kann, wobei T_0 die Umgebungstemperatur, μ den Reibungsbeiwert und f irgendeine Funktion der Last N, der Geschwindigkeit v, der Wärmeleitzahlen k_1 und k_2 und des Emissionsverhältnisses ε bedeutet. Gibt T_c die kritische Temperatur für das Versagen der auf der Oberfläche liegenden Verbindung an, so kann die Schicht offensichtlich um so schwerere Beanspruchungen aushalten, je größer $T_c - T_0$ ist. In ähnlichem Sinne sagt ein niedriger Reibungsbeiwert (der durch die plastischen Eigenschaften der Schmierschicht bestimmt ist), daß die Oberflächen unter ungünstigeren Bedingungen gleiten können, bevor die kritische Temperatur erreicht wird. Aus diesen Gründen schlug BLOK (1939) vor, den Parameter $(T_c - T_0)/\sigma$ als Maß für die Leistungsfähigkeit des Hochdruckadditivs zu gebrauchen; in diesem Fall stünde, wie WILLIAMS (1952) ausführte, T_c für den Schmelzpunkt der an der Oberfläche gebildeten chemischen Verbindung und σ für die

Fließspannung oder eine andere geeignete, plastische Eigenschaft. Über die Wirkungsweise verschiedener Hochdruckadditive muß noch weitere Arbeit geleistet werden, bevor die Nützlichkeit dieser Beziehung in vollem Umfang bestätigt werden kann.

Hochdruckschmiermittel beim Zerspanen und Ziehen von Metallen

Wenn Metalle zerspant werden, wie etwa beim Hobeln, Drehen oder Schleifen, so hängt die Arbeit, die zum Abtrennen der Späne vom Werkstück benötigt wird, von der Festigkeit des Metalls und von der Reibung zwischen dem Werkstoff und dem Werkzeug ab. Da das entfernte Material (als Span) andauernd als frisches, reines Metall über die Schneidfläche streicht, kann die mit dem Vorgang verbundene Reibungskraft in Wirklichkeit sehr groß sein. Die Reibung kann sogar einen unerwünscht großen Teil der für die Zerspanung aufgewendeten Gesamtarbeit ausmachen. Diese Energie erscheint hauptsächlich als Wärme und wird, wie schon HERBERT (1926) zeigte, an den reibenden Oberflächen oft Temperaturen von vielen hundert Grad erzeugen. Solche Temperaturfelder sind in neuerer Zeit mit immer größerer Genauigkeit bestimmt worden (s. z. B. KÜSTERS, 1954). Die Reibung zwischen dem Werkstoff und dem Werkzeug kann ferner zu einem sehr starken Verschleiß des letzteren führen, und dieser mag seinerseits eine Verschlechterung der Oberflächenbeschaffenheit des zerspanten Werkstücks und außerdem eine starke Herabsetzung der Standzeit des Werkzeugs bewirken. Diese Verhältnisse und die bei der Zerspanung sich abspielenden allgemeinen Vorgänge sind in einer ausgezeichneten Broschüre von ERNST und MERCHANT (1940) beschrieben.

Aus diesen Gründen ist es üblich, in allen außer den leichtesten Zerspanungsarbeiten Schneidflüssigkeiten zu verwenden. Die hauptsächlichste Aufgabe einer Schneidflüssigkeit besteht in der Kühlung des Werkstücks und in der Verminderung von Reibung und Verschleiß zwischen den reibenden Flächen. Die Temperaturen zwischen dem Werkstoff und den Schneidflächen können aber trotz der Kühlwirkung der Flüssigkeit noch sehr hoch liegen. Dies ist besonders bei einem zähen Werkstoff in ausgeprägtem Maße der Fall. Infolgedessen sollte eine gute Schneidflüssigkeit für eine schmierende Grenzschicht sorgen, die ihre Wirksamkeit bis zu hohen Temperaturen und hohen Drücken beibehält.

In einer großen Anzahl von Zerspanungsvorgängen führt das andauernde Reiben des Werkstoffs gegen das Werkzeug zur Bildung einer dünnen, an der Schneidkante fest haftenden Metallschicht. Die Zerspanung findet deshalb meist zwischen dieser sogenannten Aufbauschneide und dem Werkstoff statt, die beide aus dem gleichen Metall bestehen. Ist die Schmierung schlecht oder gar nicht vorhanden, so wächst die Aufbauschneide allmählich, bis sie schließlich zusammen mit einem Stück Werkzeugmaterial abgerissen wird. In Tafel XXIII.3 ist eine beschädigte Werkzeugschneide mit einem typischen, durch die Spanreibung bedingten Verschleiß„krater", der sogenannten Auskolkung, abgebildet. Bei sehr wirksamer Schmierung hingegen bleibt die Aufbauschneide klein und schützt die Schneidkante vor übermäßigem Verschleiß. Es besteht also kein Zweifel, daß ein großer Teil des Reibungsvorgangs sich nicht zwischen der Werkzeugoberfläche und dem Werkstoff, sondern zwischen dem Werkstoff und der Aufbauschneide abspielt, d. h. es handelt sich bei der Schmierung in Zerspanungsoperationen größtenteils um ein Problem der Schmierung gleichartiger Metalle, die bei hohen Temperaturen übereinander gleiten.

Es ist aufschlußreich, die Schmiereigenschaften eines Öles mit seiner Wirksamkeit als Schneidflüssigkeit zu vergleichen, da eine Untersuchung zeigt, daß zwischen diesen beiden Kriterien der Leistungsfähigkeit eine enge Korrelation bestehen mag. Auf Oberflächen eines Nickelstahls (3% Ni, Vickershärte 200 kg/mm^2) wurden Versuche über die Schmiereigenschaften einer Reihe von Ölen bis zu Temperaturen von 250 °C durchgeführt und die Ergebnisse mit der Leistung dieser Öle in einer praktischen Zerspanungsoperation verglichen (BROOKMAN und HAM, 1941).

Das Reibungsverhalten einiger dieser Schmierflüssigkeiten ist in Abb. 88 dargestellt, und man erkennt, daß die Schmierung bei einigen Ölen schon bei einer verhältnismäßig tiefen Temperatur versagt. Der Koeffizient steigt auf einen hohen Wert, und es macht sich eine intermittierende Bewegung geltend. Die Reibungszunahme ist von einer entsprechenden Vergrößerung des Oberflächenschadens begleitet. Dieser frühe Wechsel ist bei den mit 1, 2 und 3 numerierten Ölen sehr ausgeprägt, und sie müssen deshalb als schlechte Schmierflüssigkeiten für hohe Temperaturen beurteilt werden. Bei andern Schmierölen hingegen wird das gleichförmige Gleiten bei niedriger Reibung bis zu sehr hohen Temperaturen aufrechterhalten. Eine systematische Übersicht über die Wirkung verschiedener Bestandteile zeigte, daß die besten Ergebnisse im allgemeinen dann erwartet werden konnten, wenn die Schmierflüssigkeit einige Prozente fettige Öle, zwischen 2 und 4 % Schwefel und zwischen 0,5 und 1 % Chlor enthielt. Auf Grund dieser Schlußfolgerungen wurden weitere Flüssigkeitsproben im Bereich dieser Zusammensetzung zubereitet und ihre Schmiereigenschaften untersucht. Die Laboratoriumsprüfungen ergaben, daß diese Gruppe von Schmierflüssigkeiten im Gebiet der Grenzreibung von allen untersuchten Ölen die besten Eigenschaften aufwies. Das Reibungsverhalten einiger dieser Produkte ist ebenfalls in Abb. 88 wiedergegeben, wobei die Öle im Sinne zunehmender Leistungsfähigkeit von 4 bis 7 numeriert wurden.

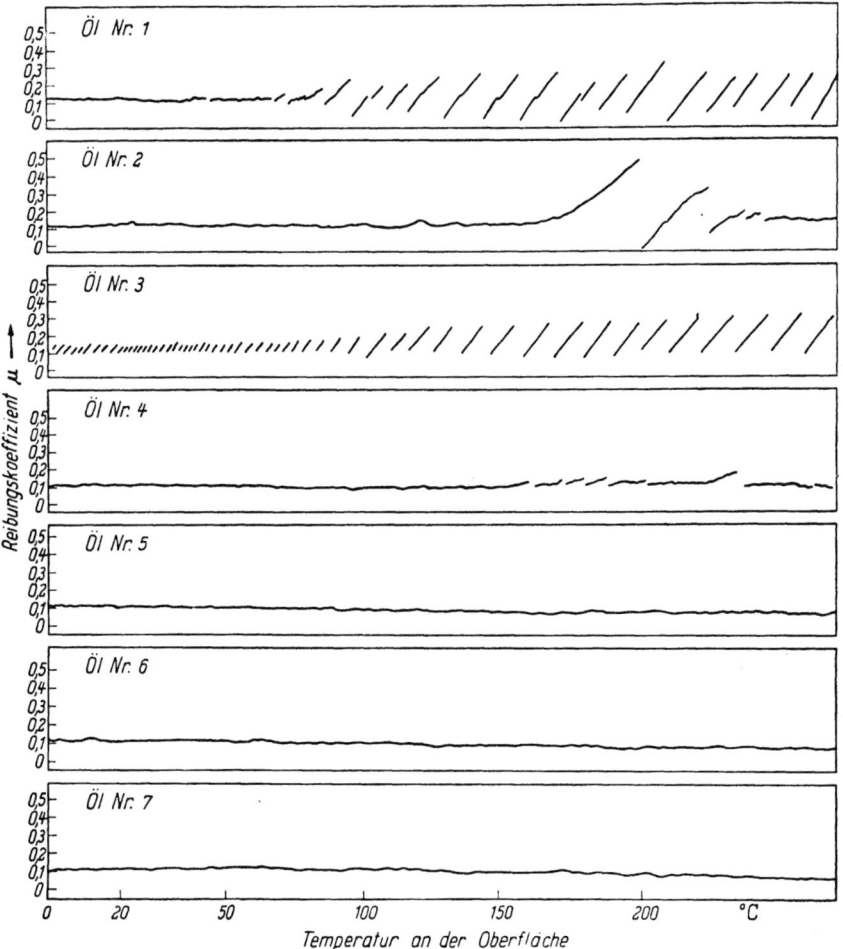

Abb. 88. Das Reibungsverhalten einer Reihe von Schneidölen in Abhängigkeit der Temperatur. Stahloberflächen. Die Öle 1 und 3 versagen bereits bei Temperaturen unterhalb 100 °C. Die Öle 5, 6, 7 vermitteln eine wirksame Schmierung bis zu über 200 °C

In einer Produktionswerkstätte wurden anschließend einige praktische Versuche über die Eignung dieser Schmiermittel für einen Zerspanungsvorgang angestellt. Als Maßstab für die Leistungsfähigkeit des Schneidöls diente dabei die Standzeit des Werkzeugs, wobei eine gewisse Rauhigkeit als Abstumpfungskriterium verwendet wurde. Die

Untersuchungen zeigten, daß im großen und ganzen eine gute Korrelation zwischen den bei erhöhten Temperaturen im Laboratorium gemessenen Schmiereigenschaften des Öls und der praktischen Leistungsfähigkeit bestand.

Das irreguläre Verhalten von Öl Nr. 7 in dieser Versuchsreihe weist auf einen interessanten Punkt hin. Die Öle 4, 5 und 6, die in dieser Reihenfolge immer bessere Schmiereigenschaften aufwiesen, konnten auch in Bezug auf ihre praktische Wirksamkeit in dieser Rangordnung eingestuft werden. Das letzte Öl hingegen schmierte am besten, erwies sich aber in der Werkstatt als das schlechteste; es gab wohl eine glatte Oberfläche, aber eine geringere Standzeit als die anderen. Dieses Ergebnis wurde auf die Tatsache zurückgeführt, daß die Aufbauschneide mit zunehmend besserer Schmierung immer kleiner wird. Wenn die Schmierung zu wirksam war — dieses Stadium wurde anscheinend mit dem Öl Nr. 7 erreicht —, so wurde keine richtige Aufbauschneide mehr gebildet. Infolgedessen ist die Oberflächenbeschaffenheit ausgezeichnet, aber der Werkzeugverschleiß hat stark zugenommen. Diese Schlußfolgerungen betonen die wichtige Rolle der Reibung zwischen dem Werkstoff und dem Werkzeug bei Zerspanungsvorgängen, eines Faktors, der auch häufig von ERNST und MERCHANT und andern Forschern hervorgehoben wurde.

Es liegt natürlich auf der Hand, daß die Korrelation zwischen den Reibungseigenschaften einer Schmierflüssigkeit, wie sie im Laboratorium gemessen wurden, und ihrer Leistungsfähigkeit im praktischen Betrieb nicht immer so eng ist. Unter gewissen Umständen werden die Betriebsbedingungen des Zerspanungsvorgangs von den bei Laborversuchen herrschenden Verhältnissen sehr verschieden sein, so daß zwischen den Reibungsmessungen und dem praktischen Verhalten eine sehr schlechte Übereinstimmung erhalten wird. Zwei wichtige Einflußgrößen sind beispielsweise die Gleitgeschwindigkeiten und die Zugänglichkeit des Werkstoffs für die Schmierflüssigkeit. Wie wir im neunten Kapitel gesehen haben, kann das Reibungsverhalten geschmierter Oberflächen von der Gleitgeschwindigkeit in hohem Maße abhängen. Unterscheiden sich also die Geschwindigkeiten bei den Laboratoriumsversuchen von den Schnittgeschwindigkeiten, mit denen die Späne über das Werkzeug gleiten, so kann das Reibungsverhalten in den beiden Fällen bedeutend verschieden sein. Auch wird die Schmierflüssigkeit bei den Laborversuchen gewöhnlich in einer Weise angewandt, die das Vorhandensein einer Schmierschicht zwischen den Gleitflächen sicherstellt. Beim Zerspanungsvorgang muß die Flüssigkeit jedoch in die schmalen Lücken in der Nähe der Schneidkante eindringen und mit dem Metall so schnell reagieren, daß die Schmierschicht schon gebildet ist, wenn der Span über die Schneidfläche gleitet. Es besteht deshalb kein Zweifel, daß sowohl die Zugänglichkeit des Werkstoffs für das Schmiermittel als auch die Geschwindigkeit, mit der die Schmierschicht auf dem Metall entsteht, von größter praktischer Wichtigkeit sind. Diese Einflußgrößen können sich unter gewissen Bedingungen als bedeutungsvoller erweisen als die der Grenzschicht innewohnenden Schmiereigenschaften.

Auch das Tiefziehen stellt ein Verfahren zur Formgebung der Metalle dar, bei dem die Schmierung eine wichtige Rolle spielt. Bei dieser Bearbeitungsart wird der Werkstoff durch eine harte Stahlmatrize gepreßt, wobei er eine durch die Geometrie der Matrize und des Stempels erzwungene Form annimmt. Die dabei stattfindende plastische Verformung geht unter hohen Drücken und auch hohen Temperaturen an den Oberflächen des Werkstücks und der Matrize vor sich. Wenn die Schmierung ungenügend ist, kann sich folglich eine starke Adhäsion an der Matrizenoberfläche bemerkbar machen. Diese verursacht ein unerwünschtes Zerkratzen und Aufreißen der Oberfläche des gezogenen Artikels, und die Matrize muß neu geschliffen und poliert werden. Wie bei Zerspanungsoperationen werden auch hier besondere Flüssigkeiten verwendet, einmal um das Werkstück zu kühlen, aber auch um die Reibung zwischen diesem und der Matrize herabzusetzen und die Metallübertragung und Gefahr des Fressens zu verringern.

Bei leichteren Ziehoperationen leistet eine Seifenlösung, wie z. B. Natriumstearat, oft gute Dienste. Bei schwereren Arbeiten hingegen, wo das Metall in viel höherem Grade verformt wird, müssen der Schmierflüssigkeit aktive Zusätze wie beispielsweise Chlor und Schwefel beigefügt werden. Es ist bemerkenswert, daß auch hier eine enge Korrelation zwischen den Schmiereigenschaften der Ziehflüssigkeit und ihrer Leistungsfähigkeit bei Ziehvorgängen vorhanden ist. Dies zeigte sich, als die Schmiereigenschaften einer Reihe von Flüssigkeiten in einem Temperaturbereich von 20 °C bis 250 °C untersucht wurden. Eine Messingplatte diente dabei als Auflage, und der darübergleitende Reiter aus Matrizenstahl wurde vor jedem Versuch mit einer dünnen Messingschicht überzogen. Das Schmiermittel wurde in der Form einer Wasseremulsion auf die Oberflächen gebracht (GREENHILL, HAM und TABOR, 1945).

Die Reibungsmessungen ergaben, daß Schwefel in der Flüssigkeit die Schmiereigenschaften bei hohen Temperaturen verbessert. Wenn der Gehalt an ,,freiem" Schwefel jedoch zu groß war, so verursachte er eine Befleckung der Messingoberfläche. War der Schwefel fester an das Schmiermolekül gebunden, so zeigte sich eine geringere Korrosion der Oberfläche, aber auch die Schmierung wurde dadurch beeinträchtigt. Die Anwesenheit von aktivem Chlor bewirkte eine zusätzliche Verbesserung des Reibungsverhaltens. Diese Ergebnisse stimmen direkt mit den Resultaten überein, die wir in früheren Abschnitten dieses Kapitels beschrieben. Auf der Grundlage dieser Reibungsmessungen wurde anschließend, wie in den oben angeführten Zerspanungsversuchen, eine Schmierflüssigkeit zubereitet, die bis zu einer Temperatur von über 200 °C für eine gute Schmierung sorgte.

Parallel zur Untersuchung im Laboratorium wurden in Werkstätten eine Reihe von praktischen Prüfungen durchgeführt. Insbesondere versuchten wir vergleichsweise festzustellen, in welchem Ausmaß eine Metallübertragung (die ein Nachschleifen der Matrize nötig machte) auf die Matrize erfolgte, wenn verschiedene Arten von Ziehflüssigkeiten zur Anwendung gelangten. Die Ergebnisse für die sechs Haupttypen von Schmiermitteln, die in beiden Tests eingesetzt wurden, sind in Tab. 39 aufgeführt.

Tabelle 39

Schmiermittel	Hauptbestandteile	Reibungsverhalten	Praktische Leistungsfähigkeit
Handelsseife .	Natriumstearat	Durchschnittlich. Versagt deutlich über 150 °C	Befriedigend unter günstigen Bedingungen. Sicherheitsfaktor klein
EF 228 ...	Natriumseife, Kaliumseife, Ölsäure	Durchschnittlich. Versagt deutlich über 150 °C	Eher besser als gewöhnliche Seife
EF 221 ...	Geschwefelte Ölsäure, Rhizinusöl, Ammoniumseife	Sehr gut. Leichte Verschlechterung bei 200 °C	Sehr befriedigend. Der gewöhnlichen Seife überlegen. Befleckt
EF 231 ...	Geschwefelte Ölsäure, Rhizinusöl, Natriumseife	Sehr gut. Niedrige Reibung. Leichte Verschlechterung bei 200 °C	Äußerst zufriedenstellend. Der Handelsseife weit überlegen. Gibt Flecken
EF 256 ...	Chlorierte, gemischte Säuren, Natriumseife	Sehr niedrige Reibung bis auf 120 °C	Etwas besser als gewöhnliche Seife. Gibt Flecken.
EF 268 ...	Chlorierte, gemischte Säuren, Natriumseife, geschwefelte fette Öle.	Sehr niedrige Reibung bis auf 200 °C	Vorzüglich beim Tiefziehen von Stahl. Der gewöhnlichen Seife weit überlegen. Geringe Befleckung.

EF = „experimental formula"

Diese Resultate zeigen, daß im großen und ganzen von einer allgemeinen Korrelation zwischen den im Laboratorium gemessenen Schmiereigenschaften und der in praktischen Ziehprüfungen offenbar gewordenen Leistungsfähigkeit des Schmiermittels gesprochen werden kann.

Die Methode der Anwendung der Schmieremulsion entwickelte sich zu einem weiteren interessanten Punkt der Untersuchung. Wenn die Schmiereigenschaften einer Seifenemulsion im Laboratorium geprüft werden, so findet man, daß bei 100 °C selbst für chlorierte und sulfurierte Seifen eine Neigung zum Versagen besteht, und zwar wegen der Aussiedung des Wassers aus der Schmierschicht. Wird die Schmierschicht hingegen aus einem flüchtigen Lösungsmittel niedergeschlagen, wodurch ihr Wassergehalt äußerst klein gehalten wird, so sorgt sie bis zu sehr viel höheren Temperaturen für eine wirksame Schmierung. Darauf wurde bereits im zehnten Kapitel hingewiesen. Diese Beobachtung läßt sich, wie wir schon früher erwähnten, auch unmittelbar bei praktischen Ziehoperationen anwenden. Wenn die Schmieremulsion als sogenannte „trockene" Schicht (eine solche wird dadurch erzielt, daß man das Werkstück in eine heiße Emulsion eintaucht, worauf der große Teil des Wassers nach dem Herausziehen schnell verdampft) auf die Metalloberfläche gebracht wird, so erzielt man eine viel bessere Schmierleistung. Die Verwendung „trockener" Schichten dieser Art bei Tiefziehoperationen ist heute weit verbreitet.

Der Mechanismus der Zerspanung von Metallen

Es ist nicht der Zweck dieses Buches, den Zerspanungsmechanismus ausführlich zu behandeln, doch einige neuere Entwicklungen in der Grundlagenforschung über die spanabhebende Bearbeitung sind auch in diesem Zusammenhang von Interesse. Die Arbeit von ERNST und MERCHANT (1940), die so viele der späteren Untersuchungen anregte, behandelte die Schubspannung im Span und die Reibung zwischen Span und Werkzeug als voneinander unabhängige Kräfte, die zusammengesetzt werden konnten, um die Gleichgewichtsbedingungen an der Werkzeugschneide zu befriedigen. LEE und SHAFFER (1951) versuchten einen Ansatz, bei dem die wirklichen Verhältnisse weniger vereinfacht werden, und betrachteten die gemeinsame Wirkung von Schubspannung und Reibung, wenn diese in der Umgebung der Werkzeugschneide plastisches Fließen erzeugen. Die erhaltenen Ergebnisse sind vielversprechend, doch bedarf es zur Bestätigung und Erweiterung der Analyse noch einiger Arbeit. Eine andere Entwicklungsrichtung findet man in der Veröffentlichung von BACKER, MARSHALL und SHAW (1952), wo festgestellt wurde, daß das Metall eine außerordentliche Festigkeit aufzuweisen scheint, wenn sehr dünne Schnitte genommen werden. Bei einer Spantiefe von ungefähr 10^{-4} cm soll die theoretische Festigkeit des Metalls erreicht werden. Dies stimmt mit der Beobachtung von GALT und HERRING (1952), wonach dünne Zinnwhisker außerordentlich stark sind, überein; aber auch auf diesem Gebiet sind weitere Untersuchungen erwünscht.

Auch SHAW und SMITH (1952) beschrieben eine Studie der Einflußgrößen, die für den Werkzeugverschleiß maßgeblich sind, und vertreten darin die Meinung, bei niedrigen Geschwindigkeiten sei die Druckverschweißung zwischen Werkzeug und Span vorherrschend. Infolgedessen ist das Metall in der Zwischenfläche stärker als in der Grundmasse, und der Bruch entsteht eher innerhalb des Werkstoffs als in der Zwischenfläche, was zur Bildung einer Aufbauschneide aus dem verfestigten Werkstoff führt. Wenn diese Aufbauschneide wegbricht, schleift oder reißt sie Material aus der Freifläche des Werkzeugs weg. Bei höheren Gleitgeschwindigkeiten, wenn die Reibungswärme ins Gewicht fällt, werden ,,Temperaturverschweißungen" gebildet; die Zwischenfläche verfestigt sich deshalb weniger, und die Verbindungen werden gewöhnlich in dieser ,,Ebene" abgeschert. Eine Aufbauschneide tritt dabei kaum auf, und der Verschleiß des Werkzeugs beruht in diesem Fall hauptsächlich auf dem Ausreißen kleiner Teilchen aus der Spanfläche. Abgesehen vom Verschleiß, der auf diese beiden Verschweißungsvorgänge zurückgeführt werden kann, erfährt die Spanfläche möglicherweise auch eine Schleif- oder Läppwirkung durch die harten Bestandteile, die in der Werkstoffgrundmasse eingebettet sind. Dieser Effekt wird nicht besonders von der Geschwindigkeit abhängen, außer vielleicht in dem Maße, als die höhere Geschwindigkeit das Werkzeugmaterial infolge der gestiegenen Temperatur erweicht. Indem SHAW und SMITH wohlbegründete Annahmen über die relative Wichtigkeit dieser Einflüsse machten, gelang es ihnen, die verschiedenen in der Praxis beobachteten Standzeitkurven in Abhängigkeit der Schnittgeschwindigkeit zu erklären.

Schließlich wäre TRENTs Arbeit zu erwähnen (im siebenten Kapitel beschrieben), die ergab, daß bei der Zerspanung von Eisenlegierungen mit hohen Schnittgeschwindigkeiten an der Werkzeugschneide Temperaturen in der Gegend von 1300 °C entwickelt werden können (TRENT, 1952). Diese hohen Temperaturen müssen auf die Festigkeitseigenschaften des Werkstoffs eine bedeutende Wirkung ausüben und somit, wie SHAW und SMITH ebenfalls betonten, auch auf den Zerspanungsvorgang im einzelnen. Sie spielen nach TRENT auch eine grundlegende Rolle für den Verschleißmechanismus gesinterter Hartmetallwerkzeuge.

OPITZ (1957) und seine Mitarbeiter schenkten ihre Aufmerksamkeit in den letzten Jahren besonders den kürzlich entdeckten elektrochemischen Vorgängen in der Umgebung der Werkzeugschneide und gaben der Zerspanungsforschung damit neuen Auftrieb.

Schrifttum

BACKER, W. R., E. R. MARSHALL and M. C. SHAW (1952), Trans. Amer. Soc. Mech. Engrs. 74, 61. Siehe auch M. C. SHAW (1952), J. Franklin Inst. 254, 109.
BEECK, O., J. W. GIVENS and E. C. WILLIAMS (1940), Proc. Roy. Soc. A 177, 103.
BLOK, H. (1939), J. Soc. Aut. Eng. 44, 193. Siehe auch (1952), Der Ingenieur, 39, 052.
BOWDEN, F. P. and J. E. YOUNG (1951), Proc. Roy. Soc. A 208, 311.
BROOKMAN, J. G. and R. B. HAM (1941), C.S.I.R. (Australia), Tribophysics Division Report A 37.
BRUMMAGE, K. G. (1947), persönliche Mitteilung.
CONSTABLE, F. H. (1929), Proc. Roy. Soc. A 125, 630.
DAVEY, W. (1945), J. Inst. Petrol. 31, 73.
ERNST, H. and M. E. MERCHANT (1940), Chip Formation, Friction and Surface Finish, Cincinnati Milling Machine Co.
GALT, J. K. and C. HERRING (1952), Phys. Rev. 85, 1060.
GREENHILL, E. B. (1948), J. Inst. Petrol 34, 659.
GREENHILL, E. B., R. B. HAM and D. TABOR (1945), C.S.I.R. (Australia), Tribophysics Division Report A 140.
GREGORY, J. N. (1948), J. Inst. Petrol. 34, 670.
HERBERT, E. G. (1926), Proc. Inst. Mech. Eng. 2, 289.
KÜSTERS, K. I. (1954), Fortschrittliche Fertigung u. moderne Werkzeugmaschinen, W. Girardet, Essen.
LEE, E. H. and B. W. SHAFFER (1951), J. App. Mech. 18, 405.
OPITZ, H. (1957), Conf. on Lubrication and Wear, Inst. Mech. Engrs., Beitrag No. 53.
SHAW, M. C. and P. A. SMITH (1952), Machinist, 95, No. 49, 1868.
TRENT, E. M. (1952), Proc. Roy. Soc. A 212, 467.
WILLIAMS, C. G. (1952), ebda. A 212, 512.
Eine nützliche Übersicht über die verschiedenen Arten geschwefelter E.P. — Schmiermittel wurde von H. SELLEI (1949), Petroleum Processing, Sept., Okt., gegeben.

XII. Das Versagen von Schmierschichten

Wenn Oberflächen unter idealen, hydrodynamischen Bedingungen übereinandergleiten, so entsteht, wie bereits hervorgehoben wurde, kein Verschleiß der sich bewegenden Teile. In vielen Mechanismen ist es allerdings nicht immer möglich, vollständig hydrodynamische Verhältnisse aufrechtzuerhalten, und die Schmierung kann zu einem beträchtlichen Teil auf die Grenzschicht beschränkt sein, wobei ein Verschleiß der Oberflächen meist unvermeidlich sein wird. Aus diesem Grunde ist es wichtig, daß man imstande ist, den Umfang der nichthydrodynamischen Schmierung abzuschätzen, da diese die Lebensdauer der laufenden Teile bestimmt. In praktischen Prüfungen wird die Wirksamkeit der Schmierung in irgendeinem besonderen Mechanismus gewöhnlich durch eine Messung des bei gegebenen Bedingungen auftretenden Verschleißes bestimmt oder durch die kritische Belastung und Geschwindigkeit, bei denen eine scharfe Verschleißzunahme oder gar ein Fressen stattfindet. Diese Methode vermittelt oft nützliche empirische Daten, wirft aber möglicherweise nur wenig Licht auf die Einzelheiten der Vorgänge, die sich während des Gleitens abwickeln.

Eine einfache Methode, mit der festgestellt werden kann, in welchem Grade die zwischen einem Paar Gleitflächen vorhandene Schmierung als hydrodynamisch bezeichnet werden kann, besteht in der Messung des elektrischen Widerstandes zwischen ihnen. Dieses Verfahren wurde bereits im fünften Kapitel beschrieben, und wir werden darauf in Kap. XIII zurückkommen, wenn der Mechanismus des Zusammenpralls fester Körper untersucht wird. Elektrische Widerstandsmessungen wurden auch von andern Forschern benutzt, um das Versagen von Schmierfilmen zu untersuchen. LUNN (1952) schlug diesen Weg bei der Abschätzung der Leistungsfähigkeit von Schmiermitteln und Lagerlegierungen ein (s. Kap. VI).

Wenn die Oberflächen durch eine Flüssigkeitsschicht vollkommen getrennt sind, wird ein großer Widerstand gemessen. Der Widerstand einer 10^{-5} cm dicken Ölschicht kann beispielsweise 10^6 bis 10^{10} Ohm/cm² betragen. Wenn anderseits ein metallischer Kontakt über eine „Brücke" von nur 10^{-6} cm² Querschnitt zustandekommt, so tritt für ein Metall wie Stahl ein Ausbreitungswiderstand von rund $^1/_{100}$ Ohm auf. Elektrische Widerstandsmessungen stellen somit ein sehr empfindliches Mittel für die Unterscheidung zwischen vollkommener Flüssigkeitsschmierung und der geringsten Spur metallischer Berührung dar. Der

Hauptnachteil dieses Verfahrens besteht darin, daß es nicht gestattet, die rein metallische Berührung und den Kontakt zwischen Metallflächen, die mit Grenzschichten bedeckt sind, auseinanderzuhalten. Wenn eine Schmierschicht ruhende Metalloberflächen trennt, die unter einer solchen Belastung stehen, daß sie in den Berührungsbezirken plastisch fließen, so ist der elektrische Widerstand zwischen den Oberflächen, wie wir im ersten Kapitel feststellten, im wesentlichen gleich wie bei ungeschmierten Oberflächen. In ähnlicher Weise ist der elektrische Widerstand für trocken gleitende Metalle beinahe nicht von jenem Wert zu unterscheiden, der bei derselben Belastung für die gleichen, aber mit einer Grenzschicht geschmierten Metalle beobachtet wird, obschon der Reibungsbeiwert und die Oberflächenbeschädigung im zweiten Fall viel geringer sein mögen.

Es besteht allerdings kein Zweifel, daß die geringste Trennung der Oberflächen über den Bereich der Grenzreibung hinaus Widerstandswerte zur Folge hat, die von einigen Ohm bis zu Millionen von Ohm messen können. Infolgedessen bedeutet ein Berührungswiderstand von beispielsweise 100 Ohm, daß die Oberflächen durch eine Schmierschicht vollkommen auseinandergehalten werden und kein Verschleiß der bewegten Teile möglich ist. Anderseits zeigt ein Kontaktwiderstand von beträchtlich weniger als 1 Ohm an, daß entweder eine enge metallische Berührung zwischen den Oberflächen oder im besten Fall ein Zustand der Grenzreibung vorliegt. Bei direktem Kontakt zwischen den Metallen kann der Verschleiß hoch sein, bei einer gut schmierenden Grenzschicht möglicherweise sehr gering; aber die Abnutzungsverhältnisse können niemals so günstig liegen, wie wenn die Bedingungen für reine Flüssigkeitsschmierung erfüllt sind. Wir können folglich sagen, ein hoher Widerstand bedeute verschwindende metallische Berührung und verschwindenden Verschleiß, während ein niedriger Widerstand mit einer gewissen Abnutzung verbunden ist, deren Ausmaß von der Wirksamkeit der Grenzschicht abhängt (TABOR, 1946). Mit diesen allgemeinen Betrachtungen als Grundlage können wir uns der Widerstandsmessungen bedienen, um die Schmierverhältnisse zwischen reibenden Metalloberflächen zu untersuchen. Wir werden im folgenden die Anwendung dieser Technik auf eine Analyse der Schmierung zwischen den Kolbenringen und der Zylinderwandung eines laufenden Motors und zwischen einer Welle und ihrer Lagerschale beschreiben.

Die Schmierung zwischen den Kolbenringen und der Zylinderwandung eines Motors

Für diese von COURTNEY-PRATT und TUDOR durchgeführte Untersuchung wurde ein kleiner wassergekühlter Einzylindermotor verwendet (1946). Einer der Kolbenringe war gegen den Kolben elektrisch isoliert, und die Zuleitungen wurden mit Hilfe von Scherengelenken vom Ring nach dem Kurbelwellengehäuse geführt. Der Widerstand der Ölschicht zwischen dem Kolbenring und der Zylinderwand wurde nach einem Strom-Spannungs-Verfahren gemessen. Einige Probemessungen zeigten, daß ein elektrisches Durchschlagen der Ölschicht vermieden werden konnte, wenn der Spannungsabfall durch die Schicht weniger als 0,3 Volt betrug. Bei den meisten Messungen wurde deshalb ein beträchtlich niedriger Wert eingehalten. Ein Kathodenstrahloszillograph, dessen Zeitbasis mit der Umdrehung des Motors synchronisiert werden konnte, registrierte den Widerstand fortlaufend.

Die Wirkung der Geschwindigkeit

Das erste und auffallendste Ergebnis besteht darin, daß die Oberflächen des Kolbenrings und der Zylinderwand während einer ganzen Umdrehung nie durch eine ununterbrochene Schmierschicht getrennt sind. Der Widerstand schwankt andauernd zwischen „unendlich" und „null", wodurch eine intermittierende Unterbrechung der Ölschicht während jedes Motortaktes angedeutet wird. Ein typisches Resultat, das mit einem gegebenen Öl bei drei verschiedenen Geschwindigkeiten erhalten wurde, ist in Tafel XXIV.1 abgebildet. Wenn die aufgezeichnete Linie ihren Höchstwert erreicht, so entspricht dies der vollständig hydrodynamischen Schmierung. Das Versagen wird durch einen Widerstandsabfall ausgedrückt, und man erkennt, daß der Anteil der hydrodynamischen Schmierung mit zunehmender Geschwindigkeit stark erhöht wird. Immerhin erfolgt selbst bei den höchsten Geschwindigkeiten noch eine gewisse Unterbrechung der Flüssigkeitsschicht.

Diese Erscheinung ist in Tafel XXIV.2 auf eine andere Weise dargestellt. Es sind darin empfindlichere Widerstandsmessungen, bei denen der Kathodenstrahl mit der Umdrehung des Motors synchronisiert war, wiedergegeben. Man sieht in diesem Bild, daß die Unterbrechung der Flüssigkeitsschicht an den beiden Enden des Hubes, wo auch die relative Gleitgeschwindigkeit zwischen den Oberflächen während eines Taktes am niedrigsten ist, am häufigsten vorkommt. Daraus geht deutlich hervor, daß die niedrige Gleitgeschwindigkeit mindestens teilweise für den erhöhten Verschleiß, der in der Praxis bei den oberen und unteren Umkehrpunkten beobachtet wird, verantwortlich ist.

Die Wirkung von Zähigkeit und Temperatur

Zwei andere Ergebnisse von beträchtlichem Interesse betreffen den Einfluß der Zähigkeit und der Temperatur. Für diese Versuche wurde eine Reihe von zusatzfreien Mineralölen, die alle vom gleichen Rohöl destilliert worden waren, aber verschiedene Zähigkeiten aufwiesen, ausgewählt. Die Werte der kinematischen Zähigkeit bei den mittleren

Die Schmierung zwischen Kolbenringen und Zylinderwandung 311

Tafel XXIV

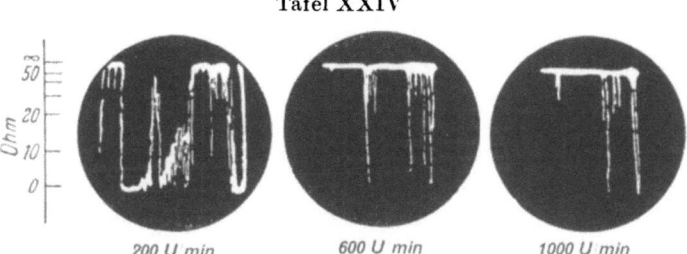

Abb. 1. *Wirkung der Geschwindigkeit.* Betriebstemperatur des Öls 20 °C. Keine Kompression. Je höher die Geschwindigkeit, um so weniger wird der Schmierfilm unterbrochen

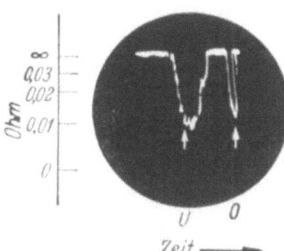

Abb. 2. *Wirkung der Geschwindigkeitsänderung während eines Taktes.* Öltemperatur 20 °C, 300 U/Min. Sowohl beim oberen (*O*) als auch beim unteren Umkehrpunkt (*U*) wird die Schmierschicht klar unterbrochen

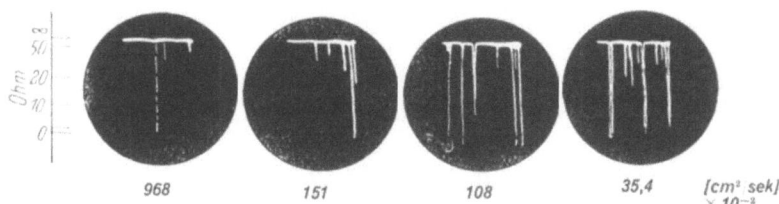

Abb. 3. *Wirkung der kinematischen Zähigkeit.* Geschwindigkeit 1000 U/Min. Das Öl wurde bei rund 20 °C zugeführt. Der Anteil der nichthydrodynamischen Schmierung ist viel größer für Öle mit niedriger Zähigkeit

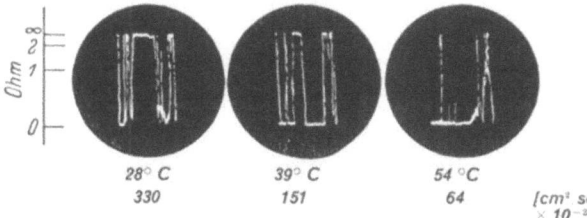

Abb. 4. *Wirkung der Temperatur.* Geschwindigkeit 600 U/Min. Die Ölzufuhr erfolgte bei den angegebenen Temperaturen. Bei höheren Temperaturen wurde die Schmierschicht sehr weitgehend unterbrochen

Umgebungstemperaturen, bei denen die Probeläufe des Motors stattfanden, sind unten aufgeführt, und man sieht, daß sie einen Bereich von 27:1 umfassen.

Oel G 926 bei 17 °C	9,68	cm²/sec
,, G 917 ,, 18 °C	1,51	cm²/sec
,, G 915 ,, 20 °C	1,08	cm²/sec
,, G 913 ,, 20 °C	0,354	cm²/sec

Die Widerstandsverläufe sind in Tafel XXIV.3 abgebildet, und man kann daraus ersehen, daß der Anteil der hydrodynamischen Schmierung bei den verschiedenen Ölen mit der Zähigkeit merklich zunimmt, was mit den praktischen Erfahrungen im allgemeinen übereinstimmt. Allerdings kann eine Verschleißverminderung nicht einfach durch eine Erhöhung der Zähigkeit des Öls erzielt werden. Es ist in der Praxis ziemlich viel schwieriger, ein dickeres Öl durch den Motor zu pumpen, so daß beim Anlaufen eine nennenswerte Verzögerung eintreten kann, bevor das Öl die reibenden Oberflächen erreicht. Ferner bringt ein dickeres Öl einen größeren Zähigkeitswiderstand im Motor mit sich. Es muß auch betont werden, daß durch den Gebrauch eines Öls mit hoher Zähigkeit wohl die Schmierung verbessert wird, doch kann die flüssige Reibung trotzdem nie während einer vollen Umdrehung ganz aufrecht erhalten werden.

Ähnliche Versuche zeigen, daß auch die Temperatur, bei der das Öl durch den Motor zirkuliert, einen starken Einfluß auf die Schmierung ausübt. Tafel XXIV.4 enthält ein typisches Ergebnis, woraus ersichtlich ist, daß eine kleine Temperaturerhöhung von 28 °C auf 54 °C mit einer entsprechenden Zähigkeitsabnahme von 3,30 auf 0,64 cm²/sec eine sehr ausgeprägte Verschlechterung der Schmierung verursacht. Diese Erscheinung kann durch Abkühlung umgekehrt werden und beruht nicht einzig auf der Verringerung der Zähigkeit. Dies geht sehr deutlich aus einer zweiten Reihe von Versuchen bei 20 °C hervor, wobei Öle zur Anwendung kamen, deren Zähigkeit gleich groß war wie jene der heißen Öle, deren Verhalten in Tafel XXIV.4 dargestellt ist. In jedem Falle war die Schmierung mit den heißen Ölen schlechter als mit einem kühlen Öl gleicher kinematischer Zähigkeit. Somit erfolgt mit zunehmender Öltemperatur eine deutliche Verschlechterung der Schmierung, selbst wenn vom Zähigkeitseinfluß abgesehen wird. Diese Erscheinung steht scheinbar in direktem Zusammenhang mit dem Zerfall der schmierenden Grenzschicht bei steigender Temperatur (s. Kap. IX). Die Ergebnisse weisen also darauf hin, daß der Motor vom Standpunkt der Verschleißverminderung aus so kalt als möglich laufen sollte; die untere Grenze ist in der Praxis jedoch, wie die Forschungen von WILLIAMS (1940) zeigen, durch die Temperatur bestimmt, bei der die Verbrennungsprodukte im Zylinder kondensieren und auf diese Weise einen erhöhten Korrosionsverschleiß mit sich bringen. WILLIAMS gab in dieser Veröffentlichung auch eine gute, allgemeine Darstellung der Rolle, die die Korrosion beim Verschleiß eines Verbrennungsmotors spielt.

Die Schmierung zwischen Welle und Lagerschale

Ähnliche Versuche, wie sie soeben für einen laufenden Kolben beschrieben wurden, führte TUDOR (1947) über die Schmierung einer Stahlwelle in einem Weißmetallgleitlager durch. Das Lager wies keine Besonderheiten in der Konstruktion auf und maß rund 4,5 cm im Durchmesser und rund 4,5 cm in der Länge, wobei die Flächenpressung von 14 bis 42 kg/cm² variiert werden konnte. Eine ähnliche Technik wie in den oben diskutierten Experimenten diente zur Aufzeichnung des elektrischen Widerstandes der Ölschicht mit Hilfe eines Kathodenstrahloszillographen. Das Reibungsdrehmoment wurde hingegen nicht gemessen. Unter idealen Bedingungen nimmt die rotierende Welle eine konvergierende Ölschicht mit sich, und die darin entwickelten hydrodynamischen Drücke genügen, um die Oberflächen voneinander vollkommen getrennt zu halten (REYNOLDS, 1886). Die Druckverteilung in der Ölschicht ist in Abb. 89 dargestellt. In diesem Fall entsteht weder an

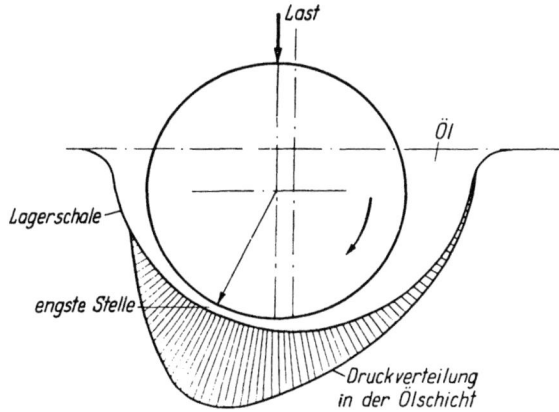

Abb. 89. Näherungsweise Druckverteilung im Ölkeil zwischen einem Zapfen und einer halben Lagerschale unter hydrodynamischen Schmierbedingungen

der Welle noch der Lagerschale ein Verschleiß, und der elektrische Widerstand der Ölschicht ist sehr hoch. Bei hydrodynamischer Schmierung ist der Reibungsbeiwert direkt zum dimensionslosen Parameter ZN/P proportional, wobei Z die Zähigkeit des Öls, N die minutliche Umdrehungszahl der Welle und P die Flächenpressung des Lagers bezeichnen.

Frühere Versuche, in denen das Reibungsmoment gemessen wurde, zeigten, daß diese Beziehung für größere Werte von ZN/P im allgemeinen richtig ist; unterhalb eines kritischen Wertes erfolgt hingegen eine Reibungszunahme, die sehr scharf sein kann (Abb. 90). Dieser Übergang führt in den Bereich, wo die Flüssigkeitsschmierung nicht mehr länger aufrecht erhalten wird (siehe beispielsweise HERSEY, 1938). Infolgedessen ist der elektrische Widerstand in diesem Stadium niedrig, während der Oberflächenschaden ein beträchtliches Ausmaß annehmen kann. Um den Verschleiß zu verringern, werden im Maschinenbau große Anstrengungen unternommen, damit die Laufbedingungen auf jenen Ast der Kurve zu liegen kommen, wo rein hydrodynamische Schmierung gesichert ist. Wie wir weiter unten erläutern werden, ist es in der Praxis aber sehr schwierig, dauernd eine vollständige Trennung der Gleitflächen zu gewährleisten.

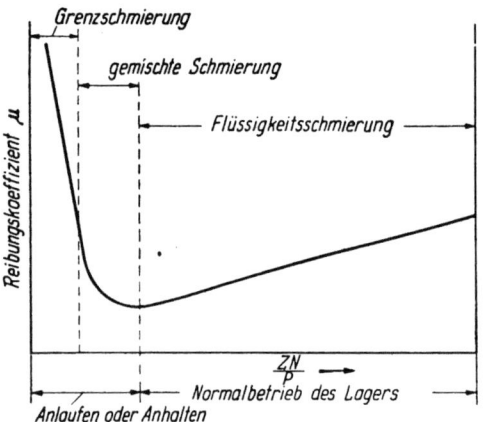

Abb. 90. Das Reibungsverhalten eines Gleitlagers unter verschiedenen Betriebsbedingungen. Z = Zähigkeit der Schmierflüssigkeit, N = minutliche Umdrehungszahl, P = Flächenpressung. Unter rein hydrodynamischen Verhältnissen ist μ niedrig und proportional zu ZN/P. In weniger günstigen Fällen wird die Schmierschicht unterbrochen, und die Reibung steigt bedeutend an

Die Wirkung von Last, Geschwindigkeit, Zähigkeit und Temperatur

Der Einfluß der Belastung, Geschwindigkeit und Zähigkeit auf den elektrischen Widerstand zwischen der Welle und der Lagerschale geht aus Tafel XXV hervor. In diesen Abbildungen entspricht jeder Linienzug nahezu einer vollständigen Umdrehung der Welle. Man erkennt, daß die Unterbrechung der Schmierschicht um so seltener erfolgt, je geringer die Last ist (Tafel XXV.1). Eine Wirkung im gleichen Sinne wird beobachtet, wenn die Rotationsgeschwindigkeit (Tafel XXV.2) oder die Zähigkeit des Öls (Tafel XXV.3) erhöht werden. Diese Ergebnisse stimmen direkt mit der oben diskutierten ZN/P-Charakteristik überein. Die Linienzüge zeigen jedoch, daß eine bestimmte Anzahl von Unterbrechungen der Schmierschicht selbst unter den günstigsten Bedingungen von niedriger Belastung, hoher Geschwindigkeit und hoher Zähigkeit immer auftritt.

Die Schmierung zwischen Welle und Lagerschale 315

Tafel XXV

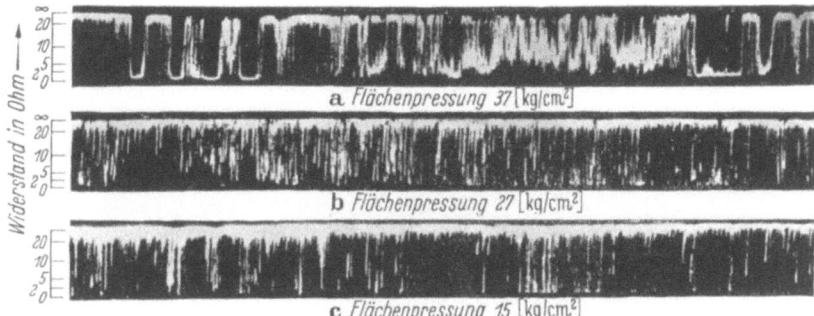

Abb. 1. *Einfluß der Belastung.* Geschwindigkeit 190 U/Min. Temperatur 20 °C. Jede Aufzeichnung entspricht einer vollständigen Umdrehung der Welle. Bei geringer Belastung (c) sind die hohen Widerstandswerte vorherrschend, was auf vorwiegend hydrodynamische Verhältnisse hinweist. Bei größeren Lasten wird die hydrodynamische Schicht immer mehr unterbrochen

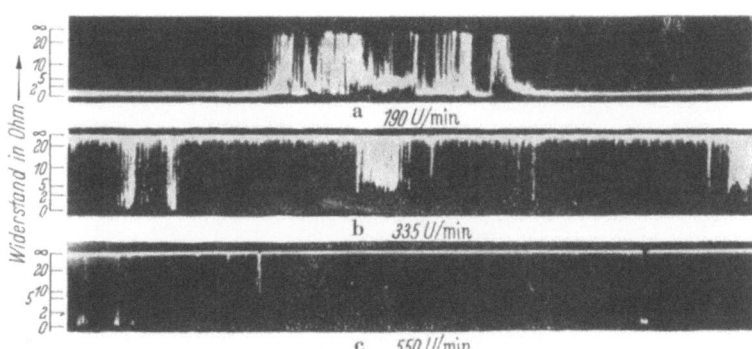

Abb. 2. *Wirkung der Geschwindigkeit.* Flächenpressung 37 kg/cm². Temperatur 20 °C. Jeder Linienzug entspricht einer vollständigen Umdrehung der Welle. Bei höheren Geschwindigkeiten überwiegt die hydrodynamische Schmierung; aber es gibt immer noch hie und da Unterbrüche des Schmierfilms

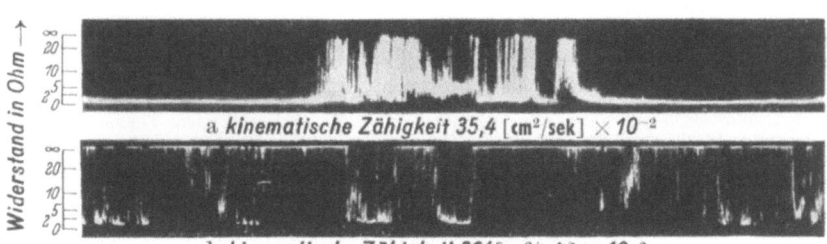

Abb. 3. *Einfluß der kinematischen Zähigkeit.* Geschwindigkeit 190 U/Min. Flächenpressung 37 kg/cm². Jeder Linienzug entspricht einer vollständigen Umdrehung der Welle. Die hydrodynamische Schmierung ist beim Öl mit der größeren Zähigkeit viel besser ausgebildet

Tafel XXVI

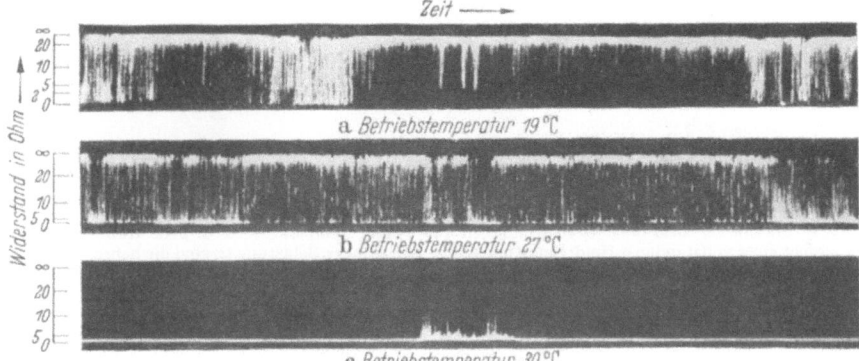

Abb. 1. *Wirkung der Temperatur.* Geschwindigkeit 190 U/Min. Flächenpressung 27 kg/cm². Kinematische Zähigkeit 0,36 cm²/sec bei 19 °C. Jede Aufzeichnung entspricht einer Umdrehung der Welle. Der Widerstandsverlauf zeigt, daß ein Temperaturanstieg um 11 °C den Charakter der Schmierung völlig verändert (von hauptsächlich hydrodynamischer zu nichthydrodynamischer)

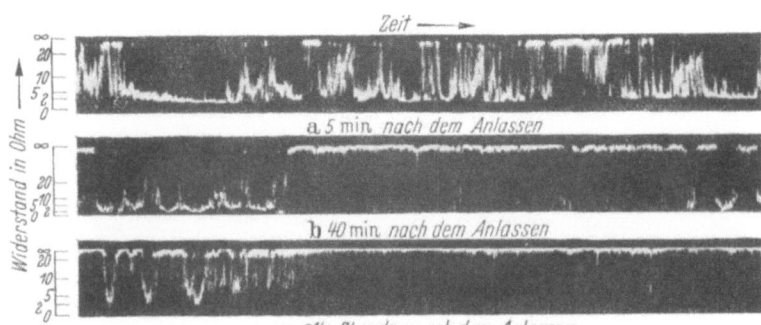

Abb. 2. *Wirkung des Einlaufens.* Geschwindigkeit 190 U/Min. Flächenpressung 33 kg/cm². Betriebstemperatur 18 °C. Der Widerstand wurde jedesmal für eine volle Umdrehung aufgezeichnet. Nach 2 Stunden Laufzeit wurde die hydrodynamische Schicht offensichtlich viel seltener unterbrochen

Die Wirkung der Temperatur des zirkulierenden Öls ist aus Tafel XXVI.1 ersichtlich, und es geht daraus hervor, daß ein Temperaturanstieg von nur 11 °C (von 19 auf 30 °C) ausreicht, um die Widerstandskurve von einer vorwiegend hydrodynamischen (Linienzug 1 a) in eine beinahe vollständig nichthydrodynamische (Linienzug 1 c) umzuwandeln. Diese Erscheinung beruht hauptsächlich auf der Zähigkeitsabnahme des Öls mit zunehmender Temperatur.

Die Untersuchung bringt noch zwei weitere Erscheinungen von besonderem Interesse zum Vorschein. Die erste betrifft die Wirkung des „Einlaufens", und Tafel XXVI. 2 zeigt in verschiedenen Stadien eines Versuches erhaltenen Ergebnisse, wobei jeder Streifen angenähert eine Umdrehung der Welle darstellt. Die Aufzeichnung wurde jedesmal bei ungefähr der gleichen relativen Lage zwischen der Welle und der Lagerschale begonnen. Man stellt fest, daß fünf Minuten nach dem Anlaufen ein großer Teil der Schmierung nicht hydrodynamisch ist. Mit zunehmender Laufzeit werden die Unterbrechungen seltener und kürzer, und nach etwa 2 Stunden herrschen während eines beträchtlichen Teils der Umdrehung hydrodynamische Schmierbedingungen. Wegen dieses Anlaufeffekts wurden die zu Vergleichszwecken benützten Linienzüge der Tafeln XXV und XXVI.1 nach gleicher Betriebsdauer, vom Stillstand an gerechnet, aufgenommen.

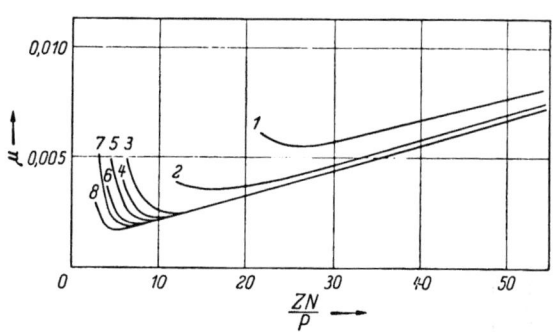

Abb. 91. Der Reibungsbeiwert eines Gleitlagers bei unterbrochenem Einlaufen. Aus der Abhandlung von McKee (1927). Z = Zähigkeit, N = minutliche Umdrehungszahl, P = Flächenpressung. Durch fortschreitendes Einlaufen in acht aufeinanderfolgenden Probeläufen wird der Bereich der hydrodynamischen Schmierung immer weiter in das ungünstigere Gebiet von ZN/P vorgetrieben. Vergleiche beispielsweise Kurve 8 nach längerem Einlaufen mit Kurve 1, die zu Beginn des Versuchs erhalten wurde

Der Anlaufvorgang besteht vermutlich in der Entfernung von Rauhigkeitsvorsprüngen, die normalerweise die Schmierschicht durchdringen, sowie in einer geringen Abänderung der Form der Lagerschale, woraus ein besserer Sitz der Welle resultiert. Diese Schlußfolgerungen stimmen mit den experimentellen Messungen des Reibungsdrehmomentes vollkommen überein. Abb. 91 zeigt einige Kurven für den Reibungskoeffizienten in Abhängigkeit des Parameters ZN/P, die der klassischen Arbeit von McKee (1927) über die Lagerschmierung entstammen. Man erkennt, daß der Punkt, bei dem die geringste Reibung auftritt, sich mit wachsender Anlaufzeit längs der ZN/P-Achse nach unten bewegt. Dies bedeutet, daß die hydrodynamische Schmierung auch in Bereichen größerer Druck- oder Geschwindigkeitsbeanspruchung oder ungünstiger Zähigkeiten bestehen bleibt, wenn das Lager einmal eingelaufen ist.

Aus ähnlichen Versuchen geht hervor, daß der Einlaufvorgang möglicherweise stark erleichtert wird, wenn das Lager während einiger weniger Stunden unter einer schweren Belastung läuft. Immerhin zeigen die Widerstandsmessungen, daß Unterbrechungen der Schmierschicht in den oben beschriebenen Versuchen nie gänzlich ausgeschaltet wurden, obschon das Einlaufen des Lagers die Häufigkeit, mit der Vorsprünge die hydrodynamische Schicht durchstoßen, stark herabsetzen kann.

Die zweite Erscheinung bezieht sich auch auf die Geschwindigkeit, mit der eine „tragende" Schmierschicht aufgebaut wird. Sobald die Welle zu rotieren beginnt, erfolgt eine schnelle Verbesserung der Schmierung während der ersten 10 bis 20 Umdrehungen. Infolge der bereits beschriebenen Einlaufvorgänge wird nachher eine viel langsamere Verbesserung beobachtet. Der allmähliche Aufbau der hydrodynamischen Schicht bei einer Rotationsgeschwindigkeit von 335 U/Min. ist in Tafel XXVII mit Hilfe der Widerstandsaufzeichnungen für die ersten 9 Umdrehungen der Welle veranschaulicht. Die fortschreitende Verbesserung der Schmierung kann an Hand dieser Bilder leicht verfolgt werden. Es muß dabei betont werden, daß dies nicht einer allmählichen Beschleunigung der rotierenden Welle zu verdanken ist: die Versuche waren so angelegt, daß die volle Rotationsgeschwindigkeit während der ersten Umdrehung erreicht wurde. Ähnliche Versuche bei andern Drehzahlen lassen erkennen, daß die ersten Stadien im Aufbau der hydrodynamischen Schmierschicht bei höheren Geschwindigkeiten schneller durchlaufen werden. Diese Erscheinung beruht wahrscheinlich auf hydrodynamischen Faktoren, die die Einstellung der Gleichgewichtsbedingungen regeln. Es besteht aber auch die Möglichkeit, daß die erste Glättung der gröbsten Rauhigkeiten bei höheren Geschwindigkeiten schneller vor sich geht.

Die Wirkung der Temperatur auf die Schmierschichten

Aus der Diskussion des vorangehenden Abschnitts geht deutlich hervor, daß es sogar unter den günstigsten Bedingungen sehr schwierig ist, für eine in einer Lagerschale laufenden Welle vollständig hydrodynamische Verhältnisse zu erhalten. Aus diesem Grunde wird der Verschleiß der Gleitflächen letzten Endes durch die Wirksamkeit der Grenzschicht bedingt sein, da diese schützend zurückbleibt, wenn die hydrodynamische Schicht durchbrochen ist. Wie wir gesehen haben, sind die Schmiereigenschaften der Grenzschicht von der Natur der

Die Wirkung der Temperatur auf die Schmierschichten 319

Tafel XXVII

Der Aufbau der Schmierschicht. Geschwindigkeit 335 U/Min. Flächenpressung 27 kg/cm². Betriebstemperatur 19 °C. Es wurde jedesmal eine vollständige Wellenumdrehung aufgenommen. Während der ersten Umdrehung ist die Schmierung vollkommen nichthydrodynamisch. Es braucht 9 Umdrehungen, bis der Schmierfilm den Schutz einer vorwiegend hydrodynamischen Schicht gewährt

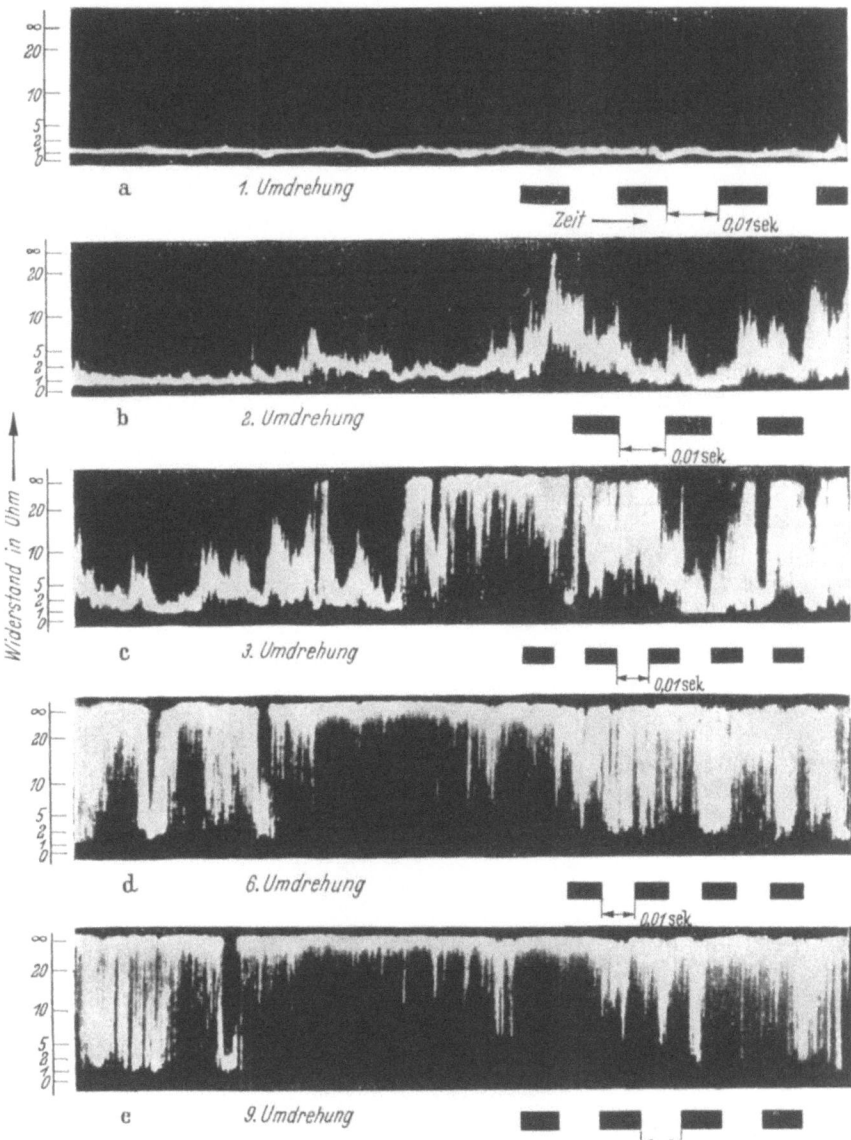

Das Versagen von Schmierschichten

Tafel XXVIII

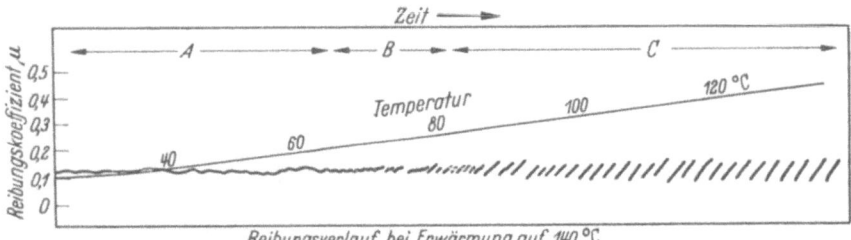

Abb. 1. Reibungsverlauf während der Erwärmung von Stahloberflächen, die mit einem handelsüblichen Schmiermittel versehen waren.

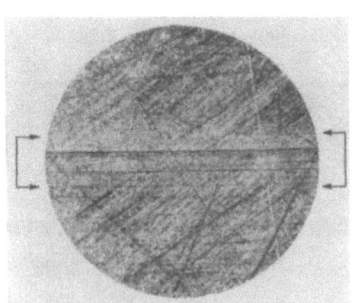

Raumtemperatur (Abschnitt A in Abb. 1)
$\mu = 0{,}13$

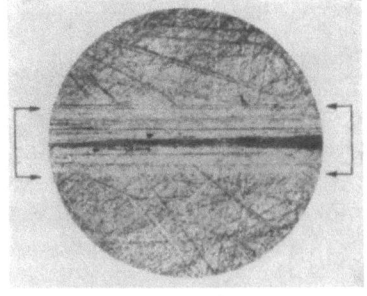

70 °C   (Abschnitt B)

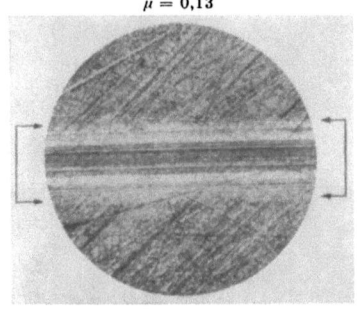

120 bis 150 °C   (Abschnitt C)

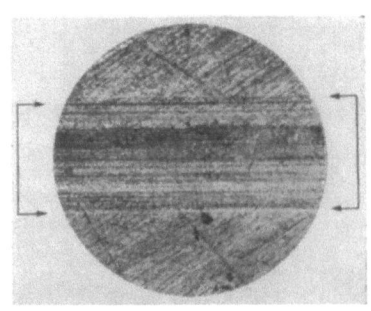

200 °C $\mu > 0{,}35$

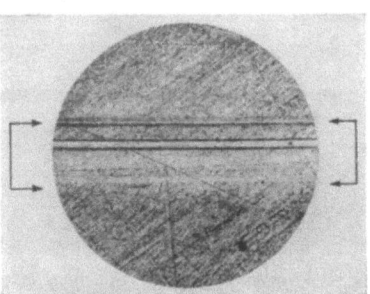

Nach Abkühlung auf 20 °C $\mu = 0{,}13$

Abb. 2. Veränderung der Gleitfurchen in Abhängigkeit der Temperatur. (Vergrößerung 33 ×)

darunterliegenden Metalle sowie von der Gleitgeschwindigkeit und andern Veränderlichen abhängig. Eine der wichtigsten dieser Einflußgrößen stellt die zwischen den reibenden Flächen entwickelte Temperatur dar. Die Schmiereigenschaften der Grenzschichten aus Kohlenwasserstoffen bzw. Alkoholen und Fettsäuren gehen ja verloren, sobald die Temperatur hoch genug ist, um ein Erweichen oder Schmelzen der Schmierschicht hervorzurufen. Dieses Verhalten kann praktisch bei allen Grenzschichten beobachtet werden, und die Änderungen der Reibung und des Verschleißes erfolgen bei der Abkühlung im umgekehrten Sinne, sofern die Erwärmung so rasch geschah, daß die Zeit nicht für eine nennenswerte Oxydation der Schmiermittel ausreichte.

Tafel XXVIII illustriert dieses Verhältnisse am Beispiel eines typischen, handelsüblichen Schmiermittels, das sich für die Grenzschmierung eignet (TABOR, 1941). Bei Zimmertemperatur ist die Bewegung gleichförmig und die Reibung niedrig, und dies hält bis zu einer Temperatur von rund 70 °C an (Tafel XXVIII.1, Abschnitt A). Die Gleitfurche zeigt einen verhältnismäßig leichten Verschleiß (Tafel XXVIII.2). Bei 70 °C beginnt die Schmierung zu versagen (Tafel XXVIII.1, Abschnitt B), und die Verschlechterung wird immer ausgeprägter, je mehr die Temperatur erhöht wird (Tafel XXVIII.1, Abschnitt C). Bei 200 °C ist die Reibungszahl auf einen ziemlich hohen Wert gestiegen ($\mu \approx 0{,}4$), während die Bewegung intermittierend geworden ist und die Reiterfurchen eine entsprechend schwerere Verletzung aufweisen (Tafel XXVIII.2). Wird die Oberfläche nun rasch abgekühlt (um eine nennenswerte Oxydation zu verhindern), so wird die Bewegung wieder gleichförmig, und die Reibung kehrt wieder auf ihren ursprünglich niedrigen Wert von etwa $\mu = 0{,}1$ zurück, während die Oberfläche beim Weitergleiten nur sehr wenig beschädigt wird (Tafel XXVIII.2 unten).

Es ist klar, daß diese Art von Wechsel eine sehr bedeutungsvolle Wirkung auf die praktische Leistungsfähigkeit eines Schmiermittels haben kann. Dies gilt besonders für die zusatzfreien Öle, da die meisten Grenzschichten aus einem handelsüblichen Schmiermittel dieser Art schon bei ziemlich mäßigen Temperaturen versagen. Da dieser Effekt umkehrbar ist, können ferner in erhöhtem Maße Freßerscheinungen und Oberflächenschäden auftreten, obschon die Eigenschaften der zirkulierenden Schmierflüssigkeit anscheinend unverändert blieben.

Eine andere Art von Änderung, die *nicht* umkehrbar ist, wird wahrgenommen, wenn die Erwärmung intensiver ist und über längere Zeiten andauert, so daß das Öl in einem nicht vernachlässigbaren Maß oxydiert wird. Im Anfangsstadium können die Oxydationsprodukte eine

Tafel XXIX

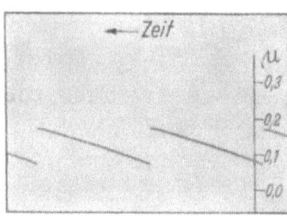 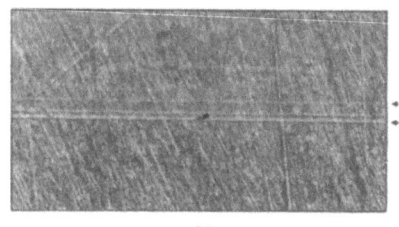

Abb. 1. Schmierung von Stahloberflächen durch ein Mineralöl bei Raumtemperatur

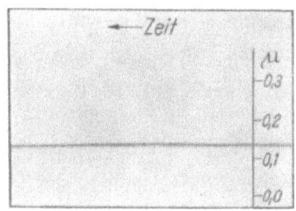 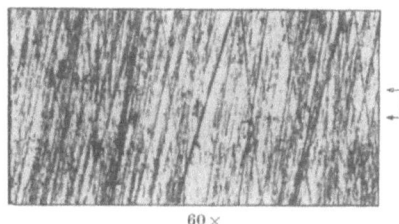

Abb. 2. Schmierung durch Mineralöl + 1% Caprylsäure. Stahloberflächen bei Raumtemperatur

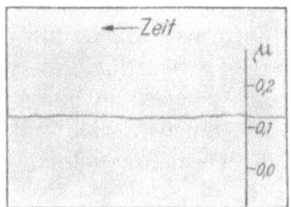 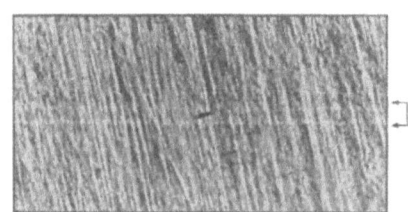

Abb. 3. Mit Mineralöl geschmierte Stahloberflächen nach Erwärmung auf 200 °C (gehalten während 15 Min.)

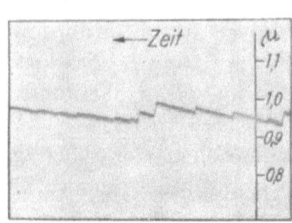 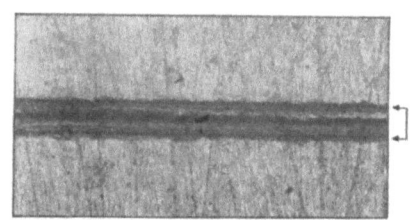

Abb. 4. Mit Mineralöl geschmierte Stahloberflächen nach Erwärmung auf 300 °C während 20 Min.

Verbesserung der Schmiereigenschaften des Öls mit sich bringen, die mit jener vergleichbar ist, die sich durch Hinzufügen einer kleinen Menge von Fettsäure erzielen läßt. Diese Erscheinungen sind in Tafel XXIX für ein typisches Mineralöl auf Stahloberflächen illustriert (BOWDEN, LEBEN und TABOR, 1939). Tafel XXIX.1 zeigt das Reibungsverhalten des Mineralöls bei Raumtemperatur und die zugehörige Reiterfurche. Tafel XXIX.2 veranschaulicht die Wirkung eines Zusatzes von einprozentiger Caprylsäure zum Öl, wodurch die Reibung offensichtlich vermindert wird, während die unterbrochene Bewegung in eine gleichförmige übergeht, wobei die Oberfläche eine beträchtlich geringere Verletzung erleidet (dieser Effekt wurde schon im zehnten Kapitel beschrieben).

Wenn nun die mit einer dünnen Schicht des einfachen Mineralöls bedeckte Stahlfläche erwärmt wird, so kann die Oxydation des Öls an Hand ihrer Wirkung auf das Reibungsverhalten verfolgt werden. Wird die Prüffläche beispielsweise auf 150 °C gehalten, so stellt sich nach 30minutiger Erwärmung eine ausgeprägte Reibungsänderung ein. Der Gleitwiderstand wird klein, die Bewegung glatt und gleichförmig, und die Oberfläche erfährt nur eine leichte Beschädigung. Bei 200 °C treten die entsprechenden Vorgänge schon nach 15 Minuten auf. Die Reibung und die entsprechende Gleitfurche sind in Tafel XXIX.3 abgebildet, und man sieht, daß das Verhalten sehr ähnlich ist, wie wenn dem Mineralöl eine kleine Menge Fettsäure zugesetzt wird (Tafel XXIX.2). Bei 300 °C erfolgt die Umstellung noch schneller, und die niedrige Reibung kann schon nach kaum 2minutiger Erwärmung entdeckt werden. Setzt man das Aufheizen jedoch für weitere 20 Minuten fort, so findet ein anderer Wechsel statt: das Öl bildet eine dickflüssige, klebrige Masse, die Reibung steigt auf einen hohen Wert, und die Reibungsspur zeigt einen stark erhöhten Verschleiß (Tafel XXIX.4).

Es ist leicht zu beweisen, daß diese Erscheinungen der Oxydation des Öls zu verdanken sind, indem man das Mineralöl vor dem Gebrauch einer Vorbehandlung unterzieht. Wenn nämlich das Öl erwärmt und gleichzeitig von einem Luftstrom durchblasen wird, so können ähnliche Reibungsänderungen beobachtet werden. Zuerst bemerkt man eine langsame Verbesserung der Schmierung, die von einer schwachen Verfärbung des Öls begleitet ist. Nach längerer Erwärmung wird die Schmierung wieder schlechter, und das Öl nimmt eine dunkelbraune Farbe an. Diese Veränderungen treten nicht ein, wenn die Erwärmung unter Luftausschluß vorgenommen wird. Eine allmähliche Verbesserung des Reibungsverhaltens erhält man auch, wenn bei 0 °C Ozon durch das Öl geleitet wird. Alle diese Vorgänge geschehen in ganz analoger Weise bei der Erwärmung der Ölschicht auf der Stahloberfläche, wobei allerdings zu bemerken ist, daß sie sich im letzteren Fall viel schneller abwickeln. Dies spricht dafür, daß die Bildung der Oxydationsprodukte durch die Stahloberfläche möglicherweise katalysiert wird.

Nach diesen Ergebnissen bilden sich also, wenn ein Mineralöl auf einer Stahloberfläche an der Luft erwärmt wird, Verbindungen, die seine Schmiereigenschaften verbessern: Die Reibung wird herabgesetzt und der Umfang des Oberflächenschadens beträchtlich verringert. Bei tiefen Temperaturen ist die Geschwindigkeit, mit der diese Verbindungen im Öl entstehen, sehr gering, doch wird sie durch eine Temperaturerhöhung stark beschleunigt. Bei Temperaturen bis zu 200 °C behält die Ölschicht die verbesserten Schmiereigenschaften sogar nach längerer Erwärmung. Bei 300 °C finden jedoch weitere, schnell ablaufende Veränderungen statt: Der größte Teil des Öls wird verflüchtigt, während der zurückbleibende Rest eine zähe, harzige Masse bildet, die eine Zunahme von Reibung und Verschleiß nicht verhindern kann.

Die Tatsache, daß diese Verbindungen auf Metalloberflächen vor allem bei erhöhten Temperaturen gebildet werden, bedeutet, daß ein frisches Öl in der Praxis ein schlechteres Schmiermittel sein kann als ein altes. Man entnimmt den Ergebnissen, daß Verbindungen, die die Schmierung begünstigen, bei einer Temperatur von etwa 200 °C ziemlich rasch entstehen und sowohl die Reibung als auch den Oberflächenschaden verringern können. Daraus folgt natürlich nicht unbedingt, daß die resultierende Wirkung einer solchen Verbindung erwünscht sein wird. Mit zunehmender Oxydation können die säureähnlichen Produkte zu einem korrosiven Verschleiß der Metalloberflächen führen. In einem späteren Stadium kann die Oxydation gemeinsam mit einer Polymerisation auch eine Zunahme der Zähigkeit des Schmieröls bewirken und zur Bildung von Stoffen Anlaß geben, die in der zirkulierenden Schmierflüssigkeit unlöslich sind. Diese Produkte erscheinen in der Form eines Schlammes oder als harzige Niederschläge und führen in Verbrennungsmotoren zum Kleben der Kolbenringe und der Ventilstangen. Ferner besitzen diese Substanzen, wie die Versuche bei 300 °C zeigen, Eigenschaften, die sich bei der Grenzreibung ungünstig auswirken und erhöhte Reibung und Verschleiß zur Folge haben.

Obschon also ein geringes Maß von Oxydation sich möglicherweise günstig auswirkt, kann eine dauernd fortschreitende Oxydation zum Nachteil gereichen. Die Lage wird noch durch die Tatsache erschwert, daß der Oxydationsvorgang sich anscheinend selbst katalysiert. Aus diesen Gründen ist es jetzt allgemein üblich geworden, den Schmierölen in kleinen Zusätzen Stoffe beizufügen, die die Wirkung der Oxydation hemmen oder aufheben. Eine Übersicht über diese Substanzen, die einen sehr weiten Bereich von Chemikalien umfassen, ist bei WEBBER (1954) zu finden.

Schrifttum

BOWDEN, F. P., L. LEBEN and D. TABOR (1939), Trans. Faraday Soc. **35**, 900.
COURTNEY-PRATT, J. S. and G. K. TUDOR (1946), Proc. Inst. Mech. Eng. **155**, 293.
HERSEY, M. D. (1938), Theory of Lubrication. John Wiley, New York.
LUNN, B. (1952), Trans. Dan. Acad. Techn. Sci. No. 2.
MCKEE, S. A. (1927), Mech. Eng. **49**, 1335.
REYNOLDS, O. (1886), Proc. Roy. Soc. A **40**, 191.
TABOR, D. (1941), Engineering, **152**, 178.
TABOR, D. (1946), Proc. Inst. Mech. Eng. **155**, 317.
TUDOR, G. K. (1947), C.S.I.R. (Australia), Tribophysics Division Report A 155; (1949) J.C.S.I.R. (Australia), **21** (3), 202.
WEBBER, M. W. (1945), Petroleum, 8, 76.
WILLIAMS, C. G. (1940), Collected Researches on Cylinder Wear. Inst. Auto. Engrs.

XIII. Das Wesen der Berührung zwischen zusammenstoßenden Körpern

In diesem Kapitel werden wir uns in gedrängter Darstellung mit der Art der Berührung zwischen aufeinanderprallenden Oberflächen befassen. Die sich dabei abspielenden Vorgänge sind für eine ganze Anzahl von Gebieten, wo der Formänderungswiderstand unter Stoßbeanspruchung eine Rolle spielt, von Interesse. Das Wesen des Schlagkontaktes ist beispielsweise für dynamische Härteprüfungen wichtig und besonders bei Schmierproblemen, wo Schwingungen der bewegten Teile schnelle Schwankungen der Normalkraft zwischen den gleitenden Flächen hervorrufen können. Die mit dem Aufprall fester Körper zusammenhängenden Vorgänge sind aber auch bei andern Erscheinungen, wie zum Beispiel bei der Auslösung von Explosionen durch Schlageinwirkung, von Bedeutung.

Der Stoß zwischen aufeinanderprallenden, festen Körpern wurde erstmals von ST. VENANT (1867) theoretisch behandelt, wobei er die Meinung vertrat, die Gesamtdauer der Kollision werde durch die Zeit bestimmt, die eine elastische Druckwelle benötigt, um den Körper zu durcheilen und nach erfolgter Reflexion zurückzukehren. Da die Geschwindigkeit einer Druckwelle in einem Metall in der Gegend von 10^5 cm/sec liegt, würde dies für Zusammenstöße zwischen Körpern, die in der Stoßrichtung einige Zentimeter messen, einem Wert von nur wenigen Mikrosekunden entsprechen. Wie wir später sehen werden, ergibt sich aus den Versuchsergebnissen eine viel längere Kollisionsdauer, und die gefundenen Anzeichen deuten darauf hin, daß der Stoßvorgang bei kleinen Körpern hauptsächlich durch die an den Berührungsstellen auftretenden Verformungen bedingt ist. Solange die Deformationen elastisch sind, kann die Hertzsche Gleichung (HERTZ, 1881) angewandt werden. Wenn plastische Formänderungen erzeugt werden, was im allgemeinen der Fall ist, so muß man die plastischen Gleichungen des ersten Kapitels gebrauchen. In beiden Fällen dauern die Verformungsvorgänge im Berührungsgebiet verhältnismäßig lange, und die elastischen Druckwellen haben genügend Zeit, um mehrere Male hin- und herzueilen und sich gleichmäßig in den zusammenprallenden Körpern zu verlieren. Nur wenn es sich um Körper handelt, die in der Stoßrichtung verhältnismäßig lang sind, ist die Kollisionsdauer durch die Beziehung von St. VENANT bestimmt.

Im folgenden werden wir uns mit Zusammenstößen zwischen Körpern befassen, die eine Länge von nur einigen wenigen Zentimetern aufweisen. Infolgedessen werden wir das Problem der Kompressionswelle außer acht lassen und uns auf die Kräfte und Formänderungen beschränken, die in den Bezirken engster Berührung auftreten. Wir werden uns dabei zuerst auf den Aufprall kugeliger und ebener Oberflächen beschränken und nachher die Wirkung von Flüssigkeitsschichten, die zwischen die festen Körper gelegt wurden, betrachten.

Kugelige Oberflächen

Eine harte Kugel mit dem Radius r, der Eindringkörper, falle auf eine horizontale, ebene Oberfläche eines weicheren Metalles, das als Anschlag dient (Abb. 92). Der Aufprall kann in vier Hauptstadien unterteilt werden. Zuerst wird das Berührungsgebiet nur elastisch deformiert werden, und wenn der Stoß sanft genug war, so erholen sich die Oberflächen elastisch und trennen sich, ohne daß eine Formänderung zurückbleibt. Die Kollision ist in diesem Fall rein elastisch, und die Stoßdauer, die mittleren Drücke und die Formänderungen werden durch die HERTZschen Gleichungen gegeben. Das zweite Stadium tritt dann ein, wenn der mittlere Druck während des Stoßes etwa $1,1\ \sigma_0$ übersteigt, so daß in einem kritischen Gebiet ein kleines Volumen plastisch deformiert wird und der Zusammenstoß somit nicht mehr als rein elastisch bezeichnet werden kann (s. Kap. I). Infolgedessen werden die Hertzschen Gleichungen nicht mehr streng gültig sein. Es ist in diesem Zusammenhang bemerkenswert, daß das Einsetzen der plastischen Verformung in der Grundmasse einer metallischen Auflage sehr leicht herbeizuführen ist, ganz abgesehen von der Deformation der Oberflächenvorsprünge.

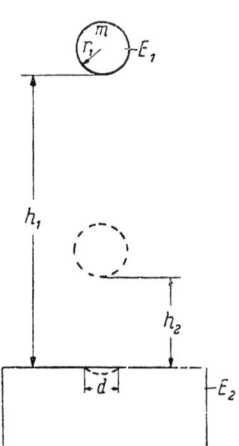

Abb. 92. Der Fall einer harten Stahlkugel (Radius r, Masse m) aus einer Höhe h_1 auf die Oberfläche einer massiven Auflage. Rücksprunghöhe h_2. Der erzeugte Eindruck besitzt den Durchmesser d

Eine Kugel von 1 cm Durchmesser (Masse 4 Gramm) beispielsweise, wird in sehr hartem Werkzeugstahl schon einen bleibenden Eindruck erzeugen, wenn sie aus einer Höhe von nur 2 cm fallen gelassen wird. Sowie die Stoßenergie zunimmt, geht die Deformation schnell in den vollkommen plastischen Zustand über (Stadium 3), und die makroskopische, bleibende Verformung schreitet fort, bis die gesamte kinetische Energie des aufprallenden Körpers verbraucht ist. Schließlich findet in beiden Körpern eine Entspannung der elastischen Beanspruchung statt, was zum Wiederaufspringen der Kugel führt (Stadium 4).

Eine eingehende Analyse der vier Phasen, aus denen sich der Stoßvorgang zusammensetzt, ist verwickelt und bereitet große Schwierigkeiten. Die Untersuchung wird aber beträchtlich vereinfacht, wenn wir uns auf eine Betrachtung der beim Zusammenprall mitspielenden Kräfte beschränken (TABOR, 1948). Wir nehmen dabei an, es gäbe einen dynamischen Fließdruck p, der konstant und von der Aufprallgeschwindigkeit und der Größe der Formänderung unabhängig sei. Sobald der Druck den Wert p erreicht, setzt plastisches Fließen ein und dauert an, bis der Druck unter diesen Wert abfällt. Wenn der niederfallende Körper in der Oberfläche des Anschlags einen bleibenden Eindruck mit dem Volumen V erzeugt, so beträgt die bei der plastischen Deformation geleistete Arbeit $A = pV$. Wenn die Fallhöhe mit h_1 und die Rücksprunghöhe mit h_2 bezeichnet werden, so erhält man für die im Zusammenstoß verbrauchte Energie $mg(h_1 - h_2)$ und damit

$$pV = mg(h_1 - h_2). \tag{1}$$

Der hinterlassene Eindruck ist *nicht* eine Kugelkalotte mit dem gleichen Radius wie der Eindringkörper; denn dessen Wiederaufspringen bedeutet, daß eine elastische Rückfederung der Eindruckfläche stattfand. Es ist nicht schwierig auszurechnen, in welchem Maß der Eindruck aus diesem Grunde abflachte und den erhaltenen Betrag mit der Rücksprungenergie mgh_2 in Beziehung zu bringen. Wenn der Eindruck einen Durchmesser d besitzt, E_1 und E_2 die Elastizitätsmodule der Kugel bzw. der Unterlage bezeichnen, und die Poissonsche Zahl für beide Oberflächen 0,3 beträgt, so ergeben die Berechnungen

$$mgh_2 = 0{,}34\, p^2 d^3 \left(\frac{1}{E_1} + \frac{1}{E_2}\right). \tag{2}$$

Wir können das wahre Volumen V des Eindrucks auch durch das scheinbare Volumen V_s ausdrücken. Unter dem letzteren verstehen wir das Volumen, das dem Krümmungsradius der Kugel entspricht und angenähert gleich $\pi d^4/64 r_1$ ist. Das wahre Volumen V ist nach der gleichen Annäherung durch $\pi d^4/64 r_2$ gegeben. Wir können nun r_2 im Ausdruck für das Volumen V eliminieren, indem wir die Hertzsche Beziehung verwenden, die r_1, r_2 und d mit der Kraft $N = p\pi d^2/4$, die am Schluß des Eindringvorgangs auftritt, verbindet. Wir haben bereits festgestellt [s. Kap. I, Gl. (1)], daß

$$d = 2{,}22 \left[\frac{N}{2}\left(\frac{1}{r_1} - \frac{1}{r_2}\right)\left(\frac{1}{E_1} + \frac{1}{E_2}\right)\right]^{1/3},$$

so daß

$$\frac{1}{r_2} = \frac{1}{r_1} - 5{,}54\, \frac{N}{d^3}\left[\frac{1}{E_1} + \frac{1}{E_2}\right].$$

Folglich gilt

$$V = V_s - 0{,}21\, p d^3 \left(\frac{1}{E_1} + \frac{1}{E_2}\right).$$

In Gl. (1) eingesetzt und mit Gl. (2) zusammengenommen, erhalten wir
$$p V_s = mg(h_1 - h_2) + {}^5/_8 \, mgh_2.$$
Daraus
$$p = \frac{mg(h_1 - {}^3/_8 h_2)}{V_s}. \tag{3}$$

Dies ermöglicht uns, p in Abhängigkeit der Fallhöhe und der Rücksprunghöhe sowie der scheinbaren Größe des Eindrucks zu bestimmen. Die Gültigkeit dieser Ableitung hängt von der Annahme ab, daß die am wirklichen Stoß beteiligten inneren Kräfte im wesentlichen die gleichen sind wie diejenigen, die beim eben beschriebenen analytischen Modell vorausgesetzt wurden. Insbesondere nahmen wir an, die bei der Fortpflanzung der elastischen Wellen verbrauchte Energie sei vernachlässigbar und der Temperaturanstieg in der Umgebung des Eindrucks sei klein während des Zusammenpralls und habe keinen bedeutsamen Einfluß auf die Festigkeitseigenschaften des Metalls. Wie wir später sehen werden, sind diese beiden Annahmen ziemlich gerechtfertigt.

Die Wirkung eines veränderlichen Fließdruckes

Wir haben für die obenstehende Ableitung vorausgesetzt, daß p konstant sei. In der Praxis liegen vor allem zwei Gründe vor, weshalb wir eine Variation von p im Verlauf des Zusammenstoßes erwarten dürfen. Erstens muß, analog wie bei einer zähen Masse, mit einem dynamischen Effekt gerechnet werden, der p zu Beginn des Eindringens größer werden läßt, da die Geschwindigkeit, mit der das Material deformiert wird, in diesem Stadium den größten Wert besitzt. Diese Erscheinung wird später diskutiert; es ist allerdings schwierig, sie quantitativ zu berücksichtigen. Zweitens verfestigt sich das Metall, wenn der Eindruck erzeugt wird, so daß eine Erhöhung des mittleren Druckes, der gegen die Verformung Widerstand leistet, auftreten dürfte. Wir können die Größe dieses Effektes abschätzen, indem wir wie im statischen Fall annehmen, daß $p = kd^{n-2}$, wobei n eine Konstante mit einem Wert zwischen 2 und 2,5 bezeichnet [s. Kap. I, Gl. (4)]. Folgen wir damit der oben gegebenen Ableitung in allen Einzelheiten, so erhalten wir eine ähnliche Beziehung wie Gl. (3), und zwar lautet das Ergebnis für den mittleren Druck am Ende des Eindruckvorgangs
$$p = \frac{n+2}{4} \cdot \frac{mg(h_1 - \beta h_2)}{V_s} \tag{3a}$$
wobei $\beta = (2n-1)/(2n+4)$ ist und deshalb von $^3/_8$ bis $^4/_9$ variiert, wenn n zwischen 2 und 2,5 schwankt. Dies wirkt sich auf den Wert von p nur geringfügig aus. In ähnlicher Weise schwankt der erste Faktor zwischen 1 und 1,12, wenn n zwischen 2 und 2,5 variiert. Es

330 Das Wesen der Berührung zwischen zusammenstoßenden Körpern

folgt daraus, daß die Änderung des Fließdruckes infolge der Verfestigung während des Eindringens der Kugel in p im schlimmsten Fall einen Fehler von rund 10 % hervorruft, wenn wir von Gl. (3) Gebrauch machen. Im allgemeinen wird der Fehler um einiges kleiner ausfallen.

Die Gültigkeit der Gleichungen (2) und (3). Beschränken wir unsere Betrachtung auf irgendein bestimmtes Material (für das wir p und E

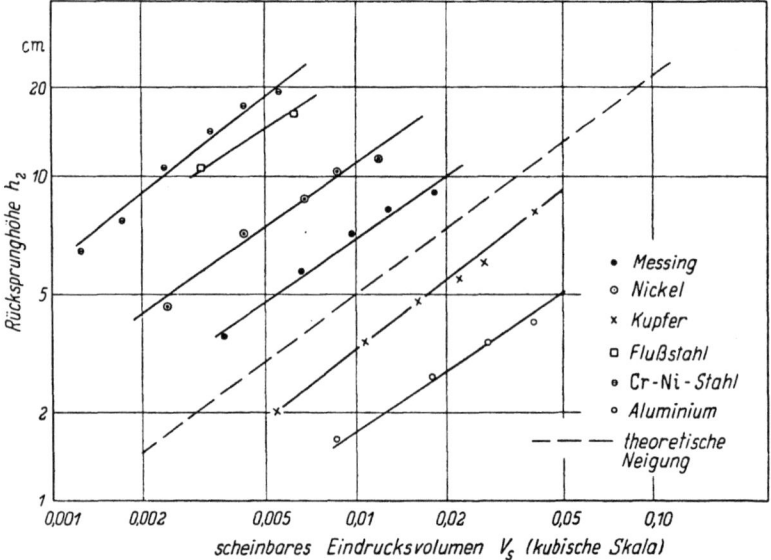

Abb. 93. Rücksprunghöhe in Abhängigkeit des scheinbaren Eindrucksvolumens. Für eine große Auswahl von Metallen besteht ziemlich gute Übereinstimmung zwischen der theoretischen und der experimentell bestimmten Neigung der Geraden

als konstant annehmen), so sollte die Aufsprunghöhe h_2 gemäß Gl. (2) proportional zu d^3 und deshalb proportional zu $(V_s)^{3/4}$ sein, da, wie wir gesehen haben, V_s zu d^4 verhältnisgleich ist. In Abb. 93 sind einige in der Veröffentlichung von EDWARDS und AUSTIN (1923) enthaltene Ergebnisse aufgetragen, und man erkennt, daß h_2 tatsächlich näherungsweise proportional zu $(V_s)^{3/4}$ ist. Führen wir hingegen eine ganze Reihe von Aufprallversuchen auf verschiedenen Metallen durch, so sollte die Aufsprunghöhe h_2 für eine bestimmte Eindrucksgröße (d = konstant) proportional zu $p^2 \left(\dfrac{1}{E_1} + \dfrac{1}{E_2} \right)$ sein. Die diesbezüglichen Ergebnisse der gleichen Forscher sind in Abb. 94 gegeben, wobei p nach Gl. (3) berechnet wurde. Trägt man $p \sqrt{\left(\dfrac{1}{E_1} + \dfrac{1}{E_2} \right)}$ im logarithmischen Maßstab über h_2 auf, so liegen die Punkte, wie man sieht, für eine sehr große Auswahl von Metallen auf einer Geraden mit der Neigung $\dfrac{1}{2}$.

Kugelige Oberflächen

Schließlich können wir d zwischen den Gln. (2) und (3) eliminieren, und die resultierende Beziehung zwischen h_1, h_2 und p ist dann gegeben durch

$$p^5 = \frac{h_2^4}{(h_1 - {}^3/_8 h_2)^3} \cdot \frac{mg}{109\, r_1^3} \cdot \frac{1}{(1/E_1 + 1/E_2)^4}. \tag{4}$$

Da der Klammerausdruck mit den Elastizitätsmodulen für die meisten Metalle nicht stark variiert, können wir diesen Faktor als

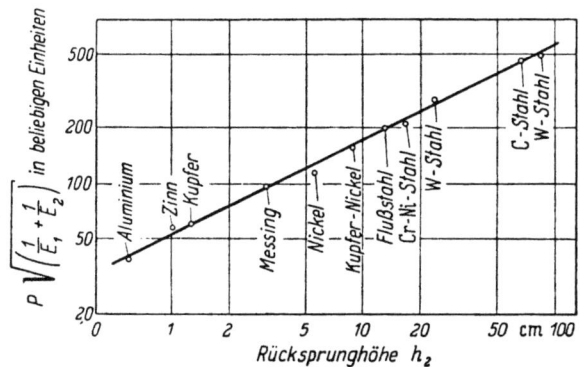

Abb. 94. Der Faktor $p \sqrt{\left(\dfrac{1}{E_1} + \dfrac{1}{E_2}\right)}$ als Funktion der Rücksprunghöhe für eine bestimmte Eindrucksgröße. Die beobachteten Werte liegen auf einer Geraden, deren Neigung 0,51 beträgt, während die theoretische Beziehung 0,5 ergibt

Konstante behandeln und dann p in Abhängigkeit von h_2 für eine bestimmte Fallhöhe h_1 auftragen. Die theoretische Kurve ist in Abb. 95 eingezeichnet. Berücksichtigen wir die Tatsache, daß weichere Metalle gewöhnlich einen kleineren Elastizitätsmodul aufweisen, so wird die Kurve in einer Weise abgeändert, die durch den gestrichelten Ast angedeutet ist. Diese theoretischen Kurven geben tatsächlich die vorherrschenden, bei der praktischen Eichung von Rücksprungskleroskopen beobachteten Merkmale wieder. Abb. 95 zeigt deutlich, daß die Rücksprunghöhe für

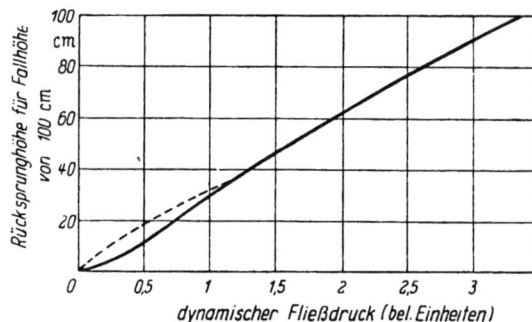

Abb. 95. Rücksprunghöhe (für eine Fallhöhe von 100 cm) in Abhängigkeit des dynamischen Fließdrucks. Die ausgezogene Kurve beruht auf der Annahme, daß alle Stoffe unabhängig von ihrer Härte die gleichen elastischen Konstanten besitzen. Die gestrichelte Kurve deutet die zu erwartenden Abweichungen an, wenn weichere Materialien kleinere Elastizitätskonstanten aufweisen. Diese Kurven gleichen den Eichkurven von Rücksprunghärtemeßgeräten

eine bestimmte Fallhöhe in einem weiten Bereich von Versuchsbedingungen beinahe direkt proportional zum dynamischen Fließdruck ist.

Die Bedingung für elastische Zusammenstöße. Es ist in diesem Zusammenhang aufschlußreich, sich zu überlegen, was im Falle eines vollkommen elastischen Zusammenstoßes geschieht, d. h. wenn $h_2 = h_1$. Wenn wir zu den ursprünglichen Gleichungen zurückkehren und den maximalen, zwischen elastisch aufeinanderprallenden Oberflächen entwickelten Druck p_e berechnen, so erhalten wir

$$p_e^5 = \frac{1}{26{,}6} \cdot \frac{mgh_1}{r_1^3} \cdot \frac{1}{(1/E_1 + 1/E_2)^4} \cdot \qquad (5)$$

Dies ist genau der Wert, der sich ergibt, wenn in Gl. (4) $h_1 = h_2$ gesetzt wird. Aus diesem Ergebnis lassen sich zwei Schlußfolgerungen ziehen. Erstens ist Gl. (4) bis zu einem hundertprozentigen Rückprall gültig. Zweitens wird keine bleibende Formänderung erzeugt, wenn der Fließdruck des Metalls größer als p_e ist, und die Kollision ist dann völlig elastisch. Beträgt er weniger als p_e, so ist eine plastische Verformung unvermeidlich, und der Wert von p entspricht dem dynamischen Fließdruck des Metalls. In dieser Weise ging SIR GEOFFREY TAYLOR (1946) beim Studium der Grenzbedingungen für plastisches Fließen unter dynamischen Beanspruchungen vor. Offensichtlich kann man bei Schlagversuchen zwischen verschiedenen Stoffen, deren Fließgrenzen oberhalb von p_e liegen, nicht unterscheiden, da jedesmal ein hundertprozentiger Rückstoß erfolgt.[1] Um den Nutzbereich solcher Schlaghärtemeßverfahren zu erweitern, muß der Wert von p_2 entweder durch Erhöhung von h_1 oder m oder durch Verkleinerung von r_1 vergrößert werden.

Die Stoßzahl

Wenn v_1 die Geschwindigkeit des aufprallenden Körpers und v_2 die Geschwindigkeit nach dem Stoß bezeichnet, so definiert v_2/v_1 die Stoßzahl e. Wir können e aus Gl. (4) berechnen, indem wir $v_1^2 = 2gh_1$ und $v_2^2 = 2gh_2$ setzen. Nehmen wir an, p bleibe im wesentlichen konstant, so erhalten wir

$$v_2 = k(v_1^2 - {}^3/_8 \, v_2^2)^{3/_8} \qquad (6)$$

v_2 ist offensichtlich nicht linear von v_1 abhängig, so daß e keine Konstante sein wird, und Abb. 96 zeigt, in welcher Weise e mit der Aufprallgeschwindigkeit variiert. Die Kurven *I, II, III, IV* u. *V* wurden für

---

[1] In der Praxis ist ein hundertprozentiger Rücksprung natürlich nie zu verwirklichen, da eine gewisse Energie immer mit der Ausbreitung der elastischen Wellen im Innern der Körper verlorengeht.

Werte von $e = 1{,}0$, $0{,}8$, $0{,}6$, $0{,}4$ und $0{,}2$ (für eine Aufprallgeschwindigkeit von 450 cm/sec, entsprechend einer Fallhöhe von 100 cm) gezogen. Da p nicht konstant ist, wird in der Praxis eine gewisse Abweichung von diesen Kurven auftreten, doch wird ihre allgemeine Form durch praktische Messungen eindeutig bestätigt. Die gestrichelten Linien verbinden typische Ergebnisse für Stahlguß und gezogenes Messing (TABOR, 1948). Auch RAMAN (1918), OKUBO (1922) und ANDREWS (1930) erhielten bei Versuchen über den Zusammenstoß von Kugeln aus dem gleichen Metall ähnliche Kurven.

Aus Gl. (6) und den Versuchsergebnissen geht deutlich hervor, daß die Stoßzahl für plastische Körper im allgemeinen nicht konstant sein wird. Bei genügend niedrigen Aufprallgeschwindigkeiten werden die Kollisionen rein elastisch sein, und die Stoßzahl wird theoretisch den Wert eins erreichen.

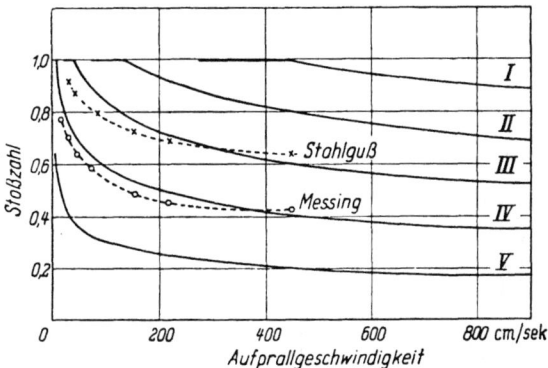

Abb. 96. Die Stoßzahl e in Abhängigkeit der Aufprallgeschwindigkeit v. Die theoretischen Kurven sind ausgezogen, während die Versuchswerte durch gestrichelte Kurven verbunden sind. Bei sehr niedrigen Geschwindigkeiten geben auch die weichsten Stoffe eine Stoßzahl $e = 1$, das heißt der Stoß ist vollkommen elastisch. Bei höheren Geschwindigkeiten tritt plastische Deformation ein, und die Stoßzahl nimmt ab

Dies gilt selbst für die weichsten Metalle, wie schon ANDREWS (1931) bei seinen Versuchen mit Kugeln aus Blei und Zinnlegierungen feststellte. Sowie die Aufprallgeschwindigkeit erhöht wird, nimmt der Grad der plastischen Verformung dauernd zu, was sich in einer entsprechenden Erniedrigung der Stoßzahl äußert.

Vergleich zwischen statischer und dynamischer Härte

Auf massigen Anschlägen aus verschiedenen Metallen wurden einige Aufprallversuche mit harten Stahlkugeln durchgeführt. Der dynamische Fließdruck p wurde aus Gl. (3) berechnet, nachdem die Höhen h_1 und h_2 sowie der Durchmesser d der gebildeten Eindrücke gemessen worden waren. In einigen statischen Versuchen wurden ferner bestimmt, welcher Fließdruck p_m benötigt wurde, um Eindrücke mit dem gleichen Durchmesser wie in den entsprechenden Schlagprüfungen zu erzeugen. Die Ergebnisse bringen hauptsächlich zwei Erscheinungen zum Ausdruck: Erstens ist der dynamische Fließdruck p immer größer als der statische Fließdruck p_m, und dies ist bei weichen Metallen wie Blei und Indium besonders ausgeprägt. Zweitens entsteht bei höheren Aufprallgeschwindigkeiten ein größerer dynamischer Fließdruck als bei niedrigen. Da p aus Gl. (3) berechnet wird, d. h. auf Grund der Energie, die benötigt wird, um einen Eindruck von bestimmtem Volumen zu erzeugen, spricht dieses Verhalten dafür, daß ein Teil der Arbeit direkt bei der dynamischen Verdrängung des Metalles aufgebraucht wird. Diese Ansicht wird durch eine Berechnung des Fließdruckes auf Grund der Aufsprunghöhe h_2 bestätigt. Wir benützen dabei Gl. (2) und geben p den Index r (p_r), um anzudeuten, daß der Druck aus dem Rückprall berechnet wurde. Die Ergebnisse zeigen sofort, daß p_r sehr viel näher beim statischen Wert p_m liegt als p, obschon p_r ebenfalls größer als p_m ist. Einige typische Werte in der untenstehenden Tabelle lassen dies deutlich erkennen.

Tabelle 40

Metall	p/p_m	p_r/p_m
Stahl	1,28	1,09
Messing	1,32	1,10
Al-Legierung	1,36	1,10
Blei	1,58	1,11
Indium	5,0	1,6

Die Tatsache, daß der dynamische Fließdruck höher liegt als der statische und mit der Aufprallgeschwindigkeit ansteigt, weist darauf hin, daß an der dynamischen Deformation von Metallen Kräfte teilhaben, die wie bei einer zähen Masse geschwindigkeitsabhängig sind.

Dies wird durch die Ergebnisse für die weichen Metalle Blei und Indium bestätigt, bei denen zur dynamischen Erzeugung bleibender Formänderungen viel größere Drücke benötigt werden als die entsprechenden statischen Werte vermuten lassen. Dies kann nicht auf die Kaltverfestigung, die während der Bildung des Eindrucks sehr schnell vor sich gehen dürfte, zurückzuführen sein, da der effektive Fließdruck p_r am Ende des Aufpralls, wo die Verfestigung den höchsten Wert erreicht, sehr viel kleiner ist als der mittlere dynamische Fließdruck p, der mit dem ganzen Stoßverlauf zusammenhängt. Bei der Verformung weicher Metalle, wo verhältnismäßig große Metallvolumina verschoben werden, machen sich infolge des „zähen" Fließens des verformten Materials in der Umgebung des Eindrucks anscheinend nennenswerte dynamische Kräfte bemerkbar. Für eine eingehendere Diskussion über die Zunahme des Fließdrucks bei großen Verformungsgeschwindigkeiten sei nochmals auf die Arbeit von Sir G. I. TAYLOR (1946) hingewiesen.

Schließlich ist am Ende des Stoßvorganges alles plastische Fließen des Materials zum Stillstand gekommen, und es finden in der Umgebung des Eindrucks keine weiteren Metallverschiebungen mehr statt. Sämtliche Formänderungen um den Eindringkörper sind von nun an elastischer Art, und jegliche auf das Metall unter diesen Bedingungen übertragene kinetische Energie ist nur vorübergehend verloren. Infolgedessen sind die in diesem Stadium des Kollisionsvorgangs herrschenden Drücke (p_r) nur wenige Prozent höher als diejenigen, die bei der Bildung von Eindrücken gleicher Größe unter statischen Bedingungen vorkommen.

Die oben gegebene Analyse bezieht sich auf den Zusammenstoß zwischen einer harten Kugel und einer ebenen Oberfläche eines weicheren Metalls. Die hauptsächlichsten Schlußfolgerungen bleiben aber auch für die Kollision zwischen einer weichen Kugel und einer harten, ebenen Unterlage und für den Aufprall zweier Kugeln aus dem gleichen Metall gültig. Der Stoßvorgang umfaßt in allen Fällen die oben besprochenen vier Hauptphasen, und im allgemeinen hat der Zusammenprall außer für die härtesten Stoffe und die leichtesten Stöße meist eine plastische Deformation der Oberflächen zur Folge. Die an solchen Verformungen beteiligten Kräfte sind von der gleichen Größenordnung wie jene, die bei statischen Deformationen auftreten, doch ausnahmslos größer. Bei harten Metallen liegt der dynamische Fließdruck gewöhnlich einige Prozente höher als der statische Wert; bei weichen Metallen hingegen kann der Unterschied viel ausgeprägter werden.

Diese Ergebnisse betonen die Leichtigkeit, mit der an aufeinanderstoßenden Metalloberflächen plastisches Fließen vorkommt. Auf die Auswirkungen dieser Erkenntnis werden wir später ausführlicher zu sprechen kommen.

Von CROOK (1952) stammt eine interessante neuere Untersuchung, in der mit Hilfe eines Piezokristalls das Anwachsen und Abklingen der zwischen kollidierenden Oberflächen auftretenden Kraft gemessen wurde. Seine Ergebnisse bestätigen die meisten maßgeblichen Gleichungen, die in diesem Kapitel aufgestellt wurden, und die Versuche zeigen insbesondere, daß der die Verformung hemmende Fließdruck für Stöße, die ordentlich innerhalb des plastischen Bereiches liegen, während der ganzen Stoßdauer beinahe konstant ist. Der dynamische Fließdruck ist wohl größer als der statische, doch glaubt CROOK nicht, daß dies auf Kräften quasiviskoser Natur beruht. Dazu ist allerdings zu bemerken, daß seine Kraft-Verschiebungsdiagramme erkennen lassen, daß die Körper sich einander immer noch nähern, wenn die Stoßkraft den Höhepunkt schon überschritten hat und bereits im Abklingen begriffen ist. Dies ist aber für eine Kraft, die teilweise geschwindigkeitsabhängig ist, charakteristisch und würde deshalb die Vorstellung von einer zähflüssigen Masse unterstützen. Diese Verhältnisse sind offenbar noch nicht eindeutig abgeklärt, und es bedarf noch weiterer Arbeit, bevor über das Wesen der Stoßkraft entschieden werden kann.

Die Stoßdauer

Die früheste Methode zur Bestimmung der Stoßzeit zwischen zusammenprallenden Oberflächen bestand darin, mit Hilfe eines ballistischen Galvanometers die elektrische Ladung zu messen, die von einer Batterie oder einem aufgeladenen Kondensator durch die sich berührenden Körper abfließt. Diese Methode ist verhältnismäßig einfach in der Handhabung, aber sie leidet unter dem Nachteil, daß sie nur erlaubt, die Gesamtdauer des Zusammenstoßes zu messen und nicht angibt, in welcher Weise die Berührungsfläche während der Kollision variiert. Bei einem aufschlußreicheren Verfahren wird der elektrische Widerstand oder die Leitfähigkeit zwischen den Metalloberflächen während des Zusammenstoßes bestimmt. Solange die Oberflächen getrennt sind, ist die Leitfähigkeit gleich Null. Sowie sie beim Aufprall zusammenkommen, steigt die Leitfähigkeit auf einen Höchstwert, um beim Auseinandergehen wieder abzufallen. Die Leitfähigkeit in irgendeinem Zeitpunkt, die mit einem Kathodenstrahloszillographen aufgenommen werden kann, stellt ein Maß für die Berührungsfläche dar (BOWDEN und TABOR, 1941).

Typische Ergebnisse für an sehr feinen Drähten frei aufgehängte Metallkugeln (Radius 2 cm) sind in Abb. 97 dargestellt. Abb. 97a

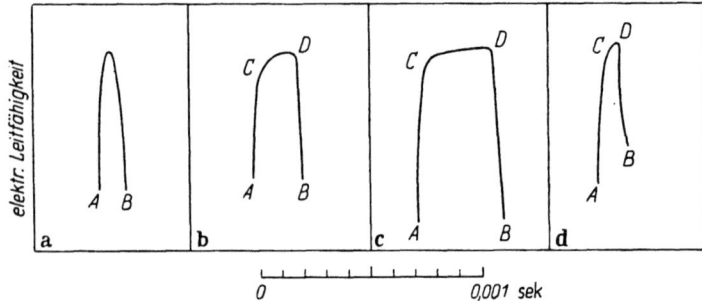

Abb. 97. Elektrische Leitfähigkeit zwischen zusammenstoßenden Metallflächen, mit Kathodenstrahloszillograph aufgenommen. a) Kugeln aus Werkzeugstahl, Durchmesser 4 cm, Aufprallgeschwindigkeit 10 cm/sec. Der Verlauf der Leitfähigkeit ist symmetrisch, wodurch ein im wesentlichen elastischer Stoß angedeutet wird. b) Gleich große Kugeln aus Baustahl, Aufprallgeschwindigkeit 76 cm/sec. c) Bleikugeln, 76 cm/sec. d) Aufschlag einer harten Kugelfläche (Durchmesser 0,6 cm, Masse 42 g, auf einer Messingplatte; 140 cm/sec. Der asymmetrische Verlauf der Leitfähigkeit zeigt, daß in den Fällen b), c) und d) plastische Deformation eintrat. Das Kurvenstück AC stellt die elastische Annäherung der beiden Körper, CD den Bereich plastischer Formänderung und DB das Auseinandergehen der Oberflächen infolge elastischer Entspannung dar

zeigt eine Kurve für die Leitfähigkeit zwischen sehr harten Stahlkugeln und bei einer sehr niedrigen Stoßgeschwindigkeit (10 cm/sec, entsprechend einer vertikalen Fallhöhe von 1/20 cm). Man entnimmt ihr, daß der Verlauf der Leitfähigkeit im wesentlichen symmetrisch ist, was auf eine vorwiegend elastische Kollision hindeutet. Bei höheren

Stoßgeschwindigkeiten sind die erhaltenen Kurven den in Abb. 97 b und c aufgezeichneten ähnlich.

Abb. 97 b gilt für Weichstahlkugeln und Abb. 97 c für Bleikugeln, die mit einer Geschwindigkeit von 76 cm/sec aufeinanderprallten. Die Berührung setzte beim Punkt A ein, und der Ast AC entspricht dem Bereich, in den die elastische und der Beginn der plastischen Formänderung fallen. Der Abschnitt CD umfaßt den Bereich der vollkommen plastischen Verformung, während DB die Trennung der Oberflächen unter den freiwerdenden elastischen Spannungen darstellt. Diese Art von Verlauf der Leitfähigkeit während der Annäherung und der Trennung der Oberflächen wurde in einigen Versuchen von HIRST (unveröffentlicht) noch genauer aufgenommen. Der Punkt D, bei dem die Oberflächen beginnen auseinanderzugehen, ist auf der Kurve, die auf dem Schirm des Oszillographen erscheint, nicht exakt definiert, so daß die Zeitspanne von A bis D nur mit einer Genauigkeit von einigen Prozenten abgeschätzt werden kann. Dieser Fehler ist im Vergleich zur Schwankung, die von Versuch zu Versuch beobachtet wird, allerdings unwichtig.

Zahlreiche Versuche zeigen, daß für alle Zusammenstöße, bei denen eine plastische Verformung der Oberflächen vorkommt, die gleiche Art von asymmetrischen Kurven für die Leitfähigkeit erhalten wird, wie sie die Abb. 97 b und c zeigen. Einige spätere Untersuchungen, bei denen beispielsweise der Aufprall von Kugeln auf ebenen Oberflächen registriert wurde, ergaben das gleiche asymmetrische Verhalten der Leitfähigkeit. Abb. 97 d stellt ein typisches Ergebnis für einen 42 g schweren Schlaghammer mit einem Krümmungsradius von 0,3 cm dar, der mit einer Geschwindigkeit von 140 cm/sec auf eine ebene Messingplatte aufschlug. Es ist bemerkenswert, daß die Kollisionsdauer für alle in Abb. 97 dargestellten Kurven in der Gegend von einigen hundert Mikrosekunden liegt. In dieser Zeitspanne wären elastische Druckwellen imstande, die zusammenstoßenden Körper rund zwanzigmal zu durcheilen, so daß es gerechtfertigt erscheint, die von diesen Wellen beim Stoßvorgang gespielte Rolle zu vernachlässigen.

Wie wir früher erläuterten, kann die Kollision als Ganzes in vier Hauptphasen unterteilt werden: 1. Elastische Deformation, 2. Beginn der plastischen Verformung, 3. Vollkommen plastische Deformation, 4. Elastischer Rückstoß. Eine Abschätzung des mit jedem dieser Vorgänge verknüpften Zeitintervalls ist sehr schwierig, und die von ANDREWS (1930) gegebene Lösung ist zugegebenermaßen eine Annäherung. Wir können jedoch mit Hilfe des zuerst von ANDREWS beschriebenen Verfahrens die Stoßdauer auf eine sehr einfache Weise berechnen, wenn wir annehmen, die ersten drei Phasen können durch einen einzelnen Vorgang, bei dem eine rein plastische Deformation unter einem mittleren dynamischen Fließdruck stattfindet, ersetzt werden.

Wir denken uns zu diesem Zwecke zwei identische Kugeln mit einem Radius r und der Masse M. Die eine befinde sich in Ruhe und werde von der anderen mit einer Geschwindigkeit v getroffen. Dieser Zusammenprall ist einem symmetrischen Stoß, bei dem sich die beiden Kugeln mit Geschwindigkeiten von $v/2$ gegeneinander bewegen, gleichwertig. (Es muß nur beiden Kugeln eine Geschwindigkeit $v/2$ überlagert werden, um vollständig identische Verhältnisse herzustellen.) Die Berührungsebene in der „äquivalenten" Kollision kann somit während der Verzögerung der Kugeln als stationäre Ebene betrachtet werden. Wir nehmen nun an, der Durchmesser der kreisförmigen Abflachung, die in irgendeinem Augenblick auf jeder Kugel gebildet wird, betrage $2a$, so daß die der Bewegung entgegenwirkende Kraft, die auf dem plastischen Fließdruck p beruht, gleich $p\pi a^2$ sein wird. Jede Kugel wird dabei um eine Strecke x abgeflacht, wobei in erster Annäherung $2rx = a^2$ gilt. Da jede Kugel unter der Wirkung der Kraft $p\pi a^2$ auch über die Strecke x verzögert wurde, so lautet die Bewegungsgleichung

$$p\pi a^2 = - M \frac{d^2 x}{dt^2}. \qquad (7)$$

Die Lösung heißt $x = A \sin(2p\pi r/M)^{1/2} t$, da $x = 0$, wenn $t = 0$. Die Geschwindigkeit der Kugeln ist verschwunden, wenn $dx/dt = 0$, d. h. wenn

$$t = \frac{\pi}{2} \sqrt{\left(\frac{M}{2\pi p r}\right)}. \qquad (8)$$

Diese Zeit wird gebraucht, damit die Kugel zur Ruhe kommt, und unmittelbar nachher erfolgt die Trennung der Oberflächen infolge der elastischen Rückfederung in beiden Kugeln. Gl. (8) sollte folglich die in den Abb. 97b, c und d mit AD bezeichnete Zeitspanne ergeben[1].

Man entnimmt Gl. (8), daß die Stoßdauer t_{AD} von der Aufprallgeschwindigkeit unabhängig sein sollte. Die experimentellen Beobachtungen zeigten tatsächlich, daß deren Variation bei allen Zusammenstößen, bei denen von einem vorwiegend plastischen Vorgang gesprochen werden konnte, die Grenzen des Versuchsfehlers nicht überschritt, obgleich die Aufprallgeschwindigkeiten um einen Faktor von 35 geändert wurden. Vergleichen wir den Bereich der Versuchswerte für t mit den nach Gl. (8) berechneten [wobei die Werte von p nach Gl. (3) bestimmt wurden], so erhalten wir die in Tab. 41 eingetragenen Resultate.

---

[1] Die gesamte elastische Kompression der Kugeln während des Zusammenpralls macht t etwas größer, als Gl. (8) vorschreibt. Für eine ausführlichere Diskussion siehe TABOR (1951), S. 130.

Tabelle 41

Zusammenstoß	Stoßzeit von A bis D in Mikrosek.	
	berechnet	beobachtet
Stahl auf Stahl, Kugeln	90	150 ± 40
Blei auf Blei, Kugeln	400	550 ± 150
Harte Halbkugel auf Messinganschlag...	60	100

Die der dritten Zeile zugrunde liegende Berechnung für den Aufschlag einer harten Halbkugel auf einer Messingunterlage (s. Abb. 97a) war ähnlich wie für die Kugeln. Die Übereinstimmung zwischen den drei aufgeführten Fällen ist zufriedenstellend.

Die Temperatur während des Zusammenstoßes

Wenn während eines Zusammenstoßes an der Berührungsstelle eine Temperaturerhöhung hervorgerufen wird, so sollte sich diese als Thermospannung beobachten lassen, sofern die aufeinanderprallenden Körper aus verschiedenen Metallen bestehen. Solche Messungen werden natürlich nur jene Temperatur angeben, die während der gegenseitigen Berührung der Körper vorhanden ist, und sie gelten eher für eine Durchschnittstemperatur als für die Höchsttemperatur (s. Kap. II). Die Ergebnisse solcher Versuche zeigen sogleich, daß der Temperaturanstieg klein ist, wenn glatte Kugeln mit mäßigen Geschwindigkeiten zusammenstoßen. Wenn beispielsweise eine Kugel aus einer Woodschen Legierung mit einer Geschwindigkeit von 100 cm/sec auf eine solche aus Konstantan prallte, so betrug die Temperaturerhöhung nur einige wenige Grad. Dies beruht wahrscheinlich auf der Tatsache, daß die Formänderungsenergie, die größtenteils als Wärme erscheint, über ein verhältnismäßig großes Volumen verteilt wird. Ersetzt man die Konstantankugel jedoch durch eine Konstantannadel mit einer scharfen Spitze, so wird bei ihrem Aufprall auf die Kugel aus der Woodschen Legierung ein beträchtlicher Teil der Stoßenergie in Reibungswärme umgewandelt, wenn die Nadeloberfläche in das weiche Metall eindringt. Wir können folglich einen beträchtlich größeren Temperaturanstieg erwarten, was auch der Fall ist, wie ein typisches, in Tafel XXX.1 wiedergegebenes Ergebnis zeigt. Bei einer Aufprallgeschwindigkeit von rund 100 cm/sec betrug der größte Temperaturanstieg etwa 35 °C, und man erkennt, daß die Temperatur in ungefähr 10^{-2} sec auf die Hälfte abfiel.

Diese Versuche lehren, daß die an den Berührungsstellen glatter, mit mäßigen Geschwindigkeiten zusammenstoßender Metalle erzeugte Temperatur klein sein wird. Sobald jedoch scharfe Spitzen vorhanden sind, wodurch die Deformation auf ein kleines Gebiet beschränkt wird,

Tafel XXX

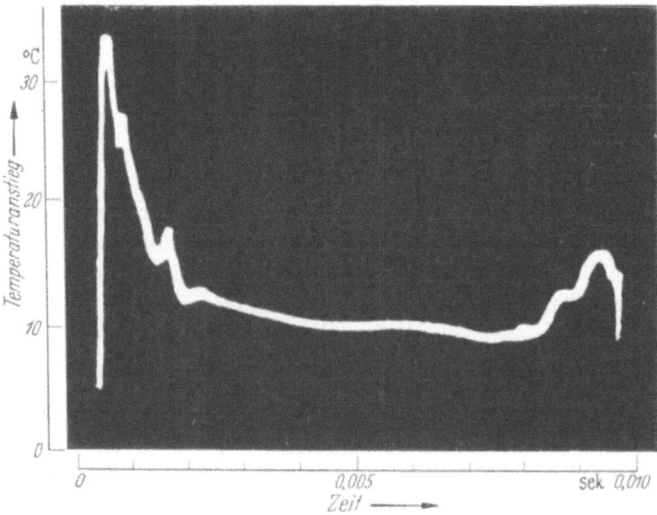

Abb. 1. Thermoelektrisch gemessene Temperaturerhöhung, die während des Zusammenpralls zwischen einer Nadelspitze aus Konstantan und einer Kugel aus einer Woodschen Legierung erzeugt wurde. Die höchste Temperatur wird in weniger als 5×10^{-4} sec erreicht und fällt in rund 10^{-3} sec auf den halben Wert

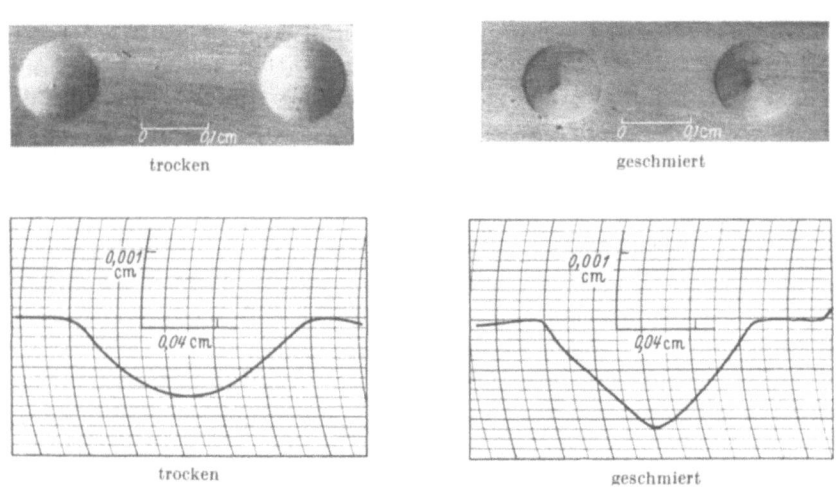

Abb. 2. Eindrücke in einer Kupferoberfläche, die von einer Stahlkugel (Masse 70 g, 2,5 cm Durchmesser) mit einer Geschwindigkeit von 90 cm/sec getroffen wurde. Das Schmiermittel wies eine Zähigkeit von 500 c. poise auf. Elektrische Widerstandsmessungen zeigten, daß in der Gegenwart der Ölschicht kein metallischer Kontakt zwischen der aufschlagenden Kugel und der Oberfläche stattfand. Die Kupferprobe wurde allein durch den in der eingeschlossenen Ölschicht entwickelten Druck plastisch verformt

und die Gestalt der Körper den Verbrauch eines nennenswerten Bruchteils der Stoßenergie als Reibungsarbeit begünstigt, kann die augenblickliche Temperaturerhöhung hoch sein (s. Kap. XVI).

Die Wirkung einer Schmierschicht

Bei einigen weiteren Stoßversuchen wurden die Oberflächen der Kugeln, die wie zuvor an sehr dünnen Drähten aufgehängt waren, mit einer dünnen Schicht von Caprylsäure überzogen und wiederum während der Kollision die elektrische Leitfähigkeit zwischen den Kugeln gemessen. Als diese Versuche durchgeführt wurden, herrschte die Auffassung vor, die Gegenwart einer gut schmierenden Grenzschicht vermöge den Umfang der metallischen Berührung zu ändern und dadurch möglicherweise die Stoßdauer zu beeinflussen. Es konnte jedoch keine solche Erscheinung wahrgenommen werden. Die Leitfähigkeitskurve und die Stoßdauer glichen sehr stark den Resultaten, die für ungeschmierte Oberflächen erhalten worden waren. Es war offensichtlich, daß durch die Schmierschicht hindurch ein elektrischer Kontakt hergestellt wurde, und weder die Art noch die Dauer des Zusammenpralls wurden durch das Schmiermittel fühlbar geändert.

Die Versuche wurden darauf mit einer dünnen Schicht von pharmazeutischem Paraffinöl zwischen den Kugeln wiederholt, da die Zähigkeit (120 c. poise) dieser Flüssigkeit beträchtlich größer war als jene der Caprylsäure (6 c. poise). In diesem Fall erreichte die Leitfähigkeit während des Zusammenstoßes nie einen positiven Betrag, woraus hervorgeht, daß *keine metallische Berührung stattfand*. Eine Untersuchung der Oberflächen der Kugeln aus Flußstahl zeigte, daß sie durch die beim Zusammenstoß wirkenden Kräfte flach gedrückt worden waren. Ließ man diese Kugeln aber in Berührung verharren oder gar leicht gegeneinander reiben, so wurde durch die Schmierschicht hindurch bald ein metallischer Kontakt hergestellt.

Diese Ergebnisse weisen darauf hin, daß eine hydrodynamische Ursache für das Ausbleiben des metallischen Kontaktes während des Zusammenpralls verantwortlich ist. Das Verhindern metallischer Berührung beruht *nicht* auf der Adsorption des Schmiermittels oder auf dessen Oberflächeneigenschaften, sondern einfach auf seiner Zähigkeit. Die Stoßdauer ist so kurz, daß das Öl nicht imstande ist, zwischen den Oberflächen zu entweichen. In dieser kurzen Zeit werden aber die Metalloberflächen durch plastisches Fließen merklich und bleibend verformt, so daß enorme Kräfte daran beteiligt sein müssen. Im Falle der Caprylsäure reichen diese Kräfte gerade aus, um die Säureschicht zwischen den Oberflächen vollständig herauszupressen — oder wenn eine ganz dünne Schicht zurückbleibt, so leitet sie verhältnismäßig gut.

Im Falle von Paraffinöl hingegen steht während des Stoßvorganges nicht genügend Zeit zur Verfügung, um die Flüssigkeit auszutreiben, und die elektrische Leitfähigkeit bleibt während der ganzen Kollision niedrig.

In Tafel XXX.2 sind einige typische, von RABINOWICZ (1950) erhaltene Ergebnisse über die Deformation von Kupferoberflächen unter diesen Bedingungen abgebildet. Bei diesen Versuchen wurde eine Stahlkugel von ca. 2,5 cm Durchmesser (Masse 70 g) aus einer Höhe von etwa 4 cm auf eine ebene Kupferoberfläche, die auf einem schweren Amboß abgestützt war, fallen gelassen. Die Aufschläge wurden sowohl für trockene Oberflächen als auch für solche, die mit einem Öl von etwa 500 c. poise Zähigkeit bedeckt waren, beobachtet. Im letzten Fall ergab sich aus den elektrischen Leitfähigkeitsmessungen, daß keine metallische Berührung durch den Schmierfilm hindurch auftrat. Die Bilder zeigen jedoch klar, daß eine ausgeprägte Verformung stattfand, obschon es sich um einen sehr leichten Zusammenstoß handelte. Dabei ist bemerkenswert, daß die in Gegenwart der Ölschicht entstandene Formänderung nicht die gleiche Gestalt aufweist wie diejenige, die auf den trockenen Oberflächen erzeugt wurde, und sie erweckt den Anschein, als ob eine kleine Flüssigkeitsmenge zwischen den aufeinanderprallenden Flächen eingeschlossen geblieben wäre. Weitere Versuche zeigten, daß die Form des gebildeten Eindrucks von der Zähigkeit der aufliegenden Flüssigkeit abhängt. Beträgt die Zähigkeit der Schmierschichten weniger als 100 c. poise, so tritt metallische Berührung ein, während diese bei zäheren Ölen ausbleibt, wobei die konische Form des Eindrucks weniger scharf ausgebildet wird. Sowie die Kugel sich der ebenen Oberfläche nähert, nimmt der Druck in der Ölschicht vermutlich zu, bis er den Fließdruck des Kupfers übersteigt. Dies wird immer im Zentrum des Berührungsgebietes zuerst der Fall sein, da der hydrodynamische Druck hier den Höchstwert erreicht. Das Kupfer fließt nun plastisch, so daß unterhalb des Kugelmittelpunktes eine zurückweichende Flüssigkeitsmenge vorhanden ist. Das Gebiet der plastischen Verformung wächst darauf, während immer mehr Öl zwischen den Oberflächen herausgepreßt wird. Besitzt das Öl die passende Zähigkeit, so fließt es nach der ersten Deformation sehr schnell weg, und es bleibt ein deutliches Grübchen zurück. Ein zu zähes Öl entweicht so langsam, daß der entstehende Eindruck der Form des Eindringkörpers stärker gleicht, obschon eine leichte Vertiefung im Zentrum des Eindrucks noch angedeutet wird.

Auch diese Ergebnisse weisen darauf hin, daß Metalle selbst bei einem sanften Aufprall durch eine Flüssigkeitsschicht hindurch leicht plastisch verformt werden können, ohne daß die Flüssigkeit dabei durchstoßen wird.

Ebene Oberflächen

Der letzte Abschnitt zeigte, daß das Vorhandensein einer zähen Flüssigkeitsschicht zwischen zusammenprallenden Oberflächen den Stoßvorgang weitgehend beeinflussen kann. Es ist zu erwarten, daß diese Erscheinungen beim Zusammenstoß ebener Oberflächen viel stärker zum Ausdruck kommen, da die sich nähernden Flüssigkeitsschichten im allgemeinen eine viel größere Ausdehnung besitzen. Wie wir später sehen werden, können in dieser Flüssigkeitsschicht, wenn sie ausgestoßen wird, äußerst hohe Drücke, Schergefälle und Geschwindigkeiten entwickelt werden, und in vielen Fällen kann die Kollision schon den Endzustand erreichen, während die Oberflächen noch durch eine nennenswerte Flüssigkeitsschicht getrennt sind (EIRICH und TABOR, 1948). Selbst wenn dies zutrifft, können die in der Flüssigkeit erzeugten Drücke jedoch ausreichen, um die festen Oberflächen zu verformen.

Betrachten wir den Fall einer ebenen Kreisfläche (die Oberfläche eines Hammers mit der Masse M) mit dem Radius R, die sich einer parallelen, ebenen Oberfläche (dem Anschlag) mit einer Anfangsgeschwindigkeit v_0 nähert (Abb. 98).

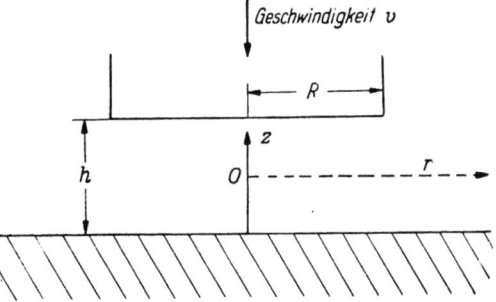

Abb. 98. Zusammenstoß ebener, paralleler Oberflächen, die durch eine Flüssigkeitsschicht der Dicke h getrennt sind

Wir nehmen an, der Anschlag sei mit einer dünnen Flüssigkeitsschicht mit der anfänglichen Dicke h_0, der Dichte ϱ und der Zähigkeit η bedeckt und setzen zuerst voraus, die festen Oberflächen seien starr und die Zähigkeit der Flüssigkeit von Temperatur, Druck und Schergefälle unabhängig.

Wenn der niederfallende Hammer auf der Flüssigkeitsschicht auftrifft, so erfolgt zuerst eine geringe Energieübertragung, da die Flüssigkeit sogleich in Bewegung gesetzt wird. Dies ruft augenblicklich eine Geschwindigkeitsabnahme des Hammers hervor, die jedoch im allgemeinen klein sein dürfte und hier vernachlässigt werden kann. Mit dem weiteren Fall des Hammers wird die Flüssigkeit ausgestoßen und weitere Energie geht verloren. Da die volle Lösung des vorliegenden hydrodynamischen Problems eine sehr verwickelte ist, treffen wir einige Annahmen, die es uns ermöglichen, zu einer einfachen Lösung zu gelangen.

Nehmen wir deshalb an, die Strömung sei laminar, sobald sich die Flüssigkeit einmal in Bewegung gesetzt hat, und die Trägheitskräfte seien verhältnismäßig unwichtig. Ferner trete an den festen Grenzflächen kein Gleiten auf. Ist nun die Geschwindigkeit des Hammers in irgendeinem Zeitpunkt durch v, die Schichtdicke durch h, der Druck in der Schicht durch p und die Strömungsgeschwindigkeit der Flüssigkeit in einer beliebigen z-Ebene durch c gegeben, dann wird das zähe Fließen der Schicht durch die Gleichung

$$\frac{\partial^2 c}{\partial z^2} = \frac{1}{\eta}\frac{dp}{dr} \text{ ausgedrückt,}$$

woraus

$$c = \frac{1}{2\eta} \cdot \frac{dp}{dr}\left(z^2 - \frac{h^2}{4}\right). \tag{9}$$

Das Strömungsprofil ist somit parabolisch.

Das seitlich aus dem Spalt zwischen den beiden Oberflächen ausfließende Flüssigkeitsvolumen ist in jedem Augenblick gleich dem Volumen, das vom Hammer verdrängt wird. Aus einfachen geometrischen Überlegungen ergibt sich demnach für die mittlere Strömungsgeschwindigkeit der Flüssigkeitsschicht

$$\bar{c} = \frac{rv}{2h}. \tag{10}$$

Durch Integration der Gl. (9) erhält man folglich

$$p = \frac{3\eta v(R^2 - r^2)}{h^3}, \tag{11}$$

so daß der im Zentrum des Hammers auftretende Höchstdruck gegeben ist durch

$$p_{\max} = \frac{3\eta v R^2}{h^3}. \tag{11a}$$

Wir können auch die Hammergeschwindigkeit im Verlauf des Aufpralls bestimmen, da die vom Hammer in irgendeinem kurzen Zeitabschnitt verlorene kinetische Energie $Mv\,dv$ gleich der in diesem Zeitraum auf die Flüssigkeitsschicht ausgeübten Arbeit, d. h. $=\int 2\pi\, rp\,dr$ ist. Die Lösung der Differentialgleichung ergibt

$$v = v_0 - \frac{3\pi\eta R^4}{4M}\left(\frac{1}{h^2} - \frac{1}{h_0^2}\right). \tag{12}$$

Da $1/h_0^2$ im Vergleich zu $1/h^2$ gewöhnlich klein ist, können wir diesen Bruch vernachlässigen. Folglich kommt der Hammer zur Ruhe, wenn

$$h = \sqrt{\frac{3\pi\eta R^4}{4 M v_0}}. \tag{13}$$

Diese Dicke entspricht unter den meisten Versuchsbedingungen größenordnungsmäßig der Oberflächenrauhigkeit. Ist jedoch in diesem Stadium noch eine nennenswerte Flüssigkeitsschicht vorhanden, so sinkt der

Hammer unter seinem Eigengewicht durch die übriggebliebene Flüssigkeit. Eine einfache Integration, ähnlich wie sie für Gl. (12) ausgeführt wurde, zeigt, daß die Zeit $t_{1,2}$ für das Absinken des Hammers aus einer Höhe h_1 auf eine Höhe h_2 gegeben ist durch

$$t_{1,2} = \frac{3\pi\eta R^4}{4Mg}\left(\frac{1}{h_2^2} - \frac{1}{h_1^2}\right). \tag{14}$$

Dies ist die gleiche Zeit, die gebraucht wird, um die Oberflächen (durch die gleiche Kraft Mg) von einem Abstand h_2 auf einen Abstand h_1 auseinanderzuziehen. Wenn also parallele Oberflächen anfänglich durch eine Flüssigkeitsschicht von der Dicke h_2 getrennt sind, so ist die Zeit, die benötigt wird, um sie vollkommen voneinander wegzuziehen ($h_1 = \infty$), proportional zu $\eta/Mg\,h_2^2$. Diese Beziehung wurde erstmals von STEFAN (1874) und REYNOLDS (1886) abgeleitet und dann von MICHELL (1923) in seinem Kugelviskosimeter und auch von HEIDEBROEK (1941) bei Zähigkeitsversuchen verwendet.

Mit Hilfe von Gl. (12) können wir den Höchstdruck, die Strömungsgeschwindigkeit und das Schergefälle (definiert als $s = dc/dz$) durch v_0 und h ausdrücken, und wir erhalten unter Vernachlässigung der Glieder mit $1/h_0^2$ die in Tab. 42 gegebenen Ergebnisse. Der in der Tabelle angeführte Höchstwert für das Schergefälle tritt an der Hammerkante auf, und zwar direkt an der festen Oberfläche, d. h. wo $z = \pm\,^1/_2\,h$, $r = R$.

Tabelle 42

	Allgemeine Gleichung	Höchstwert	Schichtdicke, bei der der Höchstwert auftritt
p_{max}	$\dfrac{3\eta R^2}{h^3}v$	$\dfrac{0{,}154}{R^4}\sqrt{\left(\dfrac{M^3 v_0^3}{\eta}\right)}$	$\dfrac{5}{4}\sqrt{\left(\dfrac{\pi\eta R^4}{Mv_0}\right)}$
c	$\dfrac{R}{2h}v$	$\dfrac{0{,}125}{R}\sqrt{\left(\dfrac{Mv_0^3}{\eta}\right)}$	$\dfrac{9}{4}\sqrt{\left(\dfrac{\pi\eta R^4}{Mv_0}\right)}$
s_{max}	$\dfrac{3R}{h^2}v$	$\dfrac{0{,}318}{R^3}\sqrt{\left(\dfrac{Mv_0^2}{\eta}\right)}$	$\dfrac{3}{2}\sqrt{\left(\dfrac{\pi\eta R^4}{Mv_0}\right)}$

Man sieht, daß sowohl der Druck als auch die mittlere Strömungsgeschwindigkeit und das Schergefälle mit abnehmendem Hammerradius ansteigen. Die Berechnungen zeigen auch, daß die Höchstwerte sehr rasch zunehmen, sobald die Schichtdicke sich den Abmessungen der Oberflächenrauhigkeit nähert.

Der in der Flüssigkeitsschicht entwickelte Druck

Die allgemeinen Merkmale der Gleichungen für p_{max}, s_{max} und c sind ähnlich. Alle diese Werte wachsen mehr oder weniger rasch an, wenn die Flüssigkeitsschicht ausgepreßt wird, erreichen ein Maximum, um wieder schnell auf null abzufallen, sowie der Hammer zur Ruhe kommt. In Abb. 99 sind einige typische Ergebnisse für den Höchstdruck in fünf verschiedenen Zusammenstößen aufgetragen, wobei η zu 0,25 poise angenommen wurde (dies ist die Zähigkeit eines leichten Maschinenöls oder von Nitroglyzerin). Man erkennt, daß die Drücke schon bei leichten Kollisionen Werte in der Gegend von mehreren tausend Atmosphären erreichen. Beim heftigsten Stoß betrüge der Druck über 10^6 at, aber selbst die härtesten Stähle würden natürlich lange bevor dieser Wert erreicht ist plastisch nachgeben. Wie wir sogleich sehen werden, kann sogar die elastische Verformung der Oberflächen die Strömungsbedingungen weitgehend beeinflussen.

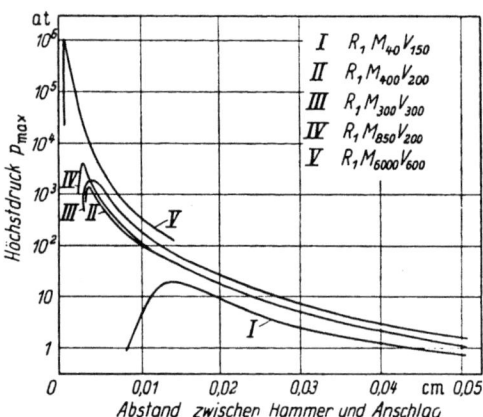

Abb. 99. Im Zentrum einer Flüssigkeitsschicht beim Zusammenstoß der sie einschließenden, parallelen Oberflächen entwickelten Höchstdrücke. Der Druck steigt beim Auspressen der Flüssigkeit immer steiler an, erreicht ein Maximum, um auf Null abzufallen, wenn die Oberflächen zur Ruhe kommen. Anfängliche Schichtdicke 0,05 cm, Zähigkeit 25 c. poise, Radius des Schlaghammers 1 cm. Masse M und Aufprallgeschwindigkeit V des Hammers in der Abb. für die Kurven I–V tabelliert (Einheiten g bzw. cm/sec)

Treffen wir die Annahme, die Druckverteilung in der Flüssigkeitsschicht sei immer noch parabolisch[1], d. h.

$$p = p_{\max}\left(1 - \frac{r^2}{R^2}\right). \quad (15)$$

Der Hammer sei wiederum als starr gedacht; aber infolge des Druckes p sei die Oberfläche an irgendeinem Punkt des Anschlags um den Betrag ω ausgewichen. Diese Ausbeulung ω senkrecht zur Oberfläche in einem Punkt Q, der von einem Flächenelement $dx\,dy$, wo der Druck p herrscht, den Abstand a hat, ist nach PRESCOTT (1927) gegeben durch

$$\omega = \frac{1-\nu^2}{\pi E}\iint \frac{p\,dx\,dy}{a} \quad (16)$$

wobei E den Elastizitätsmodul und ν die POISSONsche Zahl für das Metall des Anschlags bezeichnet (s. Abb. 100).

---

[1] In Wirklichkeit wird die Verzerrung des Anschlags die Strömungsbedingungen in der Flüssigkeit so verändern, daß die Druckverteilung nicht mehr parabolisch sein wird. Das Ergebnis unserer Ableitung wird jedoch nicht sehr verschieden, wenn wir eine andere Druckverteilung annehmen.

Ersetzen wir p aus Gl. (15) und folgen wir dem von PRESCOTT beschriebenen Verfahren, so finden wir

$$\omega = \frac{4(1-\nu^2)}{3E} p_{\max}\left\{1 - \frac{3r^2}{3R^2} + \frac{9r^4}{64R^4}\cdots\right\}. \quad (17)$$

Die bei der Verformung des Anschlags um diesen Betrag geleistete Arbeit A ist gleich dem Integral von $2\pi r\, dr\, p\, d\omega$. Nehmen wir die ersten drei Glieder der Reihenentwicklung von ω und setzen wir $\nu = 0{,}3$, so erhalten wir

$$A = \frac{0{,}8 R^3}{E}(p_{\max})^2. \quad (18)$$

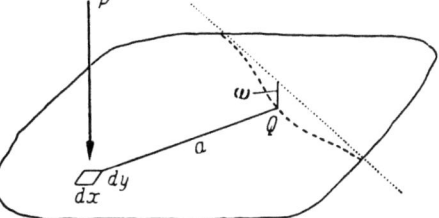

Abb. 100. Elastische Deformation der Anschlagoberfläche durch den in der Flüssigkeitsschicht entwickelten Druck

Wenn also die *gesamte* Stoßenergie zur elastischen Verformung des Anschlags aufgebraucht wurde, so kann der Druck den Wert

$$p_{\max} = \left\{\frac{E}{0{,}8 R^3} \cdot \text{Stoßenergie}\right\}^{1/2} \quad (19)$$

nicht übersteigen. Interessehalber wurden die größtmöglichen Werte von $p_{\max}$ für die fünf früher erwähnten Hammerschläge auf Messingauflagen berechnet und in Tab. 43 zusammengestellt (E wurde zu 10^{12} dyn/cm² und $\nu = 0{,}3$ angenommen).

Tabelle 43. *Höchstdrücke in der Mitte der Hammerfläche*

Hammer	Aufprallenergie in 10^6 erg	Höchstdruck $p_{\max}$ in 10^6 dyn/cm²	
		Aus der elastischen Verformung	Aus den Strömungsgleichungen
I	0,0045	750	21
II	0,08	3 200	1 360
III	0,135	4 100	2 440
IV	0,17	4 600	4 210
V	10,8	37 000	10^6

In der letzten Kolonne sind die aus der Flüssigkeitsströmung erhaltenen Werte von $p_{\max}$ beigefügt, und man erkennt, daß der Druck, der bei den drei leichtesten Schlägen durch die Verformung des Anschlags entwickelt werden könnte, beträchtlich höher liegt als der aus dem Fließen der Schmierschicht berechnete. Dies bedeutet, daß die elastische Deformation des Anschlags den während des Zusammenstoßes erreichten Höchstdruck nicht merklich beeinflussen wird. Für den Hammer (IV) sind die betreffenden Werte vergleichbar, woraus zu schließen ist, daß die elastische Verformung des Anschlags eine gewisse

Wirkung auf den erreichten Maximaldruck ausüben könnte. Beim schwersten Hammer beträgt der größte Druck, der dank der Elastizität der Auflage erzielt werden kann, nur ein Dreißigstel des Druckes, der aus der Berechnung der Zähigkeitsströmung erhalten wird. Es folgt daraus, daß der Druck auf kaum 40000 at anstatt auf über eine Million Atmosphären anwächst, wenn die gesamte Stoßenergie durch die elastische Verformung des Anschlags aufgebraucht wird. Berücksichtigen wir zudem die Tatsache, daß ein beträchtlicher Anteil dieser Energie dazu dient, die Flüssigkeit in Bewegung zu setzen, so wird offenbar, daß der maximal erreichbare Druck noch weniger betragen wird. CHERRY (1945), der eine eingehende Untersuchung für den Hammer (V) durchführte, zeigte, daß der Druck in Wirklichkeit kaum 7000 at überschreiten wird. Führt man den Schlag auf einen Block aus einem weicheren Metall wie Blei oder Kupfer aus, so wird der Druck folglich genügen, um *durch die Flüssigkeitsschicht hindurch* eine plastische Deformation dieses Anschlags zu bewirken.

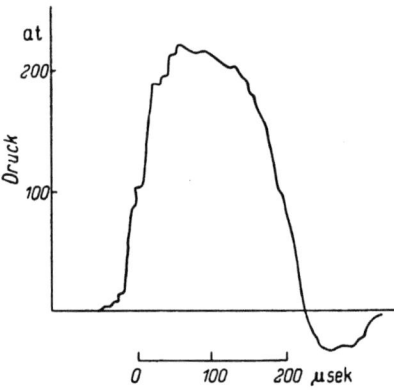

Abb. 101. Kathodenstrahlaufnahme des in einem eingeschlossenen Flüssigkeitsvolumen durch Stoß entwickelten Druckes. Piezoelektrische Methode. Eine Stoßenergie von 5000 gcm bewirkte einen Druckanstieg von über 200 Atmosphären

Wird die Flüssigkeit am Entweichen gehindert, so können hohe Drücke natürlich selbst bei weniger heftigen Stößen erreicht werden. Eine direkte Bestätigung dafür wurde von GRAY (1948) erhalten, der den erzeugten Druck nach einer piezoelektrischen Methode maß. Abb. 101 zeigt eine experimentelle Kurve für den Druckanstieg bei einem leichten Zusammenstoß, der von einem 25 g schweren und aus 20 cm Höhe fallenden Hammer (Stoßenergie 5000 gcm) hervorgerufen wurde. Als Anschlag diente ein zylindrischer Stößel von 0,2 cm² Stirnfläche, der seinerseits auf einem eingeschlossenen Flüssigkeitsvolumen ruhte. Man stellt im Bild fest, daß der Druck in der Flüssigkeit für kurze Zeit auf über 200 at kletterte, wozu etwa 50 Mikrosekunden benötigt wurden.

Die Strömungsgeschwindigkeit und das Schergefälle

Kehren wir zum Fall der unbegrenzten Flüssigkeitsschicht zwischen einem Hammer und einem Anschlag zurück, so können wir die in Tab. 42 gegebenen Beziehungen dazu benützen, um die Strömungsgeschwindigkeiten und die Schergefälle in der Flüssigkeitsschicht zu berechnen. Die hauptsächlichsten Ergebnisse sind in Tab. 44 zusammengefaßt.

Tabelle 44. *Höchstdruck p_{max}, mittlere Strömungsgeschwindigkeit $\bar{c}$ und größtes Schergefälle s_{max} in einer Flüssigkeitsschicht zwischen zusammenstoßenden, festen Oberflächen*

	Hammer		p_{max} at	$\bar{c}$, m/sec	s_{max}, cm/sec/cm
No.	Masse, g	Geschw., cm/sec			
I	40	150	21	30	$1{,}2 \cdot 10^7$
II	400	200	1360	142	$2{,}0 \cdot 10^7$
III	300	300	2440	226	$3{,}5 \cdot 10^7$
IV	850	200	4210	207	$4{,}4 \cdot 10^7$
V	6000	600	10^6	2860	$280{,}0 \cdot 10^7$

Bei den vier leichteren Stößen liegen die mittleren Strömungsgeschwindigkeiten, wie man sieht, ungefähr zwischen 30 und 200 m/sec, während die größten Schergefälle (rund 10^7 cm/sec/cm) eine Relativgeschwindigkeit zwischen benachbarten Moleküllagen von etwa 1 cm/sec bedeuten. Dies ist bedeutend weniger als die durchschnittliche thermische Geschwindigkeit der Flüssigkeitsmoleküle. Beim heftigsten Zusammenstoß treten beträchtlich größere Werte von $\bar{c}$ und s_{max} auf. Die Deformation des Anschlags führt allerdings zu einem Eindruck, dessen Oberfläche vor dem auftretenden Hammer zurückweicht, und infolgedessen wird die Geschwindigkeit, mit der die Flüssigkeit herausgepreßt wird, stark herabgesetzt. Die eingehende Analyse von CHERRY zeigt, daß $\bar{c}$ und s_{max} nie viel größere als die für die leichteren Kollisionen berechneten Werte erreichen.

Die in der Flüssigkeitsschicht entwickelte Temperatur

Die bei der Überwindung der Zähigkeitskräfte in der Flüssigkeit verbrauchte Energie geht als Wärme verloren. Da das Geschwindigkeitsprofil parabolisch ist, erfolgt die Erwärmung nicht gleichmäßig, sondern am intensivsten in jenen Bezirken der Schicht, wo das Schergefälle am größten ist. Die gesamte Wärmeeinwirkung in einem Flüssigkeitsvolumen wird auch von der Dauer abhängen, während der die Scherung dieses Volumens vor sich geht. Die größte Erwärmung wird deshalb an der Peripherie des Hammers, direkt an den festen Oberflächen auftreten, wo

$$z = \pm {}^1\!/_2 h, \; r = R.$$

An dieser Stelle ist das Schergefälle am größten und außerdem verschwindet die Radialgeschwindigkeit, so daß ein Flüssigkeitselement während der ganzen Stoßdauer in Scherung begriffen ist.

Für den Energieverlust in der Zeiteinheit dH/dt in einer zähen Flüssigkeit gilt die Differentialgleichung

$$\frac{dH}{dt} = \eta \left(\frac{dc}{dz}\right)^2. \qquad (20)$$

Wir ersetzen dH/dt durch

$$\frac{dH}{dt} = \frac{dH}{dh} \cdot \frac{dh}{dt} = -\frac{dH}{dh} v$$

und substituieren für den Wert von dc/dz, so daß Gl. (20) vom ersten Augenblick des Zusammenstoßes bis zum Ende der Kollision, wenn der Hammer zur Ruhe gekommen ist und h durch Gl. (13) gegeben ist, integriert werden kann.
Wir erhalten

$$H = \frac{0{,}31}{R^4}\left(\frac{M^3 v_0^5}{\eta}\right)^{1/2}. \qquad (21)$$

Wir sehen, daß die Wärmeentwicklung mit abnehmendem Hammerradius rasch zunimmt, und wenn ferner die Zähigkeit infolge der Erwärmung fühlbar geringer wird, so dürfte dies wahrscheinlich den resultierenden Wert von H erhöhen.

Der Temperaturanstieg T läßt sich berechnen, wenn wir annehmen, die durch den Flüssigkeitsstrom (Konvektion) und durch Leitung in die festen Oberflächen des Hammers und des Anschlags abgeführte Wärmemenge könne vernachlässigt werden. Bezeichnet γ die spezifische Wärme der Flüssigkeit und J das Wärmeäquivalent, so wird

$$T = \frac{H}{J\gamma\varrho}. \qquad (22)$$

Typische Ergebnisse für den durch das Reiben der Flüssigkeitselemente erzeugten Temperaturanstieg finden sich in Tab. 45.

Tabelle 45

Hammer	$H \cdot 10^7$ erg	T °C
I	4,3	1,5
II	281	98
III	502	174
IV	867	300
V	254 000	88 000

Bei den vier leichteren Schlägen liegt die Temperaturerhöhung zwischen 2° und 300 °C. Werden Konvektion und Wärmeleitung berücksichtigt, so wird die Temperatur nach CHERRY auf etwa die Hälfte herabgesetzt, d. h. die höchsten, bei diesen Stößen entwickelten Temperaturen werden 150 °C nicht übersteigen. Sie treten in einem kleinen Abstand von den festen Oberflächen auf.

Beim heftigen Aufprall liegt der wahre Wert sehr viel niedriger als der in Tab. 45 gegebene, da sich wiederum die Deformation des Anschlags stark bemerkbar macht. CHERRY zeigte, daß die Temperaturerhöhung unter Einberechnung dieser Erscheinung sowie von Leitung und Konvektion rund 3000 °C nicht überschreitet.

Aus diesen Ergebnissen folgt, daß die Annahme einer konstanten Zähigkeit für die Flüssigkeit sehr weit von der Wirklichkeit abweicht. Bei vielen Flüssigkeiten nimmt die Zähigkeit mit dem Druck zu und kann bei Drücken in der Gegend von 1000 at etwa das Fünf- oder Zehnfache des normalen Wertes betragen. Einen noch wichtigeren Einfluß, der sich jedoch in entgegengesetzter Richtung bemerkbar macht, stellt die Temperatureinwirkung dar. Bei vielen Flüssigkeiten nimmt die Zähigkeit für eine Temperaturerhöhung von 10 bis 20 °C auf die Hälfte ab. Infolgedessen wird die Zähigkeit der Flüssigkeit bei Stoßvorgängen besonders in der Nähe der festen Grenzflächen, wo die Erwärmung am größten ist, stark vermindert, was eine bedeutende Änderung der resultierenden Drücke, Schergefälle und des Temperaturanstiegs verursachen dürfte. Immerhin wird eine Zähigkeitsabnahme nahe bei den festen Oberflächen das Schergefälle der Flüssigkeit in diesen Bezirken erhöhen, und hinsichtlich der Temperatur kann der letzte Effekt die Zähigkeitsverminderung ausgleichen. Wir dürfen trotz dieser Unsicherheiten erwarten, daß die hauptsächlichsten Berechnungen und Schlüsse in obenstehender Analyse in einem beschreibenden Sinne richtig sind, und daß die quantitativen Werte für leichtere Zusammenstöße bis auf etwa eine Größenordnung gültig bleiben.

Praktische Auswirkungen

Die gewonnenen Ergebnisse zeigen, daß die zwischen aufeinanderprallenden Metalloberflächen entwickelten Kräfte durch die elastischen und plastischen Konstanten der Metalle ausgedrückt werden können. Die Dauer einer Kollision ist gewöhnlich sehr kurz (in der Gegend von 10^{-4} sec), und die im Berührungsgebiet erzeugten Drücke können tatsächlich sehr hoch liegen. Selbst bei verhältnismäßig leichten Zusammenstößen können diese Drücke ausreichen, um plastisches Fließen der Metalle zu verursachen. Die Fließdrücke unter schlagartiger Beanspruchung sind von derselben Größenordnung wie jene, die an einer statischen Verformung beteiligt sind, jedoch immer größer und neigen zu einer Zunahme mit der Aufprallgeschwindigkeit.

Die Resultate heben besonders die Leichtigkeit hervor, mit der das plastische Fließen an zusammenstoßenden Metalloberflächen zustande kommt. Es besteht kein Zweifel, daß dies für die Konstruktion von Kugellagern und anderen Lagertypen, die unter stoßweiser oder schwingender Belastung arbeiten müssen, von beträchtlicher Wichtigkeit ist. Bei Kugellagern kann der Aufprall der Kugeln auf dem Ring ein Brinellieren desselben oder ein Abflachen der Kugeln hervorrufen, und später, wie die Arbeit von JONES (1946) zeigte, zur Beschädigung des ganzen Lagers führen. Gemäß Gl. (5) ist die Energie ($mg\,h_1$), die benötigt wird, um in einem Metall durch Stoß eine plastische Deformation auszulösen, proportional zu r^3, wobei r den Kugelradius angibt[1]. Die Gefahr der Beschädigung des Lagers wird folglich beträchtlich verringert, wenn Ringe mit größeren Kugeln verwendet werden, vorausgesetzt, daß die auf eine einzelne Kugel wirkende Last dadurch nicht übermäßig erhöht wird.

Ähnliche Betrachtungen gelten auch für die Konstruktion von anderen Lagertypen, wie beispielsweise von Rollen- oder Gleitlagern; aber da die Berührung in diesen Lagern über eine größere Fläche verteilt ist, wird der Bereich, in dem die Deformation elastisch bleibt, auch ziemlich höhere Lasten einschließen.

Die Ergebnisse zeigen zudem, daß große Drücke und plastisches Fließen auch dann ohne weiteres auftreten, wenn die Anwesenheit einer Schmierschicht zwischen den aufeinanderprallenden Oberflächen den Stoßvorgang beeinflussen kann. Da die Schmierschicht beim Zusammenstoß zweier Körper ausgetrieben wird, entstehen im allgemeinen große Strömungsgeschwindigkeiten, hohe Schergefälle und große Drücke. Wenn es sich um kugelige Oberflächen handelt, so können diese Drücke genügen, um eine bleibende Verformung und Beschädigung der Oberflächen schon bei verhältnismäßig kleinen Aufprallgeschwindigkeiten zu verursachen, obgleich keine direkte metallische Berührung stattfindet. Wenn ebene Oberflächen zusammenstoßen, werden die Drücke bei ziemlich sanften Stößen wohl elastische Formänderungen erzeugen; aber im allgemeinen sind beträchtlich heftigere Stöße notwendig, um Metalle durch eine Flüssigkeitsschicht hindurch plastisch zu verformen. Wenn plastisches Fließen vorkommt, so wird die Oberfläche unter der Schmierschicht meist weniger beschädigt, als dies ohne die Flüssigkeitsschicht der Fall wäre, da ein beträchtlicher Teil der Stoßenergie durch das Ausstoßen der Flüssigkeit verbraucht wird. Allerdings wird die Beschädigung in vielen praktischen Fällen doch ernst genommen werden müssen.

Die theoretische Ableitung lehrt ferner, daß der Höchstdruck in einer Flüssigkeitsschicht, die zwischen zusammenstoßenden, ebenen Flächen eingeschlossen wird, sich proportional zu $\sqrt{1/\eta}$ verändert (wenn alle anderen Bedingungen konstant bleiben) und eine Beziehung ähnlicher Art scheint für Kugeloberflächen zu gelten (s. Tab. 42). Das Vorhandensein einer Flüssigkeitsschicht von sehr großer Zähigkeit kann

---

[1] Im Gegensatz dazu ist die statische Belastung, bei der plastisches Fließen einsetzt, proportional zu r^2, da $N^{1/3} = k p_m^{2/3}$ (s. Kap. I, Gl. 4)

also bei schwerer, stoßweiser Belastung oder bei heftigen Schwingungen die Erzeugung von Drücken, die zur plastischen Verformung der Oberflächen ausreichen würden, verhüten. Aus diesem Grunde könnte es wünschenswert sein, als Schmiermittel eine Flüssigkeit zu wählen, deren Zähigkeit auf einen hohen Wert ansteigt, wenn große Drücke oder Schergefälle auftreten. Einige praktische Beweise für die Wichtigkeit der Zähigkeit bei stoßweisen Beanspruchungen wurden von BLOK (1948) beim Studium der Zahnradschmierung erhalten. Er zeigte, daß das Versagen von Zahnradzähnen unter übertriebener, stoßweiser Belastung viel stärker von der Zähigkeit der Schmierflüssigkeit abhängt als von ihrer ,,Öligkeit'' oder den bei der Grenzreibung wichtigen Eigenschaften, die von einem Hochdrucköl gewöhnlich verlangt werden.

Schließlich kommen wir zu einer Betrachtung der durch den Zusammenstoß fester Körper hervorgerufenen Temperaturen. Wenn keine Flüssigkeitsschicht vorhanden ist, und die Oberflächen plastisch verformt werden, so erscheint der größte Teil der Formänderungsenergie als Wärme. Der Verformungsvorgang erstreckt sich oft über ein verhältnismäßig großes Volumen, weshalb der Temperaturanstieg in Wirklichkeit gering ausfällt. Sind jedoch scharfe Spitzen oder harte, spitzige Vorsprünge beteiligt, so daß ein ins Gewicht fallender Bruchteil der Stoßenergie als Reibungsarbeit verbraucht wird, so kann während einer Kollision eine beträchtlich größere Temperaturerhöhung auftreten. Sind die zusammenprallenden Körper keine Metalle, und besitzen sie eine niedrige Wärmeleitfähigkeit, oder befinden sich Sandteilchen oder Schleifkörner zwischen den Oberflächen, so ist zu erwarten, daß die örtliche Temperaturzunahme entsprechend höhere Werte erreichen wird.

Wenn die Oberflächen durch eine Flüssigkeitschicht getrennt sind, so wird die auf der plastischen Verformung des Metalls beruhende Erwärmung stark herabgesetzt oder gar ausgeschaltet sein. Die sehr hohen Schergefälle in der Schmierschicht können hingegen zu einer fühlbaren Wärmeentwicklung durch Flüssigkeitsreibung führen. Dadurch können bei mäßigen Stoßenergien Temperaturen von bis zu 200 °C entstehen, während die Theorie andeutet, daß sie bei sehr heftigen Stößen mehrere tausend Grad übertreffen könnten. Diese hohen Temperaturen treten in jenen Flüssigkeitsschichten auf, die den Metalloberflächen direkt anliegen. Dies bedeutet einmal, daß die Zähigkeit beträchtlich erniedrigt wird, wodurch die Möglichkeit plastischer Verformung durch die Flüssigkeittschicht hindurch und nachfolgender metallischer Berührung erhöht wird, und zweitens können die an der Oberfläche gelegenen Schichten infolge der hohen Temperaturen die für die Grenzschmierung wichtigen Eigenschaften verlieren. Wenn also Schwingungen auftreten, die das System zwischen Grenzreibung und flüssiger Reibung pendeln lassen, so kann die Erwärmung in der Flüssigkeit eine ernsthafte Verschlechterung der Schmierung herbeiführen. Die Nachteile der mit der flüssigen Reibung zusammenhängenden Wärmeentwicklung wurden bei der Schmierung von Gleitlagern schon lange erkannt, da hohe Rotationsgeschwindigkeiten in diesen mit hohen Schergefällen im Schmierkeil verbunden sind und so eine übermäßige Erwärmung bewirken. Die vorliegende Diskussion spricht dafür, daß schnelle Schwingungen oder schwere, stoßweise Belastung selbst bei *niedrigen* Umdrehungsgeschwindigkeiten ähnliche Erscheinungen hervorrufen können (TABOR, 1949).

Die Beschädigung der Metalloberflächen durch die in der Schmierschicht entwickelten Drücke kann unter modernen Betriebsbedingungen von zunehmender praktischer Bedeutung werden. Bei Kugellagern für hohe Geschwindigkeiten, beispielsweise, kann — wenn sie Schwingungen ausgesetzt sind — ein Abflachen der Kugeln und eine Verletzung des Rings stattfinden, während die Flüssigkeitsschicht noch unversehrt ist. Diese Erscheinung kann auch für Zahnräder, Rollenlager, Gleitlager und andere Mechanismen wichtig werden, besonders wenn sie unter ungünstigen Verhältnissen wie stoßweiser Belastung und übermäßiger Vibration arbeiten. Obschon viele Beispiele für diese Art von Beschädigung sowie für die erosive Einwirkung schnell fließender Flüssigkeiten und für Kavitationsschäden angeführt werden können, wurde diesem Gebiet bisher vielleicht nicht die Aufmerksamkeit geschenkt, die ihm zukommt. Eine systematischere, theoretische und experimentelle Untersuchung der Beschädigung von Metallen durch Kräfte, die durch eine Flüssigkeitsschicht übertragen werden, könnte sich offenbar lohnen.

Schrifttum

ANDREWS, J. P. (1929), Phil. Mag. 8, 781; (1930), ebda. 9, 593; (1931), Proc. Phys. Soc. Lond. 43, 8.
BLOK, H. (1948), Summer Conf. on Mechanical Wear, Massachusetts Institute of Technology.
BOWDEN, F. P., and D. TABOR (1941), Engineer (London), 172, 380.
CHERRY, T. M. (1945), C. S. I. R. (Australia) Tribophysics Division Report A 116.
CROOK, A. W. (1952), Proc. Roy. Soc. A 212, 482.
EDWARDS, C. A., and C. R. AUSTIN (1923), J. Iron & Steel Inst. 107, 324.
EIRICH, F. W., und D. TABOR (1948), Proc. Camb. Phil. Soc. 44, 566.
GRAY, P. (1948), Colloquium, La Cinétique et le mécanisme des réactions d'inflammation et de combustion en phase gazeuse. Paris.
HEIDEBROEK, E. (1941). See TINGLE (1947), B. I. O. S. Report No. 1610.
HERTZ, H. (1881), J. reine angew. Math., 92, 156.
JONES, A. B. (1946), A. S. T. M. 46, Preprint No. 45.

MICHELL, A. G. M. (1923), Mechanical Properties of Fluids, Blackie and Son, Ltd.
OKUBO, J. (1922), Sci. Reports Tôhoku Univ. 11, 445.
PRESCOTT, J. (1927), Applied Elasticity, London.
RABINOWICZ, E. (1950), Dissertation, Cambridge.
RAMAN, C. V. (1918), Phys. Rev. 12, 442.
REYNOLDS, O. (1886), Phil. Trans. Roy. Soc. 177, 157.
ST.-VENANT, B. DE (1867), J. de Math. Liouville, Paris, Serie 2. 12. Siehe auch A. E. H. LOVE (1934), Mathematical Theory of Electricity, article 284, Cambridge Univ. Press.
STEFAN, J. (1874), Sitz. Ber. Akad. Wiss., Wien, 69, 713.
TABOR, D. (1948), Proc. Roy. Soc. A 192, 247.
TABOR, D. (1949), Engineering, 167, 145.
TABOR, D. (1951), The Hardness of Metals, Clarendon Press, Oxford.
TAYLOR, Sir G. I. (1946), J. Inst. Civil Engrs. 26, 486 (James Forrest Vortrag).

XIV. Die Natur des metallischen Verschleißes
Örtliche Adhäsion und Verschleiß

Beim Verschleiß fester Oberflächen handelt es sich um einen verwickelten Vorgang, der unter mancherlei Bedingungen sowohl chemischen Angriff als auch physikalischen Schaden umfaßt. Aus diesem Grunde geben praktische Prüfungen nur selten wiederholbare oder eindeutige Ergebnisse, und auch bei der Deutung sorgfältig kontrollierter Laboratoriumsversuche ist es angezeigt, einige Vorsicht walten zu lassen. Man wird auch von vornherein damit rechnen müssen, daß jede theoretische Behandlung des Verschleißproblems auf weitreichende Vereinfachungen angewiesen ist. In diesem Kapitel werden wir uns vor allem damit auseinandersetzen, wie die dauernde Bildung und Abscherung metallischer Verschweißungen zu einem Verschleiß der reibenden Oberflächen führt und dabei noch einige der Einflußgrößen diskutieren, die den Verschleißvorgang in der Praxis komplizieren.

Die Abscherung einer zwischen gleitenden Oberflächen gebildeten Metallbrücke kann auf vier verschiedene Arten erfolgen. Ist die Schweißstelle schwächer als die Metalle selbst, so wird die Trennung in der eigentlichen Zwischenfläche stattfinden, wo die Verbindung auch zusammengefügt wurde. Folglich wird nur eine sehr geringe Metallmenge von jeder der beteiligten Oberflächen entfernt, obschon die Reibung verhältnismäßig groß sein mag. Dieser Fall liegt beispielsweise vor, wenn eine Zinnlegierung auf Stahl gleitet, wobei der Reibungsbeiwert etwa 0,7 beträgt. Die durch Abnutzung verlorene und über den Stahl geschmierte Legierungsmenge kann dabei so gering sein, daß die Läppspuren auf dem Stahl noch deutlich sichtbar sind, nachdem die gleiche Strecke 400mal mit dem Reiter überfahren wurde (s. Kap. VI, Tafel XVII.4). Diese Art von Kaltverschweißung wird gewöhnlich in der Gegenwart zäher Oxydhäute gebildet, manchmal aber auch, wenn Sulfid- oder Chloridfilme zugegen sind. Diese Fremdschichten vermögen, selbst wenn sie nur molekulare Dimensionen aufweisen, die Entstehung starker, metallischer Bindungen zu verhindern — vorausgesetzt, daß sie durch die Deformation des darunterliegenden Metalls nicht aufgelockert wurden.

Die Scherung wird oft — wenn nämlich die Verbindung stärker ist als eines der beiden beteiligten Metalle — innerhalb der Grundmasse des weicheren Metalls vor sich gehen, wobei Bruchstücke des schwächeren Metalls an der härteren Oberfläche haften bleiben. Unter diesen

Umständen kann die Menge weichen Metalls, die infolge Reibung entfernt wird, sehr groß ausfallen, obgleich man einen ähnlichen Gleitwiderstand beobachtet wie in den Fällen, die sich durch geringen Verschleiß auszeichnen. Dies trifft beispielsweise für eine über Stahl gleitende Bleilegierung zu, wobei eine Reibungszahl von ungefähr 1 auftritt, während der Verschleiß der Legierung so bedeutend ist, daß die Läppspuren auf der Stahloberfläche beinahe vollkommen zugedeckt sind, nachdem der Reiter auf derselben Gleitstrecke einige hundertmal hin- und herpendelte (s. Kap. VI, Tafel XVII.5). Diese Art von Verschleiß führt allmählich zum Aufbau einer Schicht des weichen Metalls auf der härteren Oberfläche, so daß schließlich eine Gleitbewegung vorliegt, wie sie für gleichartige Metalle charakteristisch ist. Folglich muß man mit hoher Reibung und großem Verschleiß rechnen.

Wenn drittens die Verbindung stärker ist als die Metalle zu beiden Seiten, so erfolgt die Scherung im allgemeinen in der Grundmasse des schwächeren Metalls; aber gelegentlich wird sie auch innerhalb des stärkeren vorkommen. Dabei wird eine beträchtliche Menge weichen Metalls entfernt, aber auch die härtere Oberfläche erleidet während des Gleitens einen kleinen Verlust. Das Reiben von Kupfer gegen Stahl stellt ein Beispiel für dieses Verhalten dar. Die in Kap. IV, Tafel VI.3 gegebenen Flachschnitte zeigen, daß die Abscherung meist innerhalb des Kupfers stattfand, doch blieben auch auf der Stahloberfläche, wo sich die Verbindungen als stärker als der Stahl selbst erwiesen, eine Anzahl kleiner Grübchen zurück. Die Fähigkeit eines weichen Metalls, durch die Bildung starker intermetallischer Verbindungen, Teilstücke aus einem härteren herauszureißen, geht auch aus Tafel XXXI.1 hervor. Es wird darin ein beschädigter Reiter aus hartem Kanonenstahl (Vickershärte 600 kg/mm^2) gezeigt, nachdem er auf einer Kupferoberfläche eine Strecke von nur 1000 cm zurücklegte. Obschon die Abnutzung des härteren Metalls auf ein viel kleineres Ausmaß beschränkt sein mag, so wird sie doch wahrnehmbar sein.

Schließlich müssen wir uns noch mit dem Verhalten von zwei Probestücken aus dem gleichen Metall beschäftigen. Hier bestehen natürlich auch die Verbindungsbrücken aus demselben Material wie die beiden Oberflächen, doch werden sie sich während der Verformung und Kaltverschweißung verfestigen und dadurch merklich an Scherfestigkeit zunehmen (ein auffallendes Beispiel für die Kaltverfestigung der Unregelmäßigkeiten an der Oberfläche ist in Kap. I, Tafel II abgebildet). Demzufolge wird die Scherung selten in der Zwischenfläche stattfinden, sondern eher in einem der beiden Metallstücke, weshalb mit einer umfangreichen Beschädigung beider Gleitkörper zu rechnen ist. Von einigen Legierungen, besonders solchen auf der Basis von Zinn, weiß man (LEYMAN, 1937), daß sie erweichen, wenn sie sehr großen Verformungen

Tafel XXXI

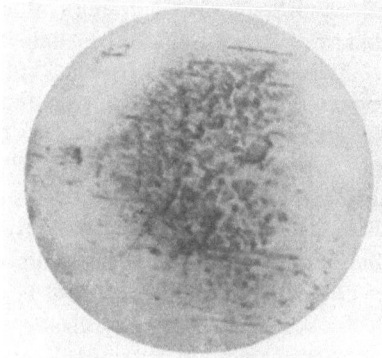

Abb. 1. Abgenutzter, halbkugeliger Stahlreiter (Vickershärte 600 kg/mm²) nach dem Zurücklegen einer Gleitstrecke von 1000 cm auf ungeschmiertem Kupfer (Vickershärte 60 kg/mm²). Das Ausreißen von Stahlteilchen ist deutlich sichtbar. (65×)

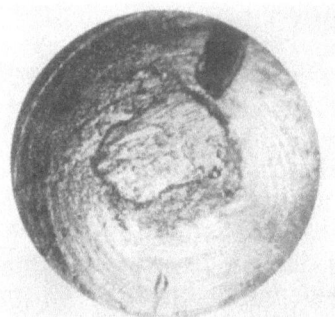 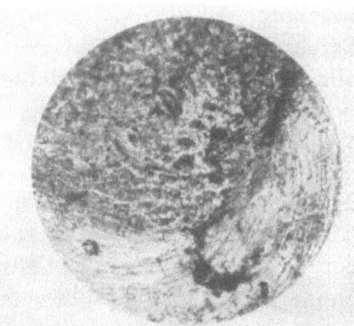

Abb. 2. Stahlreiter nach dem Reiben gegen eine Messingoberfläche. Beachte die Aufschweißung von Messing. (30×)

Abb. 3. Ausschnitt von (2) bei stärkerer Vergrößerung nach dem Wegätzen des Messings. Der Umfang der Beschädigung durch Aus- und Aufreißen von Stahl ist beträchtlich. (65×)

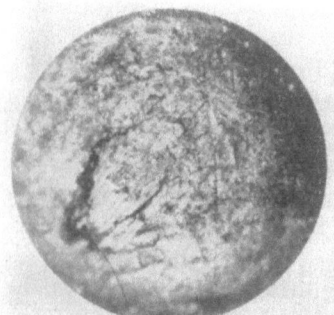 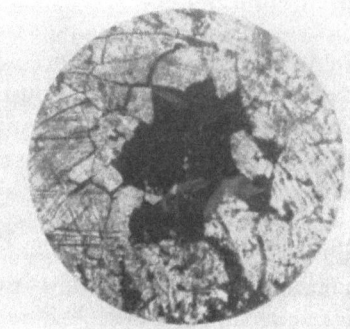

Abb. 4. Mit Rhodium plattierter Messingreiter (Dicke der Rhodiumschicht 5×10^{-4} cm). Beachte die Aufschweißung von Messing. (30×)

Abb. 5. Ausschnitt von (4) bei stärkerer Vergrößerung nach dem Wegätzen des Messings. Beachte das Zerbrechen und die Auflockerung der Rhodiumschicht. (65×)

unterworfen werden. Es ist also denkbar, daß unter solchen Bedingungen gebildete Verbindungen schwächer sein könnten als die Metalle zu beiden Seiten, und daß die Trennung deshalb in der Zwischenfläche erfolgen würde, wobei die Metallübertragung und die Beschädigung der Oberflächen dann sehr klein ausfielen. Dies deutet darauf hin, daß sehr verschleißfeste Materialien entstehen würden, wenn Legierungen mit der Eigenschaft ausgeprägten Erweichens infolge Kaltreckung hergestellt werden könnten.

Diese Diskussion über die Rolle der metallischen Verbindungen bei Reibung und Verschleiß weist klar darauf hin, daß wir nicht erwarten können, eine direkte Beziehung zwischen dem Reibungsbeiwert und der Verschleißmenge zu finden. Wieviel Metall von der Oberfläche verloren wird, hängt kritisch davon ab, in welchen Bezirken die Abscherung der Verbindungsbrücken stattfindet. Die Reibungskraft hingegen wird nicht wesentlich davon beeinflußt, ob das Scheren in der Grundmasse eines Metallkörpers oder in der wirklichen Berührungsfläche erfolgt, weshalb die Metallmenge, die aus den Oberflächen herausgerissen wird, im allgemeinen mit der während des Gleitens geleisteten Reibungsarbeit kaum in Beziehung stehen wird. Der größte Teil der Reibungsarbeit geht ja als Wärme verloren.

Diese Beobachtungen besitzen allgemeine Gültigkeit, und unter gewissen Bedingungen bestimmt die Art der gebildeten Schweißverbindung direkt die auftretende Verschleißmenge. Im folgenden Abschnitt werden wir diese Vorgänge im Zusammenhang mit dem von harten Metallschichten gewährten Schutz gegen Abnutzung diskutieren. Das wirkliche Verschleißverhalten in einem praktischen Fall wird jedoch sehr weitgehend noch von anderen Faktoren beeinflußt. Wir wir sehen werden, kann eine chemische Reaktion an den reibenden Oberflächen und vor allem die Bildung von Oxydschichten von größter Wichtigkeit sein. Dies ist natürlich besonders ausgeprägt, wenn keine Schmierstoffe vorhanden sind. Selbst in der Gegenwart von Schmierfilmen kommt es zu merklichem Verschleiß, wenn auch in stark vermindertem Ausmaß, und verfeinerte Methoden zeigen, daß dieser dann von der chemischen Natur des Schmiermittels abhängen mag.

Der Verschleißmechanismus

BURWELL und STRANG (1952) beschrieben Versuche über den Verschleiß zwischen einem zylindrischen Metallstift und einer gehärteten Stahlscheibe, die von einer neutralen Flüssigkeit überflutet war, um Luft und Staub fernzuhalten. Sie fanden unter stationären Bedingungen, daß das Volumen des abgetragenen Materials proportional zur Belastung und zur Länge des zurückgelegten Weges ist, was auch schon KENYON (S. 370) beobachtet hatte. Dies spricht dafür, daß ein konstanter Bruchteil der in der Zwischenfläche entstandenen und während des Gleitens abgescherten Verschweißungen abgelöst wurde und Verschleißteilchen lieferte. Nach dieser Vorstellung erzeugt eine Zunahme der Belastung eine proportionale Zunahme der Anzahl der Verbindungen, von denen jede eine angenähert konstante Größe beibehält. In dieser Ansicht wird man auch durch eine Prüfung der Verschleißteilchen bestärkt. Der von BURWELL und STRANG vorgebrachte Mechanismus scheint gegenüber dem von HOLM (1946) vorgeschlagenen atomischen Verschleißmodell einige Vorzüge zu besitzen, obschon letzteres eine Verschleißgleichung gleicher Art ergibt.

Bei größeren Lasten, wenn der durchschnittliche Druck etwa einen Drittel der Härte des Stifts übertraf, wurde eine bedeutende Zunahme des Verschleißes beobachtet. BURWELL und STRANG sind der Meinung, dies beruhe in erster Linie auf der Tatsache, daß die wirkliche Berührungsfläche zu einem so großen Bruchteil des scheinbaren Kontaktes geworden war, daß ein loses Verschleißteilchen nicht imstande war zu entweichen, ohne in einem lawinenähnlichen Vorgang weitere Teilchen zu erzeugen.

ARCHARD (1952) wies darauf hin, daß die Proportionalität zwischen Verschleiß und Belastung nicht unbedingt verlangt, daß alle Verschweißungen dieselbe Größe aufweisen. Wenn diese Verbindungen geometrisch ähnlich sind und eine davon einen wirksamen Durchmesser d aufweist, so ist die beim Abscheren der Verbindung entfernte Masse proportional zu d^3. Die Trennung erfolgt über eine Strecke d, so daß die pro cm Reibungsstrecke entfernte Masse zu d^2 verhältnisgleich wird, und im plastischen Bereich ist dieser Betrag natürlich der von der Metallbrücke getragenen Last proportional. Wenn dies für alle Schweißverbindungen, ohne Rücksicht auf ihre Größe, zutrifft, so wird unser Verschleißmaß direkt proportional zur Gesamtbelastung. Immerhin zeigen die autoradiographischen Studien und BURWELLs Untersuchungen des Abriebs, daß die Größe der gescherten Verbindungen nicht zwischen sehr weiten Grenzen streut.

Verschleißverminderung durch dünne Metallschichten

Es ist möglich, den Verschleiß zwischen metallischen Oberflächen herabzusetzen, indem man eine davon mit einer dünnen Metallschicht, die selbst verschleißfest ist, überzieht. Rhodium und Chrom beispielsweise sind harte Metalle, die beim Reiben gegen andere Metalle nur wenig abgenutzt werden. Dünne Schichten dieser Metalle können deshalb mit Erfolg verwendet werden, um Oberflächen vor schwerem Verschleiß zu schützen. Chrom weist außerdem eine sehr zähe Oxydhaut auf, die nicht leicht unterbrochen wird, da sie auf einem harten Metall aufliegt. Es werden deshalb nur wenige rein metallische Verbindungen durch die Oxydschicht hindurch gebildet; die meisten Verbindungen kommen zwischen den Oxyden zustande und neigen unter Schubbeanspruchung dazu, in der wirklichen Berührungsfläche auseinanderzugehen. Demzufolge kann beim Gebrauch von Chrom auch der Verschleiß der Oberfläche des Gegenstücks beträchtlich zurückgehen.

Elektrolytisch niedergeschlagene Rhodium- und Chromschichten wurden erfolgreich für den Schutz von Gewindelehren, Prüfplatten, Zerspanungswerkzeugen, Zylindereinsätzen, Ziehmatrizen etc. eingesetzt. Die verschleißvermindernden Eigenschaften dieser Schichten und einige der Einflußgrößen, die bei ihrer praktischen Anwendung zu beachten sind, kommen bei einigen Versuchen von MOORE und TABOR (1942) in verblüffender Weise zur Geltung. Tafel XXXI.2 zeigt beispielsweise einen Stahlreiter nach wiederholtem Überfahren (einige hundertmal) einer Messingfläche. (Die Gleitgeschwindigkeit für den Reiter mit 3 mm Krümmungsradius betrug ca. 10 cm/sec, die Last 4 kg.) Die Adhäsion von Messing auf dem Stahl ist sehr auffällig. Nach dem Wegätzen des Messings zeigt die darunterliegende Stahloberfläche beträchtlichen Verschleiß (Tafel XXXI.3). Ein mit Rhodium plattierter Messingreiter nimmt ebenfalls eine gewisse Menge Messing von der Unterlage auf, doch weniger als der Stahlreiter (Tafel XXXI.4). Das Aussehen der Reiteroberfläche nach dem Wegätzen des Messings hängt von der *Dicke* der Rhodiumschicht ab. Beträgt sie weniger als 10^{-3} cm, so erscheint die Schicht voller Sprünge und teilweise sogar weggerissen (Tafel XXXI.5). Übersteigt die Dicke 10^{-3} cm, so ist der Schaden unbedeutend (Tafel XXXII.2). Auf einer 5×10^{-3} cm dicken Chromschicht findet man noch weniger Messing haften (Tafel XXXII.3), und wenn dieses durch Ätzen entfernt wird, so weist das Chrom keine Spuren von Abnutzung auf (Tafel XXXII.4).

Die Bedeutung der Schichtdicke geht auch aus einigen Verschleißmessungen an Reitern aus Gußeisen hervor (TABOR, 1942). Gußeisen erleidet auf der Oberfläche eines Chrom-Molybdän-Stahls einen sehr starken Verschleiß. Überzieht man den gußeisernen Reiter mit einer weniger als etwa 10^{-4} cm dicken Chromschicht, so ist das Chrom nicht imstande, gegen die Verformung des darunterliegenden Metalls Widerstand zu leisten und wird schnell aufgebrochen (Tafel XXXII.5). Ist es jedoch in einer Dicke von mehr als etwa 5×10^{-4} cm vorhanden, so besitzt die Schicht unter den betreffenden Versuchsbedingungen genügend mechanische Festigkeit und gewährt dem Gußeisen einen sehr wirksamen Schutz gegen den Reibungsverschleiß (s. Tafel XXXII.6).

Dieses Ergebnis kann auch auf eine andere Weise dargestellt werden. Die Messungen zeigen, daß der Verschleiß für eine bestimmte Belastung in einem ziemlich großen Bereich von Versuchsbedingungen

Tafel XXXII

Abb. 1. Mit Rhodium plattierter Messingreiter nach dem Gleiten auf Messing (Dicke der Rhodiumschicht 10^{-3} cm). Aufschweißung von Messing. (30 ×)

Abb. 2. Ausschnitt von (1) bei stärkerer Vergrößerung nach dem Wegätzen des Messings. Die Rhodiumschicht zeigt keine Spur von Beschädigung. (65 ×)

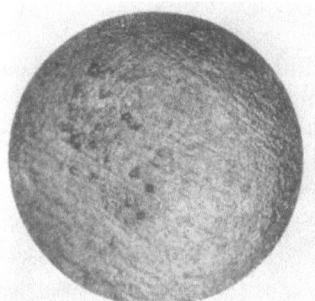
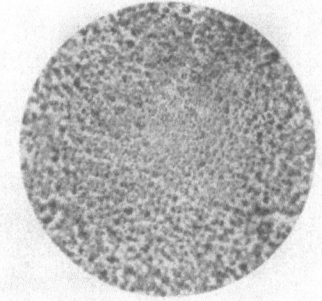

Abb. 3. Mit Chrom plattierter Messingreiter nach dem Reiben gegen Messing (Schichtdicke 5×10^{-3} cm). Nur geringfügige Aufnahme von Messing durch den Reiter. (30 ×)

Abb. 4. Ausschnitt von (3) bei stärkerer Vergrößerung nach dem Wegätzen des Messings. Die Chromschicht erlitt keinen Schaden. (65 ×)

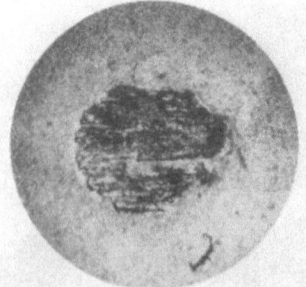

Abb. 5. Mit Chrom plattierter Reiter aus Gußeisen nach kurzem Gleiten auf Stahl (Schichtdicke 2×10^{-4} cm, Gleitstrecke ~ 5 cm). Die Chromschicht hielt der Beanspruchung nicht stand, und es trat bereits ein merklicher Verschleiß von Gußeisen auf. (30 ×)

Abb. 6. Dickere Chromschicht (rund 5×10^{-4} cm) auf Gußeisenreiter. Nach längerem Reiben gegen Stahl (Gleitstrecke 1200 cm) ist die Chromschicht verhältnismäßig wenig abgenutzt. (30 ×)

direkt zur zurückgelegten Strecke proportional ist. Der Verschleiß kann folglich als Gewichtsverlust pro Längeneinheit der zurückgelegten Gleitbahn ausgedrückt werden. In Abb. 102 sind die Resultate für verchromtes Gußeisen aufgetragen, und man erkennt, daß die Abnutzung für Schichten von weniger als 5×10^{-4} cm Dicke verhältnismäßig bedeutend ist, während sie bei dickeren Schichten weniger als 0,005 Mikrogramm/cm ausmacht. (Der entsprechende Wert für unplattiertes Gußeisen liegt bei 5 Mikrogramm/cm.) Die Reibungszahl blieb in allen Fällen konstant bei ungefähr 0,5.

Es ist zu erwarten, daß die Verschleißeigenschaften der Chromschichten von den Plattierungsbedingungen abhängen. Versuche, die zur Erforschung solcher Einflüsse ausgeführt wurden, zeigen tatsächlich, daß harte, glänzende Chromniederschläge im allgemeinen wenig Verschleiß erleiden, während milchige

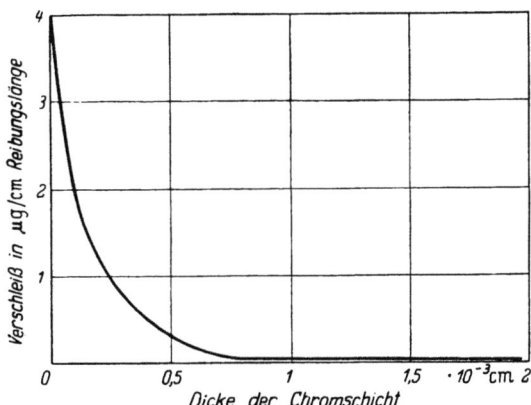

Abb. 102. Verschleiß einer plattierten Chromschicht in Abhängigkeit ihrer Dicke. Das Chrom schützt einen halbkugeligen, gußeisernen Reiter von 0,6 cm Durchmesser. Wenn die Schicht stark genug ist, um der Deformation zu widerstehen, so ist der Verschleiß gering. Beträgt ihre Dicke jedoch weniger als 5×10^{-4} cm, so wird die Schicht mechanisch aufgelockert und durchbrochen, und es entsteht starker Verschleiß

oder matte Niederschläge etwa 10mal weniger widerstandsfähig sind. Allerdings bedeutet auch der schlechtere Fall noch eine 50- bis 100-fache Verbesserung gegenüber reinem, ungeschütztem Gußeisen.

Im wesentlichen gleiche Ergebnisse wurden auch bei Versuchen mit verchromten Proben auf Oberflächen eines Chrom-Molybdän-Stahls, die auf eine Temperatur von 250 °C vorgewärmt waren, erhalten. Das Chrom wurde dabei nicht mehr abgenutzt als bei Zimmertemperatur, doch konnte eine geringe Zunahme der aufgenommenen Stahlmenge wahrgenommen werden.

Wie diese Versuche zeigen, können harte Chromschichten den Umfang des Verschleißes zwischen metallischen Oberflächen vor allem dann wirksam einschränken, wenn sie über eine ausreichende mechanische Festigkeit verfügen, um der Verformung des darunterliegenden Metalls zu widerstehen, und wenn die geeignetsten Plattierungsbedingungen zur Anwendung gelangten. Für die Praxis besitzen Chromschichten allerdings einen sehr ernsten Nachteil, indem sich dieses Metall, wie aus Kap. X hervorgeht, nur schwer schmieren läßt. Reibung und Verschleiß von Chromoberflächen werden tatsächlich durch die Anwesenheit der meisten Schmierstoffe nicht nenneswert verringert. Folglich kann in praktischen Fällen — sofern die Möglichkeit besteht, die Gleitflächen zu schmieren — der Verschleiß niedriger ausfallen, wenn man von der Verwendung von Chromschichten absieht. Haben die Oberflächen andererseits unter hohen Temperaturen und Drücken zu arbeiten, wo die Grenzschmierung wenig Erfolg verspricht, so können Chromschichten eine sehr beträchtliche Verminderung des Verschleißes herbeiführen. Ein Versuch, die Schmierung von Chrom zu verbessern, besteht darin, die Oberfläche zu ätzen, so daß kleine Spalten oder Risse gebildet werden, und es wird behauptet, diese Vertiefungen dienen als winzige Reservoirs, in denen kleine Mengen des Schmiermittels gespeichert und von dort aus den Gleitflächen zugeführt werden können.

Chemische Reaktion und Verschleiß

Die Rolle der chemischen und der physikalischen Vorgänge beim Verschleiß metallischer Gleitflächen ist während der letzten beiden Jahrzehnte von einer Reihe von Forschern wie FINK, ROSENBERG und JORDAN, SMITH, GOUGH, TOMLINSON, WILLIAMS, DONANDT, SIEBEL und DIES untersucht worden. Die Arbeiten, die DIES und andere während des Krieges in Deutschland durchführten, sind von allgemeinem Interesse. Ihre Versuche betrafen hauptsächlich den Verschleiß von Stahloberflächen, die — in Abwesenheit eines Schmiermittels — bei verhältnismäßig hohen Belastungen und Geschwindigkeiten gegen eine rotierende, harte Stahlscheibe gedrückt wurden (MAILÄNDER und DIES, 1943). Diese Forscher machen einen klaren Unterschied zwischen ,,Fressen'' und ,,Scheuern''. Fressen bezeichnet den Verschleiß, der durch tiefes Aufreißen der reibenden Oberflächen gekennzeichnet ist, wobei die bewegten Teile in heftige Schwingungen versetzt werden. Wenn gleichartige Metalle gegeneinander reiben (beispielsweise Weicheisen auf Weicheisen), so tritt diese Verschleißart schon bei den kleinsten Lasten auf, und es entsteht immer ein großer Gewichtsverlust (Abb. 103, Kurve *I*). Das Scheuern bezeichnet einen Verschleißvorgang, bei dem die Oberfläche viel weniger tief verletzt wird, so daß die Gleitflächen gefahrlos weiter gegeneinander reiben können, bis sie sich vollständig abgenutzt haben. Obschon eine Unterscheidung zwischen diesen Verschleißtypen eher eine gradmäßige Einteilung zu sein scheint als eine artmäßige, fanden DIES und andere Forscher es vorteilhaft, ihre Untersuchungen auf das Gebiet des Verschleißes durch Scheuern zu beschränken. Sie mußten deshalb beim Reiben von Weicheisen gegen eine harte Chromstahlscheibe darauf achten, bei Flächenpressungen unterhalb etwa 30 kg/cm^2 zu arbeiten und fanden dabei, daß der Verschleiß für diese Metallpaarung beträchtlich weniger beträgt als beim Reiben von Weicheisen gegen Weicheisen. Mit zunehmender Belastung steigt der Verschleiß zuerst an, fällt dann schnell ab, um zuletzt wieder eine Neigung zur Zunahme zu zeigen (Abb. 103, Kurve II). Die kritische Belastung, bei der die Verschleißabnahme einsetzt, wird nach höheren Werten verschoben, wenn die Oberflächen gekühlt werden; wenn die Geschwindigkeit erhöht wird, so ändert sich die Kurve im umgekehrten Sinne. Diese Ergebnisse sprechen dafür, daß die Verschleißabnahme eine Erscheinung darstellt, die einem Übergang von einem Verschleißvorgang zu einem anderen entspricht, und daß dieser Übergang größtenteils, wenn auch nicht ausschließlich, durch die während des Reibens entwickelten Oberflächentemperaturen bestimmt wird. Diese Ansicht wird auch durch die Beobachtung belegt, daß eine entsprechende Änderung in der chemischen Zusammensetzung der Verschleißprodukte eintritt, wenn der Abrieb abzunehmen beginnt. Wenn die Versuche in Luft durchgeführt werden, so besteht der Abrieb bei

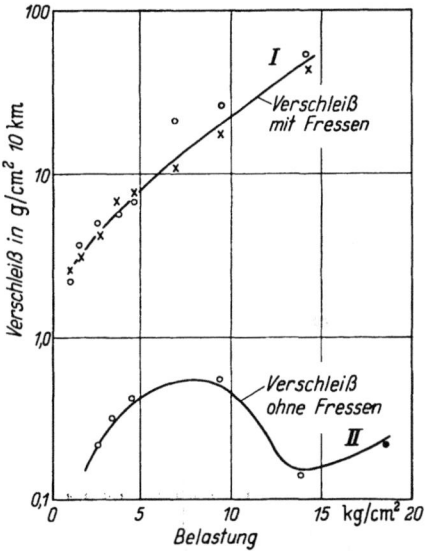

Abb. 103. Verschleiß von Weicheisen, ohne und mit Freßerscheinungen (nach MAILÄNDER und DIES). Beachte den logarithmischen Verschleißmaßstab. Kurve I: Weicheisen auf Weicheisen; Kurve II: Weicheisen auf gehärtetem Chromstahl

kleinen Lasten hauptsächlich aus FeO und Fe. Oberhalb der kritischen Belastung findet man hingegen nur eine vernachlässigbare Menge von Fe, und der größte Teil der Verschleißprodukte besteht aus Fe_2O_3 und FeO (Abb. 104). Gleichzeitig findet auch eine bedeutsame Veränderung in der Härte der Oberflächenschichten des Stahlreiters statt. Bis zur kritischen Last ist die Härte an der Reibfläche etwas größer als für den Rest des Stückes, oberhalb des kritischen Wertes liegt sie sehr viel höher. Diese ausgeprägte Härtesteigerung wird teils der Bildung nitrierter Schichten (mit dem atmosphärischen Stickstoff), die sich bis zu einer beträchtlichen Tiefe unter der Oberfläche bemerkbar machen, zugeschrieben, und teils der Verformung und Verfestigung des Metalls unter den schwereren Arbeitsbedingungen.

Eine aufschlußreiche Bestätigung der wichtigen Rolle, die dünne Schichten von bei hohen Gleitgeschwindigkeiten gebildetem Eisenoxyd für Reibung und Verschleiß spielen, wurde von JOHNSON, GODFREY und BISSON (1948) mitgeteilt. Sie fanden, daß die auf reibenden Oberflächen erzeugten Oxydhäute ihrerseits als Schmiermittel wirken können und halten dafür, daß α-Fe_3O_4 in dieser Hinsicht wirksamer ist als Fe_2O_3.

Von DAVIES (1951) stammt eine interessante Verschleißstudie über geschmierte Oberflächen, die in einem teilweisen Vakuum oder einer kontrollierten Atmosphäre arbeiten. Bei den meisten Versuchen wurde

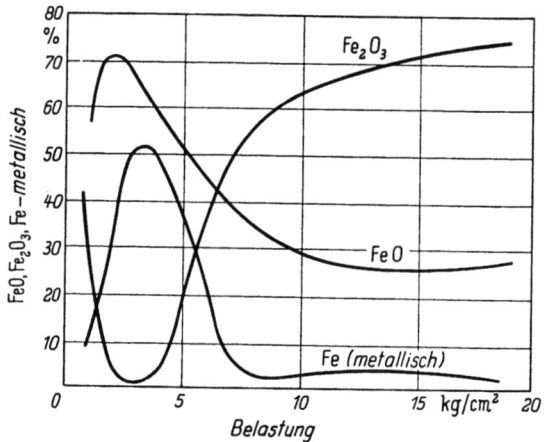

Abb. 104. Eisen- und Eisenoxydgehalt des bei verschiedenen Belastungen erhaltenen Verschleißstaubes (nach MAILÄNDER und DIES). Beim Geiten von Weicheisen auf gehärtetem Chromstahl ändert die Zusammensetzung des Abriebs bei etwa derselben Last wie die Gesamtverschleißmenge (Kurve *II* in Abb. 103)

eine Stahl- oder Kupferkugel gegen einen Zylinder aus Flußstahl gerieben, wobei der Verschleiß durch Messung der Marke auf der Kugel oder der Breite der Furche auf dem Zylinder bestimmt wurde. Mit einem neutralen Paraffinöl als Schmiermittel war der Verschleiß gering, bis der Luftdruck auf etwa 100 mm Hg abfiel, wo schwerer Verschleiß oder Freßerscheinungen auftraten. Durch Beigabe von Sauerstoff oder Stickstoff wurde der Verschleiß stark herabgesetzt, wobei Sauerstoff bei der Kupferkugel viel wirksamer war als Stickstoff, vermutlich weil das Nitrid unstabil ist. Oxydiertes Paraffinöl oder die Zugabe eines öllöslichen Peroxyds erhöhten die Belastung, die notwendig war, um ein Anfressen hervorzurufen, beträchtlich, und man erhielt auch in Abwesenheit von Luft einen geringen Verschleiß. Ähnliche Ergebnisse wurden beobachtet, wenn Triphenylphosphin oder Tricresylphosphat dem Öl beigesetzt wurden. Wieder ist es offensichtlich, daß die Oxydation im Verschleißmechanismus eine wichtige Rolle spielt. Die Oxyde und Nitride an der Oberfläche sorgen besonders bei Eisenlegierungen für eine wirksame Verminderung der Verschleißmenge und der Anfälligkeit für Freßerscheinungen.

Auch DIES betonte die Wichtigkeit der umgebenden Atmosphäre auf das Verschleißverhalten. Wie wir soeben feststellten, spielen sich in Luft chemische Reaktionen ab, bei denen nicht nur Oxyde, sondern auch Nitride des Metalls gebildet werden können; andere Atmosphären wirken gleichfalls in einer für sie charakteristischen Weise, und es hat

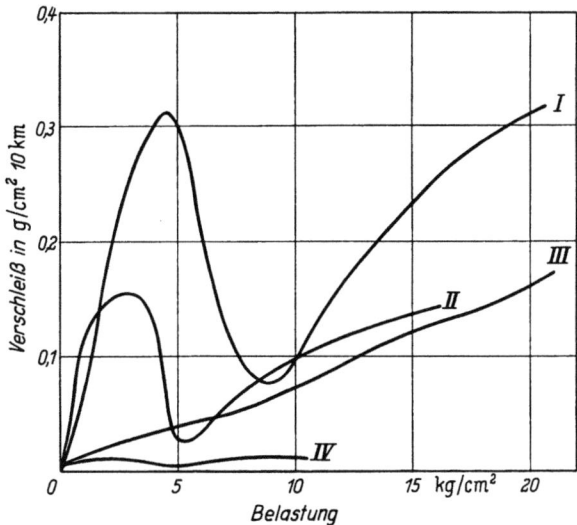

Abb. 105. Verschleiß von Weicheisen auf gehärtetem Chromstahl in verschiedenen Atmosphären (nach MAILÄNDER und DIES). Kurve *I*: Luft, Feuchtigkeitsgehalt 4 g/m³; *II*: Stickstoff; *III*: Sauerstoff; *IV*: verdünnte Luft. Wenn sehr wenig Sauerstoff und Wasserdampf vorhanden ist, kann der Verschleiß zwanzigmal geringer sein als in der normalen Atmosphäre

den Anschein, als ob Wasserdampf den größten Einfluß auf den Verschleiß ausübt. In Luft von sehr geringem Druck, wo nur kleine Mengen Sauerstoff und Feuchtigkeit vorhanden sind, kann der Verschleiß zwanzigmal geringer sein als in einer normalen Atmosphäre (Abb. 105). Diese Schlüsse stimmen im allgemeinen mit ähnlichen Untersuchungen, die in England und Amerika durchgeführt wurden, überein. Allerdings erhielten mehrere Forscher — während sie die wichtige Rolle der Atmosphäre für den Verschleiß ebenfalls betonten — eindeutig verschiedene Ergebnisse.

Alle Forscher auf diesem Gebiet sind sich jedoch darüber einig, daß der Verschleißmechanismus ein verwickeltes Zusammenwirken chemischer, physikalischer und mechanischer Vorgänge in sich schließt, und daß geringfügige Veränderungen der Versuchsbedingungen (beispielsweise der Umgebungstemperatur oder der Feuchtigkeit) eine tiefgreifende Wirkung auf die beobachtete Abnutzung haben können. Offensichtlich werden in der zukünftigen Verschleißforschung viel umfangreichere Maßnahmen getroffen werden müssen, um die Bedingungen, bei denen die Messungen durchgeführt werden, zu normieren.

Aus der Arbeit von MAILÄNDER und DIES folgt die interessante praktische Schlußfolgerung, daß der Verschleiß beim Reiben von einfachen Kohlenstoffstählen gegen Chromstahl mit zunehmender Härte im allgemeinen abnimmt. Ein martensitisches Gefüge wird weniger abgenutzt als ein perlistisches, und ein Stahl mit laminarem Perlit erleidet einen geringeren Verschleiß als ein solcher aus körnigem Perlit.

Die Wichtigkeit der Oberflächenoxydation

Der Einfluß von Oxydschichten auf die Reibung und Verletzung metallischer Oberflächen wurde bereits im Kap. VII beschrieben.

Es besteht kein Zweifel, daß die Oxydation der Oberflächen, wie viele Forscher gezeigt haben, für den Verschleißvorgang eine große Rolle spielen kann, was auch sehr deutlich einer anderen bemerkenswerten Veröffentlichung von DIES (1943) zu entnehmen ist. Aus dieser Arbeit geht hervor, daß das Verschleißverhalten oft durch die spezifischen Eigenschaften der bei hohen örtlichen Temperaturen gebildeten Oxydschichten beherrscht wird, aber auch von der Art und Weise, wie das Oxyd an das darunterliegende Metall gebunden ist. Wenn das Oxyd eine große Härte aufweist und fest in das Elternmetall eingebettet ist, kann die Gleitfläche die Angriffsfähigkeit einer Schleiffläche erhalten. Wie schon FINCH (1935) zeigte, kommt dies bei Aluminium und Aluminiumlegierungen, wo kristallines A_2O_3 oder Korund auf der Unterlage festhaftende Schichten bilden, besonders leicht vor. Die Korundoberfläche verschweißt nicht ohne weiteres mit der gegenüberliegenden Gleitfläche, doch wirken die scharfen Kristallkanten als kleine, harte Werkzeugschneiden. Infolgedessen kann eine Aluminiumoberfläche auf dem härtesten Stahl eine sehr starke Abnutzung hervorrufen, da Korund viel härter ist als die Eisenoxyde.

Wenn das Oxyd dagegen weich ist, so spielt es für den Angriff der Gegenfläche möglicherweise nur eine unbedeutende Rolle. So neigt Magnesium zur Bildung eines weichen Hydroxyds, und entsprechend ruft Magnesium unter Bedingungen, die die Oxydation begünstigen, auf harten Metallen verhältnismäßig wenig Verschleiß hervor. Diese Ergebnisse können teilweise die praktische Beobachtung erklären, daß Kolben aus einer Magnesiumlegierung an Zylinderauskleidungen viel geringere Scheuer- und Freßschäden erzeugen als solche aus einer Aluminiumlegierung. Wenn das Oxyd wohl hart ist, aber nicht fest an der Unterlage haftet, wird das Verhalten verwickelter sein. Immerhin ist die Wirkung der Metalloxyde durch die Arbeit von DIES in großen Zügen weitgehend abgeklärt worden. Sein Diagramm, das die MOHS-Härte verschiedener Metalle und ihrer Oxyde gegenüberstellt, ist in

Abb. 106 wiedergegeben. Diese Abbildung macht die verblüffende Beobachtung, daß ein weiches Metall wie Zinn auf einer harten Chromstahlscheibe mehr Verschleiß hervorruft (wenn die Bedingungen die Oxydation begünstigen) als ein harter Stahlreiter auf derselben Fläche, ohne weiteres verständlich. Das Metalloxyd kann auch bei der Reiboxydation eine entscheidende Rolle spielen. Versuche von HAMPP (s. TINGLE, 1947) über die Reiboxydation von Kugellagerringen während des Transportes oder während der Aufbewahrung unter Schwingungen bestätigen dies in eindrücklicher Weise. Die dauernde, örtliche Beanspruchung der Oberflächen in Gegenwart von atmosphärischem CO_2 und Feuchtigkeit führt zu verhältnismäßig rascher Korrosion, da der Abrieb durch die Schwingungen fortwährend aufgelockert und bewegt wird. Infolgedessen entstehen an den Stellen, wo die Kugeln mit dem Ring in Berührung stehen, bald kleine Narben oder Löcher. HAMPP fand, daß ein Schmierfilm, der CO_2, Sauerstoff und Feuchtigkeit weitgehend ausschließt, eine beträchtliche Verminderung des

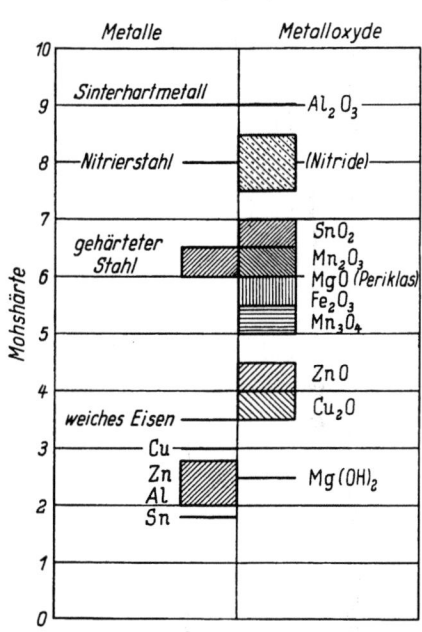

Abb. 106. Gegenüberstellung der Mohshärte einiger Metalle und Metalloyxde (nach DIES). Wenn die Gleitbedingungen die Oxydation der Oberflächen begünstigen, kann der Verschleiß der Metalle durch die Härte der betreffenden Oxyde bedingt sein. Dementsprechend kann ein weiches Metall wie Zinn auf einem harten Chromstahl mehr Verschleiß erzeugen als ein gehärteter Stahlreiter unter denselben Voraussetzungen.

auf Reiboxydation beruhenden Verschleißes herbeiführt. Zu einer im wesentlichen gleichen Schlußfolgerung gelangte auch ALMEN (1937) in Amerika.

Der Einfluß von Schmierschichten auf den Verschleiß

Wie wir in Kap. IX erläuterten, verringert ein Schmierfilm den Umfang enger, metallischer Berührung zwischen gleitenden Metallflächen, und infolgedessen kann die zwischen den Probestücken ausgetauschte Metallmenge stark herabgesetzt werden. Eine elektrographische Untersuchung von Stahloberflächen, die einmal von einem Kupferreiter mit einer Geschwindigkeit von wenigen cm/sec überfahren wurden, zeigt dies sehr deutlich (Kap. IV, Tafel IX), indem die auf den Stahl übertragene Kupfermenge durch die Gegenwart eines geeigneten Schmiermittels um einen Faktor von 50 oder mehr vermindert wurde. Aus Kap. IX geht auch hervor, daß die Schmierfilme ihrerseits sehr große Unterschiede in ihrer Widerstandsfähigkeit gegen Verschleiß erkennen lassen. Fettsäureschichten in einer Dicke von nur wenigen Molekülllagen z. B. werden viel weniger leicht zerstört als eine gleich dicke Cholesterinschicht. Von großer Wichtigkeit ist dabei auch die Fähigkeit eines Schmiermittels, den Schaden entweder dank der Beweglichkeit des Films an der Oberfläche oder durch schnellen Nachschub aus größeren Schmierstoffspeichern zu beheben.

Bei praktischen Verschleißmessungen an Oberflächen, die bei beträchtlich größeren Geschwindigkeiten reiben, und wo die gleiche Strecke meist vielfach zurückgelegt wird, komplizieren eine Reihe von Erscheinungen das Verhalten. Besondere Erwähnung verdienen die hohen, während des Gleitens entwickelten Temperaturen, die allmähliche Veränderung der Oberflächen infolge der Abnutzung und des Metallaustausches, das Auftreten von quasi-hydrodynamischer Schmierung, sowie andere Faktoren, die in den vorhergehenden Abschnitten besprochen wurden. Aus diesen Gründen bietet die Ausführung befriedigender Verschleißmessungen in der Gegenwart von Schmierstoffen einige Schwierigkeiten, und die Ergebnisse lassen sich im allgemeinen nicht leicht deuten.

KENYON (1946) entwickelte für seine umfangreiche Arbeit eine Versuchsmethode, die auch in Gegenwart eines Schmiermittels wiederholbare Verschleißwerte liefert. Er fand dabei, daß reproduzierbare Ergebnisse nur erhalten werden, wenn eine der Reibflächen so hart ist, daß sie durch den Gleitvorgang sozusagen nicht beschädigt wird. Aus Gründen, auf die wir weiter unten zu sprechen kommen, sollte diese harte Oberfläche nicht zu glatt sein, sonst wird die Abnutzung in diesen Versuchen vernachlässigbar klein. KENYONS Technik besteht im Reiben eines kleinen, ebenen Wolframkarbidreiters, der eine bestimmte Rauhigkeit aufweist, gegen eine sich drehende Stahlscheibe. Durch empfindliche, chemische und kolorimetrische Methoden wird nachher die während des Gleitens abgeschliffene Stahlmenge gemessen. Obschon der ebene Reiter sehr klein ist (etwa 1 mm im Durchmesser) und seine Oberfläche genau parallel (innerhalb von $1/20°$) zur rotierenden Scheibe eingestellt wurde, bestehen gewisse Anzeichen dafür, daß eine hydrodynamische Schmierung schon auftritt, wenn die Gleitgeschwindigkeit nur 20 cm/sec beträgt. Darauf deutet beispielsweise der Kontaktwiderstand zwischen den beiden Oberflächen hin. Bei einem sehr glatten Reiter erreicht dieser Widerstand leicht Werte von mehr als 10 Ohm und der Verschleiß ist unbedeutend. Dies liefert eine interessante Bestätigung von BEECKS Arbeit über die Leichtigkeit, mit der die hydrodynamische Schmierung bei niedrigen Geschwindigkeiten zustande kommt, und wird auch durch FOGGs Beobachtungen (1945) über das Auftreten der flüssigen Reibung zwischen parallelen Oberflächen unterstützt. Wenn der Reiter den zweckmäßigsten Rauhigkeitsgrad besitzt, liegt der Berührungswiderstand zwischen 0,01 und 1 Ohm, und die gemessene Abnutzung beruht größtenteils auf den Unebenheiten, die den hydrodynamischen Film durchdringen. An den Spitzen dieser Unregelmäßigkeiten spielen sich dann Grenzreibungsvorgänge ab, die mit Verschleiß verbunden sind. Der Verschleiß der Stahloberfläche verringert sich infolgedessen stetig, so wie die Rauhigkeitsvorsprünge am Reiter abgetragen werden. Diese Erscheinung ist besonders ausgeprägt, wenn der Reiter nicht hart genug ist. Wolframkarbidproben werden durch den Gleitvorgang jedoch kaum angegriffen, und die Geschwindigkeit, mit der das Metall von der Stahlfläche entfernt wird (als Gewicht/cm der Reibungsspur ausgedrückt) kann mit einer Genauigkeit von etwa ± 5 Prozent angegeben werden. Die Messungen zeigen, daß der Verschleiß in einem Belastungsbereich von etwa 1—7 kg dann mehr oder weniger proportional zur Last ist.

Von KENYON stammt auch ein interessanter Vergleich von Verschleißmengen, die für eine Stahlfläche bei der Anwendung verschiedener Schmiermittel bestimmt wurden. Ein hochraffiniertes, von polaren Verbindungen freies Weißöl, in dem verschiedene Additive aufgelöst wurden, diente dabei als Grundflüssigkeit. Tab. 46 gibt die typischen Ergebnisse.

Tabelle 46

Schmiermittel	Verschleiß in 10^{-10} g/cm Gleitstrecke	
	Last = 2 kg	Last = 5 kg
Weißöl	226	785
2% Ölsäure	760	1660
5% Ölsäure	760	1660
1% Tricresylphosphat	66	415
1,5% Additiv, Schwefel und Barium enthaltend	144	590

Diese Werte zeigen, daß Ölsäure eine beträchtliche Zunahme der während des Gleitens entfernten Stahlmenge hervorruft. Diese Feststellung ist im Hinblick auf die Tatsache, daß Ölsäure im allgemeinen eine gut schmierende Grenzschicht bildet, besonders auffallend. Das etwas überraschende Verhalten beruht möglicherweise auf einem chemischen Angriff der Oberfläche durch die Fettsäure. Nach dieser Auffassung wird die verseifte Schicht während des Gleitens weggerieben und durch weitere chemische Reaktion dauernd erneuert. KENYON weist hingegen darauf hin, daß inaktive Reinigungsmittel eine ähnliche

Verschleißzunahme veranlassen können und glaubt, daß das Additiv den an der Oberfläche haftenden Abrieb, der sich sonst als Schutzschicht auswirken würde, auf chemische Weise ablöst. Eine Verschleißzunahme bei der Verwendung eines Schmiermittels wurde auch von anderen Forschern beobachtet. HALDER entdeckte beispielsweise (s. TINGLE, 1947), daß Schmierstoffe, die unter vergleichbaren Bedingungen einen niedrigeren Reibungsbeiwert geben, beim Scheuern oft zu einer größeren Abnutzung führen. Diese Erscheinung ist bei Schmiermitteln, die Sauerstoff oder Schwefel enthalten, besonders auffallend, da wohl die Reibung gering ist, aber eine verhältnismäßig große Menge von chemisch gebundenem Metall von den Oberflächen entfernt wird. Diese Schlußfolgerungen sind allerdings unter einem gewissen Vorbehalt zu betrachten, da sie nur eine allgemeine Neigung andeuten sollen. Es gibt Fälle, wo die Gegenwart von Schwefel (wie in der letzten Zeile von Tab. 46) zweifellos eine Verschleißverminderung bewirkt. Die geringe Abnutzung von Stahloberflächen bei der Anwendung von Tricresylphosphat wurde allgemein auch von anderen Forschern festgestellt. BEECK, GIVENS und WILLIAMS (1940) glauben beispielsweise, dieser Effekt beruhe auf einem chemischen Angriff, wobei an den Spitzen der reibenden Vorsprünge ein Phosphideutektikum gebildet werde. Dieses Eutektikum besitzt einen verhältnismäßig niedrigen Schmelzpunkt und wird deshalb leicht durch die an den Berührungsstellen entwickelten Temperaturen erweicht, so daß die Gleitbewegung genügt, um das Eutektikum von den größeren Vorsprüngen abzustreifen. Dies ergibt ein schnelles Glätten der Oberfläche, und die beim Reiben abgescheuerte Stahlmenge wird beträchtlich herabgesetzt.

Aus diesen Betrachtungen geht deutlich hervor, daß der Verschleiß in fast allen praktischen Fällen auf einem kritischen Gleichgewicht zwischen dem chemischen Reaktionsvermögen und dem Versagen des Schmierfilms sowie auf dem genauen Mechanismus der Wechselwirkung zwischen den Oberflächen beruht.

Schrifttum

ALMEN, J. O. (1937), Mech. Eng. 59, 415.
ARCHARD, J. F. (1952), Research, 5 (1953), J. App. Phys. 24, 981.
BEECK, O., J. W. GIVENS and E. C. WILLIAMS (1940), Proc. Roy. Soc. A 177, 103.
BURWELL, J. T., and C. D. STRANG (1952), Proc. Roy. Soc. A 212, 470.
DAVIES, C. B. (1951), Annals. New York Acad. Sci. 53, 919.
DIES, K. (1943), Archiv für das Eisenhüttenwesen, 10, 399.
FINCH, G. I., A. G. QUARRELL and H. WILMAN (1935), Trans. Faraday Soc. 31, 1051.
FOGG, A. (1945), Engineering, 159, 138.

JOHNSON, R. L., D. GODFREY and E. E. BISSON (1948), N. A. C. A. Tech. Note No. 1578.
KENYON, H. F. (1946), Thornton Research Laboratories (Shell): persönliche Mitteilung.
LEYMAN, R. E. (1937), International Tin Research and Development Council, Series A, No. 53.
MAILÄNDER, R. and K. DIES (1943), Archiv für das Eisenhüttenwesen, 10, 385.
MOORE, A. J. W., und D. TABOR (1942), C.S.I.R. (Australia) Tribophysics Division Report A 46.
TABOR, D. (1942), C. S. I. R. (Australia) Tribophysics Division Report A 55.

Nützliche Literaturhinweise auf Arbeiten über Verschleiß findet man in:
Inst. of Autom. Engrs. Report No. 1945/T/1, Wear of Metals. Collection of Abstracts 1930 bis 1945.
M. I. T. Summer Conference on Mechanical Wear, 1948.
TINGLE, E. (1947), B. I. O. S. Report No. 1610. Fundamental Work on Friction, Lubrication and Wear in Germany.
WILLIAMS, C. G. (1940), Collected Researches on Cylinder Wear. Inst. Auto. Engineers.

Tagungsberichte

‚Mechanical Wear' (1950). Amer. Soc. Metals.
‚Fundamental Aspects of Lubrication' (1951). New York Academy of Science Annals, vol. 53.

XV. Die Adhäsion zwischen festen Oberflächen
Der Einfluß von Flüssigkeitsschichten

Frühere Kapitel haben gezeigt, daß die Reibung zwischen metallischen Oberflächen auf dem Abscheren metallischer Verbindungsbrücken, die durch Adhäsion oder Kaltverschweißung an den Stellen engster Berührung gebildet werden, beruht. Nach kurzer Überlegung würde man eigentlich erwarten, daß diese Verbindungen auch noch wirksam sind, nachdem die Last abgehoben wurde, und daß folglich eine nennenswerte *Normal*kraft aufgewendet werden müßte, um die Oberflächen voneinander zu trennen. Wir haben deshalb ein Interesse daran, die Normaladhäsion zwischen festen Körpern zu untersuchen und die Wirkung zu bestimmen, die dazwischenliegende Flüssigkeitsfilme auf die Haftung ausüben. Frühere Arbeiten von HOLM (1946), SHAW und LEAVEY (1930) und JACOB (1912) zeigten, daß zwischen Oberflächen, die gereinigt und von adsorbierten Schichten befreit wurden, eine starke Adhäsion auftreten kann; aber sobald die Oberflächen der Luft ausgesetzt sind, kann diese nicht mehr beobachtet werden. MCBAIN (1931) und HARDY (1936) befaßten sich insbesondere mit der Festigkeit von Klebverbindungen zwischen festen Oberflächen. Ähnliche Studien von BUDGETT (1911), STONE (1930) und anderen Forschern weisen darauf hin, daß ein merkliches Haften zwischen festen Oberflächen auch in Gegenwart von Wasser oder anderen Flüssigkeitsfilmen festgestellt werden kann. In diesem Kapitel wollen wir zuerst das Verhalten einer Anzahl von Oberflächen behandeln, bei denen nur eine sehr schwache Adhäsion wahrgenommen wird, wenn keine Flüssigkeitsfilme zugegen sind. Im zweiten Teil werden wir zeigen, daß bei gewissen Stoffen auch im trockenen Zustand äußerst starke Adhäsionen erhalten werden. In diesen Fällen rufen Flüssigkeitsschichten eine ausgeprägte *Erniedrigung* der Haftfestigkeit hervor. Die meisten hier beschriebenen Versuche wurden von MCFARLANE (MCFARLANE und TABOR, 1948, 1950) ausgeführt.

Die Adhäsion zwischen harten Oberflächen: Glas, Platin, Silber

Eine Reihe von einfachen und verhältnismäßig groben Experimenten diente dazu, die Normaladhäsion zwischen Oberflächen von Glas, Platin und Silber zu messen, nachdem diese mit einer bestimmten

Kraft zusammengedrückt worden waren. Die Oberflächen wurden zuerst nach den erfahrungsgemäß bestgeeigneten Laboratoriumsverfahren gereinigt. Glas wurde in einem Chromsäurebad und anschließend in einer Flamme von Verunreinigungen befreit, Platin durch Erhitzen in der Flamme, und Silber durch sorgfältiges Abschleifen und Polieren. In all diesen Fällen erschien die Adhäsion gegenüber dem Meßfehler vernachlässigbar klein. Aus diesem Grunde wurde ein empfindliches Pendelgerät entworfen. Die eine Prüffläche wird darin vertikal in einen starren Rahmen so eingebaut, daß nur noch eine Horizontalbewegung möglich ist. Die zweite Oberfläche, gewöhnlich in der Form einer Kugel, hängt an einem dünnen Faden und ruht gegen die erste Oberfläche angelehnt, wobei sie mit einer gewünschten Kraft angepreßt werden kann. Nach der Entlastung kann die vertikale Prüffläche seitlich gemeinsam mit der anhaftenden Kugel verschoben werden, bis diese unter der Wirkung der Gravitationskomponente wegschwingt. Die seitliche Auslenkung des Fadens von der Senkrechten gibt offenbar ein Maß für die Adhäsionskraft. Mit diesem Instrument konnten Adhäsionen von nur 10^{-6} g ohne weiteres gemessen werden.

Die Ergebnisse zeigten wiederum, daß die Adhäsion in trockener, reiner Luft ganz unbedeutend war. Dagegen konnte in einer feuchten Atmosphäre ein festes Haften beobachtet werden, besonders mit Glasflächen. Die Adhäsion hing wohl von der Feuchtigkeit ab, doch betrug sie bei der Sättigung gleich viel, wie wenn ein kleiner Wassertropfen zwischen die Oberflächen gebracht wurde. Dies deutet darauf hin (s. auch STONE, 1930), daß die beobachtete Adhäsion auf der Oberflächenspannung eines dünnen Wasserfilms beruht, der von den Glasflächen adsorbiert oder darauf niedergeschlagen wurde.

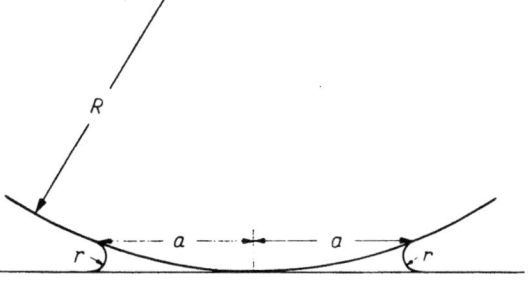

Abb. 107. Meniskus eines Flüssigkeitstropfens zwischen einer Kugel und einer Ebene

Eine einfache Berechnung ermöglicht uns, die Adhäsionskraft für eine Kugel auf einer Glasplatte durch die Oberflächenspannung der dazwischenliegenden Flüssigkeitsschicht auszudrücken. Wir betrachten zu diesem Zweck eine ideal glatte Kugel mit dem Radius R, die auf einer ebenso glatten, mit einem dünnen Wasserfilm bedeckten Ebene ruht. Wir nehmen an, die Flüssigkeit ziehe sich an der Berührungstelle zwischen Kugel und Platte zu einem kleinen Tümpel zusammen und das Profil des Meniskus weise einen Krümmungsradius r auf (Abb. 107).

Benetzt die Flüssigkeit die Platte vollkommen (d. h. der Kontaktwinkel ist gleich null) und ist $r \ll R$, so herrscht innerhalb der Flüssigkeit ein um angenähert τ/r mal kleinerer Druck als in der umgebenden Atmosphäre, wenn τ die Oberflächenspannung der Flüssigkeit bedeutet. Folglich beträgt die über den ganzen Flüssigkeitstümpel wirkende Kraft $\pi a^2 \tau/r$. In erster Annäherung gilt jedoch $a^2 = 2R \cdot 2r$, und somit ist die Adhäsionskraft A gegeben durch

$$A = 4R r \pi \tau/r = 4\pi R \tau. \tag{1}$$

Die Adhäsion ist also *unabhängig von der Dicke der Flüssigkeitsschicht* und direkt proportional zu R. Versuche mit Glaskugeln mit verschiedenem Radius bestätigten diese Beziehung in vollem Umfang.

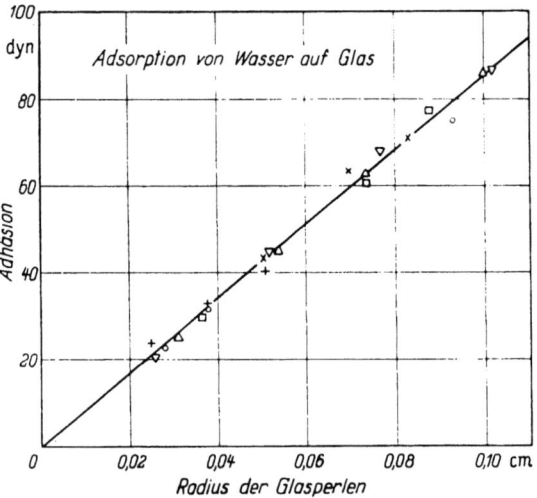

Abb. 108. Die Adhäsion von kugeligen Glasperlen auf einer ebenen Glasfläche in feuchter Atmosphäre. Die Adhäsionskraft A ist direkt dem Krümmungsradius der Perle verhältnisgleich. Die Neigung der Geraden stellt ein Maß für die Oberflächenspannung der eingeschlossenen Flüssigkeit dar, wofür ein Wert von 67 dyn/cm berechnet wurde

Typische Ergebnisse von Versuchen, die in einer gesättigten Atmosphäre ausgeführt wurden, sind in Abb. 108 dargestellt. Die aus der erhaltenen Geraden berechnete Oberflächenspannung beträgt 67,3 dyn/cm, während für die Oberflächenspannung von Wasser bei der gleichen Temperatur nach den üblichen physikalischen Tabellen ein Wert von 72,7 dyn/cm gilt. Diese Abweichung kann auf einem technischen Fehler beruhen, da einige Experimente in größerem Maßstab über die Adhäsion zwischen einer Konvexlinse und einer nassen Glasplatte bei Anwendung von Gl. (1) für τ einen Wert von 72,5 dyn/cm ergaben. Trotzdem besteht kaum ein Zweifel, daß die in den Pendelversuchen beobachtete Adhäsion im wesentlichen durch die im adsorbierten Wasserfilm wirkenden Kräfte der Oberflächenspannung bedingt ist. Dies wird auch durch Versuche bestätigt, in denen kleine Tropfen verschiedener Flüssigkeiten zwischen Glasplatten gebracht wurden. Die gemessenen Adhäsionskräfte lieferten für τ unter Benützung von Gl. (1) folgende Werte:

Tabelle 47. *Die Adhäsion infolge dünner Flüssigkeitsschichten auf Glasoberflächen*

Flüssigkeit	Oberflächenspannung dyn/cm	
	Berechnet aus der Adhäsion	allgemein gültige Werte
Wasser	67,3	72,7
Glyzerin	59	63,5
Decan	22,4	25
Octan	19,9	21,8

Obschon die von uns bestimmten Werte alle etwas niedriger ausfielen als sie gewöhnlich tabelliert werden, so liegen sie doch deutlich genug nahe bei der wahren Oberflächenspannung der Flüssigkeiten und variieren von Versuch zu Versuch auch direkt im gleichen Sinne.

Es ist bemerkenswert, daß die Adhäsion in den obenerwähnten Experimenten ihren vollen Wert auch dann beibehielt, wenn die Flüssigkeitsschichten durch Verdampfung so weitgehend verdünnt wurden, daß von bloßem Auge keine Interferenzfarben mehr wahrgenommen werden konnten. Dies bedeutet, daß die Flüssigkeitsschichten ihre „normalen" Oberflächenspannungswerte noch offenbaren, wenn ihre Dicke schon ziemlich weit unter 1000 Å liegt. Wir halten zufällig fest, daß diese Erscheinung als Grundlage für eine Methode zur Messung der Oberflächenspannung kleinster Flüssigkeitsmengen auf einige wenige Prozente dienen könnte. In Atmosphären, die mit Dämpfen von Benzol oder Alkohol gesättigt waren, wurde keine Adhäsion beobachtet, was wahrscheinlich darum der Fall ist, weil die adsorbierten Schichten hier zu dünn sind (siehe unten).

Die Wirkung der Oberflächenrauhigkeit

Wenn wir eine Glasplatte durch Schleifen mit einem Karborundumpapier aufrauhen, so finden wir in einer mit Wasserdampf gesättigten Atmosphäre eine mit zunehmender Rauhigkeit abfallende Adhäsion. Diese Ergebnisse sind in Tab. 48 zusammengestellt. Wird jedoch eine Wasserschicht auf die gerauhten Oberflächen gebracht, so beobachtet man wieder eine starke Adhäsion.

Auch bei Platinoberflächen führten die Beobachtungen zu ähnlichen Ergebnissen, doch war in diesem Falle sogar die mit der glattesten Politur erhältliche Adhäsion nie so hoch wie jene zwischen Glasflächen.

378 Die Adhäsion zwischen festen Oberflächen

Tabelle 48. *Die Adhäsion von Glasoberflächen in einer Atmosphäre mit 100% Feuchtigkeit*

Oberflächenbeschaffenheit	Mittlere Höhe der Rauhigkeitsvorsprünge, Å	Adhäsion in % des an hochpolierten Oberflächen beobachteten Wertes
Hochpoliert	ca. 150	100
Geschliffen		
Karborundumpapier 500 .	1 000	79
,, 320 .	4 000	51
,, 150 .	100 000	0

Dieser Unterschied besteht wahrscheinlich deshalb, weil die Wasserschicht auf Platin beträchtlich dünner ist als auf Glas, und auch weil die mechanisch polierte Platinoberfläche rauher ist als die feuerpolierte Glasoberfläche (siehe unten).

Der Einfluß der Feuchtigkeit

Um die Adhäsion zwischen glatten Glasoberflächen bei verschiedenen Feuchtigkeitsgraden zu vergleichen, wurde die Versuchsapparatur in einen wärmeisolierten Glasbehälter gebracht, dessen Innenatmosphäre sich im Gleichgewicht mit den gesättigten Lösungen verschiedener Salze befand. Vor jeder Adhäsionsmessung wurden die Gase und Dämpfe mit einem Rührwerk gründlich durcheinander ge-

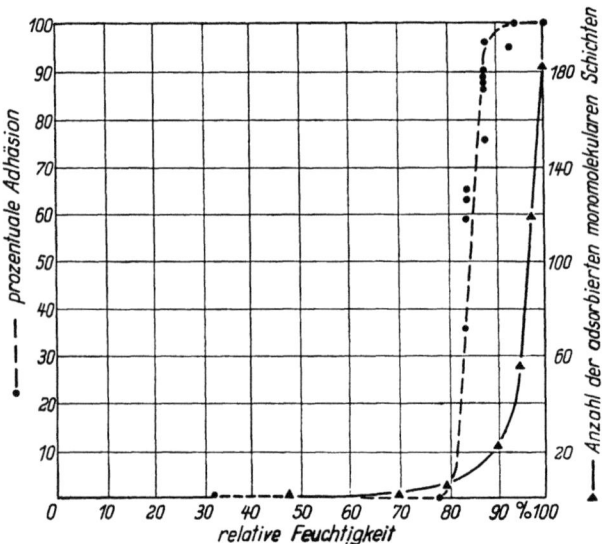

Abb. 109. Die Adhäsion von Glasflächen in Abhängigkeit der Feuchtigkeit der umgebenden Atmosphäre. Sobald diese 80% übersteigt, nimmt die Adhäsion rasch zu (●). Eine Parallele zu diesem Verhalten findet sich in den Ergebnissen von McHaffie und Lenher (▲) über die Dicke der auf Glasoberflächen adsorbierten Wasserschicht

wirbelt, um eine gleichmäßige Mischung zu gewährleisten. Die Adhäsion erreichte an Glasoberflächen bei etwa 88% Feuchtigkeit den höchsten Wert, mit einer Glaskugel auf poliertem Platin bei zwischen 93% und 100% Feuchtigkeit. Die Ergebnisse für Glas sind in Abb. 109, wo die Adhäsion als prozentualer Bruchteil der vollen, bei 100% Feuchtigkeit beobachteten Adhäsion ausgedrückt ist, aufgetragen. In dieselbe Abbildung wurde eine in den Adsorbtionsversuchen von McHaffie und Lenher (1952) erhaltene Kurve eingezeichnet, welche die Dicke der bei verschiedenen Feuchtigkeitsgraden auf Glasoberflächen adsorbierten Wasserschicht angibt. Wie leicht zu erkennen ist, nimmt die Schichtdicke nach den Resultaten dieser Forscher bei Feuchtigkeiten von über 90% sehr rasch zu.

Die obenerwähnten Versuche zeigen, daß sich das Aufrauhen der Glasplatte in einer gesättigten Atmosphäre ähnlich auswirkt wie das Herabsetzen der Feuchtigkeit, wenn glatte Oberflächen beibehalten werden. Dies weist auf eine Abhängigkeit der Adhäsion von der Höhe der Vorsprünge auf der Oberfläche und von der Dicke der adsorbierten Wasserschicht hin. Nach einiger Überlegung würde man erwarten, daß die Adhäsion abnimmt, sobald die Höhe der Unregelmäßigkeiten mit der Dicke der adsorbierten Schicht vergleichbar wird. Also beginnt die Adhäsion von Glasflächen in einer gesättigten Atmosphäre abzufallen, wenn die Rauhigkeiten etwa 1000 Ångström erreichen (s. Tab. 48). Zum selben Schluß führt auch die Beobachtung einer geringeren Adhäsion auf Platin im Vergleich zu Glas, was selbst in gesättigter Atmosphäre immer festgestellt wird. Dies ist vermutlich darum der Fall, weil das Platin nie so glatt ist wie Glas, und weil die adsorbierte Schicht, wie McHaffie und Lenher fanden, auf Platin immer beträchtlich dünner ist als auf Glas. Aus diesen Versuchen geht deutlich hervor, daß die von Glas- oder Platinoberflächen adsorbierten Wasserschichten für die beobachtete Adhäsion verantwortlich sind.

Die Adhäsion infolge Oberflächenspannung und Viskosität

Es ist aufschlußreich, auch die Adhäsion zwischen ebenen, parallelen Oberflächen, die durch eine Flüssigkeitsschicht auseinandergehalten werden, zu betrachten. Wir nehmen an, es handle sich um die Oberflächen kreisförmiger Scheiben von 1 Zoll Durchmesser (Fläche 5,1 cm²), und der trennende Ölfilm sei 1000 Ångström dick. Benetzt das Öl die Oberfläche, so nimmt der Meniskus an der Scheibenkante einen Krümmungsradius r von 500 Ångström oder 5×10^{-6} cm an. Auf Grund der Oberflächenspannung τ wird der Druck innerhalb der Flüssigkeitsschicht um ungefähr τ/r herabgesetzt. Dies bedeutet für ein typisches Mineralöl mit einer Oberflächenspannung von etwa 30 dyn/cm einen inneren Druck von 6×10^6 dyn/cm². Wenn der Film zwischen den Oberflächen zusammenhängend ist, so beträgt die auf τ beruhende Adhäsionskraft, mit der die Oberflächen zusammengehalten werden,

$$5{,}1 \times 6 \times 10^6 \text{ dyn} = 31 \text{ kg.}$$

Die starke Adhäsion zwischen ebenen Oberflächen, die durch eine flüssige Zwischenlage benetzt werden, fiel BOWDEN und BASTOW(1931) auf, als sie beobachteten, daß die Kräfte der Oberflächenspannung bei einer unvollständigen Flüssigkeitsschicht gar ausreichen, um ein Verbiegen dicker Glasplatten zu verursachen. Diese Ergebnisse lassen den Gedanken aufkommen, die Haftung zwischen hochwertigen Endmassen (z. B. JOHANNSEN) und ähnlichen Meßflächen beruhe hauptsächlich auf der Oberflächenspannung eines eingeschlossenen, sehr dünnen Ölfilms. In diesem Zusammenhang seien auch Versuche von BUDGETT (1911) erwähnt, der bei hochpolierten und mit einer Schicht Paraffinöl benetzten Stahloberflächen (Ausdehnung 4,5 cm²) eine Adhäsionskraft von etwa 20 kg feststellte, also einen Wert von derselben Größenordnung wie der oben berechnete.

BUDGETT schrieb dieses Haften den Kohäsionskräften innerhalb der Flüssigkeitsschicht zu, doch wies er darauf hin, daß die zur Trennung der Oberflächen benötigte Kraft sehr schnell abfällt, wenn die Dicke der Schicht vergrößert wird. Es hat daher den Anschein, als ob die beobachtete Adhäsion nicht einfach einer „Zugfestigkeit" der Flüssigkeit zugeschrieben werden kann, obschon diese eine obere Grenze für die Haftfestigkeit festgelegt (siehe unten). Anderseits haben verschiedene Forscher das Kleben zwischen Endmassen mit der Wechselwirkung zwischen den molekularen Kraftfeldern an den festen Oberflächen in Zusammenhang gebracht, wobei diese durch die Flüssigkeitsschicht hindurch wirksam sein sollen (siehe beispielsweise ROLT, 1929). Dabei muß man jedoch darauf hinweisen, daß bei trockenen Oberflächen keine Adhäsion beobachtet wird.

Wenn die Lücke zwischen den Oberflächen völlig von Flüssigkeit umgeben ist, sollten die Kräfte der Oberflächenspannung verschwinden, was auch in der Tat der Fall ist. Sobald man die Platten in eine Flüssigkeit eintaucht, lassen sie sich auch durch die geringste Normalkraft trennen, vorausgesetzt, daß die Bewegung sehr langsam ausgeführt wird. Wendet man eine große Trenngeschwindigkeit an, so kann die Zähigkeit der Flüssigkeit ein sehr wichtiger Faktor werden. Sowie die Oberflächen auseinandergezogen werden, muß die Flüssigkeit in den größer werdenden Zwischenraum nachfließen, und wenn es sich um eine ordentlich zähe Flüssigkeit handelt, so kann die für eine kurzzeitige Trennung benötigte Kraft natürlich sehr groß sein. Die in Kap. XIII gegebene Analyse zeigt beispielsweise, daß die Zeitdauer t, in der eine Kraft von P dyn den ölgefüllten (Zähigkeit η) Zwischenraum zweier paralleler Scheiben mit dem Radius R von h_1 auf h_2 erweitert, gegeben ist durch

$$t = \frac{3\pi\eta R^4}{4P}\left(\frac{1}{h_1^2} - \frac{1}{h_2^2}\right).$$

Angenommen, die Scheiben messen 1 Zoll im Durchmesser, das Öl sei ein typisches, leichtes Mineralöl mit $\eta = 150$ c.poise und die ursprüngliche Filmdicke betrage 1000 Ångström (d. h. $h_1 = 10^{-5}$ cm). Um die beiden Scheiben senkrecht zu den Kreisflächen in einer Zeit von 10 Sekunden vollkommen zu trennen ($h_2 = \infty$), muß eine Kraft P von 9500 kg oder beinahe 10 Tonnen aufgewendet werden, wenn der Ölfilm nicht früher einreißt. In praktischen Fällen wird die Ölschicht natürlich schon bei kleineren Kräften den Zusammenhang verlieren, da ihre Zugfestigkeit keine so hohen Werte erreichen kann. Wenn Luft oder Gase darin aufgelöst sind, wird der Ölfilm noch leichter reißen. Diese Berechnung zeigt immerhin, daß die Zähigkeitskräfte sehr große, scheinbare Adhäsionen zwischen parallelen Oberflächen erzeugen können, sofern die Haftfestigkeit durch eine kurzzeitige Anwendung der Belastung, gemessen wird. Die wichtige Rolle der Zähigkeit in der Wirkungsweise von Klebstoffen wurde auch von BIKERMAN (1947) hervorgehoben.

Aus diesen Berechnungen und den vorher erwähnten experimentellen Ergebnissen geht deutlich hervor, daß die Oberflächenspannung und die Zähigkeit flüssiger Filme für die beobachtete Adhäsion zwischen festen Oberflächen in vielen Fällen eine große Bedeutung haben. Die Haftung ist besonders stark, wenn die Oberflächen sehr glatt sind und nur durch einen dünnen, kontinuierlichen Film, der sich über eine verhältnismäßig große Fläche erstreckt, getrennt werden.

Die Adhäsion an weichen Metallen

Die Tatsache, daß die Normaladhäsion zwischen reinen Oberflächen von Platin, Silber und Glas unter vollkommenem Ausschluß von flüssigen Schichten vernachlässigbar klein ist, scheint gegen die Bildung von Verschweißungen zwischen diesen Flächen zu sprechen. Dabei sind allerdings die zwei folgenden Punkte in Betracht zu ziehen: Erstens sind auch die am sorgfältigsten gereinigten Oberflächen in der Atmosphäre immer mit adsorbierten Filmen bedeckt, und diese werden nicht ohne weiteres durchbrochen, wenn die Oberflächen nur zur Berührung aufeinandergelegt werden. Sobald jedoch das Gleiten einsetzt, werden diese Fremdschichten, hauptsächlich durch den Reibungsvorgang selbst, teilweise zerstört. Ein noch wichtigerer Punkt besteht darin, daß die in den besprochenen Versuchen verwendeten Körper durchwegs verhältnismäßig hart sind. Wenn man die Last abhebt, so werden die elastischen Spannungen im Inneren dieser Körper gelöst (s. Kap. I) und die damit zusammenhängende Verformung (die Rückfederung) kann irgendwelche Verbindungen, die vorher gebildet worden waren, zerreißen. Versuche mit sehr weichen Metallen wie Blei und Indium, in denen die freiwerdenden elastischen Spannungen viel kleiner sind, liefern eine Bestätigung dieser Ansicht. Drückt man eine sorgfältig gereinigte Stahlkugel auf eine ebenso saubere Oberfläche von Blei, Zinn oder Indium, so beobachtet man nämlich eine sehr starke Adhäsion.

Für diese Versuche genügte ein sehr einfaches Gerät, das hauptsächlich aus einer gleicharmigen Waage besteht. An einem Ende des Waagebalkens wurde eine Stahlkugel befestigt, und eine ebene Platte des weicheren Metalls diente als Auflage. Die Kugel wurde durch ein bestimmtes Gewicht für eine bestimmte Zeitdauer niedergedrückt und die Belastung darauf sorgfältig abgehoben. Am anderen Ende des Waagebalkens ließ man darauf Bleischrot in die Schale laufen, bis die Oberflächen auseinandergezogen wurden. Die in diesen Versuchen benützten Kugeln besaßen einen kleinen Krümmungsradius von einigen mm, und die gemessenen Bindungskräfte übertrafen die im ersten Teil dieses

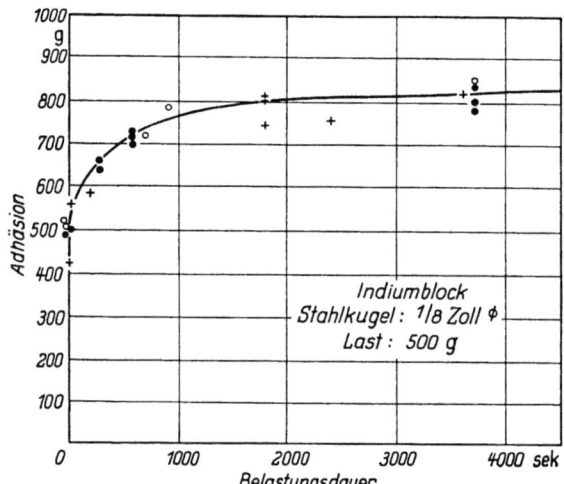

Abb. 110. Die Adhäsion einer gereinigten Stahlkugel auf einer sauberen Indiumoberfläche. Die Adhäsionskraft nimmt mit der Belastungsdauer zu, ist jedoch im allgemeinen von der gleichen Größenordnung wie die Normalkraft, das heißt, der Adhäsionsbeiwert liegt in der Gegend von eins

Kapitels erwähnten um viele Größenordnungen. Folglich darf die Oberflächenspannung von möglicherweise anwesenden Flüssigkeitsschichten bei dieser Art von Adhäsion ruhig außer Acht gelassen werden. Die Stahloberfläche wurde durch Polieren vorbereitet, während das weiche Metall zuerst zu einem geeigneten Block gegossen wurde. Durch Wegschneiden einer dünnen Schicht mit einem Hobelwerkzeug aus Stahl oder Diamant wurde unmittelbar vor dem Adhäsionsversuch eine frische Oberfläche freigelegt.

Indium. Man findet für gereinigte Indiumoberflächen, daß *die Adhäsion etwa gleich groß ist wie die angewandte Normalbelastung*; aber bei jeder Last nimmt die Haftfestigkeit mit der Belastungsdauer zu (Abb. 110). Die Tatsache, daß man eine Gerade erhält, wenn die Adhäsion als Funktion der Eindrucksfläche aufgetragen wird, zeigt, daß wir es hier anscheinend mit einem Kriecheffekt zu tun haben, der eine stetige Vergrößerung der Kontaktfläche mit der Zeit bewirkt (Abb. 111). Die Kriecherscheinung macht sich natürlich auch in umgekehrter Richtung bemerkbar, d.h. die zur Trennung der Oberflächen benötigte Kraft ist um so kleiner, je länger sie auf die Verbindung einwirken kann, doch interessiert sie uns in diesem Sinne für die vorliegenden Versuche weniger.

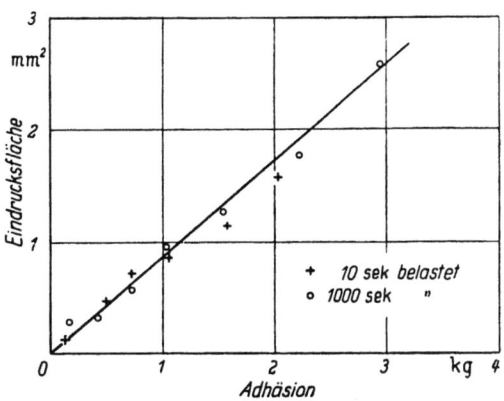

Abb. 111. Adhäsion einer gereinigten Stahlkugel auf einer sauberen Indiumoberfläche. Die Adhäsionskraft ist direkt der Größe des gebildeten Eindrucks proportional, ob die Belastungsdauer 10 oder 1000 Sekunden beträgt. Dies läßt darauf schließen, daß die Zunahme der Adhäsion im Laufe der Zeit (Abb. 110) im wesentlichen einen Kriecheffekt darstellt

Die Adhäsion von Stahl auf Indium in Abhängigkeit der Belastungsdauer wurde von MOORE und TABOR (1952) eingehender studiert. In der gleichen Veröffentlichung zeigen die Autoren, daß Indium auch an zahlreichen Nichtmetallen, einschließlich Glas, Diamant, Metalloxyden und gewissen Plastikstoffen, fest haftet (s. Kap. VII).

Nachdem die Oberflächen getrennt sind, findet man eine dünne Schicht Indium an der Stahlkugel. Offenbar sind die zwischen dem Indium und dem Stahl gebildeten Verbindungsbrücken mindestens so fest wie das weiche Metall selbst, obwohl auf dem Stahl eine nennenswerte Oxydhaut vorhanden sein mußte. Zum gleichen Schluß gelangt man auf Grund der Beobachtung, daß dieselbe Adhäsion wie für reinen Stahl auftritt, wenn in weiteren Versuchen die mit Indium überzogene Kugel verwendet wird. Aus diesen Versuchen geht deutlich hervor, daß in den Bezirken engster Berührung, wo das Indium plastisch fließt, sehr feste Verbindungsbrücken entstehen. Da die Temperaturerhöhung infolge des Deformationsvorgangs als ganz geringfügig anzusehen ist (s. Kap. XIII), muß die Verbindung wohl als eine „Druck- oder Kaltverschweißung" betrachtet werden. Seit nicht sehr langer Zeit wird diese Erscheinung auch industriell beim Zusammenfügen von Blechstreifen aus Aluminiumlegierungen ausgewertet (z. B. TYLECOTE, 1948; ANON. 1948).

Die Adhäsion zwischen zusammenstoßenden Indiumflächen wurde von CROOK und HIRST (1950) untersucht, wobei die Kräfte während der Annäherung und nachfolgenden Trennung piezoelektrisch gemessen wurden. Die genannten Autoren fanden, daß die im Stoßversuch entwickelte Adhäsion weniger als ein Drittel der für die gleiche Kontaktfläche beobachteten statischen Kraft erreicht. Die getrennten Oberflächen sind nach einem Zusammenprall auch viel weniger aufgerissen als nach einem langsamen Zusammenpressen. Die Festigkeit einer Druckverschweißung nimmt also, wie SAMPSON, MORGAN, REED und MUSKAT (1943) glaubten, mit der Berührungsdauer zu.

Blei und Zinn. Die gleiche Art von Versuchen über die Adhäsion, diesmal zwischen der Stahlkugel und Oberflächen von Blei und Zinn, zeigte ein ähnliches Verhalten wie bei Indium. Tab. 49 enthält einige typische Ergebnisse für eine Last von 2 kg, die während 1000 Sekunden auflag. Wenn wir in Analogie zur Reibungszahl einen Adhäsionsbeiwert als das Verhältnis der Adhäsionskraft zur Normalbelastung definieren, so lautet der Wert für Indium etwa $\nu = 1,2$. Für Stahl auf Blei beträgt er ungefähr 0,7 und für Stahl auf Zinn ca. 0,4. Die Adhäsion auf Blei und Zinn ist also bemerkenswert, wenn auch nicht so groß wie bei Indium.

Tabelle 49. *Adhäsion einer Stahlkugel an Indium bzw. Blei und Zinn. Saubere Oberflächen. Last 2 kg, Belastungsdauer 1000 sec*

Oberfläche	Adhäsion, kg	Adhäsionsbeiwert ν
Indium	2,4	1,2
Blei	1,4	0,7
Zinn	0,8	0,4

Der Einfluß der Oberflächenoxydation

Indium ist ein Metall, das verhältnismäßig langsam oxydiert. Wir sind deshalb nicht überrascht, zu entdecken, daß die Adhäsion einer frischen, der Luft ausgesetzten Indiumfläche mit der Zeit sehr langsam abnimmt. Bei Blei und Zinn dagegen wird die Festigkeit der Verbindung viel schneller herabgesetzt. Abb. 112 enthält einige Ergebnisse zum Vergleich von Indium und Blei, woraus deutlich hervorgeht, daß die auf Metallflächen gebildeten Oxydschichten eine merkliche Schwächung der Adhäsion bedingen, vermutlich, weil sie den Umfang des direkten metallischen Kontaktes zwischen den Oberflächen vermindern. Diese Folgerung stimmt mit den Reibungsbeobachtungen, in denen festgestellt wurde, daß Oxydschichten eine nennenswerte Reduktion der Reibung verursachen können, überein. Allerdings darf nicht außer Acht gelassen werden, daß in den Reibungsversuchen der Gleitvorgang selbst die Zerstörung der Fremdschicht begünstigt.

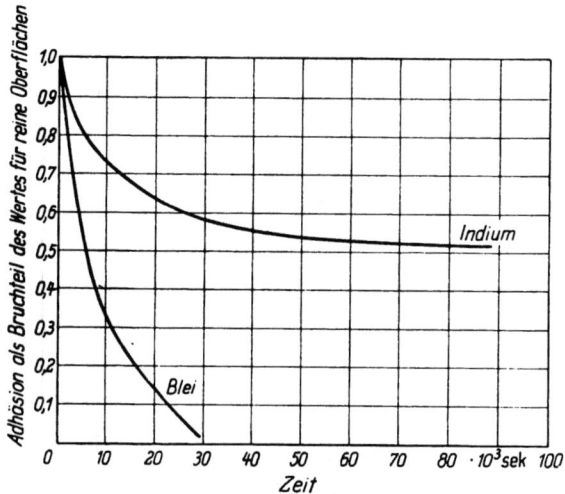

Abb. 112. Die Adhäsion einer gereinigten Stahlkugel auf reinen Indium- und Bleioberflächen. Die Adhäsion wurde gemessen, nachdem die Oberflächen während verschieden langen Zeiträumen der Luft ausgesetzt waren. Die Abnahme der Adhäsion mit der Zeit entspricht dem Wachstum der Oxydschicht auf der Metalloberfläche. Die Erscheinung ist auf Blei viel stärker ausgeprägt als auf Indium

Experimente, die YOUNG (1950) über die Adhäsion von Metallen im Hochvakuum ausführte, bestätigen obige Ansichten. Bringt man beispielsweise (*in vacuo*) Nickelflächen bei Zimmertemperatur miteinander in Berührung, so liefern sowohl die Reibungs- als auch die Adhäsionsmessungen hohe Werte (s. Kap. VII). Die Adhäsion steigt mit der Zeit äußerst steil an, wenn die Oberflächen durch längeres Entgasen gründlicher gereinigt wurden. In Versuchen, wo ein kleines gewölbtes Nickelstück im Hochvakuum auf eine zweite Nickelfläche gelegt und bei einer Belastung von wenigen Gramm ein Gleiten versucht wurde, stellte man fest, daß sowohl die Adhäsion als auch die Reibung zu groß waren, um gemessen zu werden. Es war nötig, die Oberflächen mit einem Messer voneinander zu sprengen. Nachträglich zeigten einige weitere Versuche, daß bei einer Anfangsbelastung von 15 g zwischen den Oberflächen eine Normalkraft von über 400 g aufgebracht werden mußte, um sie wieder zu trennen. Offenbar kann in der Abwesenheit von Oxyden eine gegenseitige Anpassung der gegenüberliegenden Atomgitter und ein Kristallwachstum zwischen den beiden Metallflächen in großem Maßstab erfolgen.

Adhäsion in Gegenwart von Schmierfilmen

Auf Grund der oben angestellten Betrachtungen sollten wir erwarten, daß Schmierfilme die Adhäsion herabsetzen. Um dies zu prüfen, wurden Messungen mit einer nichtpolaren Schmierflüssigkeit (pharmazeutisches Paraffinöl) und einem „guten" Grenzschmiermittel (1% Laurinsäure in Cetan) durchgeführt.

Bei Indiumoberflächen war die Adhäsion in der Gegenwart von Paraffinöl auf etwa die Hälfte reduziert. Wenn man die Laurinsäurelösung anwandte, wurde eine monomolekulare Fettsäureschicht von der Metalloberfläche unmittelbar adsorbiert, so daß der Rest sich zu kleinen Tropfen sammelte, die die Oberfläche nicht mehr benetzten. Die Tropfen wurden darauf sorgfältig entfernt. Die Oberfläche, auf der die Adhäsionsversuche durchgeführt wurden, bestand also aus einer Indiumunterlage, die von einer orientierten monomolekularen Fettsäureschicht bedeckt war. Wir fanden in diesem Fall eine vernachlässigbar kleine Adhäsion, doch sobald so schwere Lasten benutzt wurden, daß im Indium ein genügend tiefer Eindruck entstand, konnte wieder eine gewisse Adhäsion bemerkt werden. Diese trat dann ein, wenn die gewölbte Oberfläche des Eindrucks etwa 2% größer war als die ursprünglich ebene Oberfläche. Dieses Verhalten ist in Abb. 113, wo der Adhäsionsbeiwert ν als Funktion von Δ aufgetragen ist, dargestellt, wobei Δ den Betrag bezeichnet, um den die gewölbte Eindrucksfläche die ursprünglich ebene Kreisfläche übertrifft. Wie man sieht, ist ν für saubere Ober-

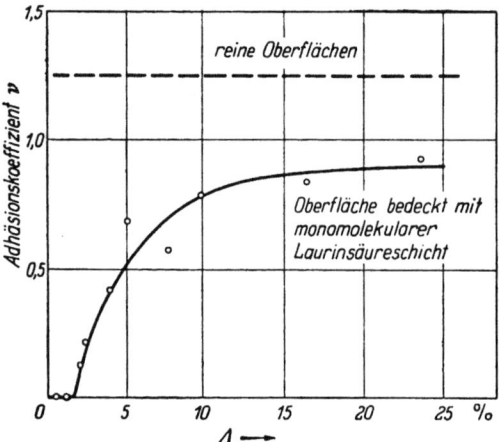

Abb. 113. Die Adhäsion einer gereinigten Stahlkugel auf einer Indiumoberfläche, die mit einer einmolekularen Laurinsäureschicht bedeckt ist. Der Adhäsionsbeiwert ist über der prozentualen „Dehnung" der Eindrucksoberfläche gegenüber der entsprechenden, ursprünglich ebenen Kreisfläche aufgetragen. Wenn die einmolekulare Schmierschicht um weniger als 2 Prozente gedehnt wird, ist die Adhäsion unbedeutend. Wird die Fläche um einen höheren Prozentsatz vergrößert, so wird die Schicht unterbrochen, und die Adhäsion macht sich immer stärker bemerkbar. Die gestrichelte Gerade gilt für die Adhäsion reiner Oberflächen in Luft

flächen konstant und liegt etwa bei 1,2. Für die Oberflächen, die mit der einmolekularen Fettsäureschicht bedeckt sind, verschwindet ν für Δ-Werte von weniger als etwa 2%, d. h. bei verhältnismäßig kleinen Eindrücken. Bei tieferen Kugeleindrücken, also größeren Werten von Δ, nimmt der Adhäsionsbeiwert ν immer mehr zu. Man entnimmt daraus, daß die Fettsäure auch dann noch die Fähigkeit besitzt, eine nennenswerte metallische Haftung zu verhüten, wenn die von der einmolekularen Schicht überzogene Metallfläche um einige Prozente gedehnt wird. Sobald diese Fläche jedoch um mehr als ungefähr 2% vergrößert ist, findet eine spürbare Adhäsion, offenbar durch die Fettsäureschicht hindurch, statt. Zu diesem Schluß führt auch die Beobachtung, daß man immer eine vernachlässigbare Adhäsion erhält, wenn die monomolekulare Fettsäureschicht auf der *Stahl*kugel aufgebracht wird, und zwar unabhängig von der Größe des im Indium gebildeten Eindrucks.

Ein ähnliches Verhalten zeigten auch Oberflächen von Blei und Zinn. Die wichtigsten Ergebnisse für kleine Eindrücke sind in Tab. 50 zusammengefaßt, wobei die Adhäsionskraft als Bruchteil der mit reinen Oberflächen beobachteten Haftfestigkeit ausgedrückt ist.

Tabelle 50 *Die Wirkung von Schmierschichten auf die Adhäsion*

Metall	Adhäsion / Adhäsion sauberer Oberflächen		
	sauber	Paraffinöl	1% Laurinsäure in Paraffinöl
Indium . .	1	0,6	0
Blei	1	0,15	0
Zinn	1	—	0

Bei all diesen Metallen wird die Adhäsion durch Paraffinöl um einiges geschwächt; durch eine monomolekulare Fettsäureschicht wird sie sogar auf einen Wert erniedrigt, der zu klein ist, um gemessen zu werden. Daraus folgt allerdings nicht unbedingt, daß überhaupt kein metallischer Kontakt durch diese Fettsäureschicht hindurch stattfindet. Die Ergebnisse bedeuten viel eher, daß allfällig gebildete metallische Verbindungen bei der Entlastung gebrochen werden, möglicherweise durch die freiwerdenden elastischen Spannungen in der Umgebung des Eindrucks. Diese Erklärung steht nicht im Widerspruch zu den starken Adhäsionen, die an reinen Oberflächen vorkommen, da die Haftung in diesem Falle über einen viel größeren Teil der Berührungsfläche erfolgt und die elastischen Spannungen nicht ausreichen, um die Schweißverbindungen zu trennen.

Adhäsion und Reibung

Um gleichzeitig die Reibung und die normale Adhäsion zwischen Oberflächen zu messen, wurden mit dem empfindlichen, in Kap. IV beschriebenen Gerät weitere Versuche ausgeführt. Als obere Fläche diente eine gereinigte Stahlkugel von $1/8$ Zoll Durchmesser, und die Unterlage bestand aus einem frisch geschabten Stück Indium. Lasten von weniger als 50 g wurden eingesetzt, damit die Deformation des weichen Metalls geringfügig blieb und der Furchungsanteil in den Reibungsmessungen zu vernachlässigen war. Ließ man eine Last von 15 g während einigen Sekunden wirken, so stellte sich eine Normaladhäsion von ungefähr gleicher Größe ein. Sobald die Indiumoberfläche aber mit sehr geringer Gleitgeschwindigkeit in Bewegung gesetzt wurde, so stieg die auf die Stahlkugel wirkende Reibungskraft sehr schnell auf einen konstanten Wert von etwa 70 g, d. h. die Reibungszahl betrug ca. 5. In diesem Stadium wurde die tangentiale Rückstellkraft entfernt und die Normaladhäsion gemessen, wobei sich herausstellte, daß sie inzwischen von etwa 15 g auf rund 100 g angestiegen war. Der Adhäsionsbeiwert v hatte also von ca. 1 auf etwa 7 zugenommen. Eine große Reibungskraft ist somit mit einer starken Adhäsion zwischen den Gleitflächen verbunden. Abb. 114 zeigt diese Erscheinung, aber auch die Art und Weise, wie die Reibung und Adhäsion zunehmen, wenn die Unterlage in Bewegung gesetzt wird. Man erkennt, daß die Adhäsionskraft — bevor das Gleiten beginnt — angenähert gleich der ursprünglichen Belastung ist. Eine sehr kleine Tangentialkraft genügt, um die Relativbewegung zwischen dem Reiter und der Indiumfläche auszulösen, da die Metallbrücken schon unter der angewandten Normalbelastung plastisch sind. Mit fortschreitender Bewegung ergibt sich dann eine ständige Erhöhung sowohl der Tangential- als auch der Adhäsionskraft. Offensichtlich hat das plastische Fließen auf weitere Bezirke übergegriffen, so daß die Querschnitte der betreffenden Verschweißungen größer wurden. Diese ausgedehnte Berührungsfläche ist sowohl für die große Adhäsion als auch für die erhöhte Tangentialkraft, die beobachtet werden, verantwortlich. Dabei ist hervorzuheben, daß die Relativverschiebung der Oberflächen während dieses Stadiums des Gleitvorgangs so klein ist, daß sie nicht festgestellt werden kann, wenn nicht besondere Meßmethoden zur Anwendung gelangen. Eine Relativbewegung findet zwar statt, doch nur in einem mikroskopischen Maßstab. Schließlich wird ein stationärer Zustand erreicht, in dem die Tangentialkraft schneller zunimmt als das Wachstum der Verbindungen fortschreitet und das eigentliche Gleiten geschieht. Die Reibungszahl ist dann groß, und der Adhäsionsbeiwert ist etwa von derselben Größenordnung. Diese Versuche lehren offenbar, daß die beim makroskopischen Gleiten auftretende Reibungskraft zur ursprünglich angewandten Belastung kaum in Beziehung stehen wird, wenn die Relativbewegung eine starke Ausdehnung der verschweißten Fläche verursacht.

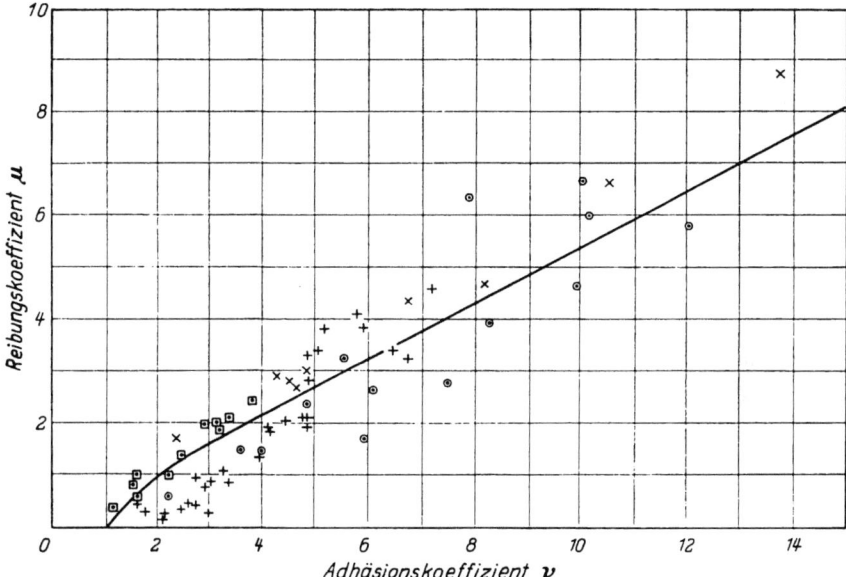

Abb. 114. Reibungsbeiwert (μ) und Adhäsionsbeiwert (ν) für Stahl auf Indium, wenn eine Relativbewegung zwischen den Oberflächen stattfindet. Die eingetragenen Punkte stellen Meßergebnisse für Versuche bei verschiedenen Lasten dar: ⊙ für ~ 6 g; + für ~ 15 g; □ für 100 g; × andere Gewichte. Die ausgezogene Kurve veranschaulicht die theoretische Beziehung $\mu^2 = 0{,}3\,\nu^2 - 0{,}3$, die aus der MISESschen Fließbedingung für zusammengesetzte Zug- und Schubspannungen abgeleitet ist. Wenn die Oberflächen unter einer Normalkraft in Berührung stehen, so genügt die geringste Tangentialkraft, um eine Relativbewegung zu veranlassen (mikroskopisches Gleiten). Die Tangentialkraft wächst mit fortschreitender Bewegung rasch an und erreicht schließlich einen oberen, gleichbleibenden Wert; in diesem Stadium geht das makroskopische Gleiten vor sich, und μ ist etwa gleich groß wie ν

Das genaue Verhalten der Verschweißungen bis zum Augenblick, in dem makroskopisches Gleiten einsetzt, kann mit Hilfe der MISESschen Fließbedingung für kombinierte Normal- und Tangentialspannungen ausgedrückt werden. Benützt man beispielsweise Gl. (14), Kap. V, und wählt man vernünftige Werte für die unbestimmten Koeffizienten, so erhält man eine gute Übereinstimmung zwischen der theoretischen Beziehung und den in Abb. 114 aufgetragenen Ergebnissen, wodurch die in Kap. V diskutierte, verfeinerte Theorie der metallischen Reibung untermauert wird. Diese Resultate offenbaren in direkter Weise die Wirklichkeit der Kaltverschweißung an den Berührungsstellen und die Rolle der dabei gebildeten Metallbrücken für die Adhäsion und Reibung der Metalle. Wie Schmierschichten diese beiden Oberflächenerscheinungen durch Beschränkung des Umfangs der engen metallischen Berührung begrenzen, wurde von MCFARLANE und TABOR (1950, a) ausführlicher behandelt. PARKER und HATCH (1950) beschrieben eine Untersuchung über die Reibung und Adhäsion von Indium- und Bleiflächen auf Glas. Ihre experimentellen Ergebnisse stimmen mit den Resultaten dieses Kapitels sehr genau überein.

In einer zweiten Arbeit beschäftigten sich MCFARLANE und TABOR (1950, b) eingehender mit der Beziehung zwischen Reibung und Adhäsion, wenn Indium über Stahl gleitet. Sie fanden dabei in einer ausgedehnten Versuchsreihe für verschiedene Lasten, daß das Verhalten durch eine Gleichung der Form

$$0{,}3\,\nu^2 - \mu^2 = 0{,}3$$

dargestellt werden kann, wobei μ den Reibungskoeffizienten und ν den Adhäsionskoeffizienten in irgendeinem Stadium des Gleitvorgangs vor dem Auftreten der Makrobewegung bezeichnet. Das Ergebnis fügt sich in die Diskussion über die zusammengesetzten Spannungen, die auf S. 122ff. gegeben wurde, in sehr befriedigender Weise ein. Dieselben Autoren entdeckten auch, daß die Adhäsion in Gegenwart eines guten Grenzschmiermittels, wie zum Beispiel einer metallischen Seife, vernachlässigbar ist; die Reibung ist ebenfalls gering und neigt kaum zur Zunahme, wenn die Relativbewegung einsetzt. Anderseits beobachtet man mit einem schlechten Grenzschmierstoff wie Paraffinöl ein anderes Verhalten. Die Tangentialkraft und die Adhäsionskraft nehmen in gleicher Weise wie bei ungeschmierten Oberflächen zu, d. h. die Versuchswerte liegen auf derselben $\mu - \nu$-Kurve; aber das Makrogleiten erfolgt bei viel niedrigeren Werten von μ und ν. Es ist deshalb augenscheinlich, daß ein schlechtes Grenzschmiermittel, im Gegensatz zu einem guten, die anfängliche Berührungsfläche nicht besonders beschränkt; seine Hauptwirkung besteht darin, das Wachstum der Verschweißungen einzudämmen, wenn das Gleiten beginnt.

ROWE (1953) untersuchte kürzlich die Reibung und Adhäsion von sehr reinen Oberflächen (z. B. Cu, Fe, Ni usw.): Sowie die ersten Mikroverschiebungen einsetzen, kommt es zum Wachsen der wirklichen Berührungsfläche; sowohl die Normal- als auch die Tangentialspannungen tragen gemeinsam dazu bei, in der Zwischenfläche ein plastisches Fließen der Verbindungen zu erzeugen. Das Verhalten ist in den Hauptmerkmalen tatsächlich ähnlich, wie es an Indium beobachtet wird.

EISNER (1954) maß mit interferometrischen Methoden die Mikroverschiebungen, die während der Erhöhung der Tangentialkraft bis zum Stadium des makroskopischen Ableitens stattfinden, und stellte sogar für die kleinsten Tangentialkräfte meßbare Verschiebungen fest, von denen ein großer Teil irreversibel ist. Bei oxydfreien Oberflächen (z. B. Gold) sind diese Verschiebungen von einem ebenso irreversiblen Absinken des elektrischen Widerstandes begleitet. Die kombinierten

Spannungen bewirken offensichtlich plastisches Fließen und Wachstum der Verbindungsbrücken an den Berührungsstellen.

Da diese Erscheinungen der wachsenden Berührungsfläche und sehr hoher Reibung für Indium und für sehr reine Metalle nun abgeklärt ist, können wir uns dem Gedanken zuwenden, warum die meisten gemeinen Metalle unter den üblichen atmosphärischen Bedingungen einen Reibungsbeiwert von etwa 1 ergeben und ihr Verhalten sich anscheinend gut mit der einfachen Reibungstheorie verträgt. Diese Frage wurde bereits auf S. 124 angeschnitten, aber im Hinblick auf spätere Arbeiten können die dort gemachten Vorschläge nun besser begründet und präzisiert werden. Es scheint, daß vor allem zwei Faktoren mitspielen (McFarlane und Tabor, 1950b). Der erste ist durch die Wirkung der zurückfedernden elastischen Spannungen gegeben. Wenn harte Metalle gleiten, können die Rückseiten der Verschweißungen bereits auseinander gezogen werden, während die Vorderseiten noch im Wachstum begriffen sind. Der zweite und wichtigere Einfluß ist die Anwesenheit der Oxyde und anderer verunreinigender Fremdschichten. Diese wirken möglicherweise auf ähnliche Weise, wie man es mit Paraffinöl auf Indium beobachtet. Eine gewisse Ausbreitung der Kontakte mag vorkommen, aber die wachsende Verbindung ist in einem frühen Stadium des Vorgangs nicht imstande, die verunreinigenden Schichten zu durchstoßen und die vergrößerte Berührungsfläche liefert kaum einen zusätzlichen Beitrag zur Scherfestigkeit in der Zwischenfläche. Folglich genügt eine kleine Zunahme der Tangentialkraft, um ein Makrogleiten auszulösen. Ein dritter Faktor ist möglicherweise die Berührungsdauer, die bei der Bestimmung der Festigkeit der gebildeten Verschweißung eine Rolle spielen mag (Crook und Hirst, 1950). Als allgemeine Schlußfolgerung erscheint die Aussage berechtigt, daß die einfache Reibungstheorie, die eine Reibungszahl in der Gegend von eins ergibt, für gewöhnliche, oxydbedeckte Metalle ziemlich gut stimmt, und zwar in erster Linie darum, weil die Verschweißungen sich vor dem Makrogleiten wenig ausdehnen.

Die Wirkungsweise von Klebstoffen

Über die Wirkungsweise von industriellen Klebstoffen und über die verschiedenen Prüfmethoden für geleimte Verbindungen gibt es eine ausgedehnte Literatur. Eine gute Übersicht der bisher geleisteten Arbeit findet sich im Buch von de Bruyne und Houwink „Adhesion and Adhesives" (1951). Auch ein ausführlicher Bericht über die dreitägige Tagung über Adhäsion, die von der „Society of Chemical Industry" im April 1952 veranstaltet wurde, ist jetzt erhältlich. In einer kürzlichen Diskussion des grundlegenden Mechanismus der Adhäsion wies Tabor (1952) darauf hin, daß beinahe alle organischen

Stoffe genügend VAN DER WAALSsche Anziehung besitzen, um ihren festen Oberflächen eine theoretische Haftfestigkeit geben zu können, die die gewöhnlichen Anforderungen der Praxis übertrifft. Er zeigte auch, daß die Bindung in der Zwischenfläche theoretisch immer stärker sein wird, als das Material in einem kleinen Abstand davon, wenn die Anwendung thermodynamischer und oberflächenchemischer Grundsätze auf die Festigkeit fester Klebstoffe erlaubt ist. Folglich werden die Klebverbindungen im allgemeinen nicht in der Zwischenfläche versagen, sondern innerhalb des Klebstoffs, und die Haftstelle scheint die Festigkeit der Grundmasse des Klebstoffs selbst zu besitzen.

In der Praxis wird das Verhalten der Verbindung durch zwei Hauptfaktoren kompliziert. Der erste besteht in der Gegenwart verunreinigender Filme, die ein richtiges Ausbreiten des als Flüssigkeit aufgebrachten Klebstoffs verhindern können. Dazu mag dieser Film als dünne Verunreinigungsschicht (einige wenige Moleküle dick) eines verhältnismäßig weichen Materials zwischen dem Klebstoff und der Unterlage liegen bleiben. Die Klebverbindung versagt dann natürlich zuerst in diesen Bezirken und ihre Festigkeit ist stark herabgesetzt. Der zweite Faktor ist das Vorhandensein von Spannungskonzentrationen innerhalb des Klebstoffs; diese können durch Luftblasen, Einschlüsse von Fremdkörpern oder feine Risse an der Oberfläche erzeugt worden sein, oder insbesondere durch ungleichmäßige Ausdehnung oder Kontraktion beim Erstarren des Klebstoffs. MYLONAS (1951) zeigte, daß beim Meniskus der Klebschicht Spannungskonzentrationen sogar in Ermangelung all dieser schädlichen Einflüsse allein aus geometrischen Gründen entstehen können. Die Spannungserhöhung ist klein, wenn der Kontaktwinkel klein ist, d. h. wenn der Klebstoff die feste Oberfläche benetzt. Wenn der Klebstoff hingegen einen großen Kontaktwinkel mit der Grenzschicht einnimmt, so kann die Spannung am Rande des Meniskus ungefähr auf das Dreifache ansteigen. Ein Versagen wird zuerst hier auftreten, und die Gesamtfestigkeit der Verbindung wird stark erniedrigt. Es ist tatsächlich wahrscheinlich, daß der Kontaktwinkel, in erster Linie wegen seines Einflusses auf die Spannungserhöhung, bei praktischen Klebstoffen wichtig ist, und daß die Klebeigenschaften erst in zweiter Linie von den heikleren physikalisch-chemischen Faktoren, die ebenfalls mitspielen, abhängen. Diese Schlußfolgerungen zeigen, daß keine verunreinigenden Filme anwesend und Spannungserhöhungen auf ein Mindestmaß reduziert sein sollen, wenn eine gute Haftung gefordert wird. Offensichtlich besteht eine enge Parallele zwischen diesen Forderungen und jenen, die sich auf die Adhäsion zwischen Metallen und andern festen Körpern beziehen, die mit einer Normalkraft gegeneinander gedrückt werden (s. BOWDEN und TABOR, 1952).

Schrifttum

ANON. (1948), Engineering, **165**, 535.
BIKERMAN, J. J. (1947), J. Colloid Science, **2**, 163.
BOWDEN, F. P. and S. H. BASTOW (1931), Proc. Roy. Soc. A **134**, 404.
BOWDEN, F. P. and D. TABOR (1952), Beitrag „Adhesion of Solids" N.R.C. Tagung über 'The Structure and Properties of Solids Surfaces'.
BUDGETT, H. M. (1911), Proc. Roy. Soc. A **86**, 25.
CROOK, A. W. and W. HIRST (1950), Research, **3**, 432.
DE BRUYNE, N. A. and R. HOUWINK (1951), Adhesion and Adhesives, Amsterdam, Elsevier.
EISNER, E. (1954), Dissertation, Cambridge.
HARDY, SIR W. (1936), Collected Works, Camb. Univ. Press.
HOLM, R. (1946), Electrical Contacts, Stockholm: Almquist and Wiksells; (1958), Electric Contacts Handbook, Berlin, Springer.
JACOB, C. (1912). Ann. Phys. Lpz. **38**, 126.
McBAIN, J. W. (1931), D. S. I. R. Third Report of Adhesives Research Committee.
McFARLANE, J. S., and D. TABOR (1948), VIIth International Congress for Applied Mechanics, London, Vol. IV, 31. Siehe auch J. S. McFARLANE (1949), Dissertation, Cambridge.
McFARLANE, J. S., and D. TABOR (1950a), Proc. Roy. Soc. A **202**, 224.
McFARLANE, J. S., and D. TABOR (1950b) ebda. A **202**, 244.
McHAFFIE, I. R. and S. LENHER (1925), J. Chem. Soc. **127**, 1559.
MOORE, A. C. and D. TABOR (1952), Brit. J. App. Phys. **3**, 299.
MYLONAS, C. (1951) Dissertation, London.
PARKER, R. C., and D. HATCH (1950), Proc. Phys. Soc. Lon. B **63**, 185.
ROLT, F. H. (1929), Gauges and Fine Measurements, 1. McMillan.
ROWE, G. W. (1953), Dissertation, Cambridge.
SAMPSON, J. B., F. MORGAN, D. W. REED and M. MUSKAT (1943), J. App. Phys. 14, 689.
SHAW, P. E., and E. W. LEAVEY (1930), Phil. Mag. **10**, 809.
STONE, W. (1930), ebda., **9**, 610.
TABOR, D. (1952) Artikel 'Basic Principles of Adhesion', Ann. Report Progress App. Chem. 1951—52.
TYLECOTE, R. F. (1948), Sheet and Strip Metal Users' Technical Association, Winter Conference.
YOUNG, J. E. (1950), Dissertation, Cambridge.

Tagungsbericht

'Adhesion' (1952). Soc. of Chemical Industry, London.

XVI. Chemische Reaktion infolge Reibung und Stoß

Der Einfluß von Druck, Schubbeanspruchung und Oberflächentemperatur

Man weiß seit langem, daß durch Reibung oder Stoß chemische Reaktionen ausgelöst werden können. Die frühen Arbeiten befaßten sich mit der Zersetzung fester Körper durch hohen Druck und durch Pulverisieren mittels Stössel in einem Mörser, wo die festen Teile sowohl einer Druck- als auch einer Schubbeanspruchung unterworfen werden. CAREY-LEA (1891) untersuchte den Zerfall von Substanzen wie AgCl $\to$ Ag, HgO $\to$ Hg, KMnO$_4$ $\to$ MnO$_2$, und es gelang ihm zu zeigen, daß die Zersetzung unter Druck durch eine Schubbewegung erleichtert wurde. Während der Scherung wird zwar Reibungswärme erzeugt, doch war er der Meinung, diese Wärme spiele keine oder nur eine geringe Rolle für die Zersetzung. PARKER (1914) äußerte sich in dem Sinne, daß Reaktionen der Art

$$HgCl_2 + 2\,KJ \to HgJ_2 + 2\,KCl$$

beim Zusammenreiben fester Stoffe vom örtlichen Schmelzen der Oberflächen infolge der mechanischen Beanspruchung herrühren. Da die Gegenwart winziger Spuren von Wasserdampf die Ergebnisse beträchtlich beeinflußt, müssen bei diesen Versuchen trockene Salze verwendet werden.

In einer Reihe von Veröffentlichungen beschrieb BRIDGMAN (1935 bis 1947) zahlreiche Experimente, in denen er viele Verbindungen hydrostatischen Drücken bis zu 50000 kg/cm^2 unterwarf, und zwar oft gemeinsam mit einer Schubspannung bis zur Fließgrenze des Materials. Unter diesen außerordentlichen Beanspruchungen zersetzten sich viele Verbindungen, wie zum Beispiel Jodoform, Silbernitrat und Bleidioxyd in explosiver Weise. Auch die Reaktionen zwischen Kupfer und Schwefel sowie zwischen Silizium und Magnesiumoxyd erfolgten mit explosiver Heftigkeit.

Im Zusammenhang mit der Zersetzung infolge Reibung sind zwei Erscheinungen von besonderer Wichtigkeit: 1. Die Wirkung des Druckes auf den Schmelzpunkt der festen Körper und 2. die Erzeugung hoher Temperaturspitzen in den Grenzflächen, wo zwei feste Teilchen zusammengerieben werden. JOHNSTON und ADAMS (1913) wiesen bei der Besprechung der Druckwirkung auf den Schmelzpunkt fester

Körper darauf hin, daß die Anwendung eines gleichmäßigen Druckes auf ein Zweiphasensystem (fest-flüssig) einen verhältnismäßig geringen Einfluß auf den Schmelzpunkt hat, indem dieser nur um etwa 10 bis 30 °C pro 1000 at erhöht wird. Anderseits erhält man in solchen Systemen immer eine nennenswerte Schmelzpunkterniedrigung, wenn der Druck ungleichmäßig, und zwar vornehmlich auf die feste Phase wirkt (siehe auch H. JEFFREYS, 1935). Eine ungleichmäßige Kompression kann man sich beispielsweise beim Zerkleinern eines Stoffes mittels Stößel im Mörser vorstellen. Dieses Reiben führt zu einem Schmelzen der obersten Schichten an den Grenzflächen der Kristalle, wo dann die Reaktion stattfindet. Die durch Schmelzen gebildete Flüssigkeit fließt in die Zwischenräume und ist dort einem kleineren Druck ausgesetzt als die benachbarten festen Teilchen. Die Reaktionsprodukte werden während des Schleifvorgangs dauernd entfernt, und frische Oberflächen der reagierenden Stoffe werden freigelegt.

Wir entnehmen dem zweiten Kapitel, daß auf der Oberfläche reibender Körper leicht hohe, örtliche Temperaturen erzeugt werden, und es liegen deutliche Anzeichen dafür vor, daß diese für die chemische Zersetzung in erster Linie verantwortlich sind. Die Reduktion von Polierpulvern wie Bleimennige und Bleidioxyd sowie die Spaltung von Kalziumkarbonat, wenn diese Pulver zum Polieren von Metallflächen verwendet werden, kann den an den Berührungsstellen hervorgerufenen „hot spots" zugeschrieben werden (s. Kap. III). Wenn Metalle wie Eisen, Kupfer und Nickel poliert, gewalzt oder zusammengerieben werden, findet eine Oxydation ihrer Oberflächen statt, und diese wird durch die örtliche Erwärmung noch beschleunigt. Wahrscheinlich begünstigen auch die mechanische Verformung und das Einreißen der schützenden Oxydhaut die Einwirkung auf die Oberfläche. Chemische Reaktionen, die beim Zerspanen von Metallen vorkommen, sind von SHAW (1948) beschrieben worden.

Es wurde schon behauptet, die durch Reibung und Stoß herbeigeführte Zersetzung chemischer Verbindungen sei „reibungschemischen" Ursprungs. Man sieht nicht ohne weiteres ein, was unter diesem Ausdruck zu verstehen ist; aber es wurde vorgeschlagen, die Kristalle erfahren unter der plötzlichen Beanspruchung des Zusammenpralls oder der Reibung eine so hohe Normalspannung, daß sie in eine noch engere Berührung gezwungen werden, während die Tangentialspannungen gleichzeitig versuchen, die Kristalle abzuscheren. Infolge der Normalspannungen werden die Kraftfelder der an der Oberfläche gelegenen Moleküle zusammengestoßen und neue Bindungen gebildet, die aber beinahe unmittelbar nachher durch die Tangentialspannungen wieder zerrissen werden, mit dem Ergebnis, daß die beteiligten Moleküle in einem besonders aktiven Zustand zurückbleiben.

Ein mechanisches Zerreißen oder ein Zerfall von Molekeln kommt möglicherweise beim schnellen Fließen von hochpolymeren Stoffen wie Polyisobutylen vor, wenn sie in niedrig-siedenden Lösungsmitteln verteilt sind (FRENKEL, 1944; ZVETKOV und FRISMAN, 1945; REHNER, 1945; MORRIS und SCHNURMANN, 1947; HARGRAVE, 1947). Der unter der Einwirkung der Schubkräfte eintretende Abbau führt, sofern ein Plastik von genügend hohem Molekulargewicht vorliegt, zu Polymeren von geringerem Molekulargewicht. HESS und seine Mitarbeiter (1942) vertraten die Ansicht, die Depolymerisation von Substanzen mit hohem Molekulargewicht wie Cellulose und Polystyrol während des Mahlens sei auf die in den Makromolekeln erzeugten Spannungen und Dehnungen zurückzuführen. Ähnliche Erscheinungen wurden auch von SCHMID (1940) und SZENT-GYORGYI (1933), der eine durch Überschallschwingungen bedingte Depolymerisation in der Lösung beobachtete, mitgeteilt. Solche Vibrationen können auch eine chemische Zersetzung veranlassen, wie sie beispielsweise von BOBOLEV und CHARITON (1937) im Falle von Stickstoffchlorid nachgewiesen wurde. Wenn geeignete Bedingungen herrschen, besteht auch die Möglichkeit, daß die chemische Reaktion durch die Erzeugung und nachfolgende Entladung von Reibungselektrizität ausgelöst wird.

Es gibt noch andere Faktoren, wie die Freilegung frischer Oberflächen während des Gleitvorganges, die in dieser Hinsicht wichtig sein können. Bei einer kurzen Bewegung, die mit einer niedrigen Gleitgeschwindigkeit ausgeführt wird, ist die örtliche Temperaturerhöhung geringfügig; dennoch kann ein intensiverer chemischer Angriff auf die Oberfläche stattfinden. Ein Beispiel dafür liefert die Reiboxydation, wo eine Schwingung von kleinster Amplitude zwischen zwei sich berührenden Metalloberflächen eine bedeutend schnellere chemische Reaktion der Oberflächen mit dem Luftsauerstoff zur Folge hat. Wenn man eine Metalloberfläche belastet, so wird das Metall bis zu einer gewissen Tiefe plastisch verformt, und die damit zusammenhängende Dehnung, Verzerrung und Verletzung der schützenden Oxydschicht macht das Metall dem Sauerstoff leichter zugänglich und ermöglicht ein schnelleres Fortschreiten des chemischen Angriffs. Wenn ein Gleiten stattfindet, so wird die andauernde Bildung und Abscherung der kleinen metallischen Verbindungsbrücken die Reaktion weiter erleichtern, da fortlaufend frische Oberflächen geschaffen werden.

Die Wirkung der Reibung auf photographische Platten

Beim Studium der Reibungswirkung auf photographische Emulsionen entdeckte MOORE (unveröffentlicht), daß ein über die Schicht gezogener Reiter in der erzeugten Gleitspur ein latentes Bild zurückließ. Er fand Anzeichen dafür, daß diese Erscheinung auf den örtlichen

„hot spots" beruht, die durch die Reibung zwischen den Körnern der Silberhalogene in der Emulsion entwickelt werden. Es besteht nach einer interessanten Beobachtung aber auch die Möglichkeit, die Schicht durch Reibung unempfindlicher zu machen, da innerhalb der Silbersalzkristalle durch das Gleiten anscheinend Fehlstellen hervorgerufen werden. Diese wirken als Elektronenfallen und können dazu führen, daß das latente Bild im Innern des Kristalls entsteht, wo der gewöhnliche chemische Entwickler nicht hingelangen kann.

Die Zersetzung von Explosivstoffen

Zündung durch Reibung

Das Studium der Auslösung von Explosionen liefert wertvollen Aufschluß über den Mechanismus der durch Reibung und Stoß verursachten chemischen Zersetzung. Neuere experimentelle Untersuchungen zeigten, daß die Zündung im allgemeinen nicht reibungschemischen Ursprungs ist, sondern eher auf lokalen „hot spots" von bestimmter Ausdehnung und Temperatur an der Oberfläche des Explosivstoffes beruht. Diese heißen Gebiete veranlassen die Auslösung der Detonation durch den normalen Vorgang der thermischen Zündung. Solche „hot spots" können auf eine ganze Reihe von Arten entstehen. Bei der Zündung eines flüssigen Explosivstoffes wie Nitroglyzerin durch Reibung beispielsweise werden sie an den scheuernden Berührungsstellen der festen Oberflächen, die den Explosivstoff umschließen, gebildet. Man kann dies leicht durch eine gleichzeitige Messung der örtlichen Temperaturblitze an der Oberfläche (indem man von den im Kap. II beschriebenen Methoden Gebrauch macht) und Beobachtung der Explosion beweisen. Wenn die die Flüssigkeit umschließenden Oberflächen aus zwei verschiedenen Metallen bestehen und das thermoelektrische Verfahren zur Temperaturmessung benutzt wird, so findet keine Zündung statt, bis die Oberflächentemperatur auf 480 °C oder mehr angestiegen ist (BOWDEN, STONE und TUDOR, 1947). Die Zündung des Explosivstoffes hängt natürlich auch von der Wärmeleitfähigkeit und dem Schmelzpunkt der Oberflächen ab. Wenn der Schmelzpunkt der die Flüssigkeit umgebenden festen Materialien 480 °C nicht übersteigt, kann keine Detonation ausgelöst werden.

Indem die in Tab. V, Kap. II, aufgeführte Reihe von Metallen und Legierungen mit Nitroglyzerin zum Einsatz kam, konnte festgestellt werden, daß mit Metallen, die unterhalb 450 °C schmelzen, keine Explosion zustande gebracht wurde. Die Zündung gelang hingegen mit einer bei 480 °C schmelzenden Legierung sowie mit allen Metallen, deren Schmelzpunkt oberhalb dieser Temperatur liegt. Die Härte der reibenden Körper (die den Druck bestimmt, der auf den Explosivstoff wirkt) und das Schergefälle erwiesen sich auf Grund der Versuche als im Vergleich zur Wärmeleitfähigkeit und zum Schmelzpunkt der betreffenden festen Körper verhältnismäßig unwichtige Einflußgrößen. Es ist in erster Linie die Möglichkeit der Bildung von „hot spots" mit einer Temperatur von etwa 450 °C oder mehr, die bestimmt, ob es zur Detonation kommt.

Zündung durch Stoß

Die Gegenwart kleiner Gasblasen oder gasgefüllter Räume innerhalb eines Explosivstoffes stellt eine zweite und sehr bedeutsame Quelle für „hot spots" dar (BOWDEN, MULCAHY, VINES und YOFFE, 1947). Solche gasgefüllte Räume, die winzig klein sein können, finden sich oft zwischen den Kristallen eines festen Körpers und treten auch in Flüssigkeiten auf oder sind leicht einzuführen. Wenn der Explosivstoff einem Stoß oder auch nur einer plötzlichen Druckänderung ausgesetzt wird, so erfährt die Gasblase eine Erwärmung durch adiabatische Kompression und wird den Explosivstoff zur Entzündung bringen. Sehr kleine Blasen von nur etwa 2×10^{-3} cm Radius (bei Normalbedingungen) können schon wirksam sein. Ihre Anwesenheit verleiht den meisten flüssigen, gelatineähnlichen oder aus Plastik geformten Explosivstoffen eine sehr hohe Empfindlichkeit, so daß schon die leichteste Erschütterung eine Zündung veranlaßt. Es ist zum Beispiel gezeigt worden, daß blasenhaltiges Nitroglyzerin schon durch den Aufprall eines nur einen halben Zentimeter fallenden Gewichtes von 40 g, d. h. durch eine Stoßenergie von 20 gcm, zur Explosion gebracht werden kann. Die Versuche lehren, daß eine Detonation offenbar dann ausgelöst werden kann, wenn der Gasraum ausreicht, um bei der Kompression eine Temperatur von etwa 450—500 °C zu entwickeln. Schon bei mäßigen Stoßbedingungen liegt die Temperatur der Blasen gewöhnlich viel höher, wobei die Wirksamkeit des Gases natürlich von dessen physikalischen Eigenschaften (insbesondere dem Verhältnis der spezifischen Wärmen) und auch von dessen chemischer Natur abhängt. Nach YOFFES Ergebnissen (1949) spielt das eingeschlossene Gas auch bei der Zündung der meisten festen Sekundärexplosivstoffe eine wichtige Rolle.

Kleine Gasräume sind in Explosivstoffen sehr häufig anzutreffen, und es ist nicht immer einfach, sie zu entfernen. Gelingt dies bei Nitroglyzerin beispielsweise, so findet man, daß sehr große Stoßenergien aufgewendet werden müssen (ungefähr 10^5-10^6 gcm), um die Zündung zu veranlassen, und es gibt Anzeichen, nach denen die Reaktion in diesem Fall durch die im schnell fließenden Explosivstoff entwickelte Reibungswärme ausgelöst wird, wenn die Flüssigkeit zwischen den aufeinanderprallenden Oberflächen zu entweichen sucht (s. Kap. XIII).

Die Reibung zwischen festen Teilchen

Eine andere Methode zur Erzeugung von „hot spots" besteht im Scheuern gegen ein hartes Korn oder, bei festen Explosivstoffen, im Reiben zwischen den körnigen Bestandteilen selbst. Durch den Zusatz einiger fester Teilchen mit bekanntem Schmelzpunkt zu einem Explosivstoff, der anschließend einer Reibungs- und Stoßbeanspruchung unterworfen wird, erhält man einen deutlichen Hinweis auf den thermischen Ursprung der Zündung. In Tab. 51 sind einige typische Ergebnisse für den festen Sekundärexplosivstoff Pentaerythrittetranitrat (P.E.T.N.) gegeben (BOWDEN und GURTON, 1948).

Tabelle 51 *Die Zündung von P.E.T.N. in der Gegenwart von Fremdteilchen*

Fremdstoff	Mohshärte	Schmelzpunkt °C	Häufigkeit der Explosion in % (Reibung)	(Stoß)
Keine Teilchen ..	—	—	0	2
Ammoniumnitrat .	2—3	169,6	0	2,5
Kaliumhydrosulfat.	3	210	0	2,5
Silbernitrat....	2—3	212	0	2
Natriumdichromat.	2—3	320	0	0
Natriumazetat ..	1,5	324	0	0
Kaliumnitrat ...	2—3	334	0	0
Kaliumdichromat .	2—3	398	0	0
Silberbromid ...	2—3	434	50	6
Bleichlorid	2—3	501	60	27
Silberjodid	2—3	550	100	—
Borax......	3—4	560	100	30
Wismutglanz ...	2—2,5	685	100	42
Glas.......	7	800	100	100
Kupferglanz ...	3—3,5	1100	100	50
Bleiglanz.....	2,5—2,7	1114	100	60
Kalzit......	3	1339	100	43

Die Mohshärte von Pentaerythrittetranitrat beträgt ca. 1,8 und sein Schmelzpunkt 141 °C.

In dieser Arbeit wurde die Härte der eingeführten Körner nur in einem sehr kleinen Bereich geändert, wo sie sich verhältnismäßig wenig auswirkte (siehe jedoch UBBELOHDE, 1948). Die Bedeutung eines Teilchens für die Auslösung von Explosionen sowohl unter Reibungs- als auch unter Stoßbeanspruchung hing vor allem von seinem Schmelzpunkt ab. Alle oberhalb 430 °C schmelzenden Substanzen genügten den Anforderungen, während alle unterhalb 400 °C schmelzenden wirkungslos waren.

Obschon die Höchsttemperatur in einem kleinen Bezirk durch den Schmelzpunkt des Teilchens festgelegt ist, so wird die *Leichtigkeit*, mit der die „hot spots" erzeugt werden, offensichtlich mit der Härte zusammenhängen. Bei einem harten, spitzen Korn werden die Spannungen an einer oder zwei Stellen konzentriert sein, so daß bei der Reibung und beim Stoß eine viel kleinere Energie benötigt wird, um einen örtlichen Temperaturanstieg von der notwendigen Höhe herbeizuführen. Bei weichen Teilchen, die plastisch verformt oder zerdrückt werden, ist diese örtliche Konzentration der Energie nicht möglich. Aus diesem Grunde wird man erwarten, daß die harten Körner viel wirksamer sind als die weichen, vorausgesetzt, daß der Schmelzpunkt der Teilchen über dem kritischen Wert liegt. Die Versuche bestätigen die Richtigkeit dieser Überlegungen. Logischerweise wird man auch annehmen, daß die Wärmeleitfähigkeit der Teilchen von großer Wichtigkeit ist, nachdem die allgemeine Beziehung zwischen der Wärmeleitfähigkeit und dem Auftreten von „hot spots" bereits in einem früheren Kapitel aufgestellt wurde (Kap. II). Wenn die Oberflächen die Wärme schnell abführen, ist es tatsächlich viel schwieriger, an reibenden Oberflächen sichtbare „hot spots" zu erhalten und eine Explosion auszulösen.

Auch die Reibung zwischen den Körnern des Explosivstoffes selbst kann wichtig sein, und man bemerkt zwischen den meisten Primär- und Sekundärexplosivstoffen einen interessanten Unterschied. Der größte Teil der Sekundärexplosivstoffe wie P.E.T.N. schmilzt bei einer verhältnismäßig niedrigen Temperatur, und zwar *bevor* die heftige, explosive Zersetzung eintritt. Bei diesen Substanzen verursacht die Reibung zwischen den Körnern bloß ein Schmelzen an den oberflächlichen Berührungsstellen. Um eine Explosion zu erhalten, ist es nötig, die „hot spots" auf irgendeine andere Weise, wie durch adiabatische Kompression von eingeschlossenem Gas oder durch Reibung eines eingebetteten Teilchens an einer der den Explosivstoff umschließenden Oberfläche zu bilden. Unter sehr extremen Stoßbedingungen wird die Zündung möglicherweise durch die Erwärmung der schnell fließenden, zähen Flüssigkeit veranlaßt (s. Kap. XIII). Bei den Primärexplosivstoffen wie Bleiazid und Quecksilberfulminat hingegen, die bei Temperaturen unterhalb ihres Schmelzpunktes detonieren, können die durch intergranulare Reibung erzeugten „hot spots" die Zündung bewirken.

Das Verfahren des Zusatzes von Körnern mit bekanntem Schmelzpunkt wurde auch für Untersuchungen an Direktzündern (wie z. B. Trinitroazidobenzol, Cyantriazid und Silberazid) (BOWDEN und WILLIAMS, 1951a herangezogen). Dabei fand man wiederum, daß die Mindesttemperatur der heißen Bezirke etwa 500 °C betragen muß, was mit den früheren Arbeiten über die Auslösung der Detonation bei hochexplosiven Stoffen (wie Bleiazid und Quecksilberfulminat), die sich vor dem Schmelzen zersetzen, übereinstimmt. Die niedrigschmelzenden, direktzündenden Explosivstoffe reagierten jedoch selbst in der Abwesenheit von Fremdteilchen sehr empfindlich auf die Zündung durch sanften Stoß. Arbeiten von YIULL (1955) zeigten tatsächlich, daß dies durch die adiabatische Kompression eingeschlossener Luftblasen bedingt ist, d. h. der Mechanismus ist ähnlich wie für die flüssigen und festen Sekundärexplosivstoffe. Die geschmolzenen Azide können auch leicht durch den Aufprall eines scharf zugespitzten Metallzündstifts zur Explosion gebracht werden. Aus thermoelektrischen Messungen geht hervor, daß dafür „hot spots" verantwortlich sind, die durch plastische Deformation des Schlagbolzens erzeugt wurden. YOFFE (1951) untersuchte die thermische Zersetzung dieser geschmolzenen Azide und entdeckte Anzeichen dafür, daß ein Übergang von einer langsamen Zersetzung zu einer schnellen Explosion besteht, der auf der exothermischen Vereinigung von aktivem oder naszierendem Stickstoff an oder in der Nähe der Oberfläche des Explosivstoffs beruht.

Auch bei einem heterogenen Material wie Schwarzpulver, das anfänglich aus drei festen Phasen besteht, kann die Zündung durch die Bildung von „hot spots" bedingt sein. BLACKWOOD und BOWDEN (1952) fanden, daß die Zündempfindlichkeit beim Stoß durch Fremdteilchen erhöht wurde, und der Schmelzpunkt dieser Körner stellte wiederum die entscheidende Einflußgröße dar. In diesem Fall lag die niedrigste Temperatur, die zur Zündung benötigt wurde, allerdings sehr tief (ca. 130 °C). Dieser und andere Versuche sprechen dafür, daß die Auslösung der Explosion die Entstehung einer flüssigen Phase voraussetzt. Diese kann durch den geschmolzenen Schwefel geliefert werden (S.P. 120 °C) sowie durch die Oxykohlenwasserstoffe, die als Verunreinigung in der Holzkohle anwesend sind.

Die Ausbreitung der Explosion

Die kleinen, gasgefüllten Räume, die zwischen den Kristallen eines Sekundärexplosivstoffs wie P.E.N.T. normalerweise vorhanden sind, können, abgesehen von ihrem Einfluß auf die Zündempfindlichkeit, auch für die Fortpflanzung und Ausbreitung einer langsamen Detonation eine wichtige Rolle spielen. Die Druckwelle aus dem ersten Zündungszentrum kann diese Gasräume komprimieren und erwärmen, so daß sie wieder als neue Zündkeime dienen und das Fortschreiten der Reaktion erlauben.

Studien mit Hochfrequenzkameras über die Ausbreitung einer Explosion von der Zündstelle aus haben gezeigt, daß der Detonation gewöhnlich ein verhältnismäßig langsames Brennen vorausgeht (BOWDEN, MULCAHY, VINES und YOFFE, 1947; BOWDEN und GURTON, 1948). Im speziellen Fall der Metallazide, die eine sehr einfache chemische Struktur besitzen (beispielsweise PbN_6), konnte zwar kein vorgängiges Brennen entdeckt werden. (Für die Arbeiten über die thermische und photochemische Zersetzung von Aziden und anderen Explosivstoffen siehe die Veröffentlichungen von TOMPKINS, GARNER, MOTT und UBBELOHDE. Eine Auswahl von Literaturstellen über diese Arbeiten ist unten beigefügt. EYRING und seine Mitarbeiter (1949) gaben eine Übersicht über die Detonationstheorie, und von TAYLOR [1952] erschien eine Monographie, in der stabile Explosionen mit hoher Detonationsgeschwindigkeit behandelt werden. Weitere Untersuchungen auf diesem Gebiet wurden von BOWDEN [1953] beschrieben, während Größeneffekte bei der Ausbreitung von Explosionen von BOWDEN und SINGH [1953] mitgeteilt wurden.)

COURTNEY-PRATT (1949—53) entwickelte eine Bildwandlerkamera, die imstande ist, Einzelaufnahmen mit Belichtungszeiten von nur 5×10^{-8} sec oder Linienzüge mit Schreibgeschwindigkeiten von bis zu 300000 m/sec bei einem wirksamen Öffnungsverhältnis von $f:4$ zu liefern. Einzelheiten von Bewegungsabläufen, die nur 10^{-8} sec dauern, können damit aufgelöst werden. Er konstruierte außerdem eine neue Hochfrequenzkamera für die Aufnahme einer großen Zahl von Einzelbildern. Dieses Gerät ist auf klassischen optischen Grundlagen aufgebaut und verwendet in einfachster Weise eine Linsenplatte, die es ermöglicht, 100 Bilder mit einer Frequenz von 100000 Bildern pro Sekunde aufzunehmen, oder, bei leicht veränderter Anordnung, 20 Bilder, die sich in Intervallen von einer Viertelsmikrosekunde aufeinanderfolgen. Mit diesen neuen Methoden ist es möglich, das Wachstum der „hot spots" und die Ausbreitung der schnellen Reaktion im festen Zustand in quantitativer Weise zu studieren. Die bisher durchgeführten Untersuchungen bestätigen die schon früher gewonnene Ansicht, daß die Zündung durch Stoß oder Reibung im wesentlichen thermischen Ursprungs ist und nicht auf einer direkten reibungschemischen Anregung beruht. Die mechanische Energie wird dabei an einer Stelle örtlich konzentriert und in Wärme umgewandelt, um einen „hot spot" von sehr kleiner Ausdehnung zu bilden (die Größe dieser Bezirke variiert wahrscheinlich zwischen etwa 10^{-3} und 10^{-5} cm im Durchmesser). Die Auslösung der chemischen Reaktion erfolgt darauf an eben dieser Stelle.

Die Arbeiten über die Zündung und Fortpflanzung von Explosionen in Flüssigkeiten und festen Körpern konnten hier nur knapp umrissen werden; sie wurden in besonderen Monographien (BOWDEN und YOFFE, 1952 und 1958) ausführlicher behandelt.

Schrifttum

BLACKWOOD, J. and F. P. BOWDON (1952), Proc. Roy. Soc. A. 213, 285.
BOBOLEV, U. and J. V. CHARITON (1937), Acta Physicochim, U.R.S.S. 7, 416.
BOWDEN, F. P. (1953), Fourth Int. Symposium on Combustion, 161.

BOWDEN, F. P. and O. A. GURTON (1948), Nature, **161**, 348, ebda. **162**, 654 (1949) Proc. Roy. Soc. A **198**, 350.
BOWDEN, F. P. and K. SINGH (1953), Nature. **172**, 378.
BOWDEN, F. P. and H. T. WILLIAMS (1951a), Proc. Roy. Soc. A **208**, 176. (1951b), Research, **4**, 339.
BOWDEN, F. P. and A. D. YOFFE (1952) Initiation and Growth of Explosion in Liquids and Solids. Cambridge: Univ. Press. (1958), Fast Reactions in Solids. Butterworths Sci. Pub., London.
BOWDEN, F. P., M. F. R. MULCAHY, R. G. VINES and A. D. YOFFE (1947), Proc. Roy. Soc. A **188**, 291, 311.
BOWDEN, F. P., M. A. STONE and G. K. TUDOR (1947), Proc. Roy. Soc. A **188**, 329.
BRIDGMAN, P. W. (1935), Physical Rev. 48, 825; (1938), Amer. J. Sci. **36**, 81; (1947), J. Chem. Phys. **15**, 311.
COURTNEY-PRATT, J. S. (1949), Research, **2**, 287.
COURTNEY-PRATT, J. S. (1952), Photographic Journal, **92B**, 137.
COURTNEY-PRATT, J. S., (1953), J. Photographic Science 1, 21.
COURTNEY-PRATT, J. S., Collected Papers of the Fourth International Symposium on Combustion Phenomena, M.I.T. 1952.
COURTNEY-PRATT, J. S., Society of Motion Picture Engineers Convention on High Speed Photography. Oct. 1952.
CAREY-LEA, M. (1891), Phil. Mag. **34**, 46; (1893), ebda. **36**, 351; (1894), ebda. **37**, 31, 470.
EYRING, H., R. E. POWELL, G. H. DUFFEY and R. PARLIN (1949), Chem. Rev. **45**, 69.
FRENKEL, J. (1944), Acta Physicochim. U.R.S.S. **19**, 51.
GARNER, W. E. and J. MAGGS (1939), Proc. Roy. Soc. A **172**, 299.
HARGRAVE, K. K. (1947), Trans. Faraday Soc. 'The Labile Molecule', 404.
HESS, K. et alia (1942), Kolloid Z. **98**, 148, 290.
JEFFREYS, H. (1935), Phil. Mag. **19**, 840.
JOHNSTON, J. and L. H. ADAMS (1913), Amer. J. Sci. **35**, 205.
MORRIS, W. J. and R. SCHNURMANN (1947), Nature, **160**, 674.
MOTT, N. F. (1949), Proc. Roy. Soc. A **172**, 325.
PARKER, L. H. (1918), J. Chem. Soc. **113**, 396.
REHNER, J. (1945), J. Chem. Phys. **13**, 450.
SCHMID, D. (1940), Z. Phys. Chem. A **186**, 113.
SHAW, M. C. (1948), J. Applied Mechanics, **15**, 37.
SZENT-GYORGYI, A. (1933), Nature, **131**, 278.
TAYLOR, J. (1952), Detonation in Condensed Explosives. Oxford: Clarendon Press.
THOMAS, J. G. N., and F. C. TOMPKINS (1952), J. Chem. Phys. **20**, 662.
UBBELOHDE, A. R. (1948), Phil. Trans. A **241**, 197, 280.
YOFFE, A. D. (1949), Proc. Roy. Soc. A **198**, 373; (1951), ebda A **208**, 188.
YUILL, A. M. (1955), Dissertation, Cambridge.
ZVETKOV, V. N. and E. FRISMAN (1945), Acta. Physicochim. U.R.S.S. **20**, 61.

Anhang

Einige typische Reibungswerte[1]

I. Metalloberflächen — ungeschmiert

1. Die Reibung von Metallen (spektroskopisch rein), die im Vakuum entgast wurden. Wenn die Oberflächen rein sind, kommt es zum Fressen.

Metalle	Reibungskoeffizient nach Zulassung von		
	H_2 oder N_2	Luft oder O_2	Wasserdampf
Aluminium auf Aluminium	...	1,9	1,1
Kupfer auf Kupfer . . .	4	1,6	1,6
Gold auf Gold	4	2,8	2,5
Eisen auf Eisen	...	1,2	1,2
Molybdän auf Molybdän .	...	0,8	0,8
Nickel auf Nickel	5	3	1,6
Platin auf Platin	...	3	3
Silber auf Silber	...	1,5	1,5

2. Die Reibung reiner, weicher Metalle

Bei einem höheren Reinheitsgrad der Oberflächen kann die Reibung der im Vakuum von Fremdschichten gesäuberten Metalle noch viel größer sein. Werte von $\mu = 100$ oder mehr können beobachtet werden, und bei vielen Metallen wie beispielsweise Ni, Pt, Fe erfolgt eine vollständige Verschweißung zu einem Stück.

3. Die statische Reibung von ungeschmierten Metallen, deren Oberflächen in Luft von fettigen Stoffen gesäubert wurden

a) *Zwischen gleichen, reinen Metallen.* Bei gleichartigen, reinen Metallen liegt die Reibung gewöhnlich in der Gegend von $\mu = 1$ bis 1,5. Für harte Metalle ist sie im allgemeinen niedriger; für Chrom gilt beispielsweise $\mu = 0,4$.

---

[1] Die in diesem Anhang gegebenen Werte beziehen sich auf Messungen, die unter besonderen Versuchsbedingungen durchgeführt wurden. Wie wir bereits hervorhoben, führen geringe Änderungen in diesen Bedingungen zu großen Schwankungen des Reibungskoeffizienten.

Bei einigen Metallen, wie zum Beispiel Kupfer, ist die Reibung viel geringer, wenn die Oxydschicht nicht nennenswert verletzt wird ($\mu = 0{,}5$). Dies läßt sich ohne weiteres bei sehr leichten Lasten beobachten. Bei schwererer Belastung, wenn die Oxydschichten durchbrochen werden, liegt die Reibung in der Gegend von $\mu = 1{,}5$.

b) Zwischen verschiedenen Metallen. Die Reibung ist in diesen Fällen etwas niedriger als für gleichartige Metalle. Wenn eine merkliche Übertragung von einem Metall auf das andere stattfindet, so nimmt das Reibungsverhalten bald die für gleichartige Metalle charakteristischen Züge an.

c) Die Reibung weicher Metalle. Mit entfetteten, weichen Metallen können selbst in der Luft sehr hohe Reibungszahlen festgestellt werden, die durch die Relativbewegung selbst bedingt sind. Bei einer Last von 2 g wird zum Beispiel μ für Stahl auf Indium ≈ 20.

4. Die Reibung dünner Metallschichten (ungeschmiert)

Bei dünnen Metallschichten wird das AMONTONSsche Gesetz nicht befolgt, und die Reibung kann sehr niedrig sein.

Die untenstehende Tabelle gibt die Reibung dünner Schichten aus Indium, Blei und Kupfer, die auf verschiedene Metallunterlagen niedergeschlagen wurden. Schichtdicke 10^{-3} bis 10^{-4} cm. Halbkugeliger Stahlreiter.

Last kg	Statischer Reibungskoeffizient μ_s			
	Indiumschicht auf Stahl	Indiumschicht auf Silber	Bleischicht auf Kupfer	Kupferschicht auf Stahl
4	0,08	0,1	0,18	0,3
8	0,04	0,07	0,12	0,2

5. Statische Reibung von Legierungen auf Stahl (ungeschmiert)

Legierung	μ_s	Legierung	μ_s
Kupfer-Blei (dendritisch) . .	0,22	Aluminiumbronze	0,45
Kupfer-Blei (nichtdendritisch)	0,22	Messing	0,35
Weißmetall (Zinnbasis) . . .	0,8	Konstantan	0,4
Weißmetall (Bleibasis) . . .	0,55	Stahl	0,8
WOODsche Legierung	0,7	Gußeisen	0,4
Phosphorbronze	0,35		

6. Kinetische Reibung ungeschmierter Körper

Die kinetische Reibung ist im allgemeinen niedriger als die statische; aber die Ergebnisse hängen ebenfalls von den Versuchsbedingungen ab.

II. Metalloberflächen — geschmiert
7. Die Schmierung von Stahloberflächen. Statische Reibung bei Raumtemperatur[1]

Schmiermittel	L	S.P. °C	μ_s	Ü.T. °C	Schmiermittel	L	S.P. °C	μ_s	Ü.T. °C
a) *Paraffine*					c) *Fettsäuren*				
Nonan . . .	C_9	−54	0,26*	...	Ameisensäure .	C_2	16	0,5 *	...
Decan . . .	C_{10}	−30	0,23*	...	Propionsäure. .	C_3	−22	0,4 *	...
Hexadecan .	C_{16}	17	0,16*	17	Valeriansäure .	C_5	−35	0,17*	...
Docosan . .	C_{22}	44	0,11	44	Capronsäure . .	C_6	− 2	0,12	80
Triacontan .	C_{30}	66	0,11	66	Pelargonsäure .	C_9	12	0,11	90
					Caprinsäure. .	C_{10}	31	0,11	95
b) *Alkohole*					Laurinsäure . .	C_{12}	44	0,11	120
Butyl . . .	C_4	−89	0,3 *	...	Myristinsäure .	C_{14}	58	0,11	125
Octyl . . .	C_8	−16	0,23*	...	Palmitinsäure .	C_{16}	64	0,11	130
Decanol . .	C_{10}	7	0,16*	7	Stearinsäure . .	C_{18}	69	0,10	140
Cetyl. . . .	C_{16}	49	0,10	49					

L = Länge der Kohlenstoffkette   Ü.T. = Übergangstemperatur

Bei paraffinen Kohlenwasserstoffen und Alkoholen entspricht die Übergangstemperatur für die Reibung auf Stahl dem Schmelzpunkt des Schmiermittels. Nur jene Stoffe, die bei Raumtemperatur fest sind, geben ein gleichförmiges Gleiten; die flüssigen geben eine stoßweise, intermittierende Bewegung (durch den Stern * bezeichnet).

Die kurzkettigen Fettsäuren verursachen eine merkliche Korrosion der Stahloberflächen und geben ebenfalls eine unterbrochene Bewegung (*). Für die Säuren mit größerer Kettenlänge liegt die Übergangstemperatur etwa 70 °C oder mehr über dem Schmelzpunkt.

Die Werte von μ_s in dieser Tabelle sind sozusagen lastunabhängig; die Übergangstemperatur hingegen wird durch die Versuchsbedingungen beeinflußt.

8. Die Schmierung von Stahloberflächen. Statische Reibung

Schmiermittel	μ_s		Schmiermittel	μ_s	
	20 °C	100 °C		20 °C	100 °C
Vegetabilische Öle			Sauberer Stahl .	0,58	
Rhizinusöl . . .	0,095	0,105	*Animalische Öle*		
Rüböl	0,105	0,105			
Olivenöl	0,105	0,105	Walöl	0,095	0,095
Kokosnußöl . . .	0,08	0,08	Klauenöl	0,095	0,095
			Schweinefett . .	0,085	0,085

[1] Bei niedrigen Gleitgeschwindigkeiten ist die kinetische Reibung im wesentlichen gleich groß wie die statische Reibung für die Haftstellen bei nachfolgender intermittierender Bewegung.

Fortsetzung der Tabelle von Seite 406

Schmiermittel	μ_s 20 °C	100 °C	Schmiermittel	μ_s 20° C	100 °C
Mineralöle					
Spindelöl	0,16	0,19	E.P.-Öl.	0,09—0,1	0,09—0,1
Getriebeöl . . .	0,125	0,15	Graphitiertes Öl .	0,13	0,15
Lösungsmittelraffinat	0,15	0,2	Ölsäure	0,08	0,08
			Trichloräthylen .	0,33	...
Schweres Motorenöl	0,195	0,205	Alkohol	0,43	...
			Benzol	0,48	...
B.P.-Paraffinöl .	0,18	0,22	Glyzerin	0,2	0,25

Aus FOGG und HUNSWICKS, J. Inst. Pet. Techn. **26** (1940)

9. Statische Reibung für Stahlreiter auf verschiedenen Metallen. Geschmiert

Auflage	Rüböl μ_s	Rhizinusöl μ_s	Mineralöl μ_s	Langkettige Fettsäuren μ_s
Hartstahl	0,14	0,12	0,16	0,09
Gußeisen.	0,11	0,15	0,21	...
Kanonenmetall	0,15	0,16	0,21	...
Bronze	0,12	0,12	0,16	...
Reines Blei	...	...	0,5	0,22
Weißmetall (Bleibasis)	...	...	0,1	0,08
Reines Zinn	...	...	0,6	0,21
Weißmetall (Zinnbasis)	...	...	0,11	0,07
Gesinterte Bronze	...	...	0,13	...
Messing	...	0,11	0,19	0,13

Ergebnisse hauptsächlich nach DEELEY (s. S. 248)

10. Schmiereigenschaften und chemische Reaktionsfähigkeit

Die Schmierung verschiedener Metalle durch einprozentige Lösung von Laurinsäure (S. P. 44 °C) in Paraffinöl.

Metall	Reibungszahl μ_s		Übergangstemperatur °C	% Säure[1] mit Metall reagierend
	sauber	geschmiert (20 °C)		
Zink	ca. 0,6	0,04	94	10,0
Kadmium . . .	ca. 0,5	0,05	103	9,3
Kupfer	ca. 1,0	0,08	97	4,6
Magnesium . .	ca. 0,6	0,08	80	Spur
Eisen	1,0	0,15—0,20	ca. 40—50	Spur
Platin	1,2	0,25*	20	0
Nickel	0,7	0,28*	20	0
Aluminium . .	1,35	0,30*	20	0
Chrom	0,41	0,34*[2]	20	Spur
Glas	ca. 1,0	0,3—0,4*	20	0
Silber	1,4	0,55*	20	0

* Die unterbrochene Bewegung ist mit * gekennzeichnet. [1] Die an der Reaktion beteiligte Säuremenge wurde unter der Annahme geschätzt, daß ein normales Salz gebildet werde. [2] Frisch geschabte Chromoberfläche.

11. Kinetische Reibung geschmierter Oberflächen

Die kinetische Reibung ist im allgemeinen geringer als die statische, d. h. für Paraffinöl auf Stahl findet man $\mu_s \approx 0{,}2$, während $\mu_k \approx 0{,}15$. Bei höheren Gleitgeschwindigkeiten kann μ_k noch tiefer liegen. Bei Fettsäuren auf Stahl gilt (bei langsamem Gleiten) $\mu_k = \mu_s \approx 0{,}1$; bei höheren Geschwindigkeigkeiten fällt μ_k auf 0,07 oder weniger. Die Wirkung der Geschwindigkeit ist nicht leicht zu überblicken, da bei höheren Geschwindigkeiten hydrodynamische Schmierung einsetzt.

III. Eis und Schnee

12. Die Reibung auf Eis und Schnee in Abhängigkeit der Temperatur

Beim Gleiten auf Eis und Schnee wird eine merkliche Abweichung vom AMONTONSschen Gesetz angetroffen. Es hat den Anschein, als ob die geringe kinetische Reibung mindestens teilweise auf der Erzeugung einer dünnen Wasserschicht infolge der Reibungswärme beruhe. Bei tiefen Temperaturen steigt die Reibung beträchtlich, und gute Wärmeleiter, wie z. B. die Metalle, geben eine höhere Reibung als Wärmeschutzstoffe wie Ebonit.

a) Statische Reibung von Eis auf Eis

Temp. °C	0	−12	−71	−82	−110
μ_s	0,05—0,15	0,3	0,4	0,5	0,5

b) Kinetische Reibung auf Schnee, Geschwindigkeit 10 cm/sec

T °C	0	−3	−10	−40
μ_k	0,04	0,09	0,18	0,4

gewachstes Hickoryholz

Auf nassem Schnee ist die Reibung größer; für gewachstes Hickoryholz erhält man z. B. $\mu_k = 0{,}14$. Wenn die Kufe oder die Skis über frisch gefallenen, ungespurten Schnee gleiten, so muß ein weiterer Betrag (der beträchtlich sein kann) für die Verdrängungsarbeit und die Kompression des Schnees hinzugefügt werden.

c) Kinetische Reibung auf Eis (4 m/sec)

Obere Gleitfläche	Reibungskoeffizient μ_k					
	0 °C	−10 °C	−20 °C	−40 °C	−60 °C	−80 °C
Eis	0,02	0,035	0,050	0,075	0,085	0,09
Ebonit	0,02	0,050	0,065	0,085	0,10	0,11
Messing	0,02	0,075	0,085	0,115	0,14	0,15

Ungewachstes Hickory bei −3 °C: $\mu_K = 0{,}08$ Gewachst: $\mu_K = 0{,}03$

IV. Nichtmetalle — sauber und geschmiert
13. Die statische Reibung von Nichtmetallen

Material, Oberflächenzustand	μ_s	Material, Oberflächenzustand	μ_s
Glas auf Glas		*Plastikstoffe*	
sauber	0,9 —1,0	Plexiglas auf Plexiglas	0,8
Paraffinöl	0,5 —0,6	Plexiglas auf Stahl	0,4 —0,5
flüssige Fettsäuren	0,3 —0,6	Polystyrol auf Polystyrol	0,5
feste Kohlenwasserstoffe, Alkohole oder Fettsäuren	0,1	Polystyrol auf Stahl	0,3 —0,35
Metall auf Glas		Polyäthylen auf sich selbst	0,2
sauber	0,5 —0,7	Polyäthylen auf Stahl	0,2
geschmiert	0,2 —0,3	Teflon auf Teflon	0,04
Diamant auf Diamant		Teflon auf Stahl	0,04
sauber	0,1	Schmierung ändert hier nichts Wesentliches	
geschmiert	0,05—0,1		
Diamant auf Metall		*Fasern**	
sauber	0,1 —0,15	Wollfasern auf Horn, gereinigt μ_2	0,8 —1
geschmiert	0,1	μ_1	0,4 —0,6
Saphir auf Saphir		Wollfasern auf Horn, fettig μ_2	0,5 —0,8
sauber und geschmiert	0,2	μ_1	0,3 —0,4
Saphir auf Stahl			
sauber und geschmiert	0,15	*Im Handelszustand*	
Hartkohle auf Kohle		Nylon auf Nylon	0,15—0,25
sauber	0,16	Seide auf Seide	0,2 —0,3
geschmiert	0,12—0,14	Baumwolle auf Baumwolle (Faden)	0,3
Hartkohle auf Stahl		Versch. Körper auf Gummi, sauber	1—4
sauber	0,14		
geschmiert	0,11—0,14	Holz auf Holz	
Graphit auf Graphit,		sauber	0,25—0,5
sauber und geschmiert	0,1	naß	0,2
von Gasen befreit	0,5 —0,8	Holz auf Metallen,	
Graphit auf Stahl,		sauber	0,2 —0,6
sauber und geschmiert	0,1	naß	0,2
Stahl auf Graphit,		Ziegelstein auf Holz	
sauber	0,1	sauber	0,6
Glimmer auf Glimmer		Leder auf Holz,	
frisch gespalten	1,0	sauber	0,3 —0,4
verunreinigt	0,2 —0,4	Leder auf Metall,	
Kristalle von NaNO$_3$, KNO$_3$, NH$_4$Cl auf sich selbst, sauber	0,5	sauber	0,6
		naß	0,4
		fettig	0,2
Gleiche Kristalle, geschmiert mit langkett., polaren Verb.	0,12	Bremsscheibenmaterial auf Gußeisen,	
Wolframkarbid auf Wolframkarbid,		sauber	0,4
sauber	0,2 —0,25	naß	0,2
geschmiert	0,12	Mineralöl	0,1
Wolframkarbid auf Stahl			
sauber	0,4 —0,6		
geschmiert	0,1 —0,2		

* Für Fasern, μ_2 gegen die Schuppen, μ_1 mit den Schuppen

Neueres Schrifttum

Die unten aufgeführte Liste enthält maßgebliche, seit 1954 erschienene Veröffentlichungen über Reibung, Schmierung, Verschleiß und verwandte Gebiete. Trotzdem in dieser Zusammenstellung keine Abhandlungen über hydrodynamische Schmierung, Reiboxydation und Bearbeitung der Metalle berücksichtigt wurden, kann es sich nicht um ein lückenloses Verzeichnis handeln. Vielmehr wurde versucht eine Auswahl zu treffen, die für die Weiterentwicklung der Forschungen in Cambridge und anderswo kennzeichnend ist. In einigen Fällen werden die Untersuchungen einer bestimmten Arbeitsgemeinschaft deshalb nur durch einen oder zwei Hinweise auf ihre jüngsten Originalschriften, wo meist ausführliche Angaben über das frühere Werk der betreffenden Autoren und ihrer Mitarbeiter zu finden sind, repräsentiert. Im Einklang mit dem Wesen des Buches erhielten Publikationen, die sich mit dem grundlegenden Mechanismus der Erscheinungen befassen, gegenüber solchen mit vorwiegend technologischem Charakter den Vorzug.

Reibungsmechanismus, Theorie der Reibung

ATACK, D. and D. TABOR (1958), The friction of wood. Proc. Roy. Soc. A 246, 539.
BOWDEN, F. P. and E. H. FREITAG (1958), The friction of solids at very high speeds. Proc. Roy. Soc. A 248, 350.
BOWDEN, F. P. and G. W. ROWE (1955), The friction and mechanical properties of solid krypton. Proc. Roy. Soc. A 228, 1.
DERJAGUIN, B. V., V. E. PUSH and D. M. TOLSTOI (1957), A theory of stick-slip sliding of solids. Conf. Lub. and Wear, Inst. Mech. Engrs, London.
GREEN, A. P. (1955), Friction between unlubricated metals: A theoretical analysis of the junction model. Proc. Roy. Soc. A 228, 191.
GREENWOOD, J. A. and D. TABOR (1955), Deformation properties of friction junctions. Proc. Phys. Soc. B 68, 609.
GREENWOOD, J. A. and D. TABOR (1958), The friction of hard sliders on rubber: the importance of deformation losses. Proc. Phys. Soc. B 71, 989.
KRAGHELSKY, I. V. and V. P. SABELNIKOV (1957), Experimental check of elementary law of friction. Conf. Lub. and Wear, Inst. Mech. Engrs., London.
LING, F. F. and E. SAIBEL (1957), On kinetic friction between unlubricated metallic surfaces. Wear 1, 167.
PASCOE, M. W. and D. TABOR (1956), The friction and deformation of polymers. Proc. Roy. Soc. A 235, 210.
RABINOWICZ, E. (1956), Autocorrelation analysis of the sliding process. J. App. Phys. 27, 131.
RABINOWICZ, E. (1958), The intrinsic variables affecting the stick-slip process. Proc. Phys. Soc. B 71, 668.
RAETHER, H. and A. WISKEN (1955), Der Einfluß der Härte und des Schmelzpunktes auf das Glätten von Metallen. Metalloberfläche 9, Heft 9.
RUBENSTEIN, C. (1956), A general theory of the surface friction of solids, Proc. Phys. Soc. B 69, 921.
SCHALLAMACH, A. (1958), Friction and abrasion of rubber. Wear 1, 385.

SEAL, M. (1958), The abrasion of diamond. Proc. Roy. Soc. A **248**, 379.
TABOR, D. (1957), Friction, lubrication and wear of synthetic fibres. Wear **1**, 5.

Berührung zwischen festen Körpern

ARCHARD, J. F. (1957), Elastic deformation and the laws of friction. Proc. Roy. Soc. A **243**, 190.
BAILEY, A. I. and J. S. COURTNEY-PRATT (1955), The area of real contact and the shear strenght of monomolecular layers of a boundary lubricant. Proc. Roy. Soc. A **227**, 500.
BOWDEN, F. P. and J. B. P. WILLIAMSON (1958), Electrical conduction in solids: I. Influence of the passage of current on the contact between solids. Proc. Roy. Soc. A **246**, 1.
COURTNEY-PRATT, J. S. & E. EISNER (1957), The effect of a tangential force on the contact of metallic bodies. Proc. Roy. Soc. A **238**, 529.
CROOK, A. W. (1957), Simulated gear-tooth contacts: some experiments upon their lubrication and subsurface deformations. Proc. Inst. Mech. Engrs. **171**, 187.
DYSON, J. & W. HIRSCH (1954), The true contact area between solids. Proc. Phys. Soc. B **67**, 309.
GREENWOOD, J. A. & J. B. P. WILLIAMSON (1958), Electrical conduction in solids: II. Theory of temperature — dependent conductors. Proc. Roy. Soc. A **246**, 15.
TABOR, D. (1954), Mohs's hardness scale — a physical interpretation. Proc. Phys. Soc. B **67**, 249.
WILLIAMSON, J. B. P., J. A. GREENWOOD and J. HARRIS (1956), The influenc of dust particles on the contact of solids. Proc. Roy. Soc. A **237**, 560.

Struktur von Oberflächen, Wirkung von Fremdschichten

BISSON, E. E., R. C. JOHNSON, M. A. SWIKERT and D. GODFREY (1956), Friction, wear and surface damage of metals as affected by solid surface films. N. A. C. A. Report 1254.
BOWDEN, F. P. and G. W. ROWE (1957), Lubrication with molybdenum disulphide formed from the gas phase. The Engineer **204**, 667.
DEACON, R. F. and J. F. GOODMAN (1958), Lubrication by lamellar solids. Proc. Roy. Soc. A **243**, 464.
DERJAGUIN, B. V., V. V. KARASSAV, N. N. ZAKHAVAEVA and V. P. LAZAREV (1958), The mechanism of boundary lubrication and the properties of the lubricating film. Wear **1**, 277.
GRUNBERG, L. and K. H. R. WRIGHT (1955), A study of the structure of abraded metal surfaces. Proc. Roy. Soc. A **232**, 403.
JOHNSON, V. R. and G. W. VAUGHN (1956), Investigation of the mechanism of MoS_2-lubrication in vacuum. J. App. Phys. **27**, 1173.
LUNN, B. (1957), Friction and wear under boundary lubrication. Wear **1**, 25.
WILSON, R. W. (1955), The contact resistance and mechanical properties of surface films on metals. Proc. Phys. Soc. B **68**, 625.
YAMAGUCHI, S. (1955), Abschätzung der Dicke der Beilby-Schicht. Z. Phys. **140**, 577.

Adhäsion, Metallübertragung und Verschleiß

ARCHARD, J. F. and W. HIRST (1956), The wear of metals under unlubricated conditions. Proc. Roy. Soc. A **236**, 397.
ARCHARD, J. F. and W. HIRST (1957), An examination of a mild wear process. Proc. Roy. Soc. A **238**, 515.

Bowden, F. P. and G. W. Rowe (1956), The adhesion of clean metals. Proc. Roy. Soc. A **233**, 429.
Bowden, F. P. and D. Tabor (1957), Mechanism of adhesion between solids. Proc. 2nd Int. Congress of Surface Activity, Butterworths Sci. Pub., London.
Bowden, F. P., J. B. P. Williamson and P. G. Laing (1955), Metallic transfer in drilling and its significance in orthopaedic surgery. Nature **176**, 826.
Cocks, M. (1954), The effect of compressive and shearing forces on the surface films present in metallic contacts. Proc. Phys. Soc. B **67**, 238.
Cocks, M. (1957), Role of atmospheric oxidation in high speed sliding phenomena. J. App. Phys. **28**, 835.
Coffin, L. F. Jr. (1956), A study of the sliding of metals with particular reference to atmosphere, Lubrication Engineering **12**, 50.
Coffin, L. F. Jr. (1957), A transition temperature for surface damage in sliding metallic contact. Lubrication Engineering **13**, 399.
Flom, D. G. (1957), Metal transfer in sliding contacts. J. App. Phys. **28**, 850.
Hofmann, W. and H. J. Schüller (1958), Weiterentwicklung der Kaltpreßschweißung, Z. Metallkde. **49**, 302.
Kerridge, M. (1955), Metal transfer and the wear process. Proc. Phys. Soc. B **68**, 400.
Kerridge, M. and J. K. Lancaster (1956), The stages in a process of severe metallic wear. Proc. Roy. Soc. A **236**, 250.
Lancaster, J. K. (1957), The influence of temperature on metallic wear. Proc. Phys. Soc. B **70**, 112.
Raraty, L. E. and D. Tabor (1958), The adhesion and strength properties of ice. Proc. Roy. Soc. A **245**, 184.
Roach, A. E., C. L. Goodzeit and R. P. Hunnicut (1954), Scoring characteristics of 38 different elemental metals on high-speed sliding contact with steel. ASME paper No. 54—A—61.

Besonders reichhaltige Verzeichnisse von Originalabhandlungen stellen die gesammelten Berichte der großen internationalen und nationalen Kongresse dar. Ferner verdienen drei neue Zeitschriften, die ausschließlich den Gebieten Reibung, Schmierung und Verschleiß gewidmet sind, spezielle Erwähnung, nämlich:

Schmiertechnik (seit 1954), herausgeg. von Prof. Dr. L. Ubbelohde, Karl Marklein-Verlag, Düsseldorf.
Wear (seit Aug. 1957), herausgeg. von Dr. Ing. G. Salomon, Elsevier.
Lubrication Science & Technology (1958), Transactions of the Am. Soc. Lub. Engrs., Pergamon Press.

Tagungen

4. Welt-Erdöl-Kongreß, 1955, Rom.
Reibung und Schmierung, VDI-Tagung, 1956, Darmstadt.
Conference on Lubrication and Wear, Inst. Mech. Engrs., 1957, London.
3. Allrussischer Kongreß über Reibung, Verschleiß und Schmierung von Maschinen, 1958, Moskau.
Symposium on Chemistry of Friction and Wear, 134th National Meeting of the Am. Chem. Soc., 1958, Chigaco.

Namenverzeichnis

Adam, N. K. 268
Adams, L. H. 394
Akamatsu, H. 268
Almen, J. O. 369
Amontons, G. 1, 107, 108, 118, 119, 120, 143, 144
Andrade, E. N. da C. 193
Andrews, J. P. 333, 337
Archard, J. F. 360
Attlee, Z. J. 144
Austin, C. R. 330

Backer, W. R. 305
Bailey, A. I. 9, 203
Barker, G. C. 189, 191
Barry, A. J. 248
Barwell, F. T. 209
Bassett, H. 148
Bastow, S. H. 189, 272, 380
Beeck, O. 226, 246, 281, 285, 296, 370, 372
Beilby, Sir G. 66, 67, 108
Bigelow, W. C. 279
Bikerman, J. J. 233, 381
Bishop, R. F. 16, 21
Bisson, E. E. 202, 366
Blackwood, J. 401
Blodgett, K. 233
Blok, H. 59, 62, 134, 224, 298, 353
Boas, W. 172, 173, 175
Bobolev, U. 396
Borries, B. von 11
Bowden, F. P. 30, 33, 41, 48, 56, 67, 69, 77, 81, 85, 91, 99, 127, 134, 147, 150, 177, 179, 181, 182, 186, 189, 197, 200, 201, 203, 212, 233, 240, 249, 266, 271, 272, 298, 323, 336, 380, 392, 397, 398, 399, 400, 401, 402
Bowen, R. J. 205
Boyd, J. 277

Bradbury, E. 217
Bradley, D. E. 11
Bradshaw, F. J. 13
Bragg, W. L. 253, 273
Bridgman, P. W. 43, 277, 394
Bristow, J. R. 134, 246
Bruyne, N. A. de 391
Brockway, L. O. 69
Brookman, J. G. 300
Brummage, K. G. 258, 289
Budgett, H. M. 380
Burns, J. A. 200
Burwell, J. T. 100, 359, 360

Cabrera, N. 182
Carey-Lea, M. 394
Chapman, J. A. 11
Chariton, J. V. 396
Cherry, T. M. 348, 349, 350
Cherry-Garrard, A. 81
Clark, O. H. 277
Clark, R. E. D. 189, 214
Claypole, W. 238
Cochrane, W. 67, 257
Cocks, M. 101, 186
Coleman, E. F. 238
Conn, G. K. T. 13
Constable, F. H. 290
Cosslett, V. E. 11
Coulomb, C. A. 1, 107
Courtel, R. 260
Courtney-Pratt, J. S. 7, 9, 124, 202, 203, 309, 402
Cowley, J. M. 258
Crook, A. W. 335, 384, 391

Dacus, E. N. 238
Daniel, S. G. 267, 271
Davey, W. 285
Davies, C. B. 366

Deeley, R. M. 407
Derjaguin, B. 202
Dies, K. 364, 367, 368
Dobinski, S. 68
Donandt, H. 364
Driscoll, R. L. 211
Dubrisay, R. 262

Edison, T. A. 189
Edwards, C. A. 330
Eirich, F. W. 343
Eisner, E. 124, 390
Elam, C. F. 43
Eldredge, K. R. 145, 146, 211
Ernst, H. 111, 219, 299, 302, 305
Euler, L. 107
Evans, U. R. 182
Everett, H. A. 224
Ewing, A. 108
Eyring, H. 402

Filmer, J. C. 144
Finch, G. I. 67, 68, 257, 368
Fink, M. 364
Fogg, A. 225, 371, 407
Forrester, P. G. 226, 246
Frank, F. C. 182
Frenkel, J. 396
Freres, R. N. 208
Frewing, J. J. 239, 267
Frisman, E. 396
Fuzek, J. F. 269

Galt, J. K. 306
Gans, D. M. 269
Garforth, F. 182
Garner, W. E. 402
Garrod, R. I. 6
Germer, L. H. 283
Givens, J. W. 226, 246, 281, 285, 296, 372
Glass, E. 279

Glocker, R. 67
Godfrey, D. 202, 365
Gordon, M. S. 248
Gorodetskaja, A. 191, 192
Gough, H. J. 364
Gralén, N. 217
Gray, P. 348
Grebenschikov, I. V. 75
Greenhill, E. B. 88, 240, 267, 285, 303
Gregory, J. N. 100, 101, 229, 232, 239, 240, 242, 249, 250, 285
Gurton, O. A. 399, 401
Gwathmey, A. T. 182

Haines, H. R. 13
Halder, R. 372
Ham, R. B. 300, 303
Hampp, W. 269
Hanford, W. E. 206
Hardy, Sir W. 2, 108, 209, 223, 226, 227, 232, 249, 272, 273, 274, 277, 279, 374
Hargrave, K. K. 396
Harkins, W. D. 269
Harper, W. R. 218
Hatch, D. 390
Heathcote, H. L. 145
Heidebroek, E. 345
Heidenreich, R. D. 248
Hencky, H. 15
Henniker, J. C. 271
Henry, P. S. H. 218
Herbert, E. G. 42, 299
Herring, C. 306
Herschel, W. 66
Hersey, M. D. 223, 314
Hertz, H. 14, 15, 28, 326
Hess, K. 396
Hill, R. 16, 21
Hire, de la 107
Hirn, G. A. 107
Hirst, W. 240, 337, 384, 391
Holm, R. 2, 30, 34, 177, 360, 374
Holt, W. L. 211
Honeycombe, R. W. K. 172, 173, 175
Hopkins, H. G. 67, 68
Hopkins, M. R. 6

Houwink, R. 391
Howell, H. G. 217
Hughes, T. P. 67, 69, 77, 177, 178, 179, 180, 186, 239, 240, 249
Hunswicks, S. A. 407
Hunter, M. J. 242
Hutchinson, E. 197, 268
Hutchison, R. 80, 197
Hyde, J. F. 248

Irvine, J. W. 100
Isemura, T. 239, 240
Ishlinsky, A. J. 15

Jacob, C. 177, 374
Jaeger, J. C. 59, 60, 61, 62, 63
Jeffreys, J. 76, 395
Johnson, R. L. 202, 365
Johnston, J. 76, 394
Jones, A. B. 352
Jordan, L. 364
Joyce, R. M. 206

Kabanov, B. 191, 192
Kadt, P. J. de 293
Karle, J. 69
Kenyon, D. M. 201
Kenyon, H. F. 226, 359, 370, 371
Kerridge, M. 240
Khaikin, S. 134
King, R. F. 198, 199, 205, 206, 211
Klein, G. J. 83
Koch, K. R. 189
Krouchkoll, M. 189
Küsters, K. J. 299
Kushnir, U. M. 11

Lancaster, J. K. 240, 265
Langmuir, I. 233, 238, 239
Lazarev, W. 202
Leavey, E. W. L. 177, 211, 374
Leben, L. 85, 127, 134, 233, 323
Lee, E. H. 305
Lenher, S. 378, 379
Leonardo da Vinci, 1
Leyman, R. E. 357

Lincoln, B. 204, 217
Lipson, M. 214
Lissovsky, L. 134
Love, A. E. H. 355
Love, P. P. 150
Lunn, B. 148, 308

Macaulay, J. M. 203
Macdonald, G. L. 211
McBain, J. W. 271, 374
McFarlane, J. S. 124, 201, 374, 389, 390, 391
McHaffie, I. R. 378, 379
McKee, S. A. 317
McMahon, H. O. 205
Mailänder, R. 364, 365, 366, 367, 368
Makinson, K. R. 214, 216, 217, 218
Marshall, E. R. 305
Martin, A. J. P. 214
Maxwell, C. 30
Menter, J. W. 11, 260
Mercer, E. H. 214
Merchant, M. E. 111, 219, 299, 302, 305
Merwe, I. H. van der 182
Meyer, A. 32
Michell, A. G. M. 345
Milne, A. A. 209
Ming Feng, I. 109
Moore, A. C. 197, 266, 383, 396
Moore, A. J. W. 12, 24, 67, 91, 99, 144, 186, 361
Morgan, F. 129, 130, 134, 384
Morin, A. J. 107
Morris, W. J. 396
Mott, N. F. 13, 16, 21, 182, 402
Müller, A. 257, 273
Mulcahy, M. F. R. 398, 401
Muskat, M. 129, 130, 134, 384
Mylonas, C. 392

Nadai, A. 20
Nansen, F. 81
Nelson, H. R. 12
Newing, M. 242
Newton, I. 6, 40, 66

Okubo, J. 333
O'Neill, H. 20
Opitz, H. 306

Parker, L. H. 394
Parker, R. C. 390
Peart, J. 255
Pickett, D. L. 283
Poynting, J. H. 76
Prescott, J. 346, 347
Preston, F. W. 211
Prutton, C. F. 262

Quarrell, A. G. 372

Rabinowicz, E. 101, 162, 205, 229, 276, 342
Raether, H. 67, 68, 69
Raman, C. V. 333
Rayleigh (3rd Baron) 66, 108
Reason, R. E. 6
Reed, D. W. 129, 130, 134, 384
Rees, A. L. G. 214
Rehbinder, P. 193
Rehner, J. 396
Reicher, A. 217
Rennie, G. 107, 108
Reynolds, O. 3, 75, 145, 223, 224, 313, 345
Richards, H. F. 213
Rideal, E. K. 197
Ridler, K. E. W. 41
Roberts, J. K. 181
Robertson, B. P. 277
Roess, L. C. 238
Rolt, F. H. 380
Rosenberg, S. J. 364
Roth, F. L. 211, 212
Rouse, R. L. 265
Rowe, G. W. 181, 182, 201, 202, 390

St. Venant, B. de 326
Sakmann, B. W. 100
Sameshima, J. 249
Sampson, J. B. 384
Sanders, J. V. 258
Savage, R. H. 178, 194,
Schallamach, A. 212
Schmid, D. 396
Schnurmann, R. 396

Scott, J. M. 81
Seal, M. 11
Sellei, H. 307
Shaffer, B. W. 305
Shaw, M. C. 305, 306, 395
Shaw, P. E. 177, 211, 374
Shooter, K. V. 202, 203, 204, 205, 209, 217, 218, 265
Shore, H. 42
Shotter, G. F. 199
Siebel, E. 364
Simon, I. 205
Singh, K. 402
Smith, A. E. 226, 246, 281
Smith, H. A. 269
Smith, H. E. 364
Smith, P. A. 306
Solomonovitch, A. 134
Southcombe, J. E. 233
Speakman, J. B. 214
Spengler, G. 202
Spink, J. A. 240, 260
Stacey, M. 243
Stefan, J. 345
Stone, M. A. 48, 397
Stone, W. 374, 375
Storks, K. H. 283
Stott, V. 199
Strang, C. D. 359, 360
Szent-Gyorgi, A. 396

Tabor, D. 14, 19, 22, 30, 33, 91, 101, 124, 134, 144, 145, 146, 147, 160, 186, 197, 199, 201, 203, 204, 205, 217, 228, 229, 249, 252, 255, 258, 260, 276, 303, 309, 321, 323, 328, 333, 336, 338, 343, 349, 354, 361, 374, 383, 390, 391, 392
Tanaka, K. 258
Taylor, Sir, G. I. 332, 334
Taylor, J. 402
Tegart, W. J. McG. 67, 186
Thomas, P. H. 56, 61, 63, 203
Thompson, Sir G. 13
Thomson, G. P. 257

Thomson, H. M. S. 214
Throssel, W. R. 271
Timoshenko, S. 15
Tingle, E. 199, 241, 243, 262, 369, 372
Tolansky, S. 6, 7, 13, 203
Tomlinson, G. A. 108, 194, 364
Tompkins, F. C. 402
Trent, E. M. 209, 306
Trillat, J. J. 257, 273
Tudor, G. K. 48, 309, 313, 397
Tylecote, R. F. 384

Ubbelohde, A. R. 399, 402

Vines, R. G. 398, 401

Waitz, K. 189
Ward, W. H. 218
Webber, M. W. 324
Wells, H. M. 233
Wenström, E. 193
White, J. R. 277
Whitehead, J. R. 101, 107, 119, 183, 185, 244
Whittingham, G. 239, 249
Williams, C. G. 298, 312, 313, 364
Williams, E. C. 285, 296, 372
Williams, H. T. 400
Williams, R. C. 10
Wilman, H. 257
Wilson, J. T. 144
Wilson, R. 107
Woods, W. W. 277
Wooster, W. A. 211
Wright, C. S. 80, 81
Wyckhoff, R. W. J. 10

Yoffe, A. D. 398, 401, 402
Young, J. E. 177, 179, 181, 187, 200, 201, 211, 298, 385
Young, L. 189, 190
Yuill, A. M. 401

Zisman, W. A. 267, 279
Zvetkov, V. N. 396

Sachverzeichnis

Abscherung, von Metallbrücken, Bedeutung für den Reibungsmechanismus 111, 115
Additive, für Hochdruckschmierung:
— — allgemein 284
— — Reaktionsvermögen 296, 297
— — s. a. unter Chlor-, Phosphor- und Schwefelverbindungen
— für hydrodynamische Schmierung 224
Adhäsion, an gleitenden Oberflächen:
— — zwischen Metallen in Luft 92, 120, 191, 193, 374
— — — Metallen und Nichtmetallen 197, 200, 201, 205, 206, 211
— — — reinen Metallflächen 178, 180, 182
— — — Nichtmetallen 198, 200, 201, 202, 205, 206, 211
— an ruhenden Oberflächen:
— — allgemein 374
— — Einfluß von Flüssigkeitsschichten:
— — — zwischen ebenen Flächen 379
— — — zwischen Kugelflächen 375
— — Meßmethoden 375, 391
— — weiche Metalle:
— — — Einfluß der Belastungsdauer 382
— — — Einfluß von Oxydschichten 384, 390, 391
— — — Einfluß von Schmierfilmen 386, 387, 390, 391
— — Wirkungsweise von Klebverbindungen 391, 392
— seitliche, zwischen Schmiermolekeln 228, 231, 262, 278, 280
— und Reibung 388, 374
— zwischen Endmassen 380
— zwischen Stoßflächen 384
Adhäsionskoeffizient, Definition 384
— in Abhängigkeit des Reibungskoeffizienten 389, 390
— für verschiedene Stoffe auf Indium 197

Adiabatische Kompression von Gasblasen, als Detonationsursache 398, 400, 401
Adsorption, von Alkoholen, Estern und Fettsäuren auf Metallen:
— — Untersuchung des Mechanismus mittels Radioaktivität 266, 267
— — zeitlicher Verlauf 266
— von Gasen und Dämpfen:
— — allgemein 271, 272
— — Einfluß auf die Reibung von Graphit 194, 195, 201
— — Einfluß auf die Reibung von Metallen 178, 191
— von Schmierschichten, Einfluß auf Reibung und Verschleiß, s. unter Grenz- bzw. Hochdruckschmierung
Adsorptionsisothermen, für Alkohole, Ester und Fettsäuren auf Metallen 266
Adsorptionswärme 271
Alkohole, Adsorption auf Metallen 266, 270, 274
— als Schmiermittel:
— — allgemein 240, 243, 244, 246, 249, 274, 278, 279, 282
— — Einfluß des Molekulargewichts 226, 227
— — Einfluß der Temperatur 228, 230
— — Struktur adsorbierter Schichten 258, 260
Aluminium, Härte 186, 369
— Reibung und Oberflächenschaden 102, 119, 151
— Schmierung durch Paraffinöl und Fettsäuren 250, 251, 264, 265
Aluminiumoxyd, Bedeutung für Reibung und Verschleiß 102, 185, 368, 369
— Bildung und Struktur 182, 183
— Härte 185, 186, 369
— Verwendung als Replika 103, 104
Ammoniumchlorid 197
Ammoniumnitrat 399

Ammoniumpolysulfid, als Hochdruckschmiermittel 289
Amontons, Gesetz von, für Metalle (trocken und geschmiert) 1, 107, 118, 247, 275, 276
— — Abweichungen:
— — — bei dünnen Metallschichten 143, 149
— — — bei Eis und Schnee 77, 78
— — — bei geringer Belastung 183, 244 245, 247
— — — bei Nichtmetallen 197, 200, 203, 211, 217
Anisotropie, mechanisch, Einfluß auf Reibung 135, 136, 193, 196, 200
— thermisch, bei zyklischer Wärmebeanspruchung von Legierungen und Metallen 171
Aufbauschneide 299, 300, 302, 306
Ausbreitung von Explosionen 401, 402
Ausbreitungswiderstand 30, 31
Ausschwitzen von Blei aus Lagerlegierungen 158, 159
Aussieden von Wasser aus Seifenschichten 255, 281, 305
Azide, explosive Zersetzung der, 400

Barium, als dünne Schmierschicht 144
Bariumstearat 258
BEILBY-Schicht 67
Benzophenon 80
Berührung zwischen festen Körpern, Wesen 125, 126
Berührungsfläche, elektrische Messung:
— — bei gleitenden Körpern 129
— — bei ruhenden Körpern 30
— — beim Stoß 336, 337, 341, 342
— zwischen gleitenden Körpern; 111, 112, 118, 129, 130
— zwischen ruhenden Körpern:
— — Anzahl und Ausdehnung der Kontaktstellen 35
— — ebene Flächen 27, 34—37
— — Konus oder Pyramide auf Ebene 21, 124
— — Kugelfläche auf Ebene 14, 27, 124
— — Vergleich wirklicher und scheinbarer B. 23, 32, 35, 36
— — Wachstum infolge Tangentialkraft 124, 182, 388
Berührungswiderstand, s. unter Kontaktwiderstand

Bimetallischer Ausdehnungseffekt, bei Lagerlegierungen 171
Blei, Adhäsion 100, 382
— Härte, dynamisch und statisch 333
— in Lagerlegierungen 147, s. a. unter Kupfer-Blei- bzw. Weißmetall-Lagerlegierungen
— Polieren 69, 70
— Reibungs- und Verschleißverhalten:
— — allgemein 100, 116, 153, 154
— — dünner Schichten 120, 136, 141, 142, 144, 151, 157, 170
— Scherfestigkeit 117
— Wärmeausdehnung 172
— Zusammenstoß von Kugeln 337, 339
Bleiazid, Explosion von 400
Bleichlorid 399
Bleiglanz 399
Bleisulfid 198
Bleisulfidzelle, zur Messung von Oberflächentemperaturen 55
Borax 399
Brom, Einfluß auf das Verfilzen von Wolle 214

Capronsäure, Adsorption des Dampfes auf Gold 180, 181, 240
— als Schmiermittel 252, 261
Caprylsäure, Schmierwirkung auf Stahl 322, 323
— Schmierung bei Stoßversuchen 341
Ceten, sulfuriert 292, 295
Cetylbromid 286
Cetyljodid 286
Cetylmercaptan 293
Cetylmethylsulfid 292
Cetylsulfonsäure 293
Cetylthiocyanat 292
Chemische Reaktion, Bedeutung für die Schmierung 249, 286, 302
— — — für den Verschleiß 364, 371, 372
— — infolge hydrostat. Druck 394
— — infolge Reibung und Stoß:
— — — allgemein 394
— — — durch elektrische Entladung 396
— — — Einfluß der Härte 399, 400
— — — Einfluß hoher, örtlicher Temperaturen 395
— — — Einfluß von Druck- und Schubbeanspruchung 394, 395

Chemische Reaktion wegen Überschallschwingungen 396
Chlor 214, 285, 289
— als Hochdruckadditiv 284, 287, 295, 296, 298, 300, 303
— Einfluß auf das Verfilzen von Wolle 214
Chloridschichten, Schmiereigenschaften:
— — allgemein 285, 294, 295, 298
— — Hydrolyse 286
— — Temperaturempfindlichkeit 285, 286
— — Vergleich mit Sulfidschichten 294, 295
— —.Vergleich verschiedener Chloride 288, 289
— — wirksame Dicke 285
— Struktur 288, 289
Chlorkohlenwasserstoff, Schmiereigenschaften 243
Cholesterin, Schmiereigenschaften mono- und polymolekularer Schichten 237, 238, 240, 370
Chrom, in dünnen Schichten zur Verschleißverminderung 360
— Schmierung 250, 251, 364
Cyantriazid 400

Decan, Schmierung von Stahl 244
— Oberflächenspannung 377
Depolymerisation, mechanisch 396
Desorientierung von Schmierschichten 258
Desorption von Grenzschichten 231
Detonation, s. u. Explosion
Diamant, Polieren 68, 73
— Reibungsverhalten 200
Dicetylsulfid 292
Dichlordicetylsulfid 292
Dichlordicetylselendichlorid, Schmiereigenschaften 287, 288
Dichlorsilan, Schmierung von Glas 242
Dinitrobenzol 80
Dithiotridecylsäure 293
Dosocan, als Schmiermittel 256

Einlaufen von Gleitlagern 317
Eis, Reibungsmechanismus 75, 121, 198, s. a. unter Schnee
Eisen, Adsorption von Alkoholen und Fettsäuren 268, 269, 271
— Reibung und Schmierung 250, 251, 264, 265

Eisenchloride, Schmiereigenschaften 285, 286, 298, 295
Eisenoxyde als Verschleißprodukte 365, 366
— Härte 369
— Verschleißwirkung 199
Eisensulfid, Schmiereigenschaften 298
Eisenthiocyanat, Schmiereigenschaften 294, 295
Elastische Deformation, Bedeutung für die Reibung von Nichtmetallen wie Diamant und Gummi 200, 212
— beim Stoß:
— — ebener Flächen, in Gegenwart von Flüssigkeitsschichten 346
— — von Kugelflächen: trocken 326, 336, 337
— — — geschmiert 341, 342
— ruhender Oberflächen 14
— von Rauhigkeitsvorsprüngen 134
Elastische Druckwelle, bei Stoßvorgängen 326, 329
Elastische Rückfederung, bei der Entlastung:
— Bedeutung für die Adhäsion 382, 387, 391
— nach dem Gleiten 120, 123
— ruhender Oberflächen 27
— nach dem Stoß 328
Elektrische Doppelschicht, Einfluß auf die Oberflächenspannung 192
Elektronenbeugung, Verwendung, zur Untersuchung von Schmierschichten 231, 257
— — zur Untersuchung fester Oberflächen 67
Elektronenmikroskop, zur Untersuchung der Rauhigkeit 10, 11
— zur Untersuchung der Oberflächenbeschädigung 103
Elektrostatische Ladung, s. u. Reibungselektrizität
Endmasse, Adhäsion 380
E.P.-Schmiermittel, s. u. Hochdruckschmierung
Ermüdung, thermische, von Metallen und Legierungen 170
Erosion, durch Flüssigkeiten 354
Ester, Adsorption auf Metallen 267
— Hydrolyse 260, 267
— Schmiereigenschaften 240, 267, 279
— Struktur adsorbierter Schichten 258, 260

Sachverzeichnis

Explosion, Auslösung durch hydrostat. Druck und Schubbeanspruchung 394
— — durch „hot spots": infolge Reibung 395, 397
— — — infolge Stoß 395, 398, 401
— Fortpflanzung 401, 402

Fasern, Reibungsverhalten allgemein 212
— — Einfluß der Belastung 213, 217
— — Einfluß elektrostat. Ladung 212, 218
— — Einfluß von Fremdschichten 213, 217
— — Schmierung 216
— — Richtungsabhängigkeit 213
Fettsäuren, Adsorption auf Metallen 266
— Chemischer Angriff von Metallflächen 250, 262
— Schmiereigenschaften allgemein 226, 239, 240, 244, 249, 273, 278, 280, 370
— — Einfluß des Molekulargewichts 226, 227
— — Einfluß der Temperatur 228
— — minimale, wirksame Schichtdicke 232, 239, 240
— Struktur adsorbierter Schichten 258, 262
Feuchtigkeit, Einfluß: auf die Adhäsion 375, 378, 379
— — auf chemische Reaktionen 286, 288, 294, 394
— — auf den Verschleiß 367
— — s. a. unter Wasserdampf
Fließdruck, dynamisch 328
— statisch 14, 32
— und Scherfestigkeit, gegenseitige Abhängigkeit beim Reibungsvorgang 121, 388
— Vergleich statisch-dynamisch 333
— s. a. unter Berührungsfläche und plastische Deformation
Flüssigkeitsschichten, Einfluß auf die Adhäsion 374
— — Stoßvorgänge 341
— Unterbrechung, bei hydrodynamischer Schmierung 308, 323
Flüssigkeitsschmierung, s. u. hydrodynamische Schmierung
Fluorierte Kohlenwasserstoffe, Schmiereigenschaften 243
Formvar, als Replika 103

Fremdschichten, Einfluß auf die Adhäsion von Metallen 381, 391
— — auf den Kontaktwiderstand 31
— — auf die Reibung allgemein 177, 125, 126
— — — in elektrolytischer Lösung 188
— — — von Nichtmetallen 194, 196, 196, 198, 200, 201, 206, 212, 213
Fressen, Verschleiß durch 364
Furchenbildung, Bedeutung für den Reibungsmechanismus 111
— bei Reibungsversuchen 91, 113

Gallium, Oberflächentemperaturen 44
— Polieren 70
Gemischte Schmierung 226
Glas, Adhäsion in Gegenwart von Flüssigkeitsschichten 374
— Adhäsion von Metallen, bes. Titan 211
— Oberflächentemperaturen 49, 63, 64
— Polieren 74, 75
— Reibung und Oberflächenschaden 189, 209
— Schmierung 239, 242, 249
Gleitlager, Schmierung: allgemein 313
— — Druckverteilung 313
— — Einlaufvorgänge 317
— — hydrodynamische Reibung 313, 314
Glimmer, Gestalt von Spaltflächen 9
— Reibung und Adhäsion, trocken und geschmiert 202, 203
Glyzerin, Oberflächenspannung 377
— zur Kühlung von Reibflächen 51, 52
Gold, Polieren 72
— Reibung entgaster Oberflächen:
— — Einfluß der Temperatur 187
— — Wirkung von Capronsäuredampf 180, 181, 240
— Schattierung von Replikas 10, 104
Graphit, Adhäsion von Kupfer 201
— Anisotropie 135, 193, 194, 196
— Reibungs- und Verschleißverhalten allgemein 135, 193, 200, 201
— — Wirkung adsorbierter Fremdschichten 194, 201
Grenzschichten, Adsorption auf Metallen 266
— Einfluß auf die Adhäsion 386, 387, 390, 391

Grenzschichten, Minimaldicke für wirksame Schmierung 232, 239
— Orientierung und Struktur 231, 257
— Schmiereigenschaften, s. u. Grenzschmierung
— Vergleich mit Schmiereigenschaften dünner Metallschichten 143, 144, 256, 257, 281, 282
— Versagen:
— — infolge Deformation der Unterlage 241, 286
— — infolge Erweichen oder Schmelzen 228, 252, 318
— Verschleißfestigkeit 234
Grenzschmierung von Metallen, durch langkettige, organische Verbindungen
— — beim Stoß 353
— — Einfluß der Belastung 244
— — — der Geschwindigkeit 238, 245, 281
— — — der metallischen Unterlage 274
— — — des Molekulargewichts 225, 239, 261, 262, 270
— — — der Rauhigkeit 227, 240, 241
— — — der Temperatur 228, 250, 279
— Mechanismus: allgemein 249
— — Bedeutung der Seifenbildung 249
— — Bedeutung der seitlichen Adhäsion zwischen den Molekeln 228, 231, 278
— — Einfluß des Reaktionsvermögens des Metalls 249, 262
— — Einfluß von Wasser 263
— — Übergang zu hydrodynamischer Schmierung 226, 246, 247, 308
— — Zusammenhang zwischen Reibungs- und Verschleißverminderung 227, 234, 241, 273
Gummi, Reibungs- und Verschleißverhalten 211, 212
Gußeisen, Reibungs- und Verschleißverhalten 98
— Verschleißschutz durch Chromschichten 361
Härte, s. a. unter Berührungsfläche und plastische Deformation

Härte, relative, von Metall und Oxyd, Bedeutung für Reibung und Verschleiß 185, 186, 368, 369
— — von Oberfläche und Poliermittel, Bedeutung für das Fließen 70, 73
— Theorie: dynamisch 328
— — Einfluß der Verfestigung 18, 329, 334
— — statisch 14
— Vergleich: statisch-dynamisch 333
— verschiedener Körner, Einfluß auf die Zündung von Explosivstoffen 399, 400
— Werte, für Metalle und Oxyde 186, 368
Halogenierte Kohlenwasserstoffe, Schmiereigenschaften 286
Hartmetall, Reibungsverhalten und Schmierung 208, 209
— Verschleißmechanismus für Zerspanungswerkzeuge 209
Hochdruckschmierung, bei Zerspanungs- und Ziehoperationen 299
— durch Chlorverbindungen 285
— durch Kombination von Additiv und Fettsäure 296, 297
— durch Phosphorverbindungen 285, 296
— durch Schwefelverbindungen 289
— Mechanismus: allgemein 284
— — Bedeutung der chemischen Reaktion 288, 289, 294
— — Einfluß der Temperatur 284, 296
Hochfrequenzkameras zur Untersuchung von Explosionen 401, 402
hot spots, s. a. unter Oberflächentemperatur
— Ausdehnung und Lebensdauer 57, 64, 402
— Bedeutung für chemische Zersetzung 395, 397
— — für das Polieren 69
— erzeugt durch adiabatische Kompression 398, 400, 401
— — Reibung 49, 395, 397
— — Stoß 339, 398
Hydrodynamische Schmierung, allgemein 223
— bei intermittierender Bewegung 246, 247
— bei niedriger Geschwindigkeit 226, 370, 371

Hydrodynamische Schmierung, Entwicklung von Additiven 224
— Versagen: allgemein 308
— — Wirkung der Geschwindigkeit 310, 311, 314, 315
— — Wirkung von Temperatur und Zähigkeit 224, 225, 310, 314
Hydrolyse, von Chloridschichten 286, 288, 289
— von Eisenthiocyanat 294
— von Estern 260, 267
Hydrophobie, Bedeutung der, für die Reibung auf Eis und Schnee 82
Hydrostatischer Druck, Einfluß auf das Reibungsverhalten kristalliner Körper 198
Hysteresis, elastische, Bedeutung für die Rollreibung 145, 146

Indium, Adhäsion: beim Stoß 384
— — gleitender Oberflächen 120, 123
— — ruhender Oberflächen: allgemein 382
— — — Einfluß des Oxydation 384
— — — Einfluß von Schmierfilmen 386, 387
— Adhäsionskoeffizient für verschiedene Materialien 197
— dünne Schichten, Reibungsmechanismus: allgemein 136
— — Einfluß der Belastung 138, 139, 143, 144
— — Einfluß der Schichtdicke 136
— — Einfluß der Temperatur 141, 142
— — Vergleich mit Schmierfilmen 143, 144
— — Verschleißfestigkeit 139, 141
— Furchenbildung in 114
— Scherfestigkeit 115, 126
— Zusammenhang zwischen Adhäsion und Reibung 182, 388
Infrarotzelle, s. u. Bleisulfidzelle
Intermittierende Bewegung, Analyse 126
— — Auftreten: bei dünnen Metallschichten 139
— — — bei geschmierten Oberflächen 135, 229, 230, 244, 246, 251
— — — bei trockenen Oberflächen 91, 116, 122, 126, 204, 205

Intermittierende Bewegung und Schwankungen des Kontaktwiderstandes 129
— — und Schwankungen der Oberflächentemperatur 130, 141
Interferenz, optische, zur Messung der Oberflächenrauhigkeit 6, 7
Isolatoren, Oberflächentemperatur an 49

Kadmium, anisotropische Wärmeausdehnung 172
— Reaktionsvermögen bezüglich Fettsäure 251
— Reibung und Metallübertragung, trocken und geschmiert 230, 231, 250
— Schmierung: durch Ceten und Cetylalkohol 230
— — durch Chlorverbindungen 285
— — durch Fettsäuren 230, 239, 250, 251, 253, 254, 259, 264, 265
— — durch Paraffinöl 231, 232, 250
— — durch Schwefelverbindungen 289, 292, 293
— — durch Seifen und Mercaptide 230, 253
Kalilauge, alkoholische, Einfluß auf das Verfilzen von Wolle 214
Kaliumdichromat 399
Kaliumhydrosulfat 399
Kaliumnitrat 197
Kaltverfestigung, Einfluß der: auf die plastische Deformation, statisch 16
— — auf den dynamischen Fließdruck 329, 330, 334
— infolge Reibung 95
Kalzit, Polieren von 68, 71, 72, 399
Kampfer, als Poliermittel 70, 71
Karborundum, Einfluß des Pulvers auf die Oberflächentemperatur 54
Katalyse, bei Oxydation von Schmierölen 324
Kavitation 354
Klebverbindungen, Festigkeit der 374, 391, 392
Kobalt, Schmierung von 239
Kohlenstoff, Reibungsverhalten 200, 201
Kolbenringe, Schmierung 309
Konstantan, Oberflächentemperaturen an 41, 48, 58, 339

Kontaktwiderstand, als Maß der Berührungsfläche:
— — bei intermittierender Bewegung 129
— — statisch 30
— als Maß der Wirksamkeit hydrodynamischer Schmierschichten 308, 314, 370, 371
— bei Stoßvorgängen (Untersuchung der Stoßdauer) 336, 337, 341, 342
Kontaktwinkel, auf Platin 192
— Bedeutung für die Festigkeit von Klebverbindungen 392
Korrosion, bei Hochdruckschmierung 288, 297
— bei Reiboxydation 369
— durch oxydierte Öle 324
— in Verbrennungsmotoren 313
Kreide 189
Kristalline Körper, Reibung und Oberflächenschaden, allgemein 197
— — s. a. unter Diamant, Glimmer, Graphit, Saphir
Kugellager, Brinellieren 351
— Reiboxydation 369
Kupfer, Adhäsion 92, 126, 182, 201
— Adsorption organischer Verbindungen 268
— Härte 186
— Polieren 66, 71, 72
— Reibungs- und Verschleißverhalten:
— — allgemein 92, 103, 105, 126, 151, 182, 357, 358
— — Einfluß der Oxydschicht 182
— — Furchenbildung und Abscherung 115
— — reine Oberflächen 179, 182, 187
— Schmierung: durch Fettsäuren und Seifen 229, 239, 244, 245, 250, 251, 253, 261
— — durch Chlorverbindungen 285
— — durch Schwefelverbindungen 289
— — durch Silikone 241, 242
Kupfer-Beryllium, Reibungsverhalten und Härte 186
Kupfer-Blei-Lagerlegierungen, Ausschwitzen von Blei 158, 159
— Härte und Struktur 148, 150, 151, 174, 175
— Reibungs- und Verschleißverhalten: allgemein 150, 173

Kupfer-Blei-Lagerlegierungen, Reibungs- und Verschleißverhalten:
— — Einfluß der Temperatur 155, 174, 175
— — Schmierung durch ausgepreßtes Blei 157
— — Unterschied zwischen dendritischem und nichtdendr. Typ 158, 159, 174, 175
Kupferglanz 399
Kupferlaurat 252, 253
Kupferoxyd, Härte 72, 186
Kupferpalmitat 230
Kupferstearat 239, 252, 253

Lagerlegierungen, Härte und Struktur, s. unter Kupfer-Blei- bzw. unter Weißmetall-Lagerlegierungen
— Reibungs- und Verschleißverhalten:
— — allgemein 147
— — Bedeutung eines leicht schmelzenden Bestandteils 147
— — Bedeutung eines weichen Bestandteils 148, 157, 158, 173
— — Einfluß der Struktur 148, 155, 174, 175
— — Einfluß der Temperatur 155, 165, 170, 174, 175
— — Rolle harter Einschlüsse 148, 166, 167, 173, 175
— Schmierung 166, 169
— Thermische Ermüdung 170, 175
Latentes Bild in photographischer Emulsion, infolge Reibung 396, 397
Laurinsäure und Laurate, Schmiereigenschaften 99, 228, 229, 231, 232, 244, 245, 249, 262, 386

Magnesium, Mohshärte 369
— Reibung 250
— Schmierung 250, 251, 253, 264, 265
— Verschleißwirkung 368
Magnesiumhydroxyd, Mohshärte 369
— Verschleißwirkung 368
Magnesiumoxyd, Mohshärte 369
Mercaptan, Mercaptide, Schmiereigenschaften 253, 293
Mercapto-Palmitinsäure 293
Messing, Deformation durch Schlagbeanspruchung 336, 339
— Härte, statisch und dynamisch 333
— Reibung und Schmierung 303, 304

Sachverzeichnis

Messing, Verschleiß 361, 362
Metallschichten, Einfluß von, auf die Reibung von Wollfasern 214
— harte (Cr, Rh): Verschleißverminderung durch 360
— weiche: Bedeutung für die Wirkungsweise von Lagerlegierungen 153, 170, 173
— — Schmiereigenschaften: allgemein 135, 151, 152
— — — Einfluß der Belastung 143, 144
— — — Einfluß der Schichtdicke 136, 151, 152
— — — Einfluß der Temperatur 141, 142
— — — Rolle der Unterlage 137, 152
— — — Vergleich mit organischen Grenzschichten 143, 144, 256, 257, 281, 282
— — — Verschleiß 139
Metallseifen, s. unter Seifenschichten
Metallübertragung, Entdeckung der: mittels Radioaktivität 100, 101, 228
— — mittels elektrolytischem Verfahren 99, 227, 269, 370
— — mittels Schrägschnittverfahren 94
— und Reibung geschmierter Oberflächen 230, 231, 276
— zwischen trockenen Reibflächen: allgemein 92, 205
— — von Blei auf Stahl 100, 116
— — von Indium auf Stahl 94, 116
— — von Kupfer auf Platin 100
— — von Kupfer auf Stahl 94, 116
— — von Silber auf Platin 95
— — von Stahl auf Aluminium 104
— zwischen geschmierten Reibflächen 99, 240, 241, 273, 274, 304
Mineralöl, Einfluß auf die Adhäsion 379, 380
— Oberflächenspannung 379
— Schmiereigenschaften 143, 166, 169, 199, 230, 233, 242, 322
— s. a. unter Paraffinöl
Mohshärte, von Metallen und Oxyden; Bedeutung der relativen Werte für:
— — Fließen und Polieren 73
— — Reibung und Verschleiß 185, 186, 368, 369
— Werte 369

Molybdän, Polieren von 72
Molybdändisulfid, Reibungseigenschaften und Schmierwirkung 150, 202
Mono- und polymolekulare Schichten organischer Verbindungen —
— — Adsorption auf Metallen 266, 277
— — Schmiereigenschaften 232, 274, 386, 387, 390, 391
— — Struktur und Orientierung 258

Natriumazetat 399
Natriumdichromat 399
Natriumhyposulfit 80
Natriumnitrat 197
Natriumstearat, Schmiereigenschaften 255, 303
Natriumsulfat 192
Natriumsulfid 290
Nickel, Adsorption organischer Verbindungen 268
— entgaste Oberflächen: Adhäsion und Verschweißung 180, 385
— — Adsorption von Gasen 179, 180
— — Reibungsverhalten 179, 180, 187, 188, 385
— Schmierung 239, 250, 251
Nitride, Wirkung auf Verschleiß 365
Nitroglyzerin, Explosion von 397, 398

Oberflächen, Deformaton der: Einfluß auf die Reibung bei leichter Belastung 183
— — Einfluß auf die Wirkung dünner Metallschichten 137, 152, 360
— — Ursache für das Versagen von Schmierfilmen 241, 244, 245
— — s. a. unter elastische und plastische Deformation sowie unter Oberflächenbeschädigung
— Reinigung durch Entgasen 177, 178, 180
— Vorbereitung der: Einfluß auf die Grenzschmierung 262
— — für gewöhnliche Reibungsversuche 90
Oberflächenbeschädigung, beim Gleiten: trocken 91, 103, 138, 153, 161, 168, 183, 190, 191, 197, 202, 205, 208, 290, 291, 356
— — geschmiert 165, 166, 169, 225, 227, 278, 279, 290, 291, 320, 364, 369

Oberflächenbeschädigung beim Stoß, allgemein 351
— durch Flüssigkeiten 354
— Untersuchung der: mittels Elektronenmikroskop 103
— — mittels Schrägschnittverfahren 26
— — mittels Taststiftgerät 25
Oberflächenspannung, Bedeutung der: für Adhäsion und Reibung in elektrolytischer Lösung 192, 193
— — für die Adhäsion fester Körper in Gegenwart von Flüssigkeitsschichten 375
— — für die Reibung von Fasern 217, 218
— Messung der, bei kleinen Flüssigkeitsmengen 377
— Werte für versch. Flüssigkeiten 377
Oberflächentemperatur, beim Gleiten: Berechnung 39, 59
— — Einfluß der Geometrie 55
— — Einfluß der Geschwindigkeit 44, 47, 50, 53, 61
— — Einfluß des Schmelzpunktes 43, 57, 397
— — Einfluß der Wärmeleitfähigkeit 48, 49, 51, 59, 62, 63, 398, 400
— — Schwankungen 45, 48, 57, 58
— — Wirkung von Fremdteilchen 54, 399
— — Wirkung von Schmiermitteln 47, 48, 51, 52
— bei intermittierender Bewegung 130
— beim Stoß 339
— Messung der: an gleitenden Körpern:
— — — mittels Bleisulfidzelle 55
— — — photographisch 52, 53
— — — thermoelektrisch 41
— — — visuell 49
— — an ruhenden Körpern, thermoelektrisch 87
— s. a. unter „hot spots"
Octacosansäure, Schmiereigenschaften 245, 260, 261
Octadecylchlorid 286
Octan, Oberflächenspannung 377
Ölsäure, Einfluß auf den Verschleiß von Stahl 371
— geschwefelt, Schmiereigenschaften 292, 295

Orientierung der Moleküle in Schmierschichten 257, 279
Oxamid, als Poliermittel 71, 72
Oxydation, Einfluß der: auf die Adhäsion 19, 384
— — auf die Oberflächentemperatur beim Gleiten 57
— — auf Reibung und Verschleiß 199, 365
— Hemmung der, durch Additive 324
— von Grenzschichten 230
— von Metallen 182, 183
— von Schmierölen 321
Oxyde, Einfluß der: auf die Adhäsion 391
— — auf die Struktur der Beilby-Schicht 67
— — auf den Verschleiß 199
— Härte der 185, 188, 369
— Rolle der, als Verschleißprodukte 365
Oxydschichten, Bedeutung der: für Reibung und Verschleiß 125, 199, 183
— — für die Schmierung von Metallen 262, 365
— Einfluß der: auf die Adhäsion 356, 361, 384
— — auf den Kontaktwiderstand 31, 36
Oxykohlenwasserstoffe 401

Palladium, Polieren von 72
— Schattieren von Replikas mit 104
Palmitinsäure, Schmiereigenschaften 229
Paraffinkohlenwasserstoffe, adsorbierte Schichten: Dicke 271
— — Struktur und Orientierung 257, 258
— — Schmiereigenschaften: allgemein 226, 274, 277, 282
— — Einfluß des Moleculargewichts 226, 227, 279, 280
— — Einfluß der Temperatur 228, 282
Paraffinöl, als Lösungsmittel für Fettsäuren 99, 100, 249, 254, 262
— Schmiereigenschaften 231, 232, 242, 249, 279, 280, 341, 342
— s. a. unter Mineralöl
Pelargonsäure, Schmiereigenschaften 244, 245, 252

Pentaerythrittetranitrat, Explosion von 399
p_H-Wert, Einfluß auf die Reibung organischer Fasern 214
Phosphor, als Hochdruckadditiv 296, 371, 372
Photographische Emulsion, Reibungswirkung auf 396, 397
Plastikstoffe, Reibungseigenschaften 203
— Struktur und Härte 204, 206
— Verschweißung infolge Reibungswärme 207, 208
Plastische Deformation, Beginn der: bei Stoßvorgängen 327, 332, 336
— — statisch 15, 23
— beim Polieren 66, 72
— beim Stoß 326, 341, 342, 348, 351
— durch Flüssigkeitsschichten hindurch 341, 342, 348, 352, 353
— ruhender Oberflächen 13
— und Reibungsmechanismus 118, 135, 183, 388
— von Gleitflächen, s. unter Furchenbildung und Oberflächenbeschädigung
— von Nichtmetallen 196, 198, 205, 211
Platin, Adhäsion 374, 375, 377
— Adsorption 266, 271, 272
— Kontaktwinkel 192
— Reibung auf Silber 95
— Reibung und Verschleiß in elektrolytischer Lösung 189
— Schmierung: allgemein 239, 240, 250, 259, 264
— — Orientierung der Schmierschichten 259
Plexiglas, Reibungseigenschaften und Struktur 204
Polarisation, des Lichts, durch adsorbierte Schichten 271, 272
— von Metalloberflächen, elektrisch 189
Polieren, chemisch 296, 371, 372
— mechanisch: Bedeutung des Schmelzpunktes 69
— — Einfluß der Härte 69, 70, 73
— — Einfluß von Belastung und Geschwindigkeit 74
— — Mechanismus 66, 67, 73
Polierschicht, Struktur der, 65

Polyäthylen, in Schmierflüssigkeiten 224
— Reibungseigenschaften 204
Polymerisation, von Schmierölen 324
Polystyrol, in Schmierflüssigkeiten 224
— Reibungseigenschaften 204
Polytetrafluoräthylen, s. u. Teflon

Quarz, Adhäsion von Metallen 211
— Polieren von 72
Quasi-hydrodynamische Schmierung 247, 281
Quecksilber, als Schmiermittel für Silber 142, 158
— Oberflächenspannung in Abhängigkeit des Potentials 192
Quecksilberazetat, Einfluß auf das Verfilzen 214
Quecksilberfulminat, Explosion von 400

Radioaktivität, Verwendung der: zur Entdeckung chemischer Reaktion bei der Adsorption 266, 267
— — zur Entdeckung der Metallübertragung 100, 101, 229
Rauhigkeit, Einfluß der: auf die Adhäsion 377, 378
— — auf die Reibung von Fasern 213
— — auf die Reibung von Metallen 90, 218
— — auf den Verschleiß geschmierter Oberflächen 99, 370
— elastische Deformation der 134
— Messung der: mittels Elektronenbeugung 13
— — mittels Elektronenmikroskop 10, 11
— — mittels Mehrfachinterferenzen 6, 7
— — mittels versch. optischen Methoden 12, 13
— — mittels Schrägschnittverfahren 11, 12
— — mittels Taststiftgerät 5, 6
— plastische Deformation der, bei ruhenden Kontakten 13
Reiboxydation, allgemein 396
— von Kugellagerringen 369
Reibung, Auslösung chemischer Reaktion durch 394
— Messung der: allgemein 84
— — an entgasten Oberflächen 177

Reibung, Messung der: an Fasern 216, 217
— — bei leichter Belastung 101
— — in elektrolytischer Lösung 189
— schuppiger Oberflächen 213
— und Oberflächenspannung 192, 193
— von Metallen: allgemein 90
— — Adhäsionsmechanismus 111, 122, 182, 388
— — ältere Theorien 107
— — Bedeutung der Härte 135, 136
— — Einfluß der Belastung 101, 118, 119, 183
— — Einfluß der Geschwindigkeit 99, 118
— — Einfluß der Rauhigkeit 90, 218
— — Einfluß der Temperatur 121
— — Einfluß des Verschleißes 154, 155
— — in elektrolytischer Lösung 188
— — intermittierende Bewegung 91, 102, 116, 122, 126, 139
— — reiner Oberflächen: allgemein 123, 124, 177, 186
— — — Temperatureinfluß 186
— — — Wirkung adsorb. Gase und Dämpfe 178
— — Wirkung von Oxydschichten 182
— — Wirkung weicher, dünner Metallschichten 135
— von Nichtmetallen 103, 196
— zwischen Körnern, Bedeutung für die Zündung von Explosionen 399
Reibungselektrizität 212, 213, 218, 396
Reibungskoeffizient, allgemeine Werte für verschiedene Materialien und Schmierstoffe s. unter den betreffenden Stichworten und im Anhang
— Einfluß der Belastung 118, 143, 144, 183
— Einfluß der Härte 118, 125, 126, 185, 186
— Richtungsbeiwert für schuppige Oberflächen 213
Reibungswärme, allgemein 39, s. a. unter Oberflächentemperaturen
— Erzeugung der, für die Schweißung von Plastikstoffen 207, 208
— Rolle der, beim Gleiten auf Schnee und Eis 76, 77
Replikas, aus Aluminiumoxyd 103, 104, 106
— aus Formvar 103, 105

Replikas, Schattierung von, durch Schwermetalle 10, 104
Rhodium, als Verschleißschutz dünner Schichten 360
Röntgenstrahlen, zur Untersuchung der Struktur von Schmierschichten 257
Rollreibung, Mechanismus der 145, 146

Saphir, Reibung und Oberflächenschaden 103, 199, 200
— Schmierung von 199
Sauerstoff, Adsorption von, Einfluß auf die Reibung von: Graphit 194, 201
— — — Platin in elektrolyt. Lösung 188
— — — reinen Metallen 179
— Bedeutung des, für die Schmierwirkung von Fettsäure 262
— Rolle des: bei der Reiboxydation 369
— — beim Verschleiß von Stahl 366, 372
Scherfestigkeit, reiner Metalle 117
— und Fließdruck, gegenseitige Abhängigkeit bei Reibungsvorgängen 121, 388
— von metallischen Adhäsionen 115
— von Schmierfilmen, Bedeutung für die Grenzreibung 275
Scheuern, Verschleiß durch 364
Schichtdicke, von Schmierfilmen, Einfluß der, auf Reibung und Verschleiß 234
— minimale, für wirksame Schmierung:
— — — durch Fettsäuren und Seifen 232, 239
— — — durch Metallschichten 137, 138
— — für wirksamen Verschleißschutz 360
— von adsorbierten Gasen und Dämpfen 271, 272
— von Flüssigkeiten, Bedeutung für die Adhäsion 376
Schnee, Gleitmechanismus 75
— Schmelzen von: infolge Druck 75, 76
— — infolge Reibungswärme 76, 77

Sachverzeichnis

Schneidflüssigkeiten, Vergleich zwischen praktischer Leistung und Schmiereigenschaften 299
Schrägschnitte, durch Metalloberflächen, Beispiele s. u. Metallübertragung und Oberflächenbeschädigung
— Technik der 11, 12
Schwarzpulver, Explosionsmechanismus 401
Schwefel, als Additiv in Verschleißversuchen 371, 372
— als Hochdruckadditiv, s. u. Schwefelverbindungen
— Reibungseigenschaften 197
Schwefeloxychlorid, Einfluß auf das Verfilzen von Wolle 214
Schwefelsäure, verdünnt, Oberflächenspannung von Quecksilber in 192
— — Reibungsverhalten von Platin in 191, 192
Schwefelverbindungen, als Hochdruckschmiermittel 289, 300
Schwefelwasserstoff, als Verunreinigung in elektrolyt. Lösung 191, 193
Seifenschichten, Bildung von, bei der Schmierung von Metall durch Fettsäure:
— — — allgemein 252, 256, 258, 260
— — — Einfluß des Molekulargewichts 261, 262
— — — Einfluß von Wasser 263
— für die Schmierung beim Tiefziehen 303
— Orientierung und Struktur 258
— Schmelzen und Erweichen 260, 280
— Schmiereigenschaften 252, 278, 280
Selen, Bedeutung von, in Hochdruckschmiermitteln 287
Silber, Adhäsion 374, 381
— Polieren 74
— Reibungsverhalten 95, 133, 134
— Schmierung: durch Fettsäuren 239, 250, 251, 264, 265
— — durch Metallschichten 137, 142, 158
— — durch Schwefelverbindungen 292, 293
Silberazid, Explosion von 400
Silber-Blei-Lager, Aufbau und Wirkungsweise 170
Silberbromid 399
Silberjodid 399

Silbernitrat 399
Silikone, als Grenzschmiermittel 199, 225, 241, 242
— als hydrodynamische Schmiermittel 224, 225
Skis, Reibung von, auf Schnee und Eis 75
Spannungs-Dehnungskurven, Vergleich mit Härtemessungen 19, 20
Spannungskonzentrationen, Einfluß der, auf die Festigkeit von Klebverbindungen 392
Spiegelmetall, Polieren von 71
Stahl, Adhäsion an Metallen 115, 382
— Deformation beim Stoß 327, 330
— Reibung und Verschleiß: allgemein 98, 130, 151, 153, 154, 355
— — Gleiten auf: Lagerlegierungen 151
— — — Plastik 204, 205
— — — Saphir, trocken und geschmiert 199
— — — weichen, dünnen Schichten 136, 151
— rostfrei, Schmierung von 233
— Schmierung: durch Alkohole und Kohlenwasserstoffe 243, 249
— — durch Chlorverbindungen 285
— — durch Fettsäuren 99, 239, 240, 244, 245, 249, 252, 322, 323
— — durch Mineralöl 143, 242, 320, 369
— — durch Schwefelverbindungen 289
— — durch Seifen 255, 256, 260
— — durch Silikone 242
— — durch weiche, dünne Metallschichten 136
— sulfuriert, Schmierung von 290
Stearinsäure und Stearate, Orientierung adsorbierter Schichten 258
— — Schmiereigenschaften 100, 139, 141, 166, 169, 233, 252, 253, 255, 267
Stearylchlorid, Schmiereigenschaften 288
Steinsalz Adhäsion, plastische Deformation und Reibungsverhalten 198
Stick-Slip-Bewegung, s. unter intermittierende Bewegung
Stickstoff, Einfluß von, auf die Reibung reiner Metallflächen 179
— — auf den Verschleiß von Stahl 366

Stoß, zwischen festen Körpern, allgemein 326
— — Bedeutung elastischer Druckwellen 326
— — ebene, durch Flüssigkeitsschicht getrennte Oberflächen:
— — — allgemein 343
— — — Berechnung des Höchstdruckes 345
— — — Berechnung von Strömungsgeschwindigkeit und Schergefälle 348, 349
— — — plastische Deformation der Oberflächen 348, 351
— — — Temperatur in der Flüssigkeit 349
— — Kugelflächen: allgemein 327, 351
— — — Berechnung 327
— — — Bedingung für elastischen Stoß 332
— — — Einfluß des dynamischen Fließdruckes 328
— — — Einfluß von Schmierschichten 341, 342
— — — Einfluß der Verfestigung 329, 330, 334
— — — plastische Deformation 326, 341, 342
— — — Stoßdauer 326, 336
— — — Temperaturentwicklung 339
Stoßzahl, theoretisch und experimentell 332, 333
Sulfidschichten, Schmiereigenschaften 289, 298, 356
— Vergleich mit Chloridschichten 298

Talk 135
Taststiftgerät, für Rauhigkeitsmessungen (Talysurf) 5, 6
Teflon (Polytetrafluoräthylen), Reibungseigenschaften: allgemein 204, 243
— — — als Lagerwerkstoff 150
— — — auf Schnee und Eis 82
— — — Bedeutung der Struktur 206
— — — thermische Zersetzung 208
Temperaturkeil, bei hydrodynamischer Schmierung 225
Temperaturschwankungen, bei intermittierender Bewegung 130
— Wirkung von, auf Lagerlegierungen 170

Thermoelemente, s. unter Oberflächentemperatur, Messung der
Thiocyanate, Schmiereigenschaften 293
Tiefziehen, Schmierung beim, durch dünne Metallschichten 144
— — durch Hochdruckschmiermittel 303
Titan 211
Titankarbid, in Hartmetallwerkzeugen 209
Titanoxyd, als Füllstoff in Plexiglas 204
Topas 211
Tricresylphosphat, als Hochdruckschmiermittel 285, 296
— Einfluß auf den Verschleiß 366, 371, 372
Trinitroazidobenzol 400
Triphenylphosphin, als Hochdruckadditiv 366
Tunneleffekt, bei Messungen des Kontaktwiderstandes 31
Turmalin 211

Uhrenlager, Verschleiß durch Abrieb 199
Uransulfid 202

Verbrennungsmotoren, Korrosion in 313
Verfilzen, von Wolle 213, 214
Verschleiß, von Hartmetallwerkzeugen, bei der Zerspanung 209
— von Metallen: allgemein 356, s. a. unter Oberflächenbeschädigung
— — beim Tiefziehen 303
— — bei der Zerspanung 299, 300, 306
— — dünner, weicher Schichten 139, 363
— — geschmierter Oberflächen, allgemein 273
— — Mechanismus:
— — — Bedeutung der Adhäsion und Verschweißung 356
— — — Bedeutung des chemischen Angriffs 364, 371, 372
— — — Einfluß der Belastung 359, 360, 365
— — — Einfluß der Härte und Struktur 368, 369
— — — Einfluß der Schmierung 369
— — — Einfluß der Temperatur 365, 370

Verschleiß von Metallen, Mechanismus:
— — — Rolle der Atmosphäre und Oxydation 365
— — — Scheuern und Fressen 364
— — — Wirkung von Nitriden 366, 367
— — — Wirkung von Oxyden 366
— — Verminderung durch harte Überzüge 360
— — Zusammenhang mit der Reibung, trocken und geschmiert 154, 155, 227, 228, 231, 359
— von mono- und polymolekularen Schmierfilmen 233
Verschweißung, von Metallen, bei Reibungsvorgängen (Kalt-), s. unter Adhäsion
— — bei der Zerspanung 306
— von Plastikstoffen, infolge Reibungswärme 207, 208
Verunreinigungen, hygroskopische, Bedeutung für die Adsorption 271, 272
— Spuren von, Bedeutung für: die Seifenbildung 260
— — — die Reibung reiner Metalle 177, 191
— — — die Festigkeit von Klebverbindungen 391, 392
— — — s. a. unter Fremdschichten
Viskosimeter 345

Wärmeausdehnung, anisotropische 171
Wärmeleitfähigkeit, Bedeutung für die Oberflächentemperaturen 48, 49, 51, 59, 62, 398, 400
Wasser, Aussieden von: aus Seifenschichten 255, 281, 305
— Bedeutung von: für die Adsorption eines Esters 267
— — für die Schmierfähigkeit eines Esters 260
— — für die Seifenbildung bei der Fettsäureschmierung 263
— Oberflächenspannung 376, 377
— Wirkung dünner Schichten von: auf die Adhäsion 374
— — auf die Reibung: von Eis und Schnee 77
— — — von Graphit 194, 201
— — — von Metallen, allgemein 177
— — — von Platin 192

Wasserstoff, Einfluß von: auf die metallische Reibung 179, 180
— — auf die Reibung von Graphit 194
— — auf Reibung und Verschleiß von Platin in elektrolyt. Lösung 188
Weißmetall-Lagerlegierungen, Reibungs- und Verschleißverhalten 159, 173
— Typen: Legierung mit Blei-Basis:
— — Reibung und Beschädigung, trocken 161
— — — — geschmiert 165, 166
— — — Rolle der harten Bestandteile 162, 166, 167, 175
— — — Struktur und Härte 160, 161
— — — Temperatureinfluß, auf die Härte 161
— — — — auf die Reibung 165
— — — Vergleich mit Kupfer-Blei-Lagerleg. 169, 170
— — — Vergleich mit Zinn-Lagerleg. 173
— — — Wirkung zyklischer Erwärmung 170
— — Legierung mit Zinn-Basis:
— — — Reibung und Verschleiß, trocken 168
— — — — geschmiert 169
— — — Struktur und Härte 167, 168
— — — Wirkung zyklischer Erwärmung und harter Bestandteile s. o.
Weißöl 371
Wismut, Oberflächentemperaturen 48, 49
— Schmierung 249
Wismutglanz 399
Wolfram, Reibung reiner Oberflächen 179, 180
Wolframkarbid 208, 209, 371
— Reibungsverhalten s. unter Hartmetall
Wolframsulfid 202
Wollfasern, Struktur der Oberflächen und Reibungseigenschaften 213, 214
WOODsche Legierung, Oberflächentemperaturen 44, 48, 49, 339, 340
— — Polieren 69, 73

Zähigkeit von Flüssigkeiten, Bedeutung der:
— — bei der Adhäsion 380, 381
— — bei Stoßvorgängen 341
— — beim Versagen hydrodynamischer Schmierung 224, 310, 314
Zahnräder, Schmierung 284, 353
Zersetzung, von Explosivstoffen: infolge Reibung 397, 399
— — infolge Stoß 398
— von Polymeren, infolge Schubbeanspruchung 396
Zerspanung, Mechanismus der 305, 306
— Schmierung bei der, 299
Ziehflüssigkeiten, Vergleich zwischen praktischer Leistung und Schmiereigenschaften 303
Ziehmatrizen, Schmierung 303

Zink, Härte 369
— Polieren 72
— Reibung 250, 251
— Schmierung 228, 229, 250, 251, 253, 260, 261
— Wärmeausdehnung 172
Zinkoxyd, als Poliermittel 71, 73
— Härte 73, 369
Zinn, Adhäsion 382
— Härte 369
— Polieren 72
— Wärmeausdehnung 172
Zinnoxyd, als Poliermittel 72
Zinnwhisker 306
Zwischenflächenpotential, Einfluß auf die Oberflächenspannung 192
— — Reibung in elektrolytischer Lösung 188

MIX
Papier aus verantwortungsvollen Quellen
Paper from responsible sources
FSC® C105338

If you have any concerns about our products,
you can contact us on
ProductSafety@springernature.com

In case Publisher is established outside the EU,
the EU authorized representative is:
**Springer Nature Customer Service Center GmbH
Europaplatz 3, 69115 Heidelberg, Germany**

Printed by Libri Plureos GmbH
in Hamburg, Germany